KB025825

뇌과학자들

The tale of the dueling neurosurgeons

Copyright © 2014 by Sam Kean
This edition published by arrangement with Little, Brown and Company, New York, New York, USA. All right reserved.

Korean translation Copyright © 2016 by Bookhouse Publishers Co.
Korean translation rights arranged with Little, Brown and Company, New York, New York, USA. through EYA(Eric Yang Agency).

이 책의 한국어판 저작권은 EYA(Eric Yang Agency)를 통한 Little, Brown and Company 사와의 독점 계약으로 한국어 판권을 (주)북하우스 퍼블리셔스가 소유합니다. 저작권법에 의하여 한국 내에서 보호를 받는 저작물이므로 무단 전재와 무단 복제를 금합니다.

뇌과학자들

샘 킨 지음 | 이충호 옮김

해나무

| 일러두기 |

1. 본문에서 *로 표시된 부분은 467쪽부터 시작되는 '노트'에 좀더 자세하고 흥미로운 이야기가 실려 있다.
2. 책과 장편의 제목은 『 』로 묶었고, 단편·시·논문·기사명은 「 」로, 영화·신문·잡지명은 〈 〉로 묶었다.

차례

|1부| 섬뜩한 해부학

0장 마음 일부가 고장났을 때 11

1장 뇌과학자들의 결투 23

|2부| 세포, 감각, 회로

2장 암살자의 수프 57

3장 신경 회로의 연결과 변경 99

4장 시각과 얼굴 인식 133

|3부| 몸과 뇌

5장 운동 중추와 환상 사지 171

6장 웃음병 205

7장 성과 벌 241

|4부| 믿음과 망상

8장 성스러운 병 281

9장 '마음의 속임수' 319

|5부| 의식

10장 정직한 거짓말 353

11장 좌뇌와 우뇌, 그리고 그 사이를 연결하는 뇌들보 393

12장 인간과 신화와 전설 433

감사의 말 465 | 노트 467 | 참고 문헌 500 | 찾아보기 519

전에는 뇌가 밖으로 터져나오면

그 사람은 죽고 그걸로 끝이었지.

그런데 지금은 다시 살아난다네.

—윌리엄 셰익스피어William Shakespeare, 《맥베스*Macbeth*》

수수께끼 그림 : 명사.

그림과 문자와 소리를 결합해 숨겨진 단어나 어구를 찾는 수수께끼.

예를 들면,

주의 : 나는 각 장이 시작할 때마다 그 장의 주제와 내용을 강조하려고
수수께끼 그림을 하나씩 배치했다.

만약 13개의 수수께끼를 모두 푼다면,
http://samkean.com/contact-me에 접속해
내게 메시지를 남기고 우쭐대며 기분을 좀 내도 좋다.
만약 못 풀었다면? 그래도 이메일을 보내시라.
힌트를 드릴 수도 있으니까…….

1부

섬뜩한 해부학

Henri Rousseau, War. 1894

0장

마음 일부가 고장났을 때

힌트 : '연못'이란 영어 단어를 떠올리면 쉽게 풀 수 있다. 네 자로 된 한 단어. 꿈과 관련이 있는 뇌 부분을 가리킨다.
(전체적으로 주의할 점이 하나 있는데, 수수께끼 그림의 지시를 충실히 따른 결과가 정답과 철자가 정확하게 일치하지 않을 수 있다. 이 책의 수수께끼 그림은 발음에 초점을 맞춘 것이기 때문에, 비슷한 발음이 나는 철자를 다 생각해보아야 한다. 예컨대, 발음이 z로 나더라도 실제 철자는 s일 수 있다.)

나는 똑바로 누워 자지 못한다. 아니, 그렇게 자려는 시도조차 하지 않는다. 그런 자세로 자면, 정신은 꿈에서 깨어났는데도 몸은 여전히 옴짝달싹 못 하는 상태에 빠질 때가 많기 때문이다. 림보에 빠진 듯한 그 상태에서는 주변의 사물을 감지할 수 있다. 커튼 사이로 비치는 햇살이나 거리를 지나가는 행인, 내 발을 덮은 담요가 눈에 보인다. 하지만 기지개를 켜고 자리에서 일어나려고 하면 몸이 말을 듣지 않는다. 나는 몸에 다시 명령을 내리지만("그만 일어나!"), 그 메시지는 공허한 메아리가 되어 울릴 뿐이다. 발을 비비 꼬고 콧구멍을 씰룩이면서 사력을 다해 발버둥 쳐봐도 소용없다. 석상으로 환생한 느낌이 아마도 이런 것이 아닐까? 이것은 몽유병과 정반대되는 것으로, 수면마비라 부른다.

수면마비에서 가장 끔찍한 것은 공포감이다. 잠이 깬 상태에서 내 마음은 폐가 제대로 심호흡하길 기대한다. 즉, 목구멍이 팽창하면서 복장뼈(흉골)가 15cm쯤 솟아오르는 걸 느끼려고 한다. 하지만 생리학적으로 아직도 잠든 상태에 있는 내 몸은 최소한의 공기만 깔짝거릴 뿐이다. 그래서 점점 숨이 막히는 듯하고, 공포감이 가슴을 짓누르기 시작한다. 이 글을 쓰는 지금도 숨 막히는 그 순간의 느낌이 아주 생생하게 떠오른다.

이것만 해도 무척 기분 나쁘고 괴로운데, 수면마비에 빠진 사람들 중에는 이보다 더 나쁜 상태를 경험하는 사람도 있다. 나는 수면마비가 일어나도 금방 벗어난다. 선禪의 대가처럼 오른쪽 새끼손가락을 씰룩이는 데 온 힘을 집중하면, 대개는 몇 분 만에 몽환 상태에서 벗어날 수 있다. 하지만 이런 상태가 몇 시간이나 계속되는 사람도 있는데, 밤새도록 고통스러운 고문에 시달리는 것이나 다름없다. 한국 전쟁에 참전했던 한 용사는 전투에 참가한 13개월보다 단 한 차례의 수면마비에 더 큰 공포감을 느꼈다고 보고했다. 기면증 때문에 낮에 깜빡 잠이 들었다가 이런

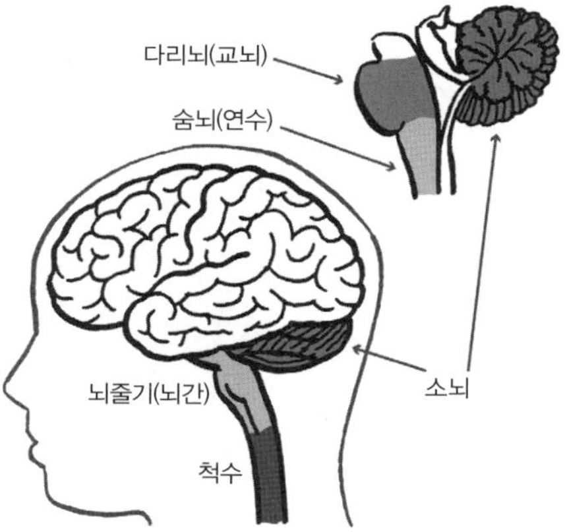

아래쪽 뇌

상태에 빠지는 사람도 있다. 영국의 한 불행한 여자는 세 번이나 사망 판정을 받았다가 시체 안치소에서 깨어나는 일을 겪었다. 또 어떤 사람들은 몸에서 혼이 빠져나가 방 안을 돌아다니는 유체 이탈 경험을 한다. 최악의 경우에는 귀신의 '존재'를 느끼기도 한다. 마녀나 악마 또는 악령이 가슴 위에 걸터앉아 가슴을 짓누르는 바람에 숨이 막히는 경험(소위 가위눌림)을 하는 것이다.(악몽을 뜻하는 영어 단어 nightmare에서 mare는 사람의 가슴 위에 올라앉길 좋아하는 마녀를 가리킨다.) 오늘날 어떤 사람들은 이런 수면마비 경험을 외계인에게 납치당한 이야기로 들려주는데, 대개 외계인이 자기 몸을 검사하려고 꽁꽁 묶는 바람에 꼼짝할 수 없었다고 이야기한다.

물론 수면마비가 초자연 현상을 들여다보는 문을 제공하는 것은 아니다. 내가 한때 빠져들었던 수면마비는 심신 이원론을 입증할 수 있는 증거도 아니다. 마음은 몸 밖에서 독립적으로 나타날 수 없다. 수면마비는 뇌에서 세 가지 주요 부분 사이에 커뮤니케이션이 잘못 일어날 때 생기는 부산물이다.

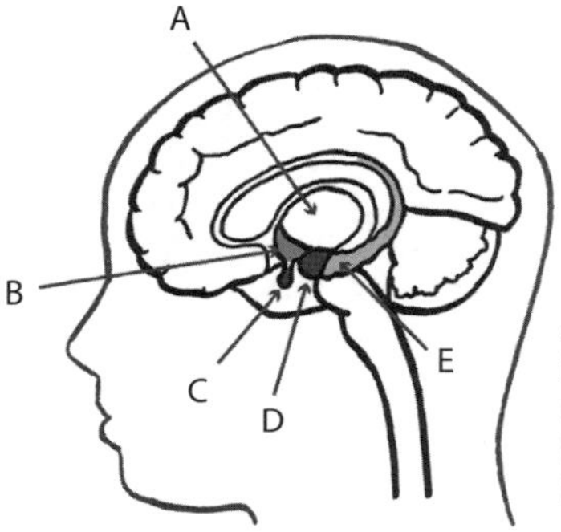

중간뇌/변연계

뇌줄기(뇌간)를 포함한 아래쪽 뇌는 호흡과 심장 박동, 수면 패턴 등 신체의 기본 기능을 제어한다. 뇌줄기는 또한 가까이에 위치한 소뇌(뇌 뒤쪽에 위치한 쭈글쭈글한 부분으로, 몸의 움직임을 조절하는 기능을 함)와 긴밀히 협력한다. 뇌줄기와 소뇌를 합쳐 가끔 파충류 뇌라고 부르기도 하는데, 이구아나의 뇌와 대략 비슷한 기능을 하기 때문이다.

포유류 뇌라 부르는 두 번째 부분은 머리뼈 안쪽 깊숙한 곳, 뇌줄기 바로 위쪽에 자리잡고 있다. 포유류 뇌는 감각 입력 정보를 사방으로 전달한다. 기억을 저장하고, 감정을 조절하고, 즐거운 경험과 불쾌한 경험을 구분하는 일을 돕는 변연계도 여기에 포함된다. 포유류 뇌는 본능의 지배를 받는 파충류 뇌와 달리 새로운 것을 아주 쉽게 학습할 수 있다. 물론 일부 신경과학자는 뇌를 포유류 뇌와 파충류 뇌로 구분하는 것이 너무 단순하다며 비웃지만, 이 구분법은 뇌의 아래쪽 부위를 살펴보는 데 아직도 유용한 방법으로 쓰인다.

뇌 아래쪽에 위치한 이 두 부위는 우리가 생각하거나 원하지 않아도 자동으로 일어나는 과정들을 제어한다. 이 자동조종장치는 뇌에서 가장 바깥부분에 위치한 영장류 뇌를 그런 일들에서 해방시켜 더 높은 수준의 과제를 수행할 수 있게 해주는데, 인간은 특히 이 영장류 뇌가

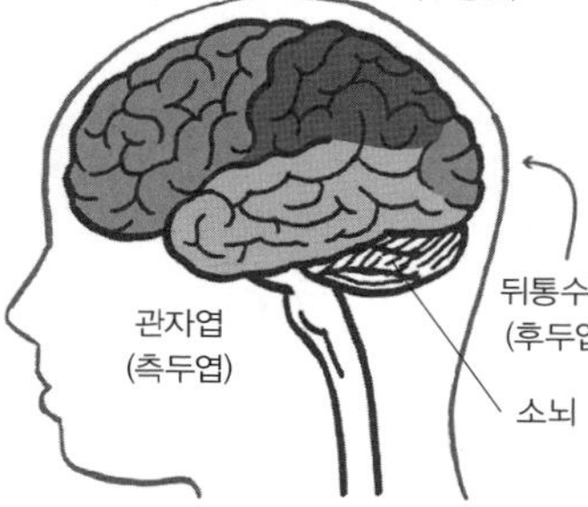

잘 발달했다. 쭈글쭈글한 영장류 뇌는 4개의 엽葉으로 나뉜다. 뇌 앞쪽에 위치하면서 움직임의 시발점이자 계획을 짜고 결정을 내리고 목표를 세우는 일을 도와주는 이마엽(전두엽), 뇌 뒤쪽에 위치하면서 시각을 담당하는 뒤통수엽(후두엽), 시각과 청각과 촉각 및 그 밖의 감각을 결합해 '멀티미디어' 세계관을 만들어내는 마루엽(두정엽), 관자놀이 뒤쪽 양 옆에 위치하면서 언어를 만들어내고 사물을 인식하고 감각을 감정과 연결하는 관자엽(측두엽)이 그것이다.

파충류 뇌, 포유류 뇌, 영장류 뇌는 화학 물질을 통해 끊임없이 메시지를 주고받으며, 그 다양한 내부 구조들은 협력하면서 원활하게 돌아간다. 단, 늘 완벽한 것은 아니고, 거의 그렇다는 말이다.

다리뇌(교뇌, pons)는 파충류 뇌 깊숙한 곳에 자리잡고 있는데, 뇌줄기에 길이 2.5cm 정도의 혹처럼 붙어 있다. 잠을 잘 때 다리뇌는 포유류 뇌를 통해 영장류 뇌로 신호를 보내는데, 꿈을 꾸는 과정은 여기서 시작된다. 그러면 영장류 뇌에서 꿈이 꿈틀거리며 생겨난다. 꿈을 꾸는 동안 다리뇌는 그 아래에 있는 척수에도 메시지를 보내는데, 그러면 척수는 근육을 축 늘어지게 하는 화학 물질을 만든다. 이런 일시적인 마비 덕분에 우리가 악몽을 꾸더라도 몸은 꿈에서 하는 행동을 실행에 옮기지 않는다. 악몽을 꾸면서 침실에서 일어나 달아나거나 늑대 인간에게 주먹을 휘두르지 않는 것은 이 때문이다.

이 마비 상태는 대체로 우리를 보호해주지만, 가끔 부작용이 발생한다. 똑바로 누워서 자면, 기도가 막혀 폐에 산소가 부족해질 수 있다. 꿈을 꾸지 않아 몸이 마비되지 않은 상태라면 이것은 큰 문제가 되지 않는다. 산소가 부족해지면 산소 농도를 감시하는 뇌 부분이 그것을 감지해 몸을 약간 깨우고, 그러면 우리는 반쯤 깬 상태에서 콧김을 세게 내뿜거나 머리를 돌리거나 몸을 뒤척이기 때문이다. 하지만 꿈을 꿀 때 산소를 공급하려면, 뇌는 다리뇌에 근육 마비 상태를 풀라고 명령해야 한다. 그런데 화학적 불균형이나 신경 회로 손상 등의 이유로 다리뇌가 말을 제대로 듣지 않을 때가 있다. 그래서 뇌가 정신을 반쯤 깨우는 데 성공하더라도, 마비 물질을 내보내는 수도꼭지를 잠그지 못하는 바람에 근육이 계속 마비 상태에 놓이게 된다.

이때부터 일이 꼬인다. 만약 이러한 림보 상태가 지속되면, 이제 완전히 깨어난 정신이 뭔가 잘못되었다는 것을 감지하고서 편도(포유류 뇌에서 두려움을 증폭시키는 역할을 하는 구조)를 포함한 회로를 가동시킨다. 그러면 투쟁 혹은 도피 반응이 나타나는데, 이것이 문제를 더 악화시킨다. 이 상태에서는 이 두 가지 반응 중 어느 것도 행동에 옮길 수 없기 때문이다. 바로 이때부터 공황에 빠지게 된다. 어떤 사람에게는 이 상태가 훨씬 심각하게 나타난다. 적어도 내 경우에는 정신이 깨자마자 꿈이 멈춘다. 그런데 그렇지 않은 사람도 있다. 이들은 꿈꾸는 상태에서 결코 헤어나지 못한다. 주변 환경을 반쯤 인식하는 가운데 몸은 마비 상태에 있고, 뇌는 괴상한 꿈을 계속 만들어낸다. 인간의 마음은 터무니없는 것들을 연결하는 데 아주 뛰어나기 때문에, 이러한 환각 상태에 등장하는 인물을 마비 상태와 연결 지어 그 인물 때문에 몸이 마비되었다는 시나리오를 지어낸다. 악마와 외계인을 믿는 사람이 있다는 것은 전혀 놀라운 일이 아니다. 그들은 실제로 악마나 외계인을 보고 느낄 수 있으니까.

그러니 내가 똑바로 누워 잠을 자지 않는 데에는 다 그럴 만한 이유가 있다. 하지만 수면마비 경험이 몸서리치게 싫긴 해도, 그 경험은 내게 뇌에 관해 소중한 사실을 가르쳐주었다. 그것은 바로 모든 것이 서로 연결돼 있다는 사실이다. 파충류 뇌 깊숙한 곳에서 분비되는 화학 물질만 가지고 시작해 나는 인간 마음에서 가장 비밀스러운 영역, 곧 초자연적 현상을 믿는 마음에 대한 통찰을 얻었다. 화학 물질에서 시작해 연달아 쓰러지는 도미노를 따라 큰 인내심을 갖고 세포와 회로로, 그리고 엽에 이르기까지 그것이 이동하는 경로를 끝까지 추적한 끝에 말이다. 뇌에서 일어난 작은 오작동은 엄청난 결과를 낳을 수 있다.

사실, 신경과학과 신경 구조들의 상호작용에 관한 글을 많이 읽을수록 나는 이 엄청난 결과가 결코 특이한 것이 아니라는 사실을 알게 되었다. 뇌에 생긴 작은 결함은 항상 기묘하고도 놀라운 결과를 만들어낸다. 가끔 이러한 결함 때문에 언어나 기억 같은 일반적인 시스템이 완전히 작동을 멈출 수 있다. 때로는 특정 부분이 죽기도 한다. 작은 신경세포 노드 하나가 파괴된 사람은 다른 음식은 괜찮지만, 과일과 채소를 인식하는 능력을 잃는다. 또 다른 신경세포 노드가 파괴되면, 글을 쓰는 능력은 남아 있어도 글을 읽는 능력을 잃는다. 또 어떤 오작동이 일어나면, 자기 몸에 세 번째 팔이 달렸다고 착각하거나, 자기 팔 끝에 붙은 손이 다른 사람의 것이라고 착각하는 일이 일어난다. 전반적으로 이런 결함들은 뇌가 어떻게 진화했고 어떻게 구성되었는지 보여준다. 나는 그런 사례들을 바탕으로 뇌의 전체 자연사를 쓸 수 있다는 사실을 깨달았다.

* * *

수십 년 전만 해도 신경과학자들이 인간의 뇌를 조사하는 방법은 딱 한 가지밖에 없었다. 어떤 사람에게 불운한 일이 닥치길 기다렸다가 그 사람이 회복하면 그 사람의 마음이 그 사건 이전과 다르게 작동하는지 살펴보는 것이었다. 이 불행한 사람들은 살아남은 게 기적처럼 보일 만큼 심한 뇌졸중이나 발작, 자상, 수술 실패, 길이 1.2m의 쇠막대에 머리뼈를 관통당하는 것과 같은 끔찍한 사고를 겪었다. 하지만 이들이 살아남았다고 말하는 것은 정확한 표현이 아닐지 모른다. 몸은 살아남았지만, 정신은 온전히 살아남은 게 아니었기 때문이다. 그 과정에서 그들의 마음은 왜곡되어 이전과 다르게 변했다. 어떤 사람은 죽음에 대한 두려움이 사라졌으며, 어떤 사람은 끝없이 거짓말을 하기 시작했고, 어떤 사람은 소아 성애자가 되었다. 하지만 이런 변신은 놀랍긴 해도, 예측할 만한 일이었다. 동일한 결함을 가진 사람들은 동일한 뇌 영역에 손상을 입었다는 사실이 밝혀졌기 때문이다. 이것은 뇌 영역들이 정확하게 어떤 일을 하는지 밝혀내는 데 소중한 단서를 제공했다. 신경과학에는 이러한 사례가 무수히 많은데, 이 책에서는 그중에서도 가장 인상적인 사례들을 소개한다. 이런 사례에 등장하는 왕과 식인종, 난쟁이, 탐험가의 삶은 현대 신경과학에 크게 기여했다.

그중 많은 사람들은 아주 극적인 삶을 살았다. 운명을 바꾼 불행한 사건은 불과 며칠 만에, 심지어 몇 분 만에 그들의 인생에 들이닥쳤다. 이 책에서는 되도록이면 의사의 진료 기록을 자세히 이야기하거나 뇌 스캔 연구를 장황하게 열거하지 않을 것이다. 대신에 치명적인 기억상실증에 걸려 살아가거나 사랑하던 사람들이 모두 다 가짜라는 믿음에 사로잡힌 채 살아가는 삶이 실제로 어떤 것인지 여러분이 생생하게 느낄

히에로니무스 보스, 〈머리뼈 자르기Cutting the Stone〉(1494년경).

수 있도록 피해자의 마음속을 자세히 들여다보려고 한다. 몇몇 이야기의 주인공은 여러분도 잘 아는 사람이겠지만(오늘날 앙리 2세나 피니어스 게이지를 언급하지 않고 신경과학에 관한 글을 쓰는 것은 거의 불법이나 다름없으니까), 많은 주인공은 생소할 것이다. 게이지처럼 유명한 사람의 이야기에도 여러분이 '아는' 사실 중 잘못 알고 있는 것이 수두룩할 것이다. 그리고 모든 이야기가 다 비극적인 것은 아니다. 개중에는 아주 매력적인 이야기도 있다. 여러 감각이 기묘한 방식으로 결합되어 냄새에서 소리를 듣거나, 질감에서 색을 보는 사람들의 사례가 그렇다. 희망을 주는 이야기도 있다. 박쥐처럼 메아리를 통해 주변을 '보는' 방법을 터득한 시각 장애인 이야기가 바로 그런 경우이다. 불행한 사고를 다룬 이야기라도 뇌의 탄력성과 복구 능력을 보여주면서 성공 사례로 변한 이야기가 많다. 이런 사례들은 오늘날의 신경과학에도 중요한 의미를 지닌다. fMRI를 비롯해 뇌 스캔 기술이 크게 발전했지만(종종 과대 선전되기까지 하면서), 손상은 뇌에 관한 중요한 사실을 알아내는 최선의 방법으로 남아 있다.

각 장은 하나의 이야기처럼 서술했다. 사실, 사람의 뇌는 이야기 형식으로 전달되는 정보를 가장 잘 기억한다. 매력적인 각각의 이야기 속 깊숙한 곳에는 여러 가닥의 실이 숨어 있는데, 이 실들은 나머지 모든 장으로 뻗어나가면서 모두 연결된다. 그중 한 가닥의 실은 크기와 관련이 있다. 처음 몇 장은 세포처럼 아주 작은 구조를 탐구한다. 이 각각의 장들을 베틀에 공급되는 빨간색, 노란색, 초록색 섬유라고 상상해보라. 장을 하나씩 지날 때마다 우리는 점점 더 넓은 영역으로 나아가다가 마침내 뇌라는 완전한 페르시아 융단에 이르게 된다. 다른 한 가닥의 실은 신경의 복잡성과 관련이 있다. 각각의 장은 전체 융단에 장식을 조금씩 추가하는데, 앞에서 다룬 모티프와 주제가 뒤에서 반복되면서 페이지를 넘길 때마다 서로 복잡하게 얽힌 뇌의 패턴이 더 자세히 그리고 더 선명하게 보일 것이다.

1부 '섬뜩한 해부학'은 뇌와 머리뼈(두개골)에 친숙해지게 함으로써 이어지는 장들을 이해하는 데 도움이 될 지도를 제공한다. 또한, 의학사에서 아주 중요한 사건을 통해 근대 신경과학의 탄생 과정도 보여준다.

2부 '세포, 감각, 회로'에서는 궁극적으로 생각의 기반을 이루는 미시적 현상, 예컨대 신경전달물질과 전기 펄스 같은 것들을 살펴본다.

3부 '몸과 뇌'에서는 그렇게 미세한 구조들을 바탕으로 뇌가 몸을 어떻게 제어하고 움직임을 지시하는지 보여준다. 또한 감정 같은 몸의 신호가 거꾸로 뇌에 어떻게 영향을 미치는지도 살펴본다.

4부 '믿음과 망상'에서는 수면마비 같은 증상이 어떻게 지속적이고 치명적인 망상을 야기하는지 보여주면서 몸과 정신의 연결 관계를 살펴본다.

결국 이 모든 이야기는 5부 '의식'으로 이어진다. 여기서는 기억과 언어와 그 밖의 고등 능력을 살펴본다. 그런 능력 중에는 자신, 즉 모든 사람의 머릿속에 들어 있는 '내면의 자신'을 인식하는 것도 포함된다.

이 책이 끝날 때쯤이면, 여러분은 뇌의 각 부분들이 어떻게 작용하며 서로 어떻게 협력하는지 잘 알게 될 것이다. 사실, 이 책에서 가장 중요한 주제는 뇌의 한 부분만 따로 떼어내 연구할 수 없다는 것이다. 그것은 바이외 태피스트리Bayeux Tapestry를 산산조각 낸 뒤 그 한 조각만 가지고 전체의 복잡성을 알아낼 수 없는 것과 같다. 또한, 이 책을 다 읽고 나면, 다른 신경과학 책에서 읽은 내용을 비판적으로 생각해볼 수 있고, 앞으로 일어날 발전 양상도 이해하게 될 것이다.

내가 이 책을 쓴 이유는 무엇보다도 수면마비를 처음 경험한 이후 줄곧 내 머릿속에서 맴돌던 질문에 답하기 위해서였다. 그 질문은 뇌가 끝나고 마음이 시작되는 곳은 어디인가 하는 것이다. 과학자들은 이 질문에 제대로 된 답을 내놓지 못했다. 물질로 이루어진 뇌에서 의식을 가진 마음이 어떻게 생겨나는가 하는 질문은 아직도 신경과학에서 중요한 역설로 남아 있다. 하지만 우리는 놀라운 단서를 몇 가지 얻었다. 여기에는 자신의 의도와 상관없이 이 분야를 개척한 사람들의 공이 컸다. 이들은 기묘한 사고를 당하거나 이상한 질환에 걸린 뒤, 대의를 위해 정상적인 삶을 희생한 사람들이다. 내가 이런 이야기에 끌렸던 이유는 바로 이 영웅들의 평범성 때문이다. 즉, 신경과학 분야를 획기적으로 진전시킨 것은 브로카나 다윈 또는 뉴턴 같은 한 사람의 뇌에서 나온 게 아니라, 여러분이나 나 혹은 매일 길거리에서 마주치는 수많은 보통 사람들의 뇌에서 나왔다는 사실 때문이다. 이들의 이야기는 우리가 알고 있던 뇌의 능력에 관한 지식을 확장시키고, 마음 일부가 고장 났을 때 예측 불가능하고 때로는 아름답기까지 한 어떤 새로운 것이 나타난다는 사실을 보여준다.

Anonymous, Tournament between Henry II and Lorges, 16th century

1장

뇌과학자들의 결투

의학사에서 기념비적 사례라 할 수 있는 이 사건에는 프랑스 왕 앙리 2세Henri II가 등장한다. 그의 불운은 그 후 400년 동안 신경과학이 다루게 될 중요한 주제들을 거의 다 예고하는 사건이 되었다. 이 사례는 뇌의 모습과 구조에 관한 길잡이 역할도 한다.

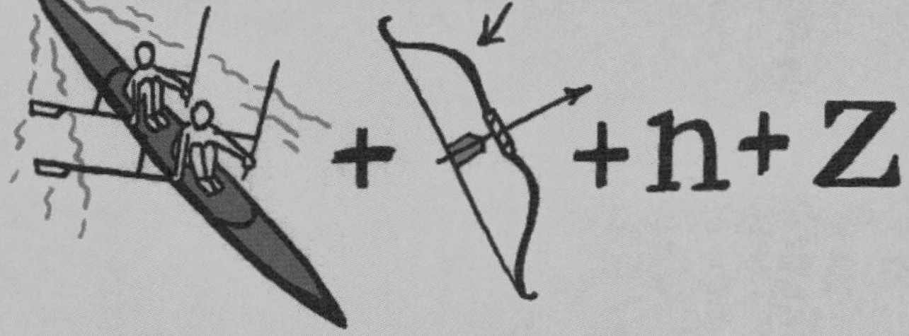

힌트 : 답은 각각 다섯 글자로 된 두 단어로 구성되어 있다. 두 번째 단어는 더 쉽다. 첫 번째 단어는 보트의 특별한 형태와 관련이 있는데, S로 시작하고, L로 끝난다.

프랑스 왕의 눈에 비친 세상의 모습은 깜짝 놀랄 만큼 확 밝아졌다가 그 다음 순간 갑자기 캄캄하게 어두워졌을 것이다. 말을 타고 돌진하는 동안 그의 투구 속으로는 빛이 거의 들어오지 않았다. 어둠은 곧 안전을 보장했다. 하지만 얼굴 가리개가 갑자기 홱 젖혀지며 열리는 순간, 확 쏟아져 들어온 햇살에 정신이 아뜩해졌다. 그것은 마치 머리에 씌운 자루가 찢어졌을 때 인질이 순간적으로 느끼는 것과 비슷한 강렬한 빛이었다. 정상적인 삶의 마지막 순간이었던 그때, 앙리 2세의 눈에는 눈앞의 풍경이 얼핏 비쳤을 것이다. 자신이 탄 말의 발굽에 차여 튀어오른 모래의 반짝임, 자신의 긴 창에 감겨 펄럭이는 흰색 리본, 돌진해오는 상대의 갑옷에 반사된 섬광……. 하지만 상대의 창이 머리를 강타하는 순간, 이내 모든 것이 희미해졌다. 1559년 그날, 그의 머리뼈를 통해 점점 퍼져가는 손상의 결과가 어떻게 될지 제대로 예측할 수 있었던 사람은 온 세상을 통틀어 의사 몇 명밖에 없었다. 하지만 그들조차 그토록 심각한 사례는 일찍이 경험한 적이 없었다. 그리고 앙리 2세가 숨을 거둘 때까지 그다음 11일 동안 그 후 400년 동안 신경과학에서 다루게 될 중요한 주제 대부분이 앙리 2세의 뇌라는 소우주 속에서 나타났다.

앙리 2세와 마상창시합

그날, 누구도 예상치 못한 왕, 누구도 예상치 못한 왕비, 누구도 예상치 못한 왕의 애첩은 전쟁의 종식을 축하하고 있었다. 금실로 장식된 실크 가운을 걸친 카트린 왕비(카트린 드 메디시스Catherine de Médicis)는 당당한 왕족처럼 보였지만, 실제로는 어린 시절에 고아로 자랐다. 열네 살이던 1533년, 카트린은 자기 집안인 피렌체의 메디치 가문이 장래성이라곤 털끝만치도 없어 보이는 프랑스 왕자와 자신의 정략 결혼을 추진하는 걸 그냥 지켜보는 수밖에 없었다. 그러고 나서 10년 동안 앙리 2세의 후사를 낳지 못하는 인고의 세월을 보내다가 마침내 계승자 두 명을 낳아 자신의 목숨을 구할 수 있었다. 그리고 그동안에 사촌인 디안 드 푸아티에Diane de Poitiers와의 경쟁도 견뎌내야 했다. 디안은 카트린이 파리에 오기 직전까지 자기보다 40세나 많은 남자와 결혼 생활을 이어갔다. 남편이 죽자, 디안은 남편을 애도하는 표시로 줄곧 검은색과 흰색의 상복을 입고 지냈다. 하지만 35세의 아름다운 과부는 얼마 지나지 않아 그 당시 15세이던 앙리 2세 왕자를 적극적으로 유혹하기 시작했다. 처음에는 섹스로 앙리 2세를 사로잡더니, 앙리 2세의 총애를 발판으로 실질적인 권력을 휘둘렀는데, 왕비 카트린의 심기가 몹시 불편했음은 두말할 필요도 없다.

앙리 2세는 사실상 왕위 계승자로 대우를 받거나 수업을 받은 적이 전혀 없었다. 더 잘생기고 매력적인 형이 테니스 경기를 하고 나서 갑자기 죽는 바람에 왕세자가 되었다. 게다가 왕위에 오르고 나서 초기에는 매우 힘든 시기를 보냈다. 신교도 첩자에 대한 피해망상에 시달린 그는 '루터파 인간쓰레기'의 혀를 자르고 그들을 화형에 처함으로써 온 나라 사람들에게 증오의 대상이 되었다. 또한, 이탈리아에 있던 영토를 놓고 에스파냐와 얽히고설킨 전쟁을 계속 이어갔기 때문에 왕실 재정은 파산 상태로 치달았다. 1550년대 후반에 앙리 2세는 채권자들에게 1년 왕실 수입의 두 배가 넘는 총 4300만 리브르의 빚을 졌는데, 일부 빚은 이자가 연 16%나 되었다.

그러다가 1559년에 앙리 2세는 돌연히 프랑스에 평화를 가져다주는 결정을 내렸다. 에스파냐와 평화 조약에 서명한 것이다. 이탈리아에 있던 영토를 포기하는 것에 많은 사람들(카트린을 포함해)이 분개했지만,

감당하기 힘들 정도로 재정에 큰 부담을 주는 군사 원정을 중단했다. 조약에는 결혼으로 양국의 동맹을 굳건히 다지는 조항이 두 개 포함돼 있었다. 하나는 앙리와 카트린 사이에서 태어난 열네 살짜리 딸을 즉각 에스파냐 왕에게 시집보내는 것이었고, 또 하나는 앙리 2세의 노처녀 누이를 이탈리아의 한 공작과 결혼시키는 것이었다. 이 두 결혼을 축하하기 위해 앙리 2세는 닷새 동안 마상창시합을 열었다. 이를 위해 2000만 리브르를 더 빌려야 했지만, 노동자들은 파리의 궁전 근처에 있는 도로에서 자갈을 걷어내고 모래를 채워넣으면서 마상창시합 경기장을 만드느라 5월과 6월을 보냈다.(근처의 지하 감옥에서 처벌을 기다리던 신교도들은 감방에서 그 공사 소음을 들었다.) 시합이 열리기 몇 주일 전, 목수들은 왕족을 위해 위태위태해 보이는 관람석을 세우고 깃발과 현수막으로 장식했다. 그리고 마침내 마상창시합이 열리는 날, 농부들은 지붕 위로 올라가 손가락질을 하며 소리를 질렀다.

사흘째인 6월 30일 금요일, 앙리 2세는 직접 마상창시합에 출전하기로 했다. 뜨거운 열기에도 아랑곳하지 않고, 왕은 무게가 20kg이나 나가는 도금 갑옷을 입었다. 갑옷에는 디안을 상징하는 색으로 문양(대부분 흑백의 소용돌이)이 장식돼 있었다. 비록 온갖 실정을 저질렀다고는 하지만, 말 위에 탄 앙리 2세는 당당한 군주처럼 보였고, 잘생긴 적갈색 말을 타고 늠름하게 경기장으로 들어섰다. 1회전에서 앙리 2세는 상대(장차 그의 매제가 될)를 말에서 떨어뜨리지 못했다. 잠시 후 그는 공작을 말에서 떨어뜨려 엉덩방아를 찧게 했다. 젊은 시절의 앙리 2세는 신중한 성격으로 유명했으나, 그날은 기세등등하게 스코틀랜드의 몽고메리 백작 가브리엘Gabriel, comte de Montgomery을 상대로 세 번째이자 마지막 시합을 벌이기로 했다.

왕과 가브리엘은 100m쯤 되는 거리를 두고 서로 마주 보고 섰을

앙리 2세

것이다. 나팔이 울리자, 두 사람은 상대방을 향해 돌진했다. 서로를 스쳐 지나가는 순간, 퍽 하는 소리와 함께 앙리 2세는 머리에 큰 충격을 받았다. 가브리엘의 창이 앙리 2세의 목 아랫부분을 강타했고, 앙리 2세는 한쪽 등자에서 발이 빠지면서 거의 떨어질 뻔했다.

당황한 앙리 2세는 돌아서서 가브리엘과 다시 싸우겠다고 선언했는데, 이것은 여러 가지 이유에서 아주 나쁜 결정이었다. 무엇보다도, 그것은 기사도 규칙에 어긋났다. 그는 최대 세 번까지만 허용된 대결을 이미 다 채웠기 때문이다. 그 결정은 또한 궁정 사람들을 불안케 했다. 카트린은 전날 밤에 앙리가 피투성이가 되어 엎드려 있는 꿈을 꾸었다. 이미 카트린의 점성술사 두 사람이 왕의 죽음을 예언한 바도 있었다.(그중 한 사람인 노스트라다무스Nostradamus는 4년 전에 다음과 같은 사행시로 그것을 예언했다. "젊은 사자가 늙은 사자를 이기리라 / 전쟁터에서 단 한 번의 전투에서. / 그는 황금 우리 안의 눈을 찌르리니 / 상대는 일격에 두 군데 상처를 입고 비참하게 죽으리라.") 불안감에 사로잡힌 카트린은 전령을 보내 왕의 출전을 만류했다.

또, 앙리 2세는 얼마 전부터 현기증과 두통을 앓았는데, 수행원들은 바로 직전의 세 번째 마상창시합에서 앙리 2세가 큰 충격을 받았다는 것을 알아차렸다. 하지만 불행하게도, 머리에 큰 충격을 받으면 어느 때보다 냉철한 판단력이 가장 필요한 순간에 판단력이 흐려질 수 있다. 오늘날의 라인 배커linebacker(미식축구에서 상대팀 선수들에게 태클을 걸며 방어하는 수비수—옮긴이)나 권투 선수처럼 앙리 2세는 계속 싸우겠다고 고집했다. 가브리엘은 이에 규칙에 어긋난다며 이의를 제기했고, 관중은 앙리 2세가 가브리엘을 질책하면서 다시 싸우자고 덤벼드는 모습을 당혹감 속에서 지켜보았다. 오후 5시에 두 사람은 다시 경기장에 섰다. 나중에 일부 목격자들은 한 수행원이 왕의 얼굴 가리개를 잘못 조였다고 주장했다. 어떤 사람은 왕이 이마를 닦다가 정신이 혼미하여 얼굴 가리개를 다시 조이는 걸 잊었다고 말했다. 왕이 화가 나서 얼굴 가리개를 올렸다고 주장하는 사람도 있다. 어쨌거나 이번에 앙리 2세는 나팔이 울리기도 전에 돌진했다.

마상창시합장에는 양 선수를 분리하기 위해 낮은 나무 울타리가 설치돼 있고, 돌진하는 두 사람은 나무 울타리 양편에서 왼쪽 어깨와 왼쪽 어깨가 서로 스치며 지나간다. 두 사람은 길이 4.2m의 나무창을 오른손으로 들고 자기 몸에서 대각선 방향으로 뻗어 상대를 가격한다. 따라서 제대로 가격하면 상대는 큰 충격을 받을 뿐만 아니라 몸이 휘청거리기도 하며, 그 충격으로 창이 부러지는 경우도 많다. 앙리 2세의 창은 가브리엘의 몸에 충돌하면서 부러졌고, 가브리엘의 창도 왕의 목 바로 아랫부분에 부딪치면서 잘게 쪼개졌다. 두 사람 다 큰 충격을 받아 몸이 크게 들썩였다. 몸에 딱 붙는 바지와 더블릿(14~17세기에 남자들이 입던 짧고 꼭 끼는 상의—옮긴이) 차림의 신하들과 타조 깃털로 장식한 여자들과 지붕 처마를 꽉 붙잡고 구경하던 농부들은 모두 이 격렬한 충돌에 함성을 질렀다.

하지만 그것으로 다 끝난 게 아니었다. 소란스러운 분위기 속에서 그다음에 무슨 일이 일어났는지 제대로 아는 사람은 아무도 없다. 어쩌면 가브리엘의 부러진 창 자루가 위로 휘어져 올라가면서 어퍼컷처럼 앙리 2세를 강타했을지 모른다. 아니면, 나뭇조각이 수류탄 파편처럼 튀어 올랐을 수도 있다. 어쨌든 그 소란의 와중에 뭔가가 왕의 황금빛 얼굴 가리개를 탁 쳐서 열리게 했다.

그 당시 많은 사람들은 그다음에 일어난 일을 놓고 가브리엘에게 비난을 퍼부었다. 창이 부러지는 순간, 계속 쥐고 있지 말고 창을 손에서 놓았어야 했다는 것이다. 하지만 뇌는 자극에 반응하는 데 시간이 다소 걸리며(아무리 빨라도 수십분의 1초), 마상창시합 때문에 혼미해진 뇌는 그보다 더 느리게 반응했을 것이다. 게다가 관중의 함성이 계속 이어지는 가운데 가브리엘의 말은 엄청난 탄력을 받아 전속력으로 질주했다. 잠시 후, 가브리엘의 손에 들린 삐죽삐죽한 창끝은 왕의 양미간을 찔렀다. 창끝은 왕의 노출된 얼굴을 할퀴고 지나가면서 머리뼈를 옆으로 비튼 뒤 오른쪽 눈에 콱 박혔다. "그는 황금 우리 안의 눈을 찌르리니."

노스트라다무스는 두 군데 상처를 입으리라고 예언했는데, 더 깊숙한 곳, 곧 앙리 2세의 뇌에 생긴 두 번째 상처가 더 심각했다. 대부분의 포유류와 비교할 때 인간 뇌의 네 엽은 기묘할 정도로 크다. 그리고 머리뼈가 어느 정도 보호를 제공하긴 하지만, 그 단단함 자체가 오히려 위험 요소가 될 수 있다. 특히 머리뼈 안쪽은 모서리와 능선 등이 늘어서 있어 아주 삐죽삐죽하기 때문이다. 더욱이 뇌는 머리뼈 속에서 사실상 출렁이면서 떠다닌다. 뇌는 바닥 부분(뇌줄기 뿌리 근처)만 나머지 몸과 붙어 있다. 머리뼈와 뇌 사이에는 뇌척수액이 차 있어 뇌를 그 속에 떠 있게 하면서 충격을 완화하지만, 뇌척수액이 흡수할 수 있는 에너지에는 한계가 있다. 충격을 받을 때, 뇌는 머리뼈의 움직임과 반대 방향으로 미끄러져 움직이면서 빠른 속도로 머리뼈에 충돌한다.

가브리엘의 창끝에 닿는 순간, 앙리 2세는 마치 턱에 훅을 얻어맞은 것처럼 큰 충격과 함께 고개를 비틀리게 하는 힘을 동시에 느꼈을 것이다. 그 타격으로 그의 뇌에는 작은 충격파, 즉 외상外傷의 잔물결이 훑고 지나갔을 것이다. 회전력이 더 심한 손상을 입혔을 가능성이 있는데, 돌림힘(토크torque라고도 하며, 주어진 회전축을 중심으로 물체를 회전시키는 능력을 말한다. 크기는 힘과 받침점까지의 거리의 곱으로 나타낸다. — 옮긴이)은 뇌의 각 부분에 서로 다른 힘을 가해 약한 솔기 부분을 찢으면서 수천 군데에 미소 출혈을 일으키기 때문이다. 말 타는 솜씨가 뛰어난 앙리 2세는 충격을 받은 뒤에도 안장 위에 앉아 있었다. 뇌의 근육-기억 회로 덕분에 계속 균형을 잡고 넓적다리로 말을 꽉 붙들었다. 하지만 더 깊은 곳에서는 비트는 힘과 타격의 충격을 받아 신경세포 수백만 개가 파열했고, 거기서 새어 나온 신경전달물질이 뇌 속을 가득 채웠다. 이것은 무수한 신경세포들을 공황 상태에서 신호를 마구 발사하게 만들어, 소규모 발작 상태를 연상시킬 정도로 전기 신호 활동이 급증했을 것이다. 그 당시 과학계에서 이런 일들을 믿는 사람은 거의 없었지만, 어쨌든 앙리 2세가 심각한 뇌진탕을 입었다는 사실을 알아챈 사람은 파리의 한 의사뿐이었다.

격돌 뒤에 가브리엘은 자신이 무슨 일을 저질렀는지 보려고 말의 고삐를 홱 잡아당겨 빙그르르 돌았다. 앙리 2세는 자기가 탄 터키 말의 목을 붙잡고 쓰러져 있었다. 그 후로 이 말은 말뢰뢰Malheureux('불길한' 또는 '불운의'라는 뜻)라는 이름으로 불렸다. 하지만 아무리 불길한 말이라 하더라도, 말뢰뢰는 잘 훈련받은 말이어서 앙리 2세가 쓰러지면서 고삐가 느슨해지는 것을 느끼자 질주하기 시작했다. 이제 의식을 잃은 앙리 2세의 몸은 말 등 위에서 장단이라도 맞추듯이 위아래로 까닥이기 시작했고, 얼굴 가리개는 눈에 박힌 나뭇조각에 부딪히며 철컥거리는 소리를 냈다.

파레와 베살리우스

유럽 최고의 의사 두 명이 곧 달려왔지만, 그보다 앞서 신하들과 온갖 아첨꾼들이 왕의 주위로 몰려들었다. 그들은 목을 길게 빼고, 만약 왕이 죽는다면 자신의 운명에 득이 될지 실이 될지 분주히 주판을 굴리며 상황을 파악하려고 애썼다. 대부분의 사람에게는 프랑스 군주제 전체가 목제 관람석만큼이나 위태로워 보였다. 나약한 15세 소년이던 왕세자는 앙리 2세가 부상을 입는 장면을 보고서 기절하고 말았다. 카트린과 디안 사이의 위태위태한 휴전이 지속되느냐 여부는 오로지 앙리 2세의 생존에 달려 있었고, 다른 정치적 파벌들 사이의 가짜 평화 역시 그랬다. 왕실 간에 벌어질 혼사 두 건과 유럽 전체의 평화 역시 벼랑 끝으로 몰렸다.

말에서 내린 앙리 2세는 의식을 잃은 채 누워 있었다. 가브리엘은 그 앞으로 달려가 왕에게 자신의 죄를 용서하고 자신의 머리와 손을 자르라고 간청했다. 의식이 살짝 돌아온 왕은 모든 죄를 사면했다. 그 후 앙리 2세는 의식이 돌아왔다 사라졌다 반복하더니, 결국엔 일어나서 직접 궁전 계단을 걸어서(비록 부축은 받겠지만) 침실로 가겠다고 고집을 부

뇌과학자들의 결투에 참여한
사람 중 한 명인 앙브루아즈 파레.
(출처 : 미국국립의학도서관)

렸다. 의사들은 왕의 눈에 박힌 길이 10cm가량의 나뭇조각을 제거했지만, 다수의 작은 파편은 그대로 남겨둘 수밖에 없었다.

왕을 돌본 의사들 중에 앙브루아즈 파레Ambroise Paré가 있었다. 마른 체격에 고지식한 파레는 왕실 외과의로 일했는데, 이 직책은 보기와 달리 그렇게 명망이 높은 자리가 아니었다. 프랑스 북부의 어느 마을에서 가구 제작자 아들로 태어난 파레는 '이발사-외과의'로 훈련을 받았다. 간단히 말해, 이발사-외과의는 뭐든 자르는 일을 했는데, 이 점에서 정식 의사와 차이가 있었다. 일과는 오전 6시쯤에 시작했다. 수염을 자르고 가발을 손질한 뒤에 점심을 먹고 나서 오후에는 괴저가 생긴 다리를 절단하는 수술을 했다. 13세기 초에 가톨릭교회는 의사를 포함해 참된 기독교인은 누구도 피를 흘려서는 안 된다고 선언했다. 그래서 의사들은 외과의를 도살업자처럼 취급하며 경시했다. 경력 초기에 파레는 라틴어를 할 줄 몰라 대부분의 외과의보다 더 홀대를 받았다. 또, 면허증 발급 수수료도 지불할 형편이 안 돼 26세 때 육군에 들어가 군 외과의가 되었는데, 계급도 정식 봉급도 없이 오합지졸에 불과한 신분이었다.

부상병은 여력이 되는 대로 포도주나 말, 동전, (때로는) 다이아몬드 등으로 치료비를 지불했다.

파레는 낮에는 주로 장군들과 어울리고, 밤에는 하급 장교들과 술을 마시면서 아주 바쁘게 군 생활을 했다. 그 후 30년 동안 유럽 전역에서 벌어진 열일곱 차례의 원정에 따라나섰다. 그런데 파레는 초짜 시절에 이미 중요한 발견을 했다. 16세기 전반에 대부분의 의사는 화약에 독성이 있다고 여겨 총상은 아무리 가벼운 것이라도 어김없이 그 위에 펄펄 끓는 딱총나무 열매 기름을 부어 지졌다. 그런데 전투가 끝난 어느 날 밤, 파레는 딱총나무 열매 기름이 떨어졌다는 사실을 알고는 정신이 멍해졌다. 할 수 없이 용서를 빌면서 부상병의 상처에 달걀 노른자위와 장미수와 테레빈유를 섞은 반죽을 발랐다. 제대로 '치료받지 못한' 이 병사들은 모두 죽고 말 것이라고 생각했지만, 다음 날 아침에 그들은 멀쩡하게 살아 있었다. 사실, 그들은 끓는 기름으로 치료받은 뒤 고통에 신음하는 부상병보다 오히려 상태가 더 좋았다. 파레는 자신이 훌륭한 실험을 통해 놀라운 결과를 얻었다는 사실을 깨달았다.

이 일은 의학에 대한 파레의 시각을 완전히 바꾸어놓았다. 이후로 그는 끓는 기름을 다시는 쓰지 않았으며, 대신에 노른자위와 테레빈유 반죽을 더 개선해나갔다.(세월이 지나면서 재료가 약간 변했는데, 결국에는 지렁이와 죽은 강아지까지 들어갔다.) 이 일을 계기로 파레는 예전의 권위자들이 뭐라고 말했건 직접 실험을 하고 그 결과를 관찰해야겠다고 결심하게 되었다. 이러한 태도는 그야말로 상징적인 전환에 해당하는 것이었다. 끓는 기름을 버리면서 파레는 신앙에 의지해 의학적 조언을 따르던 중세적 사고방식까지 버렸다.

그의 사례 보고에 분명히 드러나듯이, 파레는 만화 같은 폭력이 난무하던 시대에 살았다. 어느 날에는 왕의 애완 사자에게 공격을 당한 열

두 살짜리 소녀를 치료하고, 다음 날에는 부러진 창끝을 빼내려고 공작의 얼굴을 발로 밟으며 힘을 쓰기도 했다. 하지만 파레는 이 모든 일을 침착하게 처리했고, 실험을 두려워하지 않는 태도 덕분에 혁신적인 외과의로 이름을 날리게 되었다. 그는 드릴과 톱을 사용해 머리뼈에 구멍을 뚫는 장비도 새로 개발했다. 즉, 머리뼈에 구멍을 뚫어서 염증이나 액체가 고여 뇌에 쌓인 압력을 줄이는 방법이었다. 특히 심한 머리 부상을 입은 환자의 경우, 긁어내도 해롭지 않은 지방과 긁어내면 큰 해를 초래하는 지방질 뇌 조직을 구별하는 시험 방법도 고안했다.(원리는 간단하다. 지방은 물 위에 뜨지만, 뇌 조직은 가라앉는다. 또, 지방은 프라이팬 위에서 액체로 변하지만, 뇌 조직은 쪼글쪼글해진다.) 환자의 회복에 대해 기술할 때, 파레는 대개 자신의 역할을 하찮은 것으로 표현했다. 그는 "나는 치료를 했을 뿐이고, 환자를 낫게 한 이는 하느님이다."라는 유명한 말을 남겼다. 하지만 파레는 큰 명성을 얻었고, 결국 앙리 2세는 그를 '왕 전담 외과의'로 임명했다.

머리 부상에 관한 한 탁월한 전문가이긴 했지만, 파레는 왕을 담당한 의사들보다 지위가 낮았다. 마상창시합 사고 직후 촌각을 다투는 상황에서도 그들의 의견을 따라야 했다. 의사들은 앙리 2세에게 대황에 이집트 미라를 태워 만든 숯가루를 섞은 약(파레는 뒤에서 이것을 보고 화들짝 놀랐다.)을 강제로 먹이고, 이미 잘록창자(결장)에서 출혈이 일어나고 있는데도 정맥을 절개해 피를 뽑아냈다. 영국 대사는 그날 밤에 왕이 "지독하게 괴로운 휴식"을 보냈다고 기록했지만, 왕을 돌본 의사들은 오른쪽 눈 외에는 별로 다친 데가 없다고 낙관했다. 사실, 다음 날 아침에 의식이 돌아왔을 때 앙리 2세는 정신을 되찾은 것처럼 보였다.

하지만 앙리 2세는 카트린이 사실상 프랑스를 장악했다는 사실을 알게 되었다. 그는 가브리엘의 소식을 물었는데, 그 스코틀랜드인 기사가 카트린을 믿지 못해 이미 떠났다는 이야기를 듣고는 미간을 찌푸렸다. 앙리 2세는 애첩을 찾았지만, 카트린은 궁전 문에 병사를 배치해 디안의 출입을 막았다. 아마 가장 놀라운 소식은 카트린의 명령으로 죄수 네 명의 목이 잘렸다는 이야기였을 것이다. 카트린은 의사들에게 왕을 치료하는 방법을 찾으라면서, 죄수들의 머리를 가지고 가브리엘의 부러진 창끝으로 실험을 하게 했다.

한편, 전령이 말을 타고 숲과 들을 가로질러 북동쪽의 브뤼셀로 부리나케 달려가고 있었다. 에스파냐 왕인 펠리페 2세Felipe II에게 가는 길이었다.(혼란스럽게도 에스파냐 왕들은 에스파냐가 아니라, 정복한 영토인 북유럽에서 거주할 때가 많았다.) 얼마 전에 맺은 평화 조약으로 펠리페 2세는 앙리 2세의 딸과 결혼을 했지만, "에스파냐 왕은 신부를 쫓아다니지 않는다."라는 핑계를 내세워 파리에서 열린 자신의 결혼식에 직접 참석하지 않았다.(펠리페 2세는 결혼식에 공작을 대리인으로 보냈다. 법적으로 결혼을 '완료'하기 위해 그날 밤 공작은 신부의 침실로 들어가 신발과 바지를 벗고는, 침대 커버 밑으로 발을 집어넣어 신부의 벌거벗은 넓적다리를 애무했다. 파리에서는 이것이 그녀를 만족시켰는지를 놓고 야한 추측과 농담이 난무했다.)* 펠리페 2세는 앙리 2세 가족에게 오만한 태도를 보이긴 했어도, 앙리 2세가 살길 바랐으며, 그래서 전령이 도착한 직후에 자신의 가장 훌륭한 의사를 깨웠다. 그는 그 당시 유럽에서 뇌에 관한 전문 지식으로는 파레와 필적할 만한 사람이었다.

안드레아스 베살리우스Andreas Vesalius는 플랑드르에서 십대 시절을 보내면서 두더지, 생쥐, 고양이, 개를 비롯해 붙잡을 수 있는 동물은 모조리 잡아 해부했다. 하지만 동물 해부만으로 성에 차지 않은 베살리우스는 얼마 후 끓어오르는 열정을 참지 못해 인간 해부에 도전했다. 그래서 한밤중에 무덤에서 시체를 훔치기 시작했고, 때로는 시체 토막을 놓

뇌과학자들의 결투에 참여한
안드레아스 베살리우스.
(출처 : 미국국립의학도서관)

고 들개와 싸우기도 했다. 또, 밤중에 몰래 도시 성벽 밖으로 나가 교수대에 매달린 시체를 훔치기까지 했는데, 높이 9m나 되는 교수대를 기어 올라가 줄에 매달린 채 흔들리고 있던 소매치기나 살인자를 끌어내렸다. 시체가 까마귀에게 아직 심하게 훼손되지 않았으면 운 좋은 날이라고 여겼다. 그는 시체를 옷 밑에 숨겨 도시로 다시 들어와 자신의 방에 몇 주일 동안 보관해두고서 마치 식인종 미식가가 음식을 맛보듯이 해부를 음미했다. 그는 장기를 일일이 만지길 좋아했는데, 심지어 무엇이 새어 나오는지 알아보려고 손으로 꽉 움켜쥐기까지 했다. 비록 엽기적이긴 했지만, 이런 베살리우스의 집착은 의학에 혁명을 가져왔다.

베살리우스는 결국 의과대학에 진학했다. 그 이전의 1300여 년 동안 모든 사람이 그랬듯이 그가 받은 교육은 기본적으로 갈레노스 Galenos(129~199?, 고대 로마 시대의 의학자)의 연구 결과를 달달 외우는 것이었다. 갈레노스가 살던 시대에 인간 해부는 금기시되었지만, 운 좋게도 갈레노스는 로마의 검투사들을 돌보는 의사로 일했다. 그것은 그 당시의 해부학자에게 최고의 수련 기회였다. 검투사의 부상은 아주 심한 경우가 많았고, 그 덕분에 갈레노스는 당대의 어느 누구보다도 인간의 내부 장기를 더 많이 들여다보았다. 그는 곧 해부학파를 세웠다. 갈레노스의 연구는 아주 혁신적이면서도 모든 것을 망라하는 것이어서 오히려 그 분야의 발전을 방해했는데, 소심한 추종자들이 감히 그를 뛰어넘을 생각을 하지 않았기 때문이다. 르네상스 시대에 이르러 해부학이 새로운 과학으로 태어나는 진통이 시작되었지만, 대부분의 '해부학자'는 여전히 가급적이면 몸에 칼을 대지 않으려고 했다. 해부학 강의도 농담 비슷하게 진행되었다. 전문가가 옥좌에 앉아 갈레노스가 쓴 글을 큰 소리로 낭독하면, 그 아래에서 이발사가 동물의 몸을 갈라 내부 장기를 꺼내 보여주었다. 해부학 수업은 어디까지나 이론 수업이었지 실습 수업이 아니었다.

거무스름한 얼굴에 남성미 넘치는 검은색 턱수염을 기른 베살리우스는 갈레노스를 존경했지만, 직접 사람의 몸을 갈라보고 나서 갈레노스의 복음과 해부대 위의 증거 사이에 괴리가 있다는 사실을 알아챘다. 처음에는 자기 눈을 믿지 않고 이상한 몸을 가른 게 분명하다고 생각했다. 심지어 갈레노스 시대 이후에 인체가 변한 것이 아닐까 의심하기까지 했다. 남자들이 토가 대신 꽉 죄는 바지를 입은 것이 그 원인일지 모른다고 여겼다. 하지만 아무리 있을 수 없는 일로 보일지라도, 결국 베살리우스는 갈레노스가 틀렸다는 사실을 알게 되었다. 1540년 무렵에 그는 그런 실수 200가지를 정리해 목록으로 만들었고, 그것을 바탕으로 갈레노스가 양과 유인원, 소, 염소를 해부한 결과를 사람에게 확대 적용해 검투사를 대상으로 한 연구를 보완했다는 결론을 내렸다. 이러한 동물 연구의 결과로 갈레노스는 사람의 간에 여분의 엽이 있고, 심장이 2개의 방으로 이루어졌으며, 자궁에 살과 비슷한 '뿔'이 있다고 기록했다. 뇌를 조사하자, 갈레노스의 잘못은 더욱 명백하게 드러났다. 갈레노스는 주로

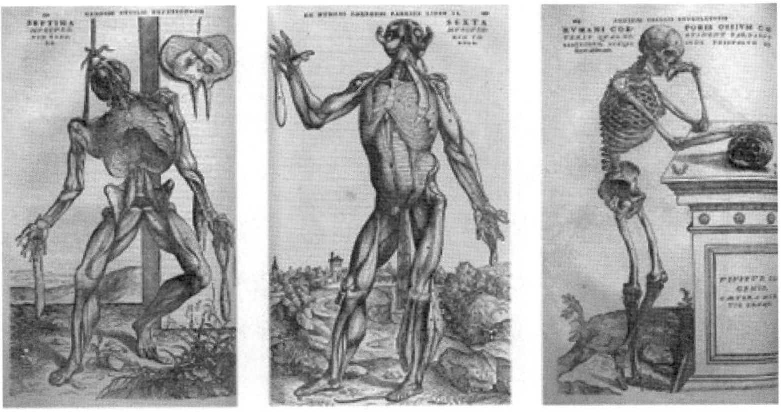

베살리우스의 《인체의 구조에 관하여》에 실린 그림들. 지금까지 출판된 과학 책 중 아주 아름다운 책으로 손꼽힌다. (출처 : 미국국립의학도서관)

소의 뇌를 해부했다. 소의 뇌는 클 뿐만 아니라, 로마의 푸줏간에서 쉽게 구할 수 있었기 때문이다. 갈레노스에게는 불운하게도 사람의 뇌는 소의 뇌보다 훨씬 복잡하다. 어쨌든 이 실수 때문에 그 후 1300년 동안 의사들은 뇌의 작동 방식을 갈레노스의 잘못된 개념을 바탕으로 설명하려고 노력했다.

베살리우스는 해부학을 혁신하겠다고 공언했다. 그는 인체를 직접 해부해보지도 않은 유명한 '해부학자들'에게 도전하거나 그 이름을 폭로했다.(한 사람에 대해 베살리우스는 그가 식탁에서 양고기를 썰 때 말고는 손에 칼을 쥐는 것을 본 적이 한 번도 없다고 조롱했다.) 더 중요한 사실은 베살리우스가 서구 문명의 소중한 저작물 중 하나를 집필하여 더 많은 독자에게 다가갔다는 점이다. 그 책은 바로 《인체의 구조에 관하여*De humani corporis fabrica*》이다.

그 당시 다른 해부학 책들은 조잡한 그림을 약간 싣는 게 고작이었지만, 이 책은 그런 관행을 뛰어넘어 인체를 사실적으로 묘사한 그림을

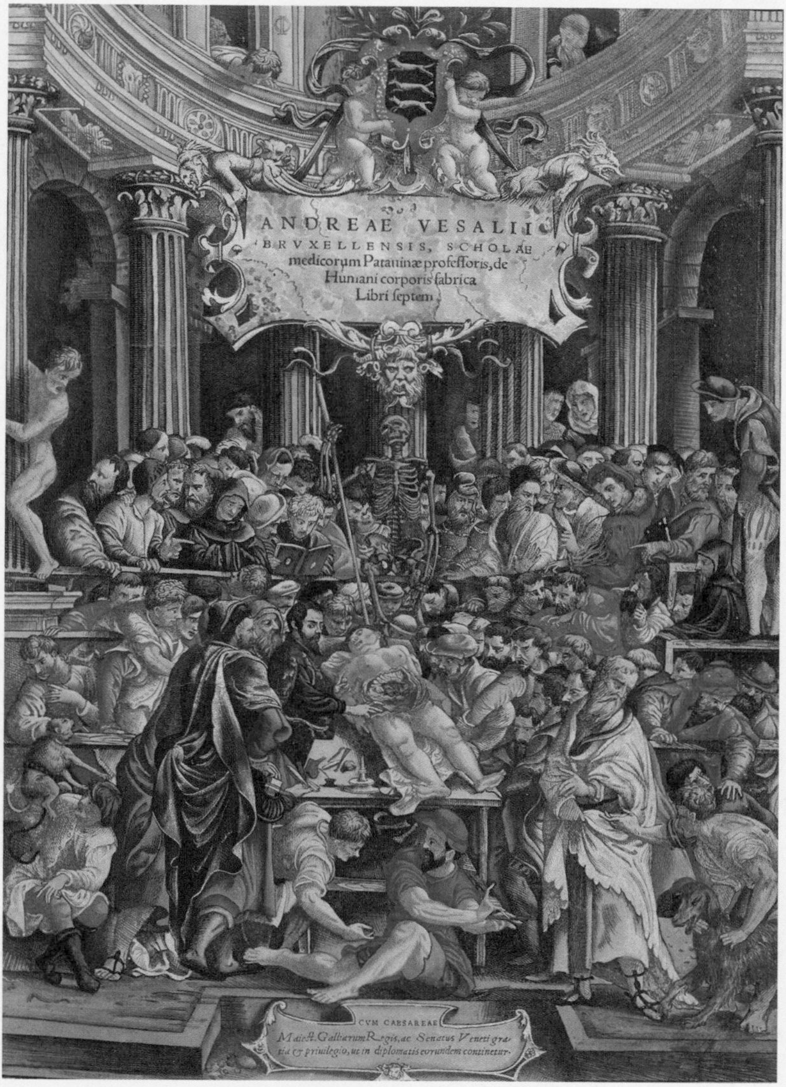

베살리우스의 《인체의 구조에 관하여》 표지.

많이 집어넣은 최초의 해부학 교과서였다. 이 책에 실린 그림들은 정말로 대단한 작품들이었다. 베살리우스는 자신의 대작을 위해 현지에서 구할 수 있는 최고의 화가를 수배했는데, 그 당시 파도바에서 활동하던 그가 구한 최고의 화가는 티치아노 베첼리오Tiziano Vecellio였다. 티치아노가 거느린 화가들은 베살리우스가 생각한 인체의 형상에 생명을 불어넣어 묘사했다. 오늘날의 교과서와 달리 《인체의 구조에 관하여》에 실린 인체는 해부대 위에 죽어서 가만히 누워 있는 모습이 아니다. 그들은 일어서서 걸어다니거나 조각상처럼 포즈를 취했다. 자신의 살을 가지고 스트립쇼를 하는 인체도 있는데, 한 껍질 한 껍질 벗으면서 내부 장기와 장기의 본질을 드러내 보여주었다. 좀 더 음산한 장면들도 있는데, 인체가 밧줄에 매달려 흔들리거나 손을 모아쥐고 고통스러운 기도를 하는 자세를 취했다. 자신의 무덤을 파는 해골도 있고, 머리뼈를 보면서 사색에 잠긴 (마치 햄릿이 궁중 광대 요릭의 해골을 집어들고서 "아아, 불쌍한 요릭!" 하고 말하는 것처럼) 해골도 있다. 티치아노의 도제들은 그림 배경까지 세심하게 신경을 써서, 파도바 근처의 아름다운 구릉지를 배경으로 시체들이 깡충거리며 뛰어다니는 모습을 그렸다. 그 당시의 그림과 조각처럼 이런 그림들에서도 사실주의적 표현이 극치를 이룬 덕분에 《인체의 구조에 관하여》는 미술과 과학의 위대한 결합*이 빚어낸 역사적인 걸작 중 하나로 꼽힌다. 이 저서의 압권이라고 할 만한, 뇌와 관련 구조를 다룬 제7권에 실린 그림들은 최초로 중요한 수십 가지 세부 구조를 뚜렷이 구별해 묘사했다. 다른 해부학자들도 뇌를 보긴 했지만, 위대한 화가와 같은 눈으로 그것을 제대로 본 사람은 베살리우스가 처음이었다.

베살리우스는 종이와 서체를 포함해 《인체의 구조에 관하여》의 출판에 관한 모든 세부 사항에 일일이 신경을 썼으며, 인쇄 과정을 감독하려고 이탈리아에서 알프스 산맥을 넘어 스위스까지 갔다. 초판본을 위해서는 또 다른 화가에게 그림을 직접 손으로 그리도록 의뢰했고, 그 책을 자주색 실크 벨벳으로 싼 뒤에 멀리 북쪽으로 가져가 신성로마제국 황제 카를 5세Karl V(에스파냐 왕 카를로스 1세Carlos I와 동일 인물—옮긴이)에게 바쳤다. 그때가 1543년 6월이었는데, 기묘한 우연의 일치랄까, 바로 일주일 전에 니콜라우스 코페르니쿠스Nicolaus Copernicus가 《천체의 회전에 관하여*De revolutionibus orbium coelestium*》를 출판했다. 하지만 70세의 천문학자가 쓴 《천체의 회전에 관하여》가 인간의 위치를 우주의 중심에서 지상으로 끌어내렸다면, 28세의 해부학자가 쓴 《인체의 구조에 관하여》는 인간을 건축학적으로 경이로운 설계라고 찬양하면서 그 지위를 격상시켰다. 하지만 이교도에 가깝게 인체를 이토록 찬양하는 태도를 모두가 좋아한 것은 아니었다. 심지어 일부 해부학자도 이를 못마땅하게 여겼는데, 그들은 베살리우스를 비난하면서 갈레노스를 비판한 내용을 모두 철회하라고 요구했다.(베살리우스의 전 스승은 그의 이름을 베사누스Vesanus라고 부르며 깎아내렸는데, 베사누스는 라틴어로 '미치광이'란 뜻이며, 그 꽁무니에 붙어 있는 anus는 '항문'이란 뜻이 있으니, 교묘한 해부학적 말장난인 셈이다.) 하지만 의학에 문외한이었던 카를 5세는 《인체의 구조에 관하여》를 받고서 좋아하며 베살리우스를 궁정 의사로 승진시켰다.

하지만 1559년에 카를 5세가 죽자, 베살리우스는 그 뒤를 이어 왕좌에 오른 차갑고 쌀쌀맞은 펠리페 2세의 궁정에서 일하게 되었다. 그는 귀족들의 통풍이나 성병, 창자막힘(장폐색)을 치료하면서 지냈고, 독창적인 연구를 할 시간은 거의 없었다. 그래서 앙리 2세가 마상창시합에서 사고를 당했다는 소식이 당도하자, 베살리우스는 즉시 자리를 박차고 일어나 우편 마차를 갈아타면서 48시간 만에 약 300km를 달려 파리로 갔다.

그는 곧 파레를 만났는데, 오늘날의 신경과학자들은 두 사람의 만

남을 상상하면서 흥분한 나머지 손가락을 물기까지 한다. 당대의 두 거장이 드디어 만났기 때문이다! 두 사람은 1544년에 생디지에 부근에서 만날 뻔한 적도 있었는데, 그때 베살리우스가 속한 군대는 파레의 군대가 주둔하던 곳을 포위 공격했다. 이번에는 두 사람 사이에 벌어질 '전투'가 일대일 정면 대결이 될 공산이 컸고, 자부심 강하고 야심만만한 두 사람은 서로의 주위를 빙빙 돌면서 상대방을 가늠하려고 했을 것이다. 하지만 두 사람은 그런 일에 허비할 시간이 별로 없었다.

그 당시에 남긴 기록이 정확하다면, 왕의 침실은 동물원 비슷한 것으로 변했다. 개들이 마구 뛰어다녔고, 침대 발치에서는 약제상들이 허브와 미라 조각을 칼로 잘랐으며, 신하들은 독수리처럼 빙 둘러서서 앙리 2세의 휴식을 방해했다. 앙리 2세는 화려한 담요가 덮인 기둥 네 개짜리 침대에서 헤드보드 위에 맨살이 드러난 상반신을 걸친 채 누워 있었다. 환자 동태 기록에 따르면, 그의 얼굴은 기괴하게 부어올랐고, 목은 오래된 프랑스 빵처럼 뻣뻣하게 굳었다. 왼쪽 눈은 여전히 보였지만, 창에 찔린 오른쪽 눈은 실명했고, 눈구멍 주변의 뼈가 훤히 드러났다. 고름에 물든 붕대는 실크 베개와 선명한 대조를 이루었다. 뇌 외상에 관한 현대의 지식을 참고한다면, 앙리 2세는 필시 입에서 금속 맛이 났을 것이다. 무엇보다도 시커먼 뇌운雷雲에 뒤덮인 것처럼 머리뼈 뒤쪽이 욱신거리는 격심한 두통을 겪었을 것이다. 정신이 맑을 때 앙리 2세는 놀라운 정신력을 발휘해 국사를 돌보고 서한을 보내고 여동생의 결혼식을 준비했으며, 심지어 일부 루터파 인간쓰레기들에게 선고를 내리기까지 했다. 하지만 뇌가 부어오르면서 두통이 심해지자, 점점 정신이 혼미해졌고, 눈도 보였다 안 보였다 했다. 잠도 들었다 깼다 반복했고, 마음을 진정시킬 음악과 디안을 거듭 요구했는데, 음악과 달리 디안은 거부당했다.

기적처럼 앙리 2세의 머리뼈에서는 골절 부위가 전혀 발견되지 않았고, 머리카락처럼 가는 균열조차 없었다.(고대부터 의사들은 균열을 찾는 방법을 몇 가지 개발했다. 머리 꼭대기에 잉크를 바르고는 그것이 배어 들어가는지 관찰하는 방법도 있고, 막대로 머리뼈를 두들겨 소리를 듣는 방법도 있었다. 균열이 생긴 종과 멀쩡한 종에서 나는 소리가 다르듯이, 균열이 생긴 머리뼈와 온전한 머리뼈는 나는 소리가 다르다.) 많은 궁정 의사들은 이 소식에 환호하면서 앙리 2세가 죽지 않고 살 것이라고 선포했다. 그 당시 대부분의 의사들처럼 그들도 머리뼈에 골절이 없으면 뇌에 큰 탈이 없다고 믿었다. 그것은 달걀이 깨지지 않는 한 노른자위가 다치지 않는 것과 마찬가지라고 생각했다.(심지어 일부 재판관은 머리를 가격하더라도 머리뼈가 깨지지 않았다면 살인 혐의를 적용할 수 없다고 생각했다.) 사실, 머리뼈 골절이 일어난 상처는 그렇지 않은 상처보다 유혈이 낭자하여 훨씬 끔찍했기 때문에, 그런 생각은 충분히 일리가 있어 보였다.

하지만 베살리우스와 파레의 생각은 달랐다. 왕을 만난 베살리우스는 흰 천을 꺼내더니 왕에게 그것을 물라고 했다. 그러고 나서 다소 불경스럽게 그것을 확 잡아당겼다. 앙리 2세는 경련과 함께 양 손으로 머리를 감싸쥐면서 고통을 못 이겨 비명을 질렀다. 여러분은 이런 무례한 행동에 십여 개의 칼이 칼집에서 뽑히는 소리가 떠오르겠지만, 이 시험으로 베살리우스는 앙리 2세가 죽을 것이라고 확신했다. 《인체의 구조에 관하여》의 저자는 뇌가 얼마나 연약한지(뇌는 잘 익은 아보카도처럼 숟가락으로 떠낼 수도 있다.) 누구보다도 잘 알았고, 그토록 심한 고통을 느끼는 사람은 대개 살아남기 힘들다는 사실을 오랜 경험을 통해 알고 있었다.

한편, 파레는 전장에서 쌓은 경험을 바탕으로 판단했다. 머리에 총탄이나 포탄을 맞은 병사가 겉으로는 피도 안 흘리고 아무 증상이 없는 경우가 종종 있었다. 하지만 그 병사는 정신이 오락가락하다가 결국 뇌가 멈추었다. 이 수수께끼를 풀려고 파레는 신속하게 부검을 했다. 그 당시 부검은 드물었고 대개 불법이었지만, 전장에서는 그런 법이 느슨하게 적용되었다. 파레는 은밀하게 부검을 실시하면서 뇌 속에서 부어올랐거나 상처를 입었거나 심지어 죽은 조직을 자주 발견했다. 이것은 새로운 진단으로 논란이 되던 뇌진탕을 뒷받침하는 단서였다. 파레는 또한 머리 한쪽에 타격을 입었지만 뇌 손상은 반대편에 집중적으로 생기는 맞충격 손상contrecoup injury이라 부르는 사례도 보았다. 이것은 가장 치명적인 손상이 될 때가 많았다. 파레는 노스트라다무스를 능가하는 예언을 했다. 앙리 2세의 뇌는 치명적인 맞충격 뇌진탕이 일어났으며, 손상은 뒤쪽에 집중돼 있다고……. 두 사람은 각자 다른 전문 지식을 바탕으로 앙리 2세가 살아남을 가망이 없다고 판단했다. 유혈이 낭자한 머리 부상이야말로 최악의 부상이라는 전래의 원칙을 무시한 판단이었다. 두 사람은 골절과 출혈 대신 뇌 자체에 초점을 맞추었다.

실제 치료 방법을 두고 두 사람은 여분의 체액과 '오염된' 피를 제거하려고 머리뼈에 구멍을 뚫는 방법을 논의했지만, 이득보다 위험이 더 크다고 판단해 포기했다. 그 사이에 참수한 죄수들의 머리를 조사했다. 정확하게 어떻게 조사했는지, 예컨대 표적을 안정시키려고 바이스로 각각의 머리를 고정했는지, 아니면 머리를 줄에 매달아 흔들리게 했는지 따위의 기록이 남아 있진 않지만, 가브리엘의 부러진 창으로 그 머리들을 쳤을 것이다. 그것은 중세의 잔혹성과 근대의 실험적 방법이 섬뜩한 방식으로 결합된 것이었다. 어쨌든 파레와 베살리우스는 단서를 찾고자 그 표적들을 가지고 열심히 조사했다. 하지만 그 머리들은 치료에 아무런 영감도 제공하지 못했다.

그보다는 단순히 왕의 상태를 관찰함으로써 더 많은 것을 알아낼 수 있었을 것이다. 고통에 빠진 왕의 상태는 그 후 400년 동안 신경과학 분야에서 일어날 많은 발견을 예고하는 것이었다. 앙리 2세는 무의식의 경계를 넘나들면서 정신이 계속 오락가락했다. 발작과 일시적인 마비 현상이 나타났는데, 이 두 가지는 당시에 불가사의한 고통으로 간주되었다. 이상하게도 마비나 발작이 나타날 때에는 몸의 절반만 그 영향을 받았다. 이것은 지금 생각해보면, 좌뇌와 우뇌가 각각 몸의 절반을 지배한다는 것을 보여주는 확실한 단서였다. 앙리 2세의 시력도 왔다 갔다 했는데, 이것은 뇌 뒤쪽(파레가 맞충격 손상을 발견하리라고 기대했던 곳)이 시각을 제어한다는 것을 보여주는 단서였다. 무엇보다 나쁜 징조는 앙리 2세의 두통이 점점 더 심해진다는 점이었다. 파레는 이것을 뇌가 부어오르면서 머리뼈 내부의 혈관들이 파열하는 신호라고 보았다. 오늘날 우리는 염증과 체액의 압력이 뇌세포들을 으스러뜨려 몸과 마음을 움직이는 스위치와 회로를 파괴한다는 사실을 알고 있다. 이것은 머리뼈에 골절이 전혀 없더라도 뇌 손상이 치명적인 이유를 설명해준다. 오히려 머리뼈 골절은 부어오른 뇌나 고인 피가 빠져나갈 통로를 제공해 목숨을 구하는 데 도움을 줄 수 있다. 신경과학의 역사는 뇌의 회복력이 놀랄 만큼 좋다는 것을 입증했다. 그러나 뇌가 잘 견뎌낼 수 없는 한 가지는 바로 압력인데, 부어오르는 것 같은 외상의 2차적 효과가 최초의 타격보다 훨씬 위험할 때가 많다.

프랑스 왕 앙리 2세는 결국 7월 10일 오후 1시에 머릿속 출혈로 숨을 거두었다. 카트린 왕비는 모든 교회에 매일 여섯 번씩 추도 미사를 열게 했고, 또 그동안 왕을 위해 계속 처량하게 울려대던 모든 교회의 종소리를 멈추게 했다. 갑작스럽게 찾아온 이 불길한 정적 속에서 베살리우스와 파레는 그 유명한 부검을 시작했다.

왕의 몸에 칼을 댄다는 것(심지어 그런 일을 제안하는 것)은 아주 과감한 생각이었다. 그 시절, 해부학자가 시체를 해부할 수 있는 경우는 공개 강연이나 부검 두 가지밖에 없었다. 어떤 경우든 그런 일을 하는 것은 해부학자의 평판에 누가 되었다. 16세기 중엽에 이르러 일부 도시(특히 이탈리아의)는 교육 목적의 해부에 대해 금지 조처를 완화했지만, 완화 정도는 극히 인색했다. 일 년에 한 명만 해부를 허용했고(부패를 막기 위해 대개 겨울철에), 그것도 죄수에 한해 허용했는데, '사형과 해부'라는 공식 선고는 악당에게 사후 처벌을 추가하는 의미가 있었기 때문이다. 대부분의 왕국은 독살이나 영아 살해 또는 그 밖의 극악무도한 범죄를 저지른 죄수에 한해서만 부검을 허용했다. 경우에 따라 실제로 시체를 해부하지 않고 '부검'을 하기도 했다. 앙리 2세를 누가 어떻게 죽였는지 모두가 다 아는 마당에 카트린이 파레와 베살리우스에게 앙리 2세의 완전한 침습적 부검을 허락한 이유는 분명하지 않지만, 어쨌든 역사는 카트린이 그런 결정을 내린 것에 고마워하게 된다.

베살리우스는 《인체의 구조에 관하여》에서 머리뼈를 적절하게 절개하는 단계를 제시했다. 대개는 뇌를 관찰하기 쉽도록 머리를 싹둑 잘랐지만, 이번에는 왕에게 경의를 표하기 위해 목덜미 밑에 나무 블록을 놓고 턱을 좀 높이는 데 그쳤다. 누군가 백발로 변해가는 왕의 머리카락을 한 움큼 꽉 쥐어 머리뼈가 움직이지 않게 했고, 다른 사람(아마 해부 전문가인 베살리우스 자신)이 눈썹 위 2.5cm쯤 되는 지점을 톱으로 썰기 시작했다. 그렇게 머리를 빙 두르며 머리덮개뼈를 잘라내자, 뇌를 둘러싼 얇은 막(뇌막)이 나타났다. 《인체의 구조에 관하여》에서 베살리우스는 학생들에게 엄지손톱으로 뇌막을 갈라 열어보라고 권했다. 그러고 나서 손가락을 안으로 집어넣어 모든 주름을 꽉 쥐어보고 만져보라고 했다. 그는 해부에서 시각적 즐거움뿐만 아니라 촉감을 통한 즐거움도 느꼈다. 하지만 앙리 2세의 뇌 앞에서 그는 또 한 번 자제심을 발휘했다. 아마 앙리 2세의 뇌 상태가 그다지 좋지 않아 만지고 싶은 충동이 들지 않았던 게 한 가지 이유였을 것이다. 앞쪽과 양 옆쪽은 정상으로 보였지만, 뒤

베살리우스의 《인체의 구조에 관하여》에 포함된 삽화.

쪽, 그러니까 충격을 직접 받은 곳의 반대쪽*에서 베살리우스와 파레는 뇌막 아래에 검게 변한 체액이 마치 금방이라도 터질 것 같은 물집처럼 고여 있는 걸 발견했다. 뇌 자체도 그곳에서는 누렇게 부패해, 폭이 엄지손가락 너비 정도, 높이는 엄지손가락 두 개 너비 정도의 고름 덩어리처럼 보였다. 또 한 가지 중요한 사실은 가브리엘의 창에서 부러진 나뭇조각이 뇌를 전혀 관통하지 않았다는 점이었다.

베살리우스와 파레가 뇌 손상 때문에 사람이 죽는 과정을 어떻게 이해하고 있었는지는 확실치 않다. 보고서를 보면, 두 사람은 체액 불균형과 앙리 2세의 몸에서 빠져나간 '동물 정기animal spirits' 이야기로 빠지는 경우가 많았다. 그들은 신경세포나 뇌의 국재화(395쪽 참고)에 대해서는 전혀 몰랐다. 그리고 부러진 창 조각이 감염의 원인이 되어 앙리의 건강을 악화시킴으로써(그들이 이해하지 못한 합병증으로 인해) 죽음을 재촉했는지도 모른다. 하지만 두 사람은 앙리 2세의 뇌 뒤쪽에 생긴 '뇌진탕'과 '부패'가 그 결과로 고인 피와 함께 앙리 2세의 죽음을 초래했다는 사실을 충분히 이해했다. 두 사람은 머리뼈 골절이 일어나지 않았더라도 뇌가 입은 외상만으로 충분히 치명적일 수 있다고 결론지었다. 그리고 이것을 입증하면서 그들은 엉터리 예언자 노스트라다무스가 중얼거린 예언보다 훨씬 뛰어난 예측을 했다. 노스트라다무스는 사자와 황금 우리 운운하며 장황한 말을 늘어놓았다. 베살리우스와 파레는 앙리 2세의 뇌 속에서 어떤 종류의 손상을 발견할지, 그리고 그것을 정확하게 어디에서 발견할지 예측했으며, 실제로 그 장소에서 그것을 발견했다. 그들은 과학이 예언자보다 월등하다는 것을 증명했다.

외과의들의 운명

앙리 2세의 죽음은 그가 사랑한 것들을 모두 몰락시키는 결과를 가져왔다. 그 후로 프랑스 왕들은 안전을 위해 직접 마상창시합을 하는 것이 금지되었다. 디안 드 푸아티에는 앙리 2세의 애첩으로 지내며 얻었던 보석과 땅과 궁정의 거처를 모두 내놓아야 했다. 허약한 몸으로 새로 왕위에 오른 프랑수아 2세François II는 불과 17개월 뒤에 사냥 도중에 걸린 귀앓이로 죽었다. 그 뒤를 이어 왕위에 오른 샤를 9세Charles IX는 열 살이었으므로 카트린이 섭정을 맡았다. 이탈리아 메디치 가문 출신의 여자가 프랑스를 지배하게 된 것이다.

앙리 2세의 죽음은 실제로는 카트린의 희망과 행복을 짓밟았다.

앙리 2세한테서 부당한 대접을 받긴 했지만, 그래도 카트린은 앙리 2세를 사랑했다.(심지어 그녀는 자신의 왕실 문장인 무지개를 부러진 창으로 바꾸었다.) 하지만 그 후 몇 년 동안 카트린이 펼친 정책은 평화를 바라던 앙리 2세의 기대를 저버리고 가톨릭 왕당파와 프로테스탄트 사이에 수십 년간의 내전을 촉발시켰다. 이 내전은 1572년 8월에 성 바돌로매 축일의 학살이 일어나면서 최악의 상황으로 치달았는데, 이 사건은 카트린이 꾸며 일어난 것으로 보인다. 원래는 핵심 프로테스탄트 지도자들만 겨냥해 벌인 일이었지만, 피에 흥분한 군중들이 온 나라로 퍼져가면서 수천 명을 살육했다. 역사학자들은 성 바돌로매 축일의 학살이 이름과 달리 단 하루 동안 일어난 일이 아니라 한 계절 동안 일어났다고 말한다. 표적이 된 프로테스탄트 중 한 명은 바로 가브리엘이었다. 그는 앙리 2세를 죽게 한 후에 망명 생활을 하는 동안 가톨릭과 결별했다. 성 바돌로매 축일의 학살이 일어나자 그는 다시 영국으로 도망쳤지만, 다음 해에 왕당파와 싸우려고 돌아와 노르망디를 점령하고 프랑스 북부를 위협했다. 긴 추격전 끝에 결국 가브리엘은 1574년에 왕당파 군대에 붙잡혔고, 그를 여전히 남편을 죽인 원수로 여기던 카트린은 가브리엘을 네 토막 낸 뒤에 목을 자르는 기쁨을 누렸다.

외과의들의 운명은 그 후에 어떻게 되었을까? 파레는 1560년에 죽어가던 프랑수아 2세의 치료를 맡았다. 소년은 귀앓이 때문에 뇌에 체액이 고였는데, 이번에도 파레는 프랑스 왕의 머리에 구멍을 뚫는 수술을 거부했다. 왜 거부했는지 정확한 이유는 아무도 모르지만, 섭정으로 통치할 욕심을 품은 카트린의 요청으로 파레가 젊은 왕의 귀에다 독을 집어넣었다는 나쁜 소문이 나돌았다. 하지만 파레가 긴급 뇌 수술을 하지 않기로 결정한 데에는 또 다른 이유가 있었다. 그 수술에 따르는 위험이 무척 컸기 때문인데, 파레는 일이 잘못되었을 때 자신에게 쏟아질 비난을 너무나도 잘 알고 있었다. 얼마 전에 파레는 프로테스탄트(카트린이 믿고 살인을 교사할 수 없는)로 개종하여 그 지위가 위태로웠기 때문에 이 주장은 더욱 그럴듯하게 들린다. 실제로 파레는 10여 년 뒤에 벌어진 성 바돌로매 축일의 학살에서도 간신히 살아남았다.

그럼에도 불구하고, 파리에 잠깐 평화가 지속되는 동안 파레는 승승장구했다. 그는 군 외과의를 위한 안내서를 썼고, 베살리우스의 책을 표절해 해부학 교과서도 썼다.(파레는 이러한 도용 행위를 "다른 양초의 불을 빌려 양초를 켜는 것처럼 무해한 것"이라고 부르며 대단치 않게 여겼다.) 그는 또한 미라와 유니콘 뿔을 비롯해 그 밖의 사이비 치료법을 근절하기 위한 캠페인도 벌였다. 무엇보다 중요한 것은 앙리 2세의 부검에서 영감을 얻어 머리 부상에 관한 책을 집필한 것이다. 이 책은 맞충격 손상과 고인 체액의 위험에 주목했으며, 또 특정 뇌 손상을 특정 증상과 연결 짓는 중요한 연구를 계속하여, 그 후 400년 동안 신경과학의 표준 방식으로 참조되었다. 세상에서 가장 훌륭한 외과의는 네 명의 왕을 모신 뒤에 말년을 파리에서 보냈고, 다섯 군데 저택 중 한 저택의 침대 위에서 평온하게 눈을 감았다.

베살리우스의 말년은 그리 좋지 않았다. 앙리 2세의 부검 후 한 달도 안 돼 펠리페 2세는 추운 브뤼셀을 떠나 따뜻한 에스파냐로 가기로 결정했다. 베살리우스도 왕을 따라갔지만, 따라간 것을 곧 후회했다. 베살리우스가 에스파냐에서 쫓겨난 이유를 설명하는 이야기는 두 가지가 있다. 설득력이 좀 떨어지는 이야기에 따르면, 베살리우스는 어느 날 밤에 왠지 꺼림칙해 어떤 귀족 여자의 부검을 하기가 싫었는데, 몸을 가르고 나서야 심장이 아직도 팔딱팔딱 뛰고 있는 걸 발견했다고 한다. 그 자리에 입회했던 가족들은 그를 종교재판소에 고발했고, 베살리우스는 예루살렘 순례를 다녀오는 조건으로 간신히 목숨을 부지했다고 한다.

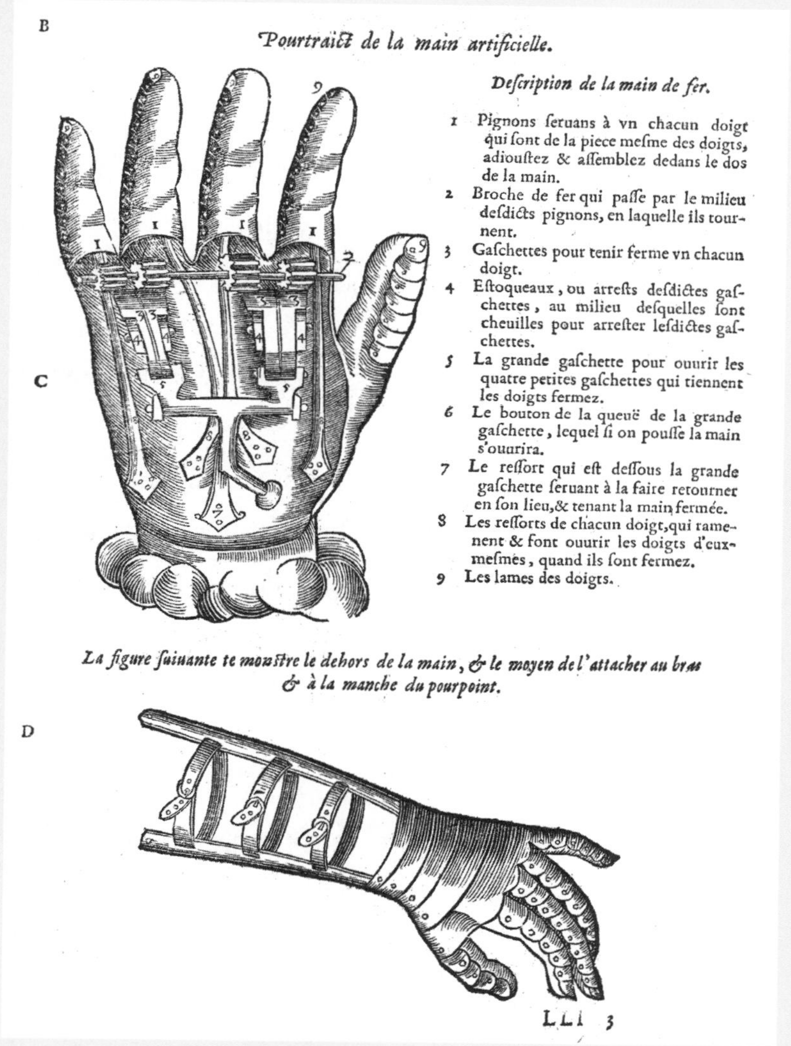
B

Pourtraict de la main artificielle.

Deſcription de la main de fer.

1 Pignons ſeruans à vn chacun doigt qui ſont de la piece meſme des doigts, adiouſtez & aſſemblez dedans le dos de la main.

2 Broche de fer qui paſſe par le milieu deſdicts pignons, en laquelle ils tournent.

3 Gaſchettes pour tenir ferme vn chacun doigt.

4 Eſtoqueaux, ou arreſts deſdictes gaſchettes, au milieu deſquelles ſont cheuilles pour arreſter leſdictes gaſchettes.

5 La grande gaſchette pour ouurir les quatre petites gaſchettes qui tiennent les doigts fermez.

6 Le bouton de la queuë de la grande gaſchette, lequel ſi on pouſſe la main s'ouurira.

7 Le reſſort qui eſt deſſous la grande gaſchette ſeruant à la faire retourner en ſon lieu,& tenant la main fermée.

8 Les reſſorts de chacun doigt,qui ramenent & font ouurir les doigts d'eux-meſmes, quand ils ſont fermez.

9 Les lames des doigts.

C

La figure ſuiuante te monstre le dehors de la main, & le moyen de l'attacher au bras & à la manche du pourpoint.

D

LLl 3

파레의 《앙브루아즈 파레의 작품들》(1678)에 포함된 삽화.

두 번째 이야기는 좀 더 그럴듯하지만 더욱 기이하다. 인판테Infante라고 불리던 에스파냐 왕세자 돈 카를로스Don Carlos는 몸이 약하고 열성 발작이 자주 일어나는 소년이었다. 하지만 그를 좋아한 사람은 거의 없었는데, 판테가 사이코패스였기 때문이다. 태어날 때부터 이가 돋아나 있었던 그는 보모들의 젖꼭지를 피가 나 감염될 정도로 물어뜯길 즐겼고, 동물을 산 채로 태워 죽이며 어린 시절 대부분을 보냈다. 십대 시절에는 어린 소녀들의 처녀성을 빼앗는 데 탐닉했다. 1562년의 어느 날 밤, 인판테는 자신이 점찍었던 처녀를 붙잡으려고 계단을 뛰어내려가다가 그만 발을 헛디뎠다. 완전히 고꾸라진 그는 머리를 계단 바닥에 찧고는 피를 흘리며 한동안 누워 있었다. 에스파냐 의사들이 왕세자를 치료하는 데 실패하자, 펠리페 2세는 베살리우스를 보냈다. 왕세자의 머리뼈 밑부분에서 작지만 깊고 붉은 상처를 발견한 베살리우스는 뇌에 쌓인 압력을 줄이기 위해 천공술을 제안했다. 외국인의 간섭을 못마땅하게 여긴 에스파냐 의사들은 그의 제안을 거부했다. 대신에 그들은 현지 주민에게 매장된 지 100년이 넘어 말라붙은 디에고 수도사의 시체를 파내게 했다. 디에고는 수도원에서 요리사로 일했고, 기적을 행한 사람으로 알려져 있었다. 주민들은 돈 카를로스의 침실로 들어가 디에고의 시체를 시트 밑으로 집어넣었다. 그러자 이미 정신이 반쯤 나갔던 소년은 수도사를 끌어안았고, 그 수도사가 찾아오는 꿈을 꾸기 시작했다. 며칠 뒤에 돈 카를로스의 상태가 다소 호전됐고, 베살리우스는 마침내 다른 의사들을 설득하는 데 성공해 눈구멍 주변의 머리뼈에 구멍을 뚫어 고름을 일부 뽑아냈다. 그러자 돈 카를로스는 1주일이 지나기 전에 회복했지만, 의사들과 현지 주민들은 모두 디에고 덕분에 나았다고 입을 모아 칭송했다. 훗날 디에고는 베살리우스가 일으킨 기적 덕분에 성인으로 인정되었다.

베살리우스는 이 모든 소극에 정나미가 떨어져 에스파냐를 떠나기로 마음먹었다. 그래서 탈출을 위해 성지 순례 계획을 세웠다. 먼저 그는 《인체의 구조에 관하여》를 출판한 파도바로 가 예전의 교수 자리에 복귀할 수 있도록 조처를 취했다. 그래도 성지 순례를 계략으로 사용한 것에 양심의 가책을 느껴 결국 순례 길에 나서 1564년 여름에 야파에 도착했다. 그는 예루살렘과 예리코 평야를 방문하고 나서 만족감을 느끼며 배를 타고 귀국길에 올랐지만, 파도바에는 도착하지 못했다. 그는 요금이 싼 배를 탔는데, 보급 물자가 부족했던 그 배는 귀국길에 폭풍을 만났고, 승객들은 음식과 식수 부족으로 죽어가기 시작했다. 제리코Géricault가 그린 〈메두사호의 뗏목〉과 비슷하게 시체들이 배 밖으로 던져지는 상황이 벌어졌고, 베살리우스는 눈앞의 시체에 평생 처음으로 두려움을 느꼈다. 그는 반쯤 미친 상태가 되었고, 배가 간신히 그리스 서해에 위치한 자킨토스 섬에 도착하자마자 허겁지겁 육지로 기어올랐다. 그가 항구 도시인 잔테 입구에서 죽었다는 이야기도 있고, 지저분한 여관까지 기어갔으나 전염병을 염려한 현지인들이 그를 혼자 죽게 내버려두었다는 이야기도 있다. 어느 쪽이든 그것은 매우 초라한 죽음이었다. 그가 어떻게 죽었는지 원인을 규명하려는 부검도 실시되지 않았다.

결국 앙리 2세의 죽음에서 유일하게 얻은 것이라곤 막 태어난 신경과학밖에 없었다. 기본적으로 앙리 2세의 부검은 맞충격 손상이 존재하며, 설사 머리뼈에 손상이 없더라도 뇌가 외상을 입을 수 있다는 사실을 의심의 여지 없이 확인시켜 주었다. 하지만 오늘날에도 우리는 여전히 같은 실수를 반복하면서 같은 교훈을 배우고 있다. 권투 선수나 쿼터백 또는 하키 선수는 '출혈이 없으면 다친 데가 없다'라는 이론을 맹신하면서 계속해서 뇌진탕을 무시한다. 하지만 뇌진탕이 한 번 일어날 때마다 뇌는 그만큼 약해지고 뇌진탕 발생 가능성이 높아진다. 여러 차례 타격을 입은 뒤에는 신경세포들이 죽기 시작하고, 스펀지 같은 구멍들이 생긴다. 그러면 인격이 붕괴하기 시작해 우울증에 걸리거나 능력이 떨어지거나 자살 충동이 생긴다. 400년이 지났지만, 남성성이 넘치는 오늘날의 운동 선수들*은 기꺼이 패드 대신 갑옷을 입고 앙리 2세와 마상창시합에 나서려 할 것이다.

더 깊은 차원에서 보면, 앙리 2세의 죽음은 신경과학 분야에서 새로운 접근 방법을 탄생시키는 데 기여했다. 베살리우스와 파레를 근대적인 인물로 볼 수는 없다. 두 사람은 갈레노스를 히포크라테스Hippokratēs와 그 밖의 그리스 의학자들과 함께 존경했다. 하지만 두 사람은 실험과 관찰을 강조함으로써 옛 사람들을 뛰어넘어 앞으로 나아갔다. 베살리우스는 새로운 뇌 지도를 유산으로 남겼고, 파레는 새로운 진단법과 외과 수술 기술을 물려주었다. 비록 앙리 2세의 부검이 최초의 부검 사례는 아니었지만, (환자와 담당 의사 모두의) 명성이라는 측면에서 볼 때 그것은 초기 의료 과학의 백과전서에 해당하는 것이었다. 왕족의 진료는 나머지 모든 사람을 위한 표준 진료로 자리잡는 경우가 많았기 때문에, 부검은 곧 유럽 전역으로 확산되기 시작했다. 부검이 확산되면서 특정 뇌 손상을 특정 행동의 변화와 연결 짓기가 더 쉬워졌으며, 새로운 부검이 이루어질 때마다 신경과학자들은 사람들의 증상을 더 정확하게 집어내는 방법을 배우게 되었다.

머지않아 과학자들은 섬뜩한 뇌 해부학을 뛰어넘어 파레와 베살리우스가 꿈도 꾸지 못한 현미경적 영역으로 옮겨갔다. 우주의 기본 입자들을 파고드는 물리학자들처럼 신경과학자들은 조직과 세포, 축삭돌기, 시냅스, 그리고 마침내 뇌에서 유통되는 기본 통화라고 부를 수 있는 신경전달물질까지 분석하면서 뇌의 기본 물질을 점점 더 깊이 파헤치기 시작했다.

2부

세포, 감각, 회로

Hieronymus bosch, La vision de Tondal, 1520-1530

2장

암살자의 수프

이제 뇌를 개략적으로 살펴보았으니, 이어지는 장들에서는 각 부분을 하나씩 자세히 살펴보기로 하자. 먼저 뇌를 이루는 가장 작은 구성 물질부터 살펴보자. 그것은 바로 세포들 사이에 신호를 전달하는 신경전달물질이다.

힌트 : 흰색과 검은색이 섞이면 무슨 색? 두 번째 단어는 여섯 자로 이루어졌으며, 그림을 가리키는 "welcome ___"라는 단어의 두 번째 단어로 시작한다.

신의 길은 인간의 길과 다르다. 신의 이성도 인간의 이성과 다르다. 그래서 신이 찰스 기토Charles Guiteau에게 대통령을 암살하라고 말했을 때, 기토는 신의 말씀을 따르겠다고 했다. 그렇게 함으로써 자신이 지지하는 공화당도 살릴 수 있다면, 그야말로 일석이조였다.

신과 찰스 기토는 서로 안 지 오래되었다. 기토가 어린 시절에 어머니는 머리를 박박 밀고 침실에 틀어박혀 성경 구절을 읊조리곤 했다. 아버지는 천년왕국설을 설파한 존 노이스John Noyes라는 사람의 설교에 홀딱 빠져 살았고, 기토 자신은 대학 입학 시험에 떨어진 뒤에 뉴욕 주 오네이다로 가 성性에 집착하는 노이스의 유토피아적 사이비 종교 집단에 들어갔다. 기토는 남북 전쟁 기간을 그곳에서 보냈지만, 여러 남자를 마다하지 않고 자유연애를 하던 오네이다의 여자들조차 툭 튀어나온 눈과 입 한쪽이 처진 미소와 편집광적 성격에 거부감을 느껴 그를 쌀쌀맞게 대했다. 여자들은 그를 찰스 기토 대신에 '찰스 겟아웃Charles Get-out(찰스, 저리 가)'이라고 불렀다.

기토는 1865년에 그곳을 나와 전도 활동을 시작했다. 처음에는 〈더 데일리 시어크랫The Daily Theocrat〉('theocrat'은 '신정주의자神政主義者'란 뜻임—옮긴이)이라는 신문을 발행하다가 실패하자 설교 활동에 나섰는데, "어찌하여 전체 인류 중 3분의 2는 지옥에 떨어질 수밖에 없는가?"와 같은 설교로 청중의 관심을 끌었다. 또, 예수의 재림에 관해 쓴 《진실*The Truth*》이라는 책을 자비 출판했다. 그 내용은 대부분 허튼소리였다. 예를 들면, 그는 스탠리Stanley와 리빙스턴Livingstone이 세상의 종말이 다가왔음을 알리는 징조라고 이야기했다. 허튼소리가 아닌 부분은 모두 노이스의 말을 표절한 것이었다. 그 와중에 기토는 변호사 시험(시행 연도에 따라 세 문제 또는 네 문제가 나왔는데, 두 문제만 제대로 답하면 합격할 수 있었다.)에 합격했다. 맨 처음 맡은 사건은 주먹을 흔들고 침을 튀기며 고함을 지르는 연설로 배심원들에게 나쁜 인상을 주는 바람에 패소했다. 그래서 채권 추심 대행업을 시작했지만, 대개는 고객의 돈을 뜯어먹고 살았으며, 블랙리스트에 오르는 바람에 하숙집에서도 쫓겨난 뒤에는 시카고로 가 누나 프랜시스Frances와 그 남편인 변호사 조지 스코빌George Scoville의 집에 빌붙어 살았다. 한동안 안락했던 이 생활마저 기토가 프랜시스에게 도끼를 휘두르는 사건 때문에 끝나고 말았다. 그 후 여기저기 떠돌다가 뉴욕으로 가 YMCA에서 사서로 일하던 여자와 결혼했다. 하지만 기토는 건방지게 말대꾸를 한다는 이유로 아내를 두들겨팬 뒤에 벽장에 가두었다. 아내는 기토가 창녀와 잔 뒤에 매독에 걸리자, 그를 간호해 건강을 되찾게 한 다음에 이혼했다. 매독균은 결국 그의 뇌까지 침투했다.

기토는 당연히 자신이 정치에 적합한 인물이라고 생각했다. 충성스러운 공화당 지지자였던 그는 1880년에 율리시스 그랜트Ulysses S. Grant의 대통령 3선 도전을 지지하는 정치 연설문을 상투적인 방식으로 작성했다. 그런데 제임스 가필드James Garfield가 공화당 후보로 결정되자, 기토는 그 연설문에서 그랜트의 이름만 가필드로 바꾸었다. 그러고는 부통령 후보인 체스터 아서Chester Arthur를 포함해 가필드의 선거 참모들에게 접근해 뉴욕에서 연설할 기회를 달라고 간청했다. 공화당은 마침내 그를 흑인 노동자들의 집회에 보냈다. 하지만 단상에 선 기토는 무대 공포증 때문에 몇 단락을 중얼거리다가 연설을 중단하고 말았다. 그럼에도 불구하고, 그는 자신이 가필드를 위해 뉴욕을 구했다고 확신했다. 그래서 가필드가 선거에서 승리하자, 기토는 얼마 남지 않은 돈을 긁어모아 기차를 타고 워싱턴 D.C.로 가 새로운 행정부에서 일자리를 달라고 요구했다.

그런 사람은 기토 말고도 부지기수였다. 마침 그때는 엽관 제도(선거에서 이긴 정당이나 대통령이 관직 임명권을 행사하는 제도—옮긴이)의

과실을 줍기에 가장 좋은 시기였는데, 대통령에 당선된 진영에서는 처음 몇 달 동안 채용 박람회 비슷한 분위기가 펼쳐졌다. 기토는 외국어를 못 했고 외국에 나가본 적도 없었지만, 유럽에서 일할 기회를 원했다. 몇 시간 동안 줄을 서서 기다린 끝에 기토는 마침내 가필드를 만나 뉴욕의 '승리를 이끌어낸' 그 연설문을 건네주었다. 연설문 위쪽에는 'Paris consulship(파리 영사직)'이라는 글자가 추가돼 있었다. 그 무렵 기토는 갈 데까지 간 처지여서 구두 대신 고무로 된 레인 커버를 신었고, 양말 한 켤레도 없었다. 하지만 그는 가필드에게 최선의 일그러진 미소를 지어 보이고 물러났는데, 가필드는 방금 대체 무슨 일이 일어난 거지 하며 고개를 갸웃거렸다.

그 당시에는 일반 시민도 사전 통보 없이 백악관을 방문할 수 있었다. 3월 하순에 기토는 가필드의 비서들은 물론 각료들에게까지 자신이 요청한 파리 영사직이 어떻게 되었느냐며 귀찮게 문의하기 시작했다. 국무장관이 마침내 견디다못해 기토에게 그만하라고 소리를 질렀고, 기토는 백악관의 문구류를 훔치다가 붙잡힌 뒤로 출입이 금지되었다. 그러나 못 말리는 낙관주의자였던 기토는 이제나저제나 자신의 임명 발표를 기다리며 신문을 계속 살폈다.

하지만 그런 일은 일어나지 않았다. 그리고 신문에 실린 소식들 때문에 기토는 더욱 심란해졌다. 이전에는 대학 총장으로, 남북 전쟁 때에는 장군으로, 그리고 그 후에는 오하이오 주 상원 의원으로서 성공 가도를 달린 가필드였지만, 그의 행정부는 처음부터 삐걱거렸다. 몇 차례 약속을 깨는 바람에 공화당원 사이에 분열이 생겼고, 뉴욕 주 출신 공화당 상원 의원 두 명이 이에 불만을 품고 사임했다. 불쾌한 뉴스가 헤드라인을 장식할 때마다 툭 튀어나온 기토의 눈은 더 튀어나왔다. 공화당이 해체되고 있었다. 누군가 나서서 공화당을 구해야 했다.

가필드를 죽여라

“가필드를 죽여라.” 하느님은 1881년 5월에 처음으로 기토에게 이렇게 속삭였다고 한다. 비록 그 말에 놀라긴 했지만, 기토의 표현에 따르면, “예수 그리스도 회사(Jesus Christ & Co.)”는 그 일을 위해 자신을 선택했으며, 그 일에 대해 곰곰이 생각할수록 그것은 더 논리적으로 타당해 보였다고 한다. “가필드를 죽여라.” 그렇다, 가필드가 죽고 나면, 그의 뉴욕 친구인 체스터 아서가 권좌에 올라 공화당의 동요를 진정시킬 것이다. 물론 아서는 기토가 신의 지시를 받고서 거사를 행했다는 설명을 듣고 자신을 사면할 것이다. 어쩌면 파리 영사 자리는 아직 날아간 게 아닐지 모른다.

기토는 10달러를 빌려 백악관에서 한 블록 떨어진 곳에 위치한 총포상에서 ‘브리티시 불도그’ 권총을 샀다. 그러면서 돈을 더 써서 상아 손잡이를 추가로 구입했는데, 훗날 박물관에 진열될 때 멋져 보일 것 같았기 때문이다. 기토는 권총을 한 번도 쏴본 적이 없어서 포토맥 강변의 호수 공원인 타이들베이슨으로 가서 연습을 했다. 권총의 반동에 몸이 밀려 진흙 속에 처박힐 뻔했고, 표적을 딱 한 번 맞히는 데(어린 나무에 구멍을 내는 데) 성공했다. 하지만 자신감에 충만한 기토는 그 주부터 대통령 뒤를 몰래 따라다니기 시작했다. 조만간 베스트셀러가 되리라고 기대하며 《진실》을 개정하는 작업에도 착수했다.

기토는 가필드를 교회에서 암살하기로 마음먹고, 어느 일요일에 정찰삼아 그곳까지 그를 미행했다. 되도록 눈에 띄지 않게 행동해야 했지만, 예배 도중에 감정이 북받친 기토는 일어서서 설교자에게 “당신은 예수를 어떻게 생각합니까?” 하고 외쳤다. (가필드는 그를 “목소리가 큰 따분한 젊은이”라고 기록했다.) 그 주 후반에 기토는 생각을 바꾸어 기차역에서 가필드를 저격하기로 결심했다. 하지만 가필드 부인이 남편과 팔짱을 끼고 걸어오는 것을 보고 갑자기 마음이 약해져서 물러서고 말았다.

몇 주일 뒤, 기토는 날씨가 너무 더워서 세 번째 암살 시도를 취소했고, 가필드가 국무장관과 뭔가 중요한 대화를 나누는 것 같아서 그것을 방해하고 싶지 않아 네 번째 시도도 포기했다. 그러다가 신문에 가필드가 여름 휴가차 7월 2일에 워싱턴을 떠난다는 보도가 나오자, 이번엔 기필코 거사를 실행하겠다고 마음을 다잡았다. 거사 당일, 기토는 새벽 4시에 일어나 포토맥 강가에서 연습 사격을 몇 발 했으며, 구두를 닦은 뒤에 택시를 타고 기차역으로 갔다. 그리고 기차역 화장실에서 권총을 꺼낸 뒤 기다렸다.

그날 아침, 가필드는 상쾌한 기분으로 일어났다. 악취가 풍기는 워싱턴 습지와 지긋지긋한 당파적 논쟁과 귀찮은 구직자들로부터 어서 탈출하고 싶었다. 그는 어린 아들 에이브럼Abram과 어빈Irvin의 침실로 가서 십대 소년처럼 어릿광대짓을 했다. 물구나무서기도 하고, 길버트와 설리번의 노래도 부르고, 아직도 그럴 힘이 있다는 걸 보여주겠다고 침대를 뛰어넘기까지 했다. 그는 오전 9시 20분 무렵에 기차역에 도착해 보좌관 한 명과 함께 열차를 향해 걸어갔다.

'가필드를 죽여라.' 기토는 살금살금 다가가 2m 이내 거리까지 접근했다. 첫 번째 총탄은 가필드의 팔을 스쳐 지나가면서 가필드를 놀라게 했다. 기토는 두 번째 총탄을 발사했고, 이번에는 등 아래쪽에 명중했다. 이 두 번째 총성에 플랫폼은 아수라장으로 변했다. 비명 소리와 고함 소리, 그리고 대혼란. 기토는 잰걸음으로 현장에서 빠져나오려고 했지만, 기차역 출구에서 한 경관에게 붙잡혔다.

한편, 가필드는 다리가 스르르 풀리면서 맥없이 주저앉았고, 등에

암살자 찰스 기토를 풍자한 만화

빨간 핏자국이 둥그렇게 번졌다. 잠시 후, 의사 두 명이 현장에 도착했고, 보좌관들도 달려왔다. 그중에는 16년 전에 포드 극장에서 아버지가 실려 나오는 걸 보았던 로버트 토드 링컨Robert Todd Lincoln도 있었다. "각하, 심하게 다치셨습니까?" 한 의사가 물었다. 일설에 따르면, 가필드는 나직한 목소리로 "난 죽었네."라고 대답했다고 한다.

이렇게 해서 온 국민이 제임스 가필드 대통령의 임종을 지켜보는 시간이 시작되었다. 얼마 전에 전신선이 전 세계로 뻗어나가며 설치된 덕분에 가필드의 고통은 사실상 생방송으로 중계되는 사건이 되었는데, 가필드의 담당 의사였던 닥터 블리스Doctor Bliss는 새로운 매체를 최대한 활용했다. 전국의 신문들은 날마다 블리스의 발표를 인용해 보도했고, 많은 도시에서는 공공 광장의 거대한 게시판에 매일 새로운 소식을 내걸었다.

가필드에게는 불행한 일이겠지만, 블리스는 치료 능력보다 홍보 능력이 더 뛰어났다. 그 후 몇 달 동안 가필드에게 고통을 안겨준 큰 문제는 세 가지였는데, 바로 격리와 허기와 통증이었다. 격리는 블리스가 가필드를 침대에 가둬놓고 처음에는 가족조차 만나지 못하게 했기 때문에 일어났다. 허기는 블리스가 내장 감염을 염려해 직장을 통해 음식물(소고기죽, 달걀 노른자위, 우유, 위스키, 아편 등을 섞은 혼합물)을 공급했기 때문이다.(굶주린 대통령은 어렸을 때 변경 지역에서 먹었던 다람쥐 수프 같은 푸짐한 음식을 먹는 환상에 빠져 여름을 보냈다.) 통증은 두 번째 총탄이 몸통 깊숙한 곳에 박혀 있는 데에서 비롯되었다. 그는 이 고통을 자신의 다리와 생식기를 마치 "호랑이가 발톱으로 할퀴는 것" 같다고 표현했다. 블리스는 그 총탄을 찾아내려고 애썼지만, 상처 속으로 여러 차례 손을 집어넣어 사타구니 주위를 샅샅이 훑었는데도 번번이 실패했다. 다른 의사들도 손을 집어넣어 시도해보았고, 블리스는 심지어 알렉산더 그레이엄 벨Alexander Graham Bell에게 부탁해 전지와 전선으로 조잡한 금속 탐지기까지 만들게 했지만, 아무 소용이 없었다. 몇몇 의사는 블리스에게 척수 부근을 조사해보라고 조언했다. 기차역에서 가필드가 다리가 풀리며 주저앉았다는 사실과 그 후에 나타난 통증을 감안할 때, 아무래도 신경계통에 문제가 생긴 것처럼 보였기 때문이다. 블리스는 그런 조언을 일축하고, 계속 손을 집어넣어 총탄을 찾았다. 그러면서도 그는 가필드의 차도와 회복 가능성에 대해 한 역사학자가 "사기에 가까울 정도로 낙관적"이라고 표현한 발표를 계속했다. 다른 의사들은 더 비관적인 평가를 내놓는 바람에 대통령 담당 의료진 사이에 분열이 생겼다.

블리스는 마침내 워싱턴을 벗어나고 싶다는 가필드의 소원을 들어주어 가필드 일행은 뉴저지 주 해변에 위치한 대통령 별장으로 옮겨갔다. 이를 위해 철도 노동자들이 대통령 별장 앞까지 철도를 640m 더 연장했고, 대통령이 탄 객차가 언덕에서 멈춰서자 나머지 400m는 손으로 밀어서 옮겼다. 가필드는 바뀐 풍경과 해변의 공기에 처음에는 기운이 나는 것 같았지만, 얼마 지나지 않아 그런 기분은 다시 착 가라앉았고, 여전히 아무것도 먹지 못했다. 가필드는 병상에 눕고 나서 80일 동안 체

닥터 블리스

중이 36kg이나 줄었고, 블리스의 손가락에 상처가 감염돼 상처 부위에서 고름이 철철 넘쳐흘렀다. 가필드는 더 이상 버틸 기력도 없었고, 결국 1881년 9월 19일에 사망했다. 부검 결과, 총탄은 척추 가까운 곳에서 발견되었다.

남부와 북부를 가리지 않고 온 국민이 비탄에 젖어 대통령의 죽음을 애도했다. 가필드는 밑바닥에서 출발해 정상에 오른 미국인의 이상을 대변했기 때문에, 그를 향한 애도(기토를 향한 증오야 말할 것도 없고)의 물결은 남북 전쟁 이전 시대 이래 처음으로 온 국민을 하나로 뭉치게 했다. 사실, 기토는 하마터면 재판도 받지 못할 뻔했는데, 훗날의 잭 루비 Jack Ruby(존 F. 케네디의 암살범 리 하비 오즈월드를 살해한 인물 — 옮긴이)처럼 복수를 꿈꾸며 그를 살해하려는 사람이 두 명이나 나섰기 때문이다. 한 사람(기토가 수감돼 있던 교도소의 교도소장)은 기토를 1.5m 거리에서 저격했지만 총탄이 빗나갔고, 또 한 사람이 쏜 총탄은 기토의 외투를 뚫었지만 치명상을 입히지 못했다.

기토는 마침내 11월에 법정에 섰고, 불쌍한 매형 조지 스코빌이 변호를 맡았다. 평소에 토지 문서를 주로 다루었던 스코빌은 너무나도 큰 사건에 압도된 채 정신 이상 항변서를 제출했다. 이에 기토는 콧방귀를 뀌었는데, 자신이 완벽하게 정상이라고 생각했기 때문이다. 그렇지 않다면, 하느님이 자신을 선택했겠는가? 하지만 기토는 반복해서 재판을 방해함으로써 자기 의도와 상관없이 스코빌의 항변에 힘을 실어주었다. 그는 여러 차례 귀에 거슬리는 목소리로 서사시 구절을 외치고, 찬송가 '존 브라운의 시신John Brown's Body'(존 브라운은 미국의 강경한 노예 해방주의자로, 1859년에 노예 해방을 위한 무장 봉기를 일으켰다가 실패해 처형되었다. 남북 전쟁이 발발하자, 그는 노예 해방의 상징으로 추앙받아 북군의 우상이 되었고, 그의 죽음을 기리는 군가가 만들어졌는데, 그것이 '존 브라운의 시신'이다. 나중에 여기에 다른 가사가 붙어 찬송가가 되었는데, 우리나라에서는 "영광 영광 할렐루야"라는 후렴구가 붙은 '마귀들과 싸울지라'라는 찬송가로 번안되었다. —옮긴이)을 불렀으며, 배심원들에게 멍청이라고 했고, 1884년에 대통령에 출마하겠다고 선언했다. 또한, 살인 혐의는 부당하다고 고함쳤는데, 가필드를 죽인 사람은 '의사들'이라고 강변했다.(이 주장은 어느 정도 일리가 있다.) 기토의 괴상한 행동은 법정 밖에서도 이어졌다. 신문 기자들은 기토가 감방에서 자필 서명이 담긴 글래머 사진을 12장에 9달러씩 파는 장면을 포착했다.

놀랍게도 정신 이상 변론은 전혀 먹혀들지 않았다. 기토가 스스로를 나폴레옹과 성 바오로, 마르틴 루터, 키케로와 비교했는데도 소용없었다. 대중의 복수심은 하늘을 찔렀고, 검찰 측은 산산조각난 가필드의 척추 사진을 공개함으로써 복수심을 더욱 부추겼다. 게다가 정신과 의사들도 모두 다 기토가 옳고 그름을 분명히 이해하므로 정신 이상이 아니라고 증언했다. 실제로 140명의 증인 가운데 흔들림 없이 기토가 제정신이 아니라고 주장한 사람은 단 한 명뿐이었다.

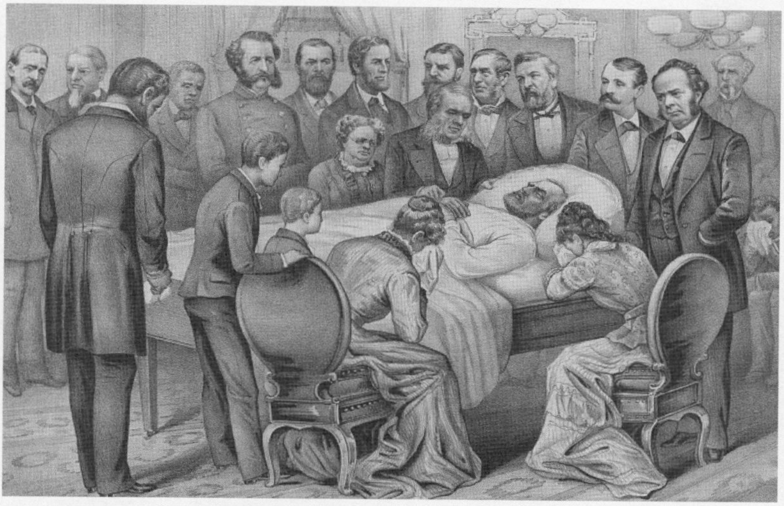

기토의 총에 맞은 가필드 대통령은 80여 일 간의 투병 끝에 끝내 사망했다.

에드워드 찰스 스피츠카Edward Charles Spitzka는 나이가 29세에 불과했는데도, 특정 집단에서 뇌병리학자로 상당한 명성을 얻었다. 스피츠카는 기토 사건으로 유명해졌다. 그의 정신 이상 소견 때문에 기토가 풀려날지도 모른다는 데 분노한 시민들에게서 살해 위협을 받으면서도 소신을 굽히지 않고 꿋꿋하게 증언한 것이 일부 이유였다. 하느님의 계시를 받았다는 망상처럼 정신 이상을 시사하는 모든 심리적 징후 외에도, 스피츠카는 기토의 신경에 문제가 있음을 보여주는 징후들을 지적했다. 특히 일그러진 미소와 움직임이 둔한 왼쪽 눈, 축 늘어진 혀는 얼굴 양쪽을 동일하게 제어할 수 없음을 암시한다고 주장했다. 스피츠카는 훗날 기토가 "법의심리학 역사에서 …… 가장 일관성 있게 정신 이상 태도와 정신 이상 행동과 정신 이상 언어의 기록"을 보여주었다고 묘사했다.

배심원단은 스피츠카의 의견을 받아들이지 않고, 1882년 1월에 기토에게 유죄 평결을 내렸다. 기토는 교도소에서 몇 달 동안 아서의 사면 명령을 기다렸다. 하지만 결국 사면 명령이 오지 않자, 기토는 어깨를 으쓱하면서 이제 천국의 열매를 맛보길 기대했다. 애너코스티어 강변에 세워진 교수대에서 그는 그 순간을 위해 지은 '나는 이제 주님에게로 갑니다.'라는 제목의 시를 낭송하기까지 했다.(당국은 오케스트라 연주를 곁들여 달라는 그의 요청을 거절했다.) 사형 집행인이 머리에 두건을 씌워 그의 일그러진 미소를 영원히 지우자, 시가 적힌 종이가 그의 손에서 떨어졌다. 잠시 후, 그 자신도 땅을 향해 떨어졌다.

검시는 90분 뒤인 오후 2시 30분에 시작했다. 전체적으로 기토의 몸은 목에 난 밧줄 화상 말고는 정상으로 보였다. 기토는 교수형으로 처형된 대부분의 사람과 마찬가지로 죽기 직전에 발기와 사정까지 일어났다. 가장 큰 의문은 기토의 뇌가 정상이냐 하는 것이었다. 그 당시 대부

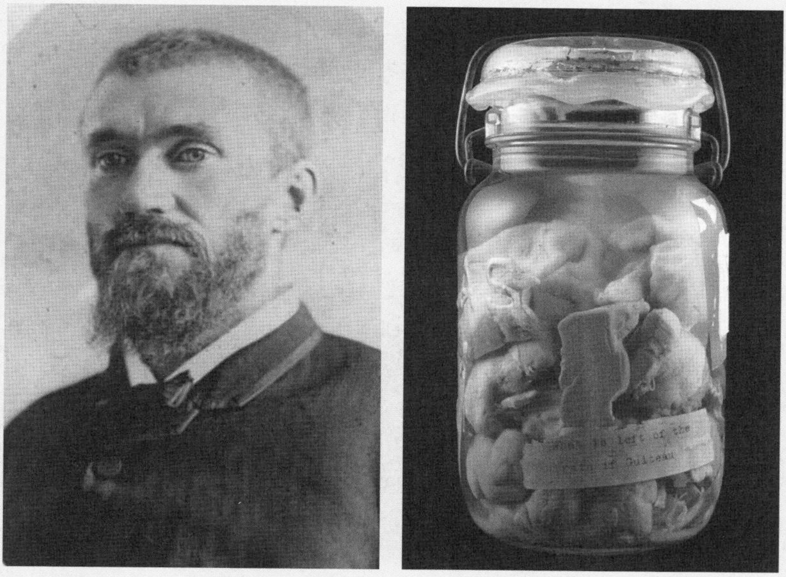

대통령 살해범 찰스 기토(왼쪽)와 그의 뇌(오른쪽). 병에 붙어 있는 캡션에는 “What is left of the brain if Guiteau”(‘기토의 뇌에서 남은 부분’이란 뜻. if는 in의 오기임—옮긴이)라고 적혀 있다. (출처 : 미국국립의학도서관)

분의 과학자들은 정신 이상, 적어도 진정한 정신 이상에는 분명한 뇌 손상, 이를테면 병터, 출혈, 부패한 조직 등의 흔적이 따른다고 믿었다. 하지만 기토의 머릿속은 처음에는 아무 이상이 없는 것처럼 보였다. 식료품 잡화점의 저울로 잰 뇌의 무게는 1417g으로 평균보다 약간 더 나갔으며, 사소한 이상, 즉 여기저기 널린 주름과 약간 납작한 우반구 말고는 아주 정상적으로 보였다.

하지만 베살리우스와 파레 시대 이후로 부검은 현미경에 의존하는 경향이 훨씬 커졌다. 그리고 현미경으로 본 기토의 뇌는 아주 끔찍했다. 표면의 바깥쪽 껍질, 즉 고등 사고 기능을 제어하는 '회색질'은 군데군데 사실상 전혀 존재하지 않을 정도로 아주 얇았다. 신경세포(뉴런)도 누가 그 조직을 태우기라도 한 것처럼 여기저기서 무더기로 사라져 작은 구멍들이 숭숭 나 있었다. 죽어가는 혈관이 변해서 생긴 황갈색의 찐득찐득한 물질도 도처에 묻어 있었다. 병리학자들은 전반적으로 "확실한 만성 질환이 …… 뇌의 전 영역을 침범"한 사실을 발견했다. 스피츠카의 증언처럼 기토는 정신 이상이었던 게 분명했다.

그럼에도 불구하고, 정신 이상의 성흔聖痕, 즉 뇌 손상의 신체적 징후가 오직 현미경적 수준에서만 나타났기 때문에, 대다수 신경과학자들은 여전히 그 증거의 유효성에 이의를 제기했다. 그때는 대부분의 신경과학자들이 미세해부학의 중요성을 제대로 인정하지 않던 시절이었다. 사실, 신경과학자들이 뇌세포의 작동 방식을 제대로 설명하는 쪽으로 실질적인 첫발을 내딛는 노력은 그다음 20여 년 동안에 일어났다. 그리고 이 연구 성과는 때마침 다음번 미국 대통령 암살 사건과 다음번 정신 이상 범죄에 관한 논쟁으로 온 나라가 들끓을 때 나왔다.

골지와 카할

19세기 후반에 대다수 생물학자는 생명체가 세포라는 아주 작은 기본 단위로 이루어져 있다는 '세포설'을 믿었다. 하지만 신경과학자들은 아직 확신을 하지 못했다. 나머지 몸은 세포로 이루어져 있을지 몰라도, 현미경으로 본 신경세포들은 그 사이에 끊어진 부분이나 간극이 전혀 없었다. 신경세포들은 서로 들러붙어 전체적으로 레이스로 짠 하나의 커다란 그물을 이루고 있는 것처럼 보였다. 게다가 신경과학자들은 신경세포들이 자율성이 더 강한 다른 세포들과 달리 전체가 하나가 되어 조화를 이루어 맥동脈動하고 생각하면서 '행동'한다고 믿었다. 그들은 신경세포들로 이루어진 이 거대한 그물을 신경 그물이라고 불렀다.

신경 그물설을 무너뜨린 사건은 1873년의 어느 날 밤에 우연한 사고 때문에 일어났다. 전설에 따르면, 카밀로 골지Camillo Golgi는 이탈리아의 오래된 정신병원 부엌에서 촛불을 켠 채 일하고 있었는데, 그만 팔꿈치로 비커를 툭 치는 바람에 거기에 담긴 질산은 용액이 올빼미 뇌 박편薄片(현미경으로 보기 위하여 얇게 만든 시료—옮긴이)에 쏟아졌다고 한다. '제기랄!' 질산은 용액은 조직을 염색하는 데 쓰는 것이었는데, 골지는 자신의 서툰 행동 때문에 시료를 망쳤다고 생각했다. 그래도 몇 주일 뒤에 그 시료를 현미경으로 들여다보았더니, 놀랍게도 질산은이 뇌세포들을 아주 특이하고 유용한 방식으로 염색한 것이 아닌가! 전체적으로 질산은을 흡수한 세포는 극소수였지만, 그런 세포들은 무척 선명하게 보였다. 이 세포들은 노란색 배경 앞에 검은색 실루엣으로 나타났고, 아주 가느다란 섬유와 덩굴손까지 갑자기 그 모습을 드러냈다. 이에 매료된 골지는 '라 레아치오네 네라la reazione nera(흑색 반응*)'라 이름 붙인 이 염색 방법을 더 개선하는 일에 착수했다.

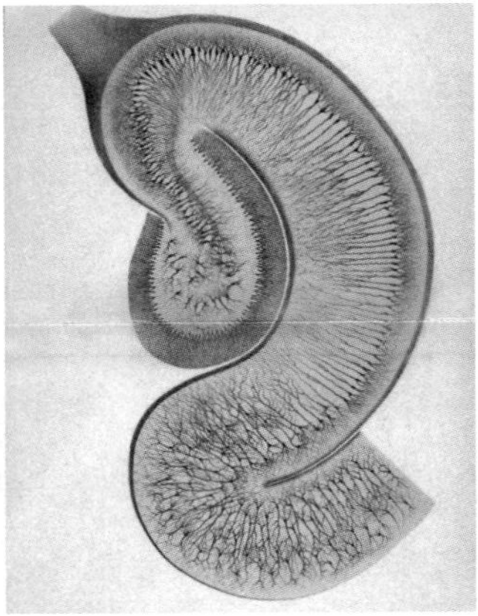

카밀로 골지(왼쪽)와 골지가 그린 그림(오른쪽).

그 당시 과학자들은 신경계가 크게 신경세포와 신경아교세포라는 두 종류의 세포로 이루어져 있다는 사실을 이미 알고 있었다.(신경세포는 뇌에서 사고와 감각을 처리하는 일을 하며, 모여서 신경세포체도 만든다. 반면에 신경아교세포는 신경세포를 제자리에 붙들어두는 일을 하며, 또 신경세포에 영양분을 공급하는 기능도 담당한다.) 골지는 이 세포들을 아주 자세히 본 최초의 사람이었다. 머리카락 같은 촉수들이 뻗어 있는 둥근 모양의 신경아교세포를 보고 골지는 깜짝 놀랐다. 그것은 마치 호박琥珀 속에 얼어붙어 있는 검은색 해파리처럼 보였다. 신경세포 역시 마찬가지로 아주 기이한 모습으로 보였으며, 확연히 구별되는 세 부분으로 이루어져 있었다. 각각의 신경세포는 가운데에 원형 세포체가 있었고, 거기서 나뭇가지 모양의 가지돌기(수상돌기)들이 뻗어나와 복잡한 덤불을 이루고 있었으며, 신경세포체에서 아주 멀리까지 뻗어 있는 팔인 아름다운 '축삭돌기'는 아주 길게 휘어지고 빙빙 돌면서 먼 끝부분에 가서 다시 작은 가지들로 퍼져나갔다. 골지는 신경세포가 축삭돌기를 통해 커뮤니케이션을 하는 게 분명하다고 추측했는데, 먼 끝부분에 붙어 있는 가지들이 다른 신경세포들과 뒤엉키는 경우가 많았기 때문이다. 사실, 축삭돌기들이 너무나도 촘촘하게 뒤엉켜 있어 신경세포들 사이에서 전혀 틈을 볼 수 없었던 골지는 신경 그물설을 강하게 지지하게 되었다.

산티아고 라몬 이 카할Santiago Ramón y Cajal을 포함해 다른 신경과학자들도 '라 레아치오네 네라'를 골지만큼 흥미롭게 여겼다. 카할은 "[그것은] 해부학적 분석에 기쁨과 즐거움을 준다."라며 찬양했고, 그 염색 방법을 "투명한 고급 일본 피지에 정교한 먹물로 그린 그림"에 비교했다. 지나치게 구체적인 예를 들어 묘사한 듯하지만, 카할은 이런 것들을 잘 알고 있었을 것이다. 그는 어린 시절에 에스파냐에서 자라면서 화가를 꿈꾼 적이 있었다. 하지만 그 꿈은 10세 때 같은 고장에 살던 풍경화가가 카할에게 재능이 전혀 없다고 단언하면서 물거품이 되고 말았다. 그 말을 듣고 아버지는 붓과 이젤을 빼앗고 카할을 예수회 학교로 보냈다. 카할은 따분함과 분노를 못 이기고 엇나가는 행동을 하기 시작했는데, 11세 때에는 기름통으로 대포를 만들고, 이웃집 문을 부순 죄로 감옥에 갇히기도 했다. 아버지는 이런 행동을 모두 참아주었으나, 성적이 떨어지기 시작하자 카할을 학교에서 끌어내 이발사 밑에서 도제로 일하게 했다. 그러자 불현듯 교육의 소중함을 깨달은 카할은 학교로 다시 돌아가 최면을 비롯해 의학의 다양한 분야를 공부하기 시작했다. 결국 카할은 신경과학을 전공했는데, 골지가 발견한 흑색 반응 덕분에 이 분야의 아름다움에 눈을 뜨면서 신경과학을 미술과 결합했다.

하지만 카할은 골지의 예술적 기교에 매료된 것과는 별개로 골지가 내린 결론에는 동의하지 않았다. 특히 뇌의 회색질에 대해서는 완전히 생각이 달랐다. 해부학적으로 볼 때 뇌는 분명히 구별되는 두 가지 물질, 즉 회색질과 백색질(백질)로 이루어져 있다. 회색질에는 신경세포가 많이 있으며, 회색질은 대부분 뇌 표면, 즉 겉질(피질)이라 부르는 주름진 껍질에 분포해 있다.(또는 대부분의 회색질은 표면 '근처'에 있다고 말할 수 있다. 전체 겉질 중 3분의 2는 실제로 바깥에서 보이지 않는다. 표면 바로 아래에서 물결 모양으로 골이 지거나 심하게 접혀 있기 때문이다. 만약 접히고 주름진 것들을 모두 반반하게 펼친다면, 겉질은 대략 베갯잇만 한 크기가 될 테지만, 두께는 2.5mm에 불과할 것이다.) 염색한 뇌 조각 시료를 수백 개나 현미경으로 들여다본 끝에 카할은 회색질에서 골지의 주장과 달리, 모든 신경세포들이 서로 들러붙어 있는 게 아니라는 사실을 알아냈다. 카할은 신경세포가 각각 독립적인 단위로 존재하는 모습을 보았다. 게다가 일부 신경세포를 옥죄어 시들어 죽게 하자, 그 부패는 항상 다음번 신경세포의 경계 앞에서 멈췄다. 만약 신경세포들이 정말로 서로 결합돼 있다면, 다음번 신경세포도 함께 죽어야 할 텐데 말이다.

카할은 거대한 뇌세포 조직을 묘사한 골지의 비유도 받아들이지 않았다. 카할은 수평 방향으로 퍼진 신경 헤어네트 대신에 100여 개의 신경세포로 이루어진 수직 '기둥'들이 늘어서 있는 것을 보았다. 이 무수한 수직 기둥들이 뇌 표면을 그루터기들처럼 빽빽이 뒤덮고 있었다. 카할은 하나의 기둥에서 뻗어나온 축삭돌기가 가끔 수평 방향으로 이웃 기둥까지 뻗어 있다는 점은 인정했지만, 수직 방향의 조직*이 일반적인 법칙이라고 말했다.

마지막으로, 골지는 신경세포가 축삭돌기를 통해서만 커뮤니케이션을 한다고 믿었지만, 카할의 생각은 달랐다. 예를 들어, 카할은 눈 가까이에서 '가지돌기'가 정보를 흡수하려고 망막 쪽을 향해 돌아서 있는 것을 보았다. 그리고 긴 사슬 내에서 신경세포들은 대개 축삭돌기가 가지돌기를 향해 늘어서 있었다. 실제로 한 신경세포의 축삭돌기들은 다음 신경세포의 가지돌기들에 딱 들어맞게 늘어서 있었다. 그것은 마치 100

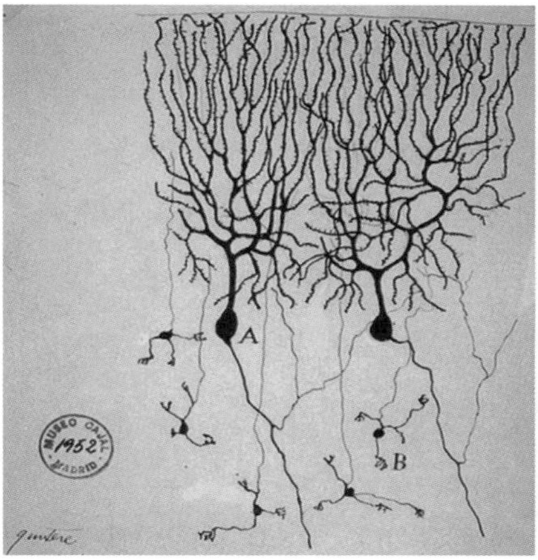

아주 복잡한 신경세포의 모습을 신경과학자이자 한때 화가였던 산티아고 라몬 이 카할(오른쪽)이 그린 것.

개의 손가락이 달린 손이 100개의 손가락이 달린 장갑에 쏙 들어가는 것과 비슷했다. 이것이 의미하는 것은 딱 하나뿐이다. 신경세포는 축삭돌기로 말을 하고, 가지돌기로 말을 듣는다. 그래서 커뮤니케이션에는 둘 다 필요하다.

이런 발견을 바탕으로 카할은 '신경세포설neuron doctrine'을 내놓았다. 이것은 신경과학 분야에서 아주 중요한 발견 중 하나이다. 간단히 설명하면, 카할의 신경세포들은 죽 연결돼 있는 게 아니라, 각각의 신경세포 사이에 미세한 간극이 있다. 그리고 신경세포들은 가지돌기에서 세포체를 지나 축삭돌기 쪽으로 오직 한 방향으로만 정보를 전달한다. 다시 말해서, 신호가 어떤 것이건(먹이다! 호랑이다! 좋아, 좋아!), 그 신호는 항상 가지돌기를 통해 신경세포로 들어오고, 처리를 위해 세포를 지나간 뒤에 축삭돌기를 통해 다른 곳으로 전달된다.(나는 이것을 d → cb → a로 외우는데, 자세히 보면 a, b, c, d가 역순으로 늘어서 있음을 알 수 있다. d는 가지돌기dendrite, cb는 세포체cell body, a는 축삭돌기axon를 나타낸다.) 신호가 축삭돌기 끝에 도달하면, 신경세포는 다음번 신경세포의 가지돌기를 자극해 전체 과정이 처음부터 다시 시작된다. 신경세포의 진짜 모습을 먼저 본 사람이 골지일지는 몰라도, 그 실루엣들이 어떻게 작용하는지 처음 알아낸 사람은 카할이었다.

카할은 과학계에 신경세포설을 설명하느라 애를 먹었다. 카할은 자신의 이론을 전파하려고 직접 학술지를 창간하기까지 했지만, 그것도 별 도움이 되지 않았다. 의학 분야의 과학자들 중 에스파냐어로 발행된 학술지를 읽으려는 사람은 거의 없었기 때문이다. 그래서 1889년에 카할은 자기 학설을 알리기 위해 그 당시 세계 과학의 중심지인 독일에서 열린 학회에 참석하는 도박을 감행하기로 했다. 대학이 참가 경비 지원을 거부하자, 자비로 충당하기까지 했다. 다행히도 카할이 손으로 그린 훌륭한 신경세포 그림을 보고 그의 학설을 받아들이는 사람들이 일부 나타났다. 그리고 그 후 10년 동안 비록 마지못해 지지하긴 했지만, 과학계에서 신경세포설을 지지하는 사람이 점점 늘어났다. 많은 과학자들은 여전히 카할의 주장을 믿으려 하지 않았으며, 1900년 무렵에는 과학계가 골지의 '신경 그물설'을 지지하는 사람들과 카할의 '신경세포설'을 주장하는 사람들로 양분되었고, 해가 갈수록 각 진영은 상대방을 더욱 경멸했다.

하지만 역사는 희극을 좋아한다. 1906년에 골지와 카할이 노벨상을 공동 수상했으니 말이다. 카할은 여기에 대해 "너무나도 대조적인 성격을 지닌 과학계의 두 적수가 어깨가 들러붙은 샴쌍둥이처럼 짝이 되다니, 이토록 잔인한 운명의 아이러니가 있겠는가!"라고 불평했다. 수락 연설에서 두 사람은, 특히 골지는, 상대방의 '끔찍한 오류'와 '고의적인 누락'을 계속 비난했다. 하기야 노벨 평화상을 수상하는 자리는 아니었으니까.

결국에는 신경세포설이 승리했는데, 아주 많은 것을 제대로 설명할 수 있었기 때문이다. 심지어 찰스 기토의 마음에 일어난 수수께끼를 설명하는 것도 이치에 닿아 보이기 시작했다. 기토를 부검한 결과, 신경세포를 지원하고 영양을 공급하는 신경아교세포들이 광범위하게 손상돼 있었다. 신경아교세포의 지원을 받지 못한 신경세포는 시들어 죽었다. 특히 회색질에 있는 신경세포들이 많이 죽어 이빨 빠진 것처럼 듬성듬성 빈 데가 많았다. 또한 신경세포들이 살아남은 곳에서도 축삭돌기와 가지돌기의 수가 정상보다 훨씬 적어 커뮤니케이션을 하고 생각을 처리하는 능력이 크게 떨어졌다. 돌이켜보면, 기토의 뇌는 신경세포가 어떻게 작용하는지 혹은 어떻게 제 기능을 못 하는지 설명하는 결정적 증거를 제공했다.

위대한 발견이 흔히 그렇듯이, 카할의 신경세포설은 여러 가지 의문을 해결했지만, 새로운 의문도 많이 낳았다. 가장 중요한 의문은, 만약 신경세포가 각각 독립적으로 존재한다면, 신경세포들 사이의 간극을 신호가 어떻게 건너가느냐 하는 것이었다. 가능한 답은 두 가지로 압축되었는데, 전류 아니면 화학적 펄스였다. 또다시 과학계는 둘로 나뉘어 전투를 벌였다. '스파크spark' 진영은 전기를 지지했고, '수프soup' 진영은 생화학 물질 혼합물을 지지했다. 그리고 또 한 번 양 진영 사이의 이 싸움은 신경과학 영역을 넘어서서까지 피를 흘렸고, 불가사의한 암살자의 정신 이상 유무를 둘러싼 논쟁에 큰 영향을 미쳤다.

매킨리의 죽음

미소 짓고, 악수하고, 밀고smile pump nudge. 미소 짓고, 악수하고, 밀고. 미소 짓고, 악수하고, 윙크하고, 크게 웃고, 밀고……. 1901년 9월 6

일, 윌리엄 매킨리William McKinley가 다시 이 행동을 시작했다. 대통령으로 재직한 5년 동안 매킨리는 대중과 어울리길 좋아했다. 주부들과 시시덕거리고, 은행가들을 향해 모자 끝을 잡아 살짝 기울이고, 리본으로 장식한 여자들의 뺨을 꼬집는 행동을 즐겼다. 하지만 길게 늘어선 지지자들과 악수를 편하고 빨리 하기 위해 그는 '매킨리 악수'를 개발했다. 만면에 미소를 머금고는, 상대방의 손을 자신의 손바닥으로 먼저 잡고 상대방이 자기 손을 꽉 쥐기 전에 손을 뺐다. 그리고 왼손으로 상대방의 팔꿈치를 잡고 살짝 밀면서 균형을 무너뜨려 약간 물러서게 함으로써 다음 사람과 대면할 공간을 만들었다. 미소 짓고, 악수하고, 밀고, 이런 식으로 1분에 50명과 악수를 할 수 있었다. 하지만 9월 6일에 뉴욕 주 버펄로를 방문했을 때 콧수염을 기른 한 외국인이 매킨리의 허를 찔렀다. 그 외국인은 대통령의 손목을 꽉 움켜쥐고는 경호원들이 몸을 움찔하며 나설 기세를 보였는데도 의심스러울 정도로 오랫동안 악수를 했다.

버펄로에서 열린 전미박람회는 투우와 일본식 마을, 베르사유 궁전에 어울릴 만한 분수 등을 선보이며 몇 달 동안 관중을 열광시켰다. 달 여행 전시관에서는 외계인처럼 꾸민 난쟁이들이 녹색 치즈를 내왔고, 높이 117m의 전기 조명 탑 — 수천 개의 '전기 촛불(즉, 전구)'로 번쩍이는 첨탑 — 은 야간에 너무나도 아름답게 빛나 그것을 보고 눈물을 흘리는 사람도 있었다. 매킨리가 이곳을 나흘 동안 방문한 일은 전미박람회를 그해의 국가적 행사로 격상시키는 효과를 발휘했고, 매킨리는 9월 5일 오후에 미국의 무한한 번영을 주제로 한 연설로 화답했는데, 재임 기간에 한 연설 중 가장 훌륭한 연설이었다.

하지만 환호하는 5만여 명의 군중 속에서 한 남자가 씩씩거리고 있었다. 그는 가냘픈 체격에 코밑수염이 듬성듬성 난 노동자로, 그 번영을 함께 누릴 희망이 전혀 없는 사람이었다. 리언 촐고시Leon Czolgosh는 열 살이던 1883년부터 일을 하기 시작했다. 1893년에는 클리블랜드 근처에서 전선을 만드는 일을 하면서 일당 4달러를 받았다. 하지만 1893년에 금융 위기가 닥치자 공장은 급료를 깎았고, 촐고시가 파업에 가담하자 그를 해고했다. 그전까지는 열성 공화당원이었지만, 이 일을 겪은 뒤 촐고시는 자신은 이제부터 사회주의자라고 선언했다. 그 당시 막 움트고 있던 사회주의 운동은 1890년대에 공장 소유주들과 여러 번 충돌을 빚었고, 이런 갈등은 나라를 이념적으로 분열시켰다. 대부분의 사람들은 공장의 혹독한 조건에 경악을 금치 못했지만, 미국인은 거리를 행진하면서 폭동을 일으키고 혁명을 외치는 통제 불능 상태의 군중에게도 큰 공포를 느꼈다.

촐고시는 결국 가명으로 일자리를 다시 얻었다. 하지만 1898년에 불가사의한 신경쇠약을 겪으면서 더 이상 일을 하지 못하게 되었다. 그는 부모의 농장으로 돌아가 거의 매일 오후를 빈둥거리며 보냈다. 가끔 기계 수리 일을 했지만, 대개는 산토끼를 사냥하거나 사회주의 소책자를 읽으면서 지냈다. 성격도 내향적으로 변해 다락에 있는 자기 방에서 혼자 생우유와 크래커로 식사를 했다. 어쩌면 계모인 카트리나Catrina가 자신을 독살할까 봐 두려워 그랬을 수도 있다.(여기서 편집증 증세가 약간 엿보인다.) 이 시절의 행복한 기억 중 하나는 1900년 7월에 이탈리아계 미국인 실크 직조공인 가에타노 브레시Gaetano Bresci가 이탈리아 국왕 움베르토 1세Umberto I를 암살했다는 신문 기사를 읽은 것이었다. 촐고시는 브레시의 용감한 행동에 완전히 매료되어 그 기사를 오려 보관했다.

1901년 5월, 촐고시는 무정부주의 지도자인 에마 골드먼Emma Goldman이 클리블랜드에서 한 연설을 들었다. 골드먼은 가끔 암살을 찬양했는데, 훗날 촐고시는 동료 수감자들에게 골드먼의 연설을 듣는 순간 "내 머리가 거의 쪼개지는 것 같았다. …… 그녀는 나를 불타오르게 했다."라고 말했다. 그는 그 자리에서 바로 사회주의에서 무정부주의로 말을 갈아탔다. 그리고 골드먼의 뒤를 따라 시카고로 갔고, 거기서 현지 무정부주의 지도자들을 만나 그들의 '비밀 모임'에 참석하게 해달라고 집요하게 졸랐다. 무정부주의자들은 대체로 촐고시를 한심하게 여겼다. 다른 사람들은 그를 무시하거나(한 예를 들면, 그는 사회주의와 무정부주의 사이의 모순도 제대로 이해하지 못하는 것처럼 보였다.) 완전히 위험한 사람으로 여겼다. 무정부주의자 신문의 담당 편집자는 글을 통해 촐고시를 마약 전담 수사관이라고 비난했다.

자신의 충성심을 입증하고자, 그리고 자기가 말한 대로 "대의를 위해 뭔가 영웅적인 일을 하고자" 촐고시는 8월 31일에 버펄로의 어느 술집 위층에 있는 방을 빌렸다. 사람들에게는 박람회에서 기념품을 팔 것이라고 말했다. 주인은 촐고시를 좋게 기억했는데, 방세를 선불로 2달러를 지불했고, 한 잔에 5센트 하는 값싼 술을 마시는 대부분의 고객과 달리 좋은 위스키를 마셨기 때문이다. 그 주에 촐고시는 브레시가 움베르트 1세를 저격할 때 사용한 것과 똑같은 권총을 4.50달러에 샀다. 은으로 도금된 '새터데이 나이트 스페셜Saturday Night Special'이라는 총이었다. 훌륭한 사냥꾼인 촐고시는 따로 표적 사격 연습을 할 필요가 없었지만, 밤중에 혼자 주머니에서 권총을 홱 꺼내면서 번득이는 빛을 가리기 위해 재빨리 흰 손수건으로 싸는 연습을 하느라 몇 시간을 보냈다.(이 대목은 영화 〈택시 드라이버〉의 주인공 트래비스 비클Travis Bickle을 연상시킨다.)

9월 3일, 촐고시는 매킨리의 열차가 버펄로에 도착했을 때 역으로 나갔다. 하지만 촐고시가 총을 쏘기 전에 대통령 방문 환영 축포가 연달아 발사되기 시작했다. 그 충격으로 열차 유리가 산산조각나면서 보안 요원들이 바짝 긴장했으므로 촐고시는 그냥 그 자리에서 몰래 빠져나왔다. 그 후 사흘 동안 촐고시는 박람회장에서 '지배자ruler'(그가 쓴 표현) 뒤를 몰래 따라다녔다. 자유의 철탑과 멕시코 투우장 거리와 그 밖의 전시장 근처에서 그림자처럼 바싹 붙어다녔지만, 절호의 기회를 포착하기가 쉽지 않았다.

대통령이 버펄로에 머문 마지막 날인 9월 6일, 매킨리는 박람회장의 조명을 위해 전기를 공급하던 발전기가 있는 나이아가라 폭포를 구경했다. 기자들은 그날 아침의 아찔한 순간을 기록했는데, 매킨리가 탄 마차가 캐나다와 미국의 경계선을 표시하는 분필선에 바싹 다가갔기 때문이다. 그때까지 현직 미국 대통령이 미국 땅을 떠난 적은 한 번도 없었다. 매킨리는 마부에게 그 선에서 멀찌감치 떨어지라고 경고했다. 그 위기를 넘기고 나서 매킨리는 호텔에서 뷔페 점심을 즐겼다. 그러고 나서 지친 데다가 뜨거운 열기에 얼굴이 벌겋게 달아오른 아내와 헤어졌다. 남자들만 남게 되자, 그들은 시가를 피우고, 허튼소리를 하며 잡담을 나누었다. 한 지역 유지가 매킨리가 버펄로를 아주 좋아하는 것 같다고 말하자, 매킨리는 "과연 여길 떠날 수 있을지 모르겠군요."라며 농담으로 맞장구를 쳤다.

오후 중반에 이르자 이제 행사는 딱 하나만 남았는데, 로코코 양식으로 지은 음악의 전당에서 10분 동안 사람들을 만나고 인사하는 행사였다. 면적이 약 2000m²인 음악의 전당은 화려한 파스텔 색조로 장식한 테라코타 돔 건물이었다. 몇 시간 전부터 줄을 선 사람들은 30℃의 무더운 날씨에 얼굴의 땀을 연신 손수건으로 훔치고 있었다. 줄 앞쪽에서 제임스 파커James Parker라는 키 192cm의 흑인 웨이터가 지루한 시간을 때우려고 면도를 새로 한 젊은 남자에게 말을 걸려고 했다. 촐고시는 그를 무시했다.

오후 4시에 매킨리의 경호원들이 전당의 육중한 문을 연 뒤, 깃발로 장식된 의자들이 놓인 통로로 사람들을 안내했다. 한쪽에서는 오르간 연주자가 미국 내에서 손꼽을 정도로 거대한 파이프오르간으로 바흐의 곡을 연주했다. 촐고시는 줄 맨 앞쪽에 있는 매킨리를 간신히 알아볼 수 있었다. '지배자'는 두 개의 거대한 성조기 아래 화분에 심은 나무들의 정글 사이에 서 있었다. 미소 짓고, 악수하고, 밀고. 미소 짓고, 악수하고, 밀고. 매킨리는 딱 한 번 그 동작을 멈추었는데, 자신의 단춧구멍에 꽂힌 빨간 카네이션을 젊은 아가씨에게 건네기 위해서였다.

4시 7분경, 거무스름하고 콧수염을 기른 이탈리아 남자가 한 경호원의 시야에 들어왔는데, 그는 대통령을 만나려고 다소 지나치게 애를 쓰는 것 같았다. 경호원은 그를 제지하려고 마음먹었다가 망설였다. 그 순간, 그 이탈리아 남자는 매킨리의 손목을 잡더니 가까이 끌어당겼다. 그것을 본 경호원은 간이 쪼그라들어 앞으로 뛰쳐나갔다. 그는 두 사람을 떼어놓았고, 수상한 남자가 떠나가는 모습을 계속 지켜보았다.

한편, 오른손을 손수건으로 감싼 남자가 앞으로 나왔다. 촐고시는 아주 가까이 다가갔기 때문에 첫 번째 발사한 화약이 매킨리의 조끼에 남을 정도였다. 하지만 작고 약한 총탄은 단추에 맞은 뒤에 매킨리의 복장뼈(흉골)에 부딪혀 튀어나왔다. 나중에 의사들은 그 총탄을 매킨리의 옷 안쪽에서 찾았다. 하지만 두 번째 총탄은 제대로 깊이 뚫고 들어가 매킨리의 위와 이자(췌장)에 구멍을 냈다. 권총을 감싸고 있던 손수건에 불이 붙었다.

촐고시는 브레시처럼 다섯 발을 발사하려고 했지만, 그 뒤에 서 있던 거구의 흑인 웨이터 제임스 파커가 촐고시의 손목을 내리치고 얼굴을 갈겼다. 경호원 한 명도 달려와 촐고시를 덮쳤고, 곧이어 10명이 합류했다. 촐고시는 바닥에 엎어져 발길질을 당하고 개머리판으로 두들겨맞았다.* 경호원들은 매킨리를 몇 미터 떨어진 의자로 옮겼는데, 허리 밴드에서 피가 철철 흘러나오고 있었다. 숨을 몇 번 몰아쉰 뒤에 매킨리는 촐고시를 둘러싼 사람들을 보고서 "이보게들, 너무 심하게 하지 말게."라고 소리쳤다.(아마 이 말이 촐고시의 목숨을 살렸을 것이다.) 잠시 후, 매킨리의 보좌관들이 다가왔다. 그중에는 19세기 공화당 대통령들의 호프 다이아몬드(세계 최대의 블루 다이아몬드)였던 로버트 토드 링컨도 있었다.

박람회장의 앰뷸런스 — 최초의 전기차 중 하나인 '말 없는 차량' — 가 매킨리를 싣고 근처의 호화로운 응급 치료실로 데려갔다. 마침 그때 버펄로의 최고 외과의는 다른 환자를 보느라 바빠서 부를 수가 없었다. 할 수 없이 그 지역에서 가장 고참 의사를 불러왔는데, 그는 산부인과 전문의였다. 이발소에서 끌려오는 바람에 그는 머리를 반만 자른 상태에서 수술 준비를 했고, 그 사이에 매킨리는 에테르를 흡입했다. 안타깝게도 박람회장의 다른 곳에는 모두 전기 조명이 들어왔지만, 그곳 진료소에는 아직 전기가 연결돼 있지 않았다. 조수들이 점점 희미해져 가는 햇빛을 거울로 반사시켜 상처 부위에 비추었지만, 그래도 의사가 제대로 보기에는 충분하지 않았다. 어찌어찌하여 위는 봉합했지만, 두 번째 총탄은 찾을 수 없었고, 결국 총탄을 빼내지 못한 채 상처를 봉합했다.

한편, 음악의 전당에는 수천 명의 군중이 모여들어 암살범을 두들겨패자고 고함을 질렀다. 어떤 사람들은 부근의 전시실에서 떼어온 밧줄을 휘둘렀다. 경찰은 간신히 촐고시를 산 채로 감방까지 데려갔다. 소지품 검사를 했더니 여러 가지 물건과 함께 돈 1.54달러, 연필, 아기 우유병의 고무 젖꼭지가 나왔고, 들리는 이야기로는 브레시의 암살을 다룬 기사 스크랩도 나왔다고 한다.

매킨리는 수술을 받고 나서 그 주일은 박람회장에 마련한 대통령 저택에서 요양을 했다. 시끄럽고 제멋대로 구는 테디 루스벨트Teddy Roosevelt 부통령이 매킨리의 침대 곁으로 달려왔다. 매킨리의 아내인 아이다도 달려왔다. 아이다는 오래전부터 뇌전증(간질)을 앓아왔는데, 이

제 그동안 남편이 자신을 간호하느라 보냈던 그 모든 시간에 보답하려고 했다. 의사들은 가필드와 마찬가지로 매킨리에게도 직장을 통해 영양을 공급했고, 매일 언론에 체온(약 39℃)과 맥박(분당 약 120회) 같은 정보를 알려주었다. 이 수치들은 비록 높긴 했지만, 일정한 수준을 유지했다. 그리고 매킨리는 정신이 또렷하고 일관성이 있었으며, 한 번은 촐고시에 대해 묻기까지 해 사람들은 그의 회복을 의심치 않았다. 얼마 후, 루스벨트는 사냥을 하려고 그 도시를 떠나기까지 했다. 담당 의사들은 박람회에 전시돼 있던 X선 장비(토머스 에디슨이 설계한)를 사용해 두 번째 총탄을 찾아보라는 제안도 거부했다. 〈뉴욕 타임스〉는 9월 11일자 헤드라인에서 "대통령이 조만간 건강을 회복할 것"이라고 선언했다.

매킨리는 9월 12일에 처음으로 고형 음식물을 씹어 삼켰는데, 토스트와 살짝 삶은 달걀이었다. 그것이 마지막으로 삼킨 고형 음식물이 되었다. 위와 이자가 제대로 치료되지 않은 상태에서 삼킨 음식 때문에 몸속에서 감염이 불같이 번졌다. 그날 밤에 매킨리는 의식이 오락가락했다. 측근들은 다급하게 루스벨트에게 연락하려고 애썼지만, 루스벨트는 연락이 닿지 않는 애디론댁 산맥 깊숙한 곳에 있었다. 마침내 13일에 공원 관리인이 루스벨트를 발견했고, 루스벨트 일행은 한밤중에 이슬비를 맞으며 서둘러 산을 내려와 열차를 잡아타고 버펄로로 향했다. 하지만 이미 때는 늦었다. 매킨리는 상태가 급속하게 악화되어 9월 14일 오전 2시 15분에 사망했다.

매킨리의 죽음은 그렇지 않아도 무정부주의자와 이민자에 대해 커지고 있던 대중의 증오심에 불을 질렀다.(촐고시는 디트로이트에서 태어난 미국 시민이었지만, 양식 있는 사람들은 대부분 이름의 복합 자음만 보고서 "[그가] 미국인으로 오해할 리가 없는 이름을 가져서 천만 다행이다."라고 내뱉은 〈미국의학협회저널Journal of the American Medical Association〉의 주장에 동조했다.) 온 나라가 난리법석인데도, 촐고시는 자기 운명에 무관심한 듯했다. 교도관들은 옆방에 수감된 자전거 도둑은 자신이 붙잡혔다는 처지를 비관해 세상이 끝난 듯 괴로워한 반면, 촐고시는 매일 침착하게 앉아 있었다고 기억했다. 촐고시는 턱수염도 수북하게 길러 이전보다 더욱 전형적인 무정부주의자처럼 보였다. 더 망가진 모습을 연출하려고 교도관들은 재판이 열릴 때까지 촐고시가 매일 피 묻은 옷과 속옷을 그대로 입고 지내게 했다. 하지만 그렇게 오래 기다릴 필요는 없었다. 재판은 매킨리가 사망하고 나서 불과 9일 뒤인 9월 23일에 열렸다. 그다음에 일어난 일은 미국 사법 역사에 오점을 남겼다.

재판은 이틀에 걸쳐 모두 여덟 시간 동안 열렸다. 이것은 배심원단을 뽑기 위한 두 시간도 포함한 시간이다. 나중에 12명의 배심원은 전부 그때 이미 마음을 결정했다고 인정했다. 촐고시는 자신의 무정부주의 신념을 인용하면서 법원이 임명한 변호인들의 적법성을 부정하고 그들에게 진술하길 거부했다. 변호인들은 정신 이상을 내세우며 변호하려고 했지만, 촐고시와 대화를 나눈 정신과 의사들은 모두 편집증이나 망상의 징후를 전혀 찾아볼 수 없다고 이미 진술한 상태였다.(정신과 의사들은 촐고시의 성장 배경이나 동기를 자세히 살펴보는 대신에 그의 독서 습관을 묻거나 저격 상황에 관한 거짓말을 찾아내려고 애썼다. 정신과 의사 두 명이 두 시간 동안 면담을 하고도 촐고시의 입에서 단 한 마디의 말도 이끌어내지 못했다. 그래도 그들은 촐고시가 재판을 받기에 아무 문제가 없다고 결론 내렸다.) 정신 이상을 내세우지 못하게 되자, 변호인들은 사실상 변론을 포기했다. 변호인들은 어쨌든 이 '혐오스러운' 임무를 맡아 처리해야 했기 때문에 스스로를 변호하는 데 주력했다. 그들은 증인을 한 명도 부르지 않았고, 법정의 재판 절차가 끝나자 배심원단은 불과 30분 만에 돌아왔다. 그 30분도 유죄 평결을 내리기 전에 숙고했다는 티를 내려면 얼마나 오래 기다렸다가 돌아가야 좋을지 논의하는 데 썼다. 이틀 후, 버펄로의 재판관은 박람회의 주요 주제인 '전기의 경이로움'에 보조를 맞춰 촐고시에게 사형을 선고하면서 오번 교도소에서 전기의자로 사형을 집행하라고 명령했다.

미국 최초의 전기 처형은 1890년에 바로 이 오번 교도소에서 일어났다. 그 자리에는 찰스 기토가 미쳤다고 주장했던 정신과 의사 에드워드 찰스 스피츠카가 입회해 사형 집행을 감독했다. 하지만 처형은 예상처럼 순조롭게 진행되지는 않았다. 사형수는 감전되어 몸이 탔지만 죽지 않았고, 머리카락과 살이 타는 냄새가 작은 처형실을 가득 채웠다. 스피츠카는 스위치를 다시 올리라고 고함을 질렀지만, 전기 기술자들은 발전기가 다시 충전될 때까지 꼬박 2분을 더 기다려야 했다.(이들을 위해 변명을 하자면, 앞서 말을 대상으로 한 전기 처형 실험은 아무 문제 없이 잘 진행되었다.)

1901년 당시, 오번 교도소는 전기 처형의 문제점을 모두 해결했다. 10월 29일 오전 5시 무렵에 교도관들이 촐고시를 깨워 양 옆이 터진 검은색 바지를 주었다. 사형 집행실에서 전기 기술자는 전류를 시험하려고 죽 늘어선 22개의 전구에 전류를 흘려보냈다. 전구에 불이 들어오자, 전기 기술자는 전기의자가 만반의 준비가 되었다고 말했다. 촐고시는 오전 7시 6분에 사형 집행실로 들어와 고무 매트 위에 대충 깎아 만든 나무 옥좌인 '올드 스파키Old Sparky'에 앉았다. 그는 또다시 정부를 비난하기 시작했다. 그러는 사이에 교도관들은 소금물에 적신 스펀지를 그의 머리에 얹었다. 그다음에 금속 헬멧을 씌웠고, 바지에 난 구멍으로 종아리에 또 다른 전극을 붙였다. 가죽 마스크로 얼굴을 고정시키는 게 최종 작업이었다. 가죽 마스크는 촐고시가 마지막으로 외쳐대던 말도 막았다. "아버지를 [다시] 보지 못해서 매우 유감스럽다." 전기 기술자는 촐고시가 숨을 내쉴 때까지 기다렸다가(기체는 가열하면 팽창하는데, 폐 속에 공기가 적을수록 단말마의 신음이 듣기에 덜 거슬렸기 때문에) 스위치를 올렸다. 촐고시가 발작하듯이 몸을 홱 움직이는 바람에 안전띠에 균열이 생겼다. 1700볼트로 몇 차례 전류를 가한 뒤, 의사는 촐고시의 맥박이 전혀 뛰지 않음을 확인했다. 사망 시각은 오전 7시 15분이었다.*

머리카락은 아직 젖어 있었고, 입술은 전기 쇼크의 충격으로 아직까지 말려 있었다. 시체는 부검을 위해 가까이 있는 탁자로 옮겨졌다. 한 의사가 몸을 해부했고, 정신 이상 여부를 결정하는 것을 포함해 무엇보다 중요한 뇌 부검은 다른 의사가 맡았다. 정식 의사라기보다는 의학도라고 해야 정확한데, 그는 컬럼비아 대학에 재학 중인 25세의 의과대학생이었다.

이토록 중요한 일을 의사 면허도 없는 사람에게 맡긴 이유가 뭘까? 그래도 그는 이미 고압 전류가 뇌 조직을 손상시키거나 그 겉모습을 변화시키는가 하는 연구(전기 처형에서는 아주 중요한 고려 사항인)를 포함해 뇌에 관한 논문을 수십 편 발표한 전력이 있었다.(그는 대체로 말초 신경은 타지만, 뇌 자체는 약간의 출혈 외에는 별 영향을 받지 않는다는 사실을 발견했다.) 그는 또한 정신박약과 특이한 해부학적 특징의 연관성과 골상학에도 전문 지식이 있다고 주장했다. 그가 이 일을 맡게 된 결정적 계기는 집안 배경 때문이었다. 이 청년은 바로 기토를 변호했던 에드워드 찰스 스피츠카의 아들인 에드워드 앤서니 스피츠카Edward Anthony Spitzka였다. 이처럼 역사적으로 중요한 두 사건에 부자지간인 의사가 연루된 사례는 또 찾아보기 힘들 것이다. 아버지 스피츠카는 세상 사람들에게 기토가 정신 이상이라는 사실을 설득하는 데 실패했지만, 아들 스피츠카는 어쩌면 촐고시에게 사후에 과학적 사면을 내려줄지도 몰랐다.

하지만 그에겐 아예 그런 기회조차 주어지지 않았다. 스피츠카는

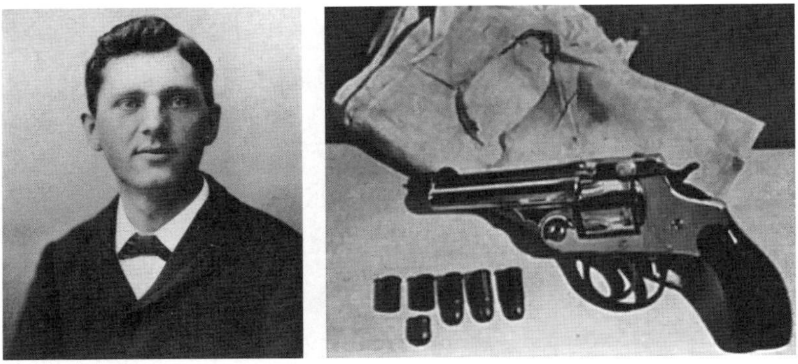

암살범 리언 촐고시(왼쪽). 촐고시가 매킨리를 살해할 때 사용한 권총과 손수건(오른쪽).

오전 9시 45분에 뇌를 적출하면서 아직 따뜻하다고 기록했다. 전기 처형을 하면 몸의 온도가 57℃까지 올라갈 수 있다. 뇌가 식길 기다리면서 그 모습을 스케치한 뒤에 모든 주름과 틈새를 조사하기 시작했다. 기토의 경우와 마찬가지로 뇌는 전체적으로는 지극히 정상처럼 보였다. 하지만 스피츠카가 현미경으로 조사를 하기 전에 교도소장이 나서서 방해했다. 그전에 교도소장은 촐고시의 머리뼈를 넘겨주는 대가로 5000달러의 제안까지 받았지만, 촐고시를 순교자로 만드는 위험을 감수하느니 그의 시체를 마지막 한 조각까지 철저히 파괴하기로 마음먹었다. 그는 나중에 검사할 수 있도록 아주 작은 뇌 조각 하나만이라도 남겨달라는 스피츠카의 애원을 단호하게 물리쳤다. 그러고는 정오에 시체를 다시 봉합하라고 명령했다. 그는 시체에 생석회를 잔뜩 뿌린 다음, 황산을 들이부었다. 그는 고깃덩이를 가지고 한 실험을 바탕으로 12시간이면 촐고시의 몸이 모두 녹을 것이라고 계산했다. 자정 무렵에는 문제가 있었던 촐고시의 뇌는 더 이상 세상에 존재하지 않았다.*

아들 스피츠카도 아버지와 마찬가지로 암살범의 평판을 구제하는 데 실패했다. 하지만 신경과학은 여전히 최종 결론을 내리지 못했다. 훌륭하고 건전한 과학자인 아들 스피츠카는 공식 부검 결과를 발표하면서 정신 이상의 징후를 전혀 발견하지 못했다고 인정했다. 하지만 부검 결과를 요약하면서 한 가지 단서를 덧붙였다. "어떤 형태의 정신병은 해부학적 기반을 확인할 수 없는 경우도 있다……. 이런 정신병은 순환 장애나 화학적 교란이 그 원인인 경우가 많다."

'화학적 교란', 다시 말해, 설령 뇌의 해부학적 구조는 정상이라 하더라도, 화학적 불균형 탓에 뇌가 제대로 기능하지 못할 수 있다는 말이다. 스피츠카의 통찰은 놀랍도록 정확한 것으로 밝혀졌다. 기토의 정신적 문제를 이해하기 위해 신경과학자들은 그의 뇌세포를 조사해야 했다. 하지만 촐고시의 정신적 문제를 이해하려면 그보다 더 깊은 곳을 파고들어야 했다.

뢰비의 꿈

두 암살범의 재판이 벌어지는 사이에 산티아고 라몬 이 카할은 각각의 신경세포가 별개의 독립적인 세포라는 사실을 알아냈다. 그렇다면 당연히 이 세포들 사이에 오늘날 시냅스synapse라 부르는 작은 간극이 있을 것이다. 하지만 신경세포들이 정확하게 어떤 방법으로 이 간극을 뛰어넘어 신호를 전달하는지는 수수께끼로 남아 있었다. 즉, 화학 물질의 맥동을 통해서 그러는지 아니면 전기 신호 발사를 통해서 그러는지 아직 확실히 밝혀지지 않은 상태였다. 각각의 가설을 지지하는 사람들은 스스로를 '수프파soups'와 '스파크파sparks'라고 불렀다. 그 후 50년 동안 신경과학의 역사는 양 진영 사이의 험악한 싸움으로 점철되었다고 해도 과언이 아니다.

처음에는 스파크파가 우세했다. 전기 신호 전달은 신선하고 현대적으로 보인 반면, 화학 물질 전달은 고대 그리스인이 믿었던 네 가지 '체액' 가설처럼 낡은 개념으로 보였다. 전기 신호를 뒷받침하는 실험적 증거도 있었다. 얼마 전에 발명된 탐침探針은 개개 세포 속으로 밀어넣을 수 있을 만큼 충분히 가늘었는데, 이것을 이용해 신경세포가 신호를 발사할 때마다 전기를 방출한다는 사실이 밝혀졌다. 이것은 내부 전기 방출에 불과했지만, 신경세포들이 서로 커뮤니케이션을 하기 위해 외부적으로도 전기를 사용한다는 주장이 이치에 맞아 보였다.

개구리 심장을 가지고 실시한 일련의 섬뜩한 실험도 이 가설을 뒷받침하는 것처럼 보였다. 1900년 무렵에 생물학자들은 개구리 심장을 꺼내 소금물에 담그면, 심장이 소금물 속에서 '저절로' 뛴다는 사실을 발견했다. 심장은 몸에서 완전히 분리된 채 소금물 용액 속에서 어찌된 일인지 살아서 팔딱팔딱 뛰었다. 과학자들은 또한 분리된 심장에 연결된 신경 가닥들 중 서로 다른 것에 전기 자극을 줌으로써 심장 박동 속도를 늦추거나 빠르게 하는 것도 가능하다는 사실을 발견했다. 물론 다른 과학자들이 특정 화학 물질을 가해도 비슷한 방식으로 심장 박동 속도를 늦추거나 빠르게 할 수 있다는 점을 발견한 것도 사실이다. 하지만 화학 물질은 인공적인 것이기 때문에, 화학 작용은 그저 기묘한 우연의 일치에 불과한 것으로 보였다.

오토 뢰비Otto Loewi라는 젊은 독일인(훗날 미국으로 귀화함) 약리학자는 1903년에 영국을 방문했다가 개구리 심장 실험에 큰 흥미를 느꼈다. 그 뒤 오스트리아의 한 대학에 교수로 임명되어 그곳에서 일하면서 신경과 전기와 화학 물질 사이의 연관 관계를 연구하기로 마음먹었다. 하지만 뢰비는 딴 데 정신이 팔려 백일몽을 꾸는 성향이 있었다. 젊은 시절, 오페라를 보거나 철학 강연을 듣느라 생물학 수업을 빼먹은 적도 많

약리학자 오토 뢰비

았다. 그래서 비록 주목받는 약리학자가 되긴 했지만, 개구리 심장 연구를 게을리했다. 그러는 동안에 스파크 가설이 점점 더 힘을 얻어갔다.

뢰비는 마침내 1920년에 개구리 심장 연구로 다시 돌아오긴 했지만, 아주 기묘한 상황에서 그렇게 했다. 그해 부활절 전날 밤에 소설을 읽다가 깜빡 잠이 들었다. 꿈속에서 노벨상을 받을 만한 실험이 자기 앞에서 휙 지나갔고, 그 순간 잠이 깬 그는 몽롱한 상태에서 그것을 적어두었다. 다음 날 아침에 일어나서 보았더니 자기 글씨를 알아볼 수 없었다. 화가 나고 절박한 심정에서 모든 점과 획을 자세히 뜯어보았다. 기억나는 것이라곤 모든 것이 이치에 맞아 보이는 가운데 겪었던 희열의 순간뿐이었다. 뢰비는 낙담하여 잠자리에 들었다.

그날 밤 새벽 3시 무렵에 같은 꿈을 꾸었다. 잠에서 깨어난 뢰비는 다시 꿈을 옮겨 적는 대신에 서둘러 실험실로 갔다. 거기서 개구리 두 마리를 에테르로 마취한 다음, 체리만 한 크기의 심장을 소금물이 담긴 비커 2개에 각각 담았다. 심장은 거기서 팔딱팔딱 뛰었고, 거기서 작은 물결이 일어 유리 쪽으로 이동했다. 한 심장에는 심장 박동을 조절하는 신경이 여전히 붙어 있었고, 다른 심장에는 그 신경이 없었다. 뢰비가 첫 번째 심장의 특정 신경 섬유에 전기 자극을 주자 예상대로 심장 박동이 느려졌다. 그를 흥분시킨 것은 다음 단계였다. 첫 번째 심장 안에 있던 소금물을 뽑아내 두 번째 비커로 옮겼다. 그러자 거기에 있던 두 번째 심장은 금방 심장 박동이 느려졌다. 그러고 나서 이번에는 첫 번째 심장의 다른 신경 섬유들에 전기 자극을 주어 심장 박동을 빠르게 했다. 이 심장의 소금물을 뽑아내 두 번째 비커로 옮기자, 두 번째 심장의 심장 박동도 빨라졌다. 꿈에서 본 것과 똑같았다! 뢰비는 신경이 전기 자극을 받을 때마다 어떤 화학 물질을 내놓는다고 결론 내렸다. 뢰비가 소금물을 다른 비커로 옮길 때 그 화학 물질도 함께 두 번째 심장으로 옮겨간 것이다.

뢰비의 실험은 수프파에게 아주 큰 힘을 실어주었다. 적어도 일부 동물에서는 신경계가 화학 물질을 사용해 메시지를 전달한다는 사실을 입증했기 때문이다. 곧이어 다른 과학자들이 포유류의 심장 박동을 빠르게 하는 화학 물질을 발견했고, 그다음에는 사람의 심장 박동을 빠르게 하는 화학 물질도 발견했다. 그 후로 수프 가설이 금방 큰 인기를 끌어 뢰비는 꿈에서 본 연구로 1936년에 노벨상을 받았다.(하지만 늘 태평스러운 성격이었던 뢰비는 1938년에 그 메달을 은행 금고에 넣어둔 채 포기하고 떠나야 했다. 그는 유대인이었는데도, 점점 어두운 그림자를 드리워오던 나치즘을 별로 경계하지 않았다. 결국 히틀러가 오스트리아를 병합했을 때, 그는 국외로 탈출해야 했다.*)

하지만 뢰비와 수프파는 아직 절반의 승리를 거둔 데 그쳤다. 스파크파는 팔다리와 내장을 제어하는 말초 신경계에서는 화학적 전령을 사용할 수도 있다고 한발 물러섰다. 하지만 뇌와 척수에서는 절대로 물러서려 하지 않았다. 이들은 이곳에서는 뇌가 오로지 전기만 사용한다고 강변했다. 이들에게는 훌륭한 증거가 있었는데, 신경세포들이 신호를 발사할 때마다 전기를 방출했기 때문이다. 게다가 스파크파는 화학 물질—"침과 땀, 콧물, 오줌"의 재료인—은 뇌에서 일어나는 일을 처리하기에는 너무 느리다고 주장했다. 생각을 처리할 만큼 민첩한 것은 전기밖에 없는 것 같았다. 골지의 신경 그물설을 지지한 사람들처럼 스파크파는 뇌가 나머지 몸과 다른 방식으로 작용한다고 주장했다.

하지만 뇌가 나머지 몸과 다르다거나 생물학적으로 특별하다고 주장하는 사람들은 사실상 늘 식언을 했다. 그다음 수십 년 동안 수프파는 뇌 '안에서만' 신호를 전달하는 화학 물질(소위 신경전달물질)을 많이 발견했다. 이 발견으로 스파크파의 패권이 무너졌고, 1960년대에 이르자 대부분의 과학자들은 신경세포의 작동 방식을 설명하는 이론에 신경전달물질을 포함시켰다.

좀 더 정확하게 말하면, 신경세포가 신호를 '발사'할 때마다 축삭돌기를 따라 전기 신호가 물결치며 나아가 그 끝에 이른다. 이것이 바로 오래전부터 스파크파가 발견한 그 전기이다. 하지만 전기는 신경세포들 사이의 간극을 건너뛸 수 없다. 심지어 신경세포 말단에 위치하면서 두 신경세포를 연결하는 시냅스와 시냅스 사이의 틈인 0.000025mm조차 건너갈 수 없다. 따라서 축삭돌기는 전기 신호 메시지를 화학 물질로 번역하고, 화학 물질이 그 틈을 건너간다. 축삭돌기 말단은 화학 물질 보급소처럼 온갖 종류의 신경전달물질을 저장하고 생산한다. 그리고 전달할 메시지에 따라 축삭돌기 말단은 특정 신경전달물질들을 모아 작은 거품(시냅스 소포小胞)으로 만든다. 이 거품들은 시냅스 틈으로 내용물을 내보내고, 그러면 신경전달물질들은 헤엄을 쳐 그 틈을 건너 가까이 있는 신경세포의 가지돌기와 연결된다. 이 도킹이 일어나면 그 신경세포는 자신의 축삭돌기를 따라 전기 신호를 보낸다. 메시지 전달이 일어난 이 시점에서 청소 작업이 시작된다. 가까이에 있는 신경아교세포들이 시냅스로부터 온 여분의 신경전달물질을 제거하기 시작하는데, 그냥 집어삼키거나 포식자 효소를 분비해 분해한다. 그러면 시냅스가 사실상 리셋되어 신경세포가 다시 신호를 발사할 수 있다. 이 모든 일이 수천분의 1초 만에 일어난다.

전체적으로 뇌는 어디를 살펴보고 무엇을 측정하느냐에 따라 수프로 볼 수도 있고, 스파크로 볼 수도 있다. 이것은 광자photon를 파동으로도 볼 수 있고, 입자로도 볼 수 있는 것과 같다. 그렇긴 하지만, 수프의 속성은 훨씬 복잡한 것으로 드러났다. 뇌에는 신경세포가 수백 종류나 있는데, 모두 기본적으로 똑같은 전기 신호를 발사한다. 그 결과, 전기 신호는 다양한 뉘앙스를 전달할 수 없다. 하지만 신경세포는 100가지가 넘는 신경전달물질*을 사용해 생각이 지닌 미묘한 측면을 아주 다양하게 전달한다. 어떤 신경전달물질(예컨대 글루탐산염)은 다른 신경세포를 자극하여 들뜨게 하고, 어떤 신경전달물질(예컨대 감마아미노부티르산GABA)은 다른 신경세포를 억제하고 마비시킨다. 뇌에서 일어나는 일부 과정은 자극 화학 물질과 억제 화학 물질을 동시에 분비한다.(예를 들어 뇌줄기가 우리를 꿈꾸는 수면 단계로 접어들게 할 때, 특정 신경세포들을 자극함으로써 꿈을 꾸게 하지만, 다른 신경세포들을 억제함으로써 근육을 마비시킨다.) 따라서 메시지를 받는 신경세포는 근처의 시냅스에서 그 수프를 신중하게 맛보면서 모든 성분을 검토한 뒤에 발사 여부를 결정한다. 적절한 반응을 유도하려면, 수프의 맛이 딱 맞아야 한다.

출고시의 신경쇠약

찰스 기토의 뇌에 있던 수프는 맛이 딱 맞은 적이 없었다. 돌이켜보면 그는 조현병(정신분열병)이 있었던 게 거의 확실하다. 이 병은 신경전달물질을 교란하여 뇌 속에서 그 균형을 깬다. 그래서 신경세포들이 신호를 발사하지 않아야 할 때 발사하고, 발사해야 할 때 발사하지 못하게 한다. 매독도 큰 손상을 입혔다. 기토는 이미 조현병만으로도 위기 상황이었는데, 신경매독이 뇌세포들을 죽이기 시작하자, 그의 마음은 점점 정신 이상 쪽으로 기울었다.

리언 촐고시의 사례는 이보다 훨씬 까다롭다. 무엇보다도 그의 정신 이상에 대한 판단을 무정부주의에 대한 그 시대의 두려움과 따로 떼놓고 생각할 수 없다. 심지어 일부 정신과 의사는 무정부주의 자체를 사실상 정신병으로 정의하기까지 했다. 그리고 재판 전에 촐고시를 검사했던 정신과 의사 5명이 모두 그를 정상이라고 말하긴 했지만, 기토에 대해서도 거의 모든 정신과 의사가 같은 견해를 보였다는 사실을 감안하면, 이들의 진단은 다소 공허하게 들린다. 촐고시가 재판 전에 보인 행동도 이 문제를 판단하는 데 별로 도움이 되지 않는다. 하루는 촐고시가 감방에서 발작적으로 비명을 질렀는데, 일부 목격자는 그가 일부러 그랬다고 생각했다. 촐고시는 매킨리를 죽이기로 결심한 후 그 생각을 "결코 떨칠 수 없었으며, 설사 내 목숨이 위험에 처하더라도 포기할 수 없었다."라고 인정한 적이 있다. 하지만 과연 그것이 정신병적 강박 행위 수준으로 발전했을까? 그리고 감방에 있는 동안 반복해서 자기 손에 손수건을 감은 행동은 어떻게 설명할 수 있을까? 죄책감에서 나온 행동일까? 아니면, 정신병적 틱tic(얼굴, 목, 어깨 등에 급격하면서도 율동적으로 반복해서 일어나는 불수의 운동)일까? 그 답은 누구에게 묻느냐에 따라 달라진다.

촐고시가 죽은 직후에 일부 정신과 의사들이 독자적으로 가족과 친지를 추적하고 면담하며 조사한 결과, 촐고시가 버펄로를 방문하기 얼마 전에 정신 이상이었다는 결론을 얻었다. 한 가지 단서는 대통령 암살이 평소 그의 성격과 전혀 어울리지 않는다는 점이었다. 촐고시는 이전에 폭력을 행사한 적이 전혀 없었다. 사실, 술집 손님들은 촐고시가 자신들을 때리는 대신에 밖에 나가서 파리를 잡는다고 종종 비웃기도 했다. 정신과 의사들은 촐고시가 무정부주의를 제대로 이해하지 못했으며, 1901년 5월에야 무정부주의자로 전향했다고 지적했다. 그것은 탈출을 전혀 고려하지 않고 목숨을 건 행동을 감행할 만큼 무정부주의에 푹 빠지기에는 너무 짧은 기간이었다. 그리고 동료 무정부주의자들조차 촐고시가 매킨리를 죽이는 데 집착한 것에 어리둥절해했다. 대통령은 분쟁이 생기면 대체로 노동자보다 경영자 편을 들었지만, 노동자를 마구 탄압하는 록펠러나 카네기와는 달랐고, 매킨리 자신은 돈도 많이 모은 적이 없었다.(어떤 점에서는 기토의 목적이 오히려 훨씬 합리적으로 보인다. 기토는 백악관에 체스터 아서를 앉히려고 했다. 반면에 촐고시는 단번에 자본주의와 공화국을 무너뜨리길 원했다.)

무엇보다도 촐고시가 살아온 행적을 조사한 정신과 의사들은 1898년에 신경쇠약으로 부모의 농장으로 돌아간 후에 그가 어떻게 변했는지 강조했다. 그는 불안감이 커졌고, 남을 믿지 않았으며, 더 고립된 생활을 택했고, 편집증 증세가 더 심해졌다. 스피츠카가 언급한 '화학적 교란'이 아주 그럴듯해 보이는 지점이 바로 여기다. 촐고시는 20대 중반에 신경쇠약을 겪었는데, 그 시기는 일부 역사학자가 지적하듯이 조현병이 나타나는 보편적 시점이었다. 하지만 나는 이 진단이 옳다고 생각하지 않는다. 촐고시는 기토가 아니었고, 현실과 완전히 분리되지 않았다. 하지만 1901년 당시의 정신의학 수준이 원시적 상태에 있었다는 점과 촐고시의 처벌을 바랐던 대중의 열망을 감안한다면, 정신과 의사들은 의도적이건 아니건 더 미묘한 장애에서 나타나는 더 미묘한 증상을 놓쳤을 가능성이 크다. 그리고 구체적인 진단과 상관없이 촐고시는 신경쇠약을 겪고 나서 아주 딴사람으로 변했다. 외로운 나머지, 친구와 의미 있는 일을 간절히 원하는 사람이 되었지만, 미국에서 가장 바깥쪽에 위치한 주변 집단의 무정부주의자들조차도 꺼리는 사람이 되었다.(이런 점에서 그는 많은 사람들과 어울리고 활발했던 기토보다는 혼자 지내길 좋아한 리 하비 오스월드*와 존 힝클리 주니어John Hinckley Jr.에 더 가까웠다.)

뇌화학에서 원인과 결과를 가리기는 아주 어렵다. 우울증이 뇌의 화학 물질에 변화를 가져올까, 아니면 뇌의 화학 물질에 일어난 변화가 우울증을 일으킬까? 어쩌면 양 방향으로 모두 일어날지도 모른다. 하지만 증거들을 종합적으로 검토한 결과는 고독과 고립, 무기력감이 신경전달물질을 고갈시킬 수 있다는 것을 시사한다. 즉, 수프에 독을 풀어 필수 성분을 고갈시킨다. 이것은 아들 스피츠카가, 숨어 있는 화학적 교란에 대해 논문을 쓸 때(1901년 10월의 쌀쌀한 아침에 아직도 김이 모락모락 나는 뇌를 살피면서 정신 이상의 징후를 찾으려고 애쓰다가 빈손으로 나온 후에) 간파한 내용의 일부였다.

촐고시는 한숨을 쉬며 이렇게 말한 적이 있다. "나는 뭘 하든 운이 좋았던 적이 전혀 없다. 이것이 나를 망쳤다." 사실, 그것은 촐고시가 생각한 것보다 훨씬 더 심각하게 그를 망쳤다. 만성 스트레스는 축삭돌기와 가지돌기를 위축시키고, 뇌의 사고방식을 예측 불가능한 방식으로 비틀 수 있다. 스피츠카가 1901년에 이 모든 것을 간파했다는 사실이 경이로워 보인다. 우리는 스피츠카보다 더 많은 것을 알아낼 수 있는데, 신경세포가 전반적인 사고 패턴에 어떤 영향을 미치는지 훨씬 많은 것을 알고 있기 때문이다. 우리는 그저 범위를 넓혀 각각의 신경세포가 어떻게 서로 연결되어 회로를 만드는지 알아보기만 하면 된다. 이 회로야말로 바로 우리의 생각을 만들어내는 원재료이다.

Paul Klee, With the eagle, 1918

3장

신경 회로의 연결과 변경

앞에서 개개의 신경세포가 어떻게 작용하는지 보았다. 하지만 신경세포는 신경 회로라는 더 크고 복잡한 단위를 이루어 함께 일할 때 최고의 능률을 발휘할 때가 많다. 이 회로는 공동 목적을 위해 함께 연결된 신경세포들의 집단이다.

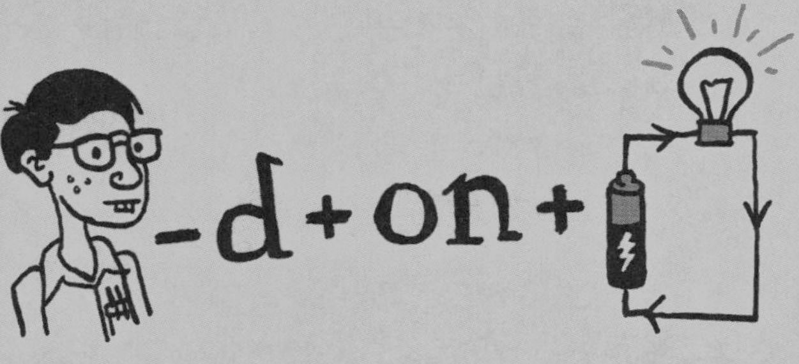

힌트 : 두 단어로 된 용어. 첫 번째 단어는 여섯 자, 두 번째 단어는 일곱 자. 첫 번째 단어는 뇌세포의 한 종류이고, 두 번째 단어는 전기와 관련이 있다.

역사상 여행을 가장 많이 한 옷은 이것이 아닐까 싶다. 풀 먹인 흰색 와이셔츠와 흰색 크라바트. 단추 달린 옅은 황백색 반바지. 황동 단추가 달린 짙은 청색 프록코트. 챙이 헐렁헐렁하고 다른 것과 어울리지 않는 밀짚모자. 그리고 가장 중요한, 끝에 금속을 씌운 히커리 지팡이. 제임스 홀먼James Holman 중위는 이 지팡이를 짚고 시베리아, 몽골, 예루살렘, 모리셔스, 중국, 남아프리카, 태즈메이니아, 트란실바니아를 비롯해 알려진 세계라면 어디든지 돌아다녔다.

홀먼은 1798년에 12세의 나이로 영국 해군에 입대했고, 1812년 전쟁(1812년 6월 18일에 미국이 영국에 선전 포고를 하면서 발발해 32개월 동안 계속된 전쟁. 흔히 미영 전쟁이라고 한다. —옮긴이) 직전까지 복무하다가 북아메리카 해안 앞바다에서 불가사의한 병에 걸려 현역 복무를 마쳤다. 해군 의사들은 종잡을 수 없이 나타나는 그의 관절통과 두통에 당황하여 '이동성 통풍'이라고 진단했는데, 잡다한 증상을 두루뭉술하게 일컫는, 별 의미 없는 병명이었다. 아무리 지어낸 질병이라 해도, 홀먼은 이동성 통풍 때문에 제대로 근무할 수 없었고, 결국 25세 때 전역했다.

영국에서 정착 생활에 적응하는 동안 윈저의 해군 기사Naval Knight of Windsor라는 자리를 얻었다. 뭔가 대단한 자리처럼 들리지만, 실제 업무는 매우 따분하고 지루했다. 유일한 임무는 하루에 두 번 부속 예배당에 가서 왕과 귀족, 그리고 윈저궁 주변의 다양한 아첨꾼들을 위해 기도를 하는 것이었다. 나머지 시간은 자신의 작은 아파트에 홀로 앉아 아무것도 하지 않고 지냈다. 책도 읽을 수 없었다. 홀먼은 윈저에서의 생활이 고문에 가까워 신체 건강이 악화되었고, 방랑을 하고 싶은 열망에 사로잡혔다. 그는 곧 영국을 탈출하여 나머지 생을 대부분 방랑하면서 보냈는데, 기이하고 때로는 위험하기까지 한 세계 곳곳을 찾아 대담하게 뛰어들었다.

초기에는 시베리아를 횡단하겠다는 야심찬 계획을 세우기도 했다. 도로 사정이 형편없고 울퉁불퉁하게 파인 바퀴자국 때문에 이가 덜거덕거릴 정도로 수레가 심하게 덜컹거려 대부분의 여정을 걸어서 가야 했는데, 밧줄을 붙잡고 수레 옆에 붙어서 걸어갔다. 하지만 태평양에 도착하기 전에 차르의 부하들에게 붙잡혀 첩자로 오인받아 강제 추방되고 말았다. 하기야 그저 재미로 시베리아를 횡단하는 사람이 있으리라고는 아무도 믿지 않았을 테니 그럴 만도 했다. 나중에는 노예 무역상들을 추적해 찾아내고, 오스트레일리아 오지의 지도를 만들고, 인간 사냥꾼들과 협상을 벌이고, 산불을 피하고, 전쟁 지역으로 돌진하고, 설탕과 샴페인을 운반하는 배를 타고 인도양을 횡단하는 등의 모험을 했다. 분화하는 베수비오 산에 오르기도 했다. 이 짧은 여행은 신발 밑창이 거의 다 타버릴 정도로 위험했지만, 자신의 불리한 조건에도 뭐든지 할 수 있다는 자신감을 심어주었다. 이런 여행을 하면서 그는 여자들에게 인기 있는 남자라는 명성을 얻었고, 훌륭한 과학 연구(섬들 사이에서 이동하는 씨에 관한)도 실시하여 왕립학회 회원으로 선출되었으며, 찰스 다윈이 그의 연구를 인용하기도 했다. 그는 호화로운 여행은 거의 하지 않았으며(그의 연금은 일 년에 겨우 84파운드에 불과했다.), 먹을 것(대개 과일과 와인, 값싸면서도 상하지 않는 혓바닥 고기)을 직접 준비하고, 어디를 가나 낡은 해군 군복을 입고 다님으로써 경비를 절약했다. 홀먼과 그의 해군 재킷과 밀짚모자와 지팡이는 모두 합쳐 40만 km*를 여행했다. 이것은 적도를 따라 지구를 열 바퀴 돌거나 달까지 갈 수 있는 거리였으며, 그는 그때까지 세상에서 가장 많은 거리를 여행한 사람이었다.

그는 될 수 있으면 영국에는 가끔씩만 돌아갔는데, 돌아갈 때마다 집에 처박혀 지냈고, 그 시간은 여행 책을 쓰는 데 썼다. 다방면에 걸쳐 두서없이 횡설수설하는 그의 책은 어느 페이지에서는 간장 만드는 법을 이야기하다가 다음 페이지에서는 캥거루 사냥 방법에 대한 조언을 늘어놓았고, 자신이 암기해야 했던 많은 시들을 줄기차게 인용했다.(강도 사건, 연애 사건, 해면을 사용한 목욕처럼 현지 관습에 관한 자잘한 이야기도 아주 많았다.) 하지만 책을 다 쓰기도 전에 홀먼은 다시 역마살이 도지곤 했다. 사실, 1822년에 출판된 첫 번째 책만 해도, 그는 교정쇄를 다 보기도 전에 영국을 떠났다. 그 책은 베스트셀러가 되었지만, 런던의 지식인들이 그 책을 구입해 책 첫머리에 실린 삽화를 펼쳐 이 기묘한 저자의 초상화를 볼 무렵에 홀먼은 이미 수천 km 밖에 있었다.

홀먼은 몰랐을 것이다. 책 첫머리에 실린 초상화는 전반적으로 잘생긴 모습인데도, 보는 사람을 불안하게 만드는 특징이 있었다. 그것은 바로 눈이었는데, 정면을 바라보지 않고 다른 곳을 바라보는 것 같았다. 나중에 실린 초상화들은 그보다 더 못했다. 어떤 책에서는 눈에 초점이 없고 마약을 복용한 것 같은 인상을 풍겼다. 더 나중의 유화 초상화에서는 보기 흉하게 립 밴 윙클Rip Van Winkle(미국 작가 워싱턴 어빙Washington Irving이 쓴 단편 소설에 나오는 인물. 20년 동안 잠을 자다 깨어난 그는 세상이 완전히 바뀐 것을 알고 크게 놀란다. '세상의 변화에 놀라는 사람'이란 뜻으로 쓰인다. —옮긴이)과 비슷한 턱수염을 기르고, 눈에 흰자위만 있는 모습으로 묘사돼 있다. 또 다른 그림에서 홀먼은 아무것도 없이 텅 빈 흰색 구위에 손을 걸치고 있는데, 마치 홍채가 없는 거대한 눈알을 껴안고 있는 것처럼 보인다. 홀먼을 아무 특징도 없는 구 옆에 서 있는 모습으로 묘사한 것이 처음에는 의아할 텐데, 홀먼은 그 당시 살아 있는 사람 중에서 어느 누구보다도 더 많이 지구 표면 위를 돌아다녔기 때문이다. 하지만 구를 텅 빈 모습으로 그린 데에는 나름의 이유가 있었다. 홀먼은 시각 장애인이었기 때문이다.

홀먼의 어두컴컴한 탐험

건강 문제는 해군에 있을 때부터 시작되었다. 그가 탄 함정의 정찰 항로는 문자 그대로 콧속에 고드름이 얼 정도로 찬바람이 몰아치는 캐나다 노바스코샤 주와 양초를 녹일 만큼 뜨거운 햇볕이 내리쬐는 카리브 해 사이에서 끝없이 오르락내리락했다. 이렇게 극단적인 날씨 중 어떤 요소 때문에 관절이 망가졌고, 발목이 뻣뻣하게 굳고 궤양이 생기는 바람에 요동치는 갑판에 서 있는 것은 말할 것도 없고 더 이상 군화도 신을 수 없었다. 상륙 허가를 받아 건강을 회복했으나, 세찬 북동풍과 사람을 녹초로 만드는 오후 근무 때문에 마침내 건강이 완전히 망가졌다. 얼마 지나지 않아 두 눈이 아주 심하게 아프기 시작했다. 평범한 햇살도 망막을 찌르는 바늘처럼 느껴졌다. 홀먼의 세계는 서서히 어두워져갔다. 의사들이 거머리, 찜질, 아편, 납 연고 등을 사용해 치료를 시도했지만, 어떤 것도 그의 시력을 구하지 못했다. 25세 때 시각 신경이 있는 부분*이 수명을 다하면서 눈과 뇌를 연결하는 부분이 끊어져 홀먼은 영영 시력을 잃었다. 그는 결국 지구상의 거의 모든 나라를 밟지만, 그 어느 곳에도 눈길을 줄 수는 없었다.

홀먼은 사이비 귀족 작위 때문에 하마터면 여행할 기회조차 얻지 못할 뻔했다. 해군 기사에 관한 규정에 따르면, 홀먼과 동료 기사들은 일 년에 10일 이상 영국 땅을 떠날 수 없었다. 홀먼은 처음에는 이 규정을 지켰으나, 윈저에서의 단조로운 생활을 도저히 견디지 못해 몇 달이 지나자 다시 열이 나면서 이동성 통풍이 도졌다. 그는 활동과 자극이 필요했다. 의사들은 해군 기사들을 관리하는 두 담당자에게 홀먼이 다음 번 배를 타고 떠나게 해달라고 간청했다. 관리자들은 처음에는 동정심을 보여 홀먼을 보내주었고, 여행은 홀먼의 건강에 기적을 가져다주었다. 하지만 다시 윈저로 돌아와 따분한 생활을 반복하자, 병과 통증이 다시 도졌다. 다시 허가를 받아 여행에 나서면 즉시 건강이 좋아졌다. 하지만 영국으로 돌아오면 어김없이 병과 통증이 재발했다. 그 다음번도 또 그 다음번도 마찬가지였다. 책을 쓰면 통증이 조금 줄어들었지만(기억은 강력한 진통제이다.), 원고를 마칠 때마다 건강이 악화되었고, 회복을 하려면 더 많은 휴가가 필요했다. 홀먼이 국장國葬과 대관식에 몇 차례 빠지자, 윈저의 관리자들은 불평을 하기 시작했다.

불평을 한 사람들은 그들뿐만이 아니었다. 책이 나올 때마다 전문가들은 시각 장애인이 그토록 광범위한 여행을 했다는 사실 자체에 의심을 품었다. 나중에 현대 신경과학은 홀먼의 이야기가 충분히 신빙성이 있다고 인정하지만, 19세기 초의 사회는 시각 장애인을 무능하고 연약한 사람으로 간주했다. 대부분의 시각 장애인은 그릇을 하나 마련해 길에서 동전을 구걸하며 살아갔다. 그나마 운이 좋으면 순회 서커스단에서 일했는데, 당나귀 귀와 커다란 가짜 안경을 쓰고 무대로 떠밀려나갔다. 거기서 그들은 대본도 없이 비틀거리며 돌아다녔다. 시각 장애인이 제공하는 엔터테인먼트라고 해봐야 기본적으로 망가지는 모습을 보여주는 것이 고작이었다. 시각 장애인을 생각할 때 사람들이 떠올리는 모습은 거지와 어릿광대였지, 세계 일주 항해와 모험이 아니었다.

홀먼의 주장을 일축하지 않는 사람들도 그의 모험을 평가절하하는 태도를 보였다. 홀먼은 "나는 앞을 보지도 못하는 사람이 여행은 해서 뭐 하느냐는 질문을 …… 항상 받았다."라고 쓴 적이 있다. 일부 멍청한 사람들은 어차피 일곱 대륙은 그에게 다 똑같아 보이지 않느냐며 홀먼이 정말로 영국 밖으로 여행을 떠난 적이 있느냐고 물었다. 홀먼은 이를 악물고 외국 땅은 소리가 다르고, 냄새가 다르고, 날씨 패턴도 다르며, 일상생활의 리듬도 다르다고 설명했다. 실제로 홀먼은 자신의 글에서 다른 감각들을 절대로 소홀히 하지 않았다. 폭풍이 몰아닥치면, 목재가 삐걱거리고, 그릇이 깨지고, 뱃멀미를 일으킬 정도로 배가 심하게 요동쳤다. 홀먼은 "아이리시 스튜(고기와 채소를 넣고 찌개처럼 끓인 것 — 옮긴이) 처럼 요리한" 원숭이도 먹었고, 뱀 가죽부터 바티칸 박물관의 조각상에 이르기까지 모든 것을 만진 느낌을 묘사했다. 이질을 앓았던 끔찍한 경험이나 스스로를 보호하기 위해 쇠사슬 갑옷을 입어야 할 정도로 들끓는 파리와 모기떼를 묘사하는 데 반드시 훌륭한 두 눈이 필요한 것은 아니다. 그리고 홀먼은 어떤 면에서는 자신의 불리한 조건 덕분에 더 '나은' 여행자*가 될 수 있었다고 주장했다. 자신은 눈이 멀었기 때문에 풍경을 피상적으로 보는 것에 만족하지 않고, 사람들과 대화를 나누고 질문을 던질 수 있었다고 설명했다.

홀먼은 눈으로 볼 수 없는 세계를 항행航行하기 위한 전술로, 실전에서 써먹을 만한 방법을 여러 가지 개발했다. 돈을 주고받을 때에는 구별이 불가능한 지폐 대신에 동전을 요구했다. 그리고 바늘의 움직임을 방해하지 않고도 바늘의 위치를 가늠할 수 있는 회중시계를 구입했다. 관찰한 것을 기록할 때에는 잉크가 없는 녹토그래프Noctograph*라는 기계를 사용했다. 이것은 종이 위에서 손의 위치를 안내하기 위해 1.27cm 간격으로 철사를 쳐놓은 나무판이었다. 그리고 배를 공짜로 타기 위해 바다 여행의 지루함을 달래주는 서비스(특히 옛날의 호메로스처럼 재미있는 이야기 들려주는 것)를 제공했다. 그가 들려준 이야기 중 하나는 귀머거리 친구와 함께 떠났던 짧은 여행(약 2240km)에 관한 것이었다. 그는 나중에 이렇게 썼다. "그 상황은 다소 우스꽝스러웠다. 우리는 그 여행에 관한 농담을 자주 들었는데, 우리는 대개 그 농담에 동참했으며, 때로는 농담을 더 재미있게 만드는 데 도움을 주었다." 여행자는 누구나 유머 감각이 필요하다.

시각 장애인 탐험가였던 제임스 홀먼. 초점이 맞지 않는 눈과 녹토그래프에 주목하라.

무엇보다 중요한 것은, 제임스 홀먼이 신경과학을 최대한 활용한 덕분에 혼자서 세계 여행을 하는 데 성공했다는 사실일 것이다. 대부분의 시각 장애인과 마찬가지로 홀먼은 자기 주변의 환경을 손을 이용해 탐사했다.(이 때문에 여자들은 홀먼을 매력적으로 느꼈다. 그들은 홀먼의 민감한 촉각을 아주 좋아했고, 자신의 얼굴과 심지어 몸까지 '살펴보도록' 내맡겼다.) 하지만 전체 세상을 항행하기 위해서는(기둥과 나무를 피하고, 혼잡한 시장이나 상가를 지나가기 위해서는) 손이 아니라 히커리 지팡이에 의존했다. 그런데 그가 지팡이를 사용한 방식은 오늘날의 시각 장애인들과 달랐다. 즉, 지팡이를 일종의 확장된 손가락으로 사용해 길을 더듬어 파악하지 않았다. 그런 용도로 쓰기에 그의 지팡이는 너무 짧고 너무 무겁고 너무 딱딱했다. 대신에 몇 발자국 걸을 때마다 지팡이 끝에 달린 금속 부분을 땅에 대고 두들기면서 그 소리를 들었다.

지팡이를 땅에 대고 칠 때마다 음파가 주변 물체에 부딪혀 반사되었고, 그 메아리들이 다소 시간 차이를 두고 귀에 돌아왔다. 약간의 연습 끝에 그의 뇌는 시간 차를 사용해 삼각법으로 물체의 거리를 파악하여 주변 풍경의 모습을 알 수 있었다. 메아리는 물체의 크기와 모양, 질감까지 알려주었다. 예컨대, 딱딱하고 날씬한 조각상에 반사돼 돌아오는 메아리는 부드럽고 펑퍼짐한 말에 반사돼 돌아오는 메아리와 소리가 달랐다. 이것을 감지하는 능력, 즉 박쥐가 사용하는 것과 같은 반향정위反響定位에 숙달되는 데에는 몇 년간의 끈질긴 노력이 필요했지만, 끈기와 결연한 의지는 홀먼의 장기였다. 일단 이것에 숙달되자, 홀먼은 바티칸 미술관에서부터 분화하는 베수비오 산에 이르기까지 어디든 자유롭게 돌아다닐 수 있었다. 지팡이를 두들기는 소리는 캄캄한 방에서 손전등을 이리저리 비추는 것처럼 홀먼의 눈이 되었다.

과학자들은 흔히 인간의 뇌를 지금까지 존재한 것 중 가장 정교한 기계라고 이야기한다. 뇌에는 신경세포가 수천억 개 있으며, 각각의 축삭돌기 끝부분은 수천 개의 이웃 신경세포에 연결돼 있다. 그렇게 만들어지는 연결의 수는 터무니없을 정도로 많다.(그 연결의 수가 너무 많아서 신경세포는 유명한 '6단계 분리' 법칙을 따르는 것처럼 보인다. 어떤 두 신경세포 사이의 거리도 6단계 이내에 있다. 즉, 여섯 다리만 건너면 어떤 두 신경세포하고도 연결이 된다.) 홀먼과 같은 사례는 훨씬 더 복잡한 사실을 알려준다. 인간의 뇌가 표준 배선 설계에서 벗어나기도 하고, 때로는 시간이 지나면서 배선 패턴을 바꿈으로써 스스로 배선을 수정할 수 있음을 보여주기 때문이다. 이런 변화 중 일부는 화산을 기어올라가는 시각 장애인처럼 환상적으로 들리지만, 이 모든 것은 신경 회로의 믿기 힘든 가소성plasticity(뇌의 신경 경로가 외부의 자극, 경험, 학습에 의해 구조·기능적으로 변화하고 재조직되는 현상 — 옮긴이)에 대한 통찰을 제공한다.

공감각의 발견

뇌의 회로가 어떻게 작동하는지 이해하려면 어떤 소리, 예를 들어 지팡이가 자갈에 탁 부딪치는 소리가 홀먼의 귀에 들어오는 장면을 상상해보라. 그 소리는 바깥귀길(외이도)에 있는 여러 뼈와 막을 진동시켜 결국 음파 에너지가 속귀에 있는 액체로 전달된다. 이 액체는 아주 작은 털세포들 위로 지나가면서 일부 털세포들을 기울어지게 만드는데, 소리에 따라 털세포가 기울어지는 정도가 다르다. 털세포는 근처에 있는 신경세포의 가지돌기에 연결돼 있는데, 털세포에서 자극 신호를 받은 신경세포는 즉각 전기 신호를 발사해 기다란 축삭돌기 '전선'을 통해 뇌 쪽으로 보낸다. 뇌에 도착한 전기 신호는 축삭돌기에게 화학 물질 수프를 근처의 시냅스로 분비하게 한다. 이것이 마침내 청각 겉질에 있는 신경세포들을 자극한다. 청각 겉질은 관자엽(측두엽)에 있는 회색질 부분으로, 소리의 높이와 세기와 리듬을 분석하는 일을 한다.

하지만 청각 겉질에 신호가 도달한 것은 겨우 첫발을 내디딘 것에 지나지 않는다. 홀먼이 '탁' 하는 소리를 의식적으로 인식하거나 그것을 바탕으로 길을 찾아 나아가려면, 신호가 회색질의 다른 부분들까지 순환하면서 처리 과정을 더 거쳐야 한다. 그리고 다른 회색질 부분에 이르려면 지하로 지나가야 한다. 즉, 회색질 표면 아래로 내려가 뇌의 백색질 부분으로 들어가야 한다.

백색질은 대체로 축삭돌기 고속 케이블로 이루어져 있는데, 이 고속 케이블은 한 회색질 노드node(접속점)에서 다른 노드에 최대 시속 400km의 속도로 정보를 전달할 수 있다. 이 축삭돌기들이 정보를 아주 빨리 전달할 수 있는 이유는 보통 축삭돌기보다 더 두껍고, 말이집(수초 또는 미엘린myelin이라고도 함)이라는 지방질 물질로 둘러싸여 있기 때

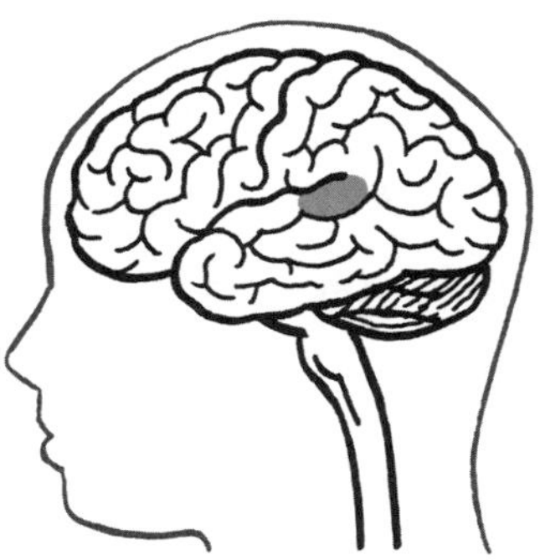

청각 겉질

문이다. 말이집은 전선을 둘러싼 고무 절연체 같은 작용을 해 신호가 점점 약해지는 것을 방지한다. 고래와 기린을 비롯해 몸이 긴 동물들의 경우, 말이집으로 둘러싸인 신경세포는 신호를 거의 아무 손상 없이 온전한 상태로 몇 미터나 보낼 수 있다.(반면에 다발경화증처럼 말이집을 파괴하는 질병은 뇌의 회색질 노드들 사이에 일어나는 커뮤니케이션을 심각하게 방해한다.) 요컨대, 회색질은 각각 다른 종류의 정보를 분석하는 칩들이 모여 있는 것으로 볼 수 있고, 백색질은 이 칩들 사이에서 정보를 전달하는 케이블로 볼 수 있다.

(이야기를 더 이어가기 전에 '회색질'과 '백색질'이 잘못 지어진 이름이라는 점을 지적하고 넘어가기로 하자. 회색질은 살아 있는 머릿속에서는 분홍색을 띤 황갈색으로 보이는 반면, 뇌의 대부분을 차지하는 백색질은 옅은 분홍색으로 보인다. 뇌를 보존제에 담근 뒤에야 회색과 백색이 나타난다. 보존제는 평소에는 타피오카tapioca[열대 지방에서 나는 카사바 뿌리를 압착하여 액즙을 뺀 뒤에 남은 섬유질을 갈아서 만든 녹말의 일종—옮긴이]처럼 부드러운 뇌를 딱딱하게 만든다. 여러분이 생물학 시간에 뇌를 해부해봤는지 모르겠지만, 그때 뇌가 손가락 사이로 흘러내리지 않은 이유는 이 때문이다.)

백색질 케이블을 통해 전달되는 메시지는 다른 신경세포를 자극하거나("집중해!") 반대로 마취시킬("신경 꺼!") 수 있다. 하지만 신경세포의 수가 엄청나게 많고, 신경세포 집단들 사이를 잇는 경로가 무수하다는 점을 감안할 때, 신경과학 분야의 중요한 질문 하나는 '탁' 하는 소리 신호가 어떤 경로를 택해야 할지, 그리고 어떤 이웃을 자극하고 어떤 이웃을 억제해야 하는지 어떻게 '아느냐' 하는 것이다. 그 답은 아주 단순한 것으로 드러났다. 시베리아를 여행하던 홀먼의 수레처럼 뇌 신호는 바큇자국을 따라 움직인다.

먼저 신경세포 두 개를 가지고 시작해보자. 만약 한 신경세포가 다른 신경세포에게 신호를 무수히 반복해서 발사하도록 자극한다면, 두 신경세포 사이의 시냅스는 이에 반응해 실질적인 변화가 일어난다. 첫 번째 신경세포의 축삭돌기 말단은 크게 부풀어올라 더 많은 신경전달물질 거품을 포장해 두 신경세포 사이의 시냅스에 풀어놓는다. 심지어 완전히 새로운 축삭돌기 가지들이 돋아날 수도 있다. 두 번째 신경세포는 더 많은 가지돌기 수용체를 그쪽으로 뻗음으로써 첫 번째 신경세포에 귀를 기울이는 일을 우선순위로 만든다. 이렇게 하면 두 번째 신경세포는 세기가 약한 신호에도 반응할 수 있다. 전체적으로 볼 때, 수레가 여러 차례 반복해서 오가면 길에 바큇자국이 남듯이, 신경세포의 신호 발사가 반복적으로 일어나면 뇌에 바큇자국이 새겨지며, 그러면 신호가 다른 경로보다 그 경로를 따라 이동할 가능성이 더 높아진다.

과학자들은 시간이 지나면서 신경세포들 간의 연결이 어떻게 더 강화되는지 다른 비유를 들어 설명한다. 즉, 신호를 함께 발사하는 신경세포들은 서로 연결된다. 그리고 대개는 신호를 함께 발사하면서 서로 연결되는 신경세포는 두세 개에 그치지 않는다. 일단 바큇자국이 새겨지고 나면 수천, 수만 개의 신경세포로 이루어진 회로가 차례차례 신호를 발사한다.*

백색질 케이블 덕분에 이 회로들은 아주 멀리 떨어진 회색질 부분들을 서로 연결시킬 수 있으며, 이에 따라 뇌는 복잡한 행동을 자동적으로 수행할 수 있다. 예를 들면, 우리는 태어날 때부터 재채기나 구역질, 하품 같은 반사 작용을 조절하는 회로가 아래쪽 뇌에 있다. 전체 순서에서 첫 번째 신경세포가 신호를 발사하면, 나머지 모든 신경세포가 도미노처럼 그 뒤를 따라 신호를 발사한다. 재채기나 하품이 일어나는 단계가 거의 변하지 않는 이유는 이 때문이다. 위쪽 뇌의 회로도 똑같은 방식으로 작동한다. 우리는 많은 훈련 끝에 《초급 영어 독본》에서 d-o-g라는 문자들을 보송보송한 네발동물 이미지와 '도-그'라는 소리와 연결짓는 방법을 터득했다. 결국에는 이 세 가지 중 어느 하나만 있어도 자동적으로 나머지 두 가지가 떠오르게 된다. 부정적인 경험도 신경세포들을 연결시킬 수 있다. 예전에 두려움을 느꼈던 골목에 들어서면, 그 냄새와 어두운 그늘이 공포 회로를 다시 깨운다.

모든 인간의 뇌는 표준 배선 설계를 따르는데, 이 설계는 특정 신경세포 집단이 항상 다른 특정 신경세포 집단과 대화를 나눌 수 있게 한다. 이것은 좋은 일이다. 우리 눈은 두려움 회로를 더 잘 깨울 수 있으며, 두려움 회로는 다리를 더 빨리 놀리도록 지시해 위험한 곳에서 얼른 벗어나도록 도와준다. 그러지 않는다면, 우리는 밖에서 오래 살아남지 못할 것이다. 이러한 일반적인 배선은 축삭돌기가 돋아나 새순처럼 자라기 시작하는 태아 시절에 완성된다. 그렇긴 하지만, 일반적인 배선 구조는 세부적인 면에서 사람에 따라 차이가 날 수 있다. 한 가지 극적인 예는 두 가지 이상의 감각이 기묘한 방식으로 섞여 나타나는 현상인 공감각共感覺, synesthesia(동반 감각이라고도 함)이다.

보통 사람들은 한 가지 감각 입력이 단 한 가지 감각 경험만 낳는다. 체리는 체리 맛이 날 뿐이고, 사포를 살갗에 문지르면 까끌까끌한 감촉만 느낄 수 있다. 그런데 공감각 능력이 있는 사람은 한 가지 감각 입력이 복수의 출력을 낳는다. 예를 들면, 체리에서 체리 맛뿐만 아니라, 기묘하게도 음색까지 느낄 수 있다. 이렇게 추가된 감각은 반사적으로 그리고 일관성 있게 나타난다. 예컨대 공감각 능력이 있는 사람은 올림 사G-sharp 음을 들을 때마다 설명할 수 없는 후추 냄새가 코를 찌를 수 있다. 또한 공감각은 사람마다 고유하게 나타난다. 어떤 사람은 숫자 5를 볼 때마다 빨간색이 보이는 반면, 다른 사람은 초록색이 보인다.

가장 흔한 종류의 공감각은 사물에서 다양한 색을 함께 느끼는 것이다. 특히 어떤 소리를 듣거나 문자 또는 숫자를 볼 때 색깔이 함께 보인다고 말한다. 리처드 파인먼Richard Feynman은 방정식에서 담갈색 *j*와 남색 *n*과 초콜릿색 *x*를 보았다. 블라디미르 나보코프Vladimir Nabokov는 긴 '아-' 소리를 들으면 "천연 건조된 목재의 색조"가 떠오르는 반면, 짧은 '아' 소리를 들으면 "윤이 나는 흑단"이 떠오른다고 말한 적이 있다. 프란츠 리스트Franz Liszt는 자신의 음악을 틀린 색으로 연주한다고 오케스트라 단원들을 종종 질책했고, 단원들은 어리둥절한 표정으로 눈을 끔벅였다. "자, 여러분, 좀 더 파랗게! 제발! 음색은 거기에 달려 있다고!" 또 언젠가는 "여기는 진한 보라색 [악절]이야! …… 그렇게 너무 장미색으로 하지 말고."라고 말한 적도 있었다.

색-소리와 색-문자 공감각이 가장 흔한 공감각인 이유는 바로 뇌의 지리학 때문이다. 소리와 문자와 색을 분석하는 영역 중 일부가 서로 곁에 붙어 있어 신호가 쉽게 경계를 넘나들 수 있다. 하지만 이론적으로 따지면 공감각은 뇌에서 어떤 두 감각이라도 연결시킬 수 있으며, 지금까지 알려진 공감각의 종류는 약 60가지나 된다. 청각-움직임 공감각을 느끼는 사람은 점이 단순하게 움직이는 스크린 세이버에서 사이렌 소

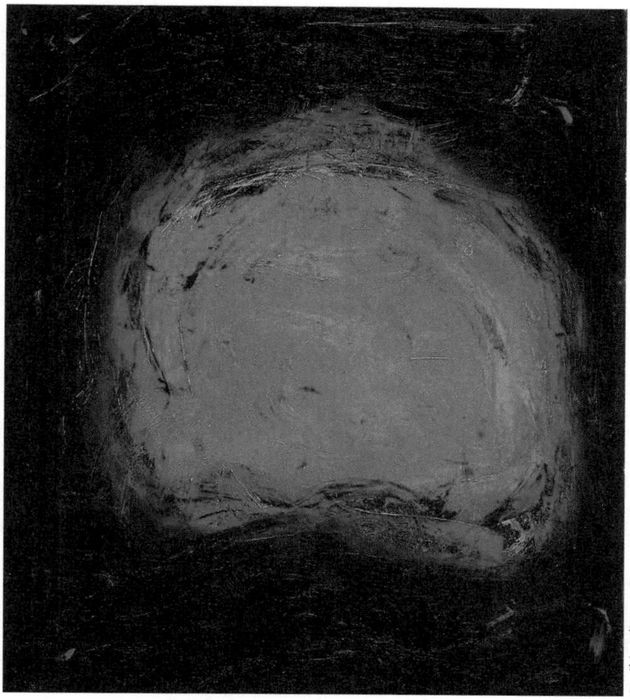

촉각을 시각화할 수 있는 공감각 능력자의 그림. 이 그림은 침을 맞을 때의 공감각 환시를 그린 것이다.

리를 들을 수도 있다. 촉각-감정 공감각을 느끼는 사람은 실크를 만지면 마음이 평온해지고, 오렌지를 만지면 충격을 느끼고, 밀랍을 만지면 부끄러움을 느끼고, 데님을 만지면 시무룩한 기분이 들 수 있다. 촉각-미각 공감각을 느끼는 사람은 주철 울타리를 만지면 짠맛이 느껴지거나 어떤 종류의 고기를 맛보면 뾰족한 것으로 찌르는 느낌을 받기도 한다.(한 남자는 디너파티 전에 자신이 프리카세로 요리한 닭고기가 너무 '구형球形'이 되었다며 불만스럽게 말했다.) 성적 공감각을 느끼는 사람은 섹스 도중에 눈앞에 색이 있는 형체들이 둥둥 떠다니는 걸 볼 수도 있다. 색-시간 공감각을 느끼는 사람은 일주일의 각 날이나 일 년의 각 달 또는 인생의

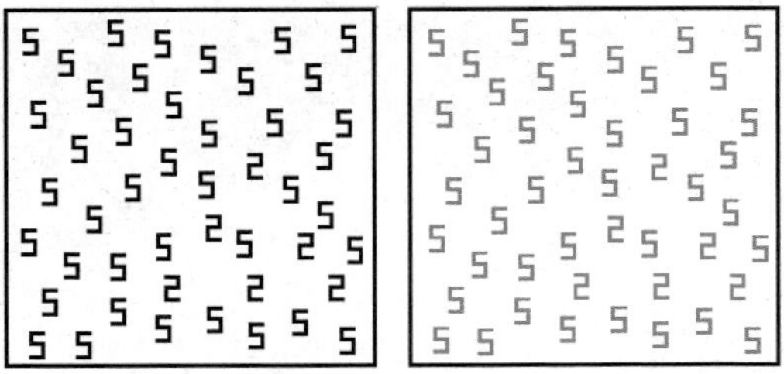

공감각 능력이 있는 사람은 숫자를 볼 때 색깔이 함께 보일 수 있다.

단계들을 다양한 음영과 색깔의 조각들로 경험할 수 있다. 셰익스피어의 희곡 《뜻대로 하세요*As You Like It*》에서 자크가 "인간의 일곱 가지 나이"에 대한 연설 장면을 듣는 순간, 무지개가 무대를 뒤덮는 광경이 보인다고 상상해보라.

공감각은 유전적 요소가 있는 것으로 추정되는데, 흔히 집안 내력으로 나타나고, 대부분의 문화에서 볼 수 있기 때문이다. 우리가 흔히 "해맑은 소리"나 "요란뻑적지근한 음식" 같은 표현을 쓰듯이 공감각 능력이 있는 사람이 단순히 비유적 헛소리를 지껄이는 것에 불과하다는 주장을 신경과학자들이 일축한다는 사실도 중요하다. 이들의 뇌는 실제로 우리와 다르게 작동한다는 사실이 실험에서 확인되었다. 한 실험은 종이 위에 디지털시계의 숫자 **5**를 가득 채우되 간혹 **2**를 사이사이에 끼워 넣은 것을 사용한다. 보통 사람들은 숫자 하나하나를 자세히 들여다보지 않고서는 **2**를 구분하기 어렵다. 하지만 공감각 능력이 있는 사람에게는 모든 **2**가 즉각 테크니컬러로 튀어나온다.(이것은 색맹 검사를 할 때 특정 색으로 표시된 숫자가 튀어나오는 것과 비슷하다.) 또 다른 실험에서는 공감각 능력이 있는 사람에게 작은 숫자 8을 줄지어 만든 큰 숫자 4를 보여주면, 전체(4)에 초점을 맞추느냐 픽셀(8)에 초점을 맞추느냐에 따라 그림

```
88    88
88    88
88    88
888888888
      88
      88
      88
```

의 색이 바뀐다. 어떤 실험들은 공감각 능력이 있는 사람을 당황하게 만든다. 보통 사람들은 기본적으로 어떤 색으로 된 텍스트이건 그것을 읽는 데 아무 문제가 없다. 하지만 공감각 능력이 있는 사람은 '잘못된' 색깔로 표시된 문자나 숫자에 혼동을 일으키거나 거부감을 느낀다. 문자나 숫자의 색깔이 자기 마음속에 있는 문자나 숫자 고유의 색깔과 충돌하기 때문이다.

신경과학자들은 공감각이 어떻게 작동하는지 대략 안다. 한 가지 감각을 처리하는 신경 회로가 다른 감각을 처리하는 신경 회로를 우연히 건드려 두 종류의 신경 회로가 동시에 작동하는 게 분명하다. 하지만 왜 그런 일이 일어나는지 정확한 이유를 알아내기는 무척 어렵다. 두 가지 설명이 나왔는데, 하나는 해부학에 초점을 맞춘 설명이고, 다른 하나는 기능에 초점을 맞춘 설명이다. 해부학적 설명은 어린 시절에 신경세포들의 가지치기 작업이 부실하게 일어났기 때문이라고 설명한다. 모든 아기는 필요한 것보다 훨씬 많은 신경세포를 갖고 있다. 따라서 신경세포들에서 뻗어나온 축삭돌기와 가지돌기 가지도 지나치게 많다.(그 결과로 어린아이는 항상 공감각을 경험할지도 모른다.) 아이가 성장하면서 어떤 신경세포들은 함께 신호를 발사하면서 배선이 연결되는데, 이 활성 신경세포들은 건강한 상태를 유지한다. 반면에 사용하지 않은 신경세포들은 굶주려 죽어간다. 그에 따라 지나치게 많았던 가지들 중 상당수는 고압 송전선 근처에 있는 단풍나무처럼 위축된다. 이런 이야기가 잔인하게 들리겠지만(신경세포도 진화의 법칙을 따른다는 이 이론을 신경 다윈주의라 부른다.), 생존한 신경세포들 사이에서는 더 치밀하고 강하고 효율적인 회로를 만드는 데 도움을 준다. 공감각 능력이 있는 사람의 뇌는 이런 가지치기가 제대로 일어나지 않아서 서로 다른 감각을 담당하는 영역들 사이에 여분의 연결들이 남아 있을지 모른다.

한편, 기능적 설명은 신경세포들의 가지치기는 제대로 일어났지만, 일부 신경세포가 이웃들을 제대로 억제하지 못한다고 주장한다. 고도로 연결된 신경세포들은 신호가 엉뚱한 경로로 흘러들어 엉뚱한 곳으로 전달되지 못하게 해야 한다. 이를 위해 신경세포들은 억제 화학 물질을 분비해 특정 이웃들의 작동을 억제한다. 하지만 그러한 옆길들은 설사 휴면 상태라 하더라도 여전히 존재한다. 그리고 이론적으로는 언제든지 길이 열려 활성화될 수 있다. 그렇다면 공감각 능력이 있는 사람의 뇌는 이러한 지하 통로를 제대로 억제하지 못해 정보가 다른 곳으로 유출되는 일이 일어나는지도 모른다.

기능적 설명과 해부학적 설명 중 어느 쪽이 옳은지 결정하는 데 도움을 준 첫 번째 단서는 스위스의 한 화학자가 발견했다. 1938년, 알베르트 호프만Albert Hofmann이 일하던 제약 회사는 새로운 자극제를 찾고 있었는데, 호프만은 어느 균류에서 추출한 몇 가지 화학 물질을 조사하기 시작했다. 그는 곧 다른 화합물로 방향을 돌렸지만, 그 균류에 뭔가 중요한 게 있을 것 같다는 생각이 떠나지 않았다. 그래서 1943년 4월 어느 금요일 오후에 호프만은 리세르그산 디에틸아미드lysergic acid

알베르트 호프만

diethylamide라는 새로운 화학 물질을 합성했다. 그것을 만드는 동안 정신이 멍해지고 눈앞에 색을 띤 줄무늬들이 어른거렸다. 그는 그 가루가 손가락에 묻었고, 그 손가락으로 눈을 비볐을 것이라고 생각했다. 하지만 반드시 그렇다고 확신할 수는 없었다. 그래서 4월 19일 월요일(그 후로 이 날은 '자전거의 날'로 알려지게 된다.)에 추측이 맞는지 검증해보기로 했다. 물 4분의 1잔에 그 가루를 소량(정확하게는 0.25mg) 녹였다. 그것은 아무 맛도 없었는데, 호프만은 그것을 단숨에 들이켰다. 그때 시각이 오후 4시 20분이었다. 호프만은 자신의 감각을 실험 일지에 적으려고 노력했지만, 5시가 되자 그의 글씨는 마구 휘갈겨쓴 낙서로 변했다. 마지막으로 쓴 글은 "웃고 싶다."였다. 정신이 불안정해진 걸 느낀 그는 조수에게 자전거로 집까지 가는 길에 동행해달라고 부탁했다. 그것은 아주 힘든 여행이었다.

자전거를 타고 갈 때 눈앞에 색을 띤 줄무늬들이 다시 나타났고, 마치 곡면 거울에 비친 것처럼 모든 것이 길쭉하게 늘어나고 왜곡된 모습으로 보였다. 시간의 흐름도 느려졌다. 호프만은 집까지 가는 데 아주 긴 세월이 걸렸다고 생각했지만, 조수는 호프만이 페달을 격렬하게 밟았다고 기억했다. 집에 도착해 거실에 들어선 호프만은 제대로 된 문장을 말하느라 애를 먹었다. 결국 무슨 이유에서인지 우유를 마시면 나을 것이라고 분명하게 의견을 말했다. 이웃집 여자가 인내심을 갖고 우유병을 계속 갖다 줘 그날 밤에 호프만은 우유를 2리터나 마셨지만, 아무 효과가 없었다. 설상가상으로 호프만의 눈에는 초자연적인 것들이 보이기 시작했다. 그의 마음은 이웃 사람을 마녀로 보이게 했고, 자기 속에서 악마가 솟아나 자신의 영혼을 움켜잡는 게 느껴졌다. 집 안의 가구조차 귀신에 들린 듯 위협적으로 와들와들 떨었다. 이대로 소파 위에서 죽는구나 하는 생각이 들었다.

안정은 몇 시간 뒤에야 돌아왔는데, 마지막 한 시간 동안은 그 상태를 즐기기까지 했다. 두 눈은 사실상 만화경이 되어 판타지아처럼 황홀한 색의 분수가 "끊임없이 쏟아져 나오면서 폭발하고 재배열하고 서로 섞였다." 그것을 보고 있으니 무척 즐거웠다. 나중에 그는 "문손잡이를 돌리는 소리나 지나가는 자동차 소리를 포함해 모든 청각 지각이 시각 지각으로 변했다. 모든 소리는 각각 일관된 형태와 색깔을 가지고 생생하게 변하는 이미지를 만들어냈다."라고 보고했다. 다시 말해서, 그 약물은 이전에 호프만이 한 번도 경험하지 못했던 공감각을 만들어낸 것이다.

호프만의 리세르그산 디에틸아미드(독일어로는 Lyserg-Säure-Diäthylamid)는 결국 LSD로 널리 알려지게 되었고, 그 이후로 피시Phish(미국의 록 밴드)와 그레이트풀 데드Grateful Dead(1965년에 결성된 미국의 록 밴드) 팬 수천 명도 비슷한 경험을 했다. LSD를 복용한다고 해서 뇌의 회로 자체가 변하는 것은 아니다. 하지만 LSD는 신경전달물질에 간섭하여 회로를 통해 흐르는 정보를 몇 시간 동안 왜곡시킬 수 있다. 이것은 마치 켄 번스Ken Burns 감독의 다큐멘터리를 보다가 데이비드 린치

David Lynch 감독의 악몽 같은 영화 장면으로 텔레비전 채널을 돌리는 것과 같다. 똑같은 회로가 화면을 제공하지만, 내용은 훨씬 거칠게 변한다. 이것은 공감각을 기능적으로 설명하는 가설에 힘을 실어준다. 공감각 능력을 타고난 사람은 뇌의 배선이 보통 사람과 다르다는 가설을 뒷받침하는 증거가 일부 있다. 하지만 호프만과 다른 사람들의 경험은 우리 모두에게는 잠재적 공감각 능력이 있음을 시사한다.

뇌의 가소성

약물로 유도한 호프만의 공감각은 어떤 경험이 신경 회로를 통한 정보의 흐름을 적어도 일시적으로 변화시킬 수 있음을 보여주었다. 그렇긴 하지만 어떤 경험이 뇌의 회로 자체를 영구히 변경할 수 있을까?

어린이의 뇌는 리모델링이 상당히 쉽게 일어나 온갖 종류의 연결이 새로 만들어질 수 있다. 어린이가 언어와 그 밖의 정보를 스펀지처럼 빨아들이는 이유는 이 때문이다. 하지만 20세기 거의 내내 신경과학자들은 어른 뇌를 리모델링하는 것은 불가능하다고 생각했다. 여기에는 산티아고 라몬 이 카할의 연구가 큰 영향을 미쳤다. 카할은 동물의 신경과 신경세포를 손상시킨 뒤 이 조직들이 얼마나 잘 회복하는지 알아보는 실험을 하면서 10여 년을 보냈다. 이 실험을 통해 카할은 말초 신경은 스스로 재생하는 경우가 많다는 사실을 알아냈다.(이것은 의사들이 절단된 손이나 발, 음경을 봉합하여 원래 기능을 회복시키는 데 성공하는 이유를 설명해준다.) 하지만 어른 뇌의 신경세포는 결코 다시 자라나지 않았다. 이 결과를 바탕으로 카할은 "어른 뇌의 신경 경로는 고정불변이다. 모든 경로는 죽을 수는 있어도, 어떤 경로도 재생하진 못한다."라고 비관적으로 선언했다.

다른 관찰 결과들도 카할의 비관론을 뒷받침했다. 어린이에 비해 어른은 언어 같은 새로운 기능을 습득하기가 훨씬 힘든데, 이것은 신경 경화 징후를 보여준다. 어른이 뇌졸중이나 그 밖의 뇌 손상을 입었을 때 특정 기능을 항구적으로 잃는 이유는 신경세포가 다시 자라나지 않기 때문이다. 게다가 어른 뇌의 가소성 부족은 진화론적 관점에서도 일리가 있다. 만약 어른 뇌가 너무 쉽게 변한다면, 중요한 행동과 기억을 제어하는 회로가 풀리거나 끊어질 경우, 관련 기능들이 우리 마음에서 사라지고 말 것이다. 어느 과학자가 지적했듯이, 가소성이 아주 뛰어난 뇌는 "모든 것을 배우고, 아무것도 기억하지 않는다."

이 모든 것은 사실이다. 하지만 신경과학자들이 부드럽고 유연한 점토 같은 어린이 뇌가 튼튼하지만 잘 부러지는 세라믹 같은 어른 뇌로 변한다고 선언한 것은 다소 성급했다. 설령 어른 뇌에서는 새로운 신경세포가 자라나거나 손상된 신경세포가 복구되지 않는다* 하더라도, 모든 신경 '경로'가 고정불변인 것은 아니다. 적절한 훈련만 한다면, 신경세포는 행동 방식과 데이터 전달 방식을 변화시킬 수 있다. 늙은 뇌 회로도 새로운 기술을 배울 수 있다.

1960년대 후반에 위스콘신 주에 살던 로저 벰Rober Behm은 퇴행성 눈병으로 양쪽 망막이 모두 손상돼 시력을 잃었다. 40년 후, 벰은 현지 과학자가 만든 '시각 대체' 장비를 사용해보았다. 이마 위에 올려놓는 흑백 비디오카메라에 입 속으로 연결되는 전선이 붙어 있는 장비였다. 전선 끝에는 우표만 한 크기의 초록색 사각형 전극이 붙어 있었는데, 이것을 혀 위에 고정시켰다. 비디오카메라가 촬영한 상을 이 전극으로 보내면, 전극은 각각의 픽셀을 윙윙거리는 전기로 변환시켰다. 전기가 확 발생하는 모습은 마치 탄산수에서 거품이 이는 장면을 연상시켰다. 흰색 픽셀은 혀를 무척 얼얼하게 하는 반면, 검은색 픽셀은 아무 느낌도 주지 않았고, 회색 픽셀은 그 중간 세기의 얼얼함을 느끼게 했다. 혀가 느끼는 이 '상'을 이용해 주변 세계와 상호작용할 수 있다는 게 이 장비의 기본 개념이었다.

누구라도 예상할 수 있듯이, 벰은 처음에는 무척 혼란스러워했다. 하지만 그는 움직임과 정적을 감지하는 방법을 상당히 빨리 터득했다. 얼마 지나지 않아 그는 삼각형과 원을 비롯해 기본적인 기하학적 형태들을 감지하기 시작했다. 그런 다음, 컵이나 의자, 전화 같은 일반 사물들로 범위가 확대되었다. 곧 벰은 미식축구 헬멧에 새겨진 로고를 알아보고, 카드도 무늬별로 분간할 수 있게 되었으며, 간단한 장애물 코스도 헤쳐나갈 수 있었다. 이런 기술을 터득한 사람은 벰뿐만이 아니고, 벰이 특별해서 그런 것도 아니다. 다른 시각 장애인들도 거울을 사용하는 법, 겹친 물체들을 분간하는 법, 너울거리는 촛불을 추적하는 법 등을 터득했다.

이 장비를 개발한 폴 바크-이-리타Paul Bach-y-Rita는 먼 길을 돌아 신경과학자가 되었다.(바크-이-리타는 뉴욕 시 브롱크스 출신이지만, 산티아고 라몬 이 카할처럼 여러 단어로 이루어진 카탈루냐어 성을 갖고 있다.) 바크-이-리타는 멕시코시티에서 의과대학에 들어갔다가 중도에 포기하고 일을 했다. 여기저기 떠돌아다니며 여러 가지 일을 했지만, 특히 플로리다 주에서 안마사와 어부로 많이 일했다. 안마사가 되려는 시각 장애인에게 해부학을 가르치기도 했는데, 이 일로 시각 장애인이 세상과 어떻게 상호작용하는지 이해하는 데 큰 도움을 얻었다.(시각 장애인은 예민하게 발달한 촉각 덕분에 훌륭한 안마사가 될 수 있다.) 그러다가 결국 의과대학으로 돌아갔고, 시각 장애인 환자를 돌보는 일을 하기 시작했다. 하지만 바크-이-리타는 아버지 페드로Pedro가 1959년에 뇌졸중이 일어난 뒤 반신불수가 되고 말을 못하게 되자 삶의 목표를 발견했다.

페드로는 재활 클리닉으로 갔지만, 차도가 없자 의사들은 가망이 없다면서 고정불변인 그의 뇌는 회복이 불가능하므로 요양원으로 보내라고 권했다. 의사로 일하고 있던 바크-이-리타의 동생 조지George는 그 당시 재활 클리닉에서는 아주 흔해 빠진, 이런 숙명론적 이야기에 화가 났다. 그래서 조지는 독자적인 재활 요법을 설계했다. 그것은 아주 혹독했다. 조지는 아버지를 아기처럼 기어다니게 했다. 그렇게 각각의 팔다리를 사용하는 방법을 다시 익히게 한 뒤에 서서히 두 발로 일어서게 했다. 그다음에는 현관을 쓸고 냄비와 프라이팬을 설거지하는 것과 같은 집안일을 시켰다. 페드로는 아주 열심히 노력했고 큰 진전은 없어 보였지만, 반복해서 움직이자 마침내 뇌가 다시 가동했다. 그는 말하고 걷는 능력을 되찾았을 뿐만 아니라, 가르치던 일을 다시 시작했고, 재혼도 했으며, 하이킹도 다시 하게 되었다. 페드로는 7년 뒤인 73세 때 콜롬비아의 산에서 하이킹하다가 심장마비로 죽었다. 부검 결과, 뇌에서 오래된 손상 흔적이 광범위하게 발견되었는데, 특히 회색질 중 특정 부분들을 서로 연결하는 백색질 케이블이 많이 손상돼 있었다. 하지만 회색질 자체가 여전히 기능을 했다는 사실이 중요하다. 그리고 그의 뇌는 손상된 조직을 우회해 걷기와 말하기에 필요한 경로를 다시 만들 정도로 가소성이 충분했다. 다시 말해서, 신호가 A에서 B로 가는 대신에 이제는 A에서 C로 갔다가 C에서 B로 갔다. 이것은 가장 효율적인 경로는 아니지만, 시간이 흐르면서 마음의 바큇자국이 깊이 파여 점점 효율성이 높아졌다.

바크-이-리타는 여기서 영감을 얻어 신경학과 재활의학 분야에서 추가로 레지던트 과정을 밟았다. 그리고 뇌 가소성에 대해, 그중에서도 특히 시각 장애인이 시각을 회복하는 방법을 직접 연구하기로 결심했다. 그의 첫 번째 '뇌 포트brain port'는 손으로 크랭크를 돌리는 비디오카메라를 사용했다. 이것은 치과용 의자에 박힌 테플론 못들을 진동시키는 방법으로 시각 장애인의 등에 상을 비추었다. 그것은 단지 400픽셀로 만들어진 상이어서 초점이 잘 맞지 않는 흑백 텔레비전에 비치는 상 같았다. 그럼에도 불구하고, 사람들은 훈련을 통해 헤어스타일과 얼굴을 바탕으로 1960년대의 슈퍼 모델 트위기Twiggy를 비롯해 개개인을 구별할 수 있었다.(하지만 환자들은 〈플레이보이〉의 섹시한 여자 사진을 보여주자 별로 관심 없다는 듯 어깨를 으쓱했다. 어떤 영역에서는 촉각이 시각보다 낫다.)

마이크로프로세서가 충분히 소형화되자, 바크-이-리타는 우리 몸에서 촉각이 아주 민감한 곳인 혀를 자극하는 장비를 만들었다.(침 때문에 혀는 맨살보다 전도성이 높아 자극에 필요한 전압을 낮출 수 있다.) 과학자들이 이 장비를 사용해 환자의 뇌를 촬영하기 시작하면서 이 장비는 정통성을 인정받았다. 뇌 촬영 결과는 비디오 정보가 혀를 통해 쏟아져 들어오는데도, 뇌의 시각 중추들이 활발하게 활동하는 것으로 나타났다. 신경학적으로 이 입력 정보는 '시각' 정보와 구별할 수 없었다. 심리학적으로도 환자는 혀의 촉각 데이터를 시각으로 경험했다. 이 장비를 사용한 시각 장애인들은 물체를 혀가 아니라 자기 '앞의 공간'에 있는 것으로 인식했다. 이들은 자신을 향해 날아오는 공을 보고 몸을 움찔했고, 물체가 커지고 작아지는 것을 알아채고서 물체가 가까이 다가오는지 멀어지는지도 알 수 있었다. 이들은 심지어 '폭포 효과' 같은 착시 현상도 경험했다. 폭포 효과는 폭포처럼 움직이는 물체를 한참 동안(약 1분) 응시하다가 시선을 돌려 정지한 물체를 바라보면 그 물체가 저절로 움직이는 것처럼 보이는 착시 현상을 말한다. 바크-이-리타의 장비는 시각 장애인에게도 이와 똑같은 느낌을 경험하게 했는데, 이것은 시각 장애인에게 다른 방법으로 사물을 볼 수 있는 신경학적 잠재 능력이 있음을 보여주는 또 하나의 증거이다.

한편, 바크-이-리타 연구팀은 다른 감각 대체 장비들도 개발했다. 손의 촉각을 잃어버린 한센병(나병) 환자(한센병은 신경을 파괴한다.)에게는 촉각 정보를 손 대신에 이마로 보내는 특수 장갑을 끼게 했다. 몇 분 안에 그는 테이블의 균열을 감지하고, 울퉁불퉁한 통나무와 반반한 알루미늄관과 부드러운 두루마리 화장지를 구별할 수 있었다. 바크-이-리타는 '전기 콘돔'도 연구했다. 신체 마비가 일어난 뒤에 느끼진 못하더라도 여전히 발기가 되는 사람들이 많은데, 바크-이-리타의 장비는 완성되기만 한다면 그들의 뇌에 전기 오르가슴을 전해줄 것이다.

바크-이-리타 연구팀이 거둔 성과 중 가장 극적인 것은 균형 감각의 회복이다. 이 연구는 위스콘신 주에 사는 39세의 셰릴 실츠Cheryl Schiltz라는 여자를 대상으로 시작했다. 실츠는 1997년에 자궁 절제술을 받고 나서 겐타마이신이라는 항생제를 복용했다. 겐타마이신은 감염에 효과가 좋지만, 속귀에 있는 미세한 털을 손상시키는 부작용이 있다. 이 털은 우리가 균형 감각을 유지하는 데 중요하다. 이 털은 청각을 돕는 털과 다른 관에 있지만, 기본적인 작동 원리는 똑같다. 우리가 머리를 이리저리 기울이면, 관 속에 들어 있는 겔 상태의 물질도 이리저리 출렁인다. 그러면 겔 물질에 박혀 있는 털들이 이리저리 구부러지고, 그러면서 특정 신경세포들의 방아쇠를 당겨 신호를 발사하게 한다. 뇌는 이 데이터를 받아 우리가 똑바로 서 있는지 여부를 결정하고, 그에 따라 자세를 바로잡게 한다. 이 털이 손상되는 바람에 실츠의 뇌에서 균형 중추(안뜰핵 또는 전정핵이라 부르는)가 망가져 근육에 신호를 임의로 발사하기 시작했고, 이 때문에 실츠는 좌우로 휘청거리면서 가끔 몸을 약간 홱 움직이는 동작을 보였다. 게다가 실츠는 항상 넘어질 것 같은 느낌이 들었는데, 누워 있을 때에도 그런 느낌이 들어 영원히 술에 취해 머리가 빙빙 도는 것 같았다. 실츠를 비롯해 겐타마이신 부작용을 겪은 사람들은 자신들을

'비틀거리는 사람'이란 뜻으로 '워블러Wobbler'라고 불렀다. 이들 대부분은 바깥 세상을 용감하게 걸어다니는 것은 꿈도 못 꾸고, 집 안에서도 간신히 걸어다녔는데, 카펫 위에서 간단한 지그재그를 그리며 걷을 때조차 비틀거렸다. 워블러 중 자살을 한 사람도 꽤 된다.

실츠는 미심쩍었지만, 바크-이-리타 연구팀이 시키는 대로 작은 균형 장비와 전자 장비가 장착된 초록색 헬멧을 썼다. 벰이 착용했던 장비와 마찬가지로 헬멧에서 뻗어나온 전선이 실츠의 입 안에 넣은 전극에 연결되었다. 똑바로 서 있을 때에는 혀 한가운데에서 마치 카주(피리처럼 생긴 간단한 악기 —옮긴이)가 윙윙거리는 느낌이 들었다. 그리고 머리를 숙이거나 옆으로 기울이면, 윙윙거림이 앞이나 뒤 또는 옆으로 미끄러져 이동하는 게 느껴졌다. 이제 자세를 이리저리 이동해 윙윙거림이 항상 한가운데에 위치하도록 연습하는 게 필요했다. 윙윙거리는 느낌이 묘했지만, 실츠는 금방 요령을 터득했다. 불과 5분간의 연습만으로 실츠는 혼자서 몇 초 동안 똑바로 설 수 있었다. 하루는 20분 동안 연습을 하자 비틀거리지 않고 걸을 수 있게 되었다. 연습을 더 하자 균형 감각이 더 나아졌고, 마침내 헬멧을 벗고도 생활이 가능해졌다. 많은 연습 끝에 예전처럼 줄넘기와 자전거 타기도 능숙하게 하게 되었다.

더 감동적인 이야기가 있는데, 실츠는 바크-이-리타를 포함해 다른 사람들에게 이 장비 사용법을 가르쳐주기까지 했다. 바크-이-리타는 2004년에 암 진단을 받은 뒤 화학 요법 약을 복용했는데, 그 부작용으로 속귀의 털이 손상되어 균형 감각을 잃었다. 그래서 실츠는 바크-이-리타에게 초록색 헬멧 사용법을 차근차근 가르쳐주었다. 자신이 받았던 호의를 되돌려준 것이다. 그 덕분에 바크-이-리타는 2006년에 죽음을 맞이할 때까지 혼자서 똑바로 걸어다닐 수 있었다.

과학자들은 감각 대체 장비가 어떻게 벰과 실츠 같은 사람들의 뇌를 변화시켰는지를 놓고 아직도 논쟁을 벌인다. 그럴듯한 추론 하나는 이 장비들이 혀에서 새로운 길을 통해 시각 중추와 균형 중추로 정보를 전달할 때, 기존 경로와 피드백 고리를 활용했다는 것이다. 예를 들어 사과를 먹을 때 우리 뇌는 자연스럽게 그 맛과 아삭아삭 씹히는 질감, 광택이 나는 빨간색 정보 등을 결합해 사과를 더 포괄적으로 이해할 수 있게 해준다. 따라서 우리는 이미 일부 감각 입력 정보를 혼합해 사용하고 있으며, 혀의 데이터가 시각적 입력 정보로 변환되는 것은 그저 하나의 극단적 사례에 불과할지 모른다. 게다가 LSD 공감각이 보여주듯이, 뇌 안에는 잠자고 있는 지하의 의사공감각 통로가 많이 있다.

뇌는 가소성이 약간 있기 때문에 어떤 경로로 들어온 것이건 한 가지 감각 정보를 다른 감각 정보로 바꿀 수 있는 것처럼 보인다. 이것은 감각을 전반적으로 이해하는 데 중요한 의미를 지닌다. 이 관점에서 보면, 눈과 귀와 콧구멍이 실제로 하는 일은 특정 신경을 자극하는 것에 불과하다. 그 결과, 모든 감각 입력 정보는 감각 기관을 떠나 신경계로 들어온 뒤에는 거의 똑같아 보인다. 그것은 그저 화학적 신호와 전기적 신호에 불과하다. 입력 신호를 해독하여 지각을 만들어내는 것은 우리의 감각 장비가 아니라 신경세포 회로이다.

과학자들은 철학적 난제는 말할 것도 없고, 이것과 관련된 모든 과학적 문제를 해결하지 못했다. 솔직하게 말해, 이 장비들을 둘러싼 논쟁은 궤변에 가까운 질문으로 변할 수 있다. 눈먼 사람이 진정한 의미로 앞을 볼 수 있을까? 하지만 바크-이-리타에 따르면, "우리는 눈으로 보거나 귀로 듣는 게 아니다. 이 모든 일은 뇌에서 일어난다." 이 말이 사실이라면, 눈먼 사람은 벰처럼 혀를 통해서건, 아니면 제임스 홀먼과 그와 비슷한 후대의 사람들처럼 귀를 통해서건, 앞을 보는 법을 실제로 배울 수 있다.

반향정위자의 놀라운 능력

바크-이-리타는 현대 전자공학을 이용해 사람의 뇌를 리모델링했지만, 사실은 신경 가소성을 이용하는 데에는 그렇게 복잡한 것까지 필요 없다. 반향정위 능력이 있는 사람들은 이와 혀와 입술만으로 자신의 뇌를 변화시킬 수 있다.

현재 살아 있는 반향정위 능력자 중에서 가장 유명한 대니얼 키시 Daniel Kish는 눈에 생기는 암인 망막모세포종에 걸려 생후 13개월 때 두 눈을 잃었다. 그의 눈구멍에는 뻥 뚫린 흉터만 남았다. 하지만 키시는 만 두 살 때 혼자서 메아리의 힘을 발견했다. 그는 혀를 쯧쯧거려(느리긴 하지만 가스 스토브처럼) 음파를 발사하는 방법을 개발했다. 그리고 이제는 주변 물체에 부딪혀 돌아오는 메아리를 듣고서 돌아다닌다.

그 원리를 알고 싶으면 키시가 보도를 걸으면서 어떤 물체에 다가가는 장면을 상상해보라. 쯧-쯧-쯧! 키시는 쯧 소리가 지면 근처에서 반사돼 메아리로 돌아오는 것을 감지한다. 처음에는 메아리가 배꼽 정도 높이에서 반사돼 돌아온다. 몇 걸음 더 나아가면, 이제 가슴 높이에서 메아리가 반사돼 돌아온다. 그리고 몇 걸음 더 나아가자, 메아리가 반사돼 돌아오는 지점이 다시 낮아진다. 메아리의 윤곽은 그 물체가 주차된 자동차라는 것을 알려준다. 이와 비슷하게 전신주는 키가 크고 홀쭉한 윤곽을 만들어낸다. 소리의 질도 단서를 제공한다. 자동차는 소리를 날카롭게 반사하는 반면, 덤불은 소리를 흡수하여 죽이는 경향이 있다.

키시는 반향정위 능력을 능란하게 구사해 나무를 기어오르고, 춤을 추고, 교통이 혼잡한 거리에서 자전거를 탈 수 있다. 또한 집 근처의 앤젤레스 국유림에서 가로세로 3.6m의 오두막집을 구입해 며칠 동안 거기서 홀로 지내면서 오솔길을 걷고 미끄러운 돌들이 널린 개울을 건너며 돌아다녔다. 키시는 자유분방한 행동 때문에 가끔 다치기도 했다. 이를 물체에 세게 부딪치고 발뒤꿈치뼈가 부러지는 사고를 당한 적도 있다. 어느 날 밤에는 오두막집에서 자다가 불이 난(불량한 굴뚝 때문에) 걸 알고 간신히 빠져나온 적도 있다. 하지만 키시는 이런 위험을 "자유의 대가"라고 부른다. 그는 "기둥에 부딪치는 것은 짜증나지만, 기둥에 절대로 부딪치지 못하게 하는 것은 재앙이다."*라고 썼다. 제임스 홀먼이 이 말을 들었더라면, 적극 동의했을 것이다.

사실, 키시 같은 오늘날의 반향정위자가 보여주는 묘기는 홀먼의 인생 이야기에 신빙성을 더해준다. 뇌를 스캔해서 보면, 반향정위자가 쯧쯧 소리에 귀를 기울일 때 시각 겉질이 크게 활성화되는 걸 알 수 있다. 이것은 필시 사물을 보게 해주는 시각 신경세포가 우리가 주변 세상을 돌아다니는 것도 도와주기 때문일 것이다. 그래서 입력 정보가 청각 정보라 해도, 반향정위에 시각 신경세포가 자연스레 동원되는 것이다. 지팡이의 메아리에 몇 년 동안 귀를 기울인 홀먼의 뇌는 같은 방식으로 스스로를 리모델링한 게 거의 틀림없다. 그의 청각 신경세포와 시각 신경세포는 매우 빈번하게 함께 신호를 발사하고, 아주 긴밀하게 연결되었기 때문에, 소리 지도를 공간 지도로 번역하는 일이 본능적으로 일어나게 되었다.

불행하게도 세월이 흐르면서 홀먼은 그 본능을 써먹을 기회가 점점 줄어들었다. 그의 건강은 여행에 달려 있었지만, 점점 더 많은 휴가를 요구하고, 점점 더 멀리 여행하자, 특히 책(신체가 튼튼한 사람이나 할 수 있는 베수비오 산 등정과 같은 모험들로 가득 찬)을 출판하여 돈을 벌어들이자, 관리자들이 못마땅하게 여기기 시작했다. 돌이켜보면, 홀먼은 정신신체 질환(정신 질환의 여러 가지 증상이 신체 증상으로 발현되는 질환—옮긴이)이 있었던 것으로 보인다. 영국에서 한가롭게 지내는 동안 그의 마음을 괴롭혔던 우울증은 신체에도 고통을 주었다. 반대로 여행을 하면 기분이 좋아지면서 신체적 고통도 줄어들었다. 하지만 그런 여행을 할수록 윈저의 해군 기사 관리자들은 홀먼이 자신들을 속인다고 믿게 되었다. 그래서 여행을 금지하고, 사실상 그를 가택 연금 상태에서 살아가게 했다. 이 기간에 홀먼은 자신이 접근 가능한 의학계와 정치계의 권위자들에게 도와달라고 호소했다. 젊은 빅토리아 여왕도 이 문제에 관여했다. 하지만 관리자들은 옛날 이집트의 파라오들처럼 마음을 굳게 닫고 그의 호소에 귀를 기울이려 하지 않았다.

1855년, 이미 60대 중반에 접어든 홀먼은 프랑스로 휴가를 떠나는 것을 더 이상 기대하기 어려웠다. 사실, 건강 악화는 홀먼이 맞닥뜨린 여러 가지 고통스러운 현실 중 하나에 지나지 않았다. 그는 외국에 머물 때면 여행할 때마다 입었던 해군 제복을 늘 입고 지냈다. 하지만 그 외투와 반바지는 한물간 지 오래되어 해군 병사들조차 그를 전직 해군 장교로 알아보기가 쉽지 않았다. 게다가 대중적인 인기마저 점점 사그라들었다. 홀먼은 1832년에 마지막 여행 책을 출간했고, 해가 갈수록 그의 이름은 사람들의 기억에서 점점 희미해졌다. 어쩌다가 동시대인이 그의 이름을 언급할 때에도 대개 과거 시제로 이야기했다.

70대가 되자 홀먼은 여행을 완전히 접었고, 자기 집을 나서는 일조차 드물었다. 친구들이 그를 걱정했지만, 홀먼은 마지막 여행에 몸을 던졌다. 그것은 자신의 과거로 떠나는 여행이었는데, 바로 자서전 집필이었다. 원고를 쓰느라 오랜 시간 녹토그래프에 매달려 지내면서 건강은 더욱 나빠졌지만, 홀먼은 스스로를 채찍질하며 마지막 힘을 쏟아부었다. 그 책이 마침내 자신의 유산을 확고히 할 것이라고 여겼기 때문이다. 그는 여전히 자신의 여행이 단순히 시각 장애인이 그 일을 해냈다는 사실을 넘어서는 의미가 있다고 인정받고 싶었다. 그는 자신을 눈먼 마르코

말년의 홀먼

폴로Marco Polo가 아니라, 마르코 폴로와 동급으로 간주했다.

자서전은 죽기 직전인 1857년에 완성되었다. 하지만 안타깝게도 전작들의 판매 부진으로 선뜻 출간하겠다고 나서는 출판사가 없었다. 할 수 없이 홀먼은 자서전 원고를 유작 관리인에게 맡겼지만, 그 사람 역시 얼마 후에 죽었고, 수십 년이 지나자 그 원고는 역사에서 사라지고 말았다.

우리가 홀먼의 개인적 삶에 대해 아는 사실은 모두 남아 있는 그의 책들에서 얻은 것인데, 그 정보는 그렇게 많지 않다. 그가 좋아한 기억, 가장 실망했던 일, 사랑한 사람들의 이름 등은 전혀 알 길이 없다. 그는 반향정위를 맨 처음 터득한 때가 언제인지도 밝히지 않았다. 사실, 그의 여행기에는 자신의 시각 장애에 대한 이야기가 놀라울 정도로 거의 나오지 않는다. 자신의 불리한 조건과 그것이 자신의 세계관을 어떻게 바꾸었는지 허심탄회하게 술회한 부분도 딱 한 구절뿐이다. 책에서 홀먼은 옛날에 일어났던 몇몇 만남을 추억했다. 그는 자신의 연인들이 어떻게 생겼는지 혹은 매력이 있었는지 없었는지도 알 수 없었다고 솔직하게 인정했다. 그는 그런 것에는 신경 쓰지 않았다. 눈에 보이는 세계의 기준을 포기함으로써 더 신성하고 진정한 아름다움을 음미할 수 있다고 주장했다. 그는 여자의 목소리를 들으면서 애무를 느낌으로써(그리고 모자라는 부분은 자신의 상상으로 채움으로써) 그저 여자를 보는 것에서 얻는 것보다 더 큰 즐거움을, 현실을 초월한 즐거움을 얻었다고 말했다. 그는 "내가 시력을 잃었기 때문에 그런 사색의 즐거움을 느끼지 못할 것이라고 생각하는 사람이 있는가?"라고 묻고는, "그런 잘못을 범하는 정신적 우둔함을 어떻게 동정해야 할지 모르겠다."라고 말했다.

홀먼은 여기서 사랑에 대해 이야기했다. 그러나 눈으로만 볼 수 있는 것을 넘어선 욕망과 사색에 대해 이야기하면서 그 말 속에는 그보다 훨씬 큰 것, 즉 자기 자신에 대한 것과 모든 인류가 세계를 지각하는 방법 등 뭔가 더 큰 주제가 담겨 있다. 감각 대체에 대해 폴 바크-이-리타는 "우리는 눈으로 보지 않는다. 우리는 뇌로 본다."라고 말했다. 이 주장은 더 넓은 의미에서도 성립한다. 우리는 모두 어느 정도 현실을 만들어내는데, 홀먼이 주변의 풍경을 상상으로 보강했다면, 나머지 사람들 역시 마찬가지로 그렇게 한다. 다시 말해서, 우리의 신경세포는 단순히 주변 세계를 기록하는 일만 하는 게 아니다. 다음 장에서 살펴보겠지만, 신경세포 회로는 실제로 자기들끼리 연결되어 더 큰 단위를 만듦으로써 우리가 본 것을 뇌가 재해석하고 다르게 만들 수 있게 한다—단순한 풍경에 다층적 의미를 부여하고, 단순한 지각에 자신의 욕망을 입힘으로써.

Juan Gris, Portrait of the artist S mother, 1912

4장

시각과 얼굴 인식

신경세포 회로들이 서로 결합하여 훨씬 나은 방법으로 정보를 분석할 수 있는 감각계 같은 더 큰 구조를 만든다.

힌트 : 'o'로 시작하는 두 단어로 된 용어. 첫 번째 단어는 cow(암소)나 bull(황소)이 아니라 전체 소를 멍에처럼 묶어서 부르는 단어를 생각한 뒤, 그 철자가 아니라 발음을 바탕으로 생각해야 한다. "Hola, amigo."는 에스파냐어로 "안녕, 친구."란 뜻이므로, 늑대를 가리키는 에스파냐어 lobo를 생각해야 한다. 두 번째 단어는 lobo–로 시작한다.

한 남자가 얼굴에 소석고 마스크를 쓴 채 탁자 위에 누워 있다. 마스크는 눈과 귀, 코, 이, 입술까지 있어 정상적으로 보인다. 하지만 가면을 들어올리면, 그 밑으로 병사의 얼굴 살점 일부가 마스크와 함께 떨어져나간 것처럼 구덩이가 움푹 파여 있다. 자리에서 일어나 앉은 병사는 그 소석고 마스크를 쓰고 나서 30분 만에 처음으로 크게 숨을 들이쉰다. 만약 코가 있었더라면, 파리의 스튜디오를 환하게 만들기 위해 가까이에 둔 꽃 냄새를 맡았을 것이다. 만약 귀가 있었더라면, 방 건너편에서 신체 손상을 입은 병사들이 자기 차례를 기다리면서 도미노 노름을 하느라 달그락거리는 소리를 들었을 것이다. 만약 혀가 있었더라면, 기분 전환을 위해 화이트 와인을 한 모금 마셨을지도 모른다. 만약 눈이 있었더라면, 벽에 걸린 마스크 수십 개를 보았을 것이다. 제1차 세계 대전에서 얼굴을 잃은 동료 병사들의 이전 모습과 이후 모습을 담은 그 마스크들을 보면서 부디 그들이 정상적인 삶을 되찾았길 기도했을 것이다.

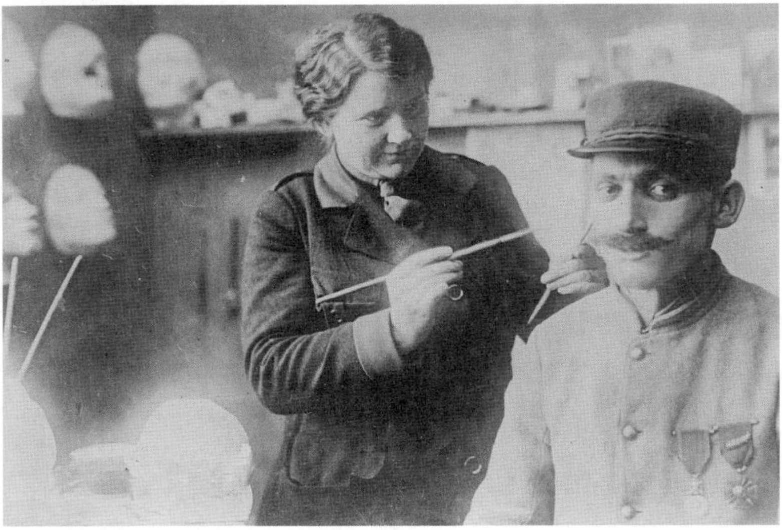

©wikipedia

애나 콜먼 래드

래드의 마스크

그 마스크를 만드는 여자는 의료 분야에서 일할 자격은 전혀 없었고, 예술 분야에서 일할 자격만 있었다. 애나 콜먼 래드Anna Coleman Ladd는 미국인이었지만, 젊은 시절을 대부분 파리에서 보냈고, 19세기 후반에 그곳에서 조각을 공부했으며, 오귀스트 로댕August Rodin에게서 직접 지도를 받았다. 하지만 조각으로 유명해지기에는 재능이 다소 부족했다. 결국 분수대나 개인 정원에 고리타분한 사티로스 또는 님프 조각상을 만드는 일을 했지만, 하버드 의학대학원 교수와 결혼하려고 보스턴으로 돌아오면서 조각 일을 거의 접었다. 두 사람은 전통 관습에서 벗어나 독립적인 결혼을 했다. 래드는 남편을 따라 1917년에 유럽으로 건너갔고, 나중에 파리로 다시 돌아갔다. 런던에서 '틴 노지즈 숍Tin Noses Shop(주석 코 상회)'이라는 가게에서 영감을 얻은 래드는 1918년에 담쟁이덩굴로 뒤덮이고 엘리베이터도 없는 건물 5층에 인공 마스크 스튜디오를 열었다. 래드는 건물 아래의 안뜰을 자신이 오래전에 만든 흉상과 조각상으로 장식했다. 고전적인 아름다운 얼굴을 지닌 이 조각상들은 비록 미술계에서는 케케묵은 것으로 보였을지 몰라도, 새벽이나 황혼의 어둠을 틈타 예약을 하러 찾아오는 신체 손상 환자에게는 희망을 주었을 것이다.

어떤 의미에서 래드의 스튜디오는 피그말리온Pygmalion(그리스 신화에 나오는 키프로스의 왕. 상아로 조각한 여신상을 사랑하여 아프로디테가 이 상에 생명을 불어넣어 아내로 삼게 했다. —옮긴이)과 비슷한 예술적 실험을 하고 있었다. 그것은 사실주의를 얼마나 사실적으로 구현할 수 있느냐 하는 것이었다. 그와 동시에 래드는 심리 실험도 하고 있었다. 뇌를 속여서 마스크를 살로 착각하게 만드는 게 가능할까? 우리 인간은 종종 자신의 얼굴을 자기 자신과 합체하여 동일시한다. 따라서 총탄에 맞아 훼

손된 얼굴을 복원함으로써 래드는 병사의 정체성을 복원하고자 시도한 셈이다. 하지만 래드는 다른 사람들, 혹은 병사들이 과연 새로운 얼굴을 진짜 얼굴로 받아들일지 알 수 없었다.

얼굴 재건은 1914년 이전에는 의사들이 그렇게 많이 신경 쓰는 문제가 아니었다. 역사에도 검으로 결투를 하다가 코를 잃은 사람이 몇 명 나오는데, 가장 유명한 사람으로는 동로마 제국 황제였던 유스티니아누스 2세Justinianus II와 천문학자 튀코 브라헤Tycho Brahe를 꼽을 수 있다. 대부분은 은이나 구리로 만든 보철물을 달고 다녔으며, 일부 외과의는 손상된 조직을 '자연스럽게' 대체하는 방법을 개발했다.(얼굴을 팔꿈치 안쪽에 꿰매 붙인 채 몇 주일 동안 내버려두어서 팔의 피부가 콧날에 들러붙어 코를 덮는 피부판을 만드는 방법도 있었다.*) 하지만 제1차 세계 대전의 참호전은 수류탄과 박격포, 기관총을 비롯해 금속을 빠른 속도로 날려 보내는 그 밖의 무기 때문에 얼굴 부상자가 이전보다 훨씬 많이 생겨났다. 많은 병사들은 쓰러지기 직전에 요란한 총 소리나 포탄이 날아오는 소리를 들었고, 그러고 나서 얼굴뼈가 파열되는 걸 느꼈다. 한 병사는 그 느낌을 "자기磁器 욕조에 [떨어진] 유리병" 같았다고 표현했다. 밀도가 높은 턱뼈마저 가루가 되어 피부 아래의 모래처럼 변하곤 했다. 그리고 비록 철모가 뇌를 보호해주긴 했지만, 가끔 철모 자체가 폭발하면서 그 파편이 눈이나 귀에 박혔다. 진흙 구덩이에서 정신을 차려보니 코가 떨어져나가거나 혀가 간당간당 매달려 있는 걸 발견한 병사는 수만 명(그중에는 여성도 일부 있었다.)이나 되었다. 눈꺼풀을 잃은 병사들 중 일부는 각막이 말라붙으면서 서서히 시력을 잃어갔다. 어떤 병사들의 얼굴은 프랜시스 베이컨Francis Bacon의 초상화*처럼 여기저기 구멍이 뚫려 있었다. 장교들은 보초병들에게 적진을 살필 때 머리와 어깨만 흉벽胸壁 밖으로 내놓으라고 지시했는데, 저격수는 저격하기에 편한 몸통을 겨냥하는 경향이 있었기 때문이다.

1916년의 악몽 같은 솜 전투(신문에 실린 전사자 명단이 단순히 몇 단이 아니라 몇 페이지나 되었던)를 겪고 나서 영국군은 켄트 주의 한 낙농장에 얼굴 부상병들을 위한 병원을 세웠다. 파트타임 화가로 활동하기도 한 이곳의 수석 군의관은 성형 수술이 얼마나 날림으로 일어날 수 있는지 목격했다. 포로수용소의 한 젊은 병사는 코에서 머리카락이 자라났는데, 머리덮개(두피) 피부를 얼굴에 이식한 때문이었다. 그런 관행에 종지부를 찍기로 결심한 군의관은 얼굴 재건의 미학을 강조하면서 제대로 된 얼굴을 되찾기까지 여러 번의 수술도 불사하라고 요구했다. 켄트 주의 이 병원은 5000명의 영국군 병사를 대상으로 모두 1만 1000번의 수술을 했으며, 수술을 받고 나서 다음 수술 때까지 몇 달 동안 환자를 돌봐주었다. 일부 환자는 액체 음식만 삼킬 수 있었기 때문에, 그 농장에서는 이런 환자들에게 단백질 보충용 에그노그eggnog(맥주나 포도주 등에 달걀과 우유를 섞은 것 — 옮긴이) 슬러리slurry를 공급하기 위해 닭과 소도 길렀다. 일부 병사들은 재활의 일환으로 가축을 돌보았고, 다른 병사들은 장난감 제작이나 시계 수리, 미용 일 등을 배웠다. 많은 병사들이 동료 '가고일gargoyle'(고딕 건축에서 홈통 주둥이로 쓰던 괴물 석상. 여기서는 부상을 당해 용모가 흉측해진 사람을 가리킴 — 옮긴이)들과 우정을 돈독히 쌓았으며, 어떤 병사들은 아무 여자라도 기회만 닿으면(군인이라면 으레 그렇듯이) 작업을 걸었다. 가장 용감한 환자들은 간호사를 아내로 얻었고, 기분이 들뜬 한 여성 방문객은 이렇게 말했다 "코가 없는 남자는 너무 아름답다. 마치 골동품 대리석처럼……."

하지만 모두가 그렇게 마음이 넓은 것은 아니었다. 병사들은 병동에 있을 때에는 서로를 흉측하다고 말하며 놀려도 될 정도로 충분히 안전하다고 느꼈지만, 가까운 마을을 방문할 때면 멀리서도 사람들에게 피하라는 뜻으로 빨간색 넥타이와 연청색 재킷을 입었다. 가게 주인들은 그들에게 술을 팔려 하지 않았는데, 일부 병사는 술에 취하면 제정신을 잃고 주사를 부렸기 때문이다. 그리고 외부 사람들은 그들과 함께 식사하길 꺼렸는데, 씹고 삼킬 때 간혹 얼굴에 난 구멍으로 음식물이 도로 나오는 경우가 있었기 때문이다. 일부 병원에서는 이들에게 거울을 보지 못하게 했고, 안전하게 지내던 병원에서 퇴원한 뒤에 자살한 사람도 많았다. 새로운 산업에서 일자리를 찾은 사람들도 있었다. 그들은 기꺼이 극장의 고독한 어둠 속에서 오랫동안 영사기를 돌렸다. 외과의도 어떻게 손쓸 수 없이 심각한 상처를 입은 사람들 중 일부는 래드를 찾아가거나 런던에서 같은 일을 하는 사람을 찾아갔다.

얼굴을 조각할 때 래드는 환자의 형제나 부상당하기 전의 사진을 모델로 사용했다. 일부 병사는 큰 기대를 품고 아주 잘생긴 유명 시인 루퍼트 브룩Rupert Brooke의 사진을 가지고 왔다. 하지만 대부분은 잘생겨 보이는 것에는 그다지 신경 쓰지 않았다. 그저 지금처럼 사람들의 눈길을 끌지 않길 바랐을 뿐이다. 첫 단계로 래드는 얼굴에 난 구멍들을 솜으로 막고, 가릴 필요가 있는 부위는 모두 소석고로 덮었다. 그리고 점토로 새로운 이목구비를 조각한 뒤, 점토 표면 위에 전기 도금으로 구리와 은을 얇게 입혀서 며칠 뒤에 실제 마스크를 완성했다. 눈물길이나 침샘이 샐 경우에는 마스크 뒤쪽에 흡수성이 좋은 패드를 댔지만, 그렇지 않으면 무게 170g의 금속 마스크를 곧장 얼굴에 씌웠고, 안경으로 고정시켰다. 마스크는 피부색과 비슷하게 보이게 하려고 크림색 에나멜로 칠했다. 또 금속박으로 수염을 만들어 붙였는데, 실제 털은 잘 붙지 않았기 때문이다. 마스크 하나를 제작하는 데에는 한 달이 걸렸고, 가격은 약 18달러(오늘날의 시세로는 약 250달러)였다. 이렇게 만든 마스크는 감자즙을 이용해 깨끗이 씻을 수 있었다. 래드의 스튜디오는 아주 훌륭한 마

병사들의 얼굴을 본뜬 소석고 주형. 아래쪽에 있는 것이 완성되어 얼굴에 씌울 수 있는 마스크이다. (출처: 미국 의회도서관)

스크를 만들어냈다. 래드는 마스크에 멋진 눈을 그렸으며, 뺨에 파르스름한 자국을 약간 남겨 마치 갓 면도를 한 듯한 느낌이 나게 했다. 금속박으로 만든 콧수염은 실물처럼 생생해서 프랑스 사람들은 그것을 비비 꼴 수도 있었고(그들은 이것을 아주 좋아했다.), 심지어 금속 입술을 벌려서 담배를 물기까지 했다(이것 역시 아주 좋아했다.).

래드와 조수들은 수백 명의 병사에게 큰 행복을 가져다주었다. 한 젊은이는 "사랑하는 여인이 이제 내게 거부감을 느끼지 않아요. 전에는 당연히 그랬는데 말입니다."라는 편지를 보내왔다. 한 참전 용사는 결혼식 때 마스크를 썼으며, 그 밖의 많은 사람들도 그 후 수십 년 동안 마스크를 쓰고 살아갔다. 하지만 마스크가 아무리 고마워도 매일 사용하기에는 너무 불편했다. 얼굴에는 수많은 신경 말단이 있으며, 마스크는 가끔 흉터를 비벼댔다. 게다가 마스크는 진짜 얼굴과 같은 기능을 하지 못했다. 마스크는 씹을 수도 없고 웃을 수도 없고 키스를 할 수도 없었다.

시각적으로도 가끔 만족스럽지 못한 경우가 있었다. 마스크의 이목구비는 피부와 같은 방식으로 늙어가지 않았다. 에나멜이 벗겨져나가거나 부식되는 경우도 있었다. 그리고 날이 갈수록 인기를 끈 전기 조명 때문에 마스크와 살의 경계선이 〈오페라의 유령〉에 나오는 가면처럼 드러나는 일이 종종 있었다.

결국 래드는 사람들의 기대를 완전히 충족시킬 수 없었다. 비록 예술적이긴 했지만, 그녀가 만든 마스크는 진짜 얼굴을 보는 경험을 완벽하게 재현할 수는 없었다. 그 결과, 그녀의 작품이 제기한 더 심오한 심리학적 질문—뇌가 거울에서 새로운 얼굴을 보는 것에 적응할 수 있을까? 그것은 그 사람의 자의식을 변화시킬까?—에 대한 답은 미해결 상태로 남았다. 이런 질문에 답이 나오기까지는 100년이라는 세월이 더 걸렸다. 그 답을 얻기 위해서는 뇌가 얼굴을 분석하는 방식뿐 아니라, 더 근본적으로 뇌가 주변 세계를 보는 방식을 제대로 이해하는 게 필요했다.

휴벨과 비젤

시각에 관한 20세기 최초의 중요한 발견도 전쟁 때문에 나왔다. 러시아는 오래전부터 태평양에 부동항을 얻길 갈망했는데, 이를 위해 차르는 1904년에 만주와 조선에 수십만 명의 군대를 보내 일본과 전쟁을 벌였다. 병사들은 총탄 속도가 빠른 소총으로 무장하고 있었다. 길이 1.9cm의 작은 총탄은 총구에서 시속 2240km로 발사되었다. 이 총탄은 머리뼈를 관통할 만큼 빠르지만, 작아서 머리를 산산조각내지는 못해, 마치 벌레가 사과에 구멍을 내듯이 아주 깨끗한 상처를 냈다. 뇌 뒤쪽에 있는 뒤통수엽(후두엽)의 시각 중추까지 관통상을 입은 일본군 병사들은 정신이 깨고 나서 마치 검은색 페인트가 튄 안경을 쓴 것처럼 작은 맹점이 생기는 경우가 종종 있었다.

이노우에 다쓰지井上達二라는 일본인 안과 의사는 반점 시각 장애 병사에게 지급하는 연금을 시각 상실 비율에 따라 얼마로 계산해야 하느냐 하는 귀찮은 일을 맡았다. 이노우에는 그림을 몇 개 보여주고 그들이 볼 수 있는 것과 볼 수 없는 것이 무엇인지 기록함으로써 일을 쉽사리 처리할 수도 있었다. 하지만 그는 이상을 추구하는 별난 관료였고, 자신이 맡은 일에서 뭔가 더 심오한 것을 밝혀내고 싶었다.

1904년 무렵에 신경과학자들은 뇌에서 시각이 어떻게 작용하는지 아는 게 거의 없었다. 코 왼쪽(왼쪽 시야)에 있는 모든 것은 뇌의 우반구(우뇌)로 전달되고, 코 오른쪽(오른쪽 시야)에 있는 모든 것은 뇌의 좌반구(좌뇌)로 전달된다는 사실*은 알고 있었다. 게다가 과학자들은 뒤통수엽이 시각과 관계가 있다는 사실도 알고 있었는데, 이곳에 뇌졸중이 일어난 사람은 시력을 잃는 경우가 많았기 때문이다. 하지만 뇌졸중은 골치 아픈 손상을 광범위하게 미치기 때문에, 뒤통수엽의 내부 작용은 수수께끼로 남아 있었다. 이와는 대조적으로, 러시아군이 사용한 총탄은 뇌로 들어가고 빠져나올 때 초점 지역에만 병터를 남겼다. 이노우에는 각 병사의 특정 뇌 손상을 지도로 작성할 수 있다면, 그리고 그 손상을 눈에 새로 나타난 맹점 부분과 연결 지을 수 있다면, 기본적으로 뒤통수엽의 지도를 만들 수 있다는(그리고 그와 함께 뇌의 어느 부분이 시야의 각 부분을 분석하는지 알아낼 수 있다는) 사실을 깨달았다.

이노우에는 이 연구를 너무 깊이 파고들기 전에 총탄이 뇌에서 직선 방향으로 나아간다는 가설을 검토해보기로 했다. 어쩌면 총탄은 머리뼈 안에서 이리저리 튕기면서 돌아다니거나 끈적끈적한 물질에 방해를 받아 꼬불꼬불한 궤적을 그릴지도 몰랐다. 그래서 이노우에는 엎드려 있을 때 머리 꼭대기에 총탄을 맞은 병사들을 추적해 조사했다. 이 위치로 들어온 총탄은 척수를 따라 평행하게 나아갈 것이다. 따라서 이런 병사들은 대부분 총탄이 머리뼈를 뚫고 들어온 상처와 머리뼈를 뚫고 나간 상처뿐만 아니라, 머리뼈를 뚫고 나가면서 가슴이나 어깨에 박힌 세 번째 상처가 있었다. 이노우에는 이 병사들에게 총탄에 맞을 당시의 자세를 재현해보게 했다. 그 결과 세 가지 상처가 항상 직선을 이룬다는 사실을 발견했다. 이제 자기가 빠뜨린 게 하나도 없다는 자신이 생긴 이노우에는 뒤통수엽, 그중에서도 특히 오늘날 1차 시각 겉질primary visual cortex이라고 알려진 곳의 지도를 만들기 시작했다.

이노우에가 발견한 것 중 가장 중요한 사실은, 뇌가 시야 중심에 더 많은 신경세포를 배정함으로써 우리가 보는 것을 효과적으로 확대한다는 점이었다. 1차 시각 겉질 중 일부는 머리 뒤쪽 돌출부 바로 아래의 뇌 표면에 위치해 있고, 일부는 뇌 표면 밑에 묻혀 있다. 시야 중심에 검은 점이 나타나는 병사들은 표면 부분에 손상을 입은 반면, 시야 주변에 점이 나타나는 병사들은 표면 밑부분에 손상을 입은 것으로 드러났다. 일관되게 나타나는 이 상관관계는 이노우에가 기대했던 것처럼 뇌의 특정 지역이 눈의 특정 부위를 제어한다는 사실을 입증했다.

그런데 이노우에는 시야 중심부를 처리하는 부분은 주변부를 처리하는 부분보다 면적이 훨씬 넓다는 사실을 발견했다. 사실, 그것은 비슷하지도 않았다. 오늘날 과학자들은 눈에 초점이 맺히는 중심부인 망막 중심 오목의 크기가 망막 전체 표면적의 1만분의 1에 불과하다는 사실을 알고 있다. 그런데도 이 부분은 1차 시각 겉질의 처리 능력 중 10분의 1을 담당한다. 이와 비슷하게, 1차 시각 겉질의 신경세포 2억 5000만 개 중 약 절반이 우리 시야의 1%를 차지하는 중심부를 담당한다. 이노

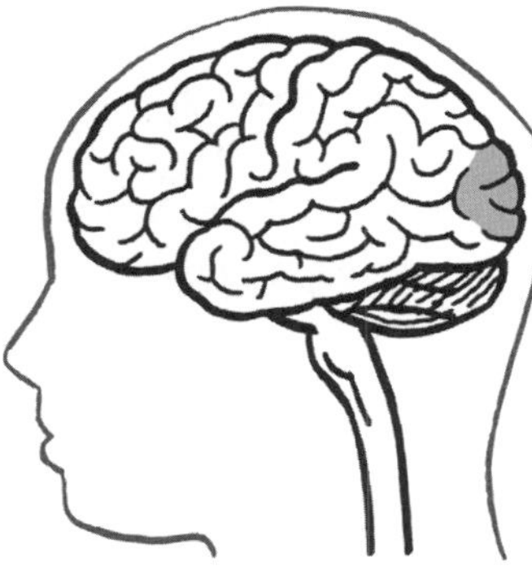

시각 겉질

우에가 조사한 반실명 환자들 덕택에 역사상 처음으로 이 특별한 시각 확대 지역을 들여다볼 수 있었다.

안타깝게도 이노우에는 자신의 발견에 대한 공로를 제대로 인정받지 못했다. 그 공로는 다른 과학자들에게 돌아갔다. 제1차 세계 대전 당시 이노우에의 연구를 전혀 몰랐던 영국인 의사 두 사람이 뇌 손상 군인들을 대상으로 이노우에가 한 것과 똑같은 실험을 했다. 그리고 그들도 똑같은 결과를 얻었는데, 유럽인이라는 사실 때문에 문화적으로 훨씬 유리한 위치에 있었다. 게다가 이노우에는 자신의 시각 관련 논문에서 눈과 1차 시각 겉질의 관계를 나타내기 위해 매우 복잡한 직교좌표계를 사용했다. 그것은 정확한 것이었지만, 독자들의 시선을 멀어지게 하는 효과를 나타냈다. 반면에 영국인 의사들은 간단한 지도를 사용했는데, 과학자라면 한눈에 그 의미를 파악할 수 있었다. 이렇게 이해하기 쉬운 다이어그램이 전 세계 곳곳의 교과서에 실리자, 이노우에는 사람들의 기억에서 사라지고 말았다.

시각에 관한 신경과학 분야에서 그다음에 일어난 중요한 발견은 전쟁터에서 멀리 떨어진 곳에서 일어났다. 1958년, 존스홉킨스 대학에서 캐나다와 스웨덴 출신의 두 젊은 신경과학자가 시각 겉질의 신경세포를 연구하기 시작했다. 데이비드 휴벨David Hubel과 토르스텐 비젤Torsten Wiesel은 특히 어떤 풍경이나 형태가 이 신경세포들을 자극하는지 알아내려고 했다. 즉, 이 신경세포에 신호를 발사하게 하는 것이 무엇인지 알아내려고 했다. 두 사람은 다른 과학자들의 연구를 바탕으로 훌륭한 직감을 떠올렸다. 눈에서 온 신호는 뇌 중심에 있는 시상에 잠깐 머물다가 시각 겉질로 간다. 다른 과학자들은 시상의 신경세포들이 흑백의 점들에 강하게 반응한다는 사실을 알아냈다. 그래서 휴벨과 비젤은 논리적으로 너무나도 당연해 보이는 다음 단계의 연구를 하기로 마음먹었다. 바로 시각 겉질의 신경세포들이 점들에 어떻게 반응하는지 조사하는 것이었다.

휴벨과 비젤은 창문도 없고 지저분한 지하 연구실을 처음 본 순간 매우 기뻐했다. 창문이 없다는 것은 새어 들어오는 빛이 전혀 없다는 뜻인데, 시각 연구에는 완벽한 조건이었다. 하지만 물려받은 장비에는 그렇게 열광적인 반응을 보이지 않았다. 영화 〈시계태엽 오렌지A Clockwok Orange〉에 나오는 장면처럼, 그들은 마취한 고양이를 실험 장비에 단단히 붙들어매 눈을 움직이지 못하게 한 다음, 침대 시트에 비춘 점들을 강제로 응시하게 했다. 그런데 그들이 물려받은 실험 장비는 수평 방향으로 뻗어 있었기 때문에, 고양이는 등을 대고 누워 천장을 똑바로 바라보아야 했다. 그래서 두 사람은 슬라이드 영사기를 천장을 향해 비춰야 했고, "서커스 텐트처럼" 파이프 위에 시트를 걸쳐놓고 실험을 해야 했다고 휴벨은 회고했다. 벌레와 먼지가 위에서 쏟아지는 가운데, 두 사람은 화면을 보려면 고개를 젖힌 자세로 천장을 쳐다볼 수밖에 없었다.

이것은 준비 단계에 지나지 않았다. 실제로 신경세포를 연구하는 것은 그보다 더 어려웠다. 1958년 무렵에 과학자들은 뇌 속의 신경세포

휴벨과 비젤

하나를 감시할 만큼 감도가 좋은 미세 전극을 개발했다. 일부 연구자들은 이미 이 방법으로 개별 신경세포를 수백 개나 조사한 상태였다.(휴벨과 비젤은 다른 과학자들의 앞선 연구에 위협을 느꼈는데, 그에 비하면 자신들은 아마추어 같았다. 그래서 그들은 자신들의 실험에서는 신경세포의 번호를 3000번부터 매기는 방법으로 [스스로를] 띄워올림으로써 대단한 일을 하는 것처럼 보이게 했다." 사람들이 실험실을 찾아올 때마다 그들은 몇 번째 신경세포를 조사하고 있는지 꼭 알려주었다.)

각각의 전극에는 가느다란 백금 전선이 붙어 있었는데, 이것을 고양이의 1차 시각 겉질에 찔러 넣었다. 휴벨과 비젤은 전극의 다른 쪽 끝을 스피커에 연결했는데, 신경세포 하나가 점에 반응해 신호를 발사할 때마다 스피커에서 찰칵거리는 소리가 나게 돼 있었다. 혹은 적어도 찰칵거리는 소리가 나야 했다. 처음에 한 실험들은 한 번에 9시간이나 걸렸고(목이 뻐근해 미치는 줄 알았다고 한다.), 꼭두새벽까지 이어졌다. 비젤은 오전 3시 무렵이면 스웨덴어로 계속 지껄이기 시작했고, 휴벨은 어느 날 밤에 차를 몰고 집으로 가다가 깜빡 조는 바람에 충돌 사고가 날 뻔했다. 설상가상으로 그들이 지켜본 신경세포들은 신호를 발사하지 않았다. 흰 점으로도 시도해보았고, 검은 점으로도 시도해보았으며, 물방울 무늬를 가지고도 시도해보았다. 휴벨은 "우리는 물구나무서기만 빼고 할 수 있는 건 다 해보았다."라고 회상했다. 심지어 글래머 잡지에 실린 치즈케이크 사진까지 시도해보았다. 하지만 멍청한 신경세포들은 신호 발사를 완강하게 거부했다.

1958년 9월까지 미칠 것 같은 시간이 한 주 한 주 계속 흘러갔다. 어느 날 밤, 3009번 세포를 가지고 실험을 시작한 지 5시간이 지났을 때, 그들은 또 하나의 점이 찍힌 또 하나의 슬라이드를 영사기에 집어넣었다. 다른 이야기에 따르면, 그 슬라이드는 도중에 걸렸거나 삐딱하게 영사기에 들어갔다. 어쨌든 마침내 뭔가가 일어났다. 신경세포 하나가 타-타-타-타 하며 "기관총처럼 신호를 발사"했다고 휴벨은 말했다. 금세 다시 조용해졌지만, 한 시간 동안 필사적으로 이것저것 만져본 뒤에 두 사람은 무슨 일이 일어났는지 알아챘다. 신경세포에게 점 따위는 안중에도 없었다. 신경세포는 단지 슬라이드 자체에, 구체적으로는 슬라이드 가장자리가 제자리에 들어갈 때 화면에 생긴 선명한 그림자에 반응해 신호를 발사한 것뿐이었다. 이 신경세포는 선을 좋아했다.

이것저것을 만지작거리며 몇 시간을 더 보낸 뒤에 두 사람은 자신들이 얼마나 운이 좋았는지 깨달았다. 이 신경세포는 정해진 방향에서 약 10° 이내로 기울어진 선에만 반응해 신호를 발사했다. 슬라이드를 덜 삐딱한 각도로 집어넣었으면, 그 신경세포는 계속 침묵 모드를 지켰을 것이다. 게다가 추가 실험에서 다른 신경세포들 역시 ＼ 또는 ／와 같은 선에만 반응해 신호를 발사하는 까다로운 속성을 드러냈다. 모든 것을 분명히 확인하는 데에는 더 오랜 세월에 걸친 연구와 더 많은 고양이가 필요했지만, 휴벨과 비젤은 이미 시각의 첫 번째 법칙을 엿보았다. 1차 시각 겉질의 신경세포들은 선을 좋아하지만, 각각의 신경세포마다 기울어진 각도에 따라 좋아하는 선이 정해져 있었다.

다음 단계는 좀 더 넓은 범위를 살펴보면서 선을 좋아하는 신경세포들의 지리적 패턴을 알아내는 것이었다. 특정 각도의 선들을 좋아하는 신경세포들은 모두 다 집단을 이루어 함께 모여 있을까, 아니면 임의로 분포해 있을까? 조사 결과, 집단을 이루고 있는 것으로 드러났다. 신경과학자들은 1900년 무렵에 신경세포들이 뇌 표면 여기저기에 늘어선 그루터기들처럼 기둥을 이루어 배열되어 있다는 사실을 알아냈다. 그리고 휴벨과 비젤은 한 기둥 안에 있는 신경세포들은 모두 다 취향이 비슷하다는 사실을 발견했다. 이 신경세포들은 모두 ╲처럼 특정 방향의 선을 선호했다. 게다가 백금 전선을 1000분의 1cm 정도로 아주 조금만 다른 기둥 쪽으로 이동시키면, 그 기둥에 있는 신경세포들은 모두 다 10° 쯤 차이가 나는 선인 |에 반응했다. 계속해서 '선호 방향이 다른 기둥'으로 조금씩 옮기면, /에만 반응해 신호를 발사하던 신경세포들이 ╱에 반응하고, 그다음에는 그보다 각도가 더 기울어진 선에 반응했다. 요컨대, 한 기둥에서 다음 기둥으로 옮아감에 따라 최적의 선호 방향이 조금씩 바뀌었다. 마치 시계 문자반 위에서 분침이 살금살금 움직이듯이…….

그런데 지리적 패턴은 여기서 그치지 않았다. 더 자세히 조사했더니, 기둥 안의 세포들이 함께 행동하듯이, 기둥들도 마치 빨대 묶음처럼 더 큰 집단을 이루어 함께 행동하는 것으로 드러났다. 각각의 묶음에는 선들이 이룰 수 있는 모든 각도인 180°(—에서부터 |로 갔다가 다시 —로 돌아올 때까지)를 포괄할 만큼 선호 방향이 아주 다양한 기둥들이 포함돼 있었다. 또 각각의 묶음은 왼쪽이나 오른쪽 중 한쪽 눈에 더 잘 반응했다. 휴벨과 비젤은 왼쪽 눈 묶음 하나와 오른쪽 눈 묶음 하나를 합친 것, 즉 '초기둥hypercolumn'은 시야의 한 픽셀 안에서 어떤 방향의 어떤 선도 감지할 수 있다는 사실을 깨달았다. 이것을 분명히 확인하려면 또다

시 몇 년에 걸친 연구가 필요했지만, 우리 눈이 어떤 사랑스러운 형태, 예컨대 앵무조개의 소용돌이 무늬이건 엉덩이 곡선이건 무엇을 보든지 상관없이 뇌는 단호하게 그 형태를 아주 작은 선분들로 분해한다는 사실이 밝혀졌다.

마침내 휴벨과 비젤은 고양이가 정면의 화면을 응시할 수 있도록 장비를 돌려 제 위치에 세움으로써 고개를 젖힌 채 연구를 하는 고통에서 벗어났다. 그러고 나서 새로운 발견들이 계속 쏟아졌다. 휴벨과 비젤은 단순히 선을 감지하는 신경세포뿐만 아니라, 움직임 추적을 선호하는 신경세포도 발견했다. 이 신경세포들 중에는 위아래 방향의 움직임에 반응하는 것도 있었고, 좌우 방향의 움직임과, 대각선 방향의 움직임에 반응하는 것도 있었다. 그리고 움직임을 감지하는 신경세포는 단순히 선을 감지하는 신경세포보다 그 수가 훨씬 많은 것으로 드러났으며, 그것도 압도적으로 많았다. 이것은 아무도 의심한 적이 없었던 사실을 암시하는데, 뇌는 정지한 물체보다 움직이는 물체를 더 잘 추적한다는 것이다. 우리는 본능적으로 움직임 감지를 선호하도록 편향돼 있다.

왜 그럴까? 아마도 동물은 정지한 것보다 움직이는 것, 예를 들어 포식자, 먹이, 넘어지는 나무 등을 포착하는 게 살아가는 데 훨씬 중요하기 때문일 것이다. 사실, 우리의 시각은 움직임 쪽으로 아주 심하게 편향돼 있어 정지한 물체를 제대로 보지 못한다. 정지한 물체를 보려면, 뇌가 눈에게 그 표면 위를 아주 섬세하게 훑어보게 해야 한다. 특수 콘택트렌즈와 마이크로전자공학을 결합해 망막 위에 어떤 상을 인위적으로 고정시키면, 그 상이 사라진다는 실험 결과가 나왔다.

이노우에의 시각 겉질 지도, 선 감지 신경세포와 움직임 감지 신경세포에 대한 지식 등의 모든 요소가 갖춰지자, 과학자들은 비로소 동물 시각의 기본 원리를 설명할 수 있게 되었다. 가장 중요한 사실은, 각각의 초기둥이 하나의 시각 픽셀 내에서 가능한 모든 선들의 가능한 모든 움직임을 다 감지할 수 있다는 것이다.(초기둥은 또한 색을 감지하는 구조를 포함하고 있는데, 이 구조를 '블로브blob'라 부른다.) 폭 1mm의 초기둥 하나하나는 사실상 아주 작은 개별 눈으로 기능하는데, 전체적으로 보면 곤충의 겹눈을 연상시키는 구조이다. 이처럼 아주 기묘한 체계의 장점은 민감함 외에도 우리의 DNA에 딱 한 번만 초기둥을 만들라는 지시를 저장하기만 하면, 반복 버튼을 계속 누름으로써 전체 시야를 뒤덮을 수 있다는 데 있다.*

어떤 사람들은 지난 200년 동안 과학계 전체가 시각에 대해 알아낸 것보다 휴벨과 비젤이 20년 동안의 연구를 통해 알아낸 것이 더 많다고 주장했고, 두 사람은 1981년에 노벨상을 공동 수상하여 그 공로에 합당한 인정을 받았다. 하지만 이토록 중요한 의미를 지닌 연구에도 불구하고, 이 연구를 통한 시각 과학의 진전에는 한계가 있었다. 그들의 초기둥은 세계를 사실상 그것을 이루는 선들과 움직임으로 분해했지만, 세계는 꿈틀거리는 막대그림 외에 더 많은 것을 포함하고 있다. 실제로 사물을 '인식'하고, 사물에 대한 기억과 감정을 불러오려면, 1차 시각 겉질을 넘어선 뇌 영역에서 더 많은 처리 과정이 일어나는 게 필요하다.

'어떻게/어디'와 '무엇'

시각 신경과학 분야에서 다음 단계의 진전은 휴벨과 비젤이 노벨상을 탄 직후인 1982년에 일어났다. 다섯 가지 감각의 1차 처리 영역은 모두 뇌에 있는데, 이 영역은 각각의 감각을 구성 부분들로 분해한다. 또한 다섯 가지 감각은 모두 구성 부분들을 분석해 더 정교한 정보를 추출하는 이른바 연합 구역이 있다. 시각의 경우에는 1차 시각 겉질이 사물의 형태와 움직임을 대충 처리한 뒤에 해당 데이터가 두 갈래로 갈라져 후속 처리 과정을 거친다. '어떻게/어디' 갈래는 사물이 어디에 있고 얼마나 빨리 움직이는지 결정한다. 이 갈래는 뒤통수엽에서 흘러나와 마루엽으로 흘러간다. 이것은 결국에는 뇌의 운동 중추를 자극해 우리가 추적하는 대상을 붙잡거나 피하게 한다. '무엇' 갈래는 사물의 정체가 무엇인지 결정한다. 이 갈래는 관자엽으로 흘러가 기억과 감정을 활용해 혼합된 감각을 인식으로 전환시킨다.

이런 전환이 어떻게 일어나는지는 아무도 모르지만, 한 가지 훌륭한 추론에 따르면, 신호를 함께 발사하는 신경세포들의 회로가 이 과정에 관여한다. '무엇' 갈래가 시작되는 지점에서 신경세포들은 다소 무차별적으로 행동한다. 신경세포들은 수평 방향의 선이면 어떤 것이건 혹은 빨간색을 띤 얼룩이면 어떤 것이건 신호를 발사할 수도 있다. 하지만 초기에 신호를 발사하는 이들 신경세포는 그 데이터를 멀리 상류 쪽에 있는 회로로 보내는데, 상류 쪽의 회로는 훨씬 까다롭게 군다. 예컨대 빨간색인 '동시에' 수평 방향의 선에 대해서만 신호를 발사할 수 있다. 한편, 다른 신경세포들(동시에 함께 작동하는)은 특정 각도의 투명한 유리 선이나 검은색 고무로 된 원에만 신호를 발사할 수 있다. 마침내 이 모든 신경세포들이 동시에 신호를 발사할 때, 뇌는 그 패턴, 이를테면 빨간색 금속, 유리, 고무를 기억하고, "아하, 콜벳 자동차구나!"* 하고 말한다. 뇌는 또한 10분의 몇 초 동안에 걸쳐 콜벳의 소리와 질감과 냄새를 통합해 인식 작업을 돕는다. 전체적으로 인식 과정은 한 지역에 국한돼 있지 않고 뇌의 다른 부분들로 퍼져간다.(중요한 주석* 참고.)

물론 일상생활에서 우리는 자동차를 보는 것(1차 시각 겉질)과 자동차를 인식하는 것('무엇' 갈래)과 공간상에서 자동차의 위치를 파악하는

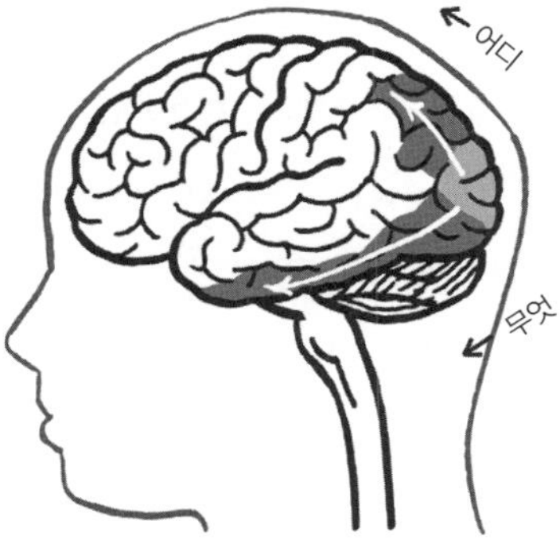

것('어떻게/어디' 갈래)을 굳이 구별하려 애쓰지 않는다. 우리는 그냥 바라보기만 할 뿐이다. 심지어 뇌 속에서도 갈래들은 독립적이지 않다. 우리가 적절한 때 적절한 대상에 확실히 도달하기 위해 수많은 피드백과 혼선이 일어난다. 그렇긴 해도, 그 단계들은 충분히 독립적이어서 뇌가 그중 어느 하나에 발이 걸려 넘어지는 일이 일어나면 불행한 결과를 초래할 수 있다.

1차 시각 겉질에 손상을 입은 사람은 기본적인 지각 기능을 잃는데, 이 문제는 그림을 그릴 때 분명하게 드러난다. 이런 사람은 웃는 얼굴을 그리라고 하면, 눈을 머리 바깥쪽에 그리기도 한다. 또, 자동차 위에 타이어를 그리기도 한다. 어떤 사람들은 삼각형의 선을 제대로 닫지 못하거나, 두 선을 교차해 X를 완성하지 못한다. 이것은 가장 심각한 종류의 시각 손상이다.

'어떻게/어디' 갈래에 손상을 입으면, 공간에서 사물의 위치를 파악하는 능력이 떨어진다. 이런 사람은 물체를 붙잡으려고 해도 엉뚱한 허공에다 대고 손짓을 하거나 늘 가구에 부딪친다. 더 극적인 사례도 있다. 스위스의 한 40대 여자는 1978년에 마루엽에 뇌졸중이 일어났다. 그 후유증으로 모든 움직임 감각이 사라졌고, 그녀에게 세상은 약 5초에 한 장씩 찍히는 폴라로이드 스냅 사진처럼 보였다. 찻잔에 차를 따를 때면 차가 마치 겨울철의 폭포처럼 공중에서 얼어붙은 모습으로 보였다. 그리고 다음 순간에는 찻잔 위로 차가 넘쳐흐르는 모습이 보였다. 길을 건널 때면 자동차 모습이 정상적으로 보였고, 번호판까지도 읽을 수 있었다. 하지만 다음 순간에는 자동차가 저 멀리 달려가고 있거나 거의 자신을 칠 뻔하면서 앞으로 휙 지나갔다. 대화를 나눌 때면 사람들은 모두 복화술을 하는 것처럼 입술을 움직이지도 않고 말을 했고, 사람들이 여럿 있는 방에 들어가면 마치 유령처럼 사람들이 주변에서 쑥 나타나곤 해서 어지럼증을 느꼈다. 촉각이나 소리를 통해 움직임을 추적할 수는 있었지만, 시각으로 움직임을 파악하는 감각은 완전히 사라졌다.

'무엇' 갈래의 기능에 장애가 생긴 사람은 사물이 어디에 있는지는 정확하게 파악하지만, 어떤 사물을 다른 사물과 구별하지 못한다. 이런 사람은 잡동사니가 어수선하게 널린 책상 위에 놓아둔 펜을 다시 찾지 못하며, 대형 마트 주차장에서는 어찔 줄 모르는 상황에 놓인다. 하지만 기묘하게도 이런 사람은 겉모습의 세부 내용은 여전히 잘 지각한다. 말이나 다이아몬드 반지, 고딕 양식의 성당 그림을 베껴 그려보라고 하면, 아주 깔끔하게 그려낸다. 하지만 그것이 무엇인지는 전혀 알아채지 못한다. 어떤 사람들은 심지어 자신의 기억 속에서 끄집어낸 사물을 그리기도 하지만, 나중에 그것을 보여주면 아무것도 기억하지 못한다. 일반적으로 이런 사람들은 1차 시각 겉질이 제대로 작동하기 때문에 지각 기능을 유지하지만, 세부 내용을 인식하지 못해 그 정체를 파악하지 못한다.

가끔 '무엇' 갈래의 손상이 선택적으로 일어나 모든 사물이 아니라 특정 범주의 사물들만 인식하지 못할 수도 있다. 이런 범주 인식 장애자 중 많은 사람들은 입술 포진을 일으키는 헤르페스 바이러스에 감염된 뒤에 이런 증상이 나타난다. 헤르페스herpes는 '살금살금 기어가다'라는 뜻의 그리스어에서 유래했는데, 그 바이러스는 대개 별 해를 끼치지 않지만, 때로는 악당으로 변해 후각 신경을 따라 올라가 뇌로 침투해 관자엽을 공격한다. 이렇게 되면, 신경세포들은 공포에 질려 신호를 발사하기 시작한다. 환자는 이상한 냄새가 나거나 소리가 들린다고 호소한다. 더 많은 조직이 죽으면 두통, 목 경직, 발작이 일어난다. 많은 사람들은 혼수 상태에 빠져 죽음을 맞이한다. 의식을 되찾은 사람들은 러시아군의 총탄에 머리를 관통당한 것처럼 아주 좁은 범위의 뇌 손상이 일어난 경우가 많다. 그리고 만약 특정 부위만 손상을 입었다면, 그에 해당하는 특정 종류의 정신박약이 나타날 수 있다. 대개는 동물을 인식하는 능력을 잃는 경우가 가장 많다. 유모차나 텐트, 서류 가방, 우산 같은 무생물체는 제대로 인식한다. 하지만 어떤 동물이든, 심지어 개나 고양이를 보여줘도, 이들은 마치 외계인 동물원에서 데려온 짐승을 보는 것처럼 얼떨떨한 표정으로 뚫어지게 응시한다.

이 밖에도 비슷한 사례가 무수히 많은데, 그중에는 도저히 믿기 어려운 것도 있다. 위의 사례와는 반대로 헤르페스 바이러스의 일부 피해자들은 살아 있는 생물은 잘 인식하지만, 도구나 인공 물체는 인식하지 못한다. 그래서 금전등록기를 '하모니카'로, 거울을 '샹들리에'로, 다트를 '깃털로 만든 먼지떨이'로 착각한다. (놀랍게도 어느 사물맹 남자는 운전을 계속했다. 그는 자동차와 버스와 자전거를 구별하지 못했지만, '어떻게/어디' 갈래가 여전히 제대로 기능했기 때문에 움직임을 감지할 수 있었고, 그래서 가까이 다가오는 것은 무엇이건 피했다.) 인식하지 못하는 범주가 더욱 좁은 사례도 있다. 어떤 뇌 손상 환자는 사물과 동물은 인식해도 음식물은 인식하지 못한다. 과일이나 채소처럼 특정 범주의 음식물만 인식하지 못하는 사람이 있는가 하면, 고기 종류는 알아도 그 고기가 어떤 동물에서 왔는지는 모르는 사람도 있다. '색 기억상실증 환자'는 레몬의 색이 무지개 색 중 어느 것에 해당하는지 기억하지 못하며, 피와 장미가 같은 색조인지도 기억하지 못한다. 한 여자는 콩과 오렌지의 색이 어떤 것이냐는 질문에 답하는 데 애를 먹었다.

대개 이런 '마음맹mind-blind' 환자들은 다른 감각을 통해 사물을 인식할 수 있다. 칫솔을 만지거나 아보카도 냄새를 맡게 하면, 모든 기억이 되살아난다. 하지만 늘 그런 것은 아니다. 시각으로 동물을 인식하지 못했던 한 여자는 소리로 무생물체를 인식할 수 있는데도, 동물의 소리를 인식하지 못했다. 그녀는 크기를 파악하는 데에도 어려움을 겪었다. 이번에도 동물의 경우에만 그랬다. 토마토가 완두콩보다 크다는 건 알았지만, 염소가 너구리보다 몸집이 큰지는 기억하지 못했다. 과학자들이 특허국에서 퇴짜를 놓기에 딱 알맞은 물건처럼 보이는 것들(예컨대 프라이팬 손잡이가 달린 물주전자)을 그림으로 그려 보여주자, 그녀는 그것들이 가짜임을 간파했다. 하지만 말 머리가 달린 북극곰이나 그 밖의 불가능한 합성 괴물을 그려서 보여주자, 그런 동물이 실제로 존재하는지 않는지 알지 못했다. 어떤 이유에서인지 동물이 끼어들기만 하면 그녀의 마음은 혼란에 빠졌다.

비록 드물긴 하지만 이런 순수한 범주 인식 장애자는 인간 마음의 진화에 대해 중요한 사실을 암시한다. 우리 조상들은 털이 난 것이건 깃털이 난 것이건 비늘로 덮인 것이건 간에 동물을 생각하면서 많은 시간을 보냈다. 그 이유는 명백하다. 우리 자신이 동물일 뿐만 아니라, 다른 동물을 인식하고 분류하는(먹이나 포식자, 동반자, 짐 나르는 짐승 등으로) 능력은 야생에서 살아남는 데 큰 도움이 되었기 때문이다. 결국 우리는 동물을 분석하려고 특별한 신경 회로가 발달했을 것이다. 그리고 이 신경 회로가 제 기능을 하지 못할 때, 전체 범주가 마음에서 싹 사라질 수 있다. 우리 조상들은 도구처럼 생긴 작은 사물뿐만 아니라, 과일과 채소도 잘 활용했다. 이것들이 사람들의 마음 목록에서 잘 사라지는 두 범주인 것은 우연의 일치가 아닐 것이다. 우리 뇌는 타고난 분류학자여서 특정 사물을 특별한 것으로 인식하려고 한다. 하지만 이렇게 특화된 회로에는 나름의 위험이 따른다. 만약 그 회로가 망가진다면, 그 범주에 속한 사물들 전체가 마음속에서 깡그리 사라져버릴 수 있다.

우리가 세상의 목록을 작성하는 방식은 마음-뇌의 진화에 대해 그 밖에 또 다른 것을 알려준다. 나는 m으로 시작하는 단어를 떠올리기조차 망설이는데, 이것은 그만큼 아주 논란이 많은 용어이기 때문이다. 하지만 과일 인식 장애나 동물 인식 장애, 색 인식 장애에 관한 연구 결과를 읽고 나면, 우리 뇌가 어느 수준에서는 '모듈module'로 이루어져 있다는 것이 명백해 보인다. 여기서 모듈은 특정 정신 과제를 수행하는 반독립적인 '기관'으로, 그것을 제거하더라도 나머지 뇌에 아무 손상이 가지 않는 부분을 말한다. 일부 신경과학자들은 여기서 한 발 더 나아가 뇌 전체를 서로 다른 정신 과제를 위해 독자적으로 진화한 모듈들을 자연이 풀과 고무 밴드로 이어 붙여 조립한 골드버그 장치(미국 만화가 루브 골드버그Rube Goldberg가 고안한 기계 장치. 생김새나 작동 원리는 아주 복잡하고 거창하지만, 하는 일은 아주 단순한 기계를 뜻한다. —옮긴이)라고 주장한다. 일부 과학자는 이 '거대한 모듈 방식' 개념을 바탕으로 다소 지나친 주장까지 한다. 그들은 마음-뇌를 특화된 구성 요소들의 집합이 아니라 일반적인 문제 해결자로 간주한다. 하지만 대부분의 신경과학자들은 그것을 모듈이라 부르건 말건, 우리 마음이 동물 인식이나 식용 식물 인식, 얼굴 인식과 같은 특정 과제를 수행할 때 특화된 회로를 사용한다는데 동의한다.

얼굴맹

어떤 의미에서 우리는 얼굴을 다른 사물과 똑같은 방식으로 분석한다. 즉, 우리가 보는 선과 그림자와 윤곽을 따라 눈으로 일일이 훑는데, 그러면 특정 신경세포 집단들이 동조하여 흥얼거린다. 그렇긴 하지만, 얼굴을 분석하는 일은 다른 사물을 분석하는 것보다 더 정교한 브레인웨어brainware가 필요하다. 우리 같은 사회적 동물은 사람들의 얼굴에서 생각과 감정을 읽을 필요가 있고, 또 대다수 사람들의 얼굴은 전반적으로 너무나도 비슷하기 때문이다.

다른 정신 기능과 마찬가지로, 얼굴을 분석하는 데에도 회색질 중 많은 부분들이 관여한다. 하지만 방추 얼굴 영역fusiform face area, FFA처럼 뇌에서 남극 근처에 있는 특정 부분들은 특별한 책임을 지고 있다. 뇌를 스캔해서 보면 사람들이 얼굴을 유심히 바라볼 때마다 방추 얼굴 영역이 환하게 밝아진다. 그리고 전기를 사용해 이 영역을 교란하면, 얼굴이 유령의 집에 갔을 때처럼 일그러진다. 방추 얼굴 영역에서 가장 주목할 만한 특징은 총체적 처리 과정이다. 우리는 흔히 사물을 처리할 때처럼 얼굴 특징 하나하나를 결합해 맞추는 게 아니라 얼굴을 한눈에 즉각 파악한다. 다시 말해서, 눈, 코, 입술 등 각 부분을 합치는 것보다 전체 얼굴이 더 중요한 것이다.

당연히 방추 얼굴 영역은 다른 상황에서도 환하게 밝아진다. 조류학자와 자동차 애호가와 웨스트민스터 도그쇼 심사위원은 각각 새, 자동차, 개를 자세히 볼 때 방추 얼굴 영역의 활동이 활발해진다. 다시 말해서, 거의 동일한 것들로 이루어진 좁은 범주를 분석할 필요가 있을 때마다 가소성이 좋은 우리 뇌는 방추 얼굴 영역의 도움을 받는다.

하지만 다양한 증거들을 종합적으로 판단할 때, 우리에게는 배타

우리는 실제로 얼굴이 존재하지 않는 곳에서도 얼굴을 보는 경향이 있다.

적인 것은 아니더라도 특화된 얼굴 회로가 있는 것 같다. 심지어 사물이나 동물 애호가도 사람 얼굴을 볼 때 방추 얼굴 영역이 가장 환하게 밝아진다. 더 큰 시스템의 한 요소에 불과한 방추 얼굴 영역 외에도 우리 뇌는 얼굴을 다른 사물보다 훨씬 복잡한 방식으로 처리한다. 특정 감정적 표현에만 혹은 누가 특정 방향을 바라볼 때에만 환하게 밝아지는 회로들이 있다. 또한, 자동차나 그 밖의 사물과 달리 우리는 욕실의 붙박이 장식물이나 토르티야, 다른 행성 표면의 암석 더미를 비롯해 실제로 얼굴이 존재하지 않는 곳에서도 얼굴을 보는 경향이 있다.(이것을 파레이돌리아pareidolia라고 하는데, 흔히 변상증變像症 또는 환각으로 번역한다. — 옮긴이) 수평선에 가까운 선 위에 어두운 색의 두 점이 떠 있는 것을 볼 때마다 우리는 인사를 하고 싶은 충동이 든다. 도처에서 얼굴을 보는 것은 의무적이다.

적어도 대부분의 사람들에게는 그렇다. 특화된 얼굴 회로의 존재를 뒷받침하는 최선의 증거는 방추 얼굴 영역에 손상을 입었거나 그곳의 배선이 고장나 얼굴을 인식하는 데 애를 먹는 사람들이 제공한다. 얼굴맹이 있는 일부 사람들은 거리에서 아주 친한 친구를 만나더라도 눈도 깜빡이지 않고 그냥 스쳐지나간다. 심지어 자신의 생일 파티 때 사람들에게 옷에 이름표를 달게 하고, 가족 모임 때에도 그런다. 이들이 사람을 제대로 인식하려면, 상대방의 목소리를 듣거나, 걷는 자세를 기억하거나, 특징이 될 만한 점이나 흉터나 헤어스타일을 살펴야 한다.(위대한 초상화가인 척 클로스Chuck Close도 심각한 얼굴맹이었다. 초상화가가 얼굴맹이라니 뭔가 모순처럼 들리지만, 그 때문에 얼굴을 더 자세히 관찰하려고 노력하다 보니 화가로서의 재능이 발달했을지 모른다.) 얼굴맹 중에는 성별이나 나이도 제대로 파악하지 못하는 사람까지 있다. 웨일스의 한 광업 엔지니어는 술을 마시고 잠자다가 뇌졸중이 일어난 후, 아내와 딸을 구별하지 못했다. 어느 영국인은 한 병터(병원균이 모여 있어 조직에 병적 변화를 일으키는 자리) 때문에 얼굴 인식 기능을 잃어버려 결국 사회를 등지고 양치기가 되었다. 몇 년 후에 그는 자신이 키우는 양들은 일일이 구별할 수 있었지만, 사람 얼굴을 알아보는 방법은 다시 터득하지 못했다.*

얼굴 회로의 선택적 차단도 많은 것을 알려준다. 1988년, 캐나다 토론토에서 C.K.라는 남자가 조깅을 하던 도중에 차에 치여 폐쇄성 두부 손상을 입었다. C.K.는 약간의 감정 폭발과 기억 문제를 빼고는 대체로 건강을 회복했으며, 음성 인식 컴퓨터의 도움을 받아 역사학 석사 학위도 땄다. 그런데 한 가지 기능은 결코 회복하지 못했다. C.K.는 무생물체를 전혀 구별하지 못했는데, 심지어 음식물도 구별하지 못했다. 담당 신경과 의사들이 그를 뷔페에 데려갔더니, C.K.는 당황한 채 이리저리 돌아다녔다고 한다. 그의 눈에는 모든 것이 "색깔만 다른 덩어리"로 보였고, 테이블에 앉아서는 아무것이나 포크를 찔러 걸리는 대로 먹었다고 한다. 집에서 C.K.는 이제 자신이 좋아하던 장난감 병정들을 가지고

주세페 아르침볼도의 그림 〈법학자**L'Avvocato**〉(1566)

모의 전투도 할 수 없었다. 그리스군과 로마군과 아시리아군이 모두 똑같아 보였기 때문이다. 신체 부위도 제대로 구별할 수 없었다. 침대 시트 밖으로 기묘한 분홍색 물체가 삐죽 나온 것을 보고 그것을 치우려고 한 적이 한두 번이 아니었는데, 그것은 바로 자신의 발이었다! 하지만 이 모든 실수에도 불구하고, C.K.는 얼굴을 재빨리 인식하는 데에는 아주 뛰어난 재능이 있는 것으로 드러났다. 체육관 샤워실에서 자신의 신경과 의사를 만났을 때, 의사가 자기를 알아보기도 전에 먼저 인사를 해 상대방을 놀라게 했다.

신경과학자들은 C.K.가 지닌 장애의 순수한 성격에 흥미를 느껴 일련의 안면 인식 테스트를 실시했다. C.K.는 유명 인사들을 아주 쉽게 알아보았다. 얼굴 일부를 완전히 가린 상태에서도 쉽게 알아보았다. 유명 인사들의 얼굴에 변장 도구, 예컨대 그루초 안경(코미디언 그루초 막스 Groucho Marx가 분장용으로 썼던, 눈썹과 콧수염이 달린 안경 — 옮긴이)을 덧씌워도 쉽게 알아보았다. 숲 풍경 속에 얼굴들을 숨겨놓은 숨은그림찾기에서도 즉각 모든 얼굴을 찾아냈다. 벅스 버니Bugs Bunny와 바트 심슨Bart Simpson을 비롯해 만화영화 캐릭터도 알아보았고, 엘비스 프레슬리Elvis Presley와 밥 호프Bob Hope, 마이클 잭슨Michael Jackson의 캐리커처도 잘 인식했다.(캐리커처는 얼굴의 특징을 과장하기 때문에 방추 얼굴 영역을 광분하게 만든다. 비유하자면, 얼굴 포르노와 비슷하다.) 가장 인상적인 순간은 C.K.에게 낯선 사람의 얼굴 사진을 딱 한 번만 보게 한 뒤, 쌍둥이처럼 비슷한 사람들(심지어 대상 인물이 다른 방향을 쳐다보는 경우도 있었다.)의 사진을 죽 보여주면서 그 사람을 골라내라는 테스트를 했을 때였다. 많은 테스트에서 C.K.는 대조군인 보통 사람들보다 높은 점수를 받았다.

반면에 C.K.는 어떤 테스트들은 통과하지 못했다. 예를 들어 위아래가 뒤집힌 얼굴을 보여주면, 앞서 확인한 얼굴조차 제대로 알아보지 못했다. 신경과학자들은 사물을 거꾸로 뒤집으면 인식을 방해하며, 뒤집힌 얼굴은 동물이나 건물, 그 밖의 사물이 뒤집힌 것보다 인식을 훨씬 더 방해한다는 사실을 오래전부터 알고 있었다. 하지만 다른 사람들은 대개 뒤집힌 얼굴에 애를 먹으면서도 어떻게든 그것을 알아보지만, C.K.는 전혀 감도 잡지 못했다. 대부분의 사람들이 아주 손쉽게 파악하는 뒤집힌 만화 캐릭터 얼굴도 알아보지 못했다. 얼굴을 쪼갠 조각들을 흩어놓거나 섞어놓아도 C.K.는 갈피를 잡지 못했다. 16세기에 과일, 꽃, 동물, 사물 등을 이용해 사람 얼굴을 묘사한 이탈리아 화가 주세페 아르침볼도Giuseppe Arcimboldo의 그림을 보여주자, C.K.는 전체적인 형태 외에는 아무것도 보지 못했다. 다른 사람들은 보고 탄복할 만한 배로 만든 코, 사과로 만든 뺨, 깍지콩으로 만든 눈꺼풀 같은 것을 C.K.는 전혀 보지 못했다.

C.K.의 문제는 뇌가 보통 두 가지 경로를 통해 얼굴을 인식한다는 것을 의미한다. 하나는 얼굴을 재빨리 그리고 전체적으로 인식하는 방추 얼굴 영역 회로이다. C.K.의 경우, 이 시스템은 손상을 면했다. 하지만 방추 얼굴 영역 회로는 까다롭다. 입 위쪽에 두 눈이 떠 있는 걸 봐야 하고 대충이나마 대칭성을 감지해야 제대로 작동하며, 그렇지 않으면 얼굴을 제대로 인식하지 못한다. 이 경우에는 백업 시스템이 작동해야 한다. 이 백업 시스템은 방추 얼굴 영역 회로보다 느리게 작동하며, 거꾸로 된 얼굴이나 조각나서 흩어진 얼굴 각각의 특징을 하나하나 대조하여 꿰맞춘다. 다시 말해서, 백업 시스템은 얼굴을 사물과 비슷하게 다룬다. 사실, 백업 시스템은 일반적인 사물 인식 브레인웨어를 사용하는지도 모른다. 이것은 C.K.가 갑자기 허둥댔던 이유를 설명해주는데, 그의 사물 인식 기능이 아주 낮은 수준이기 때문이다. 얼굴에서 인간성을 제거해 단순한 사물로 바꾸자, 얼굴 인식의 달인도 얼굴맹이 되고 말았다.

최초의 얼굴 이식

당연한 이야기이지만, 거울에서 자기 얼굴을 인식할 때에도 주변 사람들을 인식하는 데 사용하는 것과 똑같은 회로에 불이 들어온다. 하지만 자기 얼굴을 보는 행동은 더 심오한 연상 작용을 유발한다. 즉, 자신의 이드id와 에고ego와 자아감에 다가간다. 제1차 세계 대전 때 얼굴에 부상을 입은 병사들이 그토록 두려워했던 것도 바로 이런 측면이었다.

얼굴 손상 연구가 본격적으로 시작된 것은 20세기에 들어서였는데, 그 이유는 비단 현대전 때문만이 아니었다. 권총과 자동차 사용이 늘어나면서 민간인 사이에 사고가 많이 일어났다. 하지만 놀랍게도, 조사한 모든 집단에서 손상을 입은 사람들 중 상당수는 그 충격을 잘 극복했다. 아주 심한 부상자들 중에서도 일부 사람들은 심리적 장애를 거의 겪지 않았다. 신체가 절단되는 부상을 입고서도 간호사와 결혼한 병사처럼 이들은 신체 손상에 개의치 않고 인생을 잘 살아가는 경향을 보였다. 어떤 이들은 사람들이 자신의 흉터를 빤히 쳐다보면, 곰과 레슬링을 하다가 잘못되어 그렇게 됐다고 하거나 "하느님이 날 프라이팬으로 때린 상처예요."라는 식으로 농담을 하기까지 했다.

하지만 많은 피해자들은 보통 사람들의 예상에 가깝게 반응했다. 처음에는 마치 망자를 대하듯이 자신의 일그러진 얼굴에 슬퍼하는 증상을 보였다. 그리고 신체 손상이 다 회복된 뒤에도 자신의 얼굴을 놀라서 쳐다보고 또 쳐다보는 행동을 보이며 한참 동안 고립된 삶을 살았다. 몇 년이 지난 뒤에도 일부 사람들은 여전히 판유리에 비친 자신의 모습을 보고 화들짝 놀랐다. 자아상self-image은 떨쳐내기가 아주 어렵다.

지난 10년 동안 심리학자들은 새로운 환자 집단을 연구하면서 얼굴 외상에 대한 이해가 크게 늘어났다. 그 집단은 바로 얼굴 이식 수술을 받은 사람들이었다. 얼굴 이식은 말 그대로 죽은 사람의 코와 입술, 뺨을 비롯해 기타 조직을 산 사람에게 외과적 방법으로 옮기는 것이다. 얼굴 이식은 제1차 세계 대전 당시의 영웅적인 재건 수술을 애나 콜먼 래드와 그 밖의 사람들이 만든 실물 같은 마스크와 결합한 것이다. 게다가 얼굴 이식은 살아 있는 마스크, 즉 말을 하고 감정을 표현할 수도 있는 마스크와 관련된 문제이기 때문에, 드디어 심리학자들은 오래전에 래드의 연구에서 제기된 질문을 탐구할 수 있게 되었다. 그것은 바로 뇌가 새로운 얼굴을 자신의 것으로 받아들이는가 하는 질문이었다.

얼굴 이식을 최초로 받은 사람은 이자벨 디누아르Isabelle Dinoire라는 38세의 프랑스 여자였다. 디누아르는 2005년 5월에 딸과 다툰 뒤 수면제를 한 입 가득 삼켰다. 그길로 다시는 깨어나지 않길 바랐지만, 뜻대로 되지 않았다. 정신이 혼미한 상태에서 담배를 입에 물었으나, 담배가 입에 물리지 않았다. 그제야 여기저기 피가 흥건한 것이 눈에 띄었다. 자고 있는 동안 래브라도 레트리버가 자신을 난폭하게 물어뜯었던 것이다. 디누아르는 비틀거리며 거울 앞으로 걸어갔다. 헝클어지고 지저분한 금발은 여전히 머리에 붙어 있었지만, 개가 코를 물어뜯어 두 콧구멍 주위에는 뼈만 남아 있고, 입술도 다 뜯겨나가 치아와 잇몸이 그대로 드러나 있었다. 응급 처치로 안정을 되찾긴 했지만, 그 후로 디누아르는 늘 수술용 마스크 뒤에 얼굴을 숨긴 채 은둔자처럼 살아갔다.

디누아르가 얼굴 손상을 입기 전에 의료계는 다년간 얼굴 이식의 윤리 문제를 놓고 격론을 벌였다. 불안감을 부추기는 일부 의사들은 제공자 가족이 수용자를 스토킹할지도 모르며, 또 아름다운 얼굴을 파는 암시장이 생길 거라고 주장했다. 어떤 운동가들은 이미 얼굴 손상을 입은 사람들이 정서까지 손상되는 경우를 막으려면 얼굴 이식을 '논의'하는 것조차 금지해야 한다고 제안했다. 히스테리적 반응이 덜한 사람들은 의학적 근거를 가지고 얼굴 이식 수술에 반대했다. 피부 이식은 특히 강한 면역 반응을 유발하므로 이식을 받는 사람은 과도한 양의 면역 억제제를 사용해야 하고, 그에 따라 온갖 질병에 걸릴 위험이 커지며, 어쩌면 수명까지 단축될 수 있다고 주장했다.

그렇지만 다른 의사들은 얼굴 이식에 찬성했다. 그들은 사람들은 손상된 얼굴을 복원할 수만 있다면 수명 단축도 기꺼이 받아들일 용의가 있다는 조사 결과를 인용했다. 얼굴 이식을 지지하는 외과의들은, 반대자들이 최초의 심장 이식 수술 전에도 정체성 위기에 대해 비슷한 우려를 나타냈지만, 실제로 그런 일은 단 한 건도 일어나지 않았다고 지적했다. 의사들은 대체 치료의 한계도 강조했다. 성형외과의들은 발가락으로 코를 새로 빚어 만드는 기발한 일도 할 수 있었지만(정말로!), 그렇게 만든 코는 흉측하게 보일 때가 많았고, 또 코의 기능을 제대로 하지도 못했다. 얼굴 조직을 대체할 만한 것은 사실상 아무것도 없었다.

의사들은 얼굴 이식의 위험을 검토하면서 찾을 수 있는 것 중에서 가장 비슷한 것에 의지했다. 새 얼굴이 제공자(피부와 연골을 제공하는)와 수용자(그 밑의 뼈 구조를 제공하는) 중에서 어느 쪽에 더 가까울지 결정하기 위해 외과의들은 시체의 얼굴을 다른 것으로 바꾸고 나서 자원자들에게 전후의 사진을 비교해 평가하게 했다. 그리고 새 얼굴은 제공자나 수용자 모두와 달라 보인다는(눈썹 같은 일부 특징을 제외하고는) 결론을 얻었다. 새 얼굴은 나름의 독특한 얼굴이 되었다. 의사들은 혀나 후두, 특히 손 같은 다른 부위의 과감한 이식 결과도 검토했다. 손 이식은 얼굴 이식과 마찬가지로 다양한 종류의 조직이 필요하므로, 환자의 면역계에 미치는 부담도 비슷할 것이다. 또한, 손 이식은 뇌가 신경학적 요구가 많은 조직들을 상당히 쉽게 통합할 수 있음을 증명했다.(얼굴과 마찬가지로 손을 보는 것에만 반응해 신호를 발사하도록 특화된 신경세포가 있는 것 — 언어 이전의 커뮤니케이션에서 사용하던 손 제스처*의 유산—이 도움을 줄지 모른다.)

의사들은 이식의 심리학도 평가했다. 무엇보다도 외래 조직을 자신의 일부로 받아들여야 한다. 손의 경우, 의사는 환자와 대화하는 중에 환자가 '그 손'이라고 말하는 대신에 '내 손'이라고 말하게 함으로써 프로이트식 말실수를 교정하려고 애썼다. 또한 의사들은 일상 활동에서 손을 사용해야 할 필요성을 강조했는데, 더 친숙해질수록 더 좋다고 했다. 이식 수술을 한 외과의는 환자가 새로 얻은 손의 손톱을 깨무는 걸 보고 인상을 썼으나, 담당 심리학자는 기뻐했다. 어느 누구도 다른 사람의 손톱을 깨물려고 하지는 않을 테니까! 안타깝게도, 이런 심리적 안전 장치가 항상 효과가 있었던 것은 아니다. 최초의 손 이식은 1998년에 클린트 핼럼Clint Hallam이라는 사람이 받았는데, 외과적 수술은 아주 잘 되었고, 핼럼은 새로운 손에 하루에 몇 밀리미터의 속도로 감각이 돌아오는 것을 느꼈다. 하지만 29개월이 지난 뒤, 핼럼은 이제 손 때문에 공포를 느낀다면서 면역 억제제 복용을 중단했다. 그러자 면역계가 손을 공격했고, 의료진은 그의 손을 절단할 수밖에 없었다.

그런데 얼굴 이식에서 문제가 생긴다면, 절단은 선택할 수 있는 방법이 아니다. 그럼에도 불구하고, 프랑스 외과의들은 2005년에 이자벨 디누아르의 얼굴 이식을 강행했다. 그들은 스스로를 코페르니쿠스나 갈릴레이, 에드먼드 힐러리Edmund Hillary와 비교하면서 운명에 도전했다. 디누아르를 선택한 이유 중 하나는 디누아르가 코와 입술과 턱(얼굴에서 삼각형을 이루는 부분)만 잃어 수술이 비교적 수월했기 때문이다. 2005년 11월에 적당한 제공자가 나타났다. 인근 도시에서 목을 매달아 자살을 시도했다가 뇌사 상태에 빠진 46세의 여자였다. 두 사람의 나이와 혈액형, 피부색이 일치하자, 디누아르의 외과의들은 즉각 행동에 돌입했다.

그들은 뇌사자의 얼굴을 '적출'하느라 몇 시간을 보냈다. 그것은 뒤쪽의 빨간색 근육 마스크만 남긴 채 피부와 결합 조직을 혈관 및 신경과 함께 떼어내는 작업이었다. 디누아르에게 그것을 이식하는 데 거의 한나절이 걸렸다.

회복하는 동안 디누아르의 새 얼굴은 끔찍하게 부어올랐고, 18일째에는 몸이 새 얼굴을 거의 거부하는 듯했다. 한편, 언론은 광분 상태에 휩싸였다. 영국의 타블로이드 신문들은 새 얼굴을 제공한 뇌사자의 신상까지 폭로했다. 하지만 디누아르는 기대했던 것보다 훨씬 좋은 상태로 회복했다. 그녀는 일주일 만에 새 입술로 음식을 먹고, 얼마 후에는 말도 했다. 몇 달이 지나자 뜨거움과 차가움을 느끼는 감각이 돌아왔고, 대부분의 움직임도 돌아왔다. 무엇보다 중요한 것은, 디누아르가 다시 집 밖으로 나가 사교 생활을 재개하고 새로운 사람들을 만나기 시작했다는 점이다. 유일하게 제대로 돌아오지 않은 얼굴 움직임은 웃음이었다. 열 달이 지난 뒤에 디누아르는 뇌졸중을 겪은 사람처럼 겨우 절반 정도만 웃을 수 있었다. 하지만 14개월이 지나자 이제 활짝 웃게 되었다. 당연히 활짝 웃을 만했다.

2006년 4월에 중국 외과의들이 두 번째 얼굴 이식 수술을 했고, 그 뒤를 이어 더 많은 얼굴 이식 수술이 시도되었으며, 놀라운 결과를 얻었다. 많은 환자들은 나흘째에 말을 하고 먹고 마실 수 있었다. 감각은 대개 몇 달 안에 되돌아왔다. 뇌 스캔 결과는 환자들의 얼굴이 금세, 손보다도 훨씬 빨리 '정상 작동' 상태로 돌아왔음을 보여주었다.(사실, 뇌를 스캔할 때 환자들은 한때 휴면 상태였던 얼굴 부위가 '깨어나는' 걸 보고서 짜릿한 전율을 느꼈다.) 심리적 적응도 대체로 무난하게 일어났다. 손과 달리 얼굴을 늘 바라볼 필요가 없는 점이 도움이 된 것처럼 보였다. 그리고 거울 속에서 자신의 얼굴을 바라볼 때, 거울에 비친 그 모습을 쉽게 받아들일 수 있었다. 그 모습은 분명히 자신이 알던 예전의 '자신'은 아니었다. 하지만 그 아래에 있는 골격 구조 덕분에 거울에 비친 모습은 '나'라는 느낌을 주기에 충분했다.

초기에 거둔 이런 성공에 힘입어 이제 몇몇 팀은 훨씬 어려운 전체 얼굴 이식을 시도했다. 초기에 이 수술을 받은 사람 중에 댈러스 윈스Dallas Wiens가 있는데, 그는 이 수술을 받은 세 번째 사람이었다. 2008년 11월, 23세의 윈스는 텍사스 주 포트워스에 있는 한 교회 지붕에서 구조물에 페인트칠을 하다가 조작을 잘못하는 바람에 수압 승강기가 고압 송전선으로 향했다. 머리 주변의 공기가 15초 동안 파랗게 빛났으며, 얼굴로 흘러내린 전류는 얼굴을 녹이면서 밋밋한 마스크로 바꾸었다. 한 작가는 "이목구비가 없는 미스터 포테이토헤드Mr. Potato-Head*(머리를 감자 비슷하게 만든 플라스틱 장난감 — 옮긴이)"와 똑같았다고 묘사했다. 2011년 3월, 윈스는 얼굴 이식 수술을 받았다. 새 얼굴은 얼음물이 담긴 파란색 냉장 박스에 보관된 채 도착했다. 크기와 두께는 미디엄 사이즈 피자 반죽과 비슷했다.

외과의들은 먼저 제공자의 얼굴을 윈스의 목동맥을 통해 혈액 공급 체계와 연결했다. 이를 위해서는 약간 창의적인 봉합이 필요했는데, 제공자의 목동맥은 시가만 한 크기인 데 반해 사고로 위축된 윈스의 혈관은 빨대처럼 보였기 때문이다. 얼굴에 분홍색 혈색이 돌아오자 수술팀은 크게 안도했다. 그것은 얼굴에 혈액이 제대로 공급된다는 의미였다. 이식 수술은 모두 17시간이 걸렸다. 수술하는 동안 윈스의 새 얼굴은 외과의들이 그것을 다양한 신경과 근육에 다시 붙이려고 시도함에 따라 히죽거리고 윙크를 하고 찡그리기도 했다. 수술이 끝난 후 의사들은 윈스를 중환자실로 보내 혼자서 히죽거리고 윙크를 하고 찡그리는지 살펴보았다.

의식이 돌아온 윈스는 부어오른 새 얼굴이 납 마스크처럼 무겁게 짓누르는 걸 느꼈다. 기관氣管에 꽂은 튜브를 통해서만 숨을 쉴 수 있었다. 하지만 며칠이 지나자, 그 모든 불편을 충분히 감수할 만했다. 얼마 지나지 않아 드디어 음식 냄새도 다시 맡을 수 있었다. '음, 라자냐.' 곧이어 촉각도 돌아왔고, 그는 몇 년 만에 처음으로 딸의 키스를 실제로 느꼈다. 윈스는 심지어 자신이 새 얼굴로 나타나는 꿈도 꾸기 시작했다. 이것은 아무리 예술적인 것이라 하더라도 제1차 세계 대전 당시의 마스크로는 절대로 재현할 수 없는 순간이었다.

의사들은 손 이식과 마찬가지로, 어떻게 보이는가에 상관없이 환자가 이식받은 얼굴을 더 많이 사용할수록, 예를 들어 면도를 하고, 웃고, 화장품을 바르고, 키스를 하고, 문지를수록 새 얼굴을 자신의 얼굴로 더 잘 받아들인다는 사실을 발견했다. 사람은 시각에 과도하게 의존하는데, 우리의 시각 회로는 어떤 감각 회로보다도 뇌에서 많은 영역을 차지한다. 외모가 자의식과 밀접한 연관이 있다는 것은 전혀 놀라운 일이 아니다. 하지만 신경과학의 중요한 진실 한 가지는, 뇌가 단순히 외모만 가지고 자의식을 만들지는 않는다는 것이다. 나중에 보겠지만, 자의식은 감정 중심부와 기억과 개인이 살아온 이야기에도 의존한다. 초기의 얼굴 이식은 2005년에 일어났기 때문에, 의학적으로 장기적 생존력이 있는지 없는지는 아직 알 수 없다. 하지만 적어도 심리학적으로는 분명히 성공을 거두었다. 뇌는 정말로 거울에 비친 새로운 표정을 받아들일 것이다. 한 가지 이유는 그것이 그저 하나의 표정, 즉 껍데기에 불과하기 때문이다. 어떤 전문가는 이렇게 언급했다. "만약 얼굴 이식이 인간이 무엇이냐 하는 질문에 대해 뭔가 말해주는 것이 있다면, 그것은 우리가 상상하는 것보다 인간이 덜 피상적인 존재라는 사실일 것이다."

3부

몸과 뇌

Paul Klee, Comedy, 1921

5장

운동 중추와 환상 사지

뇌의 내부 구조를 약간 살펴보았으므로, 이제 뇌가 외부 세계와 어떻게 상호작용하는지 탐구할 때가 되었다. 뇌는 주로 운동을 통해 이 일을 하는데, 여기에는 신경을 통해 온몸 구석구석으로 메시지를 보내는 과정도 포함된다.

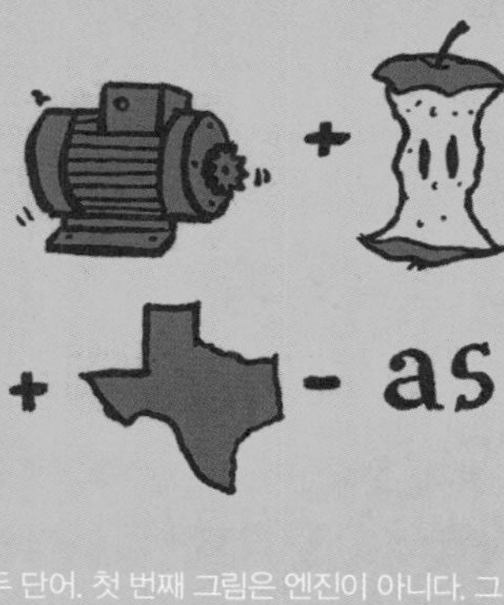

힌트 : 다섯 자와 여섯 자로 된 두 단어. 첫 번째 그림은 엔진이 아니다. 그 다음 그림은 사과의 핵심을 가리키고, 그 다음은 미국 본토에서 면적이 가장 큰 주이다.

조지 데들로George Dedlow. 필라델피아의 '스텀프 병원'으로 보내온 동전들 사이에 조지 데들로에게 동정을 표시한 쪽지가 종종 섞여 있었다. 병원 정문 앞을 지나가는 남자들은 모두 조지 데들로에게 모자를 약간 치켜올리며 경의를 표했고, 여자들은 모두 키스를 보냈다. 병원장이 모른다고 아무리 발뺌해도, 호의를 가진 사람들은 끊임없이 조지 데들로 대위의 안부를 물었다.

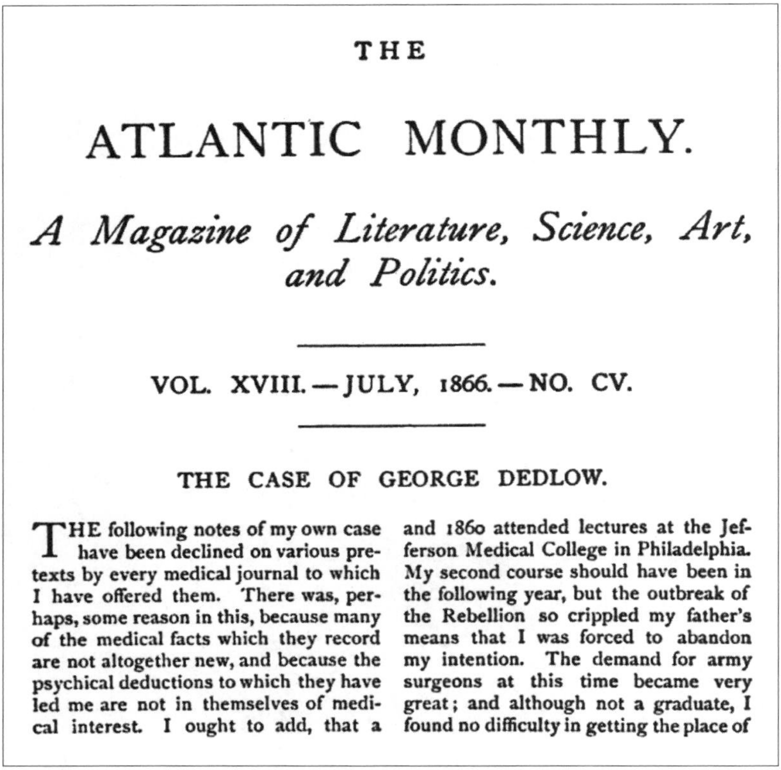

THE

ATLANTIC MONTHLY.

A Magazine of Literature, Science, Art, and Politics.

VOL. XVIII. — JULY, 1866. — NO. CV.

THE CASE OF GEORGE DEDLOW.

THE following notes of my own case have been declined on various pretexts by every medical journal to which I have offered them. There was, perhaps, some reason in this, because many of the medical facts which they record are not altogether new, and because the psychical deductions to which they have led me are not in themselves of medical interest. I ought to add, that a and 1860 attended lectures at the Jefferson Medical College in Philadelphia. My second course should have been in the following year, but the outbreak of the Rebellion so crippled my father's means that I was forced to abandon my intention. The demand for army surgeons at this time became very great; and although not a graduate, I found no difficulty in getting the place of

〈디 어틀랜틱 먼슬리〉에 실린 조지 데들로 기사

조지 데들로 대위 이야기

〈디 어틀랜틱 먼슬리The Atlantic Monthly〉 1866년 7월호의 표지 기사는 '조지 데들로 대위 이야기'로, 남북 전쟁의 온갖 슬픈 이야기 중에서도 손꼽을 만큼 슬픈 이야기를 다루었다. 서문에서 데들로는 원래 자신의 보고서를 적절한 의학 학술지에 실으려 했지만, 여러 곳에서 퇴짜를 맞고는 개인 이야기로 바꿔 썼다고 주장했다. 그 이야기는 데들로가 1861년에 의학대학원을 겨우 반만 수료한 뒤 제10인디애나 의용대에 보조 외과의로 들어가면서 시작된다. 그 당시 북군은 외과의가 절실히 필요했기 때문에 대부분의 부대는 데들로 같은 초보자도 마구 데려다 썼다. 북군은 외과의가 고작 113명뿐이었는데, 남군과 북군 양쪽이 전쟁 동안 필요했던 적정 인원 1만 1000명에 비하면 턱없이 적은 수였다.

1862년 어느 날 밤, 그의 부대는 말라리아가 창궐하던 내슈빌 남쪽 습지 근처에 주둔했다. 데들로는 적진 깊숙이 30여 km까지 침투하여 퀴닌을 탈취해오라는 명령을 받았다. 17km쯤 침투했을 때 적의 매복 공격을 받아 데들로는 양 팔(왼팔 두갈래근과 오른쪽 어깨)에 총상을 입고 정신을 잃었다. 정신이 깨어서 둘러보니 적군들이 자신의 모자와 시계와 군화를 서로 차지하려고 제비뽑기를 하고 있었다. 그러고 나서 그들은 그를 환자 수송용 수레에 실어 400km 남쪽에 있는 애틀랜타의 한 병원으로 데려갔다. 가는 내내 오른팔이 몹시 욱신거렸고 불 옆에 갖다놓은 것처럼 화끈거렸다. 물을 끼얹어야 겨우 통증이 가라앉았다. 화끈거림은 6주일 동안이나 계속되었고, 통증이 너무 심해 의사가 팔을 절단하는 게 좋겠다고 하자, 데들로는 에테르가 부족한데도 그 말에 동의했다.

수술에서 회복한 뒤에 데들로는 포로 교환을 통해 풀려났다. 그러고 나서 이 외팔이 의사는 집으로 가지 않고, 겨우 30일의 휴가만 보낸 뒤에 자신의 부대로 복귀했다. 제10인디애나 의용대는 또다시 테네시 주로 이동했는데, 이번에도 테네시 주는 그들을 혹독하게 맞이했다. 미국 역사상 가장 유혈이 낭자한 전투 중 하나인 치카모가 강 전투에서 데들로의 부대는 언덕을 올라가던 도중에 격렬한 십자 포화에 갇히고 말았다. 포연 구름이 사방을 에워쌌고, 그 사이로 빨간 빛과 총성이 쉴 새 없이 번쩍이고 울렸다. 사상자가 약 3만 명이나 발생한 이 전투에서 데들로는 양 다리에 관통상을 입었다.

나무 밑에서 정신을 차려보니 두 넓다리뼈가 산산이 부서져 있었다. 잡역병들이 그에게 브랜디를 주고 바지를 잘라내자, 짙은 남색 제복에 허리께에 초록색 장식 띠를 두른 외과의 두 명이 허리를 굽히고 상처를 살펴보았다. 그들은 얼굴을 찌푸리면서 부상자 분류 등급을 일러주고는 다른 곳으로 가버렸다. 하지만 얼마 후, 데들로는 코에 수건이 덮이는 것을 느꼈고, 과일 향이 나는 클로로포름 증기를 들이마셨다. 다른 외과의 둘이 돌아오더니, 데들로가 눈치채지도 못하는 사이에 바로 그 자리에서 양 다리를 절단하기로 결정했다.

남군 외과의들은 대개 '원형' 절단을 했다. 피부를 360°로 빙 둘러가며 절개한 뒤, 소매 끝을 걷어올리듯이 피부를 위로 밀어올렸다. 그러고 나서 근육과 뼈를 톱으로 잘라낸 뒤에 피부를 도로 끌어내려 잘려나가고 남은 팔다리 위를 덮었다. 이 방법을 사용하면 흉터와 감염을 줄일 수 있었다. 북군 외과의들은 '피부판' 절단을 선호했다. 상처 양 옆에 두 장의 피부판이 너덜너덜 붙어 있게 남겨두었다가 절단이 끝난 뒤에 그 위를 덮었다. 이 방법은 더 빨랐고, 잘린 부위에 보철물을 갖다 붙이기가 훨씬 편했다. 전쟁 동안에 외과의들은 손가락, 발가락, 손, 발, 팔다리를 모두 합쳐 약 6만 개나 잘라냈다.(루이자 메이 올컷Louisa May Alcott이 쓴 《병원 스케치*Hospital Sketches*》에서 한 북군 병사는 이렇게 외친다. "주여! 만약 심판의 날에 우리가 모두 무덤에서 기어나온다면, 팔과 다리를 서로 차지하려고 얼마나 큰 난장판이 벌어지겠습니까!") 절단 수술은 대개 4분 정도 걸렸고, 최악의 날에는 외과의 한 명이 하루에 약 100개나 절단하기도 했다. 들판이나 헛간, 마구간, 교회 등에서, 그리고 때로는 통 사이에 걸쳐놓은 널빤지 위에서 마구 잘라댔다. 상처가 애매할 경우에 외과의는 지나치다 싶을 정도로 절단하는 쪽을 택했는데, 복합 골절의 사망률이 너무나도 높았기 때문이다. 그렇다고 해서 절단 수술 사망률이 낮았던 것도 아니다. 양쪽 넙다리를 다 절단한 사람들 중 약 62%가 사망했다.

데들로는 양쪽 넙다리가 다 절단된 뒤에야 깨어났다. 하지만 무슨 일이 일어났는지 깨닫기 전에 몽롱한 상태인 바로 그 순간부터 데들로 이야기는 반전이 일어나면서 눈물을 자극하는 전형적인 병사 이야기를 뛰어넘기 시작한다. 양 다리가 절단되고 없는데도, 데들로는 정신이 들고 나서 양쪽 종아리에 쥐가 나는 걸 느꼈다.

그는 큰 소리로 간병인을 불러 숨넘어가는 목소리로 말했다. "왼쪽 종아리 좀 주물러주세요."

그 말에 간병인이 대답했다. "종아리라고요? 종아리는 이제 없어요. 이미 절단했는걸요."

"그럴 리가 없소. 내 양쪽 다리에 여전히 통증이 느껴지는데."

"하지만 사실이에요. 당신은 이제 다리가 없어요."

데들로는 간병인이 이 말과 함께 "시트를 확 젖혀 내게 경악스러운 그 광경을 보여주었다."라고 회상했다.

데들로는 힘없이 그를 물러가게 했다. 그리고 기분이 상해 돌아누웠다. 혹시 자신이 미친 게 아닐까 하는 생각까지 들었다. 하지만 분명히 양 다리에 경련이 느껴졌다. 그것은 절대로 부인할 수 없는 통증이었다.

곧 또 다른 비극이 닥쳤다. 내슈빌 근처에서 매복 공격을 받은 뒤,

그의 왼팔은 완전히 낫지 않은 상태였다. 그런데 지저분한 회복 병동에 머물다가 그만 왼팔에 '병원 감염 괴저'가 생겼다. 시간당 1cm의 속도로 살을 파먹는 무서운 질병이었다. 괴저에 감염된 사람들 중 약 절반은 병상에서 죽었다. 데들로는 마지못해 목숨을 구하기 위해 의사들에게 마지막 남은 팔마저 자르게 했다. 훗날 그는 정신이 깨고 나서 자신이 인간이라기보다는 "애벌레"에 가까운 존재로 전락했음을 알게 되었다고 한숨을 쉬며 말했다.

1864년, 데들로는 필라델피아의 사우스스트리트 병원으로 이송되었다. 이 병원의 별명은 '스텀프 병원Stump Hospital'이었는데, 팔다리가 절단되어 절뚝거리며 다니는 사람들만 복도를 오갔기 때문이다. 하지만 스텀프 병원 안에서도 데들로의 불운한 처지는 단연 돋보였다. 아침마다 간병인들은 그에게 옷을 입히고, 시시때때로 화장실로 데려가고, 코를 풀게 하고, 가려운 곳을 긁어주어야 했다. 어디든지 간병인이 그를 의자에 앉혀 데려가야 했으므로, 사실상 줄곧 앉아서 살아간 그는 잠도 거의 못 잤고, 심장 박동은 분당 45회에 불과했다. 영양을 공급해야 할 신체가 아주 작았기 때문에, 간병인이 한 입 한 입 먹여주는 식사도 제대로 다 먹지 못했다.

하지만 그는 무슨 연유에서인지 자신의 몸에서 사라진 5분의 4를 여전히 느낄 수 있었다. 보이지 않는 손가락의 통증을 느꼈고, 보이지 않는 발가락이 씰룩이는 것을 느꼈다. 그는 "밤중에 나는 사라진 한 손으로 사라진 다른 손을 만지려고 할 때가 많았다."라고 회상했다. 하지만 유령 손들은 항상 잡히지 않고 빠져나갔다. 호기심에서 그는 스텀프 병원의 다른 환자들을 면담해보았는데, 그들 역시 사라진 팔다리에서 비슷한 감각, 이를테면 쑤시고, 경련이 일어나고, 가려움을 느낀다는 것을 알았다. 사실, 유령 팔과 유령 다리의 통증이 너무나도 지독해 사라진 팔다리가 실제 팔다리보다 더 진짜 같고 성가실 정도였다.

데들로는 이 현상을 어떻게 해석해야 할지 몰라 그렇게 우울한 상태로 몇 달을 보내다가 같은 처지의 상이군인을 만났다. 그는 희미한 파란색 눈에 꺼칠꺼칠한 구레나룻을 기른 병장이었다. 두 사람은 강신론降神論(사람이 죽은 뒤에도 영혼은 계속 남아 여러 가지 방법으로 그 존재를 알린다는 주장)이나 영혼과의 의사소통을 주제로 대화를 나누기 시작했다. 데들로는 그 이야기를 비웃었으나, 그 병장은 데들로를 설득해 다음 날에 교령회交靈會(산 사람들이 죽은 이의 혼령과 교류를 시도하는 모임 — 옮긴이)에 데려갔다. 그곳에서 영매들은 뜻을 알 수 없는 주문을 한참 읊조린 뒤, 죽은 자녀와 배우자를 불러오기 시작했다. 그것은 참석자들을 종종 히스테리 상태로 몰아넣는 속임수였다. 영매들은 또한 알파벳 카드에 적힌 문자들을 가리키는 방법으로 저승의 메시지를 전달했다. 정확한 문자를 가리키면, 혼령이 똑똑 두드리는 소리로 그것이 맞다고 확인해준다면서 그 소리에 귀를 기울였다. 마침내 창백한 얼굴에 새빨간 입술을 가진 영매 시스터 유피미아Sister Euphemia가 데들로에게 다가왔다. 유피미아는 보고 싶은 사람을 조용히 마음속으로 불러보라고 말했다. 그때 데들로는 '기막힌 생각'이 떠올랐다고 한다. 잠시 후, 유피미아가 데들로가 부른 손님들이 왔느냐고 묻자, 노크 소리가 두 번 들렸다. 유피미아가 그들의 이름을 묻자, "미 육군의학박물관 3486번과 3487번"이라고 암호 같은 신호를 보내왔다.

유피미아는 눈살을 찌푸렸으나, 군의관을 지낸 데들로는 그것이 무엇을 뜻하는지 금방 알아차렸다. 월트 휘트먼Walt Whitman이(그리고 자신의 마음속에서 그 이미지를 떨쳐낼 수 없었던 많은 사람들이) 보고했듯이, 병원들은 절단한 신체 부위를 문 밖에 쌓아놓아 손과 팔다리로 이루어진 일종의 무덤을 만들었다. 그런데 군 당국은 이 신체 부위들을 땅 속에 파묻지 않고, 위스키 통에 담아 육군의학박물관으로 보냈다. 그곳에서는 장래의 연구를 위해 각 부위에 번호를 붙여 분류했다. 데들로의 두 다리에는 아마도 3486번과 3487번이라는 번호가 붙었을 것이다. 교령회에서 유피미아는 데들로의 소원에 따라 그것들을 불러왔던 것이다.

여기서 이야기는 다시 반전을 맞이한다. 데들로가 갑자기 비명을 지르더니, 의자에서 위로 솟아오르기 시작했다. 그는 자신의 유령 다리들이 자기 몸 아래에서 넓적다리에 다시 붙는 느낌이 들었다고 한다. 잠시 후, 그의 몸통이 위로 쑥 솟아올랐고, 그는 비틀거리며 앞으로 걷기 시작했다. 처음에는 발걸음이 매우 불안정했다. 하기야 그 다리는 알코올 속에서 오랫동안 절인 상태로 있었을 테니 말이다. 하지만 그는 방을 반쯤 가로질러 걸어갔고, 거기서 다리의 형체가 사라지면서 그의 몸통은 다시 바닥으로 내려앉았다.

여기서 갑자기 데들로는 자기 이야기를 끝냈다. 저쪽 세상을 잠깐 조우하고 나니 기운이 나는 대신에 오히려 자신이 잃어버린 것이 무엇인지 더 생생하게 느껴졌고, 비참한 느낌이 이전보다 더 강해졌다. 자기 이야기를 옮겨 적던 간병인에게 말한 것처럼, "어느 부분이든 [자신의] 일부를 잃으면 …… 그만큼 자신의 존재가 축소된다." 그리고 "나는 한 사람을 이루는 전체 중에서 행복한 일부가 아니다."라고 결론지었다.

비록 의학 학술지가 퇴짜를 놓긴 했지만, '조지 데들로 대위 이야기'는 사람들의 심금을 울렸는데, 학술 논문으로서는 결코 할 수 없는 방식으로 사람들의 마음에 강렬한 인상을 남겼다. 남북 전쟁은 불구자를 수십만 명이나 양산했다. 다친 부위가 원상으로 회복되지 않은 형제나 삼촌 또는 사촌이 누구에게나 한 명은 있었다. 게다가 최초로 잘 촬영된 사진들을 남긴 전쟁인 남북 전쟁은 팔다리가 잘려나가고 남은 뭉툭한 부위, 생생하게 드러난 상처, 있어서는 안 될 곳에 생긴 구멍 같은 지워지지 않는 이미지를 온 국민의 마음속에 깊이 심어주었다. 박물관과 잡지에서 볼 수 있는 이 섬뜩한 사진들은, 어떤 의미에서 베살리우스의 《인체의 구조에 관하여》를 계승한 것이라 할 만했다. 다만, 이 사진들은 인간의 형체를 찬미하기 위한 것이 아니라, 그 파괴 양상을 보여주려고 시도했다는 점이 다를 뿐이다.

불구가 된 사람들의 이미지는 그 강렬한 힘에도 불구하고 침묵으로 남아 있을 뿐이다. 조지 데들로가 그들의 목소리를 대변하기 전까지는 그랬다. 데들로 대위 이야기는 마을 광장에서 볼 수 있는 불운한 병사와 교회 의자에서 흐느끼는 불구자, 그리고 팔다리가 절단된 채 밤중에 유령 팔다리 때문에 비명을 지르는 사람들을 모두 대변했다.

그래서 1866년 여름에 데들로 대위를 위한 기부금이 사방에서 들어왔다. 심지어 스텀프 병원 정문 부근에 군중이 몰려들어 영웅을 만나게 해달라고 아우성쳤다. 하지만 그들은 데들로 대위 같은 사람은 그곳에 없다는 이야기를 듣고서 깜짝 놀랐다. 병원장은 몹시 유감스러워하면서 병원 환자 중에 조지 데들로라는 이름을 가진 사람은 없다고 말했다. 병원에 보관된 기록들을 샅샅이 훑어봐도 조지 데들로라는 이름은 없었다. 군 당국도 이 문제에 관심을 가지고 자체 기록을 조사해보았지만, 사지가 모두 다 절단된 사례는 단 한 건도 없었다. 병원장은 〈디 어틀랜틱 먼슬리〉에 실린 이야기가 픽션이라고 설명했다. 그 이야기에서 유일하게 진실에 가까운 것은 데들로가 경험한 장애였는데, 그것은 이전에 의학계에서 한 번도 진지하게 검토한 적이 없었던 장애였다. 세부 내용 중에서 유일하게 실제로 존재한 것은 역설적이게도 환상 사지(환상 팔다리 또는 헛팔다리라고도 함)였다.

환상 사지를 경험하는 병사들

인류가 전쟁을 시작한 이래 외과의들은 팔다리를 숱하게 잘라냈다. 하지만 근대 이전에는 그 수술에서 살아남아 그 경험을 이야기한 사람은 극히 드물었다. 앙브루아즈 파레는 총상 치료에 도입한 혁신적 방법과 비슷하게, 16세기의 외과의들에게 절단 끝 부위를 끓는 기름이나 황산에 담가 지지는 것은 좋지 않음을 보여주었다. 그 대신 파레는 절단된 동맥 끝부분을 묶고 절단 끝 부위를 봉합하는 결찰술ligation을 장려했다. 이 방법은 혈액 상실과 감염을 크게 줄였고(고통은 말할 것도 없고), 절단 수술을 받은 환자가 살아남을 확률도 상당히 높였다. 사실, 파레는 환자들의 생존을 확신하여 그들을 위해 의수와 의족까지 설계하기 시작했다. 그중에는 톱니와 용수철을 사용해 실제로 움직이는 것도 있었다.(그러나 그가 설계한 대체 귀와 코, 음경은 움직이지 않았다.)

따라서 환상 사지를 언급한 이야기가 파레의 글에서 최초로 나온 것은 전혀 놀랍지 않은데, 이 이야기는 금방 철학자들에게 큰 흥미를 끄는 주제가 되었다. 르네 데카르트René Descartes는 가끔 신경과학 분야에 관한 이야기를 했지만(그는 척수 바로 위쪽에 위치한 완두콩만 한 살덩어리 솔방울샘*을 인간 영혼이 담긴 용기라고 선언한 것으로 유명하다), 환상 사지의 의미에 대해서도 깊이 생각했다. 괴저로 손을 잃은 소녀가 정신이 깨고 나서 여전히 손의 통증 때문에 신음했다는 이야기에 특히 마음이 흔들렸다. 데카르트는 그런 이야기들이 "감각에 대해 갖고 있던 신념을 무너뜨렸다."라고 썼다. 그리고 감각을 지식에 이르는 확실한 길로 신뢰하던 태도를 포기했다. 거기서 "나는 생각한다. 고로 존재한다.cogito ergo sum"라는 단계까지는 몇 발자국밖에 떨어지지 않았는데, 이것은 추론의 힘만을 믿겠다는 선언이었다.

영국의 해군 영웅 허레이쇼 넬슨Horatio Nelson 역시 환상 사지 경험을 형이상학으로 격상시켰다. 1797년에 감행한 카나리아 제도의 테네리페 섬 공격은 넬슨의 일생에서 최대의 실수라고 부를 만했는데, 그는 이 전투에서 머스킷 총탄에 맞아 오른쪽 어깨가 산산조각났다. 외과의는 흔들리는 배 짐칸에서 그의 오른팔을 잘라내야 했다. 그 후 몇 년 동안 넬슨은 환상 손가락이 환상 손바닥을 찌르면서 참을 수 없는 통증을 느꼈다. 그는 오히려 이 경험에서 위안을 얻었는데, 그것을 영혼의 존재를 보여주는 '직접 증거'라고 내세웠다. 만약 팔이 없어졌는데도 팔의 영혼이 살아남는다면, 나머지 몸이라고 왜 그러지 않겠는가?

의사 이래즈머스 다윈Erasmus Darwin(찰스 다윈의 할아버지)과 철학자 모제스 멘델스존Moses Mendelssohn(초기 낭만파 시대의 작곡가 펠릭스 멘델스존Felix Mendelssohn의 할아버지)과 《모비 딕*Moby Dick*》을 쓴 작가 허먼 멜빌Herman Melville도 모두 환상 사지를 언급했다. 하지만 환상 사지를 임상적으로 처음 기술한 사람은 남북 전쟁 당시에 의사로 활동했던 사일러스 위어 미첼Silas Weir Mitchell이었다.

위어 미첼(그는 사일러스라는 이름을 싫어했다.)은 필라델피아에서 꿈 많은 젊은이로 자랐다. 그는 교회에서 성령에 관한 설교를 듣고 나서 변화무쌍한 악몽에 시달렸고, 시와 과학을 취미 삼아 조금씩 손댔다. 그는 특히 의사인 아버지가 개인 화학 실험실에서 만들어내는 밝고 아름다운 혼합물을 좋아했다. 미첼은 결국 아버지의 반대를 무릅쓰고 의학대학원에 진학하기로 결정했다. 아버지는 미첼이 그 과정을 끝까지 버텨내지 못할 것이라고 생각해 반대했는데, 미첼은 끝까지 해냈다. 심지어 뱀독에 대해 엄밀한 의학적 연구까지 했으며, 1850년대에 필라델피아에서 개인 의사로 개업했다.

미첼은 노예 제도를 싫어했지만, 남북 전쟁 발발을 그다지 심각하

신경학자 사일러스 위어 미첼

게 여기지 않았다. 남부와 북부의 대다수 미국인처럼 그는 자기편이 머잖아 상대방을 무찌를 것이고, 그걸로 모든 문제가 해결되리라 생각했다. 미첼은 곧 자기가 잘못 생각했다는 걸 깨닫고는 계약직 군의관이 되었다. 몇 달 동안 육군 병원을 전전한 끝에 미첼은 자신이 신경학 분야에 소질이 있다는 것을 알게 됐다. 신경학은 대부분의 의사들이 질색하거나 겁내는 분야였다. 전쟁 동안에 필라델피아의 환자 수는 2만 5000여 명에 이르렀다. 환자들이 꾸역꾸역 몰려오는 동안 미첼은 1863년에 필라델피아 외곽의 비포장도로 위에 세워진 신경학연구센터인 터너스레인 병원 건립에 일조했다.

어떤 환자는 터너스레인 병원을 '고통 지옥'이라고 불렀다. 일부러 지어낸 이름이긴 해도 맞는 말이기는 했다. 군 당국은 신경 외상 환자들 대부분을 이곳으로 보냈고, 미첼은 '쉬운' 환자들은 다른 병원으로 보내는 대신 '까다로운' 환자들을 맡으려고 했다. 단순한 복부 부상을 입은 회복기 환자는 다른 병원으로 보내고, 발버둥치는 뇌전증 환자와 머리뼈가 깨져 울부짖는 병사를 받아들였다. 터너스레인 병원은 환자들이 마지막으로 의지하는 병원이 되었고, 비록 많은 환자가 회복하지 못했지만, 미첼은 그 일을 보람이 있다고 여겼다. 그는 신경 손상, 그중에서도 특히 환상 사지의 전문가가 되었는데, 남북 전쟁에서는 유례를 찾기 힘들 정도로 수많은 팔다리 절단 환자가 발생했기 때문이다.

터너스레인 병원이 문을 열고 나서 몇 달 뒤, 미첼은 게티즈버그 전투가 벌어진 현장으로 달려가 어째서 남북 전쟁이 그토록 팔다리 절단 부상자를 많이 양산하는지 직접 목격했다. 1860년대 이전에는 대부분 머스킷총을 사용했다. 머스킷총은 총구 앞쪽에서 장전을 했는데, 총탄의 지름이 총열 안쪽 지름(구경)보다 작아서 장전이 빨리 되었다. 하지만 총탄 지름과 구경의 차이 때문에 소용돌이 공기 흐름이 생겼고, 이것은 총열을 통과하는 총탄을 무질서하게 회전시켰다. 그 결과, 총구에서 나온 총탄은 회전을 건 야구공처럼 휘어지며 나아갔다. 따라서 머스킷총은 조준을 아무리 잘해도 소용이 없었다. 미국 독립 전쟁에 참전한 한 군인은 “보통 머스킷총으로 180미터 거리에서 …… 사격을 한다면, 차라리 달을 겨냥하고 쏘는 편이 나을 것이다.”라고 한숨을 쉬며 말했다.

많이 사용한 또 하나의 총인 라이플총은 정반대 문제가 있었다. 병사들이 수백 미터 거리에서 칠면조 육수肉垂를 맞힐 만큼 라이플총은 정확도가 높았지만, 장전해서 발사하기까지 시간이 많이 걸렸다. 라이플총은 총열 안쪽에 나선 홈을 파 이곳을 지나가는 총탄을 공기역학적으로 회전시킨다. 하지만 이 나선 홈이 제대로 효과를 발휘하려면, 총탄과 총열이 바짝 맞닿아야 한다. 그러려면 총탄 지름과 구경이 기본적으로 똑같아야 하기 때문에, 총탄을 장전하기가 힘들었다. 병사들은 총탄을 총열을 따라 막대로 조금씩 밀어넣어야 했는데, 도중에 총탄이 걸리기도 해 무척 애를 먹었다.

19세기에 접어들어 진취적인 몇몇 병사들이 라이플총과 머스킷총의 장점을 결합했다. 인도에 주둔하고 있던 한 영국인은 전사들이 종종 바람총(대통이나 나무통 속에 화살 같은 것을 넣고 입으로 불어서 쏘는 총 — 옮긴이)에 속이 빈 연밥(연꽃의 열매)을 사용하는 것을 보았다. 훅 불어서 발사할 때, 연밥은 앞으로 나아가는 동시에 바깥쪽으로 부풀면서 라이플총과 비슷하게 바람총 총열을 꽉 메웠다. 그 영국인은 여기서 영감을 얻어 속에 빈 구멍이 있는 금속 총탄을 발명했고, 1847년에 프랑스의 클로드-에티엔 미니에Claude-Étienne Minié가 이 설계를 대폭 개선했다. 미니에의 총탄은 라이플총의 구경보다 작아 빨리 장전할 수 있었다. 그와 동시에 그 총탄은 발사하면(뜨거운 가스 펀치로) 연밥처럼 팽창하여 총열 홈을 꽉 메우면서 앞으로 나아갔다. 그 덕분에 이 총은 정확도가 무척 높았다. 다만 총탄을 팽창하도록 해야 했기 때문에, 무르고 쉽게 구부러지는 납으로 총탄을 만들어야 한다는 점이 단점이었다. 그래서 40년 뒤에 사용된 러시아군의 단단한 총탄과 달리, 미니에 총탄은 목표물에 맞았을 때 깨끗하게 뚫고 지나가는 대신에 변형이 일어나 퍼지면서 덩어리가 되어 조직을 갈기갈기 찢었다. 이제 이 총은 끔찍한 살상 도구가 되었다. 훗날 역사학자들은 정확성과 발사 속도, 벌어진 상처 발생 가능성을 바탕으로 미니에 총탄과 라이플총의 결합이 그 이전에 존재했던 어떤 총보다도 세 곱절 이상 치명적이라고 평가했다. 그리고 총탄에 맞고도 살아남은 병사는 회복을 엄두도 못 낼 만큼 팔다리가 망가졌다.

1855년, 제퍼슨 데이비스Jefferson Davis 전쟁 장관은 라이플총과 미니에 총탄의 조합을 미군의 공식 총기와 탄약으로 선정했다. 6년 뒤, 남부연합 대통령이 된 데이비스는 분명히 그 결정을 몹시 후회했을 것이다. 제조업자들은 값싼 미니에 총탄(병사들은 이것을 '미니 볼minnie ball'이라 불렀다.)을 엄청나게 많이 생산하기 시작했고, 북부의 공장들은 특히 미니에 호환용 라이플총을 수백만 정 만들었다. 이 총은 결국 대서양에서 태

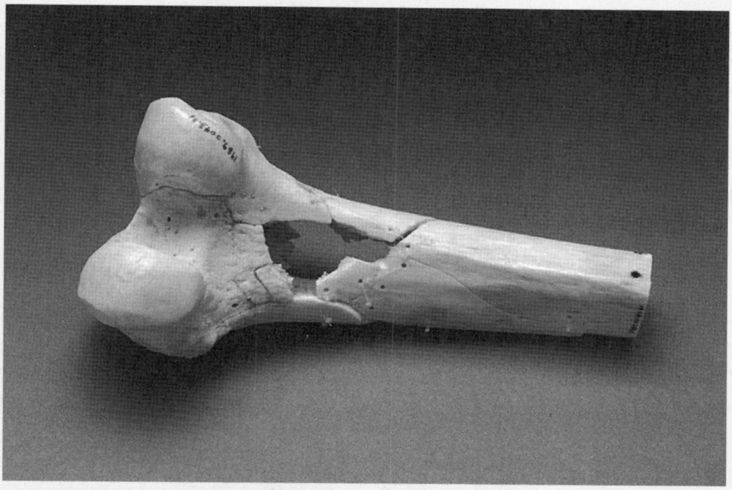

미니에 총탄에 맞은 뒤에 부서져 절단된 넙다리뼈(위). 납으로 만든 미니에 총탄(아래).
(출처: 미국국립의학도서관)

평양에 이르기까지 모든 곳에서 수많은 젊은이의 목숨을 앗아갔다. 이 총은 무게가 4.5kg이었고, 가격은 15달러(오늘날의 가치로는 약 210달러)였으며, 길이는 약 1.5m였다. 45cm 길이의 총검도 딸려 있었지만, 총검은 조롱의 대상이 되기에 딱 알맞았는데, 이 총은 총검을 우스꽝스러운 유물로 만들어버렸기 때문이다. 이제 총검을 사용할 만큼 근접해서 백병전을 벌일 일이 별로 없었다.(미첼은 남북 전쟁 때 총검에 찔려 다친 병사보다는 노새의 발길질에 다친 병사가 더 많았다고 평가한 적이 있다.) 미니에 총탄은 또한 대포를 보병보다 훨씬 후방에 배치할 수 있게 했고, 기병대 돌격의 위력을 크게 감소시켰는데, 사람보다 말이 겨냥하기가 훨씬 쉬웠기 때문이다. 몇몇 추산에 따르면, 전장에서 죽은 병사들 중 90%가 미니에 총탄에 희생되었다고 한다.

불행하게도, 남북 전쟁 때 대다수 지휘관은 (낡은 전술과 나폴레옹 시절의 돌격전 낭만에 푹 젖어 있던) 새로운 현실에 제대로 적응하지 못했다. 미첼이 게티즈버그에 도착한 바로 그날, 남군 병사 약 1만 2500명이 북군이 세운 돌울타리를 향해 돌진했다. 바로 남북 전쟁에서 가장 무모했던 작전으로 유명한 피켓의 돌격Pickett's Charge(게티즈버그 전투 마지막 날에 일어난 이 돌격은 남군 총사령관 로버트 에드워드 리Robert Edward Lee가 지시했다. 돌격을 이끈 지휘관인 제임스 롱스트리트James Longstreet 중장이 이 작전의 무모함을 지적했지만 소용없었다. 피켓의 돌격은 롱스트리트 휘하에서 돌격을 지휘한 조지 피켓George Pickett 소장의 이름을 딴 것이다. —옮긴이)이었다. 북군 측에서는 미니 볼을 쌓아둔 병사들이 기다리고 있었고, 이 총탄들은 돌격해오는 남군 병사들의 창자를 으깨고 뼈를 가루로 만들었다.

부상당한 병사는 며칠 동안 신음하다가 들것이나 구급 마차에 실려 겨우 진료소에 당도하기도 했다. 그리고 피투성이가 된 앞치마를 두르고 수술칼을 입에 문 외과의가 나타나기까지 거기서 몇 시간을 더 기

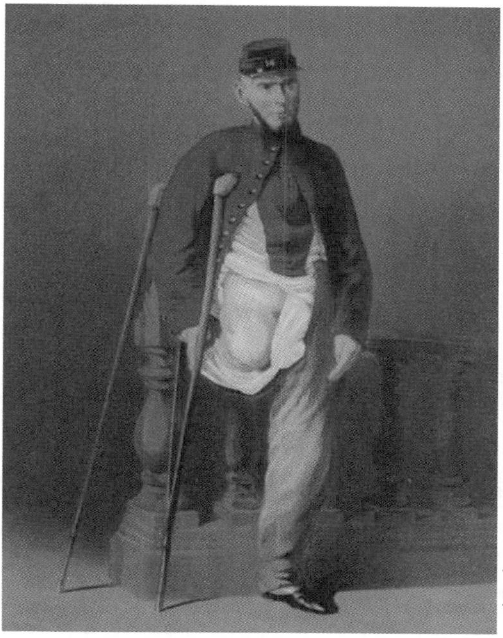

남북 전쟁 때 다리 하나가 잘린 병사

다려야 했다. 외과의는 앞서 돌본 환자에게서 묻은 피가 아직 남아 있는 손가락으로 상처를 헤집으며 살펴보았고, 절단이 필요하면 조수가 클로로포름이나 에테르로 환자의 의식을 잃게 하고, 다른 조수가 팔다리를 꽉 붙잡았으며, 세 번째 조수가 동맥을 클램프로 죄었다. 그러고 나서 4분쯤 뒤에 팔이나 다리가 잘려나갔다. 그러면 외과의는 "다음!"이라고 외치고 다른 환자를 보러 갔다. 이 일은 하루 종일 계속되기도 했다. 켄터키 주의 한 외과의는 하루 종일 피가 너무 많이 묻다 보니 손톱이 흐물흐물해졌다고 기억했다. 병원마다 주위를 빙 둘러싸며 새 무덤들이 계속 생겨났다.* 월트 휘트먼은 그 초라한 비석들이 그저 "술통 널빤지나 부서진 판자를 땅에 꽂아놓은 것"에 불과했다고 회고했다.

게티즈버그 전투가 끝난 뒤, 미첼은 필라델피아로 돌아가 수많은 부상자를 돌보았다. 비록 자신의 개인 진료소에서도 일을 계속했지만(군이 지급하는 보수는 한 달에 80달러에 불과했다.), 대체로 많은 시간을 터너 스레인 병원에서 보냈는데, 아침 7시에 도착해 한 시간 동안 회진을 하고, 오후 3시 무렵에 다시 돌아와 자정까지 머물 때가 많았다. 사례 보고서를 쓰는 데에도 많은 시간을 할애했는데, 이것은 그의 발전에 큰 도움이 된 경험이었다. 전에 받았던 연구 훈련 과정에서는 엄밀성과 데이터를 강조했지만, 미첼은 수치와 도표만으로는 이 사례들을 제대로 이해할 수 없다는 것을 알았다. 서술적 기술記述만이 부상당한 병사가 실제로 느끼는 것을 제대로 묘사할 수 있었다. 사실, 미첼은 이런 이야기에 큰 영향을 받아 나중에 자신의 경험을 바탕으로 소설을 쓰기 시작했는데, 사례 보고서에서 많은 영감을 얻었다.

미첼이 한 연구 중 가장 훌륭하고 독창적인 연구는 환상 사지에 관한 것이었다. 그 이전에는 환상 사지를 인정한 사람이 비교적 적었는데, 그랬다간 정신 나간 사람으로 취급받기 십상이었다. 하지만 동정심이 많았던 미첼은 자신의 신체 절단 환자 중 95%가 환상 사지를 경험한다고 결론 내렸다. 그런데 흥미롭게도 환상 신체 부위의 분포는 동일하지 않았다. 환자들은 하반신보다 상반신에서 환상 사지를 더 생생하게 느꼈고, 또 다리나 어깨보다 손과 손가락, 발가락에서 더 강하게 느꼈다. 그리고 대부분의 사람은 환상 신체 부위가 마비된(즉, 한 위치에 얼어붙은 듯 고정돼 있는) 반면, 일부 병사는 그 부위를 여전히 마음대로 '움직일' 수 있었다. 한 남자는 바람이 휙 불 때마다 모자를 붙잡으려고 본능적으로 환상 팔을 들어올렸다. 또, 한쪽 다리가 없는 남자는 한밤중에 화장실에 가려고 일어나 몽롱한 상태에서 환상 다리를 바닥에 내디뎠다가 나동그라지곤 했다.

미첼은 환상 통증도 조사했다. 경련이나 좌골신경통이 환상 신체 부위를 따라 오르내리며 나타날 수 있는데, 이 통증은 한번 시작되면 몇 분 동안 지속되었다. 통증은 덜하지만 미치게 만드는 것은 환상 손가락이나 환상 발이 가려운 경우인데, 가려워도 긁을 수가 없기 때문이다. 스트레스가 그러한 불편을 악화시킬 때가 많은데, 하품이나 재채기, 소변도 그랬다. 미첼이 알아낸 것 중에서 가장 중요한 발견은, 병사가 절단하기 직전에 특정 통증(근육 경련의 일반적인 결과로 손톱이 손바닥을 찌르는 것 같은)을 느꼈다면, 똑같은 통증이 신경에 '각인'돼 몇 년이고 계속해서 환상 통증으로 나타난다는 사실일 것이다.

이런 환상 사지와 환상 통증이 어디서 오는지 설명하려고 미첼은 서로 밀접한 관계가 있는 몇 가지 이론을 제시했다. 환자들의 절단 부위에는 조직이나 살이 새로 성장해 약간 돋아날 때가 많았는데, 그 아래에 있는 신경들은 절단된 상태였다. 이 '버튼' 부위는 촉각이 아주 예민했다. 이 때문에 많은 사람들이 보철물 착용을 포기하기까지 했다. 미첼은 이렇게 민감한 촉각으로 미루어보건대, 그 아래에 있는 신경이 아직도 활동하면서 뇌에 신호를 보낼지 모른다고 추측했다. 그 결과로 뇌 일부는 팔다리가 무단이탈했다는 사실을 '알지' 못했다. 추가 증거로, 미첼은 자신이 한 환자의 환상 신체 부위를 부활시킨 사례를 인용했다. 그 남자는 몇 해 전에 환상 팔을 더 이상 느끼지 않게 되었는데(이런 일은 가끔 일어난다.), 미첼이 절단 부위 버튼에 전류를 흘려주자, 그 남자는 갑자기 예전에 붙어 있던 손목과 손가락들이 절단 부위 끝에 나타나는 것을 느꼈다 — 데들로가 교령회에서 경험한 것과 똑같이. 그 남자는 "오, 손, 손이!" 하고 외쳤다. 이것은 뇌가 절단 부위 끝에서 정말로 신호를 받는다는 것을 시사했다.

미첼은 뇌 자체가 환상 사지와 연관이 있다는 것도 보여주었다. 이것은 아주 중요한 진전이었다. 많은 참전 용사는 평소에 잘 쓰던 손을 잃은 지 수십 년이 지났는데도, 꿈에서 그 손으로 음식을 먹고 편지를 썼다. 절단 부위가 가려운 것과 달리 이것은 순전히 정신 현상이었고, 따라서 뇌에 그 기원이 있는 게 분명했다. 게다가 미첼은 아주 어릴 때 한쪽 손이나 팔을 잃어서 그 기억이 없는 사람도 환상 사지를 경험한다는 사실을 발견했다. 미첼은 이런 사례들을 가지고 뇌에는 몸 전체에 대한 영구적인 심적 표상이 있다고 결론 내렸다. 그것은 네 팔다리가 달린 '비계'로, 절단에 완강하게 저항한다. 그렇다면 뇌의 개인적인 형이상학이 물리적 현실을 압도하는 셈이다.

나중에 다른 과학자들이 한 연구도 미첼의 혜안을 확인하고, 그것을 바탕으로 더 발전시켰다. 예를 들면, 미첼은 절단 전 통증이나 마비가 어떻게 환상 사지로 옮겨가는지에 초점을 맞춰 연구했지만, 후대의 과학자들은 덜 유해한 감각도 환상 사지로 옮겨간다는 사실을 발견했다. 어떤 사람들은 결혼 반지와 롤렉스 시계의 감촉을 느꼈으며, 평소에 관절염을 앓던 무릎 때문에 궂은 날씨를 예측할 수 있었던 사람들은 환상 다리를 가지고도 같은 능력을 보여주었다. 게다가 신경과학자들은 뇌에 온전한 몸에 대한 심적 표상이 내장돼 있다는 미첼의 추측이 옳음을 확인했다. 팔이나 다리가 없이 태어난 아이도 가끔 환상 팔이나 다리를 느끼기 때문이다. 아래팔이 없이 태어난 한 여자아이는 학교에서 환상 손가락으로 셈을 했다.

의사들은 아주 새로운 장소에서도 환상 신체 부위를 찾아내 분류했다. 이를 뽑고 난 뒤에 환상 치아를 경험할 수도 있다. 자궁 절제술을 받고 나서는 환상 생리통과 분만통이 생길 수 있다. 잘록창자곧창자(직장결장) 수술을 받은 사람은 환상 치질과 환상 창자 운동과 환상 고창(위창자 내 공기 참)을 경험할 수 있다. 환상 발기까지 일어나는 환상 음경도 있다. 대부분의 환상 음경은 음경암이나 생각만으로도 끔찍한 곳을 파편에 맞는 사고를 당한 후에 나타난다. 하지만 남자들은 대부분 발톱처럼 얼어붙어 움직이지 않고 몹시 고통스러운 환상 사지와 달리 환상 음경에서 즐거움을 느낀다. 그 느낌이 너무나 생생하여, 음경이 잘려나간 지 수십 년이 지난 뒤에도 어떤 남자들은 그것이 발기가 되었을 때 우스꽝스러운 자세로 걷는다. 게다가 어떤 사람의 환상 음경은 실제 오르가슴에 이르기도 한다. 이 모든 것은 뇌에 있는 상당히 많은 감각과 감정이 환상 신체 부위와 연관이 있음을 보여주었다.* 이 연구 덕분에 환상 사지의 초점이 절단 부위에서 뇌 쪽으로 이동했다.

라마찬드란 박사의 거울 상자

미첼은 환상 사지를 본격적인 과학적 연구 대상으로 만들었으나, 이 지식은 좀처럼 치료로 연결되지 않았다. 사실, 20세기가 거의 다 지나도록 미첼의 시대와 별 다를 바 없이 의사들은 절단 환자들에게 보철물을 착용하게 하는 데 그쳤고, 환상 통증이 심하면 아편제를 권했다. 그런데 1990년대에 들어 환상 사지 연구가 르네상스를 맞이했다. 환상 사지 연구가 뇌의 운동 중추와 함께 뇌의 가소성을 들여다볼 수 있는 특별한 기회를 제공한다는 사실을 신경과학자들이 깨달았기 때문이다.

뇌의 1차 운동 중추는 양쪽 귀 근처에서 시작해 정수리까지 띠 모양으로 뻗어 있는 회색질인 운동 겉질이다. 운동 겉질은 척수를 자극하는 지시를 내보냄으로써 척수를 통해 근육을 움직이게 한다. 하지만 운동 겉질 혼자서 일으킬 수 있는 운동은 발길질이나 돌진 같은 조야한 움직임뿐이다. 발길질을 해대며 껑충껑충 뛰는 야생마를 떠올려보라. 그

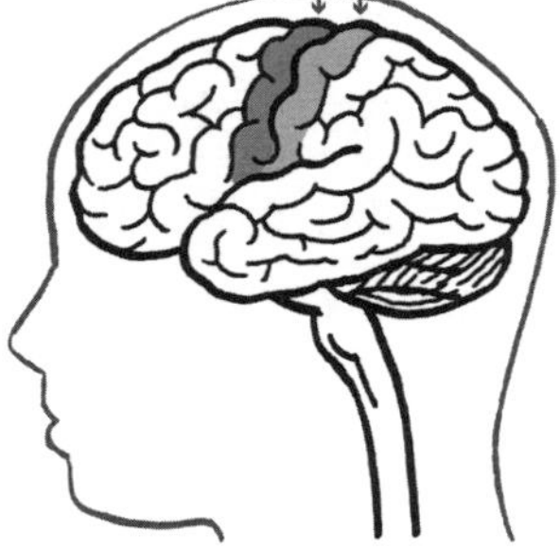

움직임은 강렬하고 힘이 넘치지만, 우아함과 세련미가 부족하다. 조화로운 움직임은 서로 인접한 두 지역에서 일어나는데, 운동앞 겉질(전운동 피질)과 보조 운동 영역이 그곳이다. 본질적으로 이 두 지역은 단순한 움직임들을 조화시켜 발레처럼 우아한 움직임으로 바꾼다. 이 두 지역은 운동 겉질을 피아노처럼 연주하는데, 서로 다른 영역들을 재빨리 차례로 눌러서 복잡한 화음과 아르페지오에 해당하는 움직임을 만들어낸다. 예를 들면, 단순히 걸음을 걷는 데에도 서로 다른 근육 집단들이 각각 다른 순간에 정확한 세기의 힘으로 수축하는 게 필요하다. 걸음마를 배우는 아기가 자주 넘어지는 이유 중 하나는 아기의 뇌가 여전히 잘못된 건반을 누르기 때문이다.

복잡한 움직임을 실행하려면, 운동 영역들은 자신의 지시가 적절히 수행되는지 확인하기 위해 각 단계마다 근육에서 피드백을 받는 게 필요하다. 이 피드백 중 대부분은 뇌의 촉각 중추인 몸감각 겉질(체성 감각 피질)이 제공한다. 몸감각 겉질은 운동 겉질과 쌍둥이라고 생각해도 된다. 몸감각 겉질은 운동 겉질과 마찬가지로 수직 방향으로 뻗은 가느다란 띠이다. 사실, 이 둘은 뇌에서 한 쌍의 베이컨 조각처럼 나란히 붙어 있다. 또, 두 띠는 같은 신체 부위들끼리 대응하면서 똑같은 방식으로 조직돼 있다. 즉, 각 띠에는 손 지역, 다리 지역, 입술 지역 등이 나란히 늘어서 있다. 따라서 운동 겉질과 몸감각 겉질은 사실상 각각의 신체 부위에 해당하는 영토들이 표시된 '신체 지도'를 포함하고 있는 셈이다.

어떤 면에서 이 신체 지도는 간단명료하지만, 다른 면에서는 그렇지 않다. 예컨대, 우리 몸과 마찬가지로 지도에서 손 지역은 팔 지역 바로 옆에 붙어 있고, 팔 지역은 어깨 지역 바로 옆에 붙어 있다. 하지만 다른 곳에서는 지형이 뒤죽박죽으로 변한다. 특히 손 지역은 얼굴 지역하고도 경계를 나란히 하고 있다. 실제로 우리 몸에서 손은 얼굴과 인접해 있지 않은데 말이다. 이와 비슷하게 발 지역은 사타구니 지역 옆에 붙어 있다.

뇌의 신체 지도에는 직관에 반하는 특징이 한 가지 더 있다. 상식에서 벗어나는 것처럼 보이지만, 큰 신체 부위가 제대로 기능하는 데 반드시 큰 회색질 부분이 필요한 것은 아니다. 예컨대 다리는 힘이 강하지만 점프하거나 발길질하는 데 복잡한 지시가 필요하지 않으며, 촉각도 그다지 예민하지 않다. 그 결과, 크고 건장한 이 신체 부위는 촉각과 운동을 나타낸 세계 지도에서 룩셈부르크 면적만 한 작은 영토로 그럭저럭 굴러간다. 반면에 입술과 혀와 손가락은 말하기와 도구 다루기 같은 섬세한 운동을 담당하기 때문에 시베리아만 한 면적의 신경세포가 필요하다. 다시 말해서, 일부 신체 부위는 지도에서 실제 크기 비율보다 확대되어 나타난다.(이것은 신체 손상을 겪은 병사들이 왜 없어진 손보다 없어진 손가락을, 그리고 없어진 팔보다 없어진 손을 더 많이 느끼는지 설명해준다. 우리 뇌는 미세 운동 구조에 신경을 더 많이 쓴다.)

이 모든 것을 염두에 두고 손이 절단될 때 어떤 일이 일어나는지 생각해보자. 첫째, 뇌 지도에서 거대한 영토가 캄캄하게 변한다. 이것은 한밤중에 밝은 불빛이 도심에서 교외 지역까지 뻗어 있는 미국을 우주 상공에서 바라보고 있는데, 갑자기 시카고의 전력망이 꺼지는 사고가 일어난 것과 비슷하다. 하지만 이 지역이 그냥 텅 빈 채 남지 않는다는 사실이 중요하다. 뇌는 가소성이 좋기 때문에 인접 영역들이 손 지역을 식민화하여 그 신경세포들을 자신의 목적을 위해 사용할 수 있다. 손을 잃었을 경우에는 대개 늘 더 많은 자원을 원하는 얼굴 지역이 손 지역을 침범한다.

이 침범은 아주 빨리 일어나는데, 때로는 며칠 만에 일어나며, 신경 회로에서 최대 2.5cm에 이르는 상당히 긴 거리에 걸쳐 일어난다. 이런 이유로, 과학자들은 식민화가 단순히 새로운 신경세포 덩굴손이 돋아나 텅 빈 영토로 '침범'하는 것이 아닐 거라고 생각한다. 대신에 식민지 개척자는 이전부터 휴면 상태에 있던 기존의 회로들을 가동시키는 것일지도 모른다. 또, 뇌에는 온갖 지시를 수행하는 신경 회로들이 무수히 많은데, 이 중 일부가 우연히 얼굴 지역에서 시작하여 인접한 손 지역까지 뻗어나갈 수 있다. 이런 회로들에서 일어나는 잡담은 손과 아무 관계가 없는 것이어서, 손 지역은 이 회로들을 침묵시킨다. 하지만 손 지역이 잠잠해지면, 저항하는 능력도 잃게 된다. 그래서 저항이 갑자기 사라짐에 따라 옆에 있던 뺨과 입술 지역이 이 지역을 점령하게 된다.

하지만 역사를 통해 식민지를 경영한 나라들이 모두 경험했듯이, 영토를 점령하는 것은 그곳을 동화시키는 것하고는 다르다. '손 회로'는 너무 많아서 그것들을 전부 다 재프로그래밍하기는 불가능하며, 그래서 손 지역은 항상 자신의 정체성을 흔적으로나마 유지한다. 그 결과, 새로운 얼굴 회로와 오래된 손 회로가 겹치고 섞여 두 회로가 동시에 신호를 발사할 수도 있다.

더 높은 차원, 그러니까 지각 차원에서 이것은 무엇을 의미할까? 신체가 절단된 일부 사람들의 경우, 얼굴을 움직이거나 만지면 사라진 손에 감각이 느껴진다. 예를 들어 뺨을 만지면, 사라진 엄지손가락에 살이 닿는 느낌이 들 수 있다. 휘파람을 불거나 껌을 씹으면, 집게손가락이 씰룩인다. 턱에 난 여드름을 짜면, 새끼손가락에 그 쥐어짜는 감촉이 느껴진다. 이중 감각을 의식적으로 느끼지 못하는 사람도 뇌에서는 그 신호들이 뒤섞이는 일이 일어난다. 그 결과, 얼굴 감각이 손에 대한 정신적 기억을 계속 부추기고, 환상 손을 끊임없이 깨어나게 한다.

(이와 비슷하게, 뇌에서 발 지역과 생식기 지역도 서로 인접해 있기 때문에, 아랫다리가 사라지면 생식기 지역이 발 지역을 점령할 수 있다. 그래서 아랫다리가 절단된 사람들 중에는 섹스를 할 때 환상 발을 강렬하게 느끼는 사람들이 있다. 심지어 오르가슴의 전율이 환상 발가락 끝까지 미치는 걸 느낀다는 사람도 있다. 이런 오르가슴의 확대는 마치 더 큰 소리굽쇠를 치는 것처럼 이들에게 훨씬 큰 즐거움*을 준다.)

남캘리포니아의 라마찬드란V. S. Ramachandran이라는 신경학자가 우스꽝스러울 정도로 수준이 낮은 기술을 사용해 실시한 실험을 통해 과학자들은 환상 사지에 대해 또 하나의 중요한 통찰을 얻었다. 라마찬드란은 D.S.라는 환자를 돌봤는데, 오토바이 사고로 왼팔을 잃고 나서 심한 환상 경련을 겪는 사람이었다. 라마찬드란은 D.S.를 치료하려고 뚜껑이 없는 마분지 상자 안에 거울을 하나 세웠다. 거울은 상자 내부를 왼쪽 방과 오른쪽 방으로 둘로 나누었다. 그리고 거울 양쪽의 상자에 구멍을 하나씩 뚫고, D.S.에게 오른손을 오른쪽 방으로 밀어넣게 했다.(그러면서 D.S.는 자신의 환상 왼손도 왼쪽 방으로 집어넣는다고 상상했다.) 여기서 중요한 사실은 거울의 반사면이 오른쪽을 향하고 있다는 점이다. 그래서 D.S.가 손을 구멍 속으로 집어넣고 아래를 내려다보니, 마치 자신의 양손이 멀쩡하게 붙어 있는 것처럼 보였다.

라마찬드란은 D.S.에게 눈을 감고 마치 교향악단을 지휘하는 사람

© wikipedia

라마찬드란 박사가 고안한 거울 상자

처럼 양 손을 앞뒤로 대칭적으로 흔들게 했다. 처음에는 아무 일도 일어나지 않았다. 환상 손은 얼어붙은 듯 멈춰 있었다. 그러다가 D.S.는 눈을 뜨고 거울을 바라보면서 그 동작을 반복했다. 바로 그때, 교향악단의 연주 소리가 들리기 시작했다. 양 손을 앞뒤로 흔들자, 환상 손가락을 거의 10년 만에 처음으로 펼칠 수 있었다. 경련이 약해졌고, 뻣뻣한 손목이 풀리면서 느슨해졌다. "오, 이럴 수가!" 그는 소리를 지르면서 팔짝팔짝 뛰기 시작했다. "내 팔이 다시 움직이기 시작했어요."

그 후 몇 년 동안 라마찬드란의 방에서 그와 똑같은 환희를 경험한 사람이 더 많이 나왔다. '거울 상자'는 물론 인위적으로 꾸민 장치이다. 하지만 잃어버린 팔다리가 움직이는 것을 '보는' 것에는 그 사람의 마음속에서 얼어붙어 있던 환상 사지를 녹여 움직이게 만드는 뭔가가 있다. 우리는 뇌의 능력 중 상당 부분을 시각에 투입하며, 다른 감각보다 시각을 절대적으로 신뢰한다. 보는 것은 곧 믿는 것이다. 따라서 눈으로 팔다리가 다시 움직이는 것을 보면, 뇌는 그럴 수 있다고 믿는다.

이 사실과 그 밖의 통찰을 바탕으로 라마찬드란 같은 과학자들은 이제 왜 환상 사지가 존재하며, 왜 자주 환상 통증을 느끼는지 대략적인 설명을 할 수 있었다. 뇌에는 온전한 몸에 대한 정신적 비계(심적 표상)가 있기 때문에, 항상 사지가 제자리에 붙어 있는 걸 보고 싶어 한다. 이것은 뇌의 기본값 설정(디폴트 세팅)이며, 팔다리가 없이 태어난 사람도 환상 사지를 경험하는 이유는 이 때문이다. 게다가 뇌에 거짓 신호가 계속 도착할 때 환상 사지의 실체감이 강화되는데, 그런 거짓 신호는 염증이 생긴 절단 부위로부터, 그리고 무주공산이 된 신경 지역을 식민지로 삼으려는 탐욕스러운 뇌 지역으로부터 온다. 이 모든 활동이 뇌를 속여 절단된 손이나 다리가 아직도 붙어 있는 것처럼 느끼게 하는 것이다. 그래서 뇌는 여전히 그곳으로 운동 신호를 보내며, 팔이 없는 남자는 바람이 불 때마다 모자를 붙잡으려고 한다.

이것은 환상 사지의 감각을 설명해준다. 한편, 마비와 통증은 다른 이유로 생긴다. 만약 팔다리가 절단 이전에 마비되었다면, 대개는 절단 후의 환상 사지 역시 마비된다. 하지만 처음에는 환상 신체 부위를 '움직일' 수 있었던 사람들도 나중에 그 능력을 잃는 경우가 많다. 뇌는 운동 지시를 보내고 나서 그 운동이 실제로 일어났는지 확인하려고 감각 피드백을 찾는다는 점을 기억해보자. 존재하지 않는 팔은 당연히 그 피드백을 제공할 수 없다. 따라서 시간이 지나면, 그 사람의 뇌는 환상 사지가 마비되었다고 결론을 내린다.

통증도 마비처럼 절단 전 통증이 이어지면서 환상 사지에 각인될 수 있다. 하지만 운동 지시는 통증을 가중시킬 수도 있다. 무단이탈한 팔다리는 운동 지시에 반응할 수 없기 때문에, 명령 불복종을 싫어하는 뇌는 지시의 강도를 높인다. '왼손을 움켜쥐라'는 지시가 이행되지 않으면, '더 세게 움켜쥐라'는 지시가 내려가고, 그다음에는 '최대한 꽉 움켜쥐라'는 지시가 내려간다. 이것이 통증을 유발하는 이유는 두 가지가 있다. 첫째, 통증 신호는 몸에 뭔가 잘못되었다고 경고하는 것인데, 운동 지시와 감각 피드백이 일치하지 않는다면 뭔가 잘못된 일이 발생한 게 분명하다. 둘째, 이런 단호한 지시는 과거에 늘 통증을 수반했다. 예컨대, 뇌는 손을 꽉 움켜쥐면 손톱이 손바닥을 찌른다는 사실을 학습했다. 결국 손을 꽉 쥐는 회로와 통증 회로가 서로 연결된다. 그 결과, 뇌가 꽉 움켜쥠으로써 환상 손을 깨우려고 할 때마다 통증 감각 신경이 신호를 발사하게 된다.

거울 상자는 신경계에서 고르디우스의 매듭을 자르는 것과 같은 역할을 한다. 거울 상자는 운동계와 감각계 사이의 불일치 문제를 해결하며, 뇌는 말 그대로 자신의 지시가 충실하게 이행되는 것을 보기 때문에, '더 세게 꽉 쥐라'라는 지시를 보내지 않아도 된다. 갑자기 찾아온 평온 속에서 통증은 서서히 사라진다. 물론 처음에는 통증 완화 효과가 몇 시간만 지속되다가 환상 통증이 다시 찾아온다. 그리고 거울 요법이 모든 사람에게 효과가 있는 것도 아니다. 하지만 효과가 있는 사람들과 거울 상자로 시술을 하는 사람들은 시간이 지남에 따라 뇌 지도가 개편되면서 큰 개선 효과가 나타나는 걸 볼 수 있다. 대개 통증은 거의 다 사라진다.(이러한 분리 효과는 '신호를 함께 발사하는 신경세포들은 서로 연결된다'는 개념과 정반대로 생각하면 된다. 즉, '신호를 함께 발사하지 않는 신경세포들은 연결이 끊어진다.') 그리고 어떤 경우에는 환상 사지 자체가 사라진다. 라마찬드란의 첫 번째 환자였던 D.S.는 거울 상자를 가지고 몇 주일 동안 연습을 한 뒤, 자신의 환상 왼팔이 조금씩 조금씩 줄어들어 어깨까지 짧아지는 것을 느꼈다. 결국 아주 미소한 감각만 남았다. 라마찬드란은 이것을 환상 사지를 절단하는 데 최초로 성공한 사례라고 불렀다.

익명의 베스트셀러 작가

사일러스 위어 미첼은 자신의 대표작을 1872년에 출간하고 나서도 빛나는 경력을 계속 이어가, 그를 숭배하는 어떤 사람은 "벤저민 프랭클린 이래 가장 다재다능한 미국인"이라고 묘사했다. 미첼은 수면마비와 외상성 쇼크, 사물맹 연구를 개척하는 데 도움을 주었다. 독물 연구도 재개했고, 메스칼린 같은 환각제로 개인적 실험도 했으며, 심리 장애 치료를 위한 '안정 요법'도 고안했다. 안정 요법은 남북 전쟁 참전 용사들이 민간인 생활로 복귀하도록 돕는 노력의 결과로 나온 것이었다.

미첼의 안정 요법은 남자의 경우에는 다코타 주 배드랜드나 더 먼서부 지역에서 밧줄을 던져 소를 잡고 야영을 하면서 몇 주일을 보내는 프로그램으로 짜여 있었다. 미첼은 1878년에 친구 월트 휘트먼에게 일어난 어지럼증과 두통, 구토의 원인을 경미한 뇌졸중으로 보고서 산간 지역의 공기를 많이 마실 수 있는 장소에서 안정을 취하라고 처방했다. 화가인 토머스 이킨스Thomas Eakins도 이 '서부 요법'을 따랐으며, 젊은 시절의 테디 루스벨트도 1880년대에 이 요법으로 여자 같은 목소리와 멋을 부리는 버릇을 고친 것으로 보인다.(그전에 테디 루스벨트는 성격이 유순했고, 사람들은 그를 오스카 와일드와 비교했다.) 여자, 특히 '히스테리 환자'의 경우, 미첼은 다른 종류의 안정 요법을 처방했는데, 마사지를 받고, 근육에 전기 자극을 주고, 지방질이 많은 음식을 배부르게 먹고, 철저한 격리(친구, 애인, 편지, 소설도 일절 금지) 상태로 지내면서 어두운 방의 침대에서 6~12주 동안 휴식을 취하게 했다. 충분히 예상하겠지만, 평소에 활발한 생활을 즐기던 여자는 이 요법을 싫어했다. 작가 샬럿 퍼킨스 길먼Charlotte Perkins Gilman이 딸을 낳고 나서 산후우울증에 걸리자, 미첼은 길먼에게 침대에서만 지내고 말썽을 피우지 말라고 지시했다. 그는 "되도록 가정적인 삶을 영위하고, 펜이나 붓, 연필에 다시는 손대지 마라."라고 말했다. 길먼은 이에 〈누런 벽지The Yellow Wallpaper〉라는 단편 소설로 응수했는데, 이 작품은 그런 치료를 통해 미쳐가는 여자를 묘사한 고전적인 페미니스트 소설이다.(버지니아 울프Virginia Woolf가 쓴 《댈러웨이 부인Mrs. Dalloway》에도 비슷한 맥락의 이야기가 나온다.) 길먼은 훗날 자신의 소설 한 부를 미첼에게 우송했고, 미첼이 자기 때문에 치료 방식을 수정했다고 주장했다. 하지만 미첼은 여성 환자, 특히 히스테리 환자에게 거들먹거리는 태도를 계속 고수했다. 한 히스테리 환자가 안정 요법을 끝내라는 그의 지시를 거부하자, 미첼은 "만약 5분 안에 그 침대에서 내려오지 않으면, 내가 그 침대로 올라가 옆에 누울 거요."라고 위협했다. 그녀는 미첼이 외투와 셔츠를 벗을 때까지도 완강하게 버텼으나, 바지 지퍼를 내리자 황급히 달아났다. 또 언젠가는 여성 환자가 죽을병에 걸렸다고 꾀병을 부리자, 미첼은 조수들을 모두 방에서 나가게 했다. 그리고 1분 뒤에 미첼이 나오더니, 그녀가 즉시 침대에서 일어날 거라고 말했다. 그는 그녀가 그러리란 것을 어떻게 알았을까? 그가 침대 시트에 불을 질렀던 것이다.

미첼은 의사로 일하는 한편, 의학사도 연구하기 시작했다. 특히 전쟁과 의술 사이의 깊고도 불안한 상승 작용을 파고들었다. 그도 잘 알고 있었다시피, 오직 전쟁터에서만 의사들과 의과의들은 팔다리가 잘려나가는 사례를 많이 경험해 그 방면의 전문가가 될 수 있었다. 게다가 남북 전쟁은 환자 수송, 마취, 병원 위생 분야에 아주 큰 발전을 가져왔다. 이 효과는 다른 전쟁에서도 나타났다. 현대적인 간호는 크림 전쟁 현장에 뛰어든 플로렌스 나이팅게일과 함께 시작되었으며, 프랑스-프로이센 전쟁은 백신의 중요성을 일깨우는 계기가 되었다. 나중에 러일 전쟁은 중요한 시각 연구를 촉진했고, 제1차 세계 대전은 얼굴 손상 치료에 획기적인 개선을 가져왔다. 더 최근의 한국 전쟁, 베트남 전쟁을 비롯해 그 밖의 전쟁에서는 외과의들이 신경과 정맥을 재건하고, 절단된 팔다리를 다시 봉합하는 방법을 찾음으로써 환상 사지가 나타나지 않게 했다. 그리고 얼마 전에 일어난 이라크와 아프가니스탄에서 벌어진 전쟁(제한된 공간에서 일어난 폭발로 수천 명의 병사가 가벼운 수준이지만 전반적인 신경 손상을 입은)도 나름대로 혁신적인 치료법의 전기를 마련할 것이다. 전쟁은 단기간에 많은 사람에게 큰 고통을 양산했지만, 의학의 발전에는 크게 기여했다.

미첼은 과학계에서 날로 명성이 치솟았지만, 갈수록 다른 목표에 마음이 기울었는데, 그것은 바로 작품을 쓰는 것이었다. 신경 질환에 관한 임상 논문을 쓰면서도 그는 늘 그것이 비인간적이라고 느꼈다. 일반적인 진리를 추구하는 과정에서 개인의 이야기를 묵살하는 일이 비일비재했기 때문이다. 이와는 대조적으로 픽션 작품은 한 개인의 삶이 지닌 다양한 뉘앙스를 표현할 수 있고, 그 사람이 환상 사지 같은 것을 어떻게 경험했는지도 생생하게 표현할 수 있었다. 미첼은 실제로 넓은 의미의 문학 운동에 참여하고 있었다. 오노레 드 발자크Honoré de Balzac와 귀스타브 플로베르Gustave Flaubert를 비롯해 그 밖의 작가들도 사실성을 높여 고통 장면을 더욱 그럴듯하게 묘사하려고 의학 연구 영역을 침범했다. 그럼에도 불구하고, 그 당시에 의사가 픽션 작품을 쓰는 것은 적합한 취미 활동으로 간주되지 않았다. 미첼의 친구였던(그리고 동료 의사이자 작가이기도 한) 올리버 웬델 홈스 시니어Oliver Wendell Holmes Sr.는 그런 픽션을 쓰는 일을 비밀로 하라고 충고했다. 환자들은 자신을 픽션의 소재로 사용하는 의사를 신뢰하지 않을 것이라는 이유에서였다.

익명으로 작품을 발표한 지 20년이 지난 1880년대가 되어서야 미첼은 그 작가가 자신임을 세상에 밝혔다. 그 후로 미첼은 과학 연구를 점점 줄인 반면, 전업 작가로 활동하기 시작해 결국에는 20여 편의 소설을 썼다. 그는 작중 인물을 발작이나 히스테리, 다중 인격을 비롯해 다양한 신경병에 걸린 것으로 묘사할 때가 많았다. 미첼은 플롯을 재미있게 끌고 가려고 유령을 등장시키기도 했지만, 대개는 도덕적 딜레마를 강조한 사실주의적 작품을 썼다. 테디 루스벨트는 자신이 읽은 소설 중에서 가장 흥미로운 작품이 미첼의 베스트셀러인 《휴 윈: 자유로운 퀘이커 교도*Hugh Wynne: Free Quaker*》라고 말했다. 그리고 미첼은 삶이 거의 끝날 무렵인 75세 때, 40년 전 '조지 데들로 대위 이야기'를 쓴 사람이 자신이라고 결국 털어놓았다. 데들로라는 이름은 필라델피아 교외의 한 보석상에서 따왔는데, '죽어서 누워 있다dead-low'라는 뜻의 그 이름이 양 다리가 절단된 남자의 이름으로 아주 적절해 보였기 때문이라고 했다. 미첼

미첼의 베스트셀러
《휴 윈 : 자유로운 퀘이커교도》 표지

은 그 이야기를 여자 친구에게 보내 읽고 평을 해달라고 부탁했다. 그런데 마침 의사였던 그 여자의 아버지가 환상 사지에 관한 이야기를 아주 흥미롭게 읽고는 〈디 어틀랜틱 먼슬리〉의 편집자에게 전달했다. 미첼은 교정쇄와 85달러짜리 수표가 우편으로 날아올 때까지 그 이야기를 잊고 있었다고 주장했다. 어쨌든 그 이야기의 성공에 그는 크게 고무되었다. 그 당시에 미첼은 환상 사지 관련 학술 논문을 하나도 발표하지 않았는데, 데들로 대위에 대한 대중의 큰 관심이 없었더라면, 미첼은 동료 의사들에게 환상 사지를 진지하게 생각해보라고 권할 용기가 나지 않았을지도 모른다.*

한 친구는 미첼에 대해 "[그가 쓴] 잉크 한 방울 한 방울에는 남북전쟁의 피가 섞여 있다."라고 평한 적이 있다. 전 세계가 유럽에서 벌어질 새로운 전쟁 준비를 하고 있던 1914년 1월, 병상에서 죽어가던 미첼의 마음은 게티즈버그와 터너스레인으로만 향했다. 사실, 그는 지상에서의 마지막 순간을 의식이 혼미한 상태에서 청색 군복과 회색 군복을 입은 가상의 병사들과 대화를 나누며 마지막까지 환상을 추구하며 보냈다.

Albert Eckhout, Tapuia woman, 1641

6장

웃음병

지금까지 우리는 주로 일방통행 커뮤니케이션(예컨대 뇌에서 몸으로)만 살펴보았다. 하지만 신경계는 그때그때 사정에 따라 이미 내린 지시를 수정하고, 신호들을 새롭고 정교한 방식으로 결합하기 위해 피드백 고리도 사용한다.

힌트 : 열 자로 된 한 단어. c로 시작하고, 단어 중에 bell(종)이 포함돼 있다. 뇌에서 신체의 움직임을 담당하는 부분.

삶의 막바지에 이르러 환자들은 아무것도 아닌 일에도 미친 듯이 웃음을 터뜨렸다. 얼마나 격렬하게 웃어댔던지 넘어지기도 하고 불 속으로 굴러들어갈 뻔하기도 했다. 그 이전까지 증상은 졸음증, 두통, 관절통 등 어떤 것이라도 나타날 수 있었다. 걸음걸이가 비틀거리고, 균형을 잡으려고 팔을 도리깨질하며 발작적인 춤을 출 때에도 그런 틱은 마법 때문에 나타나는 것이라고 설명할 수 있었다. 하지만 마지막 순간에 나타나는 웃음이 의미하는 것은 단 하나, 쿠루병뿐이었다. 쿠루병 환자(파푸아뉴기니 동부에서는 여성과 어린이가 압도적으로 많이 걸렸다.)는 대부분 첫 번째 증상이 나타나고 나서 몇 달 안에 대나무나 지팡이를 짚지 않고는 똑바로 설 수 없었다. 그리고 얼마 후부터는 혼자서 앉아 있기도 힘들었다. 말기에 이르면, 조임근(괄약근) 조절 능력과 삼키는 능력을 잃었다. 그러면서 많은 사람들이 웃기 시작했다. 기쁨이나 즐거움을 전혀 느끼지 않으면서 반사적으로 그리고 무의식적으로 웃어댔다. 운이 좋으면, 굶어 죽기 전에 폐렴으로 죽었다. 운이 나쁘면, 점점 여위어 갈비뼈가 살을 뚫고 나왔고, 여성의 경우에는 살이 다 빠져 젖이 축 처졌다.

포레족의 비극

며칠 동안 애도를 한 후, 여자들은 막대와 나무껍질로 만든 들것에 희생자를 싣고 남자들이 오지 않는 외딴 대나무 숲이나 코코넛나무 숲으로 갔다. 그들은 말없이 불을 피우고, 벌레를 쫓고 파푸아뉴기니 고원지대의 밤 추위를 이기려고 돼지 지방을 몸에 발랐다. 그들은 시체를 바나나 잎 위에 누이고 연골을 돌칼로 문지르면서 관절들을 자르기 시작했다. 다음에는 몸통 가죽을 벗겼다. 그리고 피가 엉긴 심장, 빽빽한 콩

팔, 돌돌 말린 창자를 끄집어냈다. 각각의 장기를 잎 위에 올려놓고 잘게 썬 뒤에 소금으로 간을 하고 생강을 뿌려 대나무 통에 채워넣었다. 뼈도 불에 태워 가루로 만든 뒤에 대나무 통에 넣었다. 맛이 몹시 쓴 쓸개만 따로 떼어놓았다. 머리는 매캐한 냄새를 참으면서 머리카락을 태워 없앤 뒤, 머리뼈 꼭대기에 구멍을 하나 뚫었다. 누군가 고사리 잎으로 싼 손을 그 구멍으로 집어넣어 뇌를 끄집어낸 뒤에 대나무 통에 채워넣었다. 얕은 구덩이에 깔아놓은 뜨거운 돌 위에 대나무 통들을 올려놓고 찌는 동안 그들의 입에는 침이 고였다. 이것은 일종의 식인 파티였다. 살을 분배할 때, 희생자의 어른 가족과 친척(딸, 자매, 조카딸 등)이 생식기나 엉덩이, 뇌처럼 사람들이 선호하는 부위를 갖겠다고 주장했다. 그렇지 않으면, 거의 모든 것을 균등하게 분배했다. 아장아장 걷는 아이도 이 향연에 동참했다. 일단 만찬이 시작되면 모두 배가 아플 때까지 실컷 먹었고, 남은 것은 나중에 먹으려고 챙겨서 집으로 가져갔다.

이 부족은 스스로를 부르는 이름이 없지만, 탐험가들이 그들이 사용하는 언어 이름을 따 포레족이라 불렀다. 포레족 신화에서는 다른 사람의 몸을 먹으면, 자신의 다섯 영혼이 천국에 더 빨리 간다고 이야기한다. 게다가 포레족은 사랑하는 사람의 살을 자신의 살에 섞으면서 위안을 느꼈고, 구더기나 벌레가 먹어치우게 하는 것보다 더 인도적이라고 여겼다. 인류학자들은 포레족의 식인 향연에 대해 세속적인 이유를 하나 더 지적했다. 포레족은 주로 열매와 식물을 채집하고, 척박하고 얕은 산간 지대의 땅에서 카우카우(고구마)를 재배해 식량을 얻었다. 몇몇 마을은 돼지를 길렀고, 사냥꾼들은 창으로 쥐, 주머니쥐, 새를 잡았다. 남자들은 이렇게 얻는 식량을 대부분 저장했다. 그래서 장례식 향연은 여성과 어린이가 단백질을 섭취하는 기회였는데, 그들은 특히 쿠루병 희생자를 좋아했다. 쿠루병 환자는 걸을 수도 일할 수도 없어 꼼짝도 못 하고

역사상 어떤 부족은 종교적 의례로 식인 풍습을 갖고 있었다. 위 그림은 그런 의례를 표현한 그림이다.

지내다가 죽었으며, 폐렴으로 죽은(혹은 굶어죽기 전에 질식시켜 안락사시킨) 사람은 몸에 지방층이 있는 경우가 많았다.

고기를 배불리 섭취하긴 했어도, 포레족은 쿠루병('쿠루'는 포레족 말로 '공포에 떪'이란 뜻이다.) 때문에 공포에 휩싸였고, 수십 년 동안 외부 세계에 이 사실이 알려지지 않도록 했다. 그렇게 하기는 별로 어렵지 않았는데, 그들은 지구에서 가장 외딴 장소 중 하나인 뉴기니 섬 동부 고원 지대에 살았기 때문이다. 20세기 중엽까지도 그곳에 사는 많은 부족은 세상에 바닷물이 존재한다는 사실조차 몰랐다. 하지만 얼마 지나지 않아 외부 세계가 포레족과 인근 부족들에게 접근하기 시작했다. 1930년대에 금광을 채굴하는 사람들이 동부 고원 지대를 돌아다녔고, 제2차 세계 대전 때에는 일본군 비행기 한 대가 이곳에 추락하기도 했다. 선교사들이 흘러들어왔고, 1951년에 오스트레일리아 정부는 짧은 카키색 반바지를 입고 금속 도구조차 없는 사람들에게 총을 겨누길 좋아하는 사람들을 위해 순찰대를 만들었다. 그 무렵에 쿠루병은 유행병 수준으로 번졌지만, 외부인은 대개 과도한 폭력과 기괴한 성 풍속 같은 다른 것을 더 염려했다.(고원 지대에 사는 성인 남자 중 4분의 1은 습격이나 매복 공격을 받아 사망했으며, 일부 부족은 소년들에게 성년 의식으로 남색을 치르게 했다.) 일부 백인 방문자들은 쿠루병에 걸린 병약자가 때때로 어디론가 사라진다는 것을 눈치채거나, 그토록 많은 사망자에 비해 무덤이 부족하다는 사실을 알아챘다. 하지만 쿠루병 환자를 진찰한 최초의 서양 의사는 그 병이 식민지화와 전통 부족 생활의 붕괴가 원인이 되어 일어난 히스테리라는 빅토리아 시대의 진단을 내놓았다.

하지만 쿠루병 환자가 더 많이 발생하자 그 진단은 점점 더 엉터리로 보였다. 부족 생활에 대한 기억이 전혀 없는 일곱 살짜리가 어떻게 히스테리에 걸리고, 심지어 그 때문에 죽기까지 한단 말인가? 쿠루병의 원인은 생물학적인 데 있는 게 분명했는데 움직임과 균형 문제는 뇌에 문제가 있음을 시사했다. 하지만 쿠루병이 유전병인지 감염병인지조차 아무도 몰랐다. 이 수수께끼를 더욱 혼돈 속으로 몰아넣은 요소가 하나 더 있었는데, 알려진 감염병이나 신경 변성 질환은 모두 인종이나 교리를 가리지 않는 데 비해 쿠루병은 4만여 명에 이르는 포레족과 그 이웃 부족에서만 발병했다. 《기네스북*The Guinness Book of World Records*》은 한때 쿠루병을 지구에서 가장 희귀한 질병이라고 불렀다. 하지만 바로 이 기묘한 성격 때문에 가장 희귀한 이 질병은 곧 전 세계적인 관심을 받게 되었고, 포레족의 뇌 표본은 전 세계 각지로 빠르게 전달되면서 완전히 새로운 신경과학 분야를 열었다.

칼턴 가이듀섹과 쿠루병

기묘한 방문객들이 이 고원 지대에 매력을 느끼고 찾아왔다. 이들은 거머리와 이쯤은 아무렇지 않게 여겼고, 가슴을 주무르거나 돼지 피를 뿌리는 원주민의 환영 인사를 대수롭지 않게 넘겼다. 또다시 도로가 물에 쓸려나가는 일을 당해도 어깨만 으쓱했고, 몇 킬로미터 거리에 있는 마을을 찾아가려면 협곡과 절벽을 돌아 8시간이나 걸어가야 한다는 이야기를 듣고도 눈 하나 깜빡하지 않았다. 이곳에서 살아남으려면 아주 거친 환경에서도 잘 견뎌내야 했는데, 1950년대 내내 뉴기니 섬에는 부적응자들이 상당수 몰려왔다. 그중에서 칼턴 가이듀섹Carleton Gajdusek만 한 부적응자도 없었을 것이다.

뉴욕 주에서 정육점 집 아들로 태어난 가이듀섹은 어릴 때부터 과학 영재로 인정받았다. 그는 학교를 무난하게 다녔고, 다락방에 마련한 자기 실험실로 올라가는 계단에는 제너Jenner와 리스터Lister, 에를리히Ehrlich를 비롯해 위대한 생물학자들의 이름을 페인트로 적어놓았다.(맨 위쪽 계단은 자신을 위해 비워놓았다는 진위가 의심스러운 전설도 전한다.) 하지만 아무리 좋게 말해도, 가이듀섹은 또래 아이들과 잘 지내는 데에는 어려움이 있었다. 이모가 벌레를 잡으라고 준 청산가리로 반 아이들 전체를 중독시키겠다고 위협한 적도 있었다. 얼음처럼 차가운 푸른색 눈과 항아리 손잡이처럼 생긴 귀를 가진 이 젊은이는 로체스터 대학을 졸업하고 19세 때 하버드 의학대학원에 들어갔는데, 강렬한 성격 때문에 원자폭탄이라는 별명을 얻었다. 거기서 소아과를 전공하고 의학 박사 학위를 딴 뒤, 캘리포니아 공과대학(칼텍)에서 박사 후 연구원으로 일하며 미생물을 연구했다. 그 당시 동료 중에는 제임스 왓슨James Watson도 있었다.

가이듀섹은 미국 과학계에서 자리를 잡았지만, 한편으로는 부르주

신경과학자이자 모험가인 칼턴 가이듀섹
(출처 : 미국국립의학도서관)

아 미국인의 생활 관습에 넌더리를 내기 시작했다. 결국 그는 미국을 벗어나 육군 의무대의 보호 아래 멕시코, 싱가포르, 페루, 아프가니스탄, 한국, 터키, 이란 등지를 돌아다녔다. 그리고 자신이 머문 모든 곳에서 광견병이나 페스트, 출혈열에 걸린 어린이를 찾아내 잘 알려지지 않은 질병을 선구적으로 연구했다. 그는 친구를 쉽게 사귀었지만, 친구를 잃는 것은 더 쉬웠는데, 갑작스런 싸움을 통해 사이가 나빠지는 경우가 많았다. 사실, 가이듀섹은 소아과 일 말고는 개인적 삶이 거의 없었다. 한 동료는 가이듀섹이 "여자에게는 아무 관심이 없지만, 거의 강박증에 가까울 정도로 어린이에게 큰 관심을" 보인다고 지적했다. 그는 외딴 마을에서 마치 피리 부는 사나이처럼 소년들을 이끌고 다녔는데, 한번은 일지에 "오, 우리가 피터 팬이고, 늘 네버네버랜드에서 살았으면."이라고 적었다.

1957년 초에 가이듀섹은 뉴기니 섬을 방문했다. 원래는 그냥 잠깐 들렀다 갈 예정이었지만, 도중에 쿠루병 이야기를 들었다. 쿠루병에는 미생물학과 신경학, 어린이, 외딴 지역의 문화 등 그의 관심을 끄는 요소들이 모두 있었다. 가이듀섹에게 쿠루병을 처음 소개한 동료는 그의 반응을 "황소에게 빨간 깃발을 보여준 격"이라고 표현했다. 가이듀섹은 다음 번 경비행기를 잡아타고 고원 지대로 날아가 지구에서 가장 가파르고 미끄러운 산악 지역을 걸어다니며 이 마을 저 마을을 방문하기 시작했다. 그는 그 증상(눈 씰룩임, 비틀거리는 걸음걸이, 음식물을 삼키기 어려움, 웃음)을 금방 외웠고, 일주일 만에 쿠루병 환자를 20여 명 확인했으며, 한 달 만에 60여 명을 확인했다. 그는 점점 커져가는 흥분 속에서 동료들에게 편지를 보내 이 새로운 질병에 대해 경종을 울렸다.

그다음 몇 달 동안은 갈 수 있는 마을을 모두 방문하면서 쿠루병 환자들을 조사하고 조직 시료를 채취했다. 이를 위해 축구공과 여러 가지 장난감으로 10~13세의 독타 보이스dokta bois(doctor boys, 곧 소년 의사들)를 모집했다. 그가 조사를 나갈 때면 독타 보이스 수십 명이 동행했다. 그들은 매일 흰색 랍랍(허리에 두르는 천으로 만든 치마) 차림에 쌀과 고기 통조림과 의료 장비가 든 상자들을 막대에 꿰어 어깨에 메고 가이듀섹과 함께 몇 시간이고 걸었다. 도중에 벌과 이류泥流(산사태나 화산 폭발 때 산허리를 따라 격렬하게 이동하는 진흙의 흐름—옮긴이)와 가시가 있는 식물을 만나면 그것을 피해 가야 했다. 개울가에서 차를 끓였고, 어두워지면 대나무 횃불을 사용했다. 밤을 보내기 위한 임시 거처는 대개 주변의 관목 숲과 구별하기 힘들도록 만들었는데, 활과 화살로 무장한 이웃 부족이 매복 공격을 해오지 않을까 늘 전전긍긍했다. 어떤 마을로 가려면 대나무 다리로 협곡을 건너야 했는데, 대나무 다리는 한 발자국 내디딜 때마다 바스라지면서 그 부스러기들이 30m 아래의 강물로 떨어져 떠내려갔다. 당연히 대부분의 소년들은 그 조사 활동을 위대한 모험이자 자기 인생에서 가장 행복한 시간으로 여겼다.

가이듀섹은 들르는 마을마다 쿠루병에 대해 물었고, 적극적인 독타 보이스 몇몇은 덤불숲으로 들어가 가족들이 숨겨둔 환자들을 찾아냈

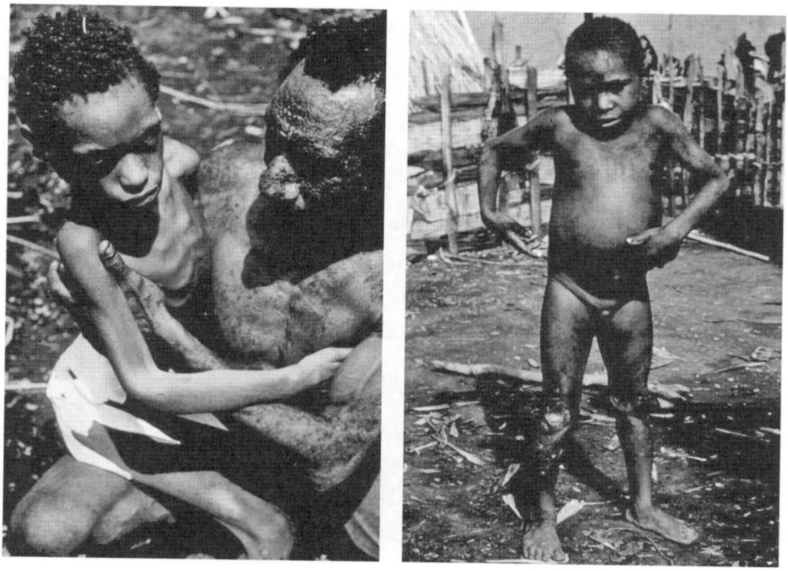

어린이 쿠루병 환자 (자료 출처 : Carleton Gajdusek, "Early Images of Kuru and the People of Okapa," *Philosophical Transactions of the Royal Society B* 363, no. 1510 [2008]: 3636–3643)

다. 이 때문에 어떤 소년들은 어머니나 고모나 아이가 평화롭게 죽어가길 바랐던 가족에게 두들겨맞기도 했다. 하지만 환자가 동의하기만 하면 가이듀섹은 혈액과 오줌 시료를 채취해 임시로 만든 대나무 통에 담아 보급품 상자에 집어넣었다.

1600km 이상을 도보로 여행한 뒤에 가이듀섹은 상황이 얼마나 심각한지 파악했다. 일 년에 약 200명이 쿠루병으로 죽어가고 있었다. 이것은 인구 비율로 따지면 미국에서 매년 150만 명이 죽어가는 것과 같았다. 그리고 실제 상황은 이보다 훨씬 심각했다. 쿠루병은 여성과 어린이를 표적으로 하기 때문에, 상실되는 인구를 어린 세대가 보충하지 못해 포레족 문화 전체가 사라질 위기에 처했다. 더욱 심각한 것은 수렵·채집인 사이에서 일어나는 전쟁의 흔한 원인, 즉 여자 부족 문제가 악화

되어 집단들 사이의 긴장이 더욱 고조될 위험이 있다는 점이었다.

뉴기니 동부 지역을 지배하던 오스트레일리아 정부는 이 상황의 미묘한 성격 때문에 두려움을 느꼈다. 오스트레일리아는 제1차 세계 대전 후에 동부 고원 지대를 획득했는데, 정치인들은 뉴기니 섬을 오스트레일리아가 식민지를 경영할 유일한 기회로 간주했다. 대부분의 식민지 지배자처럼 오스트레일리아 역시 원주민 '개화'라는 미명과 이익 추구라는 탐욕이 결합된 형태로 식민지를 경영했으며, 1957년 무렵에 이르러 두 가지 목적을 다 달성했다. 음경 싸개를 착용하거나 돼지 엄니로 코를 뚫는 원주민은 점점 줄어들었다. 원주민은 이제 전통 방식의 타원형 집 대신에 직사각형 집을 지었고, 대나무 관으로 물을 관개해 짓던 단순한 얌 농사를 포기하고 커피 농장이나 광산에서 노동자가 되어 노예처럼 일했다. 그와 동시에 살인 발생률이 크게 감소했고, 요스yaws(열대 피부병의 하나)나 한센병(나병)처럼 수백 년 이상 이어져온 질병이 사라졌다. 그런데 쿠루병 때문에 고원 지대 사람들이 공포로 떨면서 정부를 불신하게 되자, 팍스 오스트레일리아나Pax Australiana(오스트레일리아의 지배를 통한 평화) 정책이 난관에 부닥치게 되었다. 식민지 관리들은 쿠루병을 외부에 알리지 않으려고 노력했고, 그 소문을 퍼뜨린다는 이유로 가이듀섹을 몹시 미워했다. 게다가 혹시 가이듀섹 자신이 이 마을에서 저 마을로 옮겨 다니며 그 병을 옮기는 것이 아닐까 하고 의심하기까지 했다. 그래서 식민지 관리들은 고원 지대 내에서 가이듀섹의 행동을 제한하려고 했고, 미국 국무부에 그의 여행을 금지해달라고 청원하기도 했다. 한편으로는 비열한 수단을 동원해 가이듀섹을 '과학자의 탈을 쓴 해적'이라고 비난하고, 그에게 협력하는 과학자들을 위협하면서 선전전을 벌였다. 한 경쟁자는 가이듀섹을 "자네 평판은 [이제] 땅에 떨어졌네."라고 조롱했다.

하지만 오스트레일리아 정부는 가이듀섹이 협박에 굴복하지 않는다는 사실을 알게 되었다. 그는 그런 간섭에 한바탕 성질을 부리고 나서, 방해자들보다 훨씬 나은 연구로 대응하기로 마음먹었다. 가이듀섹은 포레족의 영토로 더 깊숙이 들어가 오스트레일리아인 전문가 5명보다 훨씬 많은 혈액과 소변과 침을 채취했다. 다섯 달 안에 가이듀섹은 쿠루병 환자 수백 명을 확인했고, 일부 가족을 감언이설로 구워삶거나 아니면 칼이나 담요, 소금, 비누, 담배 등의 뇌물을 제공해 사망자의 뇌 부검을 허락받았다. 부검은 가이듀섹의 오두막 부엌 탁자 위에서 실시했다. 마치 유사 식인종이 되기라도 한 것처럼 뇌를 꺼내 쟁반에 담은 뒤, 그것을 회색질 껍질로 덮인 하얗고 두꺼운 포카차focaccia(올리브유, 소금, 야채를 뿌려 구운 크고 둥근 이탈리아 빵—옮긴이)인 양 잘게 썰었다. 이 소중한 조직은 대부분 메릴랜드 주 국립보건연구원에 있는 자기 연구실로 보냈지만, 약삭빠르게 오스트레일리아 과학자들에게도 시료를 보냈는데, 그들을 달래는 동시에 그들의 귀에 나쁜 이야기를 속삭이는 정치인들의 시도를 무력화하기 위해서였다. 결국 오스트레일리아 당국은 가이듀섹의 행동을 용인할 수밖에 없었다.

한편, 가이듀섹은 예상치 못한 또 다른 난관에 부닥쳤는데, 그것은 바로 마법이었다. 포레족 사람들은 모두 마법사가 쿠루병을 일으킨다고 믿었고, 미생물과 유전학에 관한 가이듀섹의 강연을 재미있게 혹은 얼떨떨한 표정으로 들었다. 전통적으로 마법사는 개인 물품을 가지고 흑마법을 펼쳤는데, 개인 물품 중에는 머리카락이나 손톱, 배설물처럼 신체에서 떨어져 나온 것도 포함돼 있었다. 마법사는 이 물품을 잎과 묶은 뒤, 주문을 외우고 그것을 습지에 던져 넣었다. 그러면 그것이 썩으면서 저주를 받은 자의 건강도 나빠진다고 여겼다.(포레족은 이런 방식의 저주는 대부분 받아들일 만한 것으로 여겼으나, '쿠루병에 걸리게 하는 것'은 용인할 수 있는 수준을 벗어난다고 생각했다.) 마법사의 저주를 피하려고 포레족은 쓰레기를 모닥불로 태웠고, 세상에서 가장 깊은 변소를 지었다.(숲에서 용변을 본 뒤에는 안전을 위해 그것을 변소로 가져와 버리기까지 했다.) 그리고 이미 쿠루병에 걸린 사람들은 흑마법에 대항하는 마법사를 고용했다. 대항 마법사는 주문을 읊조리고 허브를 뿌리는 것 외에 환자에게 물이나 소금을 먹지 못하게 했으며, 이성 교제도 금지했다. 당연한 일이지만, 마법을 믿는 사람들은 낯선 사람에게 체액을 주는 걸 몹시 꺼렸다. 그래서 가이듀섹은 안전을 보증하는 표시로 아주 큰 자물쇠를 구해서 시료 채취 상자에 채웠다.

가이듀섹이 채취한 시료의 운명은 확실치 않았다. 만약 지프가 있으면, 그것을 타고 가장 가까운 순찰 지구대로 갔다. 하지만 차축이 고장나거나 도로가 물에 쓸려 내려가는 일이 자주 일어났고, 그럴 때면 독타 보이가 몇 시간이고 산길을 걸어 시료를 운반해야 했다. 그런데 순찰 지구대의 냉장고가 제대로 돌아갈 확률은 반반이었다. 운이 좋으면 채취한 혈액이나 뇌를 비행기에 실어 국제 공항이 있는 도시로 며칠 안에 보냈다. 그러면 그곳에서 전문가가 드라이아이스에 시료를 채워 메릴랜드주나 멜버른 또는 쿠루병을 취급하는 십여 군데의 다른 장소(모두 가이듀섹의 성화에 못 이겨 시료를 받아 분석하기로 동의한)로 보냈다.

신경학자들도 쿠루병 환자들을 직접 조사해 뇌 손상 흔적을 찾으려고 고원 지대를 방문하기 시작했다. 그들이 실시한 검사는 음주 운전 검사 방법처럼 보였다. 포레족 사람들에게 발뒤꿈치부터 먼저 땅에 댄 뒤에 발가락을 대는 방법으로 걷게 하거나, 손가락으로 코를 만지게 하거나, 한 다리로 서서 양 팔을 들어올리게 했다. 대체로 쿠루병 환자는 이 테스트를 통과하지 못했다. 신경학자들은 특정 반사 운동도 검사했다. 아기의 입 주위 피부를 손으로 톡톡 두드리면, 아기는 자동적으로 입술을 오므린다. 이 '입술 반사(입 내밀기 반사라고도 함)'는 젖꼭지를 빨기 쉽게 해준다. 이와 비슷하게 아기의 손바닥을 붓 같은 걸로 살살 건드리면, 아기는 손가락을 오므린다. 이것은 '움켜잡기 반사'라고 부른다. 이 반사 운동은 만 두세 살 무렵에 사라지는데, 뇌가 자라면서 특정 회로들이 이 반사 작용을 억제하기 때문이다. 하지만 뇌 손상을 입은 후에 이런 반사 작용들이 다시 나타날 수 있는데, 쿠루병 환자들에게 흔히 나타났다.

많은 검사 결과를 토대로 신경학자들은 쿠루병 환자에게 일어나는 최초의 손상 중 상당수가 뇌의 운동 중추, 그중에서도 특히 소뇌에 일어난다는 사실을 알아냈다. 앞에서 보았듯이, 어떤 운동이 시작되려면 뇌의 회색질 중 서로 다른 부분들(예컨대, 운동 중추)이 서로 협력해야 한다. 게다가 뇌의 운동계에는 그 운동이 제대로 일어나게 하는 데 중요한 피드백 고리가 몇 개 있다. 이 피드백 회로에서 핵심 역할을 하는 한 가지 구조가 바로 소뇌이다.

파충류 뇌의 일부인 소뇌는 척수와 가까운 뒤쪽에 자리잡고 있으며, 쭈글쭈글 주름진 모양 때문에 그 자체가 소형 뇌처럼 보인다.* 소뇌는 운동을 조절하고 균형을 잡는 데 특히 중요한 역할을 한다. 요컨대, 소뇌는 네 가지 엽을 포함해 뇌의 모든 곳에서 오는 입력 신호를 받는다. 이 때문에 소뇌는 공간상에서 몸의 위치를 다양한 방식으로(촉각, 시각, 균형 감각 등으로) 감시한다. 그러고 나서 우리가 실행하는 운동이 의도한 것과 가까운지 확인한다. 만약 의도한 것과 가깝지 않다면, 소뇌는 또 다른 뇌 구조인 시상으로 신호를 보내고, 시상은 그 메시지를 운동 겉질로 전달해 근육들에게 그 지시를 따르라고 알려준다. 예를 들어 "너무 그렇게 빨리 움직이지 마!"라거나 "왼쪽으로 조금만." 같은 수정 지시를 보낸다. 소뇌가 없다면, 여러분은 가끔 운 좋게 유리잔을 제대로 거머쥘 수도 있겠지만, 팔을 어느 한쪽으로 지나치게 멀리 뻗었다가 반대 방향

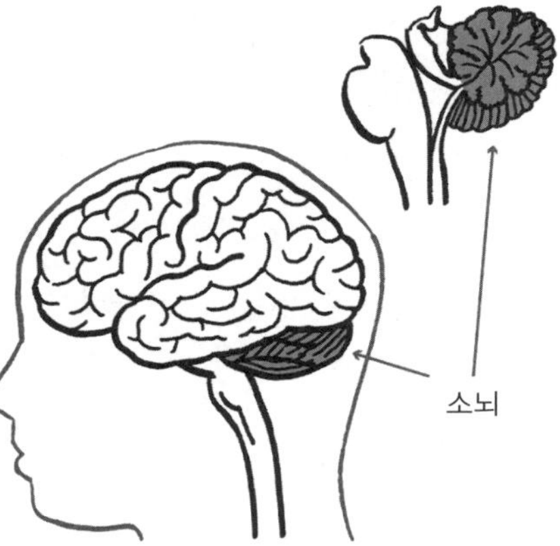

으로 거칠게 진로를 수정하면서 유리잔을 엎을 가능성이 훨씬 높다. 다시 말해서, 소뇌는 운동의 타이밍을 조절함으로써 우리가 걷고, 말하고, 점프하고, 음식물을 삼키는 일을 제대로 하게 한다. 호흡처럼 일부 불수의不隨意 운동도 어느 정도 소뇌에 의존해 일어난다.

소뇌가 쇠약해지면 균형을 잡기 힘들어지고 움직임이 서툴러진다. 그래서 쿠루병 환자에게 떨림과 눈 씰룩임과 갑자기 홱 움직이는 걸음걸이 등의 증상이 나타나는 것이다. 소뇌를 포함한 회로가 손상될 때, 병적 웃음도 나타날 수 있다. 물론 퇴행성 뇌 질환은 뇌의 어느 한 장소에만 국한돼 나타나는 경우가 드물다. 쿠루병 환자의 입술 반사와 움켜잡기 반사, 그리고 일반적인 인지 능력 감소 등은 신경학자들에게 쿠루병이 결국에는 바깥쪽으로 퍼져나가면서 이마엽 같은 구조에 영향을 미친다는 것을 알려주었다.

하지만 해부학적으로는 손상이 분명히 밝혀졌다 하더라도, 그 바탕이 되는 쿠루병의 원인은 여전히 오리무중이었는데, 특히 분자 차원에서는 더욱 그랬다. 일부 과학자는 쿠루병이 가족 사이에 나타나는 경우가 많다는 사실에 착안해 유전병이 틀림없다고 성급한 결론을 내렸다.

하지만 가이듀섹은 이 가설의 허점을 잘 알고 있었다. 일례를 들자면, 쿠루병은 가족 사이뿐만 아니라, 서로 혈연 관계가 전혀 없는 어른들 사이에서도 나타났다. 이것은 유전병의 특징과 일치하지 않았다. 더욱이 성인 남자는 쿠루병에 걸리는 일이 거의 없는 반면, 성인 여자는 자주 걸렸다. 이 사실은 쿠루병이 성과 연관이 있음을 시사하는 것일 수도 있었다. 하지만 사춘기 이전의 남녀 사이에서는 발병률이 비슷했다. 가이듀섹은 쿠루병이 감염을 통해 퍼지는 게 아닐까 의심했다. 하지만 이 가설은 자신이 부검한 뇌에 염증이 전혀 없고, 그 밖의 감염 징후도 전혀 없다는 점에서 암초에 부닥쳤다.

그렇긴 해도, 부검에서 몇 가지 단서가 나왔다. 1957년, 가이듀섹의 미국인 동료가 쿠루병 환자의 뇌에서 '플라크plaque'를 발견했다. 플라크는 혹으로 뒤덮여 표면이 까끌까끌한 지름 0.0025cm 정도의 검은색 단백질 덩어리였다. 그 동료는 또한 별처럼 생긴 신경아교세포인 별아교세포가 급증했다는 사실도 발견했다. 뇌에 있는 신경아교세포 중 약 절반은 별아교세포이며, 별아교세포는 혈액과 뇌 사이에 장벽을 구축하는데 중요한 역할을 하는데, 혈관 주위를 보호 껍질처럼 둘러싸 외래 물질이 뇌 속으로 들어오지 못하게 차단한다. 하지만 무슨 이유에서인지 별아교세포는 신경세포가 죽을 때마다, 회색질에서 통제 불능 상태로 증식하여 결국 흉터를 만든다. 가이듀섹의 동료는 쿠루병 환자의 뇌에서 단백질 플라크와 별아교세포가 만들어지는 원인을 짐작조차 못했지만, 이러한 현상이 크로이츠펠트-야콥병(일명 인간 광우병)에서 나타나는 현상과 비슷하다고 언급했다.

2년 뒤에 대서양 건너편에서 또 다른 단서가 나왔다. 윌리엄 해들로William Hadlow라는 미국인 수의사는 친구의 권유로 런던의 한 박물관에서 열린 쿠루병 전시회를 관람했다. 그는 포레족의 인공 유물들 사이를 배회하면서 흥미를 느꼈지만 열광할 정도는 아니었는데, 쿠루병 환자의 뇌를 확대한 사진을 보는 순간 확 빠져들었다. 사진의 조직들은 해면처럼 생겼고, 묘하게도 낯이 익었다. 그 전에 해들로는 양의 뇌(특히 소뇌)를 망가뜨리는 스크래피scrapie를 연구한 적이 있었다. 스크래피에 걸린 양은 걸음걸이가 비틀거리고, 나무나 울타리에 살을 문댄다. 심지어 어떤 양은 토끼처럼 깡충깡충 뛰기도 한다. 스크래피에 감염된 신경세포들은 마치 아주 작은 육식 나방에게 침범당한 것처럼 구멍이 숭숭 뚫린다. 뇌에서는 신경세포 집단들이 통째로 죽어가면서 더 큰 구멍들이 뚫린다. 해들로는 쿠루병 환자의 뇌에 그것과 정확하게 똑같은 구멍 패턴, 즉 해면처럼 구멍이 숭숭 뚫린 모습이 나타난 것을 알아챘다. 그는 즉시 논문을 써서 발표했고, 얼마 후 가이듀섹이 그에게 연락을 했다. 크로이츠펠트-야콥병과 마찬가지로 스크래피도 쿠루병과 비슷한 점이 있다는 사실은 중요한 실마리를 제공했지만 동시에 좌절도 안겨주었다. 두 질병 모두 그 원인이 무엇인지(독소? 유전자? 바이러스?) 아무도 몰랐기 때문이다.

쿠루병과 뇌 손상

가이듀섹에게 '천천히'라는 단어는 아무 의미가 없었지만, 이젠 쿠루병 연구에 매달리는 과학자들이 충분히 많다고 판단한 가이듀섹은 다른 관심사, 특히 인류학에 몰두하기로 결심했다. 동부 고원 지대에 자신이 지낼 대나무 오두막집을 짓고 머물면서 그곳 사람들의 삶을 기록하기 시작했다. 이를 위해 그는 수천 장의 사진을 찍고, 수 킬로미터 길이의 비디오테이프를 촬영했다. 늘 안개가 끼는 날씨와 종이를 돌돌 말리게 하는 습기에도 불구하고, 가이듀섹은 태양 아래에 있는 모든 것, 예컨대 현지 주민의 노래, 어원 연구, 외설적 소문, 요리법, 공산주의와 기독교의 침투 등을 현장에서 조사한 기록으로 10만 쪽에 이르는 관찰 일지도 작성했다. 그는 관찰 일지를 일기로도 사용했는데, 현장 조사를 하면서 체중이 얼마나 줄었고(약 11kg이 줄어 72kg으로), 별들 사이에서 지구 주위를 도는 스푸트니크호를 볼 수 있으리라는 환상 같은 것도 적었다.

가이듀섹은 아동 발달 전문가로서 특히 한 문제에 강박에 가까운 관심을 보였는데, 그것은 바로 성 입문 의식이었다. 그래서 포레족이 사는 지역을 벗어나 고원 지대를 광범위하게 여행하면서 필요한 정보를 수집했다. 일부 고원 지대 부족들 사이에서 사내아이는 일곱 살이 되면 특별한 반구형 오두막집으로 옮겨가 나이가 더 많은 청소년과 때로는 성인 남자를 밤낮으로 돌보는 일을 하며 살았다. 나이가 더 많은 사람들은 그들에게 "자지를 먹는 것을 두려워해서는 안 된다."라고 가르쳤다. 그들은 젖이 아이를 튼튼하게 해주는 것처럼 정액이 어린 소년을 강하게 해준다고 믿었다. 구강 성교와 항문 성교는 또한 소년들에게 정액을 '저장'하게 해준다고 믿었는데, 일부 부족은 남자가 자체적으로 정액을 생산하지 못한다고 믿었기 때문이다. 가이듀섹은 자신이 목격한 모든 의식에서 누가 누구와 놀아났는지까지 세부 내용을 자세히 기록했다. 심지어 일부 소년이 눈을 깜박이고 자신의 하얀 피부를 쓰다듬으면서 추파를 던지는 행동에 놀라기도 했다. 그는 기록에서 이곳 부족들은 이런 미성년자 섹스를 모두 용인한다고 강조했고, 남자들이 여자를 놓고 싸우지 않게 하는 중요한 사회적 기능을 한다고 주장했다.(다른 인류학자들은 이 해석에 믿기 어렵다는 반응을 보였다.) 게다가 이런 의식을 목격하고서 가이듀섹은 자신이 자란 세계의 '고루한' 성 관습이 보편적인 것이 아님을 깨달았다.

사실, 가이듀섹은 고원지대 문화를 더 깊이 파고들수록 자신이 과거에 살아온 삶에 부족한 게 있음을 느꼈다. 그렇다고 서양 문명을 완전히 포기하진 않았다. 특히 야외 현장에서 시간이 남을 때면 헨리 제임스Henry James와 마르셀 프루스트Marcel Proust의 퇴폐적인 문학 작품을 탐독했다. 하지만 공작과 공작 부인이 나오는 구절을 읽다가도 고개를 들어 오두막집 밖에서 엄니로 코를 뚫고 깃털로 장식한 헤드드레스를 쓴 채 춤추는 원주민 청소년들을 바라보기도 했다. 폴 고갱Paul Gauguin처럼 가이듀섹 역시 원시적인 삶에 큰 매력을 느꼈으며, 두 가지 충동, 즉 지적 충동과 원초적 충동이 그의 영혼을 놓고 치열하게 싸웠다. 한 동료는 가이듀섹이 몇 주일 동안 덤불 속으로 사라졌다가 더러운 티셔츠와 반바지 차림에 한쪽 신발도 없이 비틀거리는 발걸음으로 저녁 파티에 나타났다고 기억했다. 단정치 못한 모습이긴 했어도 가이듀섹은 뛰어난 말재주로 늘 손님들을 황홀하게 만들었지만(새벽 4시까지 멜빌에서부터 발쥐, 플라톤, 청교도주의, 자살, 소련의 대외 정책에 이르기까지 온갖 주제를 넘나들며 떠들어댈 수 있었다.), 그러다가 또 어느 순간에 황야로 사라졌다. 《어둠의 심연*Heart of Darkness*》에 주인공으로 등장하는 커츠Kurtz처럼 그는 모든 서구 문명과 씨름을 하는 것처럼 보였다.

한편, 포레족은 서구 문명, 특히 서양 의학에 불만을 품었다. 서양 의사들은 얼마 전에 약물 주사를 사용해 이 지역에서 한센병(나병)을 몰아냈다. 원주민은 고마워하긴 했지만, 이것을 서양 과학의 우월성을 보여주는 증거로 받아들이지 않았다. 오히려 서양 의사들이 그 질병을 일으킨 자기네 마법사보다 훨씬 강한 마법사임이 분명하다고 결론 내렸다. 그래서 의사들이 쿠루병을 치료하려고 하자, 포레족의 기대감은 아주 높았다. 그러나 안타깝게도 가이듀섹과 동료들이 현장에서 투약한 비타민이나 신경 안정제, 스테로이드, 항생제, 간 추출물을 비롯해 그 밖의 약품은 아무 효과가 없었다. 쿠루병 환자는 계속 죽어갔다. 몇 년간의 개입에도 아무 성과가 없자, 포레족 사이에서는 불만이 부글부글 끓어올랐다.

그들은 백인이 사체를 가져가고, 피를 가져가고, 뇌를 가져가고, 모든 것을 계속 가져가기만 했지, 돌려준 것이 무엇이냐고 불평했다. 서양 의학을 믿었던 사람들조차 비난에 나섰다. 가이듀섹의 한 친구는 미국이 어떤 병이든 고칠 수 있는 '거대한 현미경'을 가지고 있다고 알고 있는데, 왜 가이듀섹이 쿠루병을 치료하려고 서두르지 않는지 이해할 수 없다며 씩씩댔다.

사태가 심각해지자, 오스트레일리아 정부는 쿠루병의 확산을 막아야 한다는 절박한 심정에서 포레족이 사는 지역 주변에 거대한 울타리를 쳐서 그들을 '보호 구역' 안에 가두는 방안을 검토했다.(그 울타리는 포레족을 그 안에 묶어둘 뿐만 아니라, 가이듀섹을 그 안으로 들어가지 못하게 할 수 있을 것이라고 기대했다.) 또, 관계 당국은 쿠루병이 유전병이라는 가설에 착안하여 포레족을 불임으로 만드는 방안도 논의했다.

하지만 새로운 환자가 나타날수록 유전병 가설은 그 기반이 점점 약해졌다. 쿠루병은 확산 속도가 너무 빨랐고, 그 유전자를 후손에게 물려주기도 전에 대부분의 환자가 죽었다. 게다가 유전적으로 포레족과 다르면서 결혼을 통해 포레족 사이에서 살아가던 일부 여자들도 쿠루병에 걸렸다.

그와 동시에 다른 원인들 역시 이치에 닿지 않아 보였다. 쿠루병은 분명히 신경계에 장애가 발생하는 질환이었다. 하지만 과학자들은 환자의 뇌에서 어떤 세균이나 바이러스도 검출하지 못했다. 다른 실험들을 통해 호르몬 불균형이나 자가 면역 질환, 금속 독소, 식물 독소, 곤충 독소, 알코올 의존증(알코올 중독), 성병 가능성도 모두 배제되었다. 일부 의사는 식인 관습을 한 가지 원인으로 제안했지만, 그 무렵에 이 풍습은 이미 법으로 금지돼 있었다. 게다가 포레족은 시체를 먹기 전에 철저히 익혀 조리했고, 관습에 따라 어린이에게는 뇌를 먹지 못하게 했는데, 뇌를 먹으면 어린이의 성장에 방해가 된다고 여겼기 때문이다.

포레족이 갈수록 까칠한 반응을 보임에 따라 현장에서 연구하는 의사들은 포레족에게 귀한 물건을 주고 조직과 맞바꾸었다. 이 때문에 볼썽사나운 장면이 연출되기도 했다. 의사들은 쿠루병 말기 환자가 사는 마을 외곽에 머물며 야영을 했다. 막대를 몇 개 세우고 그 위에 방수포를 둘러쳐 임시변통으로 부검을 위한 장소를 만들었다. 그리고 첫 번째 곡소리가 울리면, 희생자 가족이 사는 오두막집으로 들어가 협상을 시도했다. 도끼와 담요, 담배, 소금 덩어리, 조제 황산나트륨(유리나 비누 제조용 원료), 심지어는 미국 달러까지 대가로 지급했다. 한 남자는 백인들이 자신의 '고기'(아내의 뇌)를 가져가겠다면, 그 대가로 다른 고기를 달라고 요구했다. 의사들은 부랴부랴 보급품을 뒤져 1.3kg 분량의 햄을 건넸다. 그러자 그 남자는 감사를 표시한 뒤에 밖에 있던 문상객과 합류해 어느 누구보다도 큰 소리로 울었다. 부검은 등유 램프 아래에서 혹은 비가 부슬부슬 내리는 가운데 진행되는 경우가 많았고, 자르고 가르고 톱질을 하면서 뇌와 척수를 분리하기까지는 몇 시간이 걸렸는데, 냉장 시설이 제대로 작동하지 않는 장소에서는 영겁에 가까운 시간으로 느껴졌다. 의사들은 솜뭉치로 머리뼈 속을 채워 부검을 마무리짓고 시체를 가족에게 돌려주었다. 그러고 나서 마을 사람들이 시체를 먹지 않고 매장하는 과정을 역겨움을 참으면서 확인하는 절차까지 거쳐야 했다.

한편, 가이듀섹은 인류학과 의학을 병행한 연구를 계속했다. 스스로 그러지 말자고 다짐했음에도 불구하고, 갈수록 환자들의 개인적 삶에 얽혀드는 것을 피할 수 없었다. 한 슬픈 사건에는 카제이나로Kageinaro라는 어린 소년이 등장한다. 카제이나로는 이전까지는 활기가 넘치고 시시덕거리기까지 했는데, 어느 날 가이듀섹이 마을로 들어갔더니 카제이나로가 냉담한 반응을 보이며 멀찌감치 피하려고 했다. 그의 친구에게 무슨 문제가 있느냐고 물어보았더니, 친구는 한숨을 쉬며 "병에 걸린 것 같아요."라고 말했다. 가이듀섹은 "나는 곧바로 내 소년 중 또 한 명이 쿠루병에 걸렸음을 알았다."라고 회상했다. 그날 밤, 가이듀섹은 카제이나로에게 위안을 주려고 자기 옆에서 자라고 했다. 다음 날 아침에 가이듀섹은 일지에다 "만약 쿠루병이 접촉 전염병이라면, 나 역시 그 병에 걸릴 것이다."라고 적었다. 가이듀섹은 몇 달 뒤에 카제이나로가 죽어갈 때 곁에 함께 있으려고, 가족이 그를 버리고 간 지저분한 은신처를 찾아가 그를 끄집어냈다. 소년은 몸에서 지독한 악취를 풍겼고, 햇빛이 비치자 눈을 움찔했다. 소년은 창피해하며 졸아붙은 입을 가이듀섹에게서 돌렸다. 가이듀섹은 소년을 안아주고 물을 먹이면서 할 수 있는 데까지 위로해주려고 했다. 하지만 소년은 물을 삼키지 못해 물은 대부분 뺨 옆으로 줄줄 흘러내렸다. 가이듀섹은 소년의 얼굴을 바라보면서 흐느꼈다.

과학자들은 곧 카제이나로의 이름을 더 북The Book에 올렸다. 낱장의 흰색 종이 더미들을 함께 묶어 서류 가방에 넣어 가지고 다니던 더 북은 1957년부터 쿠루병으로 죽어간 사람들이 모두 기록돼 있어 파푸아인의 둠즈데이 북Domesday Book(노르망디 공 윌리엄이 1066년에 잉글랜드와의 전쟁에서 승리하여 잉글랜드의 왕이 된 후 토지 조사와 조세 징수를 목적으로 만든 책. 웨스트민스터 북이라고도 한다. —옮긴이)이라 부를 만하다. 더 북은 과학 문서로서는 아주 경이로운 문서인데, 과학자들이 어떤 질병을 이토록 정밀하게 추적한 적은 일찍이 없었기 때문이다. 사회 문제를 다룬 문서로서는 매우 슬픈데, 유례를 찾기 힘들 정도로 광범위한 참상이 기록되었다. 해당 지역의 소규모 마을 172개 중 쿠루병으로 사망자가 최소한 한 명 이상 나온 곳이 145개나 되었고, 일부 마을은 단 일 년 만에 전체 여성 중 10%가 죽었다. 행간을 잘 읽어보면, 전체 사회 질서가 무너져내리고 있었고, 그런 와중에 독타 보이스가 사랑하던 사람의 뇌를 순찰 지구대로 운반하고, 심지어 시료를 얻기 위해 평소에 원수처럼 지내던 마을을 방문하기까지 하면서 부지런히 일했다는 것을 알 수 있다. 더 북은 갈수록 점점 더 두꺼워졌다.

1960년대 중엽에 마침내 돌파구가 열렸다. 가이듀섹은 현장 조사에 치중하면서 메릴랜드 주에서도 열정적으로 연구실을 유지했다. 감질나는 질병들 사이의 연관 가능성에 애가 탄 나머지 가이듀섹과 그의 팀은 쿠루병과 스크래피, 크로이츠펠트-야콥병에 감염된 세포들을 설치류 뇌에 주사하기 시작했다. 이 병들의 감염성 여부를 확실히 밝혀내기 위해서였다.(스크래피에 감염된 조직을 미국으로 가져오려면, 국제 금지 조처를 어기고 개인적으로 몰래 밀반입하는 게 필요했지만, 평소에 가이듀섹은 사소한 법규 따위에 얽매이는 사람이 전혀 아니었다.) 이 질병들이 정말 감염성이 있는 것으로 드러나자, 가이듀섹은 1963년에 그다음 단계로 나아가기로 마음먹고, 메릴랜드 주 시골의 콘크리트 블록 건물에 유인원 코호트cohort(특정 기간에 태어난 사람들의 집단처럼 어떤 질병의 원인에 대해 공통되는 통계적 인자를 가진 집단 — 옮긴이)를 모으기 시작했다.

그로부터 얼마 전에 파푸아뉴기니에서 에이로Eiro라는 소년과 키게아Kigea라는 소녀가 쿠루병으로 죽은 일이 있었다. 죽을 때가 가까워지자 두 사람은 끙끙거리기만 할 뿐 아무것도 할 수 없었고, 몇 주일 동안 설탕물만으로 연명했다.(의사가 막대사탕을 주었지만, 키게아는 그것을 붙잡을 기력조차 없었다.) 가족들은 부검에 동의했고, 스티로폼이라는 놀라운 신물질 덕분에 두 사람의 뇌는 차가운 온도에서 온전한 상태로 보존되어 메릴랜드 주에 도착했다. 1963년 8월 17일, 가이듀섹은 동료들과 함께 키게아의 뇌 0.028g을 물과 섞어 데이지라는 이름의 침팬지 머리뼈에 주사했다. 나흘 뒤에는 조제트라는 이름의 침팬지에게 에이로의 뇌를 주사했다.

연구팀은 두 침팬지의 건강을 지켜보는 한편으로 미국 농무부의 간섭을 막아내야 했다. 농무부는 이들이 도대체 왜 메릴랜드 주 농촌의 안전하지 않은 건물에서 생물 작용제를 가지고 실험을 하는지 알고자 했다. 한편, 가만히 앉아 있지 못하는 성격인 가이듀섹은 계속 세계를 돌아다니는 동시에 자신의 무질서한 미국국립보건원 연구실에서도 다양한 연구 계획을 지휘했다. 연구실을 방문한 사람들은 스테레오에서 밥 딜런Bob Dylan의 음악이 시끄럽게 흘러나오고 벽에는 사이키델릭풍의 포스터가 붙어 있는 가운데 연구실 조수들이 요가를 하던 모습을 기억한다.

가이듀섹은 뉴기니를 방문할 때마다 뉴기니와의 연결 관계를 계속 이어가기 위해 파푸아인 청소년들을 '입양'하기 시작했다. 1963년에 맨 먼저 음바긴타오Mbaginta'o라는 버릇없고 활기 넘치는 소년을 데려왔다. 음바긴타오는 메릴랜드 주로 이주하기 전에 우선 화장실을 사용하고, 신발을 신고, 나이프와 포크로 식사하는 법을 배워야 했다. 가이듀섹은 그를 그 지역 명문 고등학교에 '이반' 가이듀섹이라는 이름으로 입학시켰다. 이반은 잘 적응했고, 가이듀섹은 그를 위해 '남동생'을 한 명 더 데려왔다. 그 역시 미국 생활에 잘 적응해 살아가자, 또다시 남동생을 한 명 더 데려왔다. 그리고 또 한 명 더. 곧 가이듀섹은 입양에 열을 내며 그 후 수십 년 동안 여러 부족에서 수십 명의 십대 청소년을 더 데려왔는데, 개중에는 본인의 의사를 묵살하고 데려온 사람도 있었다. 가이듀섹은 이 모든 청소년을 먹이고 입혔으며 좋은 학교에 보냈다. 하지만 많은 '아들'은 공부에 뜻을 두기보다는 술을 마시고, 자동차로 질주하고, 현지 로터리클럽 회원의 딸들을 유혹하고, 그리고 대체로 '빈둥거리길' 더 좋아했다고 가이듀섹은 씩씩거리며 말했다. 요컨대, 그들은 십대 청소년처럼 행동했던 것이다. 가이듀섹은 몇 가지 규율을 정했다. 그의 아들들은 세탁과 잔디깎기, 요리, 청소 등을 해야 했다. 하지만 '아버지'는 기묘한 질병을 추적하기 위해 가끔 비행기를 타고 여행을 떠나 몇 달씩 집을 비우는 일이 많았는데, 이러한 감독 소홀은 그들이 적응하는 데 도움이 되지 않았다.

1966년에 돌파구가 열렸다. 몇 년 동안 아무 증상도 없던 침팬지 데이지가 입술이 축 처지고, 발을 질질 끌고 비틀거리며 걷기 시작했다. 이것은 소뇌에 손상이 생겼다는 징후였다. 얼마 후에는 조제트에게도 같은 증상이 나타났다. 피를 뽑고, 생각할 수 있는 모든 질병과 영양 결핍과 독소 요인을 배제한 뒤, 동료 연구자들은 괌에 있던 가이듀섹을 불러들였다. 가이듀섹은 잔뜩 짜증이 난 채 도착했지만(그는 자신의 의사에 반해 여행 일정을 단축하는 것을 싫어했다.), 침팬지들을 보고는 흥분했다. 연구자들은 그들을 안락사시킨 뒤에 부검을 했고, 뇌 조직 일부를 한 병리학자에게 보냈다. 그 병리학자는 뇌 조직에서 플라크와 해면처럼 숭숭 뚫린 구멍들을 발견했다. 가이듀섹 팀은 단 하루 만에 〈네이처〉에 보낼 논문을 작성했고, 그 논문은 2주일 뒤에 〈네이처〉에 발표되어 수류탄처럼 폭발했다. 그들은 쿠루병의 유전설에 사망 선고를 내렸을 뿐만 아니라, 영장류 사이에서 퇴행성 뇌 질환이 감염된다는 사실을 입증했는데, 이것은 한 번도 들어본 적이 없던 결과였다. 게다가 그들은 자신들의 연구가 의학적으로 더 큰 의미를 지닐 것이라고 예상했다. 쿠루병과 스크래피, 크로이츠펠트-야콥병(모두 '해면상' 뇌 손상을 초래하고, 활동하기까지 장기간 휴면 상태로 잠복할 수 있는 질병)이 새로운 종류의 병원체인 '슬로 바이러스slow virus' 때문에 일어난다고 주장했다.

쿠루병의 역학疫學은 1960년대에 더 명확하게 밝혀졌다. 가이듀섹은 쿠루병을 식인 풍습과 연결 짓기를 꺼렸는데, 그렇게 하면 '원주민'이 야만적이라는 고정 관념*을 더욱 부추길 것이라고 염려했기 때문이다. 게다가 그동안 쿠루병을 식인 행위와 연결 지으려는 시도는 몇 가지 사실 때문에 번번이 실패했다. 한 예를 들면, 장례식 향연에서는 오직 여자들만 뇌를 먹었지만, 어린이도 성별에 관계없이 쿠루병에 걸렸다. 게다가 1950년대 중엽에 기독교 선교사들이 식인 풍습을 거의 근절시켰는데도(그들 자신은 예수의 피와 살을 먹으라고 권하면서도), 쿠루병은 여전히 발병했다.

하지만 일부 사람들은 식인 행위를 의심할 만한 근거가 충분히 있다고 생각했다. 포레족은 장례식 향연 열풍이 북부에서 아래쪽으로 확산된 1890년대에야 식인 풍습을 받아들였다. 흥미롭게도 최초의 쿠루병 환자는 그로부터 10여 년 뒤에 나타났다. 그리고 쿠루병은 향연을 가장 즐기는 부족들 사이에서 가장 많이 발생했다. 더 중요한 사실이 있는데, 집요한 인류학자들은 포레족이 그동안 누가 무엇을 먹었는지 이야기하면서 거짓말을 했다는 사실을 알아냈다. 부드럽고 끈적끈적한 회색질과 백색질은 어린이에게 먹이는 게 금지돼 있었지만, 포레족 어머니들은 어머니의 마음으로 종종 아이들에게도 그것을 먹임으로써 잠재적 감염 매개체를 제공했다. 그리고 식인 풍습은 1950년대에 없어졌지만, 침팬지 실험은 그 후에도 감염자가 발생한 이유를 설명해주었다. 환자의 뇌 물질을 침팬지의 뇌에다 직접 주사했을 때조차도 쿠루병이 발병하기까지는 몇 년의 시간이 걸렸기 때문이다. 이 과학자들은 이 모든 사실을 감안할 때, 식인 행위로 모든 것이 설명된다고 생각했다.

이것들은 쿠루병 연구에서 나온 첫 번째 좋은 소식이었다. 좋은 소식은 거기서 그치지 않았다. 1960년대 후반에 쿠루병의 인구통계 자료가 변하기 시작했는데, 발병 사례가 점점 드물어졌다. 장례식 향연이 더 이상 벌어지지 않으면서 더 북에 실리는 사망자 평균 나이는 해가 갈수록 점점 높아졌고, 어린 사람들의 수는 차츰 줄어들었다. 쿠루병은 완전히 사라지진 않았지만, 파푸아뉴기니가 오스트레일리아에서 독립한

1975년에 고원 지대 사람들은 이제 약 75년간의 끔찍했던 재앙에서 마침내 벗어났다는 느낌이 들었다.

게다가 1976년에는 그들의 옹호자인 가이듀섹이 슬로 바이러스를 발견한 업적으로 노벨상을 수상했다. 가이듀섹은 그해에 과학 분야 노벨상을 미국인 과학자들이 휩쓰는 쾌거를 선두에서 이끌었다. 마침 그해에는 밀턴 프리드먼Miltom Friedman(경제학상)과 솔 벨로Saul Bellow(문학상)까지 노벨상을 수상하여 평화상을 제외한 전 부문을 미국인이 독식했다. 가이듀섹은 평소처럼 노벨상 시상식의 그 모든 난리법석과 공식 의전에 질색하는 반응을 보였다.(친구들은 가이듀섹이 넥타이를 착용한 것은 아마 그때가 처음일 거라고 생각했다.) 하지만 노벨상은 쿠루병이 아주 중요한 질병임을 공식적으로 확인해주었다. 게다가 가이듀섹은 자신이 입양한 아들 8명을 스웨덴에 함께 데려가는 것에 큰 기쁨을 느꼈다. 그들은 스톡홀름의 일류 호텔에서 잠을 잤다. 다만, 바닥에 슬리핑백을 깔고 그 안에 들어가 잤지만…….

프리온 이론의 등장

노벨상 수상으로 슬로 바이러스가 공식 인정을 받았다곤 하지만, 과학자들을 여전히 괴롭히는 문제가 하나 남아 있었다. 쿠루병과 스크래피, 크로이츠펠트-야콥병을 일으키는 슬로 바이러스의 정체는 정확하게 무엇인가?

슬로 바이러스 이론의 한 가지 문제는 혈액-뇌 장벽의 존재였다. 과학자들은 1885년 이후에 예컨대 파란색 염료를 혈류 속으로 집어넣으면, 심장과 폐, 간을 비롯해 대부분의 기관이 파란색으로 변한다는 사

©www.nobel.org

스탠리 프루시너

실을 알았다. 하지만 뇌는 파란색으로 변하지 않는데, 혈액-뇌 장벽이 사전에 허락받은 특정 분자들만 통과시키기 때문이다.(불행하게도, 혈액-뇌 장벽은 우리가 삼키거나 주사로 받아들인 대부분의 약도 차단하여 알츠하이머병이나 파킨슨병 같은 일반적인 뇌 질환의 치료를 어렵게 만든다.) 미생물은 이 장벽을 통과하기가 훨씬 더 어렵다. 찰스 기토를 감염시켰던 코르크 마개뽑이 모양의 매독균처럼 일부 예외를 제외하고는, 대부분의 미생물은 이 장벽을 통과해 신경계의 지성소至聖所로 들어갈 수 없다.

게다가 쿠루병 환자의 뇌에서는 염증이 일어난 흔적이 전혀 발견되지 않았다. 이것은 알려진 미생물의 행동과는 전혀 일치하지 않는 것이었다. 범인으로 지목된 바이러스는 멸균에도 저항력이 아주 강한 것으로 드러났다. 쿠루병 바이러스에 감염된 조직은 오븐에서 굽거나, 가성 화학 물질에 담그거나, 자외선을 쬐거나, 육포처럼 바싹 말리거나, 방사선에 노출시킨 뒤에도 감염성을 그대로 유지했다. 이처럼 가혹한 처리 과정에서 살아남을 수 있는 생물은 하나도 없는데 말이다. 이 때문에 몇몇 과학자는 엄밀히 따지면 감염원이 살아 있는 생물이 아닐지 모른다고 주장했다. 어쩌면 그것은 악당 단백질처럼 생명의 파편에 불과할지도 몰랐다. 하지만 이 개념은 생물학자들이 알고 있는 모든 지식과 어긋나는 것이어서, 그들에게 그 가능성을 진지하게 고려하도록 하는 데에는 가이듀섹 못지않게 집요하고 완강한 사람이 필요했다.

그 사람은 쿠루병 연구에서 다음 단계의 돌파구를 연 스탠리 프루시너Stanley B. Prusiner였다. 프루시너가 처음부터 대단한 성과를 거둔 것은 아니다. 신경학자인 그는 1978년에 고원지대를 처음 방문했지만, 연구를 제대로 시작하기도 전에 포기할 뻔했다. 원주민 소년들이 사실상 그의 등을 떠받치면서 산 위까지 데려가야 했고, 첫 번째 환자를 몇 명 보고 나서 얼마 지나지 않아 프루시너는 속이 불편하여 더 이상 연구를 할 수 없었다. 결국 마을 주민들이 그를 힘들게 산 아래로 실어 날라야 했다. 하지만 프루시너는 원대한 계획을 품고 샌프란시스코의 자기 연구실로 돌아갔다. 특히 그는 악당 단백질이 쿠루병과 크로이츠펠트-야콥병의 생물학적 매개체라는 데 도박을 걸었다. 단백질은 세포와 달리 살아 있는 물질이 아니다. 사실, 대부분의 단백질은 세포 밖에서는 무력한 존재에 불과하다. 하지만 어쩌면, 어떤 단백질은 독자적으로 생존할 수 있고, 심지어 어떤 방식으로 번식할지도 모른다고 프루시너는 주장했다. 단백질은 훨씬 단순한 존재이므로 멸균에도 잘 살아남을 수 있고, 혈액-뇌 장벽도 손쉽게 건널 수 있으며, 우리의 면역 세포가 인식할 만한 표지가 없기 때문에 뇌에 염증을 유발하지도 않을 것이다.

프루시너는 이 악당 단백질이 실제로 존재한다는 증거를 얻기도 전에 서둘러 프리온prion이라는 이름을 붙였다. protein(단백질)과 infection(감염)이란 단어를 합쳐서 만든 이름이었다.(물론 프리온prion은 두 단어를 합성할 때 i와 o의 순서를 일부러 바꾼 것이지만, 프루시너는 목적이 철자상의 사소한 잘못을 충분히 상쇄하고도 남는다고 생각했다. 그는 "이것은 정말 멋진 단어다! 짧고도 산뜻하다."라고 찬양한 적이 있다. 프로인proin보다 산뜻한 단어인 건 분명하다.)

대다수 과학자들은 프리온을 모호한 가공의 개념이라고 비난했다. 심지어 그것을 'p로 시작하는 단어p-word'라고 불렀다(p-word는 piss, penis, pussy, prick처럼 저속한 말을 뜻한다. —옮긴이). 그리고 프리온에 대한 반감에 발맞추어 많은 동료들은 프루시너에게까지 혐오감을 느꼈다. 일부 집단에서는 p로 시작하는 단어가 pushy(막무가내)와 publicity(홍보)를 뜻하는 것으로 통했다. 프루시너는 우쭐해하면서 스스로를 홍보했고, 심지어는 홍보 담당 대리인을 고용하기까지 했다. 공정하게 말한다면, 프루시너는 동료들과 협력 연구를 거듭 제의했지만, 가이듀섹 팀을 포함해 대부분이 그 제의를 일축했다. 프루시너가 어느 논문에서 예의상 가이듀섹을 공동 저자로 올리자, 가이듀섹은 논문 작성 과정을 장악하고는 '프리온'이란 단어를 모조리 삭제하기 전에는 프루시너에게 그 논문을 발표하지 못하게 했다. 훌륭하게도 프루시너는 이런 모욕을 대수롭지 않게 여겼다. 그리고 몇 년간 힘겨운 연구 끝에 그의 연구팀은 1982년에 마침내 프리온을 분리하는 데 성공했다.

이 발견으로 하마터면 프루시너는 망할 뻔했다. 후속 연구를 통해 그의 연구팀은 정상 뇌세포가 프리온 단백질과 아미노산 서열이 정확하게 같은 단백질을 만든다는 사실을 알아냈다.(아미노산은 단백질을 만드는 기본 단위이다.) 다시 말해서, 건강한 뇌는 늘 프리온과 거의 동일한 단백질을 생산한다. 하지만 만약 이게 사실이라면, 왜 우리는 쿠루병이나 크로이츠펠트-야콥병에 걸리지 않는 것일까? 프루시너는 그 답을 알 수 없어서 이 뜻밖의 사실에 몇 달 동안 고민을 거듭했다.

하지만 절대로 좌절하거나 낙담하는 성격이 아닌 프루시너는 이 뜻밖의 결과가 자신의 감염성 단백질 가설을 부정하는 게 아니라, 그것을 더 흥미롭게 한다는 사실을 깨달았다. 비록 아미노산 서열은 단백질의 정체성을 정의하는 데 중요한 요소이긴 하지만, 3차원 형태도 중요한 역할을 한다는 사실에 착안했던 것이다. 똑같은 순서로 늘어선 레고 조각 50개를 가지고도 서로 다른 각도로 이어 붙이는 방법으로 재배열함으로써 다른 구조들을 만들 수 있는 것과 마찬가지로, 아미노산 서열이 똑같더라도 그 구조를 비틂으로써 모양과 성질에 차이가 나는 단백질들을 만들 수 있다. 프루시너 연구팀은 건강한 세포들이 만드는 정상 프리온에서 코르크마개뽑이처럼 생긴 중요한 부분이 치명적인 프리온에서는 토막토막 잘린 뒤에 다시 연결되어 꼬이지 않은 옷걸이 모양을 이룬다는 사실을 알아냈다. 즉, '좋은' 프리온과 '나쁜' 프리온이 있으며, 쿠루병이나 크로이츠펠트-야콥병은 좋은 프리온이 나쁜 프리온으로 변해서 일어나는 것으로 보였다.

그렇다면 그런 변환을 일으키는 원인은 무엇일까? 묘하게도 그 촉매 역할을 하는 것은 바로 나쁜 프리온 자체로 밝혀졌다. 즉, 나쁜 프리온은 그 옆을 지나가는 정상 프리온에 들러붙어 토막토막 잘라 그 형태를 바꿈으로써 자신과 똑같은 클론으로 만드는 능력이 있다. 그런 다음, 이 나쁜 프리온들은 서로 합쳐져 신경세포에 해를 끼치는 소형 단백질 플라크가 된다. 이것만 해도 충분히 나쁜 일이지만, 이 플라크 덩어리가 아주 크게 성장하여 둘로 쪼개지는 일도 자주 일어난다. 그런 일이 일어날 때(이것이 핵심인데), 좋은 프리온이 나쁜 프리온으로 변환되는 속도도 두 배로 늘어난다. 이제 각각의 절반이 자유롭게 돌아다니면서 각자 독자적으로 다른 프리온을 변환시킬 수 있기 때문이다. 그리고 두 덩어리가 모두 아주 커져서 분열한다면, 나쁜 프리온 덩어리가 4개 생긴다. 한 번 더 성장과 분열 과정을 거치면 4개는 8개가 되고, 그런 식으로 나쁜 프리온이 계속 불어난다. 다시 말해서, 나쁜 프리온의 증가 양상은 느린

연쇄 반응과 같다. 최종 결과는 프리온 뱀파이어가 기하급수적으로 증가하는 것으로 나타난다. 그와 함께 죽은 신경세포와 해면처럼 숭숭 뚫린 구멍들이 많이 생긴다.*

프리온 이론은 쿠루병이 어디서 왔는지 설명하는 데에도 도움을 주었다. 쿠루병과 달리 크로이츠펠트-야콥병은 전 세계 각지의 다양한 인종 집단에서 나타난다. 크로이츠펠트-야콥병은 불운한 사람의 뇌에서 한 유전자가 돌연변이를 일으키면서 시작되며, 그러면 나쁜 프리온 단백질이 자연 발생적으로 만들어지기 시작한다. 1900년 무렵에 동부 고원지대 주민 중 일부가 소뇌를 공격하는 일종의 크로이츠펠트-야콥병에 걸렸던 게 거의 확실하며, 그들을 사랑하던 불운한 사람들이 그 뇌를 먹었다. 불행하게도 프리온은 조리나 소화 과정에서도 살아남으며, 혈액-뇌 장벽을 통과할 수 있다. 그 결과, 그 뇌를 먹은 사람들도 감염되어 죽었다. 그러면 그 가족과 친척들이 다시 그 뇌를 먹으면서 더 많은 사람들이 감염되었다. 이런 식으로 점점 더 많은 사람들이 감염되어 죽어갔다. 결국 그들은 그 병을 쿠루병이라 부르기 시작했다. 쿠루병의 발병 원인이 식인 행위 자체가 아니라는 사실에 주목해야 한다. 뇌를 먹는 것 자체는 본질적으로 치명적인 것이 아니다. 그 원인은 최초 환자의 뇌를 먹은 불행에 있었다. 그리고 그다음부터는 슬프게도 장례식 향연에서 포레족 여자들은 가장 좋아했던 그 단백질 때문에 결국 죽음을 맞이하게 되었다.

1980년대부터 프리온 연구는 그 중요성이 커졌다. 1990년대에 발병한 광우병은 근본적으로 소에게 일어난 쿠루병 사례였다. 영국 농부들은 프리온병에 걸린 소의 뇌를 갈아서 만든 사료를 다른 소들에게 먹였고, 결국은 그 소를 먹은 인간까지 같은 병에 감염되었다.(프루시너가 광우병 공포가 휩쓴 직후인 1997년에 프리온 연구로 노벨상을 수상한 것은 우연의 일치가 아니다.) 아직도 일부 사람들의 몸속에는 소 프리온 단백질이 잠복 상태로 머물고 있다는 점이 우려스럽다.

더 최근에 프리온 연구는 주류 신경과학 영역으로 옮아갔다. 쿠루병 환자의 뇌에 생긴 나쁜 단백질 플라크는 알츠하이머병과 파킨슨병을 비롯해 다른 신경 변성 질환에 걸린 사람들의 뇌를 파괴하는 나쁜 단백질 플라크와 거의 똑같은 방식으로 성장하고 퍼져간다. 즉, 먼저 순진한 단백질을 악당으로 변화시킨 뒤, 함께 뭉쳐 플라크를 형성해 신경세포를 중독시키고 시냅스를 교란시킨다.(특히 알츠하이머병 환자의 플라크가 해를 끼치려면 정상 프리온 단백질이 필요하다는 증거도 있다.) 다행히도 알츠하이머병이나 파킨슨병은 전염되지 않는다. 하지만 만약 다른 과학자들이 프리온 연구를 바탕으로 이런 질병의 진행 속도를 늦추거나 치료하는 방법마저 알아낸다면(이 질병들에 걸린 사람은 미국에서만 600만 명이 넘고, 노령 인구가 늘어남에 따라 그 수는 점점 더 늘어날 것이다.), 분명히 더 많은 노벨상 수상자가 나올 것이다.

쿠루병과 알츠하이머병 사이의 연관성을 맨 처음 주장한 사람은 가이듀섹이었지만, 그 연관성을 깊이 파고들지는 않았다. 사실, 그는 노벨상을 받고 나서는 점점 더 무기력해졌다. 여전히 전 세계를 돌아다니며 강연을 했고, 시베리아 같은 장소에서 질병을 연구하려고 짧은 여행도 가끔 했다. 하지만 오래전에 뉴기니에서 잃었던 체중을 만회한(그리고 조금 더 늘린) 뒤로는 활동이 현저하게 줄어들었고, 갈수록 입양한 아이들과 집에서 더 많은 시간을 보냈다.

혹은 입양한 아들들이라고 표현하는 게 더 적절한데, 그가 입양한 아이들 중 절대 다수는 남자였기 때문이다. 일부 동료들은 이 패턴에 주목하여(모두 건장한 사내애들이라고?) 가이듀섹이 '내 아들들'에 대해 이야기할 때마다 이 점을 생각하면서 낄낄거리고 서로 눈짓을 하기 시작했다. 하지만 FBI는 이 문제를 그냥 웃어넘길 수 없었다.

메릴랜드 주 경찰은 이미 1989년에 성적 학대 혐의로 가이듀섹에 대한 조사에 착수했다. FBI는 1995년에 뛰어들었는데, 요원들이 그가 발표한 연구 일지와 현장 메모들을 샅샅이 훑어보기 시작했다. 일부 구절은 그들을 움찔하게 했다. 여러 소년의 음모陰毛를 묘사한 구절도 있었고, "그들의 애무를 조금이라도 부추기면 내 호주머니 속을 뒤지려고 한" 소년들에 대한 구절, 크리스마스 날 아침에 "또다시 잠을 푹 자고 눈을 떴더니, 강아지 대여섯 마리가 내 몸 위에 누워 있거나 기어오르는 상황에 처한 암캐" 같은 기분이 들었다는 구절, "미소를 지으면서 …… 소년들이 내게 성적 행위를 하도록 내버려두라는 뜻을 넌지시 내비친" 아버지들에 대한 구절도 있었다. 하지만 이 모든 표현은 애매하거나 모호했으며, 또 어디까지나 뉴기니에서 일어난 일이었다. FBI는 가이듀섹이 입양한 아들들을 심문하기 시작했고, 마침내 십대 시절에 가이듀섹과 메릴랜드 주에서 관계를 가졌다고 주장하는 아들을 한 명 찾아냈다.(나중에 다른 피해자들의 진술이 더 나왔다.) 그 젊은이는 72세의 과학자에게 전화를 걸기로 동의했고, 통화 도중에 가이듀섹에게 "소아 성애자가 뭔지 아세요?"라고 물었다. 가이듀섹은 "내가 바로 소아 성애자인데."라고 말한 뒤, 다른 소년들과 섹스를 했음을 인정했다고 전한다. 가이듀섹은 그에게 비밀로 해달라고 부탁했지만, 통화 내용은 녹음되고 있었다. 1996년 부활절 직전의 어느 날 아침, 가이듀섹이 슬로바키아에서 열린 광우병 회의에 참석하고 돌아와 시차 때문에 피로한 모습으로 집 앞 진입로로 차를 몰고 들어서는 순간, 잠복하고 있던 경찰차 대여섯 대가 빨간색과 파란색 불빛을 번쩍이면서 나타났다. '성도착 행위' 혐의로 체포되어 구속된 가이듀섹은 감방에서 구조해달라고 "내 만신전에 기도"할 것이며, 고소인들을 "시샘과 앙심에 사로잡힌 …… 필시 정신병자"라고 비난하면서 소리를 고래고래 질렀다. 하지만 그는 결국 유죄를 인정하고, 교도소에서 8개월을 복역했다.

나중에 한 인터뷰*에서 가이듀섹은 모든 것을 대체로 인정했다. 그는 "모든 소년은 연인을 원한다."라고 주장했으며, 나중에 "만약 그들이 내 물건을 가지고 노는 것을 본다면, '아주 잘했어.'라고 말하면서 그들의 물건을 가지고 놀 것이다."라고 덧붙였다. 그리고 항상 섹스를 위해 먼저 접근한 쪽은 소년들이었지 자신이 아니었으며, 그들은 남자 어른과 소년 사이의 섹스를 당연하게 여기는 문화에서 자랐기 때문에 아무런 피해도 없었다고 변명했다.(지식이 풍부한 그는 고대 그리스에 만연했던 남색도 언급했다.) 사실, 고원 지대 사람들은 가이듀섹의 주장처럼 성적으로 심하게 방종한 사람들이 아니었다. 그들은 자신들의 땅에 정착하여 자신들의 문화를 이용한 소아 성애자들을 잘 알고 있었고, 변태 성욕자라고 경멸했다. 가이듀섹은 미국에서 보호자이자 주인으로서 소년들에게 행사한 자신의 힘을 의도적으로 무시한 것처럼 보인다. 어쨌거나 그는 결코 사과를 하지 않았으며, 형기를 다 마치고 나서 유럽으로 달아났다. 그는 여름은 파리와 암스테르담에서 보내고, 겨울은 노르웨이 북부에서 끝없이 이어지는 고독한 밤을 즐기며 보냈다. 2008년, 그는 노르웨이 트롬쇠에 있는 한 호텔 방에서 홀로 반항하듯이 숨을 거두었다.

가이듀섹이 남긴 유산은 실로 복잡하다. 가이듀섹은 그 시대의 가장 뛰어난 신경과학자 중 한 명이었다. 그는 아무도 들어보지 못한 뇌 질환으로 세상을 깜짝 놀라게 했고, 유인원 뇌 실험은(프루시너의 중요한 연구와 함께) 완전히 살아 있지 않은 생물을 다루는 완전히 새로운 생물학 분야를 열었다. 가이듀섹은 또한 감염원이 뇌 속에서 몇 년 동안 휴면 상태로 있다가 갑자기 병을 일으킨다는 사실을 입증했다. 이것은 그 당시로서는 이해하기 힘든 개념이었지만, HIV의 오랜 잠복기를 예고하는 것이기도 했다. 게다가 가이듀섹은 이 잔인한 질병에 희생된 사람들을 돕기 위해 어느 누구보다도 열심히 노력했고, 그 노력의 결과로 지금까지 지구상에서 박멸된 인간 질병은 천연두를 제외하고는 쿠루병이 유일하다. 1977년 이후에 쿠루병으로 죽은 사람은 약 2500명이나 되지만, 2005년 이후로는 한 명도 나오지 않았다. 아마도 더 북에 오른 마지막 이름이 마지막 희생자일 것이다. 하지만 가이듀섹은 포레족 사회를 구하려고 열심히 노력하는 한편으로, 가장 취약한 구성원들을 자신의 욕구를 충족시키기 위한 성적 노리개로 삼았다. 게다가 그가 흘린 모든 땀과 피에도 불구하고, 엄밀히 말하면 그가 한 뇌 연구는 단 한 사람의 목숨도 구하지 못했다. 그가 도착하기 이전에 이미 선교사들과 순찰대가 식인 풍습을 대체로 근절시켰고, 쿠루병에 걸린 사람은 마지막 사람까지 단 한 명의 예외도 없이 죽어갔다. 결국 신경과학은 쿠루병 앞에서 무력했다. 그리고 오늘날에도 대부분의 포레족 사람들은 마법사가 쿠루병을 일으켰다고 믿고 있다.

하지만 이것은 너무 암울한 평가일 것이다. 쿠루병 희생자들은 헛되이 죽지 않았다. 기초 생물학 연구는 더 나은 연구의 기반이 되며, 피해자들의 희생 덕분에 오늘날 우리는 쿠루병이 알츠하이머병이나 파킨슨병이나 그 밖의 노인 질병과 아주 비슷한 방식으로 뇌를 공격한다는 사실을 알게 되었다. 따라서 '세상에서 가장 희귀한 질병'은 모든 인류의 뇌 쇠퇴를 예방하는 데 도움을 주는 통찰을 제공할 것이다. 만약 그렇게 된다면, 많은 과학자들의 뇌 속에 자리를 잡은 것처럼 포레족은 우리의 뇌 속에도 자리를 잡을 것이다. 신경과학의 범위가 점점 넓어지고, 뇌 속의 미소한 회로들이 더 높은 차원의 욕구와 감정을 어떻게 만들어내는지 알아냄에 따라 어쩌면 가이듀섹 같은 사람의 자기기만과 모순적 욕구도 이해하기가 더 쉬워질지 모른다.

Joan Miró, Horse, Pipe and Red Flower, 1920

7장

성과 벌

뇌는 신경과 신경세포뿐만 아니라, 호르몬을 통해서도 신호를 내보낸다. 호르몬은 감정을 조절하는 데 특히 중요한 역할을 한다. 감정은 뇌와 몸 사이를 잇는 중요한 가교이다.

힌트 : 각각 여섯 자로 된 두 단어. 첫 번째 그림은 나뭇가지이지만, branch가 아닌 다른 단어(팔이나 다리를 뜻하기도 하는 단어)를 생각해야 한다. 뇌에서 감정을 담당하는 부분. 수녀도 nun이 아니고, 일반적으로 흔히 부르는 단어를 생각해야 한다.

하비 쿠싱Harvey Cushing은 신입 레지던트에게 첫인상을 아주 제대로 심어주었다. 1911년 새해 첫날 오전 8시에 외과 레지던트 윌리엄 샤프William Sharpe는 볼티모어에 있는 쿠싱의 병원에 처음 출근했다. 샤프는 첫날이고 하니 비교적 수월하게, 이를테면 병원 구경과 잡담, 그리고 차트 들여다보기 등으로 하루를 보내겠거니 예상했지만, 쿠싱은 전혀 다른 생각을 하고 있었다. 샤프가 방으로 들어갔더니 쿠싱은 개 머리뼈 속으로 팔목을 집어넣어 불쌍한 개의 뇌하수체를 파내고 있었다. 쿠싱은 인사말이나 소개도 없이 단도직입적으로 신부에게 뇌물로 줄 50달러를 건네면서 샤프에게 워싱턴 D.C.의 한 장례식장으로 달려가라고 지시했다. 그리고 그곳에서 한 거인 환자의 내분비샘(거기다가 뇌와 심장, 폐, 이자, 고환까지)을 모두 떼어 가져오라고 했다. 장례식은 오후 2시에 시작할 예정이었으므로, 샤프는 서둘러 출발해야 했다.

장례식장에서 자기 임무를 수행하던 신부는 샤프에게서 받을 것을 받고는, 주문 제작한 관 속에 거인 존 터너John Turner가 누워 있는 뒤쪽 방으로 안내했다. 일자무식에 벽돌 운반용 마차를 몰았던 터너는 15세 때 갑자기 폭발적으로 성장하는 시기를 겪었다. 38세 때 숨을 거둔 그는 키 217.5cm의 거인으로, 걷는 것조차 힘들어했다. 샤프는 신부한테 터너를 들어 관 밖으로 꺼내는 일을 도와달라고 했지만, 신부는 손사래를 쳤다. 거기서 샤프는 쿠싱의 말과 달리 아무도 부검 승인을 얻지 않았다는 사실을 알았다. 사실, 터너의 가족도 부검에 반대했다. 체중 155kg의 거구를 관 밖으로 옮길 가망이 없자, 샤프는 그냥 관 속에 둔 상태에서 그를 난도질하기로 결정했다. 돛만 한 크기의 턱시도 재킷을 벗긴 뒤에 오전 11시 무렵에 첫 번째 절개를 했다. 샤프는 일에 몰두한 나머지 조문객이 앞쪽 장례식장에 모여드는 소리도 듣지 못했다.

오후 1시 무렵에 샤프는 전술적 실수를 범했다는 사실을 깨달았

신경외과의 하비 쿠싱
(출처 : 미국국립의학도서관)

다. 머리부터 작업을 시작하는 편이 나았다. 그가 확보할 모든 내분비샘 가운데 뇌하수체(작은 호르몬 공장이자 쿠싱이 가장 좋아하는 내분비샘)가 가장 중요했다. 하지만 뇌하수체는 머리뼈 속 깊이 자리잡고 있어서 그것을 파내려면 톱으로 머리뼈를 자르는 작업이 필요했다. 시끄러운 소리가 나는 것을 피할 길이 없었다. 그리고 이제 샤프의 귀에도 터너의 가족이 다른 방에서 가만히 있지 못하는 소리가 들렸다. 신부는 왜 아직도 시신을 볼 수 없느냐는 가족의 질문에 적당히 둘러댈 말을 내놓지 못했다. 샤프는 서둘러 톱질을 했지만, 과도하게 자란 터너의 머리뼈는 두께가 2.5cm나 되는 곳도 있었다. 곧 시끄러운 소리의 정체를 확인하려고 문을 두드리는 소리가 들렸다.

머리뼈를 열어젖힌 다음, 샤프는 뇌 주위에 거미줄처럼 얽혀 있는 결합 조직을 걷어내 뇌하수체를 드러냈다. 뇌하수체는 뇌 아래쪽에 금방이라도 뚝 떨어질 것 같은 덩이 모양으로 매달려 있었다. 보통은 완두콩만 한 크기이지만, 거인의 뇌 속에서는 종양 때문에 아주 기괴하게 부풀어오르는 경우가 있었다. 샤프는 터너의 뇌하수체를 자세히 들여다볼 겨를도 없었다. 이제 앞방에 모인 사람들이 폭동을 일으킬 기세였기 때문이다.

샤프는 서둘러 시신을 봉합하고, 꺼낸 장기들을 모았다. 이 작업을 막 마치는 순간, 댐이 무너졌다. 다행히도 시체 두 구를 자기 손으로 처리하고 싶지 않았던 신부가 이미 샤프를 위해 택시를 불러둔 상태였다. 터너의 가족이 방으로 몰려들자, 샤프는 재빨리 뒷문으로 달려나가 택시에 올라탄 뒤, 운전기사에게 얼른 출발하라고 소리쳤다. 차가 그곳을 빠져나오는 순간, 분노에 찬 돌멩이 하나가 날아와 트렁크에 쿵 하고 떨어졌다.

볼티모어로 돌아온 샤프는 번들거리는 기관들을 냉장고에 집어넣었다. 그는 쿠싱에게 전화를 하고는, 그날 밤은 만족감과 자부심을 느끼며 일찍 레지던트 숙소로 퇴근했다. 하지만 동이 트기 전에 손 하나가 그를 흔들어 깨웠다. 눈을 떠보니, 쿠싱이 씩씩거리며 거기에 서 있었다. 그는 "왼쪽 부갑상샘을 빼먹었잖아!" 하고 고함을 질렀다. 샤프는 부갑상샘 이야기를 들은 적도 없을뿐더러 신부와 턱시도와 돌멩이에 대해 설명하려고 애를 썼다. 하지만 쿠싱은 샤프의 말을 가로막고 그를 해고했다.

어떻게 위로하기조차 힘든 상황이었지만, 동료 레지던트 두 명이 병원 구내식당에서 아침을 사며 샤프를 위로했다. 그들은 쿠싱이 항상 그 모양으로 폭발한다고 설명했다. 쿠싱은 감정을 조절하는 데 문제가 있었다. 식사를 반쯤 했을 때, 구내 방송 장비를 통해 찌지직거리는 소리가 흘러나왔다. "윌리엄 샤프, 호출입니다. 윌리엄 샤프는 지금 당장 쿠싱 박사님의 사무실로 오세요." 샤프는 사무실 문으로 다가가면서 필시 부들부들 떨었을 것이다. 혹시 내가 또 잘못한 게 있을까? 하지만 쿠싱은 평온하고 침착했다. 그는 샤프에게 부갑상샘을 보여주면서 그 기능을 설명했다. 그러고 나서 하던 일로 돌아가면서 샤프에게 좋은 하루를 보내라고 말했다. 어제의 그 사건에 대해서는 한마디도 언급하지 않았다.(물론 샤프는 그 일을 평생 잊지 못했다.)

그 24시간은 전형적인 쿠싱의 성격을 생생하게 보여주었다. 타당한 의학적 질문이 있으면, 그는 가차없이 그 답을 찾으려고 노력했고, 그 과정에서 흥분과 분노를 참지 못했다. 클리블랜드에서 보낸 어린 시절에도 가족은 벌컥 하는 성질 때문에 그를 '후추통Pepper Pot'이라는 별명으로 불렀다. 어른이 되고 나서도 그는 거의 매일 간호사와 레지던트에게 성깔을 부렸다. 하지만 쿠싱의 분노는 쉽게 끓어올랐다가 쉽게 가라앉았으며, 그 분노에 속이 상한 사람들도 그의 뛰어난 능력만큼은 부인하지 못했다.

뇌하수체의 비밀

쿠싱은 예일 대학을 졸업한 뒤(대학 시절 쿠싱은 공부만 하는 대신에 대학 야구팀에 들어가 활동하겠다고 우기는 바람에 아버지와 사이가 틀어졌다.), 순조롭게 하버드 의학대학원에 진학했고, 볼티모어의 존스홉킨스 병원에서 일자리를 얻었다. 그는 얼마 후 볼티모어를 연립 주택들이 "연쇄구균처럼" 다닥다닥 붙어 있어서 따분하기 짝이 없는 곳이라고 조롱했다. 하지만 존스홉킨스 병원의 상사가 모르핀 중독자*라는 사실에 매력을 느꼈는데, 그만큼 감독이 소홀하여 새로운 기술을 자기 마음대로 시험할 수 있었기 때문이다. 그는 전기를 사용해 뇌전증(간질) 환자의 뇌를 자극했고, 환자의 혈압과 맥박을 자동으로 보여주는 장비를 만들어 환자에게 문제가 생기면 외과의가 한눈에 알아보게 했다. 쿠싱은 또한 X선이 발견된 지 불과 1년 뒤인 1896년에 뇌종양과 몸속에 박힌 총탄을 찾는 데 X선 장비를 사용하기 시작했다.(운 좋게도 쿠싱은 다른 할 일이 아주 많아서 X선 장비 실험에 매달릴 시간이 별로 없었다. 하지만 덜 바빴던 동료는 방사선 중독으로 죽었다.)

쿠싱은 뇌 수술, 그중에서도 특히 뇌종양 수술 분야에 몰두했다. 꼼꼼하고 쉽게 만족하지 않는 성격 때문에 함께 일하는 사람들은 불편했겠지만, 그런 성격이 그를 훌륭한 외과의로 만들었다. 그 당시로서는 특이하게도 쿠싱은 굳이 뇌종양의 종류를 구별하려고 애썼고, 그에 따라 접근 방법을 달리했다. 의식에 가까울 정도로 청결을 챙기는 그의 태도 덕분에 뇌 수술 사망률은 약 90%에서 10%로 감소했다. 그리고 환자가 사망하면, 그는 반드시 부검을 통해 자기가 무슨 잘못을 했는지 확인하려고 했다. 이런 태도는 그때까지 거의 전례가 없던 것이었다. 또, 쿠싱에게는 초인적인 집중력이 있었다. 뇌 수술은 10시간 이상이 걸릴 때도 있었다.(그래서 외과의 사이에서는 환자의 수술 부위를 봉합하기 전에 종양이 도로 자라날지도 모른다는 농담이 오가기도 했다.) 하지만 쿠싱은 조금도 지친 기색 없이 계속 똑바로 서서 일했으며, 조수가 딴 생각에 빠진 걸 눈치채기라도 하면 "정신 차려!" 하고 호통을 쳤다.

32세 무렵에는 꽤 괜찮은 병원을 세웠고, 그렇게 그다음 수십 년은 순탄하게 살아갈 수도 있었다. 하지만 큰 실수 때문에 그의 인생 경로가 바뀌었다. 1901년 12월, 쿠싱은 금발에 가깝고 통통하며 성적으로 미성숙한(가슴도 봉긋 솟지 않았고, 초경도 시작하지 않은) 14세 소녀를 만났다. 쿠싱은 소녀의 머리뼈 속 압력이 아주 높다고 진단하고는, 과도한 체액을 빼내려고 머리를 절개했다. 하지만 소녀는 차도가 없었고, 얼마 후 사망했다. 부검 결과, 물혹이 뇌하수체를 압박한 것으로 밝혀졌다. 쿠싱은 그 가능성을 깜박했던 것이다.

공정하게 말한다면, 그 당시의 외과의들은 대부분 그 가능성을 간과했을 것이다. 뇌하수체는 엄밀히 말해 뇌의 일부가 아니지만, 신경계의 남극 대륙처럼 뇌의 가장 아래쪽에 자리잡고 있어, 거기에 도달하려면 시간이 오래 걸리는 침습적 수술이 필요하다. 설령 거기에 도달했다 하더라도, 외과의들은 거기에 손을 대길 망설였는데, 뇌하수체가 시각신경 바로 옆에 있기 때문이다.(소녀가 시력을 거의 상실한 이유도 이 때문이었다.) 게다가 그것을 손댄다고 해서 무슨 도움이 될지 아무도 몰랐는데, 그 기능이 여전히 수수께끼로 남아 있어서였다. 어떤 사람들은 뇌하수체를 막창자꼬리(충수)처럼 진화의 유물이라고 부른 반면, 어떤 사람들은 얼굴과 손 변형, 비만, 피부 문제, 심지어 (모순적이지만) 거인증과 왜소증 모두를 포함해 이해하기 힘들 정도로 다양한 질병과 연관이 있다고 주장했다. 이러한 모호성과 접근의 어려움 때문에 대부분의 외과의는 뇌하수체를 아예 없는 것으로 여기려고 했다. 하지만 쿠싱은 대부분의 외과의에 속하지 않았고, 그 진상을 파헤치기로 마음먹었다.

비록 수수께끼에 싸여 있긴 했어도, 뇌하수체 관련 연구 자료를 많이 읽을수록 쿠싱은 더 큰 흥미를 느꼈다. 특히 뇌하수체가 성장 장애와 연관이 있다는 부분에 큰 흥미를 느꼈다. 어린 시절에 서커스단이 클리블랜드 거리를 요란하게 휘젓고 지나갈 때마다 쿠싱은 그곳으로 달려가 맛보기 공연을 구경하면서 거인과 난쟁이, 뚱뚱보 여인을 비롯해 그 밖의 '기이한' 사람들을 몇 시간이고 넋을 놓고 바라보았다. 뇌하수체 연구는 그런 묘한 호기심에 다시 불을 지폈고, 20세기 초에 그는 연구라는 미명 아래 순회 서커스단의 기형들뿐만 아니라 거인과 난쟁이를 찾아 동해안 지역을 여행하기 시작했으며, 그들의 자세한 병력을 기록했다.

존 터너 같은 몇몇 사람들은 이러한 사생활 침해에 발끈했다. 하지만 대부분의 사람들은 호리호리하고 말쑥한 이 의사를 좋게 기억했고,

자기 집을 방문하는 것도 허락했다. 쿠싱에게 가장 기억에 남을 만한 면담은, 어느 늦은 밤에 세상에서 가장 못생긴 여자를 보스턴으로 찾아가 만난 것이었다. 쿠싱은 기차역 바깥쪽에 세워둔 개인 유개 화차를 찾아갔다. 기차역 구내는 미로처럼 복잡했기 때문에 쿠싱은 안내인을 요구했는데, 랜턴을 들고 나타난 사람은 키 90cm의 난쟁이였다. 기름이 타면서 깜박이는 불빛은 다소 괴기스러운 시각 효과를 연출했다. 훗날, 쿠싱은 길을 걸어가는 동안 자기 눈앞에서 그 난쟁이가 '호브고블린hobgoblin'(영국 민담에 나오는 요정의 일종. 가장 대중적으로 알려진 호브고블린은 《한여름 밤의 꿈》에 나오는 장난꾸러기 요정 퍽Puck이다. 말썽이 심한 집요정이지만, 사람을 해칠 정도는 아니다. —옮긴이)으로 한두 번 변신하는 것처럼 보였다고 회고했다. 못생긴 여자의 유개 화차에 당도하자, 한 거인이 난쟁이를 플랫폼 위로 들어올린 뒤, 키 167.5cm의 쿠싱도 플랫폼 위로 올라오도록 도왔다. 유개 화차 안에서 쿠싱은 서커스단의 온갖 기괴한 사람들이 침상에 너부러져 있는 모습을 보았다. 그중에는 다리가 없는 '반쪽 여인'도 있었다. 쿠싱은, 마치 동화 나라 속으로 들어온 것 같았다고 기억했다. 그리고 비록 그들의 고생담은 눈물을 솟아나게 했지만, 면담을 하는 내내 자기 입술에 미소가 계속 씰룩이는 것을 느꼈다.

기이한 병력을 가진 사람들을 수십 명 살펴본 뒤, 쿠싱은 뇌하수체가 담당하는 주요 임무가 커뮤니케이션이라고 결론 내렸다. 우리는 대개 뇌가 신경 자극을 통해 몸과 커뮤니케이션을 한다고 생각한다. 예를 들면, 뇌는 바로 이 방법으로 우리 몸을 움직인다. 하지만 뇌가 지시를 내리는 방법은 그 밖에도 여러 가지가 있다. 호르몬 같은 화학 물질을 이용하는 방법도 그중 하나이다. 그런데 뇌는 호르몬을 직접 분비하는 대신 그 일을 내분비샘에 외주 용역을 주기도 한다. 쿠싱은 호르몬을 조절하는 일에서는 '마스터 내분비샘'인 뇌하수체만큼 중요한 내분비샘이 없다고 단언했다. 뇌하수체는 진정한 호르몬 공장으로, 대여섯 종류의 세포가 각자 다른 호르몬을 분비한다. 한 호르몬이 너무 많이 생산되거나 너무 적게 생산되면 특정 질병이 생길 수 있는데, 이로써 뇌하수체가 왜 다양한 질병과 연관이 있는지 설명되었다.

거인과 난쟁이에 큰 관심을 기울인 덕분에 쿠싱은 특히 한 가지 호르몬을 중점적으로 연구했는데, 그것은 바로 성장 호르몬이었다. 만약 어린이의 뇌하수체에 종양이 생기면, 성장 호르몬을 분비하는 세포들이 증식을 시작하는 경우가 많다. 그러면 뇌하수체는 성장 호르몬을 과다 분비하게 되고, 어린이는 갑자기 급성장하여 거인이 된다. 이와는 반대로, 근처에 있던 물혹이 이 세포들을 짓누르면 뇌하수체에서 생산되는 성장 호르몬이 크게 줄어들어 어린이는 난쟁이가 된다. 따라서 뇌하수체의 행동에는 '모순'이 전혀 없는 것으로 드러났다. 거인 또는 난쟁이가 되는 것은 바로 뇌하수체에 생긴 문제 때문에 일어난다.

쿠싱은 아동기를 지난 다음에 뇌하수체에 교란이 일어나면 다양한 질환이 생길 수 있다는 사실도 알아냈다. 키가 어른만 하게 자란 사람은 호르몬을 생산하는 세포들이 죽더라도, 다시 키가 작아져 난쟁이로 변하진 않는다. 하지만 성적으로 퇴행할 수 있는데, 성에 무관심해지고, 얼굴과 배에 젖살이 붙는다. 남성의 생식기도 움츠러들 수 있으며, 여성은 생리가 멈출 수 있다. 이와 비슷하게 뇌하수체의 활동이 활발해지더라도 어른의 키가 더 자라지는 않는데, 팔과 다리의 성장판이 이미 닫혔기 때문이다. 하지만 성장 호르몬의 과다 분비는 특히 말단비대증의 원인이 될 수 있다. 말단비대증에 걸리면, 손과 발, 얼굴 뼈가 굵어지고,* 마치 목이 졸린 것처럼 눈이 툭 튀어나오게 된다. 쿠싱이 유개 화차에서 만났던 '못생긴 여자'도 바로 보기 흉한 이 질환에 걸려 있었다.

이 발견에 흥분한 쿠싱은 자신의 신경외과 수술 레퍼토리를 확대

왼쪽 : 말단비대증을 앓았지만 아직 증상이 나타나기 이전의 존 헤멘스. 오른쪽 : 쿠싱이 수술하기 직전의 존 헤멘스.

하고 싶은 마음에서 1909년에 뇌하수체에 이상이 있는 환자들을 대상으로 수술을 하기 시작했다. 첫 번째 환자는 사우스다코타 주의 농부 존 헤멘스John Hemens였다. 헤멘스는 어른이 되고 나서 손발의 크기가 정상 치수보다 몇 사이즈나 더 크게 자랐다.(뇌하수체에 문제가 있는 사람들 중에는 몇 년에 한 번씩 더 큰 장갑과 신발을 사야 하는 사람들이 많다.) 얼굴도 부풀어올라 이상하게 변했다. 혀와 입술도 아주 두꺼워져 말도 간신히 할 수 있었고, 턱뼈가 커지는 바람에 치아 사이의 간격도 크게 벌어졌다. 머리끝부터 발끝까지 그의 모습은 대표적인 말단비대증 환자였고, 쿠싱은 뇌하수체 일부를 제거하기로 결정했다. 에테르로 의식을 잃게 한 뒤, 코 바로 위 지점에서 머리뼈를 오메가(Ω) 모양으로 절개하며 들어갔다. 머리뼈 속으로 수술 도구를 구불구불 집어넣고 뇌하수체의 약 3분의 1을 잘라냈다. 마취에서 깨어난 헤멘스는 후각이 사라졌지만, 오랫동안 그를 괴롭히던 두통과 눈의 통증이 사라졌고, 얼굴과 손이 부어오르는 증세도 곧 가라앉았다. 쿠싱은 그가 치료되었다고 선언했다.

안타깝게도 안도감은 오래가지 않았다. 많은 증상이 일 년 안에 되돌아왔다. 하지만 그래도 쿠싱은 그 결과에 자신감을 얻었다. 그때까지 뇌하수체 장애 증상을 조금이나마 완화하는 데 성공한 사람은 아무도 없었다. 그래서 쿠싱은 계속해서 더욱 과감한 수술을 밀어붙였다. 1912년에는 목숨을 살리기 위한 최후의 시도로, 혼수 상태에 빠진 신시내티 주의 한 남자에게 죽은 아기의 뇌하수체를 이식했다. 그 남자는 물혹으로 뇌하수체가 심각하게 손상돼 있었다. 환자는 의식을 회복하지 못하고 사망했고, 한 신문이 쿠싱이 실제로는 아기의 뇌 전체를 이식했다고 잘못 보도하는 바람에 이 사건은 큰 스캔들로 번졌다. 하지만 이런 난관에도 굴하지 않고 쿠싱은 새로운 치료법을 개발하려는 노력을 계속했다.

얼마 후, 여러 저자의 글을 종합해 새 책을 만들던 동료가 쿠싱에게 마스터 내분비샘을 주제로 80여 쪽짜리 글을 써달라고 부탁했다. 쿠싱은 800여 쪽에 이르는 원고를 제출했다. 나중에 그는 이 내용을 압축하여 《뇌하수체와 그 장애*The Pituitary Body and Its Disorders*》라는 자신의 책에 포함시켰다. 솔직히 말해서, 그 책에는 결함이 몇 가지 있었다. 늘 그랬듯이 강박 관념에 사로잡힌 쿠싱은 기원이 알려지지 않은 장애는 모두 다 이 "잠재적인 말썽꾼" 탓으로 돌렸고, 그러다 보니 일부 의심스러운 사례들도 거기에 포함시켰다. 그럼에도 불구하고, 이 책은 그 명성에 충분히 걸맞은 내용이 실려 있다. 이전에 의사들은 거인과 난쟁이, 뚱뚱한 여자를 설명 불가능한 '비정상'으로 무시했다. 또, 의사들이 호르몬 불균형을 치료하려고 시도하더라도, 대개(특히 여성의 경우에는) 생식기를 제거하고 최선의 결과가 나타나기만 바라는 데 그쳤다. 이에 반해 쿠싱은 더 합리적이고 인도적인 대안을 제시했고, 또 대부분의 환자에게 처음으로 진정한 안도감을 주었다.

이 책은 의학적 장점 외에도 다른 이유 때문에 유명해졌는데, 바로 충격적인 사진들 때문이었다. 기술을 몹시 사랑한 쿠싱은 오래전부터 자

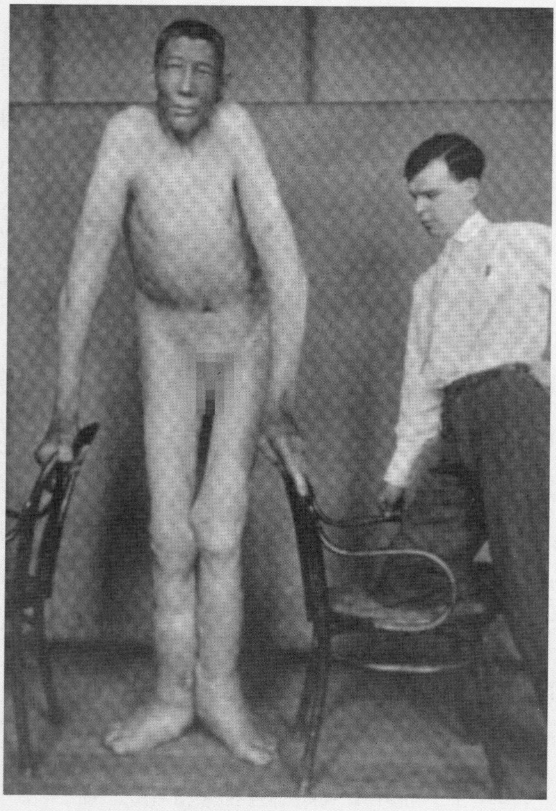

뇌하수체 거인 존 터너. 쿠싱의 조수(오른쪽)는 수십 년이 지난 뒤에도 의학 학회에 참석하면, 이 사진에 등장한 그 사람이 아니냐며 말을 걸어오는 사람들이 있었다.

신의 환자들을 코닥 카메라로 사진을 찍으면서 상태가 악화돼가는 모습을 기록했다. 사실, 그는 '이전'과 '이후'의 모습을 비교하는 사진을 널리 보급한 초기의 개척자 중 한 명이다. 다만, 그는 오늘날 흔히 쓰는 홍보 기법을 거꾸로 사용했다는 점이 다른데, 그의 환자들은 항상 두 번째 사진에서 상태가 훨씬 악화된 모습으로 나타난다. 말쑥한 정장 차림의 멋쟁이들이 갑자기 생식기가 크게 줄어들고 임산부처럼 뱃살이 크게 불어난 모습으로 변했고, 우아한 아가씨가 갑자기 곱사등이가 되고 구레나룻이 자랐다. 아마도 가장 슬픈 사진은 거인 존 터너가 의자 2개를 짚은 채 몸을 지탱하는 모습일 것이다. 그의 얼굴은 놀라울 정도로 불그레하고, 두 다리는 금방이라도 무너질 것처럼 위태로워 보인다.(키가 170cm인 쿠싱의 조수가 우연히 그 옆에 서 있다가 사진에 찍혔는데, 수십 년이 지난 뒤에도 의학 학회에 참석한 그를 보고 사진에 등장한 그 사람이 아니냐며 말을 걸어오는 사람들이 있었다.)

어떤 면에서 이 책은 베살리우스의 예술적 혁신을 인간의 기형에 대한 벨라스케스Velásquez의 관심과 결합한 것이라고 할 수 있다. 하지만 벨라스케스는 자신의 대상들을 품위 있게 표현한 반면, 쿠싱의 사진들은 오늘날 보는 사람들에게 불편함을 준다. 거기에는 잔인함에 가까운 측면마저 있다. 터너와 대부분의 환자는 알몸 상태였다. 얼굴이나 생식기를 검은 막대로 가린 사람은 하나도 없었고, 심지어 미소를 지으려고 한 사람도 거의 없었다. 이들을 보면, 카메라가 사람의 영혼을 앗아간다는 옛 미신이 떠오른다. 쿠싱이 자신의 환자들을 사람으로 보살핀 것은 분명하다. 쿠싱은 환자 수백 명과 계속 편지를 주고받았고, 〈타임〉의 한 칼럼이 서커스단의 일부 기형 인간(쿠싱의 '못생긴 여자'를 포함해)을 조롱하자 〈타임〉을 맹렬하게 비난한 적도 있다. 그러면서도 쿠싱은 다른 사람이 없는 자리에서는 자신도 그들을 조롱하는 데에서 자유롭지 못했으며, 자신의 명성을 위해 기형을 대중의 흥밋거리로 이용한 건 틀림없는 사실이다.

이미 1913년 무렵에 쿠싱은 자신의 책을 십분 활용하여 하버드 대학에서 교수 자리를 얻었으며, 살인적인 일정에도 1910년대와 1920년대에 더 많은 연구를 했다. 그는 자기 스승의 전기를 써서 1926년에 퓰리처상을 받았다. 한편, 쿠싱은 거대한 계획(그의 집에 있는 모든 탁자는 이에 필요한 용품으로 뒤덮여 있었다.)에 착수했는데, 그 계획이란 자신의 정신적 조상으로 여기는 베살리우스의 유고 및 원본 초상화를 있는 대로 모두 추적해 찾아내는 것이었다.(쿠싱은 심지어 희귀한 《인체의 구조에 관하여》 초판본도 추적했는데, 기묘하게도 한 권은 로마의 한 대장간에서 발견되었다.) 그는 일에 너무 몰두한 나머지, 1929년의 주식 시장 붕괴를 몇 달 뒤에 병원을 찾아오는 환자들이 뚝 끊길 때까지 알아채지 못했다. 그렇긴 해도, 그는 1931년에 2000번째 뇌종양*을 제거한 사건을 축하했다. 그 와중에 늘 자기 능력을 과신했던 쿠싱은 자기 가족을 대상으로 수술도 몇 차례 했는데, 두 자녀의 맹장(막창자) 제거 수술과 딸의 목에서 결절을 제거하는 수술이었다.

수십 년 동안 쉬지 않고 계속 일을 해온 쿠싱은 마침내 기력이 약해졌고, 1930년대 후반에 스스로 작은 뇌종양이 있다는 진단을 내린 뒤 건강이 더욱 나빠졌다. 그러다 결국 1939년에 심장마비로 인한 합병증으로 사망했다. 이번에도 쿠싱이 초기에 했던 연구가 모두 다 옳은 것으로 밝혀지지는 않았다. 하지만 그는 그 시대에 살았던 어느 누구보다도 뇌의 내분비샘들이 어떻게 작동하는지(혹은 제 기능을 하지 못하는지) 분명하게 밝혀냈고, 뇌가 몸에 어떻게 영향을 미치는지 이해하는 데 중요한 초석을 놓았다. 사실, 쿠싱이 죽어가는 순간에도 다른 과학자들은 그의 통찰을 더 확대 발전시키고, 그의 마스터 내분비샘과 또 하나의 중요한 뇌-신체계 사이의 연관 관계를 밝혀내고 있었는데, 그것은 바로 인간의 감정을 만들어내는 계였다.

감정을 연구하다

감정에 대한 현대적인 연구는 한 남자의 분노로 시작되었다. 1937년, 코넬 대학의 신경과학자 제임스 웬서슬로스 페이프즈James Wenceslaus Papez는 새로운 연구 보조금이 제공될 것이라는 소문을 들었다. 그 돈은 뇌 속에서 감정이 어떻게 작동하는지 연구하는 과학자들을 지원하는 데 쓰일 예정이었다. 페이프즈는 이 연구 보조금에 함축된 의미—과학자들이 감정의 신경과학에 대해 아무것도 모른다는—가 이 분야의 핵심 측면들을 이미 밝혀낸 자기 동료들을 모욕한다고 생각했다. 그래서 훗날 스스로 '분노의 발작'이라고 표현한 행동을 통해 그때까지 밝혀진 지식의 상황을 요약한 논문을 썼다. 그런데 이 논문은 그 부분들의 합보다 훨씬 큰 영향력을 발휘했다.

페이프즈는 사람의 감정을 착 가라앉게 하거나 과도하게 흥분하게 만드는 뇌 손상 사례들을 바탕으로 논문을 썼다. 예를 들면, 뇌 깊숙이 자리잡은 회색질 덩어리인 시상에 생긴 병터는 자연 발생적 웃음이나 울음을 초래할 수 있다. 이와 달리, 또 다른 내부 구조인 띠이랑cingulate gyrus이 손상되면, 사람들은 감정적으로 멍한 상태가 된다. 아마도 페이프즈가 인용한 사례 중 가장 인상적인 사례는 광견병일 것이다. 뭔가를 삼키면 목에 고통스러운 경련이 일어나기 때문에, 광견병 환자는 대개 물을 무서워한다.(그래서 광견병을 공수병恐水病이라고도 한다. 삼키지 못하는 것은 입에 거품이 생기는 이유이기도 한데, 삼키지 못한 침이 고이기 때문이다.)

광견병은 뇌에서 특정 회색질 집단을 침범하여 공격성도 높인다. 그 결과, 개나 미국너구리를 비롯해 동물의 성질이 더 변덕스럽게 변해 다른 동물이나 사람을 물어 광견병을 옮길 가능성이 더 높아진다. 사람 역시 분노가 폭발하기 쉬워 병원 직원들은 광견병 환자를 침대에 꽁꽁 묶어 놓는 경우가 많다.

이 모든 사례에서 뇌 손상은 감정을 폭발하게 하거나 무뎌지게 하는 결과를 초래했는데, 페이프즈는 이 손상된 구조들이 일종의 '감정 회로'를 이루어 함께 협력하는 게 분명하다는 사실을 깨달았다. 이것은 아주 훌륭한 통찰이었다. 훗날 과학자들은 이 회로를 변연계邊緣係(가장자리 계통이라고도 함)라고 이름 붙였다. 변연계는 영어로 limbic system이라고 하는데, 'limbic'은 림보limbo(고성소古聖所, 예수를 미처 알지 못하고 원죄 상태를 유지한 채 죽은 사람들이 잠시 머무르는 곳 — 옮긴이)라는 라틴어 단어에서 유래했다. 그리고 변연계는 실제로 뇌의 위쪽 지역과 아래쪽 지역 사이에서 과도 단계 역할을 한다. 한 신경과학자는 "변연계는 기독교 신화의 림보처럼 겉질 천국과 파충류 뇌 지옥을 연결하는 부위"라고 표현했다.

페이프즈가 논문 초고를 끝낸 이후에 과학자들은 어떤 구조가 변연계에 속하고 어떤 구조가 속하지 않는지를 놓고 많은 논쟁을 벌였다. 이런 혼란이 일어난 이유 중 하나는 '감정'의 의미를 사람마다 제각각 다르게 정의했기 때문이다(주관적 느낌, 호르몬 분비, 신체적 반응 또는 행동 등으로). 게다가 감정의 종류에 따라 서로 다른 뇌 구조가 활성화된다는 사실이 혼란을 더욱 가중시켰다. 변연계는 아주 많은 뇌 지역과 상호작용하기 때문에 그 경계선을 명확히 긋기가 어렵다.

변연계에는 핵심 요소가 몇 가지 있는데, 관자엽 안이나 그 주위에 있다. 일반적으로 그 작용 방식은 다음과 같다. 여러분이 호랑이처럼 무

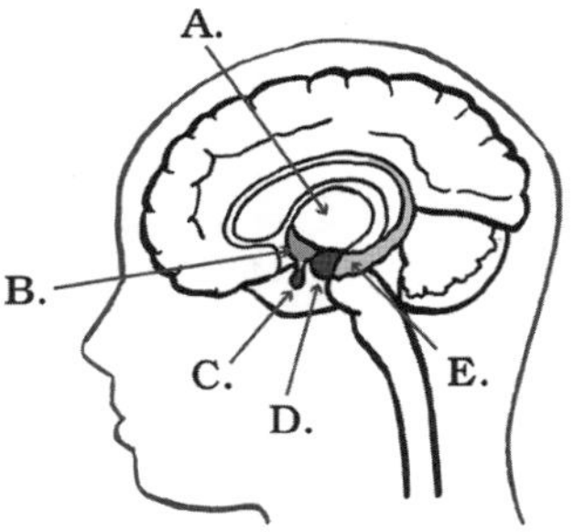

중간뇌/변연계

서운 것을 보았다고 하자. 시각과 청각 정보는 뇌 중심부에 2개의 엽으로 이루어진 작은 구조인 시상을 통해 여과된다. 시상은 발톱, 이빨, 포효 소리 등의 감각 입력 정보를 맨 먼저 받아 후속 처리를 위해 그 데이터를 여러 갈래로 쪼갠다. 한 갈래는 기억을 생성하고 기억에 접근하는 일을 돕는 시상하부로 흘러간다. 또 한 갈래는 둘로 나뉘어 하나는 곧장 편도로 흘러가고, 다른 하나는 이마엽으로 우회했다가 역시 편도에 도착한다.(편도에 관해 더 자세한 이야기는 곧 나온다.) 이제 뇌는 호랑이에 대해 상당히 자세한 내용을 파악했으므로, 이제 몸에 경고를 보내야 할 때가 되었다. 이를 위해 편도는 우리 몸에서 가장 바쁘게 일하는 장소 중 하나인 시상하부에 자극 신호를 보낸다.* 시상하부는 대사, 항상성, 식욕, 리비도 같은 온갖 종류의 중요한 생물학적 기본 개념에 대해 전적으로 또는 부분적으로 책임을 진다.(생물학자들은 시상하부의 이 네 가지 임무를 동물 행동의 '4F'라고 부른다. 4F는 먹기feeding, 싸움fighting, 도망fleeing, 생식reproduction이다. f로 시작하지 않는 reproduction이 왜 4F에 포함되는지 의아하겠지만, 이 단어는 대신에 f로 시작하는 단어인 fornication이나 fucking을 쓰기도 하기 때문이다.) 시상하부의 신경세포들이 뇌하수체를 자극하고, 그러면 뇌하수체는 혈액 속으로 호르몬을 분비해 우리에게 달리거나 떨거나 땀을 흘리거나 그 밖의 방식으로 본능적으로 감정을 느끼게 한다.

변연계는 아주 광범위하게 뻗어 있어서 뇌와 몸의 많은 부분과 상호작용한다. 변연계는 얼굴 근육에 자극 신호를 보내 얼굴을 붉게 만들거나, 으르렁거리게 하거나, 웃게 하거나, 찡그리게 만든다. 또, 얼굴에서 피드백도 받을 수 있다. 예를 들면, 단순히 미소를 짓는 행동만 하더라도 행복감을 주는 호르몬을 분비하게 해 기분이 좋아진다.(뇌는 미소를 행복한 시간과 연관 짓기 때문에, 일단 미소 회로에 불이 들어오면 좋은 기분 회로에도 불이 들어오는 경우가 많다. 얼굴을 찌푸리는 것과 나쁜 기분 사이에도 이와 비슷한 일이 일어난다. 회로가 서로 연결돼 있으면, 신호를 함께 발사한다. 반면에 예컨대 얼굴 근육을 마비시키는 보톡스로 얼굴 표정을 방해하면, 분노 같은 감정이 수그러든다.) 정신 현상과 관련해, 변연계 구조는 이마엽과 협력하여 도취감이나 우울감, 욕정처럼 풍부한 감정 경험, 즉 살아 있다는 느낌을 생생하게 주는 감정의 기복을 만들어낸다. 이마엽 절개술의 공포 중 일부는 이마엽과 변연계 사이의 연결 부위를 절단함으로써 감정 경험을 무뎌지게 하거나 심지어 아예 사라지게 한다는 데 있었다.

아이러니하게도, 페이프즈는 연구 보조금 제공자들을 어리석어 보이게 할 의도로 변연계 관련 논문을 썼지만, 그 보조금이 원하던 바로 그것을 제공했다. 즉, 감정이 어떻게 작용하는지 대략적인 윤곽을 제시한 것이다. 훌륭한 점이 아주 많았음에도 불구하고, 페이프즈는 변연계에서 중요한 측면 하나를 간과했다. 1937년에 쓴 그의 논문은 편도를 전혀 다루지 않았다. 편도를 영어로 amygdala라고 하는데, '아몬드'를 뜻하는 그리스어에서 유래했고(사실, 편도扁桃도 아몬드를 뜻하는 한자어다. —옮긴이), 편도의 모양이 아몬드를 닮았기 때문에 붙은 이름이다. 2개의 편도는 관자엽 안쪽 깊숙이 자리잡고 있다. 편도는 놀람 반사를 일으키고, 시상을 건너뛰는 감각인 냄새를 처리하고, 주변에 있는 물체 중 어느 것

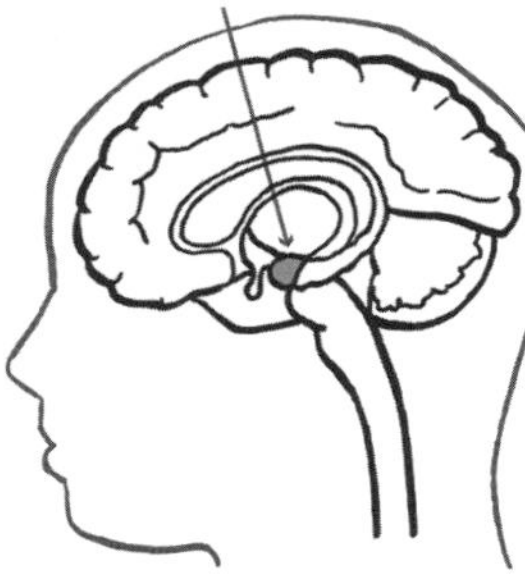

이 주의를 기울일 만한 가치가 있는지 판단하는 데 도움을 준다. 사실, 일부 신경과학자는 시각 연구에서 '무엇' 갈래와 '어디' 갈래를 구별하던 맥락의 연장선상에서 편도와 그 주변 구조들을 '그래서 뭐so what' 갈래라고 불렀다. 뇌가 "이런 게 보이는데, 여기에 신경을 써야 할까?"라고 물으면, 편도는 그 결정을 도와준다.

만약 신경을 써야 한다면, 편도는 다음 단계에 돌입해 적절한 반응을 하도록 돕는다. 특히 그 반응이 두려움을 포함한다면 더욱 그렇다. 사실, 편도는 흔히 뇌에서 두려움 장소라고 불린다. 그것은 지나치게 단순화한 이름이지만(편도는 행복한 감정을 포함해 많은 감정을 처리하므로), 그렇게 부를 만한 이유가 충분히 있다. 두려운 대상을 감시하는 구조가 있다는 것은 대체로 좋은 일이다. 날카로운 송곳니를 가진 동물이나 어두운 장소, 위험한 사람을 피하게 해주기 때문이다. 하지만 다른 뇌 부분들처럼 편도도 오작동을 일으키며, 그 결과로 줄곧 두려움을 느끼게 할 수 있다. 그래서 이런 사람들은 위험이 전혀 존재하지 않는 곳에서 위험을 보며, 그것을 쓸데없는 두려움이라고 지나치게 핀잔을 주면 몹시 화를 낸다.

한편, S.M.이라는 여자에 관한 연구가 보여주듯이, 편도 손상은 정반대 문제, 즉 놀라울 정도로 두려움을 전혀 느끼지 않는 상태를 낳을 수 있다. 어릴 때 S.M.은 무서운 것들에 정상적으로 반응했다. 한밤중에 S.M.은 오빠를 따라 묘지로 갔는데, 오빠가 나무 뒤에 숨어 있다가 뛰쳐나오자 비명을 질렀다. 또, 언젠가 도베르만에게 쫓길 때 심장이 마구 떨리고 창자가 딱딱하게 굳는 느낌(전형적인 두려움 반응)이 들었다. 하지만 10세 무렵에 S.M.은 편도세포를 석화시켜 죽이는 희귀 질환인 우르바흐-비테 증후군Urbach-Wiethe disease을 앓기 시작했다. 몇 년 뒤 편도가 있어야 할 장소에 '검은 구멍'이 2개 생겼다. 그 후로 S.M.은 두려움을 전혀 느끼지 않았다.

S.M.을 대상으로 한 연구는 읽기에 아주 재미있는데, 기본적으로 S.M.을 겁주려고 갈수록 더 복잡한 방법을 고안하는 과학자들이 나오기 때문이다. 예를 들면, 의사들은 S.M.을 차에 태우고 이국적인 애완동물을 파는 가게로 갔는데, 그곳에는 뱀도 있었다. 차를 타고 가는 동안 S.M.은 뱀을 싫어한다고 말했지만, 가게에 도착하자마자 직원의 손에 들려 있던 뱀들을 홱 낚아채다시피 하여 가지고 놀았다. 심지어 뱀의 혀를 어루만지기도 했으며(뱀은 이것을 좋아하지 않는다.), 독사를 손 위에 올려놓고 쓰다듬게 해달라고 열다섯 번이나 졸랐다. 의사들은 S.M.을 데리고 유령의 집도 방문했다. 오래된 그 정신병원은 삐걱거리는 문과 어두컴컴한 구석이 많아 금방이라도 어디선가 괴물이 튀어나올 것 같았다. 모르는 사람 5명(모두 여성)이 S.M.과 함께 그곳을 둘러보면서 실질적인 대조군 역할을 했다. 그들은 몇 초마다 한 번씩 비명을 질렀지만, S.M.은 다음번에는 또 무엇이 있는지 보려고 항상 앞장섰다. 한번은 그 가면의 감촉이 어떤지 알아보겠다고 괴물(분장한 배우)의 머리를 쿡 찔러보기까지 했다. 결국은 괴물이 그녀에게 놀란 꼴이 되고 말았다.

단순히 S.M.의 감정이 무뎌졌는지(즉, 감정을 전혀 느끼지 못하는지)

시험하기 위해 의사들은 그녀에게 다양한 얼굴 표정을 짓는 사람들의 사진을 살펴보게 했다. S.M.은 대부분의 감정 표정을 제대로 읽을 수 있었지만, 두려움만큼은 제대로 읽어내지 못했다. 이와 비슷하게, 다양한 영화 장면을 보여주었을 때, S.M.은 적절한 때 슬픔이나 놀라움, 즐거움, 역겨움의 반응을 보였지만, 공포 영화 〈샤이닝The Shining〉이나 〈양들의 침묵The Silence of the Lambs〉을 볼 때에는 거의 눈도 깜빡하지 않았다. 가족들은 오히려 S.M.이 가끔 과도하게 슬픔이나 외로움을 느낀다고 말했다. 충분히 이해할 수 있는데, 다른 감정들은 편도를 피해갈 수 있지만, 두려움은 그럴 수 없기 때문이다. 두려움을 느끼려면, 편도가 우리를 자극해야 한다.

이 실험들이 억지로 꿰어 맞춘 결과가 아닌가 하는 의심이 든다면(어쨌든 S.M.은 유령의 집에서 실질적인 위험에 맞닥뜨린 적이 전혀 없으므로), '칼 사건knife incident'을 생각해보자. 어느 날 밤, 혼자서 집으로 돌아가던 S.M.은 교회 뒤쪽을 가로질러 공원으로 들어갔다. 나중에 그녀가 "마약에 취한" 듯 보였다고 표현한 남자가 S.M.을 보고 고함을 쳤지만, S.M.은 아랑곳하지 않고 그를 향해 걸어갔다. 그 남자는 손으로 S.M.을 붙잡더니 칼을 꺼내 S.M.의 목에 갖다댔다. 그리고 나지막하게 위협적인 목소리로 "이 잡년, 네 목을 그어주마."라고 말했다. S.M.은 거기서 벗어나려고 버둥거리지 않았다. 대신에 교회에서 들려오는 성가대의 합창 소리에 귀를 기울이고는, 하느님의 천사들이 자신을 보호하고 있다는 이야기를 중얼거렸다. 그 남자는 이상한 기분이 들어 S.M.을 붙잡고 있던 손을 풀었다. 그러자 S.M.은 걸음아 날 살려라 하며 도망가는 대신 그냥 천천히 걸어서 그곳을 떠났다. 심지어 다음 날에 그 공원을 다시 찾아가기까지 했다. S.M.은 누가 총구를 들이대는 일도 겪었고, 가정 폭력으로 거의 죽을 뻔하기도 했다. 하지만 분명히 크게 불쾌했을 텐데도 불구하고,

S.M.이 이 사건들을 표현하면서 사용한 단어들은 그 사건들을 그저 불편하거나 귀찮은 일인 것처럼 들리게 했다. 두려움이라곤 전혀 내비치지 않았다.

S.M. 사례를 비판하는 사람들은 그녀의 행동이 두려움이 없는 게 아니라 일반 감각이 없는 것처럼 들린다고 주장했다. 편도에 뚫린 검은 구멍들은 실제로는 그저 머리에 뚫린 구멍에 불과하다는 주장이었다. 하지만 변연계에 관한 지식은 이런 비판이 틀렸음을 말해준다. S.M.이 뱀이나 다른 위험 요소를 보았을 때, 그냥 어깨를 으쓱하고 지나치지 않았다는 사실이 중요하다. 그녀는 손을 뻗어 그것을 꼭 만지고 싶어 했다. 이것은 생물학적으로 충분히 일리가 있는 행동이다. 만약 야생에서 독사를 본다면, 딴 데 한눈팔고 싶지 않을 것이다. 오히려 독사에 주의를 집중해야 한다. 어떻게 보면 S.M.의 뇌는 두려운 대상을 인식한 셈인데, 그것에 주의를 집중했기 때문이다. 그녀의 뇌는 단지 그곳을 당장 떠나게 하는 후속 감정 반응을 일으키지 못했을 뿐이다. 따라서 S.M.에게 일반 감각이 없다고 말하는 것은 핵심을 놓친 것이다. 주변의 위험을 감지하는 문제에서는 두려움이 곧 일반 감각이다. 일반 감각은 두려움에서 파생하며, 따라서 두려움이 없으면 일반 감각도 없다.

감정이 사라질 때

변연계 내에서 처리되긴 하지만, 감정은 종종 미묘하고도 놀라운 방식으로 뇌의 다른 영역들로 퍼져간다. 시각 겉질이 손상된(그래서 주변 사물을 의식 속에서 시각적으로 인식할 수 없는) 시각 장애인 중에는 여전히 다른 사람의 얼굴에서 감정을 읽어내는 사람이 있다. 그 이유는 시각 신경이 의식하는 마음으로 데이터를 보낼 뿐만 아니라, 부차적인 잠재의식 경로를 통해 변연계로도 보내기 때문이다. 따라서 만약 의식 경로가 손상되었지만, 잠재의식 경로인 변연계 경로가 온전히 남아 있다면, 시각장애인은 왜 그러는지 모르면서도 여전히 미소나 찌푸림, 떨리는 입술 등에 반응할 수 있다. 심지어 다른 사람에게서 하품*이 옮을 수도 있다.

이와 비슷하게 변연계는 특정 종류의 마비를 건너뛸 수 있다. 뇌의 수의隨意 운동 중추에 뇌졸중이 일어난 사람들은 흔히 지시에 따라 미소 짓는 것을 어려워한다. 입 오른쪽은 위로 올라가는 반면, 안타깝게도 왼쪽은 아래로 처질 수 있다. 하지만 농담을 들려주면(진정한 감정이 관여하는 과정), 대칭적인 미소를 제대로 활짝 지을 때가 많다. 그 이유는 변연계가 수의 운동 중추와는 다른 축삭돌기 경로를 통해 얼굴과 연결되기 때문이다. 따라서 우리가 감동을 느낄 때마다 변연계는 여전히 얼굴 근육을 움직일 수 있다.

(게다가 변연계와 수의 운동 중추는 실제로 서로 다른 얼굴 근육들을 움직이며, 따라서 서로 달라 보이는 미소를 만들어낸다. 이것이 진정한 미소와 사진 찍을 때 짓는 거짓 미소의 차이를 설명해준다. 물론 두려움이나 놀라움 혹은 다른 사람의 애완동물 이야기에 보이는 관심처럼 진심 어린 표정은 거짓으로 흉내 내기 어렵다. 배우들은 이러한 한계를 극복하기 위해 로런스 올리비에 Laurence Olivier[1907~1989, 영국의 배우이자 연출가—옮긴이]가 그랬던 것처럼 적절한 얼굴 표정을 만들어내려고 거울 앞에서 연습하거나, 콘스탄틴 스타니슬랍스키Constantin Stanislavsky[1863~1938년, 러시아의 연출가이자 배우—옮긴이]가 그랬던 것처럼 맡은 배역의 역할과 내면 감정을 그대로 재현하려고 노력하면서 그에 어울리는 표정이 자연스레 나타나게 한다.)

변연계와 관자엽은 성性과도 밀접한 관련이 있다. 과학자들은 이 연관 관계를 우회적인 방법으로 발견했다. 1930년대 중엽에 하인리히 클뤼버Heinrich Klüver라는 악당 생물학자가 페요테peyote라는 선인장(이 선인장에는 메스칼린mescaline이라는 환각성 물질이 들어 있다. —옮긴이)을 가지고 실험을 시작했다. 그는 어느 여름 휴일에 뉴햄프셔 주에서 이 실험을 시작했는데(심심해 미칠 지경인 데다가 실험동물도 없어서) 메스칼린을 어느 농부의 암소에게 투여함으로써 한 번에 두 가지 고민을 다 해결했다. 클뤼버가 암소에게 페요테 성분을 주사했는지 아니면 말린 페요테를 손 위에 올려놓고 씹어먹게 했는지는 알 수 없다. 어쨌든 알려진 사실은 소가 죽었고, 농부가 화가 나서 길길이 뛰었다는 것이다. 이렇게 상서롭지 못한 출발에도 개의치 않고, 클뤼버는 자신이 직접 메스칼린을 시험해보기로 했는데, 그 때문에 하마터면 죽을 뻔했다. 하지만 그는 이런 난관에도 전혀 굴하지 않았고, 시카고 대학의 자기 연구실로 돌아가 원숭이를 대상으로 실험을 더 했다.

1936년 무렵에 클뤼버는 모든 환각의 기원이 관자엽 내부에 있다는 이론을 내놓았다. 이 개념을 검증하기 위해 동료 신경외과 의사 폴 뷰시Paul Bucy에게 원숭이 몇 마리의 관자엽을 제거하게 했다.(이 수술로 변연계의 핵심 구조들도 함께 제거되었다.) 실험은 실패했지만(원숭이들은 여전히 환각 상태에 빠졌다.), 두 사람은 기묘한 부작용을 발견했다. 우선, 원숭이들은 물체를 인식하는 능력을 잃었는데, 먹이도 제대로 인식하지 못했다. 또한 원숭이들은 구강기 고착oral fixation 현상이 생겼다. 두 사람은 박하, 해바라기 씨, 바나나 조각을 바닥에 흩어놓는 실험을 통해 이 사실을 확인했다. 또 못, 보푸라기, 빗, 달걀 껍데기, 은박지, 담뱃재, 그리고 서랍에서 찾아낸 그 밖의 물건도 흩어놓았다. 원숭이들은 곧장 먹을 만한 것으로 향하지 않고 모든 물건을 일일이 집어들고서 핥거나 씹어보았는데, 이것은 오늘날 과잉 구강증hyperorality이라 부르는 행동이다. 이 원숭이들은 심지어 새끼 쥐와 똥도 맛을 보려고 했다. 이에 못지않게 충격적인 것은 이 원숭이들이 섹스광으로 변했다는 사실이다. 이 원숭이들은 아무것도 없으면 혼자서 자위를 했고, 주위에 눈에 띄는 동물이 있으면 그것이 무엇이건 다가가서 성기를 문질러댔다. 한 불쌍한 원숭이는 과잉 구강증과 색정증이 결합된 최악의 상태였는데, 자기 음경이 뭔지도 모르고 계속 물어뜯었기 때문에 결국 안락사시켜야 했다.

요즘이라면 신경과학자는 원숭이가 먹이를 인식하지 못하는 이유를 관자엽 내부의 '무엇' 갈래가 파괴된 것에서 찾을 것이다. 하지만 변연계의 기능 상실은 이상한 행동을 낳는 데에도 일조했는데, 감정의 목적 중 하나는 사물을 평가하고 적절하게 반응하도록 돕는 것이기 때문이다. 요컨대, 변연계가 제대로 기능하는 뇌에서는 편도의 '그래서 뭐' 회로가 각각의 사물에 좋거나 나쁜 감정 '꼬리표'를 붙인다. 나중에 같은 사물을 만나면, 꼬리표가 우리에게 달아나야 할지, 미소를 지어야 할지, 싸워야 할지, 아니면 다가가야 할지 알려준다. 예를 들면, 원숭이는 바나나에 적절한 반응을 보이는데, 예전에 바나나가 배고픔을 달래주고 당분을 공급한 적이 있기 때문이다. 이 경험은 원숭이의 뇌에 보상과 관련이 있는 신경전달물질, 즉 도파민을 분비하게 했다. 그래서 바나나를 또다시 보면, 원숭이는 예전에 좋은 느낌을 주었던 그 단계들—다가가서 먹는 것—을 반복한다. 반대로 원숭이는 불이나 뱀을 피하는데, 이것들에는 무서운 것이라는 꼬리표가 붙어 있기 때문이다. 또, 똥을 피하는 이유는 거기에 역겨운 것이라는 꼬리표가 붙어 있기 때문이다.

이제 이 꼬리표들이 모두 사라졌다고 상상해보자. 이제 어떤 것도 다른 것보다 더 좋거나 역겹거나 무섭지 않다. 클뤼버와 뷰시의 원숭이들에게 바로 이런 일이 일어났다. 변연계가 없으면, 바나나와 보푸라기나 똥 덩어리는 모두 다 잠재적 먹이로 보이고, 과거에 몇 차례나 불타는 성냥을 움켜쥐었건 혹은 과학자의 다리를 붙잡고 성기를 비벼댔건 간에 이번에도 똑같은 행동을 반복한다. 여러분은 이 모든 실패와 헛된 노력 때문에 원숭이가 얼마나 좌절을 끝없이 느낄까 하고 생각할 수도 있겠지만, 절대로 그렇지 않다. 변연계가 없는 원숭이는 똑같은 실수를 아무리 반복하더라도 절대로 속상해하지 않는다. 사실, 이런 원숭이는 즐거움과 속상함, 분노를 포함해 어떤 감정도 절대로 내비치지 않는다. 옆에 있던 경쟁자 원숭이가 관자엽 절제 수술을 받은 원숭이의 손을 물더라도(자존심이 있는 영장류라면 절대로 그냥 넘기지 않을 도발적 행동), 물린 원숭이는 그냥 손을 홱 잡아당긴 뒤 어슬렁거리며 걸어갈 뿐이다.

클뤼버와 뷰시는 원숭이를 연구했지만, 변연계가 손상된 사람도 동일한 특성을 많이 보여주는데, 지금은 이런 장애를 클뤼버-뷰시 증후군이라 부른다. 클뤼버-뷰시 증후군이 있는 사람은 물린 원숭이와 마찬가지로 '통각 마비'가 하나의 증상으로 나타나는데, 그래서 신체적 통증에 무감각하다. 이들은 손이 으스러지거나 피부 밑에 부러진 바늘이 박히면 아프다는 걸 인지할 수는 있지만, 그 통증이 아무런 감정적 영향을 수반하지 않으므로 수선을 피우지 않는다. 클뤼버-뷰시 증후군 환자는 또한 과잉 구강증을 보인다. 이들은 비누나 카테터, 담요, 꽃, 카드, 베개, 유리 온도계를 비롯해 병실에 있는 모든 것을 입에 넣고 씹다가 의사에게 발각된 적이 있다. 어떤 환자는 붕대를 삼키려고 하다가 질식하기까지 했다.

성 문제에서는 인간은 뇌 손상을 입었을 때 원숭이와 다른 반응을 보이는 경우가 많다. 예를 들면, 변연계에 전기 폭격을 퍼붓는 듯한 발작이 일어나면 발기 부전과 성욕 상실이 일어날 수 있다. 일부 뇌전증(간질) 환자는 평생 동안 오르가슴을 한 번도 느끼지 못했다.(이와는 대조적으로, 광견병에 걸리면 많게는 하루에 30번까지 사정이 자연 발생적으로 일어난다.) 관자엽이 손상되면 성적 취향이 동성애에서 이성애로(혹은 그 반대로)

변하거나, 부적절한 대상으로 향하는 일이 일어나기도 한다. 클뤼버-뷰시 증후군의 일반적 부작용에는 동물 성애증, 대변 기호증, 소아 성애증, 그 밖에 너무나 특이하여 아직 적당한 이름이 정해지지 않은 기타 성애증이 있다. 1954년에 세 과학자가 L.E.E.라는 뇌전증 환자에 관한 보고서를 발표했다. L.E.E.는 38세의 목수였는데, 소년 시절부터 야한 잡지가 아니라 안전핀을 가지고 몰래 욕실로 들어가곤 했다. 호주머니에서 안전핀(더 반짝이는 것일수록 좋았다.)을 꺼낸 그는 그것을 바라보면서 약 1분 동안 쾌감이 점점 커지다가 멍한 표정으로 변했다. 그는 흥얼거리고 입술을 빨면서 몸이 뻣뻣해졌다. 동공도 확장되었다. L.E.E.가 이런 방식으로 실제로 오르가슴을 느꼈는지는 분명하지 않지만, 그는 개의치 않았다. 그는 그때 경험하는 전율과 튀어나오는 신음, 경미한 발작이 훨씬 큰 즐거움을 주면서 오르가슴을 상회한다고 주장했다.(그가 사용한 페티시의 장점은 쾌감뿐만이 아니었다. 제2차 세계 대전 당시에 L.E.E.가 모병관들 앞에서 그것을 시범으로 보여주었을 때, 모병관들은 그의 행동을 충분히 빨리 제지할 수 없었다.) 하지만 그의 페티시즘은 결혼 생활에 장애가 되었다. 30대 때 그는 전희를 하는 동안 발기가 되지 않았고, 그의 아내는 집을 나가겠다고 위협했다. 외과의들이 그의 관자엽에서 7.5cm 길이의 부위를 제거한 뒤에야 그는 장애에서 벗어났다. 그 후로 그는 아내와 행복한 결혼 생활을 보냈다.

하지만 사실은 L.E.E.는 운이 좋았다. 한 가지 문제를 해결하려고 관자엽 조직을 제거하면, 또 다른 문제가 생기는 경우가 아주 많았다. 만약 문제의 조직이 그 사람의 성 충동을 억제했다면, 그것을 제거했을 경우 성욕이 크게 치솟아 과잉 흥분 상태로 치닫기 일쑤였다. 한 환자는 수술을 받고 나서 한 번 발기하면 몇 시간 동안 지속되었고, 사정을 하고 나서도 불과 몇 초 뒤에 다시 섹스를 하려고 아내에게 달려들었다. 섹스를 아무리 많이 해도 그는 만족할 줄 몰랐다. 배우자에게는 견디기 힘든 고역인데, 그래서 어떤 사람은 배우자를 수술한 외과의를 따로 불러 배우자와 보조를 맞추기 위해 자기 관자엽도 절제해달라고 부탁하는 일도 있었다. 이런 상황에 처한 자식을 둔 부모도 어려움이 많았다. 세 살밖에 안 된 어린이(고치기 힘든 뇌전증을 제어하기 위해 관자엽을 절제한)가 성기를 꺼내 작은 엉덩이를 들이미는 일이 일어날 수도 있다. 관자엽 절제 수술을 받은 24세의 여성 환자는 낯선 사람이나 이웃 또는 가족에게 섹스를 구걸하기 시작했는데, 상대방이 응해주지 않으면, 장소를 가리지 않고 자위를 했다. 발작 때문에 한 차례 입원했을 때에는 30분도 안 돼 병실에서 탈출했다. 의사들은 심장마비를 일으킨 어느 남자 노인의 시트 아래서 그녀를 발견했는데, 거기서 그녀는 머리를 열심히 위아래로 까닥거리고 있었다. 그것은 성욕 과다증과 과잉 구강증이 결합된 사례였다.(누군가는 "한 사람의 증후군이 다른 사람에게는 행운의 날을 가져다주었다."라고 언급했다. 흥미롭게도, 그녀는 자신이 저지른 일을 나중에 전혀 기억하지 못했다.)

우리의 시각 중추, 운동 중추, 성 중추 외에 변연계 회로와 상호작용하는 마지막 지역은 더 원초적인 감정을 진정시키고 달래주는 이마엽(전두엽)이다. 그렇다고 이마엽이 감정을 완전히 짓누른다는 말은 아니다. 어두운 숲 속에서 불가사의하게 부스럭거리는 소리는 항상 편도에 경보를 울리고, 우리 몸 전체에 두려움 신호를 보낸다. 하지만 더 까다롭고 반응이 약한 이마엽은 우리가 두려움에 압도당하도록 내버려두지 않고, 두려움을 어느 정도 누그러뜨리고 극복하도록 도와준다. 우리는 이 이마엽의 영향 때문에 대개 융통성 없고 정형화된 반응을 보이는 다른 동물에 비해 감정의 미묘한 차이가 훨씬 다양하게 나타난다.

그렇긴 해도 우리가 똑똑하고 이성적이라고 자만하기에는 이르다.

우리는 가끔 두려움이나 분노에 압도당하기 때문이다. 엘리엇Elliot이라는 남자 이야기가 잘 보여주듯이, 우리가 자랑하는 이마엽의 '고등 추론' 능력은 원초적인 감정에 크게 의지하고 있다.

엘리엇은 좋은 사람이었다. 배려심이 많은 남편이었고, 아내는 고등학교 시절부터 사귄 사이였다. 자녀는 둘을 두었고, 직장에서는 수석 회계사로 일했으며, 아이오와 주 지역 사회에서 건실한 구성원으로 살아갔다. 그런데 35세이던 1975년에 극심한 두통이 시작되었는데, 고통이 너무나도 심해서 생각을 제대로 할 수 없었다. 뇌 스캔을 했더니 최악의 결과가 나왔다. 야구공만 한 크기의 종양이 눈 위쪽과 뒤쪽에 자리잡고 있었다. 사실, 종양 자체는 큰 문제가 아니었지만, 한정된 머리뼈 속 공간에서 이마엽을 짓누르고 있는 게 문제였다. 그의 머리를 연 외과의들은 이마앞엽 지역에서 손상된 조직을 잔뜩 제거해야 했다. 뇌에서 가장 앞쪽에 위치한 이마앞엽 지역은 계획 수립과 의사 결정, 성격 특성에 중요한 역할을 담당한다. 수술을 하고 나자, 완전히 다른 엘리엇이 깨어났다.

이 엘리엇은 어디서 식사를 해야 할지 선택하는 일처럼 아주 단순한 일도 쉽게 결정하지 못했다. 어느 식당을 선택하기 전에 가격과 메뉴와 분위기, 집에서의 거리, 종업원의 서비스 질 등을 비교했다. 그러고 나서 후보에 오른 모든 식당을 일일이 방문해 얼마나 혼잡한지 확인했다. 그러고도 그는 결정을 내리지 못했다. 사실, 어떤 결정을 내렸건 간에 엘리엇은 미적거리고 망설이면서 결코 마음을 정하지 못했다. 인생을 살아가면서 사소한 선택에 맞닥뜨릴 때마다 그렇게 쓸데없이 철저하게 검토한다고 상상해보라. 오늘은 어떤 넥타이를 맬까?(줄무늬로 할까, 스누피로 할까? 음…….) 사이드 디시는 어떤 걸로 할까?(수프로 할까, 샐러드로 할까? 음…….) 어떤 라디오 방송을 들을까?(스무드 재즈를 들을까, 클래식 컨트리를 들을까? 음…….)

엘리엇은 직장에서도 일을 제대로 하지 못했다. 전에는 시간을 잘 지켜 출근했지만, 이제는 매일 아침마다 일일이 쫓아다니면서 귀찮게 채근해야 간신히 출근할 수 있었다. 면도를 하거나 머리를 감느라 몇 시간을 보내기도 했는데, 제시간에 도착하거나 출근하는 것 자체에 대해 그다지 신경을 쓰지 않았기 때문이다. 회사에서도 별로 도움이 되지 않았다. 수학 능력은 이전과 다름없었지만, 자기 시간을 관리하지 못했고, 의미 없는 일에 한눈을 팔기 일쑤였다. 예를 들면, 어떤 문서를 어떻게 정리해야 할지 결정하느라 오전 시간을 다 허비하기도 했다. 색깔별로? 날짜별로? 부서별로? 알파벳순으로? 음……. 그러면서 허비하는 시간이나 상사의 눈초리에는 전혀 아랑곳하지 않고 문서들을 이리 옮겼다 저리 옮겼다 하며 몇 시간을 보냈다. 큰 그림을 보는 능력의 상실은 이마앞엽 지역이 손상되었을 때 흔히 나타나는 결과이며, 이 때문에 그 사람은 한두 단계를 넘어 나아가지 못해 과제를 완수하지 못하는 경우가 많다.

결국 엘리엇의 개인적 삶도 무너져 내렸다. 직장에서 해고되는 것은 불가피한 수순이었고, 그 후 그는 한 계절은 창고에서 일하고, 다음 계절은 소득 신고서 작성 일을 하는 식으로 여러 일자리를 전전했다. 어떤 일자리도 오래가지 못했다. 수상쩍은 사람이 접근하여 그가 가진 돈을 주택 건설 계획에 투자하라고 유혹했다. 그 투자금을 날리자 엘리엇은 어깨를 으쓱하며 그냥 무시했다. 그는 17년간이나 함께 살아온 아내를 속이고 바람을 피우기까지 했다. 이혼 후에는 창녀와 결혼했지만, 그 결합도 6개월 만에 끝나고 말았다.

이상한 점은 엘리엇의 기억과 언어와 운동 기능은 온전하게 남아 있었고, IQ도 120대를 그대로 유지했다는 사실이다. 그는 경제 뉴스와 국내 정치뿐만 아니라 폴란드와 라틴아메리카 지역의 대외 문제에 대해 자세히 토론할 수 있었다. 무엇보다 기묘한 것은, 통제된 환경에서는 제대로 생각할 수 있다는 점이었다. 사람들의 사회적 삶에 대한 가상 시나리오를 제시한 다음, 어떤 선택이 행복을 낳고 어떤 선택이 불행을 낳을지 예측하라고 하면, 엘리엇은 예컨대 사기꾼과 결혼하는 것은 최선의 선택이 아니라고 예측했다. 그렇긴 해도, 그는 자기 인생에서 그런 재앙을 피해가려고 하지 않았다. 왜 그럴까? 재앙 따위에 신경을 쓰지 않았기 때문이다. 자신의 큰일에 대해 애써 생각하려 하지 않았다.

신경과학자 안토니오 다마시오Antonio Damasio는 엘리엇에 관해 긴 논문을 썼다. 비록 그것은 미묘한 사례이긴 하지만, 다마시오는 엘리엇이 감정적 고통을 느끼지 못한다는 점이 그를 이해하는 열쇠라고 주장했다. 인간의 뇌는 감정을 담당하는 변연계 회로와 이성을 담당하는 이마앞엽 지역 사이에 강한 신경 연결이 있으며, 우리는 보통 양자의 관계를 주인과 노예 관계로 생각한다. 즉, 이성적인 뇌가 감정을 가라앉히고 충동을 억제한다고 설명한다. 하지만 다마시오는 양자의 관계는 그게 다가 아니라고 주장한다. 감정이 이성적인 뇌에게 충고를 하기도 하며, 판단을 할 때 과거의 경험을 고려하게 한다. 감정은 우리가 여러 선택에 맞닥뜨렸을 때, 과거에 비슷한 선택의 결과가 어떠했는지를 바탕으로 A와 B 또는 좋은 것과 나쁜 것이라는 꼬리표를 달아서 이 일을 처리한다. 때로는 이러한 꼬리표가 '직감'을 만들어내, 우리 몸이 기억하는 지혜를 통해 마음을 바꾸거나 마음에 영향을 미친다. 다마시오에 따르면, 전체적으로 볼 때 이것이 바로 감정이 진화한 기본 목적이라고 주장한다. 즉, 긍정적인 느낌과 연결 지음으로써 우리를 '좋은' 선택 쪽으로 나아가게 하는 반면, 불편한 느낌을 자극함으로써 '나쁜' 선택을 피하게 한다.

엘리엇의 종양은 이마앞엽 지역과 변연계 중심 사이의 주요 연결을 파괴했고, 그래서 이성과 감정 사이에 대화가 일어나지 않았다. 이 때문에 그는 살아가면서 맞닥뜨리는 자질구레한 일들에서 갈피를 잡지 못했다. 왜냐하면, 격자무늬 대신 페이즐리무늬를 선택하거나, 뷔페 요리 대신 중국 요리를 선택하는 일은 논리적 사고와 아무 상관이 없기 때문이다. A를 향해 다가가게 하고 B에서 멀어지도록 하는 것은 바로 감정—나는 무엇에 마음이 끌리는가?—이다. 감정이 없는 상태에서 엘리엇의 이마엽은 결정을 내릴 수가 없었다. 논리만으로는 선택을 하지 못한다.

이마엽과 변연계 사이의 대화 부재는 인생에서 중요한 선택을 할 때에도 엘리엇에게 치명적 결함으로 작용했다. 이마앞엽 지역이 손상되었다곤 하지만, 생물학적인 것(예컨대 섹스)이건 문화적인 것(예컨대 돈)이건 엘리엇의 기본적인 충동이나 욕구가 변한 것은 아니었다. 사실, 이런 충동들은 아마 나머지 사람들보다 더 강하거나 유별나거나 하지 않고 정상이었을 것이다. 다만, 대부분의 사람들은 이마앞엽 지역이 이런 충동들을 억제하고, 사회적으로 적절한 방식으로 변화시킨다. 이것은 이마엽의 가장 중요한 임무 중 하나이다. 이마엽이 아무런 영향을 미칠 수 없는 상황에서 엘리엇은 즉각적인 충동과 욕구(*섹스를 하고 싶어!*)가 항상 그의 마음에서 나머지 모든 것을 압도해, 동물과 마찬가지로 그때마다 충동에 따라 행동할 수밖에 없었다. 이보다 더 나쁜 일은, 이마엽과 변연계 사이의 상호작용이 사라지자, 자신의 결정에 대해 감정적으로 좋은 것이라거나 나쁜 것이라는 꼬리표를 달 수 없었고, 그래서 장래에 비슷한 실수를 피할 수 없게 된 상황일 것이다.

여기서 다마시오의 연구*가 이성 '대' 감정이라는 전통적인 생각을 뒤집어엎었다는 사실에 주목할 필요가 있다. 분명히 감정은 이성을 흐릿하게 만들 수 있다. 그렇긴 하지만, 추상적인 사고는 감정이 없어도 상당히 잘 진행될 수 있다. 실험실에서 가상의 시나리오에 맞닥뜨렸을 때 엘리엇은 어떤 결정이 파멸적인 결과를 가져오리란 것을 예측할 수 있었다. 그의 발목을 잡은 것은 다음 단계였다. 대부분의 사람들에게 다음 단계는 너무나도 당연해서 그것을 굳이 말로 옮기는 것조차 한심하다고 여길 것이다. "파멸로 인도하는 결정을 피하라고, 이 멍청아!" 하지만 부정적 결과를 모두 대략적으로 이야기한 뒤에도 엘리엇은 씩 웃으면서 현실에서는 "나는 여전히 어떻게 해야 할지 잘 모를 것입니다."라고 인정했다. 일반 감각(상식)과 어긋나는 그의 행동은 어리석어 보인다. 하지만 두려움을 다룰 때 이야기했듯이, 일반 감각을 만들어내는 것은 감정으로 보인다. 그리고 선택 가능한 길들에 무섭거나 위험하거나 즐거운 것이라는 꼬리표가 전혀 붙어 있지 않아 엘리엇은 잘못된 길을 선택할 수밖에 없었다. 따라서 전체적으로 볼 때, 감정을 개입시키지 않고 이성적으로 사고하는 것은 추상적인 사고를 할 때에는 바람직할지 몰라도, 현실에서는 (엘리엇의 사례가 보여주는 것처럼) 비이성의 화신이나 다름없다. 이것은 신경과학이 받아들이기 아주 힘든 진실 중 하나이다. 즉, 믿기 힘들지만, 합리적이고 논리적인 뇌가 항상 모든 것을 결정하는 것은 아니다. 우리는 스스로에게 호모 사피엔스*Homo sapiens*, 곧 지혜로운 사람이라는 칭호를 붙여주었지만, 호모 림부스*Homo limbus*(직역하면 '가장자리의 사람'이란 뜻인데, 여기서 림부스는 limbic system, 즉 변연계를 가리키고, 따라서 변연계에 지배당하는 사람, 곧 감정적인 사람이란 뜻이 된다. —옮긴이)가 더 적절한 이름일지 모른다.

뇌 손상과 범죄

엘리엇의 사례는 또 다른 문제, 우리가 자신의 행동에 얼마나 책임을 져야 하는가라는 상당히 윤리적인 문제를 제기한다. 뇌 손상은 어둡고 원초적인 일부 충동을 해방시킬 수 있는데, 엘리엇은 즉각적인 유혹에 휘둘린 상황에서 그른 것을 물리치고 옳은 것을 선택하는 데 큰 어려움을 겪었다. 하지만 엘리엇이 잘못된 투자를 하거나 결혼 생활을 망치는 대신에 돈을 착복하거나 아내를 살해했다고 상상해보라. 우리의 사법 체계는 선악을 구별하는 사람은 자신의 행동에 책임을 져야 한다는 전제를 바탕으로 한다. 하지만 법학자들은 신경과학을 고려하여 중간 사례들을 처리하는 데 애를 먹었다. 어떤 사람이 선과 악을 구별할 줄 알고, 악을 버리고 선을 선택해야 할 필요성을 이해하는데도, 그것을 실행에 옮길 의지나 능력이 없는 사례들이 있었기 때문이다.

한 사례에는 버지니아 주의 교사가 등장한다. 그는 비록 포르노를 좋아하긴 했지만, 비교적 평범한 삶을 살아왔다. 그런데 40세 무렵부터 마사지 업소를 드나들며 쾌락을 추구했다. 더 큰 문제는 미성년 소녀들이 나오는 음란 비디오를 수집하기 시작한 것이었다. 그런 충동을 억제하려고 노력하긴 했지만, 결국엔 얼마 지나지 않아 여덟 살 의붓딸에게 접근해 섹스를 시도했다. 딸은 엄마에게 그 사실을 일러바쳤고, 그녀는 그의 컴퓨터에 아동 포르노가 잔뜩 저장돼 있는 걸 발견했다. 이 남자는 체포되어 재판을 받았지만, 법정에서 자신의 행동을 제대로 설명하지 못했다. 이전에 어린이에게 욕정을 느낀 적이 전혀 없었고, 지금도 그래서는 안 된다는 사실을 잘 알지만, 스스로를 억제할 수 없었다. 판사는 그가 범죄 행위를 한 전력이 전혀 없다는 사실을 인용하면서 교도소 대신에 재활 치료를 받으라는 선고를 내렸다. 하지만 그곳에서도 사정은 전혀 나아지지 않았다. 그는 간호사들에게 자기 위에 올라타라고 계속 요구했고, 어느 날 오후에는 오줌으로 바지를 지린 뒤에도 간호사들을 계속 유혹했다. 결국 그는 치료소에서 쫓겨나 교도소로 갔다. 하지만 선고를 실행에 옮기기 전날 밤에 격심한 두통을 호소한 그는 병원으로 실려 갔다. 그리고 여러분이 짐작한 대로 그의 뇌 속에는 달걀만 한 크기의 종양이 있었다.

이것은 우연의 일치일까? 통계적으로 보자면, 소아 성애자 중에도 일부는 뇌종양이 있을 수 있고, 그런 종양이 반드시 그들의 비행과 관련이 있는 것은 아니다. 만약 우연의 일치가 아니라면, 그 종양은 단지 그가 억누르고 있던 욕구를 해방시킨 것일까, 아니면 이전에 존재하지 않았던 욕구를 만들어낸 것일까?

2000년 12월에 종양 제거 수술을 받고 나자, 그에게서 소아 성애증이 사라졌다. 잠깐 동안은 그랬다. 다음 해 10월이 되자 그는 다시 어린이를 좇아다니기 시작했다. 하지만 두통이 재발했기 때문에, 의사들은 다시 뇌 스캔을 해보았다. 그랬더니 종종 일어나는 실수가 발견됐다. 수술을 할 때 아주 작은 종양 뿌리 하나를 간과한 것으로 드러났고, 그것이 사악한 잡초처럼 마구 자라나 있었다. 두 번째 수술로 그것을 제거하자, 소아 성애증이 다시 사라졌다. 무슨 영문인지는 정확히 몰라도 종양 때문에 소아 성애증이 나타나는 것 같았다. 하지만 이번에도 억누르고 있던 욕구를 종양이 풀어준 것인지, 아니면 종양이 실제로 그의 마음 구조를 변화시켰는지는 알 수 없다. 이것은 드문 사례가 아니다. 2000년에 실시한 한 조사에 따르면, 종양이나 치매, 또는 그 밖의 회색질 손상을 겪은 뒤에 소아 성애증이 나타난 남자가 적어도 34명이나 된다. 물론 대부분의 소아 성애자는 뇌 손상을 입지 않았지만, 적어도 그중 일부는 분명히 뇌 손상을 입은 사람이다.

범죄 행위(혹은 그 밖의 기괴한 행동)의 원인이 뇌 손상 때문인지 아닌지 판단할 때 고려해야 할 핵심 요소가 몇 가지 있다. 하나는 추가적 문제의 존재 유무이다. 버지니아 주의 그 남자를 검사했더니 균형을 유지하거나 알아볼 수 있는 문장을 쓰는 과제를 해내지 못하는 등 여러 가지 신경학적 테스트를 통과하지 못했다. 또한, 쿠루병 환자와 동일한 입술 반사를 나타냈다. 이에 못지않게 중요한 고려 사항은 새로운 행동이 얼마나 빨리 나타났느냐 하는 것과, 과거 행동과 현재 행동 사이에 차이가 얼마나 있느냐 하는 것이다. 소아 성애증은 대개 청소년기에 나타나 나머지 성적인 변화 양상에 발맞추어 점진적으로 드러나기 시작한다. 하지만 그때까지 단조로운 성 생활을 유지해오던 60세 남자가 미성년 딸과 섹스를 하고, 무분별하게 사춘기 이전의 소년들을 좇아다닌다면, 신경과 의사의 진단이 필요하다.(실제로 그런 사례가 하나 있다. 이 남자는 또 느닷없이 소와 교접하기 시작했고, 자신의 성기를 빨간 리본으로 장식했다.) 하지만 이 기준마저 모든 사례를 다 포괄하진 못한다. 범죄 행위는 아니었다고 하지만, 편도가 손상된 여인 S.M.은 섹스를 하자고 의사들을 거듭 유혹했다. S.M.은 뱀과 강도에 대한 두려움을 잃은 데 그치지 않고, 사회적 두려움도 모두 잃은 것처럼 보였다. 하지만 그녀의 상태는 몇 년에 걸쳐 서서히 나타났다.

이 사례들은 그 사람에게 과연 죄를 물을 수 있을까 하는 어려운 질문뿐만 아니라, 그런 범죄를 저지른 사람을 어떻게 처벌해야 하는가에 대해서도 어려운 문제를 제기한다. 만약 뇌 손상이 범죄 행동의 원인이라면, 관대함을 보이려는 유혹을 받기 쉬운데, 어떤 측면에서 그것은 당사자의 잘못이 아니라고 볼 수 있기 때문이다. 하지만 일부 판사들(그리고 과학자들)은 정반대로 생각한다. 만약 누가 영구적인 뇌 손상 때문에 충동을 제대로 억제하지 못하고 어린 소녀에게 주체할 수 없는 성욕을 느낀다면, 재활 치료도 아무 소용이 없을 것이다. 그래서 이런 사람은 차라리 극도의 감시 상태에 두는 게 낫다고 생각한다.

신경과학이 사법 체계에 변화를 가져오리란 사실은 의심의 여지가

뇌 손상이 범죄 행동의 원인이 되는 사건은 그런 범죄를 저지른 사람을 어떻게 처벌해야 하는가에 관한 어려운 문제를 제기한다.

없지만, 어떻게 바뀔지는 알 수 없다. 신경과학은 하비 쿠싱 같은 사람이 왜 주기적으로 폭발했는지(예컨대 조수가 왼쪽 부갑상샘을 빼먹었다는 사실을 발견했을 때 왜 분노가 품위를 압도했는지) 이해하는 데 도움을 줄 수 있다. 또, S.M.이 왜 두려움을 전혀 느끼지 않았는지, 혹은 왜 어떤 남자는 안전핀을 섹시하게 여겼는지 이해하는 데 도움을 줄 수 있다. 하지만 만약 뇌 손상을 입은 사람이 솟구치는 감정을 이마엽이 제대로 조절하지 못해 다른 사람을 공격한다면, 설사 우리가 그 원인을 마지막 신경세포에 이르기까지 추적할 수 있다 하더라도, 그다음 후속 조치를 내놓는 데에는 신경과학만으로는 부족하다. 그것을 결정하는 데에는 많은 생각과 신중한 추론이 필요할 것이다. 우리의 이성을 보완하여 좀 더 인간적인 것으로 만들려면, 우리의 감정에 귀를 기울이는 게 필요하기 때문이다. 이성이 없는 감정이 맹목적이라면, 감정이 없는 이성은 절름발이나 마찬가지다. 엘리엇 같은 사람들만으로 가득 찬 세상은 끔찍한 곳이 될 것이다. 따라서 신경과학의 그 모든 발전과 환상적인 기계와 빛나는 통찰에도 불구하고, 우리가 어떻게 행동해야 할지 안내해줄 우리의 오랜 길잡이가 필요하다. 그것은 바로 축축한 회색질로, 감정과 이성이 협력해 우리가 지혜라고 부르는 것을 만들어내는 유일한 장소이다.

4부

믿음과 망상

George Frederic Watts, Hope, 1886

8장

성스러운 병

이 장에서는 물질적 뇌에서 정신적 뇌로 초점을 옮겨 살펴본다. 물질적인 것과 정신적인 것 사이에는 분명한 차이가 있다는 생각이 상식처럼 퍼져 있지만, 뇌전증(간질) 같은 질병은 그 경계가 얼마나 모호한지 보여준다.

힌트 : 두 단어로 된 용어. 첫 번째 그림은 프랑스인이 말하는 '시간'을 나타낸다. 프랑스어로 시간은 '탕(temps)'. 두 번째 그림은 액체를 붓다(pour)를 떠올리면 된다. 두 번째 단어는 늑대를 뜻하는 에스파냐어(lobo)를 생각하라.

신경외과의 와일더 펜필드Wilder Penfield는 누나 소식을 전하는 편지를 며칠 전부터 기다렸는데, 마침내 편지가 도착하자 그동안 자신이 너무나도 멍청했다는 생각이 들었다. 며칠 전에 도착한 전보는 내용이 너무 빈약해 펜필드는 크게 염려하고 있었다. 누나인 루스Ruth가 몸이 아파 자신에게 전문가의 소견을 들으러 어머니와 함께 기차를 타고 로스앤젤레스에서 몬트리올로 온다고 했다. 1928년 12월 1일에 도착한 편지에는 좀 더 자세한 설명이 담겨 있었다. 그 당시 43세이던 루스는 10년 전부터 발작이 일어났는데, 갈수록 증세가 심해졌다. 이틀 연속으로 발작이 일어난 적도 있었고, 한번은 발작이 너무 심해 심폐소생술을 시도하기도 했다. 이제는 거의 매일 발작이 일어났고, 치료를 제대로 받지 못하면 그대로 죽을 것 같았다.

편지를 읽은 펜필드의 마음속에 어린 시절에 위스콘신 주에서 겪었던 섬뜩한 사건이 퍼뜩 떠올랐다. 그때 14세이던 그는 누나의 방문 밖에서 귀를 기울이며 서 있었다. 20세인 누나는 방 안에서 몸이 뻣뻣하게 굳은 채 꼼짝 않고 엎드려 있었고, 머리와 목은 경련을 일으키며 발작적으로 흔들렸다. 펜필드는 그때 루스의 병명이 무엇인지 몰랐겠지만, 1928년 무렵에는 뇌전증에 관한 한 세계적인 전문가가 되어 있었다. 하지만 이 편지를 받기 전까지만 해도 펜필드는 모든 증상을 종합해 루스가 다년간 앓아온 '두통'과 '신경 발작'의 원인이 뇌전증 발작(간질 발작)이란 사실을 깨닫지 못했다. '어떻게 내가 이것을 놓쳤지?' 고지식한 장로교 교인인 가족들은 그동안 병에 대해 제대로 이야기하지 않았고, 지난 10년 동안 펜필드도 너무 바빠 누나의 건강에 대해 물어볼 겨를이 없었다. 이제 자신이 누나의 뇌전증에 직접 맞서야 했다. 루스는 몇 시간 후면 몬트리올에 도착할 예정이었다.

외과의로서 펜필드는 정통파가 아니었다. 그는 뇌를 절개하려는 의

신경외과의 와일더 펜필드
(출처 : 미국국립의학박물관)

지 면에서는 타의 추종을 불허해, 병든 세포를 마지막 하나까지 다 제거했다는 확신이 들 때까지 조직을 완전히 들어내려고 했다. 그는 "병든 뇌보다는 뇌가 아예 없는 편이 낫다.(No brain is better than bad brain.)"라고 말한 적도 있다. 하지만 역설적으로 펜필드는 인간의 뇌를 숭배에 가까운 시선으로 바라보았다. 왜냐하면, 뇌 깊숙한 곳에 인간 의식—우리 내면의 마음과 내면의 자아, 그리고 내면의 영혼(그는 이 말을 입 밖으로 내는 걸 주저하지 않았다)의 원천—이 자리잡고 있다고 믿었기 때문이다.

누나의 뇌

처음에 펜필드가 신경외과를 선택한 이유도 인간 내면의 본질을 들여다보려는 욕구 때문이었다. 그는 프린스턴 대학을 다닐 때 아주 재수 없는 인물로 꼽혔다. 과 대표에다가, 미식축구를 할 때면 태클을 맨 먼저 걸었고, 목이 너무 굵어 셔츠가 맞지 않을 정도로 우람한 근육질이라는 게 그 이유였다. 그는 프린스턴 대학의 전 총장 우드로 윌슨Woodrow Wilson과 자주 어울렸으며, 부유한 졸업생들은 펜필드와 그의 동료 팀 선수들을 위해 월도프 아스토리아 호텔에서 환영 행사를 열어주었다. 하지만 펜필드는 토요일에 미식축구 경기장에서 승리의 기쁨을 맛본 뒤 일요일에는 대개 교회 학교에서 학생들을 가르치며 시간을 보냈고, 한동안 성직자의 길을 고려하기도 했지만, 별로 남자다운 일이 아니라고 판단해 포기했다.

처음에는 의학에 거부감을 느꼈는데, 아버지를 떠오르게 한다는 게 가장 큰 이유였다. 바람둥이 의사였던 아버지는 가족을 버리고 떠나 숲을 배회하고 자급자족 생활을 하며 살았기 때문이다. 그런데 대학에 다니던 어느 날 오후, 펜필드는 의학에 관심이 많던 친구에게서 뉴욕 시의 어느 응급실에 몰래 잠입할 수 있도록 도와달라는 부탁을 받았다. 거기서 펜필드는 레지던트 행세를 하며 네 차례의 수술 과정을 지켜보고는 수술에 큰 매력을 느꼈다. 심지어 그는 손떨림을 막으려고 스위니 토드Sweeney Todd(《스트링 오브 펄스*The String of Pearls*》라는 잔혹물 시리즈에 등장하는 악당. 최초 버전의 이야기에서는 이발사로 등장하는데, 부유한 사람이 이발소를 찾아와 의자에 앉으면, 목을 면도칼로 그어 살해한다. —옮긴이)를 연상시키는 면도칼을 가지고 면도를 하기 시작했다. 그리고 1914년에 로즈 장학생이 되자, 옥스퍼드 대학에서 생리학을 공부하면서 의학대학원에 진학할 준비를 하기로 결심했다.

옥스퍼드 대학에서는 대개 다른 미국인(그중에는 T.S. 엘리엇T.S. Eliot이라는 뚱한 무명 시인도 있었다.)과 어울렸는데, 영국인 청년들은 전쟁터로 나가 진흙탕 참호에서 덜덜 떨거나 프랑스 상공에서 격추당하고 있었기 때문이다. 영국 어린이들이 펜필드를 병역 기피자라고 놀리자, 방학 때에는 프랑스의 병원으로 가 자원 봉사를 했는데, 이번에도 공갈을 쳐서 치료 센터로 들어갔다.(거기서 클로로포름을 맨 처음 다룰 때, 그는 긴급 수술을 위해 한 남자의 의식을 잃게 해야 했다.) 1916년 봄 방학 때 영국 해협을 건너던 도중에 독일군이 발사한 어뢰가 펜필드가 서 있던 갑판 바로 밑에서 폭발하면서 몸이 6m 상공으로 붕 떠올랐다. 그는 오른쪽 무릎이 짓이겨진 채 정신이 멍한 상태로 떨어졌고, 이물 쪽이 쪼개지며 배가 침몰하는 동안 간신히 고물 쪽으로 기어갔다. 구조대원들이 물 위에 떠다니는 잔해 사이에서 부상당한 그를 건져올려 병원으로 데려갔는데, 그의 고향 인근에서 발행된 신문에는 그의 사망 기사가 실렸다.

회복하는 동안 펜필드는 하느님이 자신의 목숨을 살린 것은 숭고한 목적이 있기 때문이라고 생각했다. 그다음 10년 동안에는 그 목적이, 역사가 오래된 마음-몸 문제 — 물질적인 뇌가 어떻게 비물질적인 마음을 만들어내는가 — 를 밝히는 데 있다고 결론을 내렸다. 그는 옥스퍼드에 머물 때 이 문제에 흥미를 느꼈다. 그때 연구실에서 과학자들이 고양이의 위쪽 뇌를 제거했는데, 이 고양이들은 수술을 받고 나서도 정상적으로 먹고 자고 움직였지만, 사실상 좀비가 되었다(장난기나 개성이 싹 사라졌기 때문에) 펜필드는 그렇다면 인간의 가장 높은 기능들이 있는 곳은 어디일까 하고 궁금한 생각이 들어 그 답을 찾아보기로 결심했다. 아리스토텔레스와 데카르트, 카할을 비롯해 유명한 사람들도 모두 실패한 마음-몸 문제를 풋내기 외과의가 풀겠다고 달려든 것은 자만심 때문이 아니었다. 적어도 단순히 자만심 때문만은 아니었다. 새로운 신경외과 기술 덕분에 과학자들은 드디어 살아 있는 뇌를 직접 조사할 수 있게 되었다. 이제 그들은 살아 있는 뇌를 쿡쿡 찔러보고 만져보고 전기로 자극하며 탐구할 수 있었다. 그 전망에 펜필드는 전율을 느꼈고, 그다음 수십 년을 "기계 속의 유령"을 엿보려고 노력하며 보냈다.(기계 속의 유령the ghost in the machine은 영국 철학자 길버트 라일Gilbert Ryle이 데카르트의 심신 이원론

을 조롱하면서 쓴 말이다. — 옮긴이)

펜필드는 다년간 이런 고결한 생각에 빠져 지냈다. 그런데 그때 날아온 누나 소식이 그를 생사가 달린 냉엄한 의학계의 현실로 끌어내렸다. 펜필드가 몬트리올의 그 일자리를 받아들인 것은 겨우 몇 달 전이었는데, 루스는 그의 새 집에 멍한 상태로 도착해 주변을 더듬으며 걸어다녔다. 아침 식사를 하기도 전에 펜필드는 루스를 앉혀놓고 눈에 불빛을 비췄다. 시각 신경이 부풀어오른 것처럼 보였고, 망막에는 무너지는 댐에 생긴 금처럼 빨간색의 미세한 출혈 자국이 있었다. 펜필드는 문제를 알아채고서 그 충격에 루스의 어깨에 기대 몸을 가누어야 했다. 코곁굴(부비강) 뒤쪽에 생긴 종양이 뇌를 짓누르고 있었다.

곧 누군가 수술을 해야 했다. 펜필드는 루스를 누워 쉬게 한 다음, 동료 세 명을 거실로 불러 스스로를 수술 담당자로 지명했다. 그는 자신의 공격적인 접근 방법이 루스에게 최선이라고 주장했다. 우유부단한 나머지 조직을 너무 많이 남겨놓으면, 최악의 상황을 초래할 수 있다고 했다. 그렇긴 해도 펜필드는, 분별 있는 의사는 사랑하는 사람의 몸에 직접 손을 대지 않는다는(사랑하는 사람이 알몸으로 누워 있는 것을 보면 아주 침착한 손도 떨릴 수 있다.) 사실을 잘 알고 있었기 때문에, 동료들에게 조언을 구했다. 그들은 한참 토론을 했지만, 결국 펜필드에게 집도를 허락했다.

1928년 12월 11일, 루스는 병원에서 아침 식사로 고단백질 셰이크를 마셨다. 간호사들이 그녀의 머리를 빡빡 밀고 피부를 살균 소독했다. 그리고 나서 펜필드는 밀랍 크레용으로 루스의 오른쪽 눈썹 위에 말굽 모양으로 윤곽을 그렸다. 그리고 톱으로 말굽 모양에 따라 절개한 뒤 머리뼈의 덧문을 열어젖혀 뇌를 노출시켰다. 옆에 있던 분무기가 소금물을 살포해 뇌 표면을 반짝이게 했다.

펜필드는 여기서 잠깐 동작을 멈추고, 루스에게 기분이 어떠냐고 물었다. 루스는 좋다고 대답했다.

뇌 표면은 통증을 느끼지 못하기 때문에, 루스는 수술을 하는 동안 의식이 깨어 있었다. 다만, 여러분이 치과 치료를 받을 때처럼 노보카인으로 두피만 부분 마취하는 데 그쳤다. 사실, 펜필드는 수술을 하는 동안 환자가 의식이 깬 채로* 간호사들과 대화를 나누는 쪽을 선호했는데, 그러면 환자의 뇌가 여전히 제대로 기능하고 있다는 것을 알 수 있었기 때문이다.(환자가 침묵에 빠지는 것은 위험이 시작되었다는 뜻이었다.) 하지만 수술을 시작한 지 얼마 지나지 않아 루스가 자신의 여섯 자녀 이야기를 하자 펜필드는 불안해졌다. 그래서 이번만큼은 환자에게 입을 다물게 했다.

수십 년 동안 성장한 종양은 오른쪽 이마엽을 대부분 집어삼킨 뒤였다. 그것은 마치 뇌를 쭉쭉 빨아먹는 회색 문어처럼 보였고, 다수의 굵은 혈관들이 종양에 영양분을 공급하고 있었다. 그리고 종양은 순전히 신경아교세포로만 이루어져 있었지만, 그 엄청난 크기가 주변의 신경세포들을 짓눌러 잘못된 신호를 발사하게 함으로써 발작을 일으켰다. 펜필드는 종양 덩어리를 조금씩 제거하는 작업에 착수했다. 종양은 껍질이 딱딱한 반죽처럼 촉감이 다소 단단했다. 부수적인 조직 손상 때문에 모두 합쳐서 뇌 전체의 약 8분의 1을 제거해야 했는데, 그때까지 펜필드가 한 뇌 수술 중에서 조직을 가장 많이 잘라낸 수술이었다. 위에서 내려다보았을 때, 남은 뇌 부위는 한 조각을 뭉텅 잘라낸 포카차 덩어리처럼 보였다.

그런데 최악의 상황이 아직 남아 있었다. 수술 부위를 봉합하려고 준비하던 펜필드의 눈에 종양에서 나온 뿌리 한 가닥이 머리뼈 바닥을 따라 뻗은 게 보였다. 그것을 따라갔더니 눈에 띄지 않는 구석진 곳으로 기어들어갔다. 수술을 돕던 외과의가 펜필드의 관심을 눈치채고는 "행여라도 도박할 생각은 마세요."라고 중얼거렸다. 하지만 펜필드가 수술 책임을 떠맡은 이유는 바로 자신이 그런 유형의 사람이었기 때문이다. 악성 종양의 뿌리를 왜 남겨둔단 말인가? 그래서 훗날 자신이 '광분'이었다고 부른 기분에 휩싸여(그는 매형에게 "내가 다소 무모하긴 했어요."라고 인정했다.) 공격을 감행하기로 결심했다. 명주실을 고리 모양으로 만들어 마지막 줄기를 올가미처럼 감아 끌어당겼다.

그러자 그 줄기가 떨어져 나왔다. 하지만 불행하게도 옆에 있던 혈관 역시 떨어져 나오는 바람에 머리뼈 안에 피가 흥건히 고였다. 펜필드는 솜뭉치로 출혈 부위를 세게 눌러 지혈하려고 했지만, 루스의 뇌는 솟아오르는 붉은 바다 밑으로 서서히 잠겼다. 긴박한 시간이 한참 흘렀고, 루스는 의식을 잃었다. 세 번의 수혈 뒤에야 루스는 안정을 되찾았다. 하지만 펜필드는 도박에 이겼다고 생각하면서 마지막 핏방울을 훔치는 순간, 종양이 더 깊은 곳에 뿌리를 박고 있다는 사실을 눈치챘다. 실제로 종양은 펜필드의 손이 닿는 곳 너머 좌반구까지 뻗어 있었다. 그것을 보고서 펜필드는 맥이 빠졌다. 수술은 끝났고, 종양이 승리를 거뒀다. 몇 년 뒤에 펜필드는 이와 같은 순간에 다시 마주치게 된다. 아니, 그 순간이 그를 다시 찾아왔다고 하는 편이 옳을 것이다.

그다음 며칠 동안 루스는 예상대로 수술 후 부작용인 두통과 욕지기를 겪었지만, 기억력과 유머 감각과 원기는 빠르게 회복되었다. 집으로 돌아간 지 3주일이 지난 2월에는 며칠 전 밤에 외출해 로터리 클럽에서 남편과 춤을 추며 놀다 왔다는 편지를 펜필드에게 보내왔다. 루스는 파란 모자와 파란 드레스를 입고서 그렇게 노니 기운이 넘치고 신나고 살아 있음을 느꼈다고 썼다. 그녀는 동생이 자신의 생명을 되찾아주었다고 말했다.

하지만 루스 곁에 있던 사람들은 문제를 눈치챘다. 무엇보다도, 루스는 신경과학자들이 '실행 감각executive sense'이라 부르는 것이 부족했는데, 계획을 세우고 그것을 실행에 옮기는 데 애를 먹었다.(앞 장에 나온 엘리엇 역시 같은 문제를 겪었다.) 펜필드는 1930년 초에 캘리포니아 주를 여행하다가 이 문제를 직접 목격했다. 그때, 펜필드는 저녁 식사를 하러 루스의 집을 방문했는데, 루스가 할 일은 다섯 사람분의 식사만 준비하면 되는 간단한 일이었다. 준비할 시간은 한나절이나 남았고, 루스처럼 경험 많은 가정주부에게는 식은 죽 먹기였다. 하지만 펜필드가 오후 느지막한 시각에 집에 도착해보니, 루스는 눈물범벅이 되어 있었다. 아이들은 제멋대로 뛰어다니고 있었고, 식탁은 전혀 준비가 되지 않았으며, 샐러드와 사이드디시 재료들이 조리대 여기저기에 아무렇게나 널려 있었다. 하지만 그날 밤이 그대로 엉망으로 끝나진 않았다. 루스는 여전히 지시를 제대로 따르고 요리를 훌륭하게 할 수 있었으며, 펜필드가 그녀를 진정시킨 뒤 요리해야 할 것을 제대로 요리하게 하자, 루스는 금방 기분이 좋아졌다. 하지만 펜필드는 조용히 한숨을 내쉬었다. 누나는 더 이상 예전의 누나가 아니었다.

결국 펜필드의 수술은 루스에게 시간을 약간 벌어준 데 지나지 않았다. 루스와 그 가족은 그 시간을 아주 소중하게 보냈지만, 그것은 너무 짧았다. 1930년 5월에 발작이 재발했고, 눈이 다시 튀어나오기 시작했다. 차마 또다시 누나의 수술을 감행할 자신이 없었던 펜필드는 루스를 보스턴의 하비 쿠싱에게 보냈다. 쿠싱이 루스의 뇌를 열어보았더니, 그 문어가 다시 자라나 있었다. 이전만큼 추하고 탐욕스러운 모습이었다. 펜필드보다 더 신중한 외과의였던 쿠싱은 할 수 있는 데까지 종양을 긁어냈지만, 6개월 뒤에 다시 발작이 일어났다. 그 시점에서 루스는 더 이상의 치료를 거부했고,(얼마 전에 그녀는 크리스천 사이언스Christian

Science[1879년에 메리 베이커 에디Mary Baker Eddy가 매사추세츠 주 보스턴에서 설립한 기독교 계통의 신흥 종교 — 옮긴이]로 개종했다.) 1931년에 뇌졸중으로 숨졌다.

루스의 죽음 때문에 펜필드는 첫 번째 수술 뒤에 겪었던 암울한 시간으로 되돌아갔다. 그날, 그는 샤워를 한 뒤에 타월을 감고 눈물이 그렁그렁한 채 외과의 탈의실 벤치에 털썩 주저앉았다. 그는 세상에서 가장 재능 있는 젊은 신경외과의였을지 모르지만, 이 일로 처절한 패배를 경험했다. 그런데 그는 얼마 전에 독일에서 안식년 휴가를 보내다가 새로운 수술 기술을 배웠다. 그 기술에는 전기로 겉질을 자극하여 발작의 기원을 찾는 방법도 포함돼 있었다. 외과적 관점에서 볼 때, 이 개념은 상당히 유망해 보였다. 추측에 의존하는 것을 줄이고, 제거해야 할 조직을 정확하게 집어내는 방법이었기 때문이다. 그런데 펜필드는 이 기술에서 더 큰 잠재력을 보았다. 뇌의 다른 장소들에 전기 자극을 주면, 환각이나 환청, 근육 경련과 같은, 발작과는 무관하지만 그 자체만으로 흥미로운 감각을 유도할 수 있었다. 그 당시 과학자들은 이제 막 뇌의 지형을 탐사하던 참이었는데, 펜필드는 전기 자극이 겉질의 지도를 훨씬 정확하게 작성하는 데 도움을 줄 수 있다는 사실을 깨달았다. 게다가 그 기술은 마음–몸 문제를 해결하는 데에도 도움을 줄 것 같았는데, 환자가 깨어 있을 때 환자의 마음을 탐사할 수 있었기 때문이다.

펜필드는 탈의실에 앉아 이런 몽상에 빠졌다가, 자신이 반쯤 벌거벗은 채 양말을 한 짝만 신고 다른 한 짝은 여전히 손에 들고 있음을 깨달았다. 얼마나 오랫동안 혼잣말을 중얼거렸는지 알 수 없었지만, 몇 시간은 그랬던 것 같았다. 하지만 그는 자신이 오랫동안 생각해온 일을 실행에 옮기기로 맹세했다. 그것은 바로 의식이 있는 뇌를 자세히 연구하기 위해 새로운 신경 연구소를 세우는 것이었다. 루스의 죽음이 그에게 이 약속을 일깨워 실행에 옮기라고 촉구했다. 그로부터 10년이 지나기 전에 연구소가 문을 열었고, 그다음 20년 동안 펜필드는 뇌가 실시간으로 어떻게 작용하는지 설명하는 데에서는 어느 과학자보다도 더 많은 업적을 쌓았다. 비록 신이 그에게 답할 의무를 면제해준 형이상학적인 큰 질문들에는 답을 내놓지는 못했지만, 그에 못지않게 놀라운 것을 발견했다. 그것은 바로 과학적으로 영혼에 해당하는 것의 조각과 흔적을 언뜻 엿본 것이었다.

뇌전증과 발작

기록된 역사 중 대부분의 시간 동안 우리는 마음이 — 그리고 그 연장선상에서 영혼까지도 — 뇌가 아니라 심장에 있다고 생각했다. 예를 들면, 고대 이집트 사제들*은 사후 세계의 삶을 위해 미라를 만들 때, 심장을 온전하게 도려내 의식儀式용 항아리에 담아 보관했다. 이와 달리, 뇌는 콧구멍을 통해 철제 갈고리로 긁어내 동물에게 던져주고, 텅 빈 머리뼈 속을 톱밥이나 수지로 채웠다.(이런 행동에는 위정자들에 대한 비판이 반영된 게 아니었다. 그들은 모든 사람의 뇌를 쓸모없는 것으로 여겼을 뿐이다.) 대부분의 고대 그리스 사상가들 역시 심장을 우리 몸에서 가장 중요한 기관으로 격상시켰다. 아리스토텔레스는 심장이 메시지를 온몸으로 보내기 위해 두꺼운 혈관을 갖고 있는 반면, 뇌는 가늘고 힘없는 선들만 갖고 있다고 지적했다. 게다가 심장은 우리 몸에서 지휘관의 위치에 어울리는 중심부에 자리잡고 있는 반면, 뇌는 멀리 추방당한 위치인 꼭대기에 자리잡고 있었다. 심장은 배아에서 처음 발달하기 시작하고, 우리의 감정에 반응하여 더 빨리 뛰거나 느리게 뛰지만, 뇌는 그저 그 자리에

에마누엘 스베덴보리

가만히 있을 뿐이었다. 고로 우리의 가장 높은 기능들은 심장에 있는 게 분명했다.

반면에 마음의 장소에 대해 다른 견해를 가진 의사들도 늘 있었다. 그들은 머리에 상처를 입고서 높은 기능을 일부 잃은 환자들을 너무나도 많이 보았기 때문에, 그런 일이 절대로 우연의 일치일 리가 없다고 생각했다. 그래서 의사들은 인간의 본성에 대해 뇌 중심적 견해를 지지하기 시작했다. 그리고 수천 년에 걸친 열띤 논쟁(특히 뇌에 특화된 지역들이 있느냐 없느냐를 둘러싼 논쟁)에도 불구하고, 17세기에 이르자 대부분의 학자는 마음이 있는 곳이 뇌라고 생각했다. 심지어 일부 용감한 과학자들은 해부학적 엘도라도를 찾아 나섰는데, 여기서 엘도라도란 뇌 속에서 영혼이 있는 장소를 가리킨다.

그런 사람 가운데 에마누엘 스베덴보리Emanuel Swedenborg라는 스웨덴 철학자가 있었다. 그는 역사상 손꼽는 기인 중 하나였다. 스베덴보리 집안은 17세기 후반에 광업으로 큰돈을 벌었고, 스베덴보리는 독실한 집안에서 자라긴 했지만(아버지는 일용할 양식에 감사하는 찬송가를 작사했고, 나중에 주교까지 되었다.), 물리학과 천문학, 지질학에 평생을 바쳤다. 그는 거대한 우주 먼지 구름이 붕괴하면서 태양계가 생겨났다는 주장을 맨 먼저 제기했고, 레오나르도 다빈치Leonardo da Vinci처럼 일기장에 비행기와 잠수함, 기관총 설계도를 스케치했다. 동시대 사람들은 그를 '스웨덴의 아리스토텔레스'라고 불렀다.

40대로 막 접어든 1730년대에 스베덴보리는 신경해부학에 몰두했다. 하지만 뇌를 직접 해부하는 대신에 안락한 의자에 앉아 산더미처럼 쌓인 책을 들여다보기 시작했다. 순전히 이 조사 연구를 바탕으로 스베덴보리는 선견지명이 있는 개념들을 펼쳤다. 뇌가 섬유를 통해 연결된 수백만 개의 독립적인 작은 조각들로 이루어져 있다는 이론은 신경세포설보다 앞선 것이었다. 뇌들보(뇌량)가 좌반구와 우반구 사이의 커뮤니케이션을 가능케 한다는 사실도 제대로 추론했으며, 뇌하수체가 '화학 실험실' 역할을 한다는 사실도 알아냈다. 각각의 경우에 대해 스베덴보리는 단지 다른 사람들의 연구들을 바탕으로 명백한 결론을 이끌어냈을 뿐이라고 말했다. 실제로 그가 한 일은 당대의 신경과학 지식을 획기적으로 재해석한 것인데, 그가 인용한 사람들은 대부분 그를 미치광이 또는 이단자로 취급했을 것이다.

만약 스베덴보리가 그 연구를 계속했더라면, 신경과학의 역사는 우리가 아는 것과는 아주 딴판으로 흘러갔을지 모른다. 하지만 1743년에 스베덴보리는 불가사의한 트랜스trance(정상적인 의식이 아닌 상태. 최면 상태나 히스테리 상태에서 나타난다.—옮긴이)에 빠지기 시작했다. 환영을 통해 얼굴들과 천사들이 눈앞에 나타났고, 귀를 찢을 듯한 천둥 소리가 들렸으며, 심지어 환각 상태에서 냄새도 맡고 기묘한 촉감도 느꼈다. 그런 트랜스에 빠져들었다가 쓰러진 채 벌벌 떠는 모습이 발견된 적도 많았다. 런던의 한 여관 주인은 벨벳 잠옷 차림에 입에 거품을 물고서 라틴어로 예수를 구하기 위해 십자가에 못 박히는 이야기를 횡설수설하는 그를 발견한 적이 있다. 의식이 돌아오고 나서 스베덴보리는 하느님을 만져보았다고 주장했고, 또 예수나 아리스토텔레스, 아브라함, 그리고 다섯 행성의 주민과 대화를 나누었다고 주장하기도 했다.(그 당시는 천왕성과 해왕성이 발견되기 전이었는데, 만약 발견되었더라면 틀림없이 천왕성과 해왕성 주민하고도 대화했다고 했을 것이다.) 가끔 그런 환영이 예컨대 사람이 죽고 나서 벌레가 먹어치운 몸이 어떻게 심판의 날에 다시 제 모습으로 돌아올 수 있느냐 하는 질문과 같은 과학적 불가사의에 답을 줄 때도 있었다. 좀 더 가벼운 트랜스도 있었는데, 예컨대 천사들과 아침 겸 점심을 먹다가 그는 일부 천사들이 버터를 싫어한다는 사실을 발견했다. 또 언젠가는 하느님이 짓궂은 장난을 쳐 스베덴보리의 머리카락을 메두사의 머리카락으로 변하게 했다. 그렇게 강렬한 환영에 비해 과학의 즐거움은 들어설 자리가 없었고, 1744년부터 스베덴보리는 이 계시들을 기록하는 데 몰두했다.

스베덴보리는 1772년에 세상을 떠났는데, 그가 남긴 유산을 놓고 역사는 엇갈리는 평가를 내렸다. 그가 기록한 다양한 꿈 일기는 콜리지Coleridge나 블레이크Blake, 괴테Goethe, 예이츠Yeats 같은 사람들이 아주 좋아했다. 반면에 칸트Kant는 스베덴보리를 "광신도 중에서도 최고의 광신도"라고 일축했다. 그 밖의 많은 사람들도 칸트와 비슷하게 스베덴보리에게서 당혹스러움을 느꼈다. 도대체 무엇이 그토록 재능이 뛰어나고 신중한 신사 과학자를 존 웨슬리John Wesley(감리교 운동을 창시한 영국 성직자)가 "종이 위에 펜으로 글을 쓴 광인 중 가장 독창적이고 활기가 넘치고 즐거움을 준 사람 중 하나"라고 부른 사람으로 변하게 했을까? 그 답은 뇌전증에 있을지도 모른다.

가장 기본적인 차원에서 볼 때, 뇌전증은 신호를 발사하지 말아야

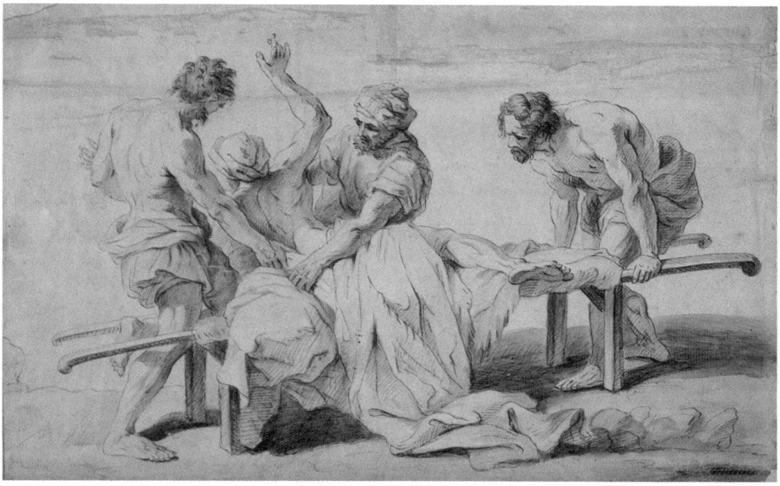

들것에 실려가는 뇌전증 환자

할 때 신호를 발사하면서 뇌 속에서 폭풍 같은 전기 활동을 일으키는 신경세포들 때문에 시작된다. 신경세포가 잘못된 신호를 발사하는 원인은 여러 가지가 있다. 일부 신경세포는 세포막 통로의 형태가 비정상으로 태어나 드나드는 이온의 흐름을 제대로 조절하지 못한다. 또, 축삭돌기가 손상을 입으면 껍질이 너덜너덜 벗겨진 전선처럼 신경세포가 저절로 신호를 발사할 수 있다. 가끔은 이런 장애가 국지적인 것에 머물러 뇌에서 한 지역만 고장이 날 수 있는데, 이때에는 이른바 부분 발작이 일어난다. 하지만 발작이 뇌 전체에 합선을 일으켜 대발작이나 소발작을 낳기도 한다. 대발작(지금은 긴장-간대 발작이라고도 부름)은 근육 경직으로 시작해 발버둥을 치며 입에 거품을 무는 전형적인 증상으로 끝난다. 이 증상들은 대부분의 사람들이 발작을 생각할 때 떠올리는 것이다. 소발작은 발버둥을 동반하진 않지만, 대개 잠시 동안 온몸이 얼어붙고 정신이 멍한 상태에 빠진다.(윌리엄 매킨리의 아내 아이다Ida는 소발작을 겪었다. 국빈을 영접하는 만찬장에서 매킨리는 가끔 아내의 얼굴에 냅킨을 씌워놓고 사람들의 주의를 돌리려고 몇 분 동안 큰 소리로 떠들었다.)

뇌전증 발작을 일으키는 방아쇠 중에는 기묘할 정도로 특별한 것도 있다. 예를 들면, 역겨운 향수나 번쩍이는 불빛, 마작 패, 루빅큐브, 관악기, 기생충 등이 그 방아쇠가 될 수 있다. 비록 창피스럽긴 해도, 발작이 반드시 삶의 질을 떨어뜨리는 것은 아니다. 드물게 오히려 삶에 도움을 주는 경우도 있다. 발작을 처음 겪은 사람들 중에는 갑자기 그림을 더 잘 그리게 되거나 시를 잘 이해하게 된 경우도 있다. 어떤 사람은 발작을 겪는 동안 오르가슴을 경험하기도 한다(단, 지금까지는 여성만). 특별한 방아쇠들을 제외한다면, 발작은 스트레스를 받았거나 심리적 혼란 상태에 빠졌을 때 가장 흔하게 일어난다. 가장 대표적인 예는 표도르 도스토옙스키Fyodor Dostoevsky일 것이다.

전기 작가들은 도스토옙스키가 어릴 때 뇌전증을 앓은 적이 있는지 없는지를 놓고 의견이 엇갈리지만, 도스토옙스키 자신은 시베리아에서 처형당할 뻔한 일을 겪은 후부터 뇌전증이 일어났다고 밝혔다. 도스토옙스키는 몇몇 급진주의자들과 함께 1849년 4월에 니콜라이 1세Nikolai I가 통치하던 차르 정부를 전복하려는 음모를 꾸민 혐의로 체포되었다. 그해 12월, 병사들은 그들을 눈 덮인 광장으로 끌고 갔다. 그곳에는 큰 말뚝이 세 개 박혀 있었다. 그때까지만 해도 그들은 한동안 수용소에서 돌이나 깨며 지낼 것이라고 생각했다. 그런데 곧 신부가 도착했고, 총살형 집행대도 함께 왔다. 그리고 관리들이 죄수들에게 흰색 덧옷을 주면서 갈아입으라고 했는데, 그것은 수의인 셈이었다. 도스토옙스키는 두려움에 휩싸여 제정신이 아니었다. 특히 한 동료가 관처럼 보이는 것이 가득 실린 수레를 가리키자 더욱 그랬다. 한편, 병사들은 주모자들을 말뚝으로 걸어가게 한 뒤에 흰색 두건으로 그들의 눈을 가렸다. 총살

도스토옙스키

형 집행대가 총을 들어 겨누었다. 고통스런 순간이 1분쯤 흘렀다. 그러다가 갑자기 그들이 총을 내렸고, 말을 탄 전령이 달려왔다. 전령은 죄수들을 사면한다는 명령서를 가져왔다. 사실, 이 모든 일은 니콜라이 1세가 못된 젊은이들에게 따끔한 교훈을 주려고 꾸민 것이었다. 하지만 이때 받은 스트레스로 도스토옙스키는 정신이 이상해졌다. 강제 노동 수용소에서 몇 달을 지내는 동안(차르는 그들을 그냥 쉽게 풀어주지 않았다.), 교도관의 학대와 혹독한 날씨는 견딜 수 있는 한계를 넘어서는 것이어서 결국 도스토옙스키는 첫 번째 대발작을 일으켰다. 비명을 지르고, 거품을 물고, 경련을 일으키는 등 대발작의 증상이 다 나타났다.

첫 번째 발작은 도스토옙스키의 뇌 안에서 문턱을 낮추었고, 그 후로는 정신적인 것이건 육체적인 것이건 스트레스 인자가 아무리 가벼운 것이라도 도스토옙스키를 나뒹굴게 했다. 샴페인을 마셔도, 글을 쓰며 밤을 새우거나 룰렛에서 돈을 잃어도 발작이 일어날 수 있었다. 심지어 대화도 발작을 촉발할 수 있었다. 1863년에 도스토옙스키는 친구와 철학에 대해 자유롭게 토론하다가 갑자기 왔다 갔다 하면서 두 팔을 흔들어대고 어떤 주제에 대해 열심히 떠들었다. 그러다가 갑자기 몸이 휘청거렸다. 얼굴이 뒤틀리고, 동공이 팽창했으며, 입이 벌어지면서 신음 소리가 흘러나왔다. 그리고 가슴 근육이 수축하면서 숨을 토해냈다. 뒤이어 강렬한 발작이 일어났다. 비슷한 일은 몇 년 후에도 일어났는데, 그는 처가의 거실에서 긴 의자 위로 쓰러지면서 울부짖기 시작했다.(이 사건은 분명히 장인과 장모에게 좋은 인상을 주지 못했을 것이다.) 꿈 역시 방아쇠가 될 수 있었는데, 그런 뒤에는 대개 침대를 적셨다. 도스토옙스키는 발작을 악령에 홀리는 것에 비교했으며, 《카라마조프가의 형제》, 《상처받은 사람들》, 《백치》에 나오는 뇌전증 환자를 비롯해 자신의 작품에서도 종종 그 고통을 자세히 묘사했다.

도스토옙스키는 관자엽뇌전증을 앓은 게 거의 확실하다.(앞에서 언급했듯이, 관자엽은 관자놀이 뒤쪽에 자리잡고서 귀마개처럼 좌우측에서 뇌 주위를 둘러싸고 있다.) 관자엽뇌전증 환자가 모두 다 발버둥을 치고 거품을 물진 않지만, 대다수가 특유의 조짐(전조 증상이라고도 함)을 경험한다. 그 조짐은 발작이 시작될 때 나타나는 광경이나 소리, 냄새, 따끔거림 등인데, 더 나쁜 일이 일어날 것을 예고하는 전조이다. 대부분의 뇌전증 환자는 어떤 종류의 조짐을 경험한다. 관자엽뇌전증이 아닌 뇌전증 환자는 대부분 그 조짐을 불쾌하게 느낀다. 일부 불운한 사람들은 아주 심한 똥 냄새를 느끼거나, 피부 아래로 개미들이 기어다니는 감촉을 느끼거나, 냄새가 끔찍한 방귀를 뀐다. 하지만 무슨 이유에서인지(아마도 가까이 있는 변연계 구조가 활성화된 탓으로) 관자엽에서 기원한 조짐은 감정적으로 더 풍부하며, 초자연적인 성격을 띨 때가 많다. 일부 환자는 심지어 자신의 '영혼'이 하느님과 합쳐지는 걸 느끼기도 한다.(그러니 옛날 의사들이 뇌전증을 '성스러운 병'이라고 부른 것은 전혀 놀라운 일이 아니다.) 도스

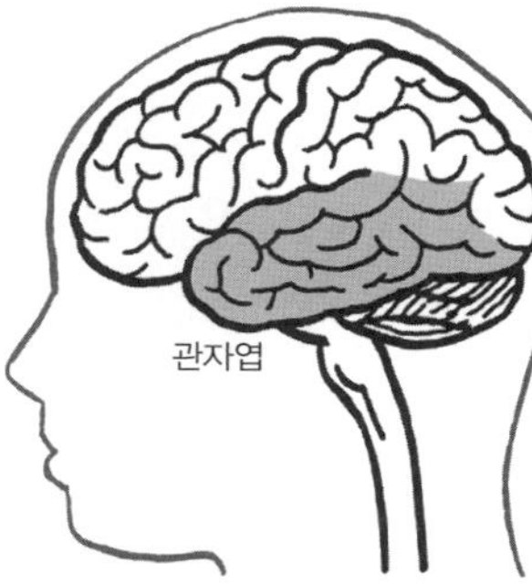

토엡스키의 경우 발작이 일어나기 전에 희귀한 '황홀한 조짐'을 경험했으며, 거기서 더없는 행복을 느꼈다. 그는 그 경험을 친구에게 이렇게 말했다. "그런 즐거움은 보통 사람의 삶에서는 결코 상상할 수 없는 것이라네. …… 나 자신 속에서 그리고 온 세계 속에서 완전한 조화를 느꼈거든." 그러고 나서 도스토옙스키는 심신이 완전히 너덜너덜해지는 고통을 겪었다. 몸에 상처를 입고, 기분이 우울해지고, 악한 생각과 죄책감(그의 작품에서 흔히 등장하는 주제인)에 사로잡혔다. 하지만 그는 그 고통이 감수할 만한 가치가 있다고 주장했다. "그처럼 더없는 행복을 몇 초만 느낄 수 있다면, 내 삶을 10년 이상, 아니 내 삶을 통째로 내주어도 아깝지 않다."

관자엽뇌전증은 다른 사람들의 삶도 비슷한 방식으로 변화시켰다. 모든 사람에게는 어떤 것을 성스러운 것으로 인식해 우리를 약간 종교적 성향으로 기울게 만드는 정신 회로가 있는 것처럼 보인다. 이것은 우리 뇌가 지닌 하나의 특징이다.(아마도 리처드 도킨스Richard Dawkins는 예외일 것이다.) 그런데 관자엽 발작은 이 회로를 과도하게 충전하여 환자는 마치 하느님이 몸소 자신을 증인으로 선택한 것 같은 느낌을 경험하고, 그런 경험을 한 환자는 강렬한 신앙심에 빠지는 것으로 보인다. 설사 종교에 빠지지 않는다 하더라도, 이런 경험을 한 환자들은 성격이 예측 가능한 방식으로 변할 때가 많다. 이들은 도덕에 집착하고, 유머 감각을 완전히 잃는 경우가 많다.(도스토옙스키의 작품은 웃기는 대목이 아주 드물다.) 이들은 대화에서 완고함과 집요함을 보이는데, 상대방이 지루하다는 신호를 강하게 내비쳐도, 하던 말을 멈추려고 하지 않는다. 그리고 이유야 무엇이건, 많은 환자가 강박적으로 글을 쓴다. 엉터리 시나 경구를 몇 페이지고 계속 쓰는가 하면, 노랫말이나 식품 라벨을 베껴 적기도 한다. 하늘나라를 방문하는 사람들은 자신의 환각을 아주 자세하게 기록하기도 한다.

이런 증상들, 특히 청렴과 갑작스런 영적 각성을 바탕으로 오늘날의 의사들은 사도 바오로(눈을 멀게 할 정도로 밝은 빛, 다마스쿠스 근처에서 일어난 뇌전증 혼미), 마호메트Mahomet(천국 여행), 잔 다르크Jeanne d'Arc(환영, 숙명의 느낌)를 포함해 종교계의 몇몇 우상들을 뇌전증 환자라고 후향 진단했다. 스베덴보리 역시 이 프로필에 딱 들어맞는다. 그는 갑자기 개종을 했고, 메타암페타민 중독자처럼 글을 썼으며(《천국의 비밀 *Arcana Coelestia*》은 무려 200만 단어로 이루어져 있다.), 환각이 일어나는 동안 몸을 벌벌 떨면서 쓰러져 감각을 잃은 적이 많다. 가끔은 '천사'가 마치 그것을 물어 끊으라는 듯이(뇌전증 발작 때 흔히 일어나는 위험) 자신의 혀를 이빨 사이로 밀어넣는 것을 느낀 적도 있다.

그런 한편으로, 스베덴보리와 그 밖의 종교적 인물을 뇌전증 환자로 간주하는 것은 문제점도 있다. 대부분의 발작은 몇 초나 몇 분 정도 지속될 뿐이어서, 일부 예언자가 트랜스 상태에 빠진 몇 시간과는 큰 차이가 난다. 그리고 관자엽 발작이 기억 생성을 돕는 해마를 마비시킬 수 있기 때문에, 대다수 관자엽뇌전증 환자는 나중에 자신의 환상을 자세히 기억하지 못한다.(도스토옙스키조차 환상의 실제 내용을 이야기할 때에는

잔 다르크는 뇌전증 환자였을 가능성이 높다.

모호하게 기술했다.) 또한, 스베덴보리의 트랜스는 특히 시각적 광경과 소리와 냄새가 합쳐져 자극적인 천상의 이야기를 만들어냈지만, 대부분의 뇌전증 환자는 오직 한 가지 감각만으로 환각을 경험한다. 무엇보다도, 대부분의 뇌전증 환자에게 닥치는 조짐은 늘 똑같이 찬란한 빛, 똑같은 목소리들의 합창, 똑같이 향기로운 냄새처럼 따분한 것들이다.

따라서 뇌전증이 환각을 불러일으켰을 가능성은 충분히 있지만, 잔 다르크와 스베덴보리, 사도 바오로를 비롯해 그 밖의 사람들은 뇌전증 증상을 초월했다는 사실을 기억할 필요가 있다. 어쩌면 잔 다르크가 아니었으면 어느 누구도 프랑스를 단결시키지 못했을 것이고, 스베덴보리가 아니었으면 어느 누구도 버터를 먹는 천사를 상상하지 못했을 것이다. 신경학적 틱과 마찬가지로, 관자엽뇌전증은 어떤 사람의 정신적 서판을 깨끗하게 지울 수 없다. 단지 거기에 이미 있던 것의 형태를 빚어내고 바꿀 뿐이다.

펜필드와 호문쿨루스

발작을 포함해 뇌 속의 전기 활동에 대한 연구는 단지 종교적 정조情操(진리, 아름다움, 선행, 신성한 것을 대했을 때 일어나는 고차원적인 복잡한 감정 — 옮긴이)의 기원에 빛을 비추는 데 그치지 않고 그 이상의 일을 했다. 그것은 또한 신경과학사에서 영원한 논쟁거리 중 하나에도 빛을 비춰주었는데, 바로 뇌가 서로 다른 정신적 기능을 조절하는 부분들로 각각 특화되어 있느냐(이것을 국재화라고 한다.), 아니면 개인의 영혼처럼 뇌도 더 작은 부분들로 나눌 수 없느냐 하는 문제였다.

19세기 중엽에는 불가분주의자들이 득세했지만, 1860년대부터 양

폴 브로카

상이 바뀌었다. 폴 브로카Paul Broca는 1861년에 말하는 능력을 상실한 사람들 중 다수가 이마엽의 똑같은 부위에 병터가 있다는 사실을 발견했다.(브로카와 언어에 관해 더 자세한 이야기는 나중에 나온다.) 비슷한 시기에 존 휼링스 잭슨John Hughlings Jackson이라는 영국 신경학자는 많은 뇌전증 환자가 기이할 정도로 비슷한 발작을 일으킨다는 사실을 알아냈다. 이 사례들은 대발작이나 관자엽뇌전증 발작이 아니라, 한 장소에서 시작하여 일정한 순서로 몸을 따라 오르락내리락하며 옮겨다니는 가벼운 진전마비進展痲痺였다. 만약 엄지발가락부터 떨렸다면, 그다음에는 발, 장딴지, 다리의 순서로 떨렸다. 만약 팔꿈치부터 떨렸다면, 그다음에는 아래팔, 손, 개개 손가락의 순서로 떨렸다. 잭슨은 뇌에 각각의 영토가 구분된 신체 지도가 있으며, 발작 허리케인이 신체 지도 위를 이 지역에서 저 지역으로 휩쓸고 다니는 게 분명하다고 추론했다. 이 연구는 잭슨에게 특별한 의미가 있었는데, 자신이 연구한 뇌전증 환자 중 한 명이 아내 엘리자베스Elizabeth였기 때문이다. 아내는 그 병으로 인한 합병증으로 40세 때 세상을 떠났다. 잭슨은 결코 따뜻한 사람은 아니었지만(그는 환자들의 이름을 굳이 기억하려고 애쓴 적이 없었다.), 아내의 죽음은 그에게 큰 충격과 비탄을 안겨주었고, 그 후 그는 반은둔 상태로 살아갔다.

뇌의 국재화 연구는 1870년대 초에 일어난 실험 연구에서 더욱 힘을 얻었다. 첫째, 둘 다 턱수염을 기른 베를린 출신의 구스타프 프리치Gustav Fritsch와 에두아르트 히치히Eduard Hitzig가 마취한 개의 뇌를 대상으로 일련의 실험을 시작했다. 두 사람은 대부분의 실험을 히치히 집에서 했는데, 개를 히치히 부인이 쓰는 화장대에 묶어놓고 했다. 두 사람은 뇌에서 서로 다른 곳들에 전기 자극을 주어 개의 다리를 도리깨질치게 하거나 얼굴을 씰룩이게 했다. 1873년에는 다른 과학자가 거기서 한 걸음 더 나아갔다. 그는 같은 실험으로 고양이가 노끈을 갖고 노는 것처럼 발을 뻗게 했고, 마치 으르렁거리는 것처럼 개의 입술을 오므리게 했으며, 심지어 토끼가 탁자에서 뒤로 공중제비를 넘으며 뛰어내리게 했다. 이 실험들은 전기로 뇌 표면을 자극할 수 있음을 입증했으며, 운동 중추와 감각 중추의 대략적인 지도를 작성하는 데 도움을 주었다.

이 연구들은 흥분을 불러일으키긴 했어도 모든 사람이 감명을 받았던 건 아닌데, 실험에 하등 동물을 사용한 것이 주요 이유였다. 대부분의 사람들은 인간의 뇌는 당연히 하등 동물과 다르며, 그것도 상당히 다르리라고 생각했다. 따라서 인간의 뇌에서 특화된 지역들이 존재하는지 확인하려면, 사람을 대상으로 한 실험이 필요했다. 1874년에 오하이오 주에서 바로 그런 실험이 일어났다. 이 이야기는 19세기 의학의 큰 업적이 될 수도 있었지만, 과학적 자만심과 권력 남용의 대표적 사례가 되고 말았다.

인상적인 턱수염을 기른 로버츠 바솔로Roberts Bartholow라는 의사는 북군 육군에서 복무한 뒤 1864년에 신시내티로 갔다. 쌀쌀맞다는 평을 듣긴 했지만 그에겐 환자가 많이 찾아왔고, 얼마 지나지 않아 굿서메리턴 병원에 미국 최초의 '전기 요법실' 중 하나를 열었다. 그 방에는 환자가 앉는 의자 하나와 발전기가 여러 대 있었다. 한 발전기는 교류를 만들었는데, 금속 코일을 둘둘 감은 커다란 재봉틀처럼 보였다. 또 다른 발전기는 직류를 만들었는데, 아가리가 넓은 유리병들을 가득 채운 목제 캐비닛처럼 보였다. 발전기에서 만든 전기는 금속제 부항단지나 가느다란 금속 탐침으로 흘러갔으며, 바솔로는 이것을 사용해 폴립polyp(점막에 발생하는 버섯 모양의 종양), 암, 치질, 마비, 발기 부전을 비롯해 많은 질환을 치료했다. 그는 환자의 발에 따끔거리는 자극을 주려고 특수한 스펀지 '슬리퍼'를 만들기까지 했다.

바솔로는 동물 뇌 실험에 큰 흥미를 느꼈는데, 일부 역사학자는 가엾은 메리 래퍼티Mary Rafferty가 바솔로의 사무실에서 가발을 벗자마자, 42세의 이 의사가 어떤 일을 하기로 결심하지 않았을까 하고 의심한다. 의지가 박약한 아일랜드 출신의 30세 하녀 래퍼티는 소녀 시절의 어느 날 아침에 불 속으로 떨어지는 바람에 두피에 큰 화상을 입었다. 그 이후로 머리카락이 전혀 자라지 않아서 상처 위에 가발을 쓰고 다녔지만, 1872년 12월에 가발 밑에서 악성 궤양이 생겼다. 래퍼티는 가발의 날카로운 고래뼈 틀이 피부를 파고드는 바람에 궤양이 생겼다고 말했다. 바솔로는 암이라고 진단했다. 그 원인이야 무엇이건, 1874년 1월에 래퍼티가 굿서메리턴 병원에 왔을 때에는 이미 머리뼈에 폭 5cm의 구멍이 나 있었고, 눈이 휘둥그레진 바솔로는 그 구멍을 통해 마루엽이 고동치는 모습을 볼 수 있었다.

병원에서 간호사 일을 하던 수녀들은 자신들이 할 수 있는 일을 하면서 래퍼티의 상처에 약을 바르고 붕대를 감는 처치를 반복했다. 하지만 아무런 차도가 없었고, 3월이 되자 래퍼티는 그대로 죽는 수밖에 없을 것처럼 보였다. 그 무렵에 바솔로는 래퍼티에게 조심스럽게 다가가 잘 보이려고 노력하면서 몇 가지 검사를 해보는 게 어떻겠느냐고 물었다. 혹날 바솔로는 자신의 행동을 변호하면서 그때 래퍼티가 '흔쾌히' 동의했다고 회고했다. 의지박약 상태를 고려하면, 래퍼티는 자신이 무엇에 동의했는지 제대로 이해하지 못했을 가능성이 높다. 어쨌든 바솔로는 래퍼티를 전기 요법실로 데려가 앉힌 다음, 머리에 감긴 붕대를 벗겼다. 그러고 나서 바늘 모양의 두 전극을 래퍼티의 회색질에 밀어넣고, 재봉틀 발전기의 스위치로 손을 뻗었다.

래퍼티의 반응으로 바탕으로 판단하면, 바솔로는 그녀의 운동 중추에 자극을 준 게 분명하다. 래퍼티는 다리를 찼으며, 두 팔을 마구 흔들었고, 목을 올빼미처럼 뒤로 돌렸다. 나중에 바솔로는 래퍼티가 이 섬뜩한 춤을 추는 동안 미소를 지었다고 주장했지만, 그녀가 내내 소리를 질렀다는 사실을 감안하면, 얼굴 근육이 비틀어져 의지와 상관없이 웃는 듯한 표정을 지었을 가능성이 높다.(뇌 표면은 통증을 느끼지 못하지만, 그 아래에 있는 지역은 느낄 수 있다. 뇌에 전기 자극을 주는 것도 몸에 통증을 유발할 수 있다.) 래퍼티가 계속 미소를 지었기 때문에, 바솔로는 실험을 계속하면서 전기가 통하는 바늘을 이리저리 옮기고, '더 결정적인 반응'을 찾으려고 전류의 세기를 높였다. 그리고 원하던 반응을 얻었다. 래퍼티의 눈동자가 팽창하고, 입술이 새파랗게 변했으며, 입에 거품을 물었다. 호흡이 불규칙해지더니, 곧 발작이 일어나 꼬박 5분 동안 발버둥을 쳤다. 바솔로는 거기서 실험을 중단했고, 래퍼티는 얼굴이 창백해진 채 어지럼증을 느끼며 침대에 쓰러졌다. 눈동자도 부풀어올랐고, 죽은 듯이 아무 반응이 없었다. 그런데도 바솔로는 며칠 뒤 그녀의 뇌에 다시 전기 자극을 가하기로 결정했는데, 이번에는 목제 캐비닛 발전기를 쓰기로 했다. 래퍼티가 그 장비를 보고서 일종의 외상 후 발작을 일으킨 것은 당연한 일이었고, 그길로 의식을 잃었다.(바솔로는 "멍청하고 일관성이 없는" 상태라고 표현했다.) 바솔로는 마지못해 실험을 연기했는데, 래퍼티는 실험

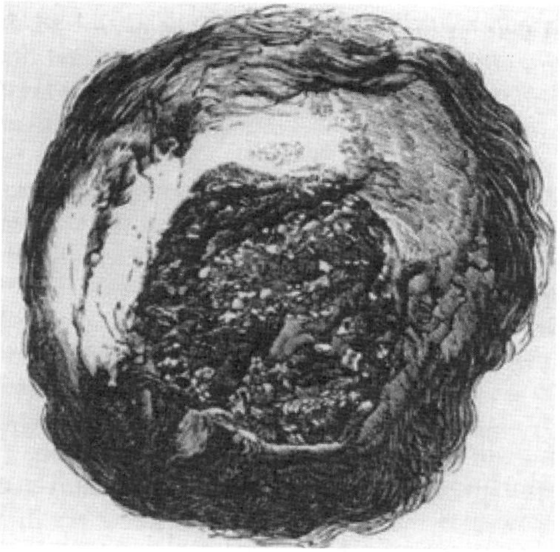

의학사에서 매우 비윤리적인 실험 대상이 되었던 메리 래퍼티의 노출된 뇌

을 재개하기 전에 사망했다. 부검 결과, 뇌 속 2.5cm 깊이에서 바늘 자국들이 발견되었다.

바솔로가 이 연구 결과를 태평스럽게 발표하자, 의학계는 자가 면역 반응처럼 그를 공격하고 나섰다. 전 세계의 의사들이 아우성을 쳤고, 미국의학협회는 그를 비난했다. 이를 유감스럽게 여기면서도 여전히 반항적이었던 바솔로는 래퍼티가 사정을 잘 알고 실험에 동의했다고 반박했다. 그리고 그 모든 진지한 항의에도 불구하고, 바솔로는 자신이 알고자 했던 것을 입증했다고 주장했다. 즉, 인간의 뇌에는 특화된 기능을 담당하는 지역이 따로 있으며, 그것을 전기로 탐구할 수 있다고 주장했다. 이 연구 분야의 선구자를 자처하고 나선 바솔로는 최선이 아닌 결과(즉, 죽음)를 감안할 때, 그 실험을 '반복'하는 것은 "아주 심각한 범죄적 행동이 될 것"이라고 인정했다. 하지만 그런 결과가 나올 줄 어떻게 알았겠냐고 변명했다. 이렇게 어정쩡한 사과를 통해 바솔로는 일부 사람들 사이에서는 용서를 받았으며, 실제로 이 일 때문에 경력에 손해를 입은 것은 전혀 없었다. 그는 신시내티에서 가장 큰 병원을 세웠고, 미국신경학협회를 공동 창립했으며, 에든버러와 파리에서 명예박사 학위를 받았다. 하지만 비극적인 실패로 끝난 그의 실험은 살아 있는 인간의 뇌를 연구하는 데 장애물이 되었다. 다른 과학자들이 또 다른 메리 래퍼티 소동에 연루되고 싶지 않아 몸을 사렸기 때문이다.

비록 그다음 수십 년 동안 몇몇 과학자(하비 쿠싱 같은)가 살아 있는 뇌를 전기를 사용해 조사하긴 했지만, 그런 연구는 간헐적으로 일어났고, 이 분야를 완전히 부활시키는 데에는 와일더 펜필드만큼 명성과 지위가 높은 사람이 필요했다. 사실, 펜필드도 출발은 그렇게 순조롭지 않았다. 처음 맡았던 수술 환자 두 명이 사망했는데, 1920년대에는 흔한 일이었다.* 그럼에도 불구하고, 펜필드는 자신의 기술을 갈고 닦아 1920년대 말에는 가장 어려운 뇌전증 환자도 책임지고 수술하게 되었다. 많은 뇌전증 환자는 뇌 속에 상처나 종양이 있었는데, 그런 수술은 신경외과 분야의 수술 중에서 가장 간단했다. 그저 문제가 되는 조직을 잘라내 꺼내기만 하면 되었다. 하지만 펜필드는 명백한 외상이나 손상이 없는 환자들도 떠맡았는데, 이 경우에는 발작의 진원지가 어디인지 명확하지 않기 때문에 훨씬 까다로운 수술 절차를 밟아야 했다.

진원지를 찾기 위해 펜필드는 사실상 지도 제작자가 되었다. 이전에 의식이 있는 뇌를 탐구한 사람들이 워낙 적었기 때문에, 신경 반구들에 분포해 있는 전체 대륙들은 16세기 초의 아메리카 지도처럼 대략적인 상태로 남아 있었다. 펜필드는 전기를 나침반과 육분의로 삼아 더 나은 지도를 만들기로 결심했다. 그 작업은 루스가 죽은 뒤에 세우겠다고 맹세했던 연구소가 마침내 몬트리올에서 문을 연 1934년에 시작되었다. 뉴로Neuro라는 별명으로 불리는 이 연구소는 120만 달러(오늘날의 가치로는 약 2100만 달러)를 들여 설립되었다. 이곳에는 뛰어난 과학자 수십 명이 왔지만(데이비드 휴벨의 고양이 시각視覺 실험도 이곳에서 시작되었다.), 가장 큰 영향력을 떨친 연구는 펜필드의 뇌 지도 제작 작업이었다.

전기가 통하는 전선으로 뇌 표면을 자극했다는 점에서 이 연구는 적어도 겉으로 보기엔 로버츠 바솔로가 메리 래퍼티를 대상으로 한 실험과 비슷했다. 하지만 펜필드는 더 낮고 더 정확한 전압을 사용했다. 그리고 환자를 수동적 도구로 간주하는 대신에(즉, 뇌에 전기 자극을 가하고 어떤 일이 일어나는지 지켜보는 게 아니라) 펜필드는 각각의 환자와 협력하는 방식을 택했는데, 겉질의 다양한 장소를 살짝 자극하면서 그때마다 어떤 느낌이 드는지 물어보았다.

환자는 아무것도 느끼지 못할 때가 많았다. 하지만 뭔가를 경험하면, 펜필드는 그 몇 제곱밀리미터의 조직에 표지(번호가 적힌 색종이 조각)를 남겼고, 유리벽 뒤쪽에 있던 비서가 그 결과를 기록했다. 반응의 종류는 뇌의 지리적 장소에 따라 달랐다. 시각 겉질(뒤쪽에 있는)을 자극하면, 환자에게 선이나 그림자 또는 십자 모양(시각의 구성 요소들)이 보일 때가 있었다. 또, 청각 겉질(양쪽 귀 위에 있는)을 자극하면, 환자에게 울리거나 쉿쉿거리거나 쿵 하는 소리가 들릴 때가 있었다. 운동 중추와 촉각 중추를 자극하면, 환자가 격렬하게 삼키기 시작하거나 "내 혜가 마비데는 거 가타여."라는 말을 하기도 했다. 더욱 흥미로운 것은 언어 중추를 자극할 때였다. 그러면 환자는 자신의 의지와 상관없이 노래를 부르는 일이 자주 일어났다. "아아아아아-" 하고 갈수록 소리가 커지는 아리아를 불렀다. 펜필드는 짓궂은 장난기가 있었는데, 가끔 환자에게 말을 하게 했다가 말을 끊게 하는 장난을 쳤다. "어제 나는 딸을 찾아가-아아아아-" 한 남자에게는 무슨 일이 있어도 입을 꾹 다물고 있으라고 지시했다. 그 남자는 이를 악물었고, 펜필드는 언제 전기 자극을 가하는지 알려주기까지 했다. 하지만 아무 소용이 없었다. 그 남자는 카나리아 처럼 노래를 불렀다. 펜필드가 "내가 이겼네."라고 말하자, 그 남자는 자신도 어이가 없어서 웃었다.

이런 신경학적 연구는 두 측면에서 뇌 수술에 개선을 가져왔다. 첫째, 펜필드는 환자에게서 특정 조짐을 촉발시키는 데 자주 성공했다. 이것은 항상 즐겁기만 한 과정은 아니었는데, 조짐에는 욕지기나 어지럼증, 고약한 냄새가 포함되었기 때문이다. 하지만 그런 감각을 정확하게 조준해 반응을 이끌어낸다면, 발작 회로를 방해하기 위해 어떤 조직을 제거해야 하는지 알 수 있었다. 둘째, 이것 역시 중요한데, 펜필드는 어떤 것을 제거하지 '말아야' 하는지 알아냈다. 그는 늘 환자의 운동 중추와 언어 중추의 경계를 정확하게 작성하는 것으로 수술을 시작했다. 그러면 조직을 제거할 때, 이런 중추들을 비켜갈 수 있었다.

어떤 지역을 피해야 하는지 알아낸 것은 기대 밖의 부수 이익을 가져다주었는데, 이 덕분에 펜필드는 뇌의 운동 중추와 촉각 중추를 유례없이 자세하게 작성할 수 있었다. 펜필드 이전에는 얼굴 지역이 손 지역 옆에 있다는 사실이나 얼굴과 입술과 손이 모두 캐나다만큼 큰 영토를 차지한다는 사실을 아는 사람이 아무도 없었다. 이 발견은 훗날 환상 사지를 이해하는 기초가 되었다. 더 넓은 의미에서 이 발견은 또한 뇌가 바라보는 몸의 모습이 얼마나 기묘한지 보여주었다. 그 점을 이해하기 쉽게 보여주려고 펜필드는 1950년대에 '겉질 축소 인간cortical homunculus'이라는 유명한 만화를 스케치했다.(호문쿨루스homunculus는 라틴어로 '작은 사람'이라는 뜻인데, 중세 유럽 사람들이 정액 속에 이미 완전한 형태의 작은 사람이 들어 있다고 본 개념이다. —옮긴이) 이것은 각 신체 부위의 크기를 겉질에서 차지하는 면적과 동일하게 배정해 만들어본 인간의 모습이다. 이 그림을 보면, 겉질 축소 인간은 면봉처럼 가느다란 다리, 벌에 쏘인 듯이 부어오른 입술, 거대한 장갑 같은 손을 갖고 있다. 뇌 속에서 우리는 모두 알베르토 자코메티Alberto Giacometti(스위스의 조각가이자 화가. 화가로는 후기 인상파에 속하며, 나중에 초현실주의 운동에 참여했고, 철사처럼 가늘고 긴 조상彫像을 많이 제작하여 독자적인 양식을 이루었다. — 옮긴이)의 서툰 작품처럼 보인다.

펜필드는 뇌에서 배선 변경이 일어나는 증거도 발견했다. 사실, 펜필드가 작성한 뇌 지도는 이상적인 것이었다. 그것은 플라톤의 형상 또는 이데아에 해당하는 것으로, 그것과 일치하는 뇌를 가진 사람은 없다. 예를 들면, A의 언어 노드language node는 B보다 몇 센티미터 높거나 낮은 곳에 위치할 수 있다. 심지어 A 안에서도 뇌의 배선이 변함에 따라 언어 노드가 매년 조금씩 이동할 수 있는데, 이것은 펜필드가 같은 환자를 여러 번 수술하면서 알아낸 사실이다. 따라서 대다수 과학자들의 예상과는 달리 뇌와 마음은 각자 고유한 지리적 구조를 갖고 있다. 그리고 뇌의 영토들은 지각을 이루는 판처럼 이동하기 때문에 그 지리적 구조도 시간이 지나면서 변한다.

펜필드가 뇌에 대해 발견한 사실들 중에서 특별히 중요하게 여긴 것이 하나 있다. 그것은 관자엽과 관련이 있는데, 펜필드는 관자엽이 촉각과 운동과 시각을 담당하는 천하고 동물적인 영역보다 높은 위치에서 인간의 영혼을 향해 솟아 있다고 해서 더 소중하게 여겼다. 신경과학자들은 오래전부터 관자엽을 소홀히 여겼는데, 그래서 1931년에 펜필드도 한 여성 환자의 관자엽에 전기 자극을 가하면서 거기서 대단한 것을 발견하리라고는 기대하지 않았다. 그런데 그녀의 마음은 전형적으로 느끼는 감각(모호하게 윙윙거리는 소리가 들리고, 초록색으로 빛나는 부분이 보이는 등) 대신에 20년 전에 딸이 태어나던 무렵으로 돌아갔는데, 그때의 장면이 기묘하게 산뜻하고 구체적인 환영이 되어 눈앞에 나타났다. 펜필드는 멍해져서 이 이야기를 끝까지 추적하지 못했다.(그는 그 당시에 "남자가 [여자를] 완전히 이해하는 것은 이 실험의 의도와 아무 관계가 없다."라고 생각했다고 회고했다.) 하지만 5년 뒤에 그는 십대 소녀의 관자엽에서 이와 비슷하게 선명한 기억을 유발했다. 그 소녀는 어린 시절의 목가적인 오후로 돌아가 남자 형제들과 마당에서 즐겁게 뛰놀았다. 그런데 불행하게도 어떤 변태가 꿈틀거리는 삼베 자루를 갖고 뒤에서 살금살금 다가와 "뱀들과 함께 이 자루 속으로 들어가는 게 어떻겠니?" 하고 묻는 바람에 행복한 순간이 산산이 깨졌다. 이 기억은 마침 소녀의 발작 조짐이었으므로, 펜필드는 이 조직을 잘라내야 한다는 것을 알았다. 하지만 이번에 펜필드는 먼저 신중하게 기록하고 나서 나중에 관자엽을 더 자세히 조사해보기로 결정했다.

사실, 펜필드는 이 연구를 다소 비밀에 부쳤지만, 그다음 20년 동안 관자엽 환각을 가능한 한 많이 조사했다. 어떤 사람들의 환각은 일상적으로 일어났다. 한 남자는 환각에서 세븐업 광고판을 보았다. 한 여자는 알코올 중독자 이웃인 미어버거 씨를 보았다. 또 다른 여자는 펜필드가 전선을 갖다댔다 뗐다 함에 따라 마치 축음기에 바늘을 올렸다 내렸다 하는 것처럼 오케스트라 연주 소리가 커졌다 작아졌다 하는 것을 들었다.(실제로 그 여자는 펜필드가 수술실에 축음기를 숨겨둔 게 아니냐고 따졌다.) 하지만 훨씬 심오한 환각도 있었다. 천국의 모습을 얼핏 보거나 천사들의 합창을 들은(사람들을 종교에 빠지게 하는 종류의 조짐) 사람들도 있었다. 몇몇 사람은 자신이 살아온 생애가 눈앞에서 빠르게 지나가는 것을 보았고, 한 남자는 "오, 오, 이럴 수가! 내가 몸 밖으로 나가고 있어!"라고 외치고는 수술을 한 자기 몸 위에 떠 있는 자신을 발견했다.

처음에 펜필드는 크게 흥분하여 인간 의식이 머무는 장소를 관자엽에서 발견했다고 생각했다. 그는 나중에 의식이 머무는 장소를 조금

와일더 펜필드가 만든 감각 축소 인간sensory homunculus. 감각 축소 인간과 운동 축소 인간motor homunculus(사진에 나타나지 않은)은 각 신체 부위를 그것에 할당된 회색질의 양과 비례하는 크기로 나타낸 우리 몸의 모습이다.

더 깊은 곳인 뇌줄기 근처로 정정했다.(이것은 뇌 수술을 하면서 위쪽 뇌를 거의 완전히 들어내도 환자가 의식을 잃지 않는 이유를 설명할 수 있었다. 하지만 나중에 우리는 펜필드의 생각이 왜 틀렸으며, 의식이 머무는 장소를 어느 한 곳에서 찾으려는 노력이 왜 의미가 없는지 보게 될 것이다.) 어쨌든 펜필드는 관자엽 연구가 적어도 사람들의 의식에 '접근'하는 방법 — 내면의 본질, 어쩌면 가장 깊은 곳에 있는 영혼에 접근할 수 있는 방법 — 을 제공했다고 주장했다.

그런 생각 때문에 펜필드는 주류 신경과학에서 벗어났지만, 그렇게 멀리 벗어난 것은 아니었다. 역사적으로 사상가들은 늘 뇌를 그 시대의 기술적 경이에 비유했다. 로마 시대의 의사들은 뇌를 수도교에 비유했고, 데카르트는 성당의 오르간을 떠올렸고, 산업 혁명 시기의 과학자들은 공장과 직기와 시계를 이야기했으며, 20세기 초에는 전화 교환대가 인기를 끌었다. 이것들은 모두 물질적 비유이지만, 신경과학은 항상 신비주의도 어느 정도 용인했다. 베살리우스의 《인체의 구조에 관하여》가 그토록 큰 반감을 불러일으킨 이유 중 하나는 뇌를 너무나 정확하게 묘사하는 바람에 영혼이 머물 만한 모호한 장소를 전혀 남기지 않았기 때문이다. 심지어 후세대의 신경과학자들은 영혼의 존재 가능성을 허용하는 경향이 훨씬 강했다. 펜필드는 절충적 태도를 취하려고 했다. 그는 인간의 뇌를 컴퓨터에 비유했지만, 뇌에는 그것을 작동하는 비물질적 존재인 프로그래머도 있다고 주장했다.

하지만 20세기에 신경과학자들이 더 물질주의적인 견해로 기울었다는 사실은 부인할 수 없다. "뇌는 간이 담즙을 분비하는 것과 같은 방식으로 생각을 분비한다."라는 오래된 속담은 그들의 형이상학을 잘 요약한 표현이다. 하지만 펜필드는 나이가 들면서 종교적 신념이 더 강해졌는데, 특히 새로운 영적 배출구를 발견하면서 더욱 그랬다. 예를 들면, 50세 때 그는 아브라함에 관한 교양 소설 《다른 신을 섬기지 마라 *No Other Gods*》를 열심히 쓰기 시작했다. 사일러스 위어 미첼과 마찬가지로 그는 이야기를 통하지 않고서는 인간의 조건에 대한 진실을 알 수 없다는 사실을 알게 됐다.(펜필드는 나중에 히포크라테스에 대한 두 번째 소설을 출판했다. 히포크라테스는 고대 그리스 시대에 뇌전증과 마음-몸 문제를 연구했다.)

심지어 펜필드는 뇌에서 마음이 어떻게 나타나는가 하는 문제를 주제로 여기저기 강연을 하고 다니면서 〈욥기〉와 〈잠언〉을 인용했고, 은근히 심신 이원론을 설파했다. 그가 이렇게 하고도 별 탈이 없었던 이유는 자신의 심신 이원론을 평생에 걸친 외과 수술의 관찰을 바탕으로 전개했기 때문이다. 이를테면, 그는 수술을 하는 동안 환자들에게 발길질을 하거나 이야기를 하게 만들 수 있었지만, 환자들이 항상 강요받는 느낌을 받으며 그렇게 했다고 강조했다. 펜필드는 그들이 스스로 행동하려는 '의지'를 만들어내는 데 성공한 적은 한 번도 없는데, 이것은 그 의지가 물질적 뇌를 초월한 곳에 존재한다는 것을 증명한다고 생각했다. 펜필드는 또한 비록 전기로 완전한 정신적 장면을 떠오르게 할 수는 있어도, 단순히 전기만으로는 높은 차원의 진정한 사고를 일으킬 수 없다고 선언했다. 사람들은 오케스트라를 듣긴 했지만, 직접 음악을 작곡하지는 못했고, 수학적 정리에 대한 통찰을 떠올리지도 못했다. 펜필드는 진정한 사고는 뇌를 속여서 만들어낼 수 없다고 보았는데, 이것 역시 마음이 뇌를 초월한 곳에 있기 때문이라고 생각했다.

이 개념은 매우 매력적이긴 했지만, 펜펠드는 그것을 마음과 뇌, 영혼에 관한 일관성 있는 철학으로 만들지는 못했다. 그래서 이 연구에 매진하고자 70대로 접어들기 직전에 부산한 수술 일에서 은퇴했다. 그는 매달 마음-몸-영혼 문제에서 자신이 얼마나 진전을 이루었는지 돌아보면서 낙관론과 절망 사이를 왔다 갔다 했다. 그는 영혼이 존재한다는 사실과 관자엽뇌전증 환자 같은 일부 사람들이 하느님과 직접 대화를 나눈다는 사실에 대한 믿음을 결코 포기하지 않았다. 하지만 동료들을 설득해 심신 이원론을 받아들이게 하는 데에는 별로 성공하지 못했다. 또한 젊었을 때 경솔하게 내뱉었던 발언이 말년에 머릿속에서 맴돌며 그를 괴롭혔을 것이다. 그때 그는 "과학자가 철학으로 돌아서는 순간, 우리는 그가 퇴물이 되었다는 사실을 안다."라고 조롱했다.

데카르트와 스베덴보리를 비롯해 많은 사람들과 마찬가지로 펜필드는 마음-몸-영혼 문제를 결코 해결하지 못했고, 심신 이원론을 뒷받침하려고 그가 내놓은 증거는 해가 지날수록 신빙성이 떨어져 보였다. 무엇보다도 오늘날의 신경과학자들은 특정 뇌 부위에 전기 자극을 가함으로써 몸을 움직이거나 말을 하고 싶은 욕구를 실제로 유도할 수 있다는 사실을 안다. 자유 의지는 이것과는 종류가 다른 뇌 회로인 것처럼 보인다.(이 점에 대해 더 자세한 내용은 다음 장에 나온다.) 그리고 신경과학자들이 우리 머리뼈 속에서 전기를 띤 타피오카tapioca가 어떻게 영광스러운 마음을 만들어내는지 정확하게 알지 못한다 해도, 펜필드가 내놓은 해결책 — 우리에게 영혼이 있으며, 우리가 뇌에 대해 이해하지 못하는 모든 것을 영혼으로 설명할 수 있다는 성급한 생각 — 은 과학 정신을 배신한 책임 회피로 보인다.

그렇긴 해도, 뇌와 영혼에 대해 장광설을 늘어놓은 대다수 사람들과는 달리 펜필드는 신경과학에 실질적이고 중요한 기여를 했다. 그는 어머니에게 쓴 편지에서 이렇게 말한 적이 있다. "뇌 수술은 끔찍한 직업이에요. 만약 내가 살아 있는 동안 뇌 수술이 크게 달라질 것이라고 기대할 수 없다면, 나는 내 일을 끔찍하게 싫어할 겁니다." 뇌 수술은 단지 펜필드의 생애 동안에 발전만 한 게 아니라, 바로 펜필드의 업적 덕분에 크게 발전했다. 뇌 지도를 작성하기 위해 그가 사용한 혁신적이고 과감한 접근 방법은 기계 속의 유령, 즉 우리를 결국 인간으로 만들어주는 감각과 감정(심지어 망상까지도)을 처음으로 들여다볼 수 있게 해주었다.

Hieronymus bosch, The Garden of Earthly Delights in the Museo del Prado in Madrid, c. 1495-1505

9장

'마음의 속임수'

우리는 감정과 그 밖의 정신 현상이 결정을 내리고 믿음을 형성하는 일을 어떻게 돕는지 보았다. 그런데 만약 이 과정들이 잘못된다면(그런 일은 늘 일어난다.), 우리는 망상에 빠진다.

힌트 : 두 단어로 된 용어. 첫 번째 그림은 p로 시작하는 과일이다. 두 번째 그림은 눈(eye). 단어와 발음 모두 어려운 단어여서 생각하기 쉽지 않다. 두 번째 단어는 늑대를 뜻하는 에스파냐어(lobo)를 생각하라.

우드로 윌슨Woodrow Wilson 대통령은 지상의 영구적인 평화를 보장하기 위해 먼저 미국 상원부터 정복해야 했다. 제1차 세계 대전이 끝난 후, 윌슨은 인류 문명이 두 번째 세계 대전을 견뎌내지 못할 것이라고 경고했다. 그래서 인류의 마지막 희망이라고 본 국제연맹 조약을 의회가 통과시켜주길 원했다. 하지만 그는 상원에서 현실 정치의 벽에 가로막혔는데, 상원 의원들은 이 조약이 국가의 자주성을 해칠 것이라고 생각했기 때문이다. 그래서 1919년 가을에 윌슨은 미국 국민에게 직접 호소하기로 마음먹고 22일 동안 1만 3000km를 강행군하는 순회 연설에 나섰다. 자신의 정적들에 대한 분노를 불러일으켜 그들을 무찌르려는 의도였다. 하지만 이 여행 때문에 윌슨은 건강이 악화되었다.

윌슨 대통령과 더글러스 대법관

첫 번째 행선지인 시애틀에 들른 후, 윌슨과 그 측근들은 태평양 해안을 따라 열차를 타고 남쪽으로 내려갔고, 그다음에는 동쪽으로 빙 돌면서 로키 산맥 쪽으로 나아갔다. 벌써부터 몸 상태가 나빠진 윌슨은 덴버 근처에서 고산병 증상이 나타났고, 9월 25일에 푸에블로에서는 깨질 듯한 두통 때문에 무대에 올라서다가 휘청거렸다. 이를 무릅쓰고 그날 오후에는 위치타로 향하는 열차에 올랐다. 열차가 30km쯤 달렸을 때 윌슨이 몸이 불편하다고 호소하자, 의사는 열차를 멈추고 잠깐 흙길을 걸으라고 조언했다. 산책 도중에 윌슨은 농부를 만나 양배추와 사과를 받았고, 울타리를 뛰어넘어 현관 앞에서 부상당한 이등병과 잡담을 나눴다. 그렇게 해서 기운을 되찾은 뒤에 열차로 돌아왔다. 하지만 오전 2시에 윌슨은 아내 이디스Edith가 머무르는 침대칸 문을 두드리면서 참을 수 없는 두통을 또다시 호소했다. 담당 의사인 캐리 그레이슨Cary Grayson은 대통령의 얼굴 반쪽이, 그것도 오직 반쪽만, 씰룩이는 걸 발견했다.

그레이슨은 그전부터 이미 윌슨의 여러 가지 질환—고혈압, 간헐적 편두통, 장 문제(윌슨이 "중앙아메리카의 난리"라고 표현한)—을 치료해 왔다. 돌이켜보면, 윌슨은 1896년과 1906년에 경미한 뇌졸중을 두 차례 겪었을 가능성이 있다. 사일러스 위어 미첼도 1912년에 대통령 당선자의 건강을 검진하고는 첫 번째 임기를 마치지 못할 것이라고 말했다. 그 후 한 해 한 해가 지날수록 그레이슨은 건강이 점점 나빠지는 윌슨을 지켜보았다. 그는 1919년의 순회 연설 여행을 취소하라고 간청하기까지 했다. 윌슨은 그 충고를 불복종으로 간주해 불같이 화를 냈다. 그레이슨은 위치타 외곽에서 열차를 멈추라고 지시한 뒤, 윌슨에게 남은 연설 일정을 취소하라고 권했다. 대통령은 평소의 그답지 않게 이에 동의했는데, 몸이 너무 아파 맞설 기운조차 없었기 때문이다. 윌슨은 워싱턴으로 돌아가는 36시간 중 대부분의 시간을 창 밖을 내다보며 가끔 울면서 보냈는데, 왼쪽 절반 얼굴은 시간이 갈수록 점점 아래로 처졌다.

워싱턴에 돌아오고 나서도 윌슨은 격심한 두통 때문에 집무를 볼 수 없었다. 그래서 당구를 치거나 투어링 카touring car(4인승 혹은 그 이상이 탈 수 있는 오픈 카)를 타거나 백악관 영화관에서 무성 영화를 보면서 시간을 보냈다. 한편, 국제연맹 조약은 상원에서 처리가 지연되었다. 윌슨의 숙적 헨리 캐벗 로지Henry Cabot Lodge는 윌슨이 직접 쓴 거창한 국제연맹 헌장의 문학적 수준을 조롱하기까지 했다.

10월 2일 오전 8시 30분에 이디스가 윌슨에게 가 상태를 살펴보았는데, 잠이 깬 채 침대에 기운 없이 누워 있던 윌슨은 몸이 마비되었다고 호소했다. 이디스는 윌슨의 어깨를 부축해 화장실로 데려다주고, 그레이슨을 부르려고 방에서 나왔다. 다시 돌아오니 윌슨은 반나체 상태로 의식을 잃고 바닥에 쓰러져 있었다. 이디스와 그레이슨은 즉각 윌슨의 방에 드나들지 못하도록 모든 방문객의 출입을 차단했지만, 백악관의 한 안내원이 나중에 방을 들여다보았더니, 윌슨이 밀랍 인형처럼 누워 있었다고 한다. 코와 관자놀이에 막 생긴 빨간색 상처를 제외하고는 완전히 죽은 것처럼 보였는데, 상처는 윌슨이 쓰러지면서 돌출된 욕조 배관에 부딪쳐 생긴 것이었다.

그 후 몇 개월 동안 매일 아침마다 시중 드는 사람들이 윌슨을 휠체어에 앉히고 음식을 떠먹였다. 이 마지막 뇌졸중으로 윌슨은 몸 왼쪽이 마비되었고, 이디스가 읽어주는 글을 듣거나 정원에서 멍한 상태로 머물면서 대부분의 나날을 보냈다. 한편, 워싱턴은 그가 없는 상태에서도 느릿느릿 굴러갔는데, 처음에는 윌슨의 뇌졸중을 아는 사람이 거의 없었기 때문이다. 그것은 분명히 공개된 정보가 아니었다. 1915년 3월에 얼마 전에 상처한 윌슨에게 이디스를 소개한 사람은 바로 그레이슨이었다. 이디스는 윌슨을 졸라 해군에 복무하던 그레이슨을 자격이 훨씬 나은 수십 명의 후보를 제치고 해군 소장으로 승진시킴으로써 이에 보답했다. 이제 두 사람은 윌슨의 건강 문제를 대부분의 내각 각료와 심지어 부통령에게까지 숨기기로 공모했는데, 이것은 헌법상 위험한 상황이었다. 1919년 이전에 임기 중 사망한 대통령은 모두 5명이었다. 대부분 빠른 시간 안에 사망했고, 가필드 대통령만이 병석에 오래 머물다가 사망했지만 사망하기 전까지 의식은 또렷했다. 하지만 윌슨은 그렇지 않았다. 11월 하순에 백악관의 한 공보 담당관은 윌슨을 본 느낌을 차마 잊기 힘들 정도로 "발을 질질 끌며 걷고, 왼팔은 움직이지도 못하고, 손가락은 갈고리발톱처럼 구부러지고, 왼쪽 얼굴은 끔찍하게 축 늘어져 쇠약한 폐인이 된 노인"으로 묘사했다. "목소리조차 인간의 목소리로 들리지 않는다. 목소리는 목에서 그르렁거리고, 자동 기계에서 나오는 소리처럼 들린다." 권력 공백 상태*에서 이디스는 사실상 최초의 여성 대통령이 되어 윌슨이 보는 문서들을 통제했고, 그의 이름으로 메모를 내보냈지만 필체는 그녀의 것이었다.

윌슨은 몇 달 뒤에 대통령 직무를 재개했지만, 여전히 나쁜 건강 때문에 애를 먹었다. 지팡이를 짚고 절뚝이며 걸었고, 사진 기자들은 사진을 찍을 때 무너져내린 얼굴 절반을 피하려고 애썼다. 신경학적으로 볼 때, 그의 상태는 더 악화되었다. 그렇지 않아도 얼음처럼 찬 인상을 풍겼던 그는 더욱 차갑고 고압적으로 변했다. 이것은 정신적으로 경직되어 있다는 것을 보여주는 징후였다. 그와 함께 윌슨은 걸핏하면 울었는데, 이것은 정서 불안을 보여주는 징후였다. 무엇보다도 기묘한 것은 왼쪽에 있는 사물을 알아보지 못한다는 점이었다. 이것은 눈에 이상이 있어서 그런 것이 아니었는데, 엄밀하게 말하면 윌슨은 좌측에 있는 것을 볼 수 있었기 때문이다. 왼편에 있는 가구에 부딪치는 일은 없었는데, 잠재의식의 뇌가 그것을 피하도록 했기 때문이다. 하지만 누가 그것을 가리키지 않는 한, 왼편에 있는 사물은 의식적으로 '알아보지' 못했다. 예를 들어 그가 앉아 있는 책상 왼편에 만년필이 12개 쌓여 있다고 하자. 하지만 오른편에 만년필이 하나도 없으면, 윌슨은 만년필이 없다고 불평을 했다. 마치 그의 왼편에 있는 세계는 전혀 안중에 없는 것처럼 말이다. 이에 당황한 보좌진은 사무실 배치를 바꾸어야 했으며, 방문객을 그의 오른쪽으로 안내하지 않으면 대통령이 그 사람을 무시한다는 사실을 알게 되었다.

결국 윌슨의 비타협적 태도 때문에 국제연맹은 불운한 결말을 맞이했다. 윌슨은 헌장을 수정하라는 제안을 모조리 묵살했고(윌슨식 평화를 받아들이든가 아니면 지옥으로 가라는 식으로), 비준 노력도 시들해졌다.

그래도 나중에 억지로라도 의회에서 통과시킬 수 있다고 확신한 윌슨은 사실상 은둔자나 다름없는 처지가 되었는데도, 1920년에 세 번째 임기 도전을 위해 선거 유세에 나섰다. 이디스와 그레이슨과 그 밖의 사람들은 그해에 샌프란시스코에서 열린 민주당 전당 대회에서 윌슨의 건강에 대한 소문(실제로는 진실)을 퍼뜨림으로써 선거 운동을 방해했다. 다음 해에 윌슨은 눈물을 흘리며 백악관을 떠났고, 노망이 든 상태에서도 자신은 정신적 활기를 조금도 잃지 않았다고 확신했다. 1924년 1월까지도 그는 책상에 앉아 세 번째 임기의 대통령 취임 연설 초안을 작성했다. 그리고 그로부터 2주일이 지나기 전에 손상된 뇌가 마침내 기력을 다해 윌슨은 눈을 감았다.

50년 뒤에 이번에는 연방 대법원의 한 대법관이 윌슨의 슬픈 소극을 반복했다. 1974년에 윌리엄 더글러스William O. Douglas는 미국 사법부 역사상 최장수 대법관이 되었다. 프랭클린 루스벨트 대통령 시절이던 1939년에 대법관으로 임명된 그는 전 세계를 돌아다니며 대중을 선동하는 진보주의자로 활동해 보수주의자들에게는 눈엣가시 같은 존재였다. 제럴드 포드Gerald Ford 하원 의장은 그를 탄핵하려고 시도하기까지 했다. 1974년 12월 31일, 더글러스는 새해를 바하마에서 맞으려고 네 번째 아내와 함께 그곳에 도착했다. 아내는 31세의 금발 여자로, 더글러스가 대법관으로 임명될 때 아직 세상에 태어나지도 않았다. 그런데 바하마에 착륙한 지 몇 시간도 안 돼 더글러스는 뇌졸중을 일으켜 의식을 잃고 말았다.

그는 나소(바하마의 수도)에서 비행기에 실려 워싱턴의 월터리드 병원에 도착했고, 그 후 몇 달 동안 병원에서 회복기를 보냈다. 대법원 판결에 불참한 것은 모두 21건이었고, 의사들의 소견으로는 건강에 차도가 전혀 없었는데도(더글러스는 걷지도 못했고, 좌반신은 마비 상태였다.) 그는 대법관직 사임을 거부했다. 3월에 그는 아내를 방문하도록 하룻밤 외출을 허락해달라고 의사를 졸랐다. 그런데 더글러스는 운전사에게(자신이 직접 운전할 수는 없었으므로) 집으로 가지 말고 집무실로 가자고 했다. 그날 밤 그는 밀린 일을 처리하느라 매달렸고, 다시는 병원으로 돌아가지 않았다.

더글러스에게는 사임을 거부할 만한 이유가 충분히 있었다. 대통령이 된 오랜 정적 제럴드 포드가 자기 대신에 '부적합한 사람을 임명'할까 봐 두려웠기 때문이다. 게다가 대법원은 그 회기에 선거 운동 회계와 사형에 관한 굵직한 사건들을 다룰 예정이었다. 하지만 더글러스가 사임을 거부한 가장 큰 이유는 자신의 건강에 큰 문제가 없다고 생각했기 때문이다. 처음에 그는 기자들에게 뇌졸중 이야기는 전혀 하지 않고, 제럴드 포드처럼 발을 헛디뎌 넘어지면서 머리를 찧었을 뿐이라고 말했다. 불분명한 발음과 휠체어에 대해서는 언급도 하지 않았다. 누가 이 점을 지적하자, 떠도는 이야기가 모두 헛소문이라고 일축하면서 의심하는 사람이 있다면 함께 하이킹을 가자고 제안했다. 더 집요하게 캐묻자, 그는 바로 그날 아침에 마비된 다리로 40야드 필드 골을 성공시켰다고 말했다. 그걸 본 담당 의사가 워싱턴 레드스킨스 팀에 입단을 타진해보라고까지 했다고 허풍을 쳤다.

하지만 기자들이 없는 곳에서는 상태가 훨씬 심각했다. 그는 심리를 하는 동안에 졸고, 이름을 까먹고, 중요한 사건에서 사실 관계를 혼동하고, 보좌관에게 암살자 이야기를 속삭이기 시작했다. 만성적인 실금 때문에 비서는 그의 휠체어를 리졸Lysol(소독제의 상표명)로 흠뻑 적셔야 했다. 나머지 대법관 8명은 더글러스에게 공개적으로 압력을 가해서는 안 된다는 침묵의 서약에 얽매이기는 했지만, 4대4 찬반 동수가 나온 사건은 결정을 다음 회기로 미루어, 더글러스가 캐스팅보트를 행사하지

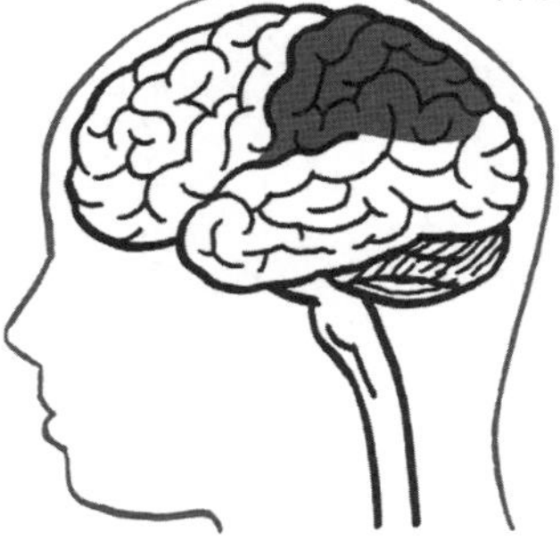

못하게 하자는 데 의견 일치를 보았다. 더글러스도 이러한 현실 앞에서 한 발짝 양보하여, 1975년 여름 휴회 기간에 뉴욕에서 특수 뇌졸중 치료를 받았지만 아무 차도가 없었다. 결국 나머지 대법관들은 더글러스를 종용하여 11월에 사임하게 했다. 하지만 그러고 나서도 더글러스는 계속 일을 하러 나왔다. 자신을 '열 번째 판사'라고 부르면서 직원들을 부리고, 표결권을 행사하려고 들었다. 그는 "내겐 아무 문제가 없어."라고 고집을 부렸다. 명망 높던 대법관으로서는 참으로 당혹스러운 말로였다.

윌슨과 더글러스 같은 사례(둘 다 마루엽 손상의 결과)는 신경과 의사들에게는 아주 익숙한 것이다. 윌슨에게는 한쪽 공간 무시 증상이 나타났는데, 이것은 세상의 절반을 알아보지 못하는 증상이다. 한쪽 공간 무시 환자는 얼굴을 반쪽만 면도하고, 옷도 몸 반쪽에만 걸친다. 선으로 간단하게 그린 꽃 그림을 베껴서 그려보라고 하면, 꽃을 절반만 그린다. 샐러드를 주면, 그릇의 절반에 있는 것만 먹는다. 그 그릇을 90° 회전시키면, 남은 샐러드 중 한쪽 절반에 있는 것만 먹는다. 기억도 양분된다. 이탈리아 신경과학자들은 한쪽 공간 무시 환자들에게 고향인 밀라노의 유명한 광장에서 성당을 바라보며 서 있는 장면을 상상하게 했다. 광장 주변에 있는 건물 이름을 모두 말해보라고 했을 때, 이들은 한쪽에 있는

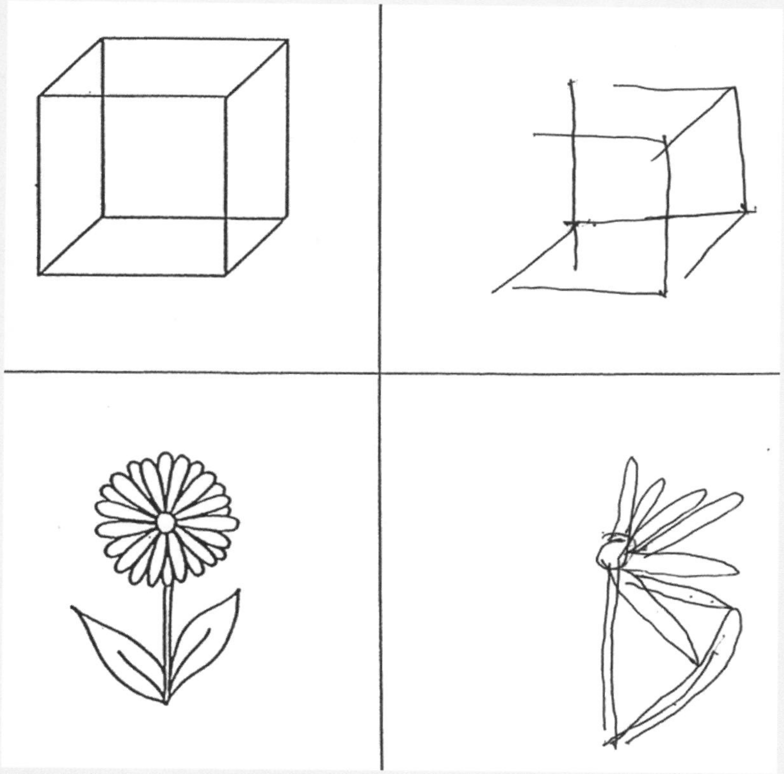

오른쪽 그림은 한쪽 공간 무시 장애가 있는 남자가 그린 것이다. 그는 왼편에 있는 세상을 알아볼 수 없다. (출처 : Masud Husain, from “Hemispatial Neglect,” *Parton, Malhotra, and Husain, Journal of Neurology, Neurosurgery, and Psychiatry* 75, no. 1 [2004]: 13–21)

건물들만 기억했다. 그러고 나서 그 장소에서 뒤로 돌아 반대 방향을 바라보라고 했다. 그러자 이들은 반대쪽에 있는 건물들 이름을 말하기 시작했다. 하지만 조금 전에 말했던 건물들 이름은 단 하나도 말하지 못했다. 논리와 감각의 명백한 모순도 한쪽 공간 무시 앞에서는 아무 소용이 없다. 왼편에 있는 것을 모두 무시하는 한 남자는 시계 문자판 위에 11시 10분을 그리라고 하자, 그것을 어떻게 그려야 할지 헷갈려했다. 결국 그는 6부터 12까지의 숫자를 반대쪽에 적어서 시곗바늘이 반대 방향으로 돌게 했다. 하지만 그는 이런 어려움 때문에 고통을 받지는 않았다. 흔히 자신의 장애를 슬퍼하고 점점 침울해지는 일반적인 뇌졸중 환자와는 달리 한쪽 공간 무시 장애가 있는 사람들은 대개 태평스럽고 쾌활한 태도를 유지한다.

같은 맥락에서 더글러스 같은 일부 뇌졸중 환자는 자신이 마비되었다는 사실을 인정하려 하지 않으며, 아무 문제가 없다는 망상을 유지하기 위해 자신뿐만 아니라 남에게도 거리낌 없이 거짓말을 한다.(의사들은 이들을 질병 인식 불능증anosognosia 환자라 부른다.) 마비된 팔을 들어올리라고 말하면, 이들은 씩 웃으면서 그 팔이 너무 피로하다고 말하거나 "나는 양손잡이였던 적이 없어요."라고 대답한다. 칵테일 잔들이 놓인 쟁반을 들어보라고 하면, (보통 반신마비 환자들이 멀쩡한 손으로 쟁반 가운데 부분을 받치는 것과 달리) 이들은 마치 자신의 다른 손으로 쟁반을 떠받치기라도 하는 것처럼 쟁반의 한쪽 끝부분을 거머쥔다. 결국 모든 것을 엎지르고 난 뒤에는 변명을 지어낸다. 한 여성 질병 인식 불능증 환자는 손뼉을 치라고 하자, 멀쩡한 한 팔을 들어 자기 앞의 허공에다 대고 흔들었다.(그것을 보고 의사는 그녀가 마침내 오래된 선문답의 수수께끼를 풀었다고 장난스럽게 말했다. 한 손으로 손뼉을 치는 데 성공한 셈이었기 때문이다.) 정말로 기묘한 것은 보통의 질병 인식 불능증 환자가 보여주는 다른 측면의

망상, 치매, 환각에 시달리는 환자를 그려낸 아르망 고티에의 석판화

모습이다. 이들은 농담도 하고, 오래전의 기억을 떠올리고, 유창하게 말할 수 있다. 하지만 이들은 왜곡된 판단을 하는 경향이 있는데, 특히 한 가지 주제(그들의 장애)에 대해서는 이런 경향이 심하게 나타난다. 일부 뇌졸중 환자는 시력을 잃은 뒤에도 장애를 부인하여 정강이에 계속 상처를 입는데, 길을 가로질러 가는 그의 모습은 보는 사람들의 마음을 아프게 한다.

우리는 지금까지 뇌의 하드웨어에 대해 많은 것을 배웠다. 신경세포들이 어떻게 작동하고, 서로 어떻게 연결되어 회로를 이루는지 알아보았다. 서로 맞물린 회로들의 망이 어떻게 시각과 운동과 감정을 만들어내는지도 살펴보았다. 이제 물질적인 것에서 정신적인 것으로 넘어갈 때가 되었다. 그런데 이 둘을 이어주는 다리로 망상보다 좋은 것은 없다. 물론 의사들은 수천 년 전부터 망상을 다루었으며, 여러 가지 심리학적 사실들도 오래전부터 알았다. 예를 들면, 많은 망상은 몇 주일이 지나면 사라지고, 어떤 망상은 완벽주의자처럼 특정 유형의 성격을 가진 사람들 사이에 가장 많이 나타난다. 하지만 많은 망상의 유기적 기반이 뇌에 있다는 결론을 내릴 만큼 의사들이 충분히 많은 사례(기이할 정도로 비슷한 증상을 충분히 많이 지닌)를 발견한 것은 20세기에 들어서였다. 사실, 일부 망상은 재현이 충분히 가능하고, 특정 정신 모듈을 멈추게 하기 때문에, 신경과학의 최대 불가사의 중 하나를 탐구하는 데 주목할 만한 도구가 되었다. 그 불가사의란, 세포들과 생화학 물질이 어떻게 인간의 마음을 만들어내느냐 하는 것이다.

카프그라 증후군

1918년 6월 3일, 한 여자(이 여자의 이름은 마담 M.으로만 전한다.)가 숨을 헐떡이면서 금방이라도 울음을 터뜨릴 듯한 표정으로 파리의 한 경찰서로 들이닥쳤다. 그녀는 근무 중인 경찰관에게 파리의 지하실과 지하 묘지에 인질로 잡혀 있는 사람을 적어도 2만 8000명이나 알고 있으며, 그중 대부분이 어린아이라고 말했다. 어떤 사람들은 산 채로 미라가 되었고, 어떤 사람들은 가학적인 의사들의 손에 가죽이 벗겨지는 실험을 당했으며, 모두 상상할 수 없는 고문을 당했다고 했다. 이 거대한 음모를 그때까지 왜 아무도 몰랐느냐고 묻자, M.은 모든 피해자의 '대역'이 지상에서 그 행세를 하며 살아가기 때문이라고 대답했다. 그 대역은 완벽에 가까울 정도로 원래 사람을 쏙 빼닮은 복제 인간이라고 했다. M.은 자기 이야기를 입증해 보여주겠다면서 경찰관 두 사람만 붙여달라고 했다. 그녀의 말대로 두 경찰관이 따라나서 그녀를 곧장 정신병원으로 데

카프그라 증후군 환자들 중 상당수가 분신 망상 증상을 보인다.

려갔다.

M.은 고급 여성복 재봉사와 디자이너로 오랫동안 일했지만, 그녀를 검사한 정신과 의사들이 그녀의 생애에서 가장 중요하게 여긴 것은 다섯 자녀에 관한 부분이었다. 쌍둥이 아들을 포함해 넷은 젖먹이 때 죽었는데, 이런 정신적 충격 때문에 사실상 M.은 마음이 와해되었다. M.은 사람들에게 자기 아기들이 중독되거나 유괴되었다고 말하기 시작했고, 거기서부터 환상은 갈수록 덩치를 불려갔다. M.은 아주 복잡한 이야기를 지어내다가 가끔 미로 속에서 길을 잃기도 했다. M.은 자신이 프랑스 왕 앙리 4세의 후손이라고 했다. 하지만 첩자들이 자신의 신분을 지우고 유산(800억 프랑과 리우데자네이루를 포함한)을 가로채려고 자신의 금발을 밤색으로 염색했고, 눈에 약을 넣어 눈의 크기도 바꿨으며, '자신의 가슴을 훔쳐갔다고' 주장했다. 이 이야기가 지하 묘지 음모와 무슨 연관이 있는지는 분명하지 않았고, 담당 의사인 조제프 카프그라Joseph

Capgras는 대체로 그녀의 이야기에 별 흥미를 느끼지 않았다. 그는 정신병자가 방대한 계보를 지어내는 것을 너무 많이 보았기 때문이다. 하지만 카프그라의 주의를 끈 독특하고 중요한 내용이 하나 있었는데, 바로 M.이 믿은 '대역'의 존재였다. 그녀는 대역이란 단어를 계속 반복했고, 심지어 마지막으로 남은 가족인 딸과 남편도 살해되어 대역으로 교체되었다고 주장했다.

M.은 그들이 대역이란 걸 어떻게 알았을까? 바로 자신을 고급 여성복 재봉사로 만든 그 숙련된 눈으로 알아보았다고 했다. 카프그라에게 이야기를 하면서 M.은 어떤 옷에 붙은 상아 단추의 색조와 외투 안감으로 쓰인 새틴의 종류, 모자를 장식한 흰색 깃털의 종류를 아주 정밀하게 강조했다. 이와 비슷하게 사람들에 대해서도 M.은 적갈색 눈이나 코밑수염의 길이를 정확하게 기억했고, 흉터와 주근깨의 위치를 마치 고대 천문학자가 하늘의 천체를 성도星圖에 기록하듯이 아주 정확하게 그려냈다. 문제는 사람들이 계속 변한다는 점이었다. 사람들은 이발을 하고, 칼에 손이 베이고, 크림 케이크를 먹고 살이 찐다. M.의 생애에서 사람들이 변할 때마다 그녀의 뇌는 그들을 마치 '이전의' 사람이 사라지고 새로 나타난 사람, 곧 대역으로 간주했다.

사실, 대역들도 시간이 흐르면서 주름이 새로 생기거나 머리가 벗겨지거나 하면, M.은 그들을 대신할 대역의 대역을 만들어냈고, 그다음에는 대역의 대역의 대역을 만들어냈다. 결국 그녀는 남편 대역이 모두 80명이나 나타났다고 말했다. 딸은 더 문란하여 1914년부터 1918년까지 그 분신이 2000여 명이나 나타났다. 그 후에 M.이 어떻게 되었는지는 기록으로 남아 있지 않지만, 정신병원에서 비극적인 삶을 마감했을 가능성이 높다.

카프그라가 사례 보고를 발표한 뒤에 다른 신경학자들도 환자들에게서 이 분신 망상을 보기 시작했고, 오늘날 카프그라 증후군은 비록 희귀하긴 해도 잘 알려진 질환이다. 수십 년 전에는 카프그라 증후군 환자는 대부분 자신의 삶에 침입한 대역들을 배우나 살아 있는 밀랍 인형이라고 생각했다. 그런데 20세기에 새로운 기술들이 나타나자, 이 침입자들은 외계인, 안드로이드, 클론 등이 되었다. 일부 카프그라 증후군 환자들은 M.처럼 신분이 바뀌었다거나 유산을 빼앗겼다는 식의 황당무계한 이야기를 지어낸다. 하지만 환자들은 세속적인 일 때문에 불평할 때가 많다. 한 카프그라 증후군 환자는 사제에게 자신이 중혼을 했다고 고민을 털어놓았는데, 원래 아내 외에 대역 아내하고도 결혼한 상태이기 때문이라고 했다. 대역은 인간에만 국한되지도 않았다. 어떤 사람들은 가짜 고양이와 푸들도 알아보았다. 어떤 사람은 자기 머리카락이 자신을 떠나고 가짜 머리카락인 가발을 남겨두었다고 믿었다.

환자와 대역들 사이의 관계는 다양했다. 어떤 사람은 침입자를 받아들였다. 어느 나이 많은 여자는 매일 오후에 차를 세 잔 탔다. 하나는 자신을 위해, 하나는 가짜 남편을 위해, 또 하나는 사라진 남편을 위해서였는데, 마침 그날 남편이 돌아올 경우에 대비해 그렇게 준비했다. 카프그라 증후군이 에로틱하게 나타나는 경우도 있었다. 1930년대에 한 프랑스 여자는 잠자리에서 별로 힘을 쓰지 못하는 연인 때문에 몇 년 동안 불만이 많았는데, 다행히도 대역 연인은 출중한 정력을 자랑했다. 남성 환자들은 아내의 육체가 몇 주마다 매력적으로 새로워지는 것을 좋아했다.(장난기 많은 한 의사는 성적 접촉을 할 때마다 새로움을 느낄 수 있기 때문에 카프그라 증후군이 행복한 결혼의 비결이라고 말하기까지 했다.) 하지만 카프그라 증후군 환자들은 대개 대역을 두려워했고, 갈수록 편집증이 심해졌다. 그리고 논리적으로 이치를 따져 설명하려는 시도는 역효과를 낳는 경우가 많았다. 환자와 사랑하는 사이인 사람들은 과거에 환자와 함께 했던 추억을 상기시키려고 시도했다. 즉, 오직 두 사람만 아는 세부 사실을 들먹이며 자신이 가짜가 아님을 입증하려고 했다. 하지만 이것은 오히려 눈앞의 이 '가짜'가 사라진 진짜에게 고문을 가해 이 사실을 알아낸 게 아닐까 하는 의심을 불러일으켰다. 일부 환자는 대역을 죽이기까지 했다. 미주리 주의 한 남자는 1980년대에 양아버지의 목을 자른 다음, 잘린 목 안을 뒤져 '로봇'의 배터리와 마이크로필름을 찾으려고 했다.

카프그라는 이 증후군의 기원을 설명하기 위해 분명한 사실 한 가지에 주목했다. 환자들은 설사 상대방을 '진짜' 그 사람이 아니라고 부인하더라도, 사랑하는 사람의 얼굴을 알아보았다. 다시 말해서, 환자들은 사람들을 정확하게 인식하지만, 자신이 인식하는 것에 적절하게 반응하지 않았다. 이것은 문제의 뿌리가 감정적인 데 있음을 암시하는데, 바로 그런 반응을 빚어내는 데 감정이 도움을 주기 때문이다. 안타깝게도 카프그라는 프로이트 학설을 지지하여, 카프그라 증후군을 정신성 성적 신경증(대부분은 당연히 억압된 근친상간 욕구)으로 재해석하기로 결정했다. 하지만 의사들은 곧 독소와 메타암페타민, 세균, 알츠하이머병, 뇌충격 등도 카프그라 증후군을 유발할 수 있다는 사실을 발견하여 프로이트 학설의 입지가 흔들렸다. 사고와 질병이 카프그라 증후군의 원인이 될 수 있다는 사실은 그 기반이 기질적器質的인 데 있음을 시사했고, 결국 신경과학자들은 카프그라가 선견지명을 보였던 감정에 대한 추측으로 되돌아왔다.

카프그라 증후군을 완전히 설명하려면 얼굴맹 이야기로 돌아갈 필요가 있다. 얼굴맹 환자는 맥락의 단서를 사용하거나 교묘한 방법에 의존하지 않으면 사랑하는 사람을 알아보지 못할 때가 많다. 그럼에도 불구하고, 많은 얼굴맹 환자는 자신이 뭐라고 주장하건, 얼굴을 어느 정도 알아본다. 과학자들은 어느 실험에서 얼굴맹 환자(그를 '척'이라 부르기로 하자)에게 폴라로이드 사진들을 건네주었다. 그중에는 낯선 사람 사진도 있었고, 사랑하는 사람 사진도 있었다. 과학자들은 또한 척의 피부에 전극을 붙이고 각각의 사진을 볼 때 어떤 반응이 나타나는지 측정했다.(어떤 감정을 느낄 때마다 그 사람의 피부에는 약간이나마 땀이 나는데, 당사자는 그것을 전혀 느끼지 못할 수도 있다. 땀에는 소금 성분의 이온들이 섞여 있어 피부의 전기 전도율*을 높인다.) 척은 사진을 넘기면서 모든 얼굴을 알아보지 못했다.(몰라요, 몰라요, 몰라요.) 하지만 그의 감정은 알아보았다. 사랑하는 사람을 인식할 때마다 피부에 흐르는 전류가 측정 가능한 양만큼 증가했다. 그의 마음은 얼굴의 정체에 의식적으로 접근하지 못하지만, 그의 잠재의식은 아빠, 아빠, 아빠 하고 외친다.

이 내밀한 감정적 반응은 인간의 뇌가 상이한 두 가지 회로를 통해 얼굴을 인식한다는 것을 암시한다. 두 가지 회로는 모두 뇌가 선과 윤곽과 그 밖의 시각적 특징을 자동적으로 분석하는 능력에 의존한다. 하지만 한 회로는 이 얼굴이 어떠어떠하다고 알려주는 반면, 다른 회로는 이 의식적인 경로를 그냥 지나치고, 대신에 감정 중추에 접속하여 그에 해당하는 좋거나 싫은 감정을 상기시킨다. 따라서 어떤 얼굴을 완전히 인식하는 데에는 의식적 인식과 함께 '글로glow'(문자 그대로 불이 들어와 빛나듯이 감정이 고조되는 상태 — 옮긴이)라고 부르는 것도 필요하다. 글로는 우리가 어떤 사람을 보았을 때 생겨나는, 말로 표현할 수 없는 연결의 느낌을 가리킨다. 얼굴맹인 사람도 글로를 느끼지만, 시각 인식 회로에 결함이 있기 때문에 실제로 그 사람을 파악하려면 목소리나 다른 단서에 의존해야 한다.

이제 얼굴맹의 반대 경우를 상상해보자. 즉, 얼굴은 알아볼 수 있지만, 글로를 느끼지 못한다고 하자. 이것이 바로 카프그라 증후군이다. 환자에게 사진을 보여주면, 환자의 뇌는 사랑하는 사람과 낯선 사람 모두에게 똑같이 무심한 반응을 보인다. 어머니나 어머니의 피부, 심지어 어머니의 사랑하는 심장까지 알아보더라도, 변연계는 아무 자극을 받지 않는다. 그렇다고 해서 카프그라 증후군 환자가 감정을 전혀 느끼지 못하는 것은 아니다. 그들은 대개 인간이 느끼는 감정을 다 느낄 수 있다—단, 다른 자극을 통해서. 하지만 얼굴은 적절한 감정을 떠오르게 하지 않으며, 전에 사랑하는 사람을 보면서 느꼈던 감정과 지금 느끼는 죽은 감정 사이의 간극은 큰 고통을 안겨준다.

환상 사지 치료를 위해 거울 상자 요법을 개발한 신경학자 라마찬드란(그는 괴짜 신경학을 좋아하는 취향이 있었다.)이 카프그라의 이 이중 회로 가설에 힘을 실어주는 연구를 했다. 라마찬드란은 자동차 사고로 앞유리창에 머리를 부딪친 30세의 브라질 남자 아르투르Arthur를 치료하고 있었다. 아르투르는 언어와 기억, 추론 능력을 회복했고, 환각이나 편집증은 전혀 겪지 않았다. 하지만 그는 의사에게 누군가 자기 아버지를 납치해가고 대역으로 교체했다고 털어놓았다. 약간 지적이었던 아르투르는 어떤 면에서 이 이야기가 말이 되지 않는다는 사실을 알고 있었다. 세상에 누가 무슨 이유로 자기 아버지 행세를 한단 말인가? 하지만 머릿속에서 이 생각을 떨쳐낼 수 없었다.

어느 날, 라마찬드란은 문득 떠오른 직감에 따라 아르투르 아버지에게 복도를 걸어가면서 아들에게 전화를 걸게 했다. 이것은 목소리 효과를 따로 분리해 제공하려는 시도였다. 그러자 놀랍게도 카프그라 증후군이 싹 사라졌다. 아버지와 아들은 즉각 다시 연결되었다. 적어도 전화 통화를 하는 동안은 그랬다. 하지만 두 사람이 얼굴을 마주하자, 아르투르에게 의심이 되살아났다. 라마찬드란은 이러한 분열의 원인이 단순한 해부학적 사실에 있다는 사실을 알아냈다. 뇌는 시각 입력 정보와 청각 입력 정보를 모두 다 변연계로 보내 잠재의식적 처리를 거치게 하지만, 감각에 따라 사용하는 신경 경로가 서로 다르다. 아르투르의 뇌에서는 시각-변연계 회로가 손상된 반면, 청각-변연계 회로는 멀쩡한 것 같았다. 그 결과로 아버지의 목소리는 원래의 글로 효과를 그대로 유지했던 것이다.

그렇다면 왜 아르투르는 아버지를 보며 이야기할 때에는 글로를 느끼지 못했을까? 짧게 대답하면, 우리 뇌 중 상당히 많은 부분이 시각 단서를 처리하는 데 쓰여(대뇌 겉질 중 약 절반이 다양한 지점에서 이 일에 관여한다.) 시각이 나머지 감각들을 압도하기 때문이다. 그래서 아르투르는 아버지의 목소리가 아무리 진짜 같아도 그것을 무시했는데, 자신의 눈앞에 있는 남자가 너무나도 사악해 '보였기' 때문이다. 사실, 카프그라 망상에서는 상황이 중요한 역할을 한다. 카프그라 증후군을 바라보는 또 한 가지 방법은 그것을 데자뷔déjà vu(전에 본 적이 있는)의 반대인 자메뷔jamais vu(전혀 본 적이 없는)의 느낌으로 보는 것이다. 카프그라 증후군 환자는 낯선 상황에서 경험하는 데자뷔의 감질나게 뭔가 익숙한 느낌 대신에 안전하고 익숙한 상황*이어야 할 곳에서 불길하고 낯선 느낌을 경험한다.

나는 카프그라 증후군이 가장 가슴 아픈 신경 장애 중 하나라고 생각한다. 물론 사랑하는 사람을 알아보지 못하는 신경 질환은 이것 말고도 여러 가지가 있다. 래리 삼촌이 알츠하이머병에 걸려 갑자기 나를 알아보지 못한다면, 사람들은 래리 삼촌이 정신이 온전치 못하다는 사실을 받아들인다. 게다가 래리 삼촌은 어떤 한 사람만 특별히 알아보지 못하는 게 아니다. 반면에 카프그라 증후군 환자는 정신이 아주 온전한 것처럼 보인다. 기억력과 언어 능력과 유머 감각도 그대로 살아 있으며, 전반적인 감정도 그대로이다. 그는 생각 속에서는 여전히 당신을 좋게 생각한다. 하지만 그를 안으려고 다가가면, 그는 당신을 밀어낸다. 개인적으로 대면한 당신은 거부하는 것이다.

카프그라 증후군을 앓는 어떤 환자들은 거울 속에 비친 자신의 모습을 자신의 '대역'이라고 착각한다.

카프그라 증후군은 감정적 고통 외에도 환자를 존재론적 수렁 속으로 밀어넣을 수 있다. 카프그라 증후군 환자가 '자신'의 대역을 본다고 상상해보라. 특히 자신의 대역이 거울 속에 숨어 있다고 생각한다면? 기묘하게도 이들은 거울의 작용 원리를 안다. 이들은 세상의 모든 사람이 거울에서 자신의 반사된 모습을 본다는 사실을 잘 이해한다. 그런데도 이들은 특별한 경우에 한해 거울이 자신을 속인다고 주장한다. 지금 저 거울에 비친 모습은 바로 '자신의 대역'이라는 것이다. 카프그라 증후군 환자들 중 일부는 이러한 침입에 관대하게 반응한다. 어떤 남자는 거울 속의 대역이 자신과 동시에 면도를 하거나 이를 닦으려고 하는 걸 볼 때마다 짜증이 나긴 했지만, 자신을 사칭하는 그에게 원한을 품진 않았다. 또 다른 남자는 자신의 대역이 "보기에 나쁘지 않은 친구"라고 말했다. 하지만 거울 속의 대역을 사악한 존재로 보는 경우가 더 많다. 자신을 대체하려고 호시탐탐 기회를 노리는 스토커로 간주하는 것이다. 어떤 환자

가족들은 환자가 우연히 거울을 보고 공격하는 불상사를 막기 위해 거울뿐만 아니라 물체를 반사하는 창유리까지 커튼으로 가려야 했다.

카프그라 증후군은 무엇보다도 뇌 속에서 이성과 감정 사이의 균열을 드러낸다. 우리는 이성과 감정이 서로를 어떻게 지지하는지 이미 보았다. 하지만 이성과 감정은 서로 어긋나는 방향으로 작동할 수도 있는데, 카프그라 증후군은 둘 중에서 감정이 더 원초적이고 강하다는 것을 시사한다. 그렇지 않다면 어째서 환자가 개인적인 상실감을 설명하려고 모든 이성을 내팽개치면서까지 도플갱어와 세계적 규모의 음모를 지어내겠는가? 거울에 비친 자신을 인정하지 않는 환자는 물리학 법칙을 부정하기도 한다. 어떤 사례들에서는 현실과 어긋나는 그런 모순을 마음이 견뎌낼 수 없을 것처럼 보인다. 하지만 충분히 그럴 수 있다. 그런 상황에서 마음을 방어하는 방법은 아주 기발한데, 정신 장애를 단 한 가지 주제에만 한정시킴으로써 나머지 마음에는 영향이 미치지 않게 한다.

통제 불가능한 손

1908년 어느 봄날 오후, 빈둥거리며 시간을 보내던 중년의 독일 여자는 보이지 않는 손이 자기 목을 붙잡는 걸 느꼈다. 그 손이 자신의 기도를 꽉 누르는 바람에 숨이 턱 막혔다. 있는 힘을 다해 발버둥친 끝에 간신히 오른손으로 그 손을 떼어낼 수 있었다. 그러자 그 손(바로 자신의 왼손)은 힘없이 몸 옆으로 툭 떨어졌다. 전해의 마지막 날 밤에 뇌졸중이 일어났는데, 그 후로 왼손은 버릇 나쁜 아이처럼 제멋대로 굴었다. 음료수를 엎지르고, 자신의 코를 꼬집고, 침대 커버를 마구 벗기는 등 자신의 의지와는 상관없이 행동했다. 그 손이 이번에는 자신의 목을 조르고 상처를 입힌 것이다. 그녀는 의사에게 말했다. "이 손에 악령이 깃든 게 분명해요."

제2차 세계 대전 때 미국에서도 비슷한 사례가 두 건 있었다. 두 명(한 명은 여자, 한 명은 남자) 모두 뇌전증을 앓았고, 발작을 막고자 뇌들보(뇌량) 절제 수술을 받았다.(신경 섬유 다발인 뇌들보는 좌반구와 우반구를 연결하는 부분이다.) 발작은 진정되었지만, 고통스러운 부작용이 나타났다. 한쪽 손이 제멋대로 움직이기 시작한 것이다. 그 후 몇 주 동안 여자는 오른손으로 서랍을 열면, 자기 의사와 상관없이 왼손이 그것을 도로 닫곤 했다. 또, 오른손으로 블라우스 단추를 채우면, 왼손이 따라오면서 도로 풀었다. 남자는 자신의 식료품 잡화점에서 한 손으로 직원에게 빵을 건네주면서 다른 손으로는 그것을 확 잡아당겼다. 집에서는 토스터에 빵을 집어넣으면, 다른 손이 그것을 끄집어냈다.

점점 더 많은 사례가 나타나면서 신경과 의사들은 이 증후군을 '변덕스러운 손capricious hand'이나 '무법자의 손anarchic hand'이라고 부르기 시작했는데, 지금은 대부분 '통제 불능 손alien hand'이라 부른다. 이것은 의지와 상관없이 통제 불능의 움직임을 보이는 손을 가리킨다. 통제 불능 손은 뇌졸중이나 종양, 수술, 크로이츠펠트-야콥병을 겪은 사람들에게 나타날 수 있으며, 이 상태는 대개 1년 안에 사라지지만, 간혹 10년 동안 계속 나타나기도 한다.

대부분의 사례는 두 범주 중 하나에 속한다. 첫 번째는 무엇을 '자석처럼' 꽉 움켜쥐고 놓으려 하지 않는 것이다. 소파에서 뒹구는 사람이 리모컨을 확 움켜쥐고는 그것을 절대 놓으려 하지 않는다. 카드놀이를 하는 사람은 자신이 돌리는 카드를 손에서 놓으려 하지 않는다. 빙고 게임을 하는 사람은 옆에 있던 의자를 짚고 일어섰다가 의자를 붙잡고 있다는 사실을 모른 채 그대로 의자를 질질 끌고 화장실까지 간다. 마지막 사례는 이해하기가 쉽지 않지만(어떻게 그걸 모를 수 있단 말인가?), 당사자는 더 나쁜 일이 일어나기 전까지는 자신의 통제 불능 손이 하는 일을 까맣게 모를 때가 많다. 이것은 왼손이 하는 일을 오른손이 모르게 하라는 성경 구절을 으스스하게 연상시킨다.

두 번째 범주는 한 손이 한 행동을 다른 손이 적극적으로 방해하는 것이다. 한 손이 전화를 받으면, 다른 손이 전화를 끊는다. 한 손이 바지를 추켜올리면, 다른 손이 도로 끌어내린다. 체커 게임을 하면 어떻게 될까? 어쩔 도리가 없다. 한 손이 말을 움직이면, 다른 손이 즉각 그것을 되돌린다. 방해하는 쪽의 손이 명령을 거부하는 변형된 형태도 있다. 가구의 먼지를 털지 않으려 하기도 하고, 샤워할 때 몸통 절반에 비누칠을 하지 않으려 하기도 한다. 일부 환자의 경우, 두 종류의 통제 불능 손이 결합하기도 한다. 75세의 뇌졸중 환자는 성기 노출 전력이 전혀 없는데도, 가끔 공공 장소에서 아래를 내려다보면 바지 지퍼가 열려 있고, 왼손이 성기를 만지작거리고 있었다. 그리고 한번 움켜쥔 그 손은 잡은 것을 절대로 놓으려 하지 않았다.

많은 사람들이 자신의 통제 불능 손을 '작은 도깨비'나 '악마'라고 이야기하며, 그 장난기를 통제하려고 매질까지 포함해 혹독한 조처를 취한다. 어떤 환자는 손을 꼼짝달싹 못하게 가구와 벽 사이에 집어넣기도 하고, 오븐용 장갑에 집어넣어 함부로 날뛰지 못하게 하기도 한다. 하지만 이런 방법도 실패로 돌아갈 때가 많아(손이 탈출 곡예사처럼 족쇄를 풀고 나오기 때문에), 어떤 사람들은 자기 손이 다음에 또 무슨 짓을 할지 몰라 전전긍긍하며 살아간다. 통제 불능 손은 난로 위에서 팔팔 끓는 주전자를 와락 붙잡기도 하고, 불타는 냅킨을 움켜쥐기도 한다. 또, 도끼를 마구 휘두르는가 하면, 운전을 하다가 갑자기 핸들을 홱 꺾기도 한다. 통제 불능 손이 이로운 일을 한 것으로 알려진 사례는 딱 하나뿐인

데, 어떤 여자가 담뱃갑에서 담배를 하나 꺼내기도 전에 왼손이 재빨리 담뱃갑을 닫았다.

부검을 통해 신경과학자들은 어떤 종류의 뇌 손상이 통제 불능 손의 원인인지 알아냈다. 먼저, 환자가 감각 구역에 손상을 입는다. 이 구역은 손을 움직일 때마다 피드백을 제공하는데, 피드백이 없으면 그 움직임이 자신이 원해서 일어났다고 느끼지 않는다. 다시 말해서, 환자는 자신의 행위를 통제하는 느낌인 '주체 감각'을 잃게 된다.

자석처럼 꽉 움켜쥐는 행동은 보통 주로 쓰는 오른손에 일어나며, 대개 이마엽에 추가 손상이 있을 때 나타난다. 이마엽이 하는 일에는 마루엽에서 발생한 충동을 억제하는 것도 있다. 마루엽은 호기심이 많고 변덕스러우며, 촉각에 아주 긴밀하게 관여하기 때문에 모든 것을 촉각을 통해 탐구하려 한다. 그래서 이마엽의 특정 부위가 고장나면, 뇌는 더 이상 마루엽의 충동을 억제하지 못해 손이 제멋대로 움직이면서 아무거나 붙잡으려고 한다.(신경학적으로 볼 때, 억제된 충동이 이렇게 갑자기 표출되는 것은 쿠루병 환자에게서 입술 반사가 '분출'되는 것과 비슷하다.) 그리고 움켜쥐기 충동은 잠재의식에서 분출되기 때문에, 의식적인 뇌가 그것을 억제하는 데 늘 성공하진 못해 움켜쥔 손을 펼 수가 없게 된다.

손과 손의 싸움—한 손은 바지를 올리고 다른 손은 바지를 내리는 것처럼 한 손의 행위를 다른 손이 되돌리는 상황—은 대개 뇌들보가 손상을 입었을 때 일어난다. 이곳에 손상을 입으면, 좌뇌와 우뇌 사이의 커뮤니케이션에 지장이 생긴다. 좌뇌는 몸의 오른쪽을, 우뇌는 몸의 왼쪽을 움직인다. 하지만 어떤 움직임을 제대로 실행에 옮기려면, 단순히 운동 명령을 내리는 것만으로는 부족하다. 적절한 억제 신호도 있어야 한다. 예를 들면, 좌뇌가 오른손에 사과를 거머쥐라는 명령을 내릴 때, 좌뇌는 뇌들보를 통해 우뇌에게(따라서 왼손에게) 움직임을 억제하라는 신호를 보낸다. 즉, "이 일은 내가 할 테니, 넌 좀 쉬고 있어."라는 메시지를 보낸다. 하지만 뇌들보가 손상을 입으면, 이 억제 신호가 다른 쪽 뇌에 도달하지 못한다. 그 결과, 우뇌는 무슨 일이 일어난다는 걸 눈치채고, 억제 명령을 받지 못한 상황에서 왼손을 가지고 돌연히 그 일에 참견하려고 한다. 열정이 과다하게 넘친 상황인 셈이다. 그리고 사람들은 대부분의 일을 오른손으로 처리하기 때문에 뒤늦게 끼어들어 통제 불능 손이 되는 것은 대개 왼손이다. 자석처럼 꽉 움켜쥐기는 뇌에서 지배적인 절반이 자신의 지배력을 더 강하게 주장하려고 할 때 일어나며, 왼손과 오른손의 싸움은 대개 뇌에서 열세에 놓인 절반이 반기를 들고 일어나 동등한 지위를 쟁취하려고 할 때 일어난다.

코타르 증후군

좌뇌와 우뇌 사이의 갈등은 통제 불능 손 말고도 많은 것을 설명할 수 있다. 한쪽 공간 무시는 보통 우뇌에 손상을 입은 뒤에 발생한다. 그래서 우드로 윌슨은 왼편에 있는 사람을 전혀 알아채지 못했고, 이 증상이 있는 환자들은 그림을 그릴 때 꽃이나 시계 왼편을 빼먹고 그린다. 이런 현상의 원인은 뇌의 비대칭성에 있다. 무슨 이유에서인지 우뇌는 공간 파악 기술이 좌뇌보다 더 뛰어나며, 주변 세상의 지도를 만드는 일도 더 능숙하게 해낸다. 그래서 좌뇌에 문제가 생기더라도, 우뇌가 그것을 보완해 시야 양편을 모두 감시할 수 있고, 한쪽 공간 무시를 피할 수 있다. 하지만 좌뇌는 같은 방식으로 우뇌를 보완할 수 없다. 만약 우뇌에 문제가 생긴다면, 좌뇌는 우뇌의 공간 파악 기술을 대신할 수 없다. 그 결과로 시야에서 반쪽 세상이 사라지게 된다.

윌리엄 더글러스가 자신의 병을 인정하지 않으려 한 행동도 근본적인 원인은 이것과 비슷하다. 더글러스는 통증과 피부 압력, 팔다리 위치 같은 촉각을 감시하는 오른쪽 마루엽에 손상을 입은 게 거의 확실하다. 이런 촉각을 느끼지 못하게 되면, 자신의 신체 부위가 제대로 움직이는지 알기가 어렵다. 게다가 이 우뇌 구역은 불일치도 감지한다. 만약 어떤 명령("왼팔을 올려라.")을 내렸는데도 팔이 마비되어 아무 일이 일어나지 않는다면 이것은 불일치에 해당하는데, 이럴 경우 오른쪽 마루엽은 이상 감지 경보를 내보낸다. 하지만 뇌졸중으로 이상 감지 경보 시스템이 꺼졌다면, 뇌는 아무리 노골적인 불일치라도 그것을 나름대로 이해하려고 애쓴다. 그것은 화재경보기가 작동하지 않는 것과 비슷하다. 그 결과, 더글러스는 자신의 왼쪽 몸이 움직이지 않는다는 사실을 알지 못했다.(어떤 의미에서는 알 수 없었다.)

(극단적인 경우에 이런 감각 결여와 불일치 감지 능력 상실 때문에 뇌졸중 환자는 마비된 자신의 팔다리를 전적으로 부정할 수 있다. 즉, 자신의 마비된 팔이나 다리가 '자신의 몸'에 붙어 있는데도 마음대로 통제할 수 없는 이유는 그 팔이나 다리가 다른 사람, 예컨대 남편이나 시어머니의 것이라서 그렇다고 주장한다. 한 환자는 손가락에 결혼반지가 끼워져 있는 걸 보여주었는데도 그 손가락을 인정하지 않고 반지를 잃어버렸다고 주장했다. 또 어떤 환자는 병원에서 의대생들이 송장 팔을 자꾸 자기 시트 밑에 집어넣는 장난을 친다고 불평했다.)

카프그라 증후군은 마음에서 일어나는 좌우 불협화도 설명해준다. 카프그라 증후군 환자들이 내리는 극단적인 결론은 항상 과학자들을 어리둥절하게 했다. 사랑하는 사람과의 연결이 사라지면 불안이 생기는 것은 지극히 당연하다. 하지만 그렇다고 해서 왜 작화作話(자신이 기억하지 못하는 기억의 결손을 허구의 일로 메우는 것. 그런 증상을 작화증 또는 말짓기증이라고 한다. —옮긴이)를 한단 말인가? 왜 논리적으로 판단하지 못할까?

그 답은 카프그라 증후군이 완전히 나타나려면 두 가지 병터가 필요하다는 데 있는 것으로 보인다. 하나는 얼굴-감정 회로에, 또 하나는 우뇌(여기서 어떤 패턴이 드러난다.)에 생겨야 한다. 이 이론에 따르면, 좌뇌와 우뇌는 서로 협력해 우리가 세계를 이해하도록 돕는다. 우뇌는 감각 데이터와 그 밖의 단순한 사실을 수집하는 일을 주로 담당한다. 반면에 좌뇌는 그 데이터를 해석하고, 그것을 바탕으로 세계가 어떻게 작용하는지 설명하는 이론으로 만들려고 한다. 정상적인 뇌에서는 이 과정들 사이에 반드시 상호 교환이 일어나야 한다. 예를 들면, 만약 좌뇌가 성급하게 얼렁뚱땅 어떤 이론을 만든다면, 우뇌가 냉정하고 확실한 사실에 비추어 그것을 확인함으로써 얼빠진 생각에 빠지지 않도록 예방한다.

카프그라 증후군 환자는 감정 글로가 갑자기 사라진 상황에 두려움을 느끼면서 설명을 찾으려고 하는데, 이 일은 좌뇌의 전문 분야이다. 그리고 만약 얼굴-감정 회로만 손상되었다면, 우뇌는 적절한 사실("이 사람은 여전히 아빠처럼 말하고, 아빠처럼 말을 한다.")을 제공하면서 좌뇌가 분별 있는 결론을 내리도록 이끌 것이다. 하지만 우뇌가 손상된다면, 그러한 조언이 사라진다. 그렇게 되면 좌뇌가 선입견에 맞춰 사실을 왜곡하는 행위를 막을 수 있는 게 아무것도 없다. 그리고 도전받는 믿음(예컨대 자신이 부모와 자식을 여전히 사랑하는지)이 얼마나 소중한 것인지 감안한다면, 뇌가 그 믿음을 포기하는 대신에 대역 이야기와 세계적 규모의 음모 이야기를 선호하는 것은 전혀 놀라운 일이 아니다. 그 결론이 상식에 어긋나는 것은 사실이지만, 상식은 뇌 회로가 온전할 때 통하는 것이다.

뇌의 불협화를 고려하면, 많은 망상은 합리적이지는 않다 하더라도 적어도 이해할 수는 있다. 망상은 단순히 허약한 뇌가 잘못 작동해 생겨난다. 하지만 슬프게도 환자에게 망상의 원인이 무엇인지 설명해주어도 도움이 되는 경우는 드물다. 그 본질을 감안하면, 대화를 통해 환자를 망상에서 쉽게 벗어나게 할 방법이 없다.(이것은 눈에 보이는 것이 착각이라는 것을 알더라도, 우리 눈에 착시 현상이 계속 보이는 것과 비슷하다. 우리 뇌는 그저 착시를 보는 수밖에 달리 방법이 없다.) 사실, 망상 환자와 논쟁을 벌이는 것은 역효과를 낳을 수 있다. 이들은 자신이 틀렸다는 사실이 증명되면, 훨씬 심한 이야기를 지어내 문제를 더 악화시킨다. "당신은 내 여동생을 고문해 그 기억을 알아낸 게 틀림없어! 난 워싱턴 레드스킨스 팀에 지원할 거야!"

일부 망상은 너무 심해서 환자가 생각하는 우주의 구조 자체를 변형시킨다. 이른바 '이상한 나라의 앨리스' 증후군*(편두통이나 발작의 부작용으로 생기는) 환자에게는 시간과 공간이 불안한 방식으로 왜곡된다. 벽에 가까이 다가가면 벽이 뒤로 물러나고, 발밑의 땅이 갑자기 스펀지처럼 푹신푹신하게 느껴진다. 더 나쁘게는, 키가 18cm로 줄어들거나 6m로 훌쩍 커진 것처럼 느낄 수 있다. 혹은 머리가 풍선처럼 부풀어오르는 느낌이 들 수도 있다. 이상한 나라의 앨리스 증후군 환자는 사실상 유령의 집에 있는 거울의 화신으로 변하는데, 아마도 몸의 자세와 위치를 책임지는 마루엽 구역의 오작동이 그 원인일 것이다. 조현병 환자도 '망상성 두 머리체delusional bicephaly' 같은 심한 증상을 겪기도 한다. 이것은 머리가 하나 더 달린 것 같은 느낌이 드는 것으로, 샴쌍둥이 장애라는 이름이 어울리는 망상이다. 1978년에 오스트레일리아의 어느 조현병 환자는 무분별한 운전으로 아내를 죽이고 말았다. 2년 뒤, 그는 갑자기 아내를 담당하던 부인과 전문의의 머리가 자기 어깨 위에 붙어 속삭이는 게 보였다. 정확한 이유는 알 수 없지만, 어쨌든 이 남자는 이것을 그 의사가 아내를 사취했다는 증거로 받아들였고, 그래서 도끼로 그 의사의 머리를 자르려고 했다. 그 시도가 실패하자, 권총으로 그 머리를 쏘기 시작

이상한 나라의 앨리스 증후군 환자는
《이상한 나라의 앨리스》에 나오는 앨리스처럼
자기 몸이 늘어나거나 줄어든 느낌에 휩싸인다.

했고, 그러다가 자기 머리를 쏘는 사고를 당했다.(불행 중 다행인지 총탄으로 인한 뇌 손상이 그를 망상으로부터 '구출'했다.)

아마도 가장 부조리한 망상(사르트르, 카뮈, 실존주의의 관점에서 부조리한)은 코타르 증후군Cotard syndrome일 것이다. 이 증후군 환자는 자신이 죽었다고 주장하며, 절대로 그렇다고 맹세한다. 워킹 데드 증후군walking dead syndrome이라고도 부르는 이 증후군은 대개 나이 많은 여성에게 나타나며, 사고 뒤에 나타나는 경우가 많다. 이들은 자신이 자살 시도에 성공했거나 자동차 사고로 사망했다고 확신한다. 자신이 바로 그 자리에 앉아 '이 모든 이야기를 하고' 있다는 사실 따위는 전혀 중요하지 않은 것처럼 보인다. 이들은 데카르트의 "나는 생각한다. 고로 존재한다."라는 말을 들으면서도 "과연 그럴까?" 하고 말하는 사람들이다. 어떤 사람은 심지어 자신의 살이 썩는 냄새가 난다고 말한다. 어떤 사람은 자신을 불태워 화장하려고 하기까지 했다. 그리고 어떤 경우에는 이 망상이 허무주의의 극치에 이른다. 이 증후군을 처음 언급한 의사 쥘 코타르 Jules Cotard는 "이들에게 이름을 물어보라. 이들은 이름이 없다. 나이는? 나이도 없다. 태어난 곳은? 이들은 태어난 적이 없다."라고 말했다. 코타르 증후군의 원인을 설명하는 데에서는 신경과 의사들의 의견이 엇갈리지만, 대부분은 카프그라 증후군과 마찬가지로 뇌의 두 부분이 동시에 오작동하고 있다고 생각한다. 코타르 증후군을 카프그라 증후군이 내부로 향한 것이라고 해석하는 이론도 있다. 환자들은 자신에 대한 감정 '글로'를 전혀 느끼지 못하며, 그러한 무감각 때문에 논리 따위는 아랑곳하지 않고 자신이 실제로 죽었다고 확신한다.

이 모든 망상은 인간의 마음을 열어젖혀, 겉보기에 단단하고 확고부동한 우리의 내면이 실제로는 다소 허약하다는 것을 보여준다. 한쪽 공간 무시는 환자가 보는 세상의 절반을 싹 지워 환자는 그곳에 존재하는 것을 전혀 알아보지 못한다. 카프그라 증후군 환자는 잘 알던 사람들에게 친밀감을 느끼는 능력을 잃는다. 이상한 나라의 앨리스 증후군 환자는 자신의 몸이 불안정하게 변했다고 느낀다. 그리고 통제 불능 손 증후군은 자유 의지에 대한 우리의 생각을 뒤집어엎는데, 환자는 자기 몸의 일부에 대해 자유 의지를 잃는 것처럼 보이기 때문이다. 하지만 신경과학의 역사가 증명한 것을 하나만 꼽으라고 한다면, 어떤 정신적 속성(우리가 살아 있다는 느낌까지 포함해)을 책임지는 회로라도 해당 부위가 손상된다면 고장이 날 수 있다는 사실이다.

싫건 좋건 간에 망상은 건강한 뇌마저 속일 수 있다. 과학자들은 비디오카메라와 마네킹만으로 실험 참여자에게 유체 이탈 경험을 유도할 수 있다. 또, 실험 참여자의 손과 그 몸에 붙은 가짜 손을 동시에 만

짐으로써 몸에 여분의 팔을 붙일 수 있다. 일부 기발한 장비를 사용하면, 실험 참여자의 성별이 바뀌거나 자신과 악수를 하는 느낌이 들게 할 수 있다. "안녕, 샘? 난 샘이야. 만나서 반가워."

더욱 결정적인 사례는 1980년대에 샌프란시스코에서 실시한 일련의 실험이다. 벤저민 리벳Benjamin Libet이라는 신경과학자는 자신의 실험실에서 대학생들(자신의 딸을 포함해)을 자리에 앉힌 뒤 타이머를 바라보게 했다. 그리고 머리에 뇌의 전기 활동을 기록하는 헬멧 장치를 씌우고 가만히 앉아 있으라고 했다. 실험 내내 학생들이 해야 할 일은 손가락 하나를 움직이는 것이었다. 그저 자기가 원할 때 손가락을 움직이면 되었다. '조금 더…… 조금 더…… 지금!' 그러고 나서 나중에 그들은 리벳에게 손가락을 움직이기로 마음먹은 순간을 타이머에서 본 시간으로 알려주었다. 리벳은 그 시간을 전기 활동 측정 결과와 비교해보았다.

모든 측정 결과에서 리벳은 손가락이 움직이기 직전에 운동 활동이 크게 증가한 걸 보았다. 그것은 아주 간단명료했다. 문제는 학생들이 손가락을 언제 움직이기로 마음먹었는지 살펴보았을 때 일어났다. 모든 경우에 의식적인 결정은 무의식적 운동 활동이 급등한 순간보다 '한참 뒤처져 일어났다.'(무려 3분의 1초나 뒤늦게.) 사실, 운동 활동 급등은 대개 결정을 내리기도 전에 끝났다. 모든 일은 결과보다 원인이 앞서야 하므로, 리벳은 무의식 뇌가 전체 과정을 지휘하며, 손가락을 움직이기로 한 '결정'은 사후의 합리화 — 의식 뇌가 "음, 내가 그러려고 했거든." 하고 자존심을 살리기 위한 선언 — 에 지나지 않는다고 결론 내릴 수밖에 없었다. 이 실험은 그 후 숱하게 반복되었지만, 결과는 한결같았다. 그리고 많은 실험에서 과학자들은 당사자가 알기도 전에 손가락을 언제 움직일지 예측까지 할 수 있었다.

이에 못지않게 당혹스러운 결과가 나온 실험이 있는데, 뇌 수술 환자의 노출된 뇌를 전기로 자극하는 실험이었다. 특정 운동 영역에 전기 자극을 주자, 환자는 팔과 다리를 마구 흔들었다. 하지만 당사자가 그 행동을 직접 보지 않았다면, 자신이 그런 행동을 했다는 사실을 부인했는데, 자신은 그러려는 의사도 충동도 없었기 때문이다. 반대로 뇌의 다른 부분에 전기 자극을 주면, 환자의 팔과 다리가 꼼짝하지 않는 상태에서 그 충동을 유도할 수 있었다. 더 강한 전기 자극을 주면, 실제로는 어떤 움직임도 일어나지 않았는데도 팔과 다리를 움직였다는 거짓 감각을 유도할 수 있었다.(한 여자는 아주 진지하게 "내가 입을 움직이면서 뭔가 말을 했어요. 내가 뭐라고 했나요?"라고 물었다.) 요컨대, 우리의 행동과 행동하려는 욕구와 어떤 행동을 했다는 확신은 모두 분리해서 조작할 수 있다. 이 세 가지 중 어느 것도 반드시 다른 것에서 비롯되지 않으며, 이들 사이의 관계는 인과적이기보다는 임의적인 성격이 더 강하다.

만약 여러분이 손톱을 깨물면서 이 모든 것에서 자유 의지가 끼어들 자리가 어디일까 하고 고민한다면, 그런 고민은 여러분만 하는 것이 아니다. 이 실험들은 해석의 여지를 거의 남기지 않으며, 많은 과학자들은 그 결과가 사실상 자유 의지를 부정한다고 생각한다. 이 생각에 따르면, 마음에서 의식적으로 결정을 내리는 '의지'는 실제로는 무의식 뇌가 이미 결정한 것의 부산물에 지나지 않는다. 아무리 그럴듯해 보이더라도, 자유 의지는 후향적 착각이며, 우리는 어차피 하기로 한 일을 하려는 '충동'을 느낀다. 우리가 이것과 다른 주장을 하는 것은 오로지 자존심 때문이다. 만약 이게 사실이라면,* 통제 불능 손과 그 밖의 증후군 환자들은 그저 몸 일부에 대해 자유 의지를 행사한다는 착각을 상실한 것일지도 모른다. 어떤 의미에서 보면 이들은 나머지 사람들보다도 뇌가 작용하는 방식의 실체에 더 가까이 다가간 것일 수 있다. 그렇다면 정말로 망상에 빠진 쪽은 과연 어느 쪽일까?

5부

의식

James Abbott McNeill Whistler, Nocturne in grey and gold chelsea snow, 1876

10장

정직한 거짓말

지금까지 우리가 살펴본 구조들은 거의 다 기억을 생성하고 저장하는 일에 기여한다. 따라서 기억은 뇌의 다른 부분들이 큰 차원에서 서로 어떻게 협력하는지 살펴보는 데 경이로운 방법을 제공한다.

힌트 : 한 단어로 된 용어. 첫 번째 그림은 하마(hippo)이고, 두 번째 그림은 야영 캠프를 나타낸다. 마지막 지도는 당연히 미국(US)이고.

동남아시아에서 병사들은 무덤에 시체만 묻은 게 아니었다. 1942년 2월에 싱가포르를 점령한 일본군은 영국군이 대부분인 포로를 약 10만 명이나 붙잡았는데, 그들이 감당할 수 있는 수준을 훨씬 넘어서는 규모였다. 일본군은 많은 포로를 '죽음의 철도'라고도 부른 버마 철도 건설 현장에 투입해 수천 명을 죽게 했다. 이 계획을 달성하려면 산악 지역의 정글에서 나무를 베어내며 철도를 400km나 깔고, 콰이 강 같은 강들 위로 다리를 건설해야 했다. 남은 포로(그중에는 의사도 많이 있었다.) 중 대부분은 악명 높은 일본군 포로수용소에 수용되었다. 창이 포로수용소에 수감된 영국군 군의관 버나드 레녹스Bernard Lennox와 휴 에드워드 드 와드너Hugh Edward de Wardener는 자신을 붙잡은 자들이 사실상 섬뜩한 실험을 하고 있다는 사실을 깨달았다. 그들은 건강한 사람들을 골라 한 가지 영양소를 박탈하고는 그들의 뇌가 쇠약해져가는 과정을 관찰했다.

포로수용소의 각기병 환자들

포로수용소에 있던 의사들은 그 경력이 무엇이건 모두 외과의 겸 치과 의사 겸 정신과 의사 겸 검시관으로 일했고, 병사들과 마찬가지로 군대 전체에 창궐한 이질, 말라리아, 디프테리아에 감염되어 고생했다. 그들은 대나무 조각을 깎아 주사 바늘을 만들었고, 낙하산 줄을 풀어 봉합용 견사로 사용했으며, 사람의 위액을 짜내 산으로 썼다. 몬순의 장맛비가 그들의 '진료소(대개 막대기 위에 천을 씌워 만든 천막에 불과했지만)'를 뚫고 들어왔고, 일부 의사들은 할당량의 병사를 치료하지 못하면 구타를 당하거나 끓는 기름에 튀기겠다는 협박을 받았다. 경비병들은 환

각기병을 앓던 포로 수용소의 병사들

자들에게 회복하려는 '동기'를 부여하려고 배급량을 절반으로 줄여 상황을 더 악화시켰다. 하지만 건강한 사람들에게도 음식(대부분 쌀밥)은 충분히 지급된 적이 없었으며, 이것은 각기병의 원인이 되었다.

아시아에서 사람들이 쌀을 먹기 시작한 때부터 이곳 의사들은 각기병 환자를 보고해왔다. 각기병에 걸리면 심장 장애, 식욕부진, 눈 씰룩임, 살갗이 터질 정도로 다리가 부어오르는 것 등의 증상이 나타난다. 환자들은 또한 발을 질질 끌고 비틀거리며 걸었는데, 현지인들은 그것을 보고 베리beri, 곧 양을 떠올렸고, 그래서 각기병을 베리베리beriberi라 부르게 되었다. 17세기에 유럽인이 동남아시아를 식민지로 만들자, 유럽인 의사들도 각기병 발생 사례를 목격하기 시작했다. 초기의 한 보고서는 훗날 렘브란트Rembrandt가 그린 〈니콜라스 튈프 박사의 해부학 수업〉이란 작품으로 영원히 남게 된 네덜란드의 니콜라스 튈프Nicolaes Tulp가 작성했다. 그런데 19세기 후반에 증기 방앗간이 아시아에 도입되면서 각기병 발생 건수가 폭발적으로 늘어났다. 방앗간에서는 쌀을 도정하면서 겉껍질을 벗겨 흰쌀(백미)로 만든다. 그 당시 사람들은 그 쌀을 도정미라고 불렀다. 값싼 도정미는 농부와 병사와 죄수의 주식이 되었다. 러일 전쟁 동안에만 일본군에서 발생한 각기병 환자는 20만 명이나 되었다.

과학자들은 마침내 각기병의 원인이 어떤 영양소 결핍 때문에 일어나는 게 아닌가 의심하기 시작했고, 특히 비타민 B_1(일명 티아민) 결핍을 의심했다. 도정 과정에서 비타민 B_1이 들어 있는 쌀의 씨눈이 대부분 떨어져나갔고, 많은 사람들은 채소나 콩, 고기를 통해 티아민을 충분히 섭취하지 못했다. 우리 몸은 탄수화물을 소화하여 얻는 최종 산물인 포도당에서 에너지를 뽑아낼 때 비타민 B_1을 사용한다. 특히 뇌세포는 포도당에서 에너지를 얻는데, 다른 당류는 혈액-뇌 장벽을 통과하지 못하기 때문이다. 또한 뇌에서 말이집과 특정 신경전달물질을 만드는 데에도 티아민이 필요하다.

최초의 각기병 환자는 창이 포로수용소가 문을 연 지 2주일이 지났을 때 술을 마시지 못하게 된 일부 알코올 중독자 가운데에서 발생했다. 한 달이 지나자 더 많은 환자가 발생했다. 의사들은 최선을 다해 환자들을 돌보았고, 때로는 연합군의 전황에 대해 거짓말을 하면서 그들의 사기를 북돋웠다. 나머지 모든 노력이 실패하자, 몇몇 의사는 환자들에게 살아남지 않으면 군사 재판에 회부하겠다고 명령했다.(이것은 자살을 불법으로 규정한 중세의 법을 연상시키는 협박이었다.) 그럼에도 불구하고, 1942년 6월까지 창이 한 곳에서만 발생한 각기병 환자가 약 1000명이나 되었다. 이 유행병에 속수무책이었던 드 와드너와 레녹스는 이 병의 병리학을 연구하기 위해 비밀리에 부검을 하여 각기병 환자의 뇌에서 조직을 적출하기 시작했다.

이 조직과 부검 기록은 금지 품목으로 간주되었지만, 창이 안에서

싱가포르에 있던 일본군 포로수용소의 병원

는 안전했다. 그런데 1943년에 레녹스와 드 와드너는 샴(1939년까지 태국을 일컫던 명칭)에 있던 죽음의 철도 근처의 수용소로 옮겨가게 되어 의료 기록과 조직을 나누어 보관하기로 했다. 레녹스는 몰수를 염려하여 뇌 조직을 수용소 밖으로 밀반출하려고 시도했지만, 열차 사고로 그것을 모두 잃고 말았다. 드 와드너는 무엇보다 중요한 10cm 두께의 문서 기록을 보관했다. 하지만 1945년 초에 전황이 일본 측에 불리하게 돌아가자, 드 와드너는 일본군 지휘관들이 전쟁 포로를 굶어 죽게 한 증거를 곱게 봐주지 않을 것이라고 판단했다. 그래서 이송 명령이 떨어지자(그리고 이송되는 동료들이 몸수색을 당하는 것을 보고서), 서둘러 결정을 내렸다. 야금 일을 하는 친구에게 자신의 문서를 4갤런짜리 휘발유통에 넣어 밀봉해달라고 했다. 그런 다음, 그 통을 망토에 싸서 죽은 병사를 감시병으로 삼아 새로 판 깊이 90cm의 무덤 속에 묻었다. 무덤이 하도 많았으므로 어느 무덤인지 기억하려고 드 와드너는 몇몇 동료와 함께 근처에 있던 큰 나무 몇 그루의 나침반 방위를 측정했다. 수용소를 떠나면서 드 와드너는 자신이 돌아올 때까지 샴의 더위와 부패와 독기가 문서를 부식시키기 않기만을 기도하는 수밖에 없었다. 만약 돌아온다면 말이다.

그 기록이 소중했던 이유는 뇌와 비타민 B_1과 기억을 둘러싼 50년간의 논쟁을 종식시킬 답이 들어 있었기 때문이다. 1887년, 러시아 신경과학자 세르게이 코르사코프Sergei Korsakoff는 알코올 중독자 사이에서 나타나는 특이한 질병에 대해 기술했다. 그 증상으로는 수척, 비틀거림, 무릎 반사 결여, "진한 차만큼 붉은" 오줌 등이 있었다. 하지만 무엇보다 눈길을 끄는 증상은 기억 상실이었다. 코르사코프의 환자들은 체스를 두고, 농담을 주고받고, 재치 있는 말을 하고, 추론을 제대로 할 수 있었지만, 전날의 일이나 심지어 한 시간 전의 일도 기억하지 못했다. 이들은 대화 중에 똑같은 일화를 토씨 하나 틀리지 않고 반복했다. 그리고 코르사코프가 잠깐 방을 떠났다가 돌아오면, 똑같은 일화를 토씨 하나 틀리지 않고 다시 반복했다. 물론 다른 뇌 질환도 기억 상실을 초래하지만, 코르사코프는 이 사례들에서 특별한 점을 발견했다. 답을 모르는 질문을 받았을 때, 기억상실증이 있는 사람들은 대부분 모른다고 인정한다. 그런데 코르사코프의 환자들은 절대로 그러지 않았다. 그 대신 거짓말을 했다.

코르사코프 증후군(뇌 손상 때문에 강박적으로 거짓말을 하는 경향)은 오늘날 잘 알려진 질환이다. 솔직히 말하면, 이 질환은 교수대 유머(심각한 상황에서 빈정거리는 유머)처럼 상당히 재미있는 상황을 빚어낼 수 있다. 마리 퀴리Marie Curie가 왜 유명하냐고 묻자, 한 코르사코프 증후군 환자는 "헤어스타일 때문"이라고 대답했다. 또 다른 사람은 샤를마뉴 대제가 가장 좋아한 음식이 "옥수수 포리지"이고, 아서 왕이 탔던 말이 "검은색"이라고 주장했다. 환자들은 특히 자신의 개인적 삶에 대해 거짓말을 자주 했다. 한 남자는 30년 전인 1979년 여름 첫날에 자신이 무엇을 입었는지 기억한다고 주장했다. 또 한 남자는 담당 의사에게 연속되는 문장으로 자신이 결혼한 지 넉 달이 되었고, 아내와 함께 네 자녀를 낳았다고 주장했다. 그리고 재빨리 셈을 해보고는 자신의 성적 능력에 감탄하면서 "꽤 대단한데."라고 말했다.

가끔 뮌히하우젠 증후군Münchhausen syndrome(병적으로 거짓말을 하고, 자기도 그 이야기에 도취하는 증상. 1720년에 독일에서 태어난 뮌히하우젠이라는 사람에게서 유래했다. 뮌히하우젠은 하노버에서 군인, 사냥꾼, 스포츠맨으로 자기가 했던 일들을 거짓말로 꾸며 사람들에게 들려주었는데, 나중에 그 이야기들이 각색되어 《뮌히하우젠 남작의 모험》이라는 책으로 나왔다. — 옮긴이) 환자처럼 터무니없는 허풍을 치기도 하지만, 대부분의 코르사코프 증후군 환자는 그럴싸한 거짓말을 하며, 자신의 일상생활을 거짓말로 둘러댄다. 그 사람이 살아온 이력을 모른다면, 거짓말을 한다는 사실을 전혀 알아채지 못할 수도 있다. 대부분의 사람들과는 달리 이들은 자신을 좋은 사람으로 내보이거나 유리한 위치에 서거나 무엇을 숨기려고 거짓말을 하는 것이 아니다. 그리고 망상을 겪는 사람들과 달리 이들은 지적을 받아도 자신을 격렬하게 변호하지 않는다. 그냥 어깨만 으쓱하고 말 뿐이다. 하지만 거짓말을 한 것이 아무리 많이 들통나더라도, 이들은 거짓말을 멈추지 않는다. 뚜렷한 이유나 은밀한 이유 없이 이렇게 거짓말을 하는 것을 작화 또는 작화증이라 부른다.

코르사코프는 작화의 심리학에 초점을 맞춰 연구했지만, 다른 과학자들은 20세기 초에 그의 연구를 확장해 이러한 심리적 증상을 특정 뇌 손상과 연결 짓기 시작했다. 특히 그들은 환자의 뇌에서 죽은 신경세포 집단뿐만 아니라 미세한 출혈을 발견했다. 병리학자들은 또한 코르사코프 증후군이 베르니케 증후군과 연관이 있다는 사실을 밝혀냈다. 사실, 베르니케 증후군은 흔히 코르사코프 증후군으로 변하기 때문에, 결국 이 둘을 합쳐 베르니케-코르사코프 증후군이라 부르게 되었다.

베르니케-코르사코프 증후군의 원인을 밝혀내는 데에는 더 오랜 시간이 걸렸지만, 1930년대 후반에 일부 과학자는 비타민 B_1 결핍과 관계가 있다는 사실을 알아냈다. 오늘날에는 일반적으로 알려진 사실이지만, 알코올은 음식물에 함유된 티아민이 창자에서 흡수되는 걸 방해한다. 비타민 B_1 결핍은 뇌에 변화를 가져오는데, 특히 신경아교세포에 변화가 생긴다. 신경아교세포가 하는 일 중에는 신경세포들 사이의 시냅스에서 여분의 신경전달물질을 빨아들이는 것도 있다. 티아민이 부족하면, 신경아교세포는 신경세포를 자극하는 여분의 글루탐산염을 빨아들이지 못한다. 글루탐산염 과잉으로 신경세포들이 과도한 자극을 받고, 결국 기진맥진하여 흥분 독소 때문에 죽고 만다.

각기병과 베르니케-코르사코프 증후군은 둘 다 원인이 같은 것 — 비타민 B_1 결핍 — 으로 보였기 때문에, 그 증상도 비슷하고 뇌 안에서 비슷한 손상을 초래할 것으로 기대되었다. 하지만 1940년대에는 이 둘의 연결 관계를 밝힐 만한 구체적 증거를 아무도 발견하지 못했다. 한 가지 이유는 베르니케-코르사코프 증후군이 희귀하게 발생했고, 또 주로 알코올 중독자들 사이에서 발생한 데 있었다. 또 한 가지 이유는 각기병을 연구한 의사들이 뇌 손상이 아니라 신경과 심장 손상에 초점을 맞추었기 때문이다. 그 결과는 혼란으로 나타났다. 이것들은 한 가지 질병일까, 아니면 두 가지 질병일까? 더 중요한 이유는 생리학과 심리학을 연관 지으려는 노력을 바라보는 우려의 눈길이 점점 강해진 데 있었다. 의사들은 솔직히 단순한 비타민 결핍(분자 차원의 문제)이 많은 단계를 뛰어넘어 작화 같은 복잡한 정신 문제의 원인이 될 수 있다는 사실 자체를 의심했다.

창이 포로수용소는 그것이 가능하다는 것을 입증했다. 1000명이 넘는 각기병 환자 중 수십 명은 작화를 포함해 베르니케-코르사코프 증후군 증상도 나타났다. 한 예로 드 와드너는 증상이 심한 환자에게 그저 정신 상태를 테스트하기 위해 "우리가 브라이턴에서 만난 걸 기억합니까? 나는 흰 말을 탔고, 당신은 검은 말을 탔지요. 같이 해변을 달렸는데." 라고 물었다. 이것은 헛소리였지만, 그 환자는 물론 기억한다고 대답하면서 세부 사항을 덧붙였다. 안타깝게도 이런 상상은 환자의 현실이 될 때가 많았고, 몇몇 사람은 그 상태로 죽어갔다. 그들의 마지막 '기억'은 망상과 지어낸 이야기에 지나지 않았다. 의학적으로 베르니케-코르사코프 증후군이 나타나기 전에 항상 각기병이 먼저 나타난다는 사실과 각기병 증상이 가장 심한 사람이 베르니케-코르사코프 증후군 증상도 가장 심하다는 사실은 두 질환의 원인이 같은 데 있음을 암시했다. 부검 결과가 그 연결 관계를 확실히 보여주었다. 숙달된 병리학자였던 레녹스는 현미경이 없이도 환자들의 뇌에서 특유의 출혈과 죽은 신경세포 부위를 볼 수 있었다. 각기병과 베르니케-코르사코프 증후군은 같은 질환의 두 가지 단계(만성과 급성)로 보였다.

추가 증거도 있다. 순수한 티아민(일부 의사는 소량의 티아민을 따로 챙겨두었다.)으로 환자를 치료하자, 베르니케-코르사코프 증후군과 각기병 증상이 모두 개선되었는데, 때로는 몇 시간 만에 효과가 나타났다. 드 와드너는 몇 사람이 생기를 되찾아 갑자기 찾아온 허기를 달래려고 밥을 엄청나게 먹은 것을 기억했다.(작화 같은 정신적 증상이 사라지기까지는 몇 주일이 걸릴 수 있다.) 급성이 덜한 경우에 의사들은 음식에 마마이트Marmite(조미료로 쓰이는 이스트)를 첨가하거나 쌀이나 감자를 발효시켜 비타민 B_1이 풍부한 이스트(효모균)를 배양했다. 몇몇 의사는 사람들을 시켜 티아민이 풍부한 히비스커스 잎을 뜯어오게 했다. 영리한 의사들은 환자들에게 히비스커스를 먹으면 집으로 돌아가 아내나 애인을 만났을 때 정력이 좋아질 거라고 거짓말을 했다. 그러자 병사들은 히비스커스 잎을 열심히 먹었다.

티아민 섭취 부족이 베르니케-코르사코프 증후군을 일으키고, 음식에 티아민을 섞으면 증상이 없어진다는 사실을 통해 레녹스와 드 와드너는 단순한 영양소 결핍이 정말로 진실감처럼 심오한 정신 능력을 파괴할 수 있다는 확신을 얻었다. 하지만 두 사람은 자신들의 생각이 옳다는 것을 의학계에 입증해야 했다. 그러려면 포로수용소에서 살아남아야 할 뿐만 아니라, 부검 결과 기록을 보존해야 했다. 전쟁 지역에서 그러기란 쉬운 일이 아니었다. 드 와드너가 깨달은 것처럼, 그런 상황에서 문서를 안전하게 보존하는 방법은 땅 속 깊이 묻어두고서 나중까지 남아 있기를 기도하는 방법밖에 없었다.

대일본 전승 기념일(일본이 항복 문서에 조인한 9월 2일)이 지난 후, 드 와드너는 방콕에 있는 본부로 가서 보고하라는 수수께끼 같은 명령을 받았다. 숨겨둔 문서를 하루빨리 찾고 싶은 생각이 간절했지만, 그는 그 여행이 즐거웠다고 기억한다. "나는 모든 일본인이 절을 하는 가운데 지프를 타고 승리자로서 의기양양하게 샴으로 건너갔는데 …… 무척 기분이 좋았습니다." 놀랍게도 방콕 본부에는 자신이 숨겨둔 문서가 기다리고 있었다. 아마도 한 동료가 얼마 전에 창이로 돌아가 삽으로 무덤을 파내 가져온 것 같았다. 조금만 늦었더라도, 그것은 온전하게 남아 있지 않았을 것이다. 망토는 썩었고, 통을 밀봉한 땜납도 다 부스러진 상태였다. 하지만 그 안에 든 문서는 멀쩡하게 남아 있었는데, 며칠만 늦었더라면 그것마저 훼손되었을 것이다. 레녹스와 드 와드너는 이 획기적인 연구 결과를 1947년에 발표했다.*

그럴듯한 거짓말들

제2차 세계 대전 이후에 신경과학자들은 기억의 작용 방식에 대한 통찰을 얻으려고 작화를 계속 연구했는데, 실제로 작화는 풍부한 광맥인 것으로 드러났다. 예를 들어, 작화는 각각의 기억이 컴퓨터 파일처럼 나름의 독특한 타임스탬프time stamp(어떤 기준 시각부터 경과 시간을 수치로 알려주는 문자열—옮긴이)가 있다는 사실을 보여주었다. 그리고 이 타임스탬프는 컴퓨터 파일처럼 오염될 수 있다. 대부분의 작화자는 그럴듯한 거짓말을 한다. 사실, 이들의 잘못된 '기억' 중 많은 것은 어느 시점에 이들에게 일어난 일이다. 하지만 작화자는 그 기억이 일어난 '시점'을 혼동할 때가 많다. 살아온 인생의 장면들이 엉망으로 뒤섞인 셈이다. 그래서 어젯밤에 송로를 곁들인 오리 요리를 먹었다고 주장하지만, 실제로 그것은 30년 전에 파리로 신혼여행을 떠났을 때 일어난 일이다. 그렇다면 작화는 어떤 의미에서 자신의 삶을 일관성 있게 이야기하는 능력이 고장난 것이라고 할 수 있다.

거의 모든 작화자의 이마엽에 손상이 있다는 사실은 시사하는 바가 있다. 이마엽은 여러 단계의 과정을 통합 조정하는 일을 돕는데, 기억이 아무 노력 없이 저절로 일어나는 것처럼 보여도, 구체적으로 어떤 일(예컨대 지금까지 받은 것 중 최악의 크리스마스 선물)을 기억하는 것은 아주 복잡하다. 뇌는 아주 짧은 순간에 보관된 모든 기억을 뒤져 해당 기억을 찾아낸 뒤 그것을 재생하고 적절한 감각과 감정을 불러일으킨다. 이 모든 것은 먼저 그 기억이 정확하게 기록되었다는 전제하에 성립한다. 만약 이마엽이 손상되었다면, 이 단계들 중 어느 하나가 잘못될 수 있다. 어쩌면 작화자는 매번 어떤 것을 '기억'할 때마다 엉뚱한 기억을 찾아오면서 그 실수를 알아채지 못하는 것일 수 있다.

일부 과학자는 작화의 원인이 수치심에, 그리고 결함을 숨겨야 할 필요성에 있다는 것을 밝혀냈다. 작화자는 일반적으로 도발을 받지 않는 한, 어떤 이야기를 지어내 내뱉지 않는다. 거짓말을 이끌어내려면 먼저 질문을 해야 한다. 그리고 이 이론에 따르면, 이들은 어떤 것을 모른다고 인정하면 속상하고 창피하기 때문에 아는 척한다. 예를 들면, 대부분의 의사는 처음에 자녀가 몇 명이냐고 물어본다. "몰라요."라고 인정하는 것은 그 사람의 안녕에 파탄을 가져올 수 있는데, 자신의 자녀가 몇 명인지도 모른다면 그 사람은 도대체 어떤 종류의 괴물이 되겠는가? 요컨대, 작화는 하나의 방어 기제, 즉 자신의 뇌 손상을 자신에게까지 숨기기 위한 방편일 수 있다.

또 다른 방어 기제로 일부 작화자는 가공의 인물을 지어내고, 자신의 개인적 결함을 그들에게 덮어씌운다. 한 알코올 중독 작화자는 자물쇠를 바꾼 뒤에도 작은 도깨비들이 자기 아파트에 자꾸 침입해 리모컨 같은 물건을 훔쳐간다는 이야기를 늘어놓았다. 결국 그는 1월의 추운 밤에 그 도깨비들을 밖으로 집어던졌다. 하지만 죄책감을 느껴 밤늦게 추운 날씨를 무릅쓰고 밖으로 나가 도깨비들 위에 옷을 덮어주고 앰뷸런스를 불렀다. 하지만 실제로 의료진이 발견한 것은 겨울밤에 술에 잔뜩 취한 채 거의 벌거벗은 상태로 밖에 있는 '그'였다. 이 이야기를 하면서 그는 사실상 즉석에서 우화를 지어냈다. 이것은 뇌 손상을 입은 사람으로서는 아주 놀라운 재주인데, 이 기발한 방법을 통해 그는 자신을 연루시키지 않고 자신의 결함을 더 객관적으로 생각할 수 있었다.

이 사례가 보여주듯이 작화자 자신이 거짓말을 하고 있다는 사실을 아는지 항상 명확한 것은 아니다. 대부분의 작화자는 태평스럽게도 그런 사실을 알지 못하는 것으로 보이며, 많은 신경과학자는 코르사코프 증후군 환자가 거짓말을 하면서 무슨 일이 일어나는지 알지 못한다고 주장한다. 하지만 과연 그것이 가능할까? 아무리 무의식적으로 일어난다 하더라도, 기억의 틈을 메우려고 하는 것은 어느 단계에서는 그런 틈이 존재함을 안다는 것을 시사한다. 이것은 이들이 아는 동시에 모른다는 것을 의미한다. 이것은 아주 특별한 수수께끼이며, 자신을 속이는 게 정말로 가능한가라는 질문과 더 넓게는 참과 거짓의 본질에 관한 질문을 포함해 온갖 종류의 어려운 질문을 제기한다. 작화자에게 아침에 무엇을 먹었느냐고 물어보는 상황을 생각해보자. 만약 그가 전혀 모른다면 "먹다 남은 피자를 먹었어요."라고 대답할 수도 있다. 하지만 실제로 아침에 식은 피자를 먹었을 가능성도 충분히 있는데, 이 경우에는 그는 진실을 말한 셈이 된다—그의 뇌가 의식적으로건 아니건 우리를 속이려고 했더라도 말이다. 이럴 때에는 이런 상황을 무엇이라고 불러야 할까? '거짓말을 했다' 또는 '진실을 말했다'라는 말로는 이 상황을 제대로 표현했다고 할 수 없다. 이런 상황은 제대로 표현하기가 까다로운데, 그래서 일부 신경과학자들은 이런 상황을 '정직한 거짓말'이라고 부르기 시작했다.

철학적 난제를 무시한다면, 작화에 대한 연구는 20세기에 기억을 신경과학 분야의 적합한 연구 대상으로 만드는 데 도움을 주었는데, 과학자들이 마침내 기억을 뇌 및 그 생물학과 연결 짓는 데 성공했기 때문이다. 그렇기는 해도, 지난 100년 동안 기억 연구에서 일어난 가장 큰 돌파구는 작화자들의 마음에서 나온 게 아니다. 사실, 1950년대까지 기억 연구는 대부분 잘못된 가정에 의존했다. 그 가정이란, 기억을 생성하고 저장하는 데 뇌의 모든 부분이 동등하게 기여한다는 것이었다. 이 개념을 뒤집어엎는 데에는 과감했지만 실패로 끝난 어느 엽 절개술 전문의사의 수술이 필요했다.

기억을 상실한 남자

1930년대 초에 코네티컷 주에서 자전거를 타고 가던 사람이 사내아이를 치었다. 아이는 굴러떨어지면서 머리뼈에 금이 갔다. 순전히 이 사고로 아이에게 뇌전증이 생겼는지는 알 수 없지만(아이의 사촌 세 명도 뇌전증이 있었기 때문에, 이 아이는 이미 뇌전증에 걸릴 소질이 있었을지 모른다.), 이 사고가 뇌전증을 촉발했을 가능성은 충분히 있다. 어쨌든 이 아이는 10세 때부터 발작을 일으켰다. 발작은 한 번 시작되면 40초 정도 지속되었고, 그동안 아이는 입을 쩍 벌리고 눈을 굳게 닫은 채 보이지 않는 꼭두각시 조종자가 조종하는 것처럼 팔과 다리를 꼬았다 폈다 했다. 첫 번째 대발작은 하고많은 날 중에서도 열다섯 번째 생일에 부모와 함께 차를 타고 가던 도중에 일어났다. 그 후로 학교와 집에서 그리고 쇼핑을 하는 도중에도 발작이 일어났다. 많게는 하루에 열 번까지 일어났으며, 심한 발작은 일주일에 한 번꼴로 일어났다. 그래서 대부분의 사람이 자신의 정체성을 알려고 애쓰는 나이에 아이는 불가항력적인 자신의 처지—몸을 떨고, 자기 혀를 깨물고, 갑자기 쓰러져 의식을 잃고 오줌을 지리는—를 고민하며 살아가야 했다. 사람들의 놀림이 하도 심해 고등학교를 중퇴했고, 21세가 되어서야 겨우 다른 학교에서 졸업장을 땄다. 결국 집에 틀어박혀 살면서 자동차 정비소에서 일했다.

절박한 처지에 몰린 이 젊은이(머지않아 H.M.이라는 이름으로 후세에 길이 전해질)는 수술을 받아보기로 결심했다. 젊은 시절에 H.M.은 신경외과 수술을 하면서 뇌의 작용 방식을 연구하길 꿈꾸었다. H.M.은 어쨌든 신경과학에 큰 기여를 하게 되지만, 자신의 불행 때문에 자신이 얼마나 중요한 역할을 했는지 전혀 알지 못했다.

H.M.은 1943년 무렵에 윌리엄 스코빌William Scoville 박사를 찾아

갔다. 스코빌은 저돌적인 성격으로 유명하며(에스파냐에서 의학 회의가 열리기 전에 투우장에서 재킷을 벗어 그것을 가지고 황소들과 싸운 적도 있었다.) 위험한 수술도 좋아했고, 미국의 엽 절개술 유행*에 일찍부터 뛰어들었다. 하지만 환자의 성격에 급격한 변화가 일어나는 걸 좋아하지 않아 들어내는 조직의 양을 줄이는 '부분적인' 엽 절개술을 시험하기 시작했다. 몇 년이 지나는 동안 그는 여기서 이 조각, 저기서 저 조각을 떼어내고서 결과를 지켜보는 식으로 조금씩 뇌 주변을 조사해나가다가 마침내 해마에 이르렀다.

해마는 변연계의 일부이기 때문에 그 당시 과학자들은 해마가 감정을 처리하는 일을 돕는다고 믿었지만, 그 정확한 기능은 알려지지 않았다. 광견병은 종종 해마를 파괴했고, 제임스 페이프즈는 뇌에서 관심을 집중해야 할 부분으로 해마를 지목했다.(엉터리 시인이기도 했던 페이프즈는 아내를 위해 짤막한 노래 가사를 짓기도 했다: "브로드 스트리트에 사는 내 여자 펄이라오. / 내가 진정으로 그리워하는 사람은 …… 내 해마가 이렇게 말해준다오.") 하지만 스코빌은 해마에 그렇게 큰 매력을 느끼지 않았는데, 해마 손상이 초래하는 정신적 혼란을 많이 보았기 때문이다. 그래서 1950년대 초에 몇몇 정신병자의 해마를 제거하는 수술을 하기 시작했다.(해마는 양 반구에 하나씩 있다.) 정신병이 있는 사람들이어서 확신하긴 힘들었지만, 이들은 수술 후에 별다른 부작용이 나타나는 것 같지 않았고, 특히 두 여자는 발작이 현저하게 줄어들었다. 불행하게도 스코빌은 1953년 11월(H.M.에게 수술을 받으라고 설득한 뒤인) 이전까지는 신중한 추적 조사를 게을리했다.

H.M.의 수술은 1953년 9월 1일에 코네티컷 주 하트퍼드에서 일어났다. 스코빌은 환자의 두피를 벗긴 뒤, 손으로 돌리는 크랭크와 현지 철물점에서 1달러를 주고 산 드릴 톱을 사용해 양 눈 위쪽에서 병마개만

해마

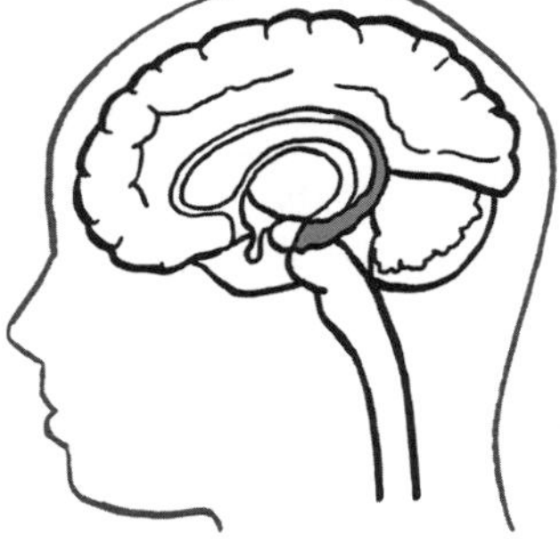

한 크기의 뼈를 잘라냈다. 뇌척수액이 빠지자, 뇌가 두개강(머리뼈안) 안쪽으로 내려앉으면서 작업할 수 있는 여유 공간이 더 생겼다. 스코빌은 길쭉한 구둣주걱처럼 생긴 도구로 H.M.의 이마엽과 관자엽을 살살 밀면서 안을 들여다보았다.

해마는 귀와 비슷한 높이에 자리잡고 있었고, 모양과 지름은 구부린 엄지손가락과 비슷했다. 되도록이면 최소한의 조직을 제거하고 싶었던 스코빌은 먼저 발작의 진원지를 찾으려고 각 해마에 전선을 연결해 전기 자극을 주었다. 운이 따르지 않자, 이번에는 기다란 금속관을 붙잡고 조직을 조금씩 잘라 빨아내기 시작했다. 결국 양쪽 해마에서 약 7.5cm에 해당하는 조직을 제거했다.(자그마한 해마 조직 부위 2개가 남았지만, 스코빌이 두 부위 사이의 연결과 뇌의 다른 부분들도 잘라냈기 때문에, 남은 해마 부위는 아무 쓸모가 없었다.) 추가로 편도와 그 옆에 있는 구조들도 제거했다. 이 구조들이 뇌 속에서 얼마나 깊은 곳에 박혀 있는지를 감안한다면, 그것들을 그렇게 정밀하게 제거할 수 있는 사람은 오직 신경외과의뿐이었다.

수술 후 H.M.은 며칠 동안 꾸벅꾸벅 조는 상태에 빠졌지만, 가족을 알아보았으며, 겉보기에 정상적인 대화를 나누었다. 여러 측면에서 수술은 성공적이었다. H.M.의 성격은 전혀 변하지 않았으며, 발작은 거의 사라졌다(많아야 1년에 두 번 정도). 그리고 뇌전증 증상이 사라지자, 지능지수도 104에서 117로 높아졌다. 다만, 한 가지 문제가 있었는데, 그의 기억이 싹 사라지고 만 것이다. 스코빌 박사가 자신을 수술했다는 사실을 비롯해 몇 가지 기억을 제외하고는 수술 이전의 10년간에 해당하는 기억 전체가 통째로 사라졌다. 이에 못지않게 불행한 사실은 새로운 기억도 생성할 수 없다는 점이었다. 그는 이제 사람 이름도, 요일도 기억하지 못했다. 똑같은 말을 계속 반복했고, 화장실로 가는 방향은 그곳에 갈 때까지는 기억했지만, 나중에 갈 때에는 또 물어봐야 했다. 심지어 식욕도 기억이 사라진 것처럼 누가 말리지 않으면 점심이나 아침을 여러 번 먹기까지 했다. 그의 마음은 구멍이 숭숭 뚫린 체처럼 변했다.

현대의 지식을 바탕으로 생각하면, H.M.의 이러한 결함은 충분히 이해가 된다. 기억 생성에는 여러 단계가 필요하다. 먼저 겉질의 신경세포들이 감각 신경세포들이 보고 듣고 촉각으로 느낀 것을 받아 적어야 한다. H.M.에게 첫 느낌을 기록하는 이 능력은 아직 살아 있었다. 하지만 해변에 휘갈겨 쓴 메시지처럼 이 느낌은 금방 지워졌다. 기억을 지속시키는 일은 그다음 단계에 일어나는데, 여기에는 해마의 신경세포들이 관여한다. 이 신경세포들은 특별한 단백질을 만들며, 이 단백질은 축삭돌기 말단을 크게 부풀어오르게 한다. 그 결과로 축삭돌기는 이웃들을 향해 신경전달물질 거품을 더 많이 흘려보낼 수 있다. 이것은 기억이 와해되기 전에 이 신경세포들 사이의 시냅스 연결을 강하게 한다. 몇 달이나 몇 년이 지나는 동안(첫 느낌이 충분히 강하거나 우리가 그 사건을 때때로 생각한다면) 해마는 그 기억을 겉질로 보내 영구 저장되도록 한다. 요컨대, 해마는 기억의 기록과 저장을 모두 지휘하며, 해마가 없다면 이런 '기억 응고화memory consolidation'는 일어날 수 없다.

스코빌은 이 모든 것을 알 수가 없었겠지만, 그는 분명히 H.M.의 기억을 파괴한 게 분명했고, 이에 어떻게 대처해야 할지 전혀 몰랐다. 그래서 몇 달 뒤, 와일더 펜필드가 해마 손상에 관한 보고서를 발표하려고 한다는 사실을 알고서 이 유명한 외과의에게 전화를 걸어 저간의 사정을 털어놓았다.

펜필드는 얼마 전에 해마뇌전증을 앓던 두 환자에게 수술을 한 적이 있었다. 안전을 기하고자 그는 한쪽 해마만 잘라냈지만, 두 환자 모두 발작 때문에 나머지 해마가 손상되었다는 사실을 그는 까맣게 몰랐다. 그래서 한쪽 해마 절제 수술을 받은 두 환자는 해마가 제 기능을 하지 못해, 펜필드가 본 것 중 가장 순수한 기억상실증이 나타났다. 그는 이 사례들에 대해 고개를 갸웃거리고 있었는데, 그 밑에 있던 한 대학원생은 1954년에 시카고에서 열릴 한 과학 학회에 이 사례들을 발표할 준비를 하고 있었다.

스코빌이 전화를 걸었을 때, 펜필드는 스코빌의 무모한 행동을 심하게 질책하면서 벌컥 화를 냈다고 한다. 하지만 펜필드는 화가 가라앉자 (각기병을 연구한 의사들과 비슷하게) 스코빌이 실제로 아주 중요한 실험을 했다는 사실을 깨달았다. 그것은 해마가 어떤 일을 하는지 알아낼 기회를 제공했다. 그 임무의 일환으로 몬트리올에 있던 펜필드의 연구소는 정신외과 수술을 받은 환자들에게 일어난 심리적 변화를 추적했다. 그래서 펜필드는 더 뉴로에서 일하던 브렌다 밀너Brenda Milner라는 박사 과정 학생을 코네티컷 주로 파견해 해마 제거 수술을 받은 H.M.을 조사하게 했다.

H.M.은 기억이 사라진 뒤에 일자리를 잃었고, 부모와 함께 살 수밖에 없었다. 그는 이제 단조로운 목소리로 말했고, 섹스에 아무 관심

이 없었지만, 그것 외에 나머지는 정상으로 보였다. 이웃 사람들에게는 H.M.이 그저 빈둥거리며 인생을 보내는 것으로 보였을 것이다. H.M.은 파트타임으로 고무풍선을 비닐봉지에 포장하는 일을 했고, 집에서 허드렛일도 했다.(비록 부모가 잔디 깎는 기계를 어디다 두었는지 매번 다시 알려주어야 했지만, H.M.은 잔디를 잘 깎았다. 아직 깎지 않은 잔디가 어디에 있는지 볼 수 있었기 때문이다.) 가끔 불같이 성질을 내기도 했다. 어머니는 잔소리가 잦았는데, H.M.은 여러 번 어머니를 손바닥으로 때리고 정강이를 걷어찼다. 한번은 자기 집의 총기 수집품 중에서 삼촌이 훌륭한 소총을 꺼내자, H.M.이 버럭 화를 냈다.(그는 기억상실증에도 불구하고 평생 동안 총을 좋아했고 전미총기협회 회원 자격증을 갱신하는 걸 늘 잊지 않고 기억했다.) 하지만 대부분의 나날을 십자말풀이 퍼즐을 풀거나(단서들을 순서대로 체계적으로 생각하면서) 텔레비전 앞에 퍼질러 앉아 주일 미사나 오래된 영화(그에게는 절대로 추억의 영화가 될 수 없는)를 보면서 평화롭게 보냈다. 마치 조기 은퇴자의 삶 같았다. 다만 그를 조사하기 위해 밀너가 오는 날들은 예외였다.

밀너는 대개 야간열차를 타고 몬트리올에서 출발해 오전 3시쯤에 하트퍼드에 도착했으며, 한번 오면 며칠 동안 H.M.과 지내다 갔다. 그녀가 실시한 검사를 통해 스코빌이 관찰한 기본적인 사실이 금방 확인되었다. H.M.은 과거에 대한 기억이 거의 없었고, 기억을 새로 생성하는 능력도 없었다. 이것만 해도 이미 큰 성과였다. 뇌의 일부 지역, 즉 해마가 뇌의 다른 부위보다 기억을 생성하고 저장하는 데 더 중요한 기여를 한다는 증거를 얻었기 때문이다. 그리고 밀너가 발견한 것은 '기억'의 의미가 무엇인지 다시 정의하게 만들었다.

밀너는 H.M.에게 대답할 수 없는 질문을 계속 묻는 대신에 운동기술을 테스트하기 시작했다. 무엇보다 중요했던 테스트는 별 안에 다

른 별이 겹쳐져서 별 두 개가 그려진 종이를 H.M.에게 건넨 것이었다. 바깥쪽 별은 폭이 15cm쯤 되었고, 두 별 사이의 간격은 1cm쯤 되었다. H.M.은 별 두 개 사이에 연필로 세 번째 별을 그려야 했다. 한 가지 장애는 H.M.이 두 별을 직접 볼 수 없다는 점이었다. 밀너는 H.M.이 그림을 직접 보지 못하게 가렸고, H.M.은 거울을 통해 그것을 보아야 했다. 알다시피 거울에 비친 물체는 좌우가 바뀌기 때문에, 본능에 따라 연필을 움직이면 실수를 할 수밖에 없다. 이 거울 테스트를 처음 하는 사람은 누구나 엉망인 결과를 얻는데(연필이 그은 선은 심전도에 그려진 선과 비슷해 보인다.), H.M.도 예외가 아니었다. 하지만 어떻게 그런지는 몰라도 H.M.은 갈수록 나아졌다. 그는 밀너가 자신에게 시킨 30차례의 별 그리기 시도 중 어느 것도 기억하지 못했다. 하지만 그의 무의식 운동 중추는 기억을 했고, 3일이 지나자 그는 거울로 보면서 별을 아주 정확하게 그렸다. 끝날 무렵에는 이런 말까지 했다. "참 재미있군요. …… 나는 처음에 좀 어려울 거라고 생각했을 텐데, 아주 잘한 것 같군요."

밀러는 별 테스트가 유레카 순간이었다고 기억한다. 그때까지 신경과학자들은 기억을 단일체라고 생각했다. 즉, 뇌는 기억을 전체 지역에 저장하며, 모든 기억은 본질적으로 똑같다고 여겼다. 그런데 밀너는 이제 서로 분명히 구별되는 두 종류의 기억을 분리했다. 하나는 서술 기억declarative memory으로, 이름과 날짜, 사실을 기억하게 하는 기억이다. 대부분의 사람들이 생각하는 '기억'이 바로 이것이다. 그런데 기억에는 서술 기억 말고도 절차 기억procedural memory이 있다. 자전거 페달을 밟거나 이름을 서명하는 방법 같은 무의식적 기억이 바로 절차 기억이다. 거울을 보고 별을 그리는 테스트는 H.M.이 기억상실증에도 불구하고 새로운 절차 기억을 생성할 수 있음을 입증했다. 따라서 절차 기억은 뇌 속의 독특한 구조에 의존해 일어나는 게 분명했다.

절차 기억과 서술 기억(가끔 '어떻게 하는 방법을 아는 것knowing how'과 '어떤 것을 아는 것knowing that'이라고 부르는)의 구별은 오늘날 모든 기억 연구의 기초가 되었다. 이것은 또한 정신의 기본적인 발달 과정을 밝히는 데에도 빛을 비춰준다. 아이는 절차 기억이 일찍부터 발달하는데, 이것은 아이가 걷는 법과 말을 비교적 빨리 배우는 이유를 설명해준다. 서술 기억은 좀 더 나중에 발달하는데, 우리가 아주 어린 시절의 일을 기억하지 못하는 것은 이 때문이다.

밀너의 테스트에서는 또 다른 독특한 종류의 기억이 나타났다. 하루는 밀너가 H.M.에게 무작위로 선택한 수 584를 최대한 오랫동안 기억하라고 했다. 그러고 나서 밀너는 H.M.을 15분 동안 혼자 내버려두고 나와 커피를 마셨다. 잠시 후 돌아갔더니 예상과 달리 H.M.은 그 수를 여전히 기억하고 있었다. 어떻게 그럴 수 있었을까? 그는 작은 소리로 그 수를 계속 반복해서 속삭였던 것이다. H.M.은 '못nail'이란 단어와 '샐러드salad'란 단어를 몇 분 동안 기억할 수 있었다. 이 경우에는 못이 샐러드에 꽂혀 있다고 상상하고서 못이 꽂힌 샐러드를 먹어서는 안 된다고 반복해서 자신에게 되뇌는 방법을 썼다. 그동안 조금이라도 한눈을 팔았더라면 그 단어들은 H.M.의 마음에서 깨끗이 사라졌을 것이다. 그리고 테스트가 끝나고 5분이 지나자, 무엇을 기억해야 했다는 기억조차 그의 마음에서 사라졌다. 그럼에도 불구하고, H.M.은 자신의 기억에 집중해 그것을 계속 새롭게 되살림으로써 그 기억을 보존할 수 있었다. 이것은 단기 기억이 존재한다는 것을 뒷받침하는 첫 번째 단서였다. 게다가 이 테스트는 단기 기억(H.M.에게 있던)과 장기 기억(H.M.에게 없던)이 서로 다른 뇌 구조를 사용한다는 것을 보여주었다.

밀너의 발견으로 H.M.은 과학계의 유명 인사가 되었고, 다른 신경과학자들도 그의 독특한 마음을 탐구하게 해달라고 요청하기 시작했다. H.M.은 그들을 실망시키지 않았다. 수술을 받고 나서 5년이 지난 1958년 4월, H.M.과 부모는 하트퍼드의 작은 방갈로로 이사했다. 1966년에 미국의 몇몇 신경과학자들이 H.M.에게 기억에 의존해 자기 집의 평면도를 그려보라고 요구했다. 그는 그것을 그려냈다. H.M.은 방갈로의 주소도 몰랐지만, 6개의 방을 반복해서 걸어다니는 동안에 그 설계도가 뇌 속에 문신처럼 새겨졌다. 이것은 정상적으로는 해마에 의존해 작동하는 우리의 공간 기억 시스템이 필요할 경우 그것을 우회할 수 있음을 보여주었다(아마도 가까이에 있는 항행 중추navigation center인 해마곁이랑을 통해).

과학자들은 또한 H.M.이 시간의 흐름을 다르게 느낀다는 사실을 발견했다. 약 20초까지는 정상인만큼 시간을 정확하게 추정했다. 하지만 그다음부터는 정상에서 크게 벗어났다. 5분이 흘렀는데도 그가 주관적으로 느낀 시간은 40초에 불과했다. 또, 1시간은 3분으로, 하루는 15분으로 느꼈다. 이것은 뇌가 서로 다른 두 가지 시계를 사용한다는 것을 의미한다. 하나는 짧은 시간을 재는 것이고, 다른 하나는 20초가 넘는 나머지 모든 시간을 재는 것이다. H.M.은 두 번째 시계만 고장이 났던 것이다. H.M.은 또 한 번 과학자들에게 한 가지 복잡한 정신 기능을 그 구성 성분들로 분해하고, 그 구성 성분들을 뇌 속의 구조와 연결 짓게 해주었다. 결국 H.M.을 조사한 신경과학자는 100명이 넘어 H.M.은 역사상 가장 많이 연구된 마음이 되었다.

그러는 동안 H.M.은 늙어갔다. 적어도 육체적으로는 그랬다. 정신적으로는 1940년대에 머물러 있었다. 그는 그 이후의 시간에 일어난 생일과 장례식을 단 하나도 기억하지 못했다. 그의 기억 속에서 냉전과 성혁명은 결코 기록되지 않았고, 그래놀라granola와 자쿠지Jacuzzi 같은 새 단어는 영원히 정의되지 않은 채 남았다. 그리고 종종 마음속에서 모호한 불안감이 솟아올랐는데, 그는 그것을 결코 완전히 떨쳐내지 못했다. 그 느낌은 "아침에 낯선 호텔 방에서 잠이 깼을 때 모든 것이 제자리를 찾아가기 전에 느끼는 찰나의 순간"과 같다고 밀너는 보고했다. 다만, H.M.의 경우에는 모든 것이 제자리를 찾아가는 일이 결코 일어나지 않았다.

아버지가 죽고 어머니도 몸이 아파 그를 돌볼 수 없게 되자, H.M.은 1980년에 요양원으로 옮겨갔다. 이제 그는 약간 다리를 절면서 걸었다. 독한 뇌전증 약을 장기간 복용한 탓에 소뇌가 쇠약해졌는데, 발을 질질 끌며 걷는 걸음걸이는 쿠루병 환자와 비슷했다. 깜빡 잊고 케이크와 푸딩을 한 번 더 먹는 일이 잦다 보니 몸집도 뚱뚱해졌다. 하지만 전반적으로 그는 상당히 정상적인 환자였고, (대개는) 얌전한 삶을 살았다. 테스트가 없는 날에는 시나 총기류 잡지를 읽거나, 지나가는 열차를 바라보거나, 요양원에서 키우는 개와 고양이와 토끼를 만지면서 빈둥거리며 지냈다. 그는 온전하게 남아 있는 운동 기억 덕분에 보행기 사용법을 배웠으며, 1982년에는 35번째 고등학교 동창회에도 참석했다.(그는 그곳에 온 사람들을 아무도 알아보지 못했지만, 다른 참석자들 역시 같은 문제를 겪었다.) 밤에 꾸는 꿈에는 산이 나올 때가 많았다. 힘들여 산을 올라가는 꿈이 아니라, 정상에 도달해 그곳에서 머무는 꿈이었다.

하지만 나이가 들어 변덕이 심해진 H.M.은 이따금 벌컥 화를 냈다. 때로는 약을 먹길 거부했는데, 그러면 담당 간호사가 말을 듣지 않으면 스코빌 박사가 화를 낼 거라면서 그를 꾸짖었다.(스코빌 박사가 이미 자동차 사고로 죽었다는 사실은 아무 문제가 되지 않았다. H.M.은 항상 그 말에 속아넘어갔다.) 그는 요양원에 있는 다른 사람들하고도 싸웠다. 성질이 고약한 한 여자는 빙고 게임 도중에 그의 빙고 카드를 지우고 그를 놀려댔다. 가끔 이런 일을 당하면 H.M.은 자기 방으로 달려가 머리를 벽에 찧거나 마치 고릴라가 우리를 잡고 흔들듯이 침대를 붙잡고 흔들어댔다. 한번은 너무나도 격렬하게 화를 내 간호사들이 경찰을 불렀다. 이것들은 순수한 동물적 좌절의 순간이었다. 하지만 어떤 면에서는 그의 가장 인간적인 측면이 드러나는 순간처럼 보이기도 한다. 현실에 존재하는 어떤 사람이 따분하고 재미없는 외면을 뚫고 잠깐 침입했고, H.M.은 누가 자신의 인생에 간섭할 때 여느 사람이 그러는 것과 같은 방식으로 반응했다. 즉, 화를 냈다.

물론 간호사가 그의 관심을 다른 데로 돌리자마자 그는 고통을 잊어버렸다. 가끔 그렇게 벌컥 화를 내는 순간을 빼고는, 점점 건강이 나빠지면서도 조용한 삶을 살았다. 그는 결국 82세이던 2008년에 호흡 기능 상실로 숨을 거두었다. 그제야 과학자들은 그의 실명이 헨리 구스타브 멀레이즌Henry Gustav Molaison이라고 세상에 공개했다.

신경과학계는 멀레이즌의 죽음을 애도했다. 그의 인내심과 친절을 칭송하는 헌사가 숱하게 쏟아졌고, 그가 잊지 못할 존재가 된 것에 대해 말장난도 많이 나왔다. 그의 뇌는 오늘날에도 여전히 통찰을 제공하고 있다. 그가 머물던 요양원은 그가 죽기 전에 아이스 팩을 미리 준비했다. 그리고 그가 숨을 거두자, 직원들은 그의 머리를 아이스 팩으로 둘러싸 뇌를 신선한 상태로 보존했다. 곧 시신을 인수할 의사들이 달려왔고, 그날 밤 그곳에서 그의 뇌를 촬영하고 머리에서 뇌를 꺼냈다. 그러고 나서 두 달 동안 포르말린 용액에 담가 굳힌 다음, 냉장고에 넣어 비행기로 미

특별한 기억상실증 환자 H.M.의 뇌를 장래의 연구를 위해 얇게 자르는 장면. (출처 : 샌디에이고 뇌 연구소의 자코포 안네세Jacopo Annese)

국을 횡단해 캘리포니아 주 샌디에이고에 있는 뇌 연구소로 보냈다. 그곳 과학자들은 그것을 설탕 용액에 담가 과다한 수분을 뽑아낸 뒤, 냉동시켜 딱딱한 고체로 만들었다. 마지막으로, 베이컨을 얇게 써는 기구 비슷한 것을 사용해 멀레이즌의 뇌를 2401조각으로 잘랐다. 그리고 각각의 조각을 유리판 위에 올려놓고 20배로 확대한 배율로 사진을 찍어 개개 신경세포 차원까지 확대해서 볼 수 있는 디지털 지도를 만들었다. 뇌를 얇게 자르는 과정은 온라인으로 생중계되었고, 40만 명이 그것을 시청하면서 H.M.에게 작별 인사를 했다.

일화를 기억하지 못하는 남자

과학 문헌과 대중의 상상력에서 H.M.이 압도적으로 주목을 끌긴 했지만, 기억을 이해하는 데 도움을 준 기억상실증 환자는 그 밖에도 많다. 예컨대 토론토 교외에 살던 K.C.가 있다. 거칠고 남들보다 길었던 청소년기에 K.C.는 록 밴드에 들어갔고, 마르디 그라Mardi Gras('기름진 화요일'이라는 뜻으로, 사순절 이전에 벌이는 성대한 축제 — 옮긴이)에는 축제를 즐겼고, 밤새워 카드놀이를 했으며, 술집에서 종종 싸움도 벌였다. 의식을 잃은 적도 두 번 있는데, 한 번은 모래밭 주행용 소형차를 타고 달리다 난 사고 때문이었고, 또 한 번은 건초 더미에 머리를 부딪히는 사고 때문이었다. 30세이던 1981년 10월에는 오토바이를 타고 나들목을 빠져나가다가 미끄러지는 사고를 당했다. 이 사고로 중환자실에서 한 달 동안 지냈고, 여러 부위와 함께 양쪽 해마를 모두 잃고 말았다.

사고 뒤에 엔델 털빙Endel Tulving이라는 신경과학자는 K.C.가 어떤 일을 제대로 기억한다는 사실을 알아냈다. 하지만 그가 기억하는 것은 모두 다 한 가지 범주에 한정되었는데, 석순과 종유석의 차이라든가 볼링에서 스페어와 스트라이크의 차이처럼 참고 도서에서 찾아볼 수 있는 것들뿐이었다. 털빙은 맥락이나 감정이 완전히 배제되고 순수한 사실만 남은 이 기억을 '의미 기억semantic memory'이라 불렀다.

그와 동시에 K.C.는 '일화 기억episodic memory'이 전혀 없었다. 즉, 개인적으로 하거나 느끼거나 본 것을 하나도 기억하지 못했다. 예를 들면, K.C.는 1979년에 남동생의 결혼식 전날 밤에 머리를 파마함으로써 가족을 깜짝 놀라게 했다. 지금도 K.C.는 남동생이 결혼을 했다는 사실을 알며, 결혼 사진 앨범에서 가족들을 알아볼 수 있지만(사실들), 자신이 결혼식에 참석한 일과 자신의 파마머리에 가족이 어떤 반응을 보였는지는(개인적 경험) 전혀 기억하지 못한다. 사고 이전의 삶에 대해 K.C.가 기억하는 얼마 안 되는 사실들은 자기 자신의 아주 무미건조한 전기에서 본 이야기처럼 들린다. 아주 중요한 순간들도 색인의 중요 항목 정도로 비중이 축소되었다. 그는 어릴 때 살던 집 근처에서 열차가 탈선하여 독성

화학 물질이 누출되는 바람에 가족이 그 집을 버리고 떠나야 했던 사실을 기억했고, 자신이 사고를 당하기 2년 전에 사랑하는 남동생이 죽었다는 사실도 알았다. 하지만 이 사건들은 더 이상 감정적으로 아무 의미가 없었다. 그것들은 그저 일어난 일에 불과했다.

이러한 세부 사실들과 K.C.의 뇌 스캔은 일화 기억과 의미 기억이 서로 다른 뇌 회로에 의존한다는 증거를 제공했다. 해마는 처음에 이 두 종류의 기억을 기록하는 일을 돕고, 어느 정도 기간까지 보존하는 데에도 도움을 준다. 해마는 우리가 장기 기억에 보관된 오래된 '개인적' 기억에 접근하는 데에도 도움을 주는 것 같다. 하지만 오래된 의미 기억에 접근하기 위해 우리 뇌는 해마곁이랑(해마가 뇌의 아래쪽 끝부분 표면으로 뻗어나온 부분)을 사용하는 것으로 보인다. K.C.는 해마곁이랑이 온전하게 남았기 때문에, 친구들과 포켓볼을 친 기억(개인적 지식*)은 죄다 사라졌어도, 포켓볼에서 8번 공을 마지막으로 집어넣어야 한다는 사실(의미 지식)은 기억할 수 있었다.

게다가 건강한 해마는 새로운 의미 기억을 기록하는 책임을 지는 반면, 해마곁이랑은 꼭 해야 한다면 새로운 사실을 흡수할 수 있다(비록 엄청나게 느리긴 하지만). 예를 들면, 몇 년 동안 지역 도서관에서 자원 봉사자로 책을 정리하는 일을 한 뒤에 K.C.의 해마곁이랑은 듀이 십진분류법을 터득했다. 자신이 어떻게 그것을 아는지 감도 잡지 못했지만. 이와 비슷하게 H.M.의 건강한 해마곁이랑은 1953년에 수술을 받고 나서 훌륭한 사실을 일부 익혔다. 십자말풀이 단서를 천 번쯤 보고 나서 그는 "소크 백신의 표적"이 "회색질척수염(소아마비)"와 같다는 것을 희미하게 기억했다. 그리고 끊임없는 참고를 통해 1969년의 달 착륙과 1963년의 케네디 암살 사건에 대한 정보도 약간 기억했다. 흔히 생각하는 것과 달리, 그는 그 정보를 들었을 때 자신이 어디에 있었는지(일화 기억) 기억하지 못했다. 그리고 그 사건들에 대한 지식도 얕고 단편적이었는데, 해마결이랑은 학습 능력이 그렇게 뛰어나지 않기 때문이다. 그렇기는 해도 H.M.은 그 사건들이 일어났다는 사실을 흡수했다.

같은 맥락에서 K.C.는 신경과학에서 또 하나의 중요한 구분인 회상recollection(심리학에서 한번 경험한 사물을 나중에 다시 재생하는 일을 가리키는 개념 — 옮긴이)과 친숙성familiarity의 차이를 이해하는 데 도움을 주었다. 일상적인 대화에서 회상은 '나는 이것을 구체적으로 기억한다'를 의미하는 반면, 친숙성은 '세부 사실은 모호하지만, 내겐 이것이 낯익어 보인다'를 의미한다. 그리고 물론 뇌도 똑같은 구분을 한다. 한 테스트에서 K.C.의 의사들은 1981년에 K.C.가 사고를 당한 후 사람들 사이에 일반적인 용어로 쓰이기 시작한 단어들의 명단(El Niño, posse, ……)을 작성했다. 그러고 나서 이 단어들을 가짜 단어들(그럴싸한 단어처럼 보이지만 아무 의미 없는 문자열)의 명단 사이에 섞었다. K.C.는 몇 번이고 계속해서 진짜 단어들을 골라냈고, 그것도 확신을 가지고 그렇게 했다. 하지만 그 단어를 정의해보라고 하면, 어깨를 으쓱했다. 보통 사람들의 이름 명단에서는 1981년 이후에 유명해진 사람들(예컨대 빌 클린턴)을 선택했다. 하지만 클린턴이 무슨 일을 했는지는 하나도 몰랐다. 다시 말해서, K.C.는 구체적인 회상은 일어나지 않았지만, 이 단어들에 친숙함을 느꼈다. 이것은 회상에는 또다시 해마가 필요한 반면, 친숙성 느낌은 겉질의 특정 부분만 필요하다는 걸 의미한다.

기억상실증 환자가 그것을 밝히는 데 도움을 준 마지막 기억은 정서 기억emotional memory이다.(이것은 해마가 변연계에 속한다는 사실을 감안하면 이치에 닿는다.) H.M.이 자신을 찾아온 과학자들을 알아보지 못하면서도(심지어 거의 반세기 동안 자신과 함께 일한 밀너조차 알아보지 못했다.) 늘 상냥하게 대한 이유는 아마도 편도가 없었기 때문일 것이다. 하지만 다른 기억상실증 환자들은 이러한 상냥한 태도를 보이지 않았고, 몇몇 사람들은 아주 사납게 굴었다. 1992년에 샌디에이고에 살던 70세의 E.P.는 단순 헤르페스(과일과 동물, 도구를 인식하는 능력을 앗아가는 바로 그 병)로 뇌에서 해마와 그 밖의 구조가 파괴되었다. 그는 똑같은 일화를 몇 번이고 반복해서 말했고, 아침을 하루에 많게는 세 번까지 먹었다. 그리고 전에 선원으로 일하다가 이제는 늘 해안에서 3km 이내 지역에 살았는데도 갑자기 태평양이 어느 방향에 있는지 기억하지 못했다.

의사들은 E.P.를 테스트할 계획을 세웠지만, 그는 자기 집에 침입한 '낯선 사람들(실제로는 매번 동일한 여자)'을 의심했다. 매번 방문할 때마다 완강한 태도를 보였고, 그때마다 그의 아내가 말로 달래 그를 부엌의 식탁으로 데려가 테스트를 받게 했다. 하지만 100번 넘게 방문이 이어지자, 마침내 E.P.도 경계 태세를 늦추었다. 그는 비록 그녀를 본 적이 한 번도 없다고 주장하긴 했지만, 테스트를 하러 온 사람을 반갑게 맞이하기 시작했다. 테스트를 하려고 스스로 부엌 식탁 쪽으로 가기까지 했다. 기억상실증 환자는 부정적인 정서 기억을 간직할 수도 있다. H.M.은 아버지가 죽었다는 사실을 알았을 때, 의식 뇌는 당연히 그 사실을 몇 분 만에 잊어버렸다. 하지만 정서적 뇌는 그것을 기억했고, 그 소식을 심각하게 받아들여 몇 달 동안 매우 울적한 상태에 빠졌는데, 그 이유는 자신도 설명하지 못했다. 또 다른 사례를 보자. 1911년 무렵부터 스위스의 에두아르 클라파레드Édouard Claparède라는 의사가 손가락 사이에 핀을 숨긴 채 중년의 기억상실증 여성 환자를 만났다. 그리고 악수를 할 때 핀으로 환자의 손을 찔렀다. 그녀는 이 사실을 전혀 기억하지 못했지만, 그 후부터 그를 만날 때마다 늘 손을 움츠리고 의심스러운 눈초리로 쳐다보았다.

전체적으로 볼 때, 이니셜로 표시된 기억상실증 환자들(예컨대

H.M., K.C., E.P.)은 뇌가 기억의 책임을 어떻게 분배하는지* 알아내는 데 도움을 주었다. 일화(개인적) 기억은 해마에 과도하게 의지하는 반면, 의미(사실적) 기억은 해마곁이랑을 훨씬 많이 사용하는데, 특히 기억을 검색해서 찾을 때 그렇다. 이마엽도 기억을 찾고 뇌가 겉질의 장기 기억 보관 장소에서 올바른 기억을 찾았는지 재확인하는 데 도움을 준다. 감각 회로와 변연계 회로 또한 우리 마음에서 그 순간을 되살리기 위해 활동을 시작한다. 한편, 마루엽과 이마엽은 우리가 또다시 공포에 사로잡히거나 색정을 느끼지 않도록 우리에게 옛날 정보를 다시 보는 것일 뿐이라고 속삭여준다. 각각의 단계는 독자적으로 작용하며, 또 각각은 다른 정신 기능에 아무 영향도 끼치지 않으면서 오작동할 수 있다.

적어도 이론상으로는 그렇다. 실제로는 기억의 어느 한 측면(특히 우리 모두가 아쉽게 여기는 휴일과 연인에 대한 기억 같은 일화 기억)을 다른 측면들에서 따로 떼어내는 것은 불가능해 보인다. K.C.는 솔리테어(혼자서 하는 카드놀이)를 하고 타이어를 갈아 끼우는 방법을 알지만, 만족이나 평화로움, 고독감, 욕정을 느낀 순간을 전혀 기억하지 못한다. 그리고 역설적으로 보일지 몰라도, 과거를 잃으면서 그의 미래도 함께 지워지고 말았다. 생물학적으로 기억의 궁극적인 목적은 과거 자체를 기억하는 것이 아니라, 특정 상황에서 어떻게 행동해야 할지 단서를 제공함으로써 미래에 대비하는 것이다. 결국 K.C.가 과거의 자신을 잃었을 때, 그와 함께 그의 미래도 죽었다. 그는 한 시간 뒤나 하루 뒤 혹은 다음 해에 무엇을 할지 말할 수 없었다. 심지어 그런 것을 상상조차 할 수 없었다. 미래의 자신을 잃었다고 해서 K.C.가 고통을 받지는 않았다. 그는 자신의 운명을 고통스럽게 여기거나 한탄하지 않았다. 하지만 어떤 면에서는 그런 고통을 느끼지 못한다는 사실 자체가 슬퍼 보인다. 아무리 부당하다 하더라도, 그를 보고 불완전한 사람이란 느낌이 드는 건 어쩔 수가 없다.

우리는 마음속에서 자신의 정체성을 자신의 기억과 거의 동일시하는 경향이 있다. 우리는 자신이 하고 느끼고 본 일들의 총합처럼 보인다. 우리가 자신에게 손해가 가더라도 과거의 기억에 그토록 매달리는 이유도 이 때문이고, 기억을 앗아가는 알츠하이머병 같은 병을 아주 잔인하게 느끼는 것도 이 때문이다. 사실, 사람들은 대부분 자신의 기억을 더 확고하게 붙들 수 있길 바란다. 기억은 K.C.와 H.M.이 경험한 자아 침식을 막을 수 있는 유일한 방어벽처럼 보인다. 그래서 정반대의 부담, 즉 절대로 잊지 않고 저장하려 드는 탐욕스러운 기억이 똑같은 방식으로 사람의 정체성을 무너뜨릴 수 있다는 사실에 여러분은 아주 큰 충격을 받을지도 모르겠다.

모든 것을 기억하는 남자

모스크바에서 기자로 일하던 솔로몬 셰레셉스키Solomon Shereshevsky가 매일 아침 출근할 때마다 편집장은 그와 동료 기자들에게 어디로 가서 무엇을 보고 누구와 인터뷰를 해야 할지 그날 해야 할 일을 지시했다. 지시 사항이 아주 복잡했는데도, 셰레셉스키는 필기를 하는 법이 전혀 없었고, 심지어 인터뷰 도중에도 필기를 하지 않았다. 대신에 모든 것을 머릿속에 외웠다. 그렇다고 해서 셰레셉스키가 훌륭한 기자였던 것은 아니다. 1920년대 중엽의 어느 날 아침, 편집장은 셰레셉스키가 손에 연필도 쥐지 않은 채 태평스럽게 고개만 끄덕이고 있는 것을 보고 울컥했다. 그래서 셰레셉스키를 불러 자신이 지시한 내용을 그대로 말해보라고 했다. 셰레셉스키는 토씨 하나 틀리지 않고 지시 내용을 그대로 말했고, 그뿐만 아니라 편집장이 그날 아침에 이야기한 모든 말도 단어 하나

틀리지 않고 그대로 말했다. 동료 기자들이 놀라서 쳐다보자, 셰레셉스키는 혼란스러워하며 눈살을 찌푸렸다. 다른 사람들은 이것을 기억하지 못한단 말인가? 한편으로는 놀랍고 한편으로는 섬뜩한 느낌이 든 편집장은 셰레셉스키를 알렉산드르 루리아Aleksandr Luria라는 신경과학자에게 보냈다.

그 당시 아직 젊은이였던 루리아는 20세기의 유명한 신경과학자의 반열에 오르는 길을 향해 이미 발을 내디딘 터였다. 루리아는 신경과학에서도 낭만적인 측면, 즉 단순히 세포와 회로에만 매달리지 않고 그것을 넘어선 영역을 추구했다. 그는 사람들이 골치아픈 일들까지 포함해 실제로 삶을 어떻게 경험하는지 알고자 했다. 그러면서 일화적 이야기를 무시하는 경향이 있던 주류 현대 과학의 흐름에 거스르는 연구를 했다. 하지만 신경과학에서 개별 사례 연구는 이전부터 늘 중요했다. 훌륭한 소설과 마찬가지로, 보편적 진리는 사람들이 살아가는 삶의 세부 내용들에서 발견된다. 실제로 책 한 권 분량에 이르는 루리아의 사례 보고는 '신경학 소설'이라고 불렸는데, 가장 훌륭한 사례 보고 중 하나는 바로 셰레셉스키에 관한 것이었다.

함께 협력한 오랜 세월 동안 루리아는 셰레셉스키의 기억에 '분명한 한계가 없음'을 발견했다.* 셰레셉스키는 무작위적인 단어나 숫자가 30개, 50개, 70개 적힌 목록을 딱 한 번 듣거나 보는 것만으로 외울 수 있었으며, 정확한 순서대로는 물론 거꾸로도 외웠다. 단지 각각의 항목 사이에 해마에 고착시키는 데 필요한 시간 3초만 주면 되었다. 그러고 나면 그것은 그의 기억에 확고하게 자리잡았다. 더욱 인상적인 것은 한번 외운 것을 몇 년 동안 잊어버리지 않는다는 점이었다. 한 테스트에서 루리아는 이탈리아어로 된 단테Dante의 《신곡 — 지옥편》 서두를 읽어주었다. 셰레셉스키는 이탈리아어를 전혀 몰랐다. 그런데 15년이 지난 뒤, 셰레솁스키는 연습 한 번 하지 않고 그 구절을 순전히 기억만으로 악센트와 시적 강세 부분도 정확하게 살려서 암송했다. "넬 메초 델 캄민 디 노스트라 비타(Nel mezzo del cammin di nostra vita)……."

여러분은 특수한 능력을 지닌 셰레솁스키가 보수가 두둑한 일자리에서 일했을 거라고 생각하겠지만, 많은 기억술사와 마찬가지로 음악가, 기자, 효율성 컨설턴트, 공연 배우(대사를 외우는 것은 식은 죽 먹기였다.) 등의 일자리를 전전하며 낙오자 비슷한 삶을 살아갔다. 어느 일자리에도 부적합했던 그는 결국 사실상 신경학적 괴물 쇼라고 할 만한 일을 얻어 전국을 돌아다니며 청중 앞에서 숫자와 의미 없는 단어를 암송하는 재주를 보여주었다. 특출난 재능과 낮은 사회적 지위 사이의 간극 때문에 셰레솁스키는 괴로워했지만, 루리아는 그 간극이 충분히 이해가 되었다. 루리아는 셰레솁스키의 비범한 기억력과 직업 문제의 원인이 같은 데 있다고 보았는데, 그것은 바로 과잉 공감각이었다.

셰레솁스키의 마음에는 감각들 사이에 분명한 경계가 없었다. 루리아는 "그가 듣는 소리는 모두 다 즉각 빛과 색 그리고 …… 맛과 촉감 경험을 불러일으켰다."라고 보고했다. 여분의 감각이 아주 평범하게(단순한 냄새나 한 가지 색조로) 나타나는 '정상적인' 공감각자와 달리, 셰레솁스키는 최대한의 장면, 즉 완전한 정신적 연극 작품을 경험했다. 이것은 많은 것을 외울 때 편리했다. 2는 보라색 2나 연초록색 2 대신에 '활기찬 여자'가 되었고, 6은 '발이 퉁퉁 부어오른 남자'가 되었다. 숫자 87은 코밑수염을 비비 꼬는 남자와 친해지려고 애쓰는 통통한 여자가 되었다. 이렇게 각각의 항목마다 생생한 특징을 지녀 나중에 그것을 다시 떠올리는 것은 식은 죽 먹기였다.

그다음에 명단에 있는 항목들의 '순서'를 기억하기 위해 셰레솁스키는 교묘한 방법을 썼다. 그는 모스크바 또는 고향의 어느 길(그 모습이 머릿속에 분명히 들어 있다는 것은 말할 필요도 없다.)을 따라 걷는다고 상상하면서 각각의 항목 이미지를 어떤 지형지물에 놓았다. 예를 들면, 단테의 작품에서 각각의 음절은 발레리나나 염소 또는 비명을 지르는 여자를 불러왔고, 그러면 정신적 산책을 하는 바로 그 순간에 지나치는 울타리나 돌, 나무 근처에 그것을 내려놓았다. 이 명단을 나중에 떠올리려면, 그저 자신이 지나갔던 길을 다시 걸어가면서 놓아두고 간 이미지들을 찾기만 하면 되었다.(오늘날에도 전문 기억술사들은 이 방법을 사용한다.) 이 방법은 융통성이 다소 부족한 셰레셉스키가 어두운 골목에 이미지를 놓아두는 것처럼 어리석은 짓을 할 때에만 실패했다. 이런 경우에는 그 이미지를 알아볼 수 없어서 명단에서 그 항목을 빼고 건너뛰었다. 다른 사람들에게 이것은 사소한 실수로, 즉 셰레셉스키의 기억력에 뚫린 틈으로 보였다. 루리아는 이것이 실제로는 기억의 문제가 아니라 지각의 문제라는 사실을 깨달았다. 셰레셉스키는 단지 그 이미지를 볼 수 없었을 뿐이다.

셰레셉스키의 기억력은 다른 묘기도 보여주었다. 이미 출발한 기차를 쫓아간 때를 기억하는 것만으로 맥박 수를 높이고 땀까지 흘렸다. 또한 오른손을 난로 옆에 갖다댄 때를 기억함으로써 오른손의 체온을 올리고(루리아는 온도계를 사용해 이것을 직접 확인했다.) 동시에 얼음의 감촉이 어땠는지 기억하면서 왼손의 체온을 낮출 수도 있었다. 심지어 치과병원에서 정신적 능력으로 통증을 차단할 수도 있었다. 어떻게 그럴 수 있는지는 몰라도, 그의 기억은 이마엽과 마루엽에서 오는 "이것은 실제로 일어나는 일이 아니라, 과거의 일을 회상하는 것뿐이야."라는 신호를 무시하고 신체의 반응을 잠재우는 것 같았다.

안타깝게도 셰레셉스키는 자신의 상상을 항상 울타리 안에 가둬놓거나 기억술 묘기를 보여주는 데에만 제한적으로 사용할 수 없었다. 책을 읽으면, 공감각 이미지들이 머릿속에 떠올라 텍스트를 밀어냈다. 몇 단어만 읽어도 공감각 이미지에 압도당하고 말았다. 대화도 엉뚱한 방향으로 튈 때가 많았다. 한번은 아이스크림 가게에서 여성 점원에게 무슨 맛 아이스크림이 있느냐고 물었다. 그녀는 '과일 아이스크림'이 있다고 (아마도 순수한 어조로) 대답했지만, 그 말을 듣는 순간 셰레솁스키는 "그녀의 입에서 석탄과 검은 재가 마구 쏟아져나오는 걸 보았고, 그 바람에 아이스크림을 살 수 없었다."라고 말했다. 이것은 미친 사람이나 마약에 취한 헌터 톰프슨Hunter S. Thompson(마약을 즐긴 미국의 저널리스트이자 작가. 대표작으로 《라스베이거스에서의 공포와 혐오》와 《지옥의 천사들》이 있다. —옮긴이)의 이야기처럼 들린다. 만약 메뉴가 조잡하게 적혀 있으면, 떠오르는 연상 때문에 음식이 오염된 것처럼 보였다. 그는 마요네즈를 먹지 못했는데, 러시아어로 특정 음('즈')이 구역질을 일으켰기 때문이다. 그러니 일자리를 유지하기 힘든 것도 당연했다. 단순한 지시도 그의 상상 속에서 다른 것으로 변질되어 그를 괴롭혔기 때문이다.

순회 기억술사 묘기도 결국 그를 옥죄었다. 오랜 세월 쇼를 하고 나자, 예전에 외웠던 숫자와 단어 목록이 머릿속에서 불협화를 이루며 뒤엉켜 새로운 기억을 밀어냈다. 그는 이런 기억들을 없애려고 부두교에 어느 정도 의존했고, 그 목록을 종이에 써서 불태우는 주술 의식을 치렀다.(하지만 불행히도 이 퇴마 의식은 실패로 돌아갔다.) 그런 기억들을 알아보지 못하도록 마음을 훈련해 그런 기억들을 억누르고서야 겨우 진정이 되었다. 오직 자신의 기억을 억누르는 방법으로만 증상을 완화시킬 수 있었다.

셰레솁스키를 만난 사람들은 대부분 그를 갈팡질팡하는 프루프록Prufrock(T.S. 엘리엇이 쓴 시 〈알프레드 프루프록의 연가*The Love Song of J. Alfred Prufrock*〉에 등장하는 남자—옮긴이)처럼 아둔하고 소심한 사람으로 여겼다. 사실, 그도 재능을 별 볼일 없는 공연 따위에나 낭비하는 자신을 불쌍하게 여겼다. 하지만 그것 말고 어떤 일을 할 수 있었겠는가? 머릿속에 너무 많은 기억이 들어차 있어서(그의 기억은 사실 첫돌 이전까지 뻗어 있었다.) 그의 마음은 한 관찰자의 표현대로 "무수한 인상의 쓰레기 더미"가 되었다. 그 결과, 셰레셉스키는 H.M.이나 K.C.와 비슷하게 멍하고 무력한 상태로 희뿌연 안개 속에서 살아갔다. 기억이 너무 좋아도 아무 기억이 없는 것만큼 살아가는 데 큰 장애가 된다.

유용하게 쓰이면서 삶을 풍요롭게 하려면, 기억은 단순히 주변 세계를 기록하기만 해서는 안 된다. 기억을 걸러내고 차별할 필요도 있다. 사람들은 나쁜 기억력을 구멍이 숭숭 뚫린 체에 비유하지만, 사실 이 비유는 잘못된 것이다. 체는 물을 통과시키고 건더기를 붙든다. 즉, 보존하고 싶어하는 것을 붙잡는다. 마찬가지로 마음은 외상 기억처럼 일부 기억을 흘려보낼 때 최상의 기능을 발휘한다. 정상적인 뇌는 모두 다 체와 같다. 우리는 이 점에 대해 고마워해야 한다.

기억의 왜곡

기억력을 체에 비유하는 것은 유용하긴 해도 완벽하진 않다. 인간의 기억은 단순히 사물을 거르기만 하는 게 아니다. 기억은 실제로는 체를 통과하고 남은 것을 조각하고 다시 만지작거리고 왜곡한다.(그것도 놀랍도록 자주 그리고 아주 교묘하게!).

이 모든 것을 잘 아는 신경과학자들조차 기억의 왜곡에 속아넘어간다. 개구리 심장에 관한 꿈에서 신경 전달의 수프 가설을 입증하는 데 도움을 받은 오토 뢰비는 그 꿈을 1920년 부활 주일 주말에 꾸었다고 주장했다. 하지만 뢰비의 논문을 발표한 학술지의 접수 기록에 따르면, 뢰비가 논문을 처음 제출한 때는 그해 부활절보다 일주일 전이었다. 흥을 깨기 좋아하는 일부 역사학자는 뢰비가 새벽 3시에 침대에서 일어나 실험실로 달려간 게 아니라, 그저 실험의 세부 내용을 순차적으로 적어나가다가 다시 잠들었을 뿐이라고 생각한다. 어쩌면 재미있는 이야기를 좋아하는 뢰비가 이야기의 극적 요소를 위해 자신의 기억을 변형시켰는지도 모른다. 이와 비슷하게, 대기실에서 유가족이 분노하고 있는 가운데 거인 환자의 내분비샘을 모두 적출했던 윌리엄 샤프도 그의 주장처럼 새해 첫날에 그 일을 했을 리가 없는데, 거인 환자가 사망한 날은 1월 중순이었기 때문이다. 게다가 훗날 샤프의 한 동료는 샤프의 은밀한 부탁에 따라 그때 자신이 동행했다고 주장했는데, 거인 환자의 내분비샘을 적출한 시간은 장례식 직전이 아니라, 그 전날 밤 오전 2시 무렵이었다고 말했다. 두 사람의 주장이 모두 옳을 수는 없다.

왜 이런 일이 일어날까? 왜 기억은 불 속에 들어간 금속 막대처럼 비틀어졌다가 변형된 모양으로 굳어질까? 이에 대한 신경과학자들의 견해는 분분하다. 하지만 많은 지지를 받는 한 가설에 따르면, 무언가를 기억하는 행동(여러분은 이것이 세부 사실을 확고하게 굳힌다고 생각하겠지만) 자체가 실수가 끼어들 틈을 초래한다고 주장한다.

어떤 기억을 붙들 때, 신경세포들은 잠깐 동안 임시방편적 연결을 만든다. 그러고 나서 이 연결들을 특별한 단백질들로 땜질해 붙이는데, 이 과정을 기억 응고화라 부른다. 하지만 뇌는 이 단백질들을 기억을 붙드는 데뿐만 아니라 다른 목적에 사용하기도 한다. 이 단백질들은 기억을 검색해 찾아와서 재생하는 일도 도울 수 있다. 만약 삐 소리를 낸 다음에 생쥐에게 전기 충격을 준다면, 생쥐는 이 일을 분명히 기억할 것이다. 삐 소리를 또 내면, 생쥐는 또다시 전기 충격을 예상하고 공포에 질릴 것이다. 하지만 과학자들은 생쥐에게 공포를 잊게 하는 방법을 발견했다. 삐 소리를 내기 직전에 생쥐 뇌에 어떤 약물을 집어넣어서 그렇게 했는데, 그 약물은 바로 기억을 붙드는 단백질들을 억제하는 약물이었다. 놀랍게도, 다음번에 삐 소리를 들려주어도 생쥐는 그냥 하던 일을 계속 했다. 이 단백질들이 없으면 기억이 분해되는 것처럼 보이며, 생쥐는 삐 소리를 결코 두려워하지 않는다. 이것은 우리 뇌가 기억을 떠올릴 때, 그때마다 원래 상태 그대로인 '원본'을 재생하는 게 아니라는 것을 뜻한다. 어쩌면 매번 그 기억을 다시 만들고 다시 기록하는지도 모른다. 생쥐의 경우처럼 만약 그 기록 과정이 방해를 받는다면, 기억은 사라지고 만다. '재'응고화라 부르는 이 가설은 최초의 기억 인상을 기록하는 것과 나중에 그것을 떠올리는 것 사이에 본질적인 차이가 없다고 주장한다.

하지만 생쥐는 작은 인간이 아니다. 인간은 더 풍부하고 완전한 기억을 갖고 있으며, 기억의 작용 방식도 다르다. 하지만 아주 크게 다르진 않으며, 분자 차원에서는 특히 그렇다. 만약 사람도 재응고화가 일어난다면(실제로 그렇다는 증거가 있다.), 매번 기억을 다시 기록해야 하기 때문에 기억은 불안정해지고 오염될 수 있다. 물론 우리는 생쥐처럼 사건을 완전히 잊어버리는 일이 드물다. 하지만 우리는 늘 세부 사실을 혼동하며,* 특히 개인적인 세부 사실을 잘 혼동한다. 여기서 필연적으로 파생되는 곤혹스러운 결과가 있다. 바로 우리를 가장 잘 정의하는 기억들 — 가장 애틋한 순간과 외상에 관한 — 이 가장 왜곡되기 쉽다는 사실인데, 우리는 그런 사건들을 가장 많이 회상하기 때문이다.

그렇다면 왜 왜곡이 일어나는 것일까? 그것은 우리가 인간이기 때문이다. 추후의 지식은 늘 기억을 오염시킬 수 있다. 만약 사귀던 남자친구가 나중에 바람을 피운다면, 첫 번째 데이트를 한 기억이 가슴 설레는 것으로 떠오르지 않을 수 있다. 그래서 나중에 자신의 기억을 손질하여 남자 친구가 처음부터 그런 놈이었다고 스스로 믿게 한다. 인간은 컴퓨터 하드웨어가 각각의 데이터를 잘 정의된 장소에 저장하듯이 기억을 저장하지 않는다. 인간의 기억은 서로 겹치는 신경세포 회로들에 머무는데, 이 회로들은 시간이 지나면서 서로 뒤엉키기도 한다.(어떤 사람들은 각각의 신경세포가 원본을 수정할 수 있다는 점에서 이것을 위키피디아 편집 방식에 비유하기도 한다.) 가장 중요한 원인은 체면을 차리고 명성을 높이려는 마음에서 불편한 사실을 눈감거나 잘못 해석하는 데 있을 것이다. 실제로 일부 과학자들은 무의식 마음이 우리가 인정하고 싶어 하는 것보다 훨씬 자주 작화를 한다고(진짜 동기를 감추기 위해 그럴듯한 이야기를 지어낸다고) 주장한다. 코르사코프 증후군 환자와는 달리 정상적인 사람들은 기억의 공백 때문에 작화를 하진 않는다. 하지만 우리는 떠오른 기억을 각색하고, 억압하기에 편리한 것은 억압한다. 그 결과로 자신이 원하는 것을 '기억'하게 되고, 자기 인생을 바꾼 꿈을 부활 주일에 꾸었다고 믿게 된다. 기억은 기억일 뿐이며, 자서전이 아니다. 그리고 자신이 가장 소중하게 여기는 기억이 우리를 정직한 거짓말쟁이로 만들 수 있다.

Grant Wood, The birthplace of Herbert Hoover, 1931

11장

좌뇌와 우뇌, 그리고 그 사이를 연결하는 뇌들보

뇌에서 가장 큰 구조는 좌뇌와 우뇌이다. 인간의 좌뇌와 우뇌는 놀랍도록 큰 차이가 있는데, 특히 우리를 인간으로 만드는 가장 큰 특징인 언어와 관련해서는 더욱 그렇다.

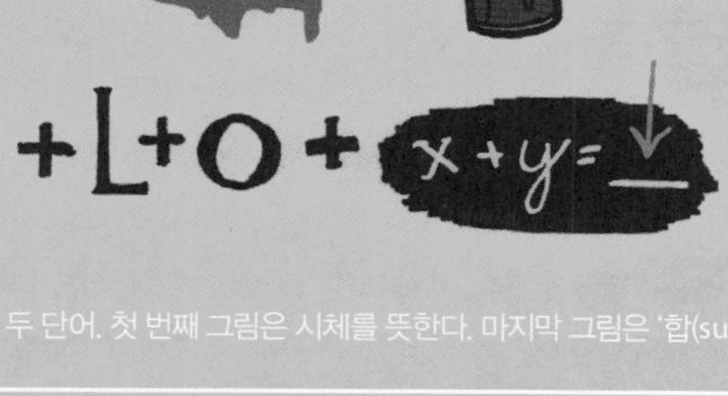

힌트 : 'c'로 시작하는 두 단어. 첫 번째 그림은 시체를 뜻한다. 마지막 그림은 '합(sum)'을 가리킨다.

그 남자의 이름과 총으로 자살한 이유(정신 이상? 괴로움? 권태?)는 역사 속에서 실종되고 말았다. 하지만 1861년 초에 파리 근처에서 한 프랑스 남자가 권총을 자기 이마에 갖다대고 방아쇠를 당겼다. 총알은 빗나갔지만 완전히 빗나간 것은 아니었다. 앞쪽 머리뼈가 부서지면서 지느러미처럼 위로 솟구쳤다. 하지만 뇌는 전혀 손상을 입지 않았다. 담당 의사는 벌어진 상처를 통해 뇌가 맥동하는 걸 보았는데, 금속 주걱을 쑤셔 넣어 만져보고 싶은 충동을 이기지 못했다.

그 남자가 정신을 잃을지, 비명을 지를지, 혹은 어쩌면 경련을 일으키며 죽을지 전혀 알 수 없는 상태에서 의사는 주걱으로 이곳저곳을 살짝 누르면서 느낌이 어떠냐고 물었다. 그 대답을 기록한 사람은 없지만, 그 남자가 무슨 생각을 했을지는 충분히 상상할 수 있다.

"제 말 아 라 테트, 독퇴르. 세…….(J'ai mal à la téte, docteur. C'est……. 머리가 아파요, 의사 선생님. 그러니까…….)"

지금까지는 아무 일도 일어나지 않았지만, 의사가 이마엽 뒤쪽의 한 군데를 누르자, 남자는 말을 더듬거리더니 갑자기 입을 다물었다. 주걱을 떼자, 남자가 다시 말을 하기 시작했다. "사크레 블뢰, 독…….(Sacré bleu, doc……. 제기랄! 의…….)" 의사는 다시 주걱을 눌러 말문을 닫게 했다. 이런 일이 계속 반복되었다. 주걱을 누를 때마다 남자는 말을 더듬거리다가 입을 다물었다. 검사는 잠시 후에 끝났다. 그리고 애석하게도 그 남자는 몇 주 뒤에 죽었다.

브로카와 탕

시몽 오뷔르탱Simon Auburtin이라는 과학자는 1861년 4월 4일에 파리에서 열린 인류학회 회의에서 이 사례를 발표했다. 순수한 의도만으로 사례 발표를 한 것은 아니었다. 주걱을 휘두른 의사가 자기 친구였는데, 그를 널리 알리고 싶었고, 게다가 그 사례는 오뷔르탱이 좋아하는 신경과학 이론을 뒷받침했기 때문이다. 그 이론은 국재화局在化, localization 이론으로, 뇌에는 각각의 정신 기능을 담당하는 지역이 따로 있다고 주장했다. 오뷔르탱은 특히 언어의 국재화 이론에 큰 매력을 느꼈는데, 그의 장인 역시 그 이론에 푹 빠져 있었다.(장인은 1830년대부터 뇌의 병터 목록을 작성했는데, 1848년에 이마엽에서 언어 능력 상실을 수반하지 않는 광범위한 병터를 아무도 발견하지 못한다는 데 500프랑의 내기를 내걸었다.) 오뷔르탱은 주걱 실험 사례를 뇌에 '언어 장소'가 있음을 뒷받침하는 최선의 증거로 사용했다.

하지만 국재화 이론을 믿은 오뷔르탱은 동료들 사이에서 주류가 될 수 없었다. 동료들 대부분은 국재화 이론을 제2의 골상학으로 일축하며 비웃었다. 원조 골상학 운동은 수십 년 전에 조롱 속에서 사망한 터였다. 오뷔르탱 자신도 골상학자들이 무신론이나 '육식 본능' 같은 것의 원인을 머리의 특정 돌출부에서 찾으려고 한 것은 지나쳤다고 인정했다. 그는 단지 거기서 뇌의 전문화라는 일반적 원리만을 구하고자 했을 뿐이다. 하지만 오뷔르탱이 아무리 신중하게 자신의 개념을 표현하더라도, 여전히 돌팔이 의사의 체취 같은 것이 남아 있었다. 많은 과학자들은 뇌와 영혼은 더 작은 단위로 쪼갤 수 없다는 형이상학적 믿음을 갖고 있었는데, 국재화 이론이 그 믿음과 어긋난다는 점도 불리하게 작용했다. 그것은 한 시간 만에 해결할 만한 논쟁이 아니었고, 4월 그날의 회의는 말다툼으로 악화되었다.

그날 오후 회의장에 모인 청중 속에 인류학회 서기인 폴 브로카Paul Broca가 앉아 회의 내용을 학회지에 실으려고 필기를 하고 있었다. 군의

관 아들로 태어난 브로카는 12년 전에 파리로 왔다. 처음에는 글을 쓰고 그림을 그리며 세월을 보내다가 교사 자리를 얻었지만 그 일이 마음에 들지 않았다. 하는 일이 지긋지긋한 나머지 아메리카로 건너갈 생각까지 했다. 그러다가 20대 후반에 마음을 잡고 해부학자와 외과의로 일하기 시작했다. 하지만 한 해 한 해 지나갈수록 그는 평생의 열정에 점점 더 많은 시간을 쏟아부었다. 그 열정은 바로 머리뼈였는데, 브로카는 이미 많은 머리뼈를 수집해놓고 있었다. 더 일반적으로는 브로카는 인류학을 사랑했고, 1850년에 인류학회의 공동 창립자로 참여했다. 그는 뇌의 국재화를 놓고 벌어지는 설전보다는 인류의 기원과 원시 사회(그리고 머리뼈)에 대해 자유로운 토론이 일어나는 광경을 기대했다. 실제로 브로카는 그 주제에 아무 관심도 없었다. 적어도 탕Tan을 만나기 전까지는 그랬다.

탕의 진짜 이름은 르보르뉴Leborgne였다. 어릴 때부터 뇌전증을 앓은 르보르뉴는 모자 틀을 만드는 일을 하며 살아갔다. 하지만 오랫동안 뇌전증으로 입은 손상 때문에 말하는 능력을 잃었는데, 30세 무렵이 되자 상대의 질문에 할 수 있는 말이라곤 "탕 탕Tan tan."뿐이었다. 그래서 별명이 탕이 되었고, 1840년에 더 이상 아무 일도 못 하게 되자, 파리 외곽에 위치한 병원 겸 요양원인 비세트르에 수용되었다. 그는 갇혀 지내는 생활에 잘 적응하지 못했다. 어쩌면 말을 하지 못한다는 좌절감에 휩싸였을 수도 있고, H.M.처럼 다른 환자들에게 괴롭힘을 당했을 수도 있다. 어쨌든 탕은 비세트르에 수용되고 나서 골칫거리가 되었다. 다른 환자들은 탕이 이기적이고 성질이 나쁘고 복수심이 강하다는 걸 알게 되었다. 어떤 환자들은 탕이 도둑질을 한다고 비난했다. 이상한 일은 탕을 심하게 몰아붙이면, "탕 탕." 외에 다른 말도 한다는 점이었다. 예컨대 상대방 얼굴에 대고 "사크레 농 드 디외!Sacré nom de Dieu!(빌어먹을!)"라고 외쳐 그 소리를 들은 사람들을 분노케 하기도 했다. 하지만 탕은 자기 의지로 욕을 하진 못했고, 오직 분을 참지 못할 때에만 자기도 모르게 욕이 나왔다.

아무리 탕의 성질이 나쁘다 하더라도, 그다음에 그에게 일어난 일은 부당했다. 1850년에 탕은 오른팔 감각이 모두 사라졌다. 4년 뒤에는 오른쪽 다리가 마비되었고, 다음 7년을 침대에 누워 지냈다. 그 당시에는 욕창이 치명적으로 변할 때가 많았는데, 탕은 시트를 더럽히는 일이 없었기 때문에 간호사들은 시트를 자주 갈아주거나 그를 자주 돌아 눕히지 않았다. 탕은 오른쪽 옆구리도 감각이 사라졌고, 누가 그의 몸에서 괴저를 발견했을 무렵에는 괴저가 발뒤꿈치에서부터 엉덩이까지 오른쪽 다리를 완전히 잠식한 뒤였다. 다리를 절단할 수밖에 없었는데, 1861년 4월 12일에 의사들은 비세트르에 새로 온 외과의 폴 브로카에게 그를 데려갔다.

브로카는 탕의 임상 병력을 작성하는 일부터 시작했다. 이름이 뭔가요? "탕." 직업은요? "탕 탕." 어떤 문제가 있나요? "탕 — 탕!" 각각의 '탕'은 순수하고 부드럽고 감미롭게 튀어나왔지만(탕의 목소리는 여전히 아름다웠다.), 브로카에게 우스꽝스러운 대화는 아무 의미가 없었다. 다행히도 탕은 그동안 무언극의 대가가 되었기 때문에 손짓 신호로 의사소통을 할 수 있었다. 가령, 비세트르에 온 지 얼마나 되었느냐고 묻자, 탕은 왼손의 손가락을 다 펼친 채 앞으로 네 번 내뻗은 다음 다시 집게손가락 하나만 세워 왼손을 내뻗었다. 즉, 21년이라는 대답이었는데, 정확한 답이었다. 혹시나 요행으로 맞힌 게 아닌지 확인하려고 브로카는 다음 날 같은 질문을 했다. 그리고 만전을 기하고자 그다음 날에 다시 같은 질문을 했다. 그러자 탕은 자신이 시험을 받는다는 걸 알아채고는 "사크레 농 드 디외!"라고 외쳤다.(자신의 사례 보고서에 이 욕을 쓸 때, 브로카는 완곡하게 줄표로 표시했다.) 이 면담을 통해 브로카는 탕이 비록 말하는 능력을 잃긴 했지만, 여전히 언어를 이해한다는 결론을 내렸다.

그리고 자신이 맡은 임무를 수행하기 위해 브로카는 탕의 다리를 절단했다. 하지만 탕은 그동안 괴저로 너무 쇠약해져서 4월 17일 오전에 숨졌다. 24시간이 지나기 전에 브로카는 인류학회에서 '언어 장소'를 둘러싸고 벌어진 논쟁을 생각하면서 탕의 머리뼈를 갈랐다.

그 안은 엉망진창이었다. 좌뇌는 쪼그라들어서 만지면 금방이라도 부서질 것 같았다. 특히 이마엽은 끔찍한 상태였다. 거기에는 '달걀만 한' 크기의 썩은 공동空洞이 있었고, 그 안에는 누런 농장액膿漿液(묽은 장액성 고름)이 고여 있었다. 그렇게 엉망인데도 브로카의 노련한 눈은 중요한 세부 사항을 놓치지 않았다. 부패는 광범위하게 진행되었지만, 중심점을 향해 다가갈수록 더 심한 것 같았다. 그리고 부패의 중심은 이마엽 뒤쪽 가까운 곳, 사례 보고서에서 그 의사가 주걱을 눌렀다고 한 바로 그 장소에 있었다. 브로카는 이곳이 최초의 병터라고 추론했다. 탕의 최초 증상은 언어 능력 상실이었으므로, 이곳이 바로 언어 노드가 틀림없다고 결론지었다. 이 결론을 내리면서 브로카는 사실상 오뷔르탱과 신新골상학자들의 진영에 발을 들여놓았는데, 그의 경력에 큰 오점이 될 수도 있는 모험이었다. 그리고 브로카는 탕의 뇌를 다음번 인류학회 회의 때(4월 18일, 즉 바로 그날 오후에) 보여주기로 결정함으로써 그보다 더 위험한 모험을 향해 발을 내디뎠다.

그날 회의는 극적인 과학 드라마의 요소를 다 갖추고 있었다. 브로카는 막 해부한 탕의 신선한 뇌를 가지고 회의장에 들어섰다. 그는 회의적인 청중과 맞닥뜨렸지만, 뇌의 국재화를 뒷받침하는 최초의 구체적 증거를 갖고 있었다. 그것은 진화론을 놓고 벌어진 헉슬리Huxeley와 윌버포스Wilberforce의 대결을 연상시킬 만큼 중요한 대결이었을 수도 있는데, 실제로 훗날 브로카의 추종자들은 그날 브로카가 한 연설에 초자연적인 중요성을 부여했다. 하지만 사실은 그날 브로카가 한 것이라곤 뇌를 보여주고 탕의 병력을 요약 소개한 것밖에 없었다. 언어 노드에 관한 자신의 결론은 아주 짧게 언급했고, 강조하지도 않았다. 잠재적인 적들은 대부분 하품을 했고, 브로카가 연설을 마치자마자 인종과 뇌 크기와 지능에 관한 훨씬 흥미진진한 토론에 빠져들었다.

인종과 뇌 크기와 지능은 브로카도 큰 관심을 가진 주제여서 그가 토론에 기여할 부분도 많았으며, 그 토론은 결국 몇 달 동안 인류학회의 의제를 지배했다. 그럼에도 불구하고, 브로카는 그 후의 회의들에서도 틈나는 대로 탕의 뇌를 계속 언급했다. 자신의 뇌 중 톱니바퀴 하나는 계속해서 탕의 언어상실증 주위를 돌았다. 그는 탕의 뇌를 알코올에 담가 보관하다가 나중에는 알코올에 흠뻑 절인 그 뇌를 미래의 연구를 위해 병에 넣어 보관했다. 한편, 브로카는 또 다른 언어상실증 환자를 찾다가 어느 모로 보나 탕만큼 유명해질 만한 환자를 발견했다.

'를로Lelo' 역시 탕과 마찬가지로 자신이 할 수 있는 말을 딴 별명이었다. 도랑 파는 일을 하던 80대의 를롱Lelong은 1861년 10월에 뇌졸중이 일어났다. 브로카와 만나기 18개월 전이었다. 그 후유증으로 딱 다섯 단어 빼고는 말하는 능력을 잃었다. 다섯 단어는 자신의 이름인 '를로', 그리고 '위oui(예)', '농non(아니요)', '투아tois(셋을 뜻하는 트루아trois를 이렇게 발음한 것이지만, 실제로는 모든 수를 나타내는 단어로 썼다.)', 그리고 나머지 모든 어휘를 나타내는 '투주르toujours(항상)'였다. 딸이 몇이냐고 물으면, 그는 "투아."라고 말하고는 손가락 두 개를 치켜세웠다. 직업이 무엇이냐고 물으면, "투주르."라고 답하면서 몸짓으로 삽질을 하는 흉내를 냈다.

넙다리뼈가 부러져 그 합병증으로 사망했다는 것 말고는 를로에 관한 기록은 남은 게 별로 없다. 하지만 를로가 죽고 나서 브로카는 아마도 앙리 2세 이후로 가장 중요하다고 할 만한 뇌 부검을 실시했다. 부검을 시작하면서 브로카는 몹시 불안하고 초조했다. 만약 틀로의 뇌에서 병터를 전혀 발견하지 못한다면(혹은 엉뚱한 장소에서 병터를 발견한다면), 자신은 조롱거리가 될 게 분명했다. 신중하게 뇌를 톱질한 다음, 머리덮개를 열었다. 그러자 불안과 초조는 기우로 드러났다. 탕의 뇌가 광범위한 부패와 함께 분쇄된 것처럼 보였던 반면, 틀로의 뇌는 BB탄이 뚫고 지나간 구멍처럼 단 한 군데만 손상이 있었다. 그리고 아마도 이번에는 그 장소를 본 브로카의 입에서 '사크레 농 드 디외!'라는 말이 튀어나왔을 것이다. 그 장소는 바로 이마엽 뒤쪽이었다. 이 장소*는 오늘날 브로카 영역이라 부른다.

뇌 안에서 언어 노드를 발견했다는 브로카의 발표는 일반 대중 사이에서 별로 큰 관심을 불러일으키지 못했다.(파리 신문들은 대신에 리하르트 바그너Richard Wagner의 〈탄호이저Tannhäuser〉가 초연에서 야유와 휘파람 소리를 들으며 죽을 쓴 일을 언급하면서 낄낄거렸다.) 하지만 이 발견은 유럽의 쟁쟁한 학회들 사이에서는 큰 반향을 일으키며 퍼져나갔고, 과학자들을 설레게 했다. '국재화가 정말로 실재한단 말인가?' 그 직후에 일어난 두 가지 사건은 그 가능성을 뒷받침했다. 첫 번째 사건은 브로카가 더 많은 환자들로부터 자신의 발견을 재확인한 일이다. 1861년 이후에 의사들은 추가 연구를 위해 언어상실증 환자들을 브로카에게 보냈고, 1864년까지 브로카는 모두 25명의 환자를 대상으로 부검을 했다. 단 한 명만 빼고 모든 환자가 이마엽 뒤쪽에 병터가 있었다. 손상의 성격은 종양이건, 뇌졸중이건, 매독이건, 외상이건 전혀 문제가 되지 않고, 오로지 장소만이 문제가 되었다.

두 번째 사건은 뇌 안에서 언어가 어떻게 작용하는지 이해하는 데 더 큰 의미를 지닌 것이었다. 1876년에 카를 베르니케Karl Wernicke라는 26세의 독일 의과대학생(나중에 베르니케-코르사코프 증후군의 연구로 유

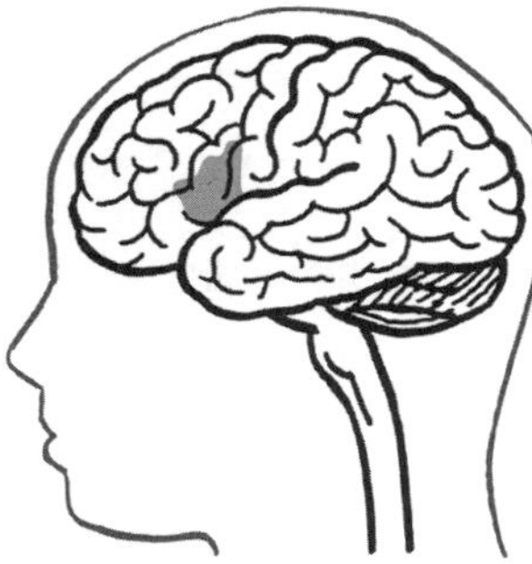

명해진)이 새로운 유형의 언어상실증을 발견했다. 구체적으로 말하면, 베르니케는 이마엽 뒤쪽 근처(브로카 영역에서 멀리 떨어진)에 생긴 병터가 환자에게서 언어의 '의미'를 파괴한다는 사실을 발견했다. 브로카의 언어상실증 환자들은 무엇을 말하고 싶은지는 알지만 그것을 입 밖으로 제대로 내뱉지 못한 반면, 베르니케의 언어상실증 환자들은 아주 긴 문장을 매력적인 운율을 곁들여 만들 수는 있지만, 말이 안 되는 문장을 만들었다.(일부 신경과학자들은 구절들이 무작위로 마구 뒤섞인 이런 문장을 단어 샐러드라고 부른다. 나라면 '피네간의 경야Finnegans Wake' 증후군이라고 부르고 싶다.) 그리고 심한 좌절을 느끼는 브로카형 언어상실증 환자와 달리, 베르니케형 언어상실증 환자는 멍한 상태에 있다. 의사가 말도 안 되는 소리로 응수하면, 이들은 고개를 끄덕이며 활짝 웃는다. 일반적으로 브로카 영역이 손상되면 언어를 만드는 능력을 잃는 반면, 베르니케 영역이 손상되면 언어를 이해하는 능력을 잃는다.

기능적으로 브로카 영역은 입에서 단어를 만들고 발음하는 일을 돕기 때문에, 이 영역이 손상되면 문장이 뚝뚝 끊어지고, 말을 하는 도중에 자주 멈추게 된다. 게다가 브로카 영역은 적절한 문법을 만드는 일을 돕기 때문에, 브로카형 언어상실증 환자는 개념들을 엮어 결합할 때문법이나 접속사를 전혀 사용하지 않는다. 예컨대 "개 — 여자아이 — 물었다."라는 식으로 말한다. 이와는 대조적으로 베르니케 영역은 단어들을 그 의미와 연결시킨다. 베르니케 영역은 뇌 안에서 기표記標(언어가 소리와 그 소리로 표시되는 의미로 성립된다고 할 때, 소리를 가리킴. 시니피앙signifiant이라고도 한다. — 옮긴이)와 기의記意(언어가 소리와 그 소리로 표시되는 의미로 성립된다고 할 때, 의미를 가리킴. 시니피에signifié라고도 한다. — 옮긴이)를 융합시킨다. 뇌 안의 각 영역이 어떻게 서로 협력하는지 알아보기 위해 여러분 옆에 있는 사람이 갑자기 영어로 '제플린Zeppelin'이라고 말했다고 상상해보자.(Zeppelin이란 영어 단어는 유명한 체펠린 비행선을 가리킬 수도 있고, 영국의 록 밴드 레드 제플린Led Zeppelin을 가리킬 수도 있다. — 옮긴이) 먼저 여러분의 귀가 이 입력 정보를 청각 겉질로 보내면, 청각 겉질은 그 정보를 베르니케 영역으로 보낸다. 그러면 베르니케 영역은 기억 속에서 적절한 연상을 찾아냄으로써 여러분에게 하늘을 올려다보게 하거나, 기타 연주에 귀를 기울이게 하거나, "오, 더 휴매니티!Oh, the humanity!"(힌덴부르크호가 화염에 싸여 폭발하는 것을 지켜보며 생방송으로 보도하던 시카고의 라디오 방송국 기자 허브 모리슨Herb Morrison이 내뱉어서 유명해진 말. '오, 마이 갓!'과 비슷한 뜻이지만, 감정이 훨씬 많이 실린 표현임 — 옮긴이)를 생각나게 한다. 그렇게 소리와 의미가 합쳐진다. 만약 '제플린'을 큰 소리로 다시 반복하고자 한다면, 베르니케 영역은 먼저 '제플린' 개념을 뇌에 저장된 청각 표상과 짝을 짓는다. 그러고 나서 베르니케 영역은 브로카 영역을 자극하는 신호를 보내고, 그러면 브로카 영역은 입술과 혀를 조절하는 운동 겉질 부분을 자극한다. 만약 베르니케 영역이 단어와 개념을 제대로 짝짓지 못하면, 단어 샐러드 현상이 나타난다.(아주 어린 아이가 말을 하지 못하거나 이해하지 못하는 한 가지 이유는 베르니케 영역이 충분히 성숙하지 않았기 때문이다.) 만약 브로카 영역이 제 기능을 하지 못하면, 말을 더듬거리게 된다.

베르니케는 새로운 언어 노드를 발견하는 데 그치지 않고, 뇌 속의 언어에 대해 더 일반적인 사실을 주장했는데, 이것은 볼드체로 강조할 만한 가치가 있는 주장이다. 뇌에서 **'언어 장소'는 어느 한 군데만 있는 게 아니다**. 기억과 마찬가지로 언어를 이해하고 만들어내는 데 관여하는 지역은 한 군데가 아니라 여러 군데이며, 언어를 이해하는 능력은 멀쩡한데도 말하는 능력을 잃거나, 말하는 능력은 멀쩡한데 언어를 이해하는 능력을 잃는 일이 일어나는 것은 이 때문이다. 만약 다른 언어 노드가 제 기능을 하지 못하거나 두 언어 노드 사이의 백색질 케이블이 절단된다면, 언어 기술이 다른 방식으로 손상될 수 있으며, 그중 일부는 놀랍도록 구체적인 형태로 나타난다.

일부 뇌졸중 환자는 명사만 기억하고 동사를 기억하지 못하거나 반대로 동사만 기억하고 명사를 기억하지 못한다. 두 가지 언어에 유창한 사람이 외상 후에 한 가지 언어 능력을 상실할 수 있는데, 제1언어와 제2언어*는 각기 다른 신경 회로에 의지하기 때문이다. 언어 능력 부족은 심지어 수학 능력도 방해할 수 있다. 마루엽에는 비교와 크기(산술의 기초인)를 다루는 선천적인 '수 회로'가 있는 것처럼 보인다. 하지만 수학에는 암기를 통해 언어적으로 배우는 것(예컨대 구구단처럼)도 있다. 그래서 언어 능력이 손상되면, 언어에 기초한 기술 역시 손상된다.

더욱 놀라운 것은 세 단어를 결합하는 데 애를 먹는 사람도 노래는 제대로 부를 수 있다는 사실이다. 무슨 이유에서인지 멜로디와 리듬은 손상된 회로를 우회하여 언어를 만드는 과정을 밀어 시동이 걸리게 할 수 있다. 그래서 "나는—햄을—좋아해."라는 문장도 더듬거리면서 간신히 말하는 사람이 잠시 후에 〈공화국 전투 찬가The Battle Hymn of the Repulblic〉를 능숙하게 부를 수 있다.(가브리엘 기퍼즈Gabrielle Giffords라는 미국 여성 국회의원은 머리에 총상을 입은 뒤에 〈여자들은 그저 즐겁게 놀고 싶을 뿐이야Girls Just Wanna Have Fun〉를 비롯한 노래 가사로 연습을 한 끝에 말하는 법을 다시 익혔다.) 이와 비슷하게 감정도 죽은 언어 회로를 부활시킬 수 있다. (탕과 같은) 언어상실증 환자는 도발을 받으면 욕을 할 수 있지만, 자기 의지만으로는 절대로 하지 못한다. 노래와 말과 욕이 이렇게 서로 분리된 채 작용하는 상황은 또다시 우리 뇌에 단일 언어 장소가 존재하지 않는다는 사실을 뒷받침한다. 우리가 단어들을 저장해두는 신경학적 '식료품 저장실' 같은 건 없다는 이야기이다.

언어 기능 분리를 보여주는 가장 놀라운 사례는 '실서증 없는 실독증alexia sine agraphia'이다. 실독증은 읽기언어상실증이라고도 하고, 실서증은 쓰기언어상실증이라고도 한다. 읽기는 말하기보다 더 높은 수준의 신경학적 기술이 필요하다. 활자는 시각 겉질을 통해 아주 쉽게 뇌로 들어오지만, 인간은 진화의 역사에서 아주 늦게 글을 읽기 시작했으므로(기원전 3000년 무렵부터) 시각 겉질은 자연적으로 베르니케 영역과 연결돼 있지 않다.(왜 그래야 하겠는가?) 하지만 《초급 영어 독본》으로 약간 연습을 하면, 뇌에 회로가 새로 생기면서 이 두 지역이 연결된다. 그래서 우리는 단순히 잉크가 선을 그리며 지나간 자국을 보고서 개념과 이야기를 떠올릴 수 있다. 읽기는 뇌가 작용하는 방식을 변화시킨다.

하지만 실서증 없는 실독증 환자는 한 글자도 읽지 못하는데, 시각 겉질의 축삭돌기 경로가 끊어진 탓이다. 문자의 곡선과 형태는 뇌에 정확하게 들어오지만, 그 데이터는 베르니케 영역에 도달하지 못해 의미 있는 정보로 전환되지 못한다. 그 결과, 단어들이 전혀 모르는 아랍어나 러시아어로 쓰인 것처럼 보인다. 그래도 이 사람들은 글자는 제대로 쓸 수 있는데, 뇌에서 의미를 담당하는 중추가 손글씨를 조절하는 아래쪽의 운동 회로에 여전히 연결돼 있기 때문이다. 그래서 "나는 맥주에 알레

르기가 있어."라는 문장을 쓰고서도 자신이 그것을 읽지 못하는 우스꽝스러운 장면이 나올 수 있다.

언어는 인간의 속성 중에서 아주 중요한 것으로 꼽히며, 브로카도 대체로 제1언어 노드를 발견한 업적 때문에 현대 신경과학의 거장으로 인정받는다. 그런데 진실을 말하자면, 현재 우리가 알고 있는 언어 지식과 더 일치하는 것은 베르니케의 언어 회로 개념이다. 일반적으로 브로카가 뇌의 국재화를 발견했다고 인정받지만, 국재화 개념을 처음 주장하고 강하게 밀어붙인 사람들은 오뷔르텡*과 골상학자들이었다. 다만, 이들 과학자의 통찰을 과학적 사실로 확고하게 자리잡게 하는 데에는 브로카의 명성과 그의 생생한 임상 보고서, 그리고 특히 탕과 를로를 발견한 행운이 큰 역할을 했다.

뇌의 편측화

공정하게 말한다면, 흔히 브로카가 발견했다고 이야기되는 또 하나의 주요 발견인 뇌의 편측화片側化, lateralization 역시 다른 사람들과 공을 나누어야 마땅하다. 19세기 중엽에 과학자들은 좌뇌는 몸 오른쪽을, 우뇌는 몸 왼쪽을 제어한다는 사실을 알았다. 하지만 과학자들은 여전히 뇌의 대칭성을 깊이 믿었는데, 이것은 뇌의 두 반쪽이 서로 똑같은 방식으로 작용한다는 개념이다. 하기야 두 반구는 똑같아 보였고, 쌍을 이룬 나머지 신체 부위(눈, 콩팥, 생식샘) 중에서 왼쪽과 오른쪽이 서로 달리 기능하는 것은 하나도 없었다. 그래서 언어상실증 환자를 대상으로 부검할 때, 브로카는 두 반구의 차이를 무시하고 오로지 위도와 경도에만 주의를 기울였다. 그러다가 1863년 초에야 지금까지 자신이 조사한 언어상실증 환자가 모두 다 '왼쪽' 이마엽에 손상이 있었다는 사실을 깨달았다. 브로카는 그 의미를 혼자서 곰곰이 생각했다. 언어 능력을 좌우하는 것은 좌뇌란 말인가? 훗날 그는 "하지만 나는 그렇게 기존의 통념을 확 뒤집어엎는 결론을 쉽게 받아들일 수 없었다."라고 인정했다.

하지만 더 용감한 사람들이 있었다. 브로카가 여전히 우물쭈물하고 있던 1863년 3월에 귀스타브 닥스Gustave Dax라는 무명의 시골 의사가 파리의 국립의학아카데미에 30년이 지난 논문 원고를 제출했다. 딸린 편지에서 닥스는 그 원고는 세상을 떠난 아버지 마르크 닥스Marc Dax가 쓴 것으로, 이마엽 손상을 겪은 뒤에 말하는 능력을 잃은 환자 수십 명의 사례 보고를 종합한 것이라고 설명했다. 아버지 닥스는 그 원고를 1836년 몽펠리에에서 열린 회의에 제출했지만, 그 후 부당하게도 계속 퇴짜를 맞았다고 했다. 모든 환자의 손상 부위가 대체로 동일했기 때문에, 아버지 닥스는 이마엽에 언어 장소가 있다고 결론 내렸는데, 브로카가 겨우 2년 전에 주장한 것과 정확히 일치하는 결론이었다. 게다가 모든 병터가 왼쪽에 나타났기 때문에, 언어는 좌뇌가 담당하는 기능임이 분명하다고 주장했다. 이것은 브로카가 지금 만지작거리고 있던 바로 그 개념이었다.

과학사에는 산소, 태양 흑점, 미적분학, 주기율표를 비롯해 동일한 것을 두 사람 이상이 독자적으로 발견한 사례가 아주 많다. 하지만 먼저 발견한 사람이 누구인지 밝히려는 논란이 브로카-닥스 사건처럼 복잡한 이전투구 양상으로 흘러간 사례는 드물었다. 좌뇌가 언어를 지배하는 장소라고 브로카가 머뭇거리는 투로 공식 발표한 것은 1863년 4월 초로, 닥스의 원고가 파리에서 알려지기 시작한 지 고작 닷새가 지난 시점이었다. 의학아카데미에 제출된 원고 내용은 비밀에 부쳐져야 마땅하지만, 브로카는 의학아카데미에 친구들이 있었으므로, 필시 그 결론을 미리 알았을 것이다. 게다가 의학아카데미는 발표하기에 적합한 내용인지 검토하느라 많은 시간을 흘려보냈는데, 먼저 위원회(관료주의적 방해 절차의 궁극적 도구인)에 회부했다가 또다시 일 년이 넘게 발표하지 않고 보류했다. 결국 닥스가 직접 그 원고를 발표해야 했다. 이러한 지체는 브로카에게 자신의 개념을 더 다듬고 발전시킬 시간을 주었다.

하지만 아들 닥스(어느 모로 보나 비호감이었던)는 이런 방해 행위를 좌시하지 않았다. 그는 의학아카데미의 지연 전술을 비난하며 나섰고, 오만한 파리 동료들을 싫어하는 성향이 강한 남프랑스의 과학자들 사이에서 지지를 이끌어냈다. 닥스는 또한 브로카가 의도적으로 자기 아버지의 연구를 인용하지 않음으로써 아버지의 개념을 훔쳤다고 비난했다. 브로카는 이 비난을 심각하게 여겨 1836년에 몽펠리에에서 열린 회의에 참석한 과학자들을 수소문했다. 닥스가 그곳에 제출했다는 논문의 진위를 알아보기 위해서였다.

그런데 이상하게도 그곳에 참석했다는 사람들 중에서 닥스의 논문을 기억하는 사람은 아무도 없었다. 몇 달 동안 아무 성과 없는 조사를 한 끝에 브로카는 닥스가 논문을 제출했는지 여부는 말할 것도 없고, 과연 그 회의에 참석했는지조차 의문이 들었다. 사실, 아버지 닥스가 언어 병터를 연구했음을 보여주는 증거는 1830년대에 썼다는 논문 원본뿐이었다. 하지만 그 출처를 뒷받침하는 것은 아들 닥스의 말뿐이었고, 브로카는 자연히 의심을 품게 되었다. 그래서 브로카는 아들 닥스가 논문을 위조한 것이 아닌지 알아보려고 아버지와 아들의 문체까지 분석했다.(브로카는 문서가 진본이라고 결론 내렸지만, 그가 언어학자는 아니었다.)

브로카-닥스 사건은 지금까지도 의문에 싸여 있다. 브로카가 탁월한 과학자였다는 사실은 의심의 여지가 없다. 자연 선택설을 발견한 다윈이나 주기율표를 발견한 멘델레예프처럼 브로카도 뇌의 편측화를 혼자서 발견한 것은 아니다. 하지만 다윈이나 멘델레예프가 그랬듯이 브로카도 다른 경쟁자들보다 훨씬 수준 높은 연구를 내놓았다. 닥스는 환자들의 병터 장소를 부검을 통해 확인하지도 않았다. 그저 환자들이 충격을 받았다고 말한 장소를 바탕으로 추측했을 뿐이다. 그렇지만 닥스는 좌뇌가 언어를 지배한다는 사실을 제대로 이해했는데, 과학에서는 무엇을 최초로 제대로 이해했다는 사실이 무엇보다 중요한 경우가 많다.

논란이 되는 부분은 브로카가 얼마나 많이 알았으며, 언제 알았느냐 하는 것이다. 아들 닥스의 비난에도 불구하고, 브로카가 아버지 닥스의 연구를 통째로 훔친 것은 아닌 것으로 보인다. 하지만 그의 원고에서 영향을 받지는 않았을까? 닥스의 원고가 파리에 도착한 직후에 순전히 우연의 일치로 브로카가 마침내 자신감을 품고 좌뇌 전문화에 대해 이야기하기 시작했을지도 모른다. 혹은 그 원고 이야기를 듣고서 자신이 바른 길로 나아가고 있다는 자신감이 들었을 수도 있다. 대부분의 역사학자들은 마르크 닥스와 폴 브로카가 뇌의 편측화를 각자 독자적으로 발견했을 가능성이 크다고 생각한다. 하지만 닥스가 브로카에게 얼마나 영향을 미쳤는지, 혹은 닥스가 브로카에게 과감하게 그 길을 나아갈 용기를 주었는지는 알 길이 없다.

이런 논란 속에서 브로카는 신경과학에 다소 거리를 두었고, 1866년 무렵부터는 머리뼈 같은 다른 과학 주제에 더 관심을 쏟았다. 1867년에 그는 페루에서 발견된 콜럼버스 이전 시대의 머리뼈(여기에는 정사각형 구멍이 뚫려 있었다.)가 고대 신경외과 수술의 흔적을 보여준다고 발표해 세상을 놀라게 했다. 브로카는 심지어 구멍 가장자리 주변에 생긴 치유 흉터를 바탕으로 그 환자가 그 수술에서 살아남았다고 정확하게 지적했다. 거의 같은 무렵에 브로카는 국재화 이론을 바탕으로 한 최초의 신경외과 수술을 함으로써 한 남자의 목숨을 구했다. 그 환자는 머리에 외상을 입은 뒤에 말하는 능력을 잃었는데, 브로카는 머릿속을 들여다보기 위해 머리뼈 절반을 제거하는 대신에 브로카 영역 바로 위에 작은 구멍을 뚫어 머릿속의 압력을 낮추었다.

한편, 브로카는 정치에도 관심을 보이기 시작했다. 1871년에 파리 코뮌을 탄생시킨 민중 항쟁 시기에 그는 쫓겨난 정부를 돕고자 7500만 프랑어치의 금을 건초 수레(일설에 따르면 감자를 나르던 수레라고도 함)에 실어 베르사유로 옮겼다. 권력자들은 그의 노력에 아무런 보상도 하지 않았지만, 프랑스 국민은 1880년에 그를 '종신 상원 의원'으로 선출했다. 하지만 브로카는 이 영예를 제대로 누려보지 못하고 몇 달 뒤에 56세의 나이로 세상을 떠났다(그답게 뇌출혈로).

과학자들은 때 이른 죽음을 맞이한 브로카를 대체로 영웅적인 과학자로 떠받들었고, 뇌의 편측화는 20세기 신경과학의 한 기둥이 되었다. 사실, 과학사에서 자주 일어나는 일이지만, 이전에 이단으로 취급받던 이 이론은 이제 새로운 정통 이론으로 자리잡았다. 1950년대에 이르러서는 대부분의 신경과학자들이 좌뇌가 언어뿐만 아니라 모든 고급 기능과 기술을 담당하는 장소라고 선언했다. 인간성은 바로 좌뇌에 있었다. 과학자들은 단지 좌뇌를 칭송하는 데 그치지 않고, 그와 동시에 우뇌를 폄하했는데, 우뇌를 좌뇌보다 느리고 멍청하고 심지어 '발달이 지연된' 쌍둥이로 여겼다. 그렇지 않다는 사실을 증명하는 데에는 분노한 나치 병사와 수십 년간의 후속 연구가 필요했다.

분할뇌 환자들

1944년, W.J.라는 30세의 미국인 장교가 네덜란드를 해방시키기 위해 네덜란드 상공에서 뛰어내렸다. 그런데 낙하산이 펼쳐지다 마는 바람에 샌드백처럼 땅바닥에 내리꽂혀 다리가 부러지고 의식을 잃었다. 의식을 차린 그는 혈뇨가 나오기 시작했고, 곧 나치의 포로가 되었다. 그러다 그는 언젠가(아마도 포로수용소에서 지낼 때) 나치 경비병의 약을 올렸고, 분노한 경비병은 개머리판으로 그의 머리뼈를 으스러뜨렸다. W.J.는 의식을 잃고 쓰러졌는데, 아마 뇌출혈도 일어났을 것이다. 그는 이듬해까지 아무런 치료도 받지 못했고, 몸무게가 약 50kg이나 빠졌다.

전쟁이 끝난 뒤, W.J.는 로스앤젤레스에서 급여 운반원으로 일했다. 하지만 그에게 '결여증'이 나타나기 시작했다. 그는 차에 시동을 걸고 출발한 것은 기억나지만, 80km쯤 떨어진 장소에 와 있는 자신을 발견하고서는 그 사이에 무슨 일이 일어났는지 전혀 몰랐다. 발작도 일어나기 시작했다. 그 조짐은 자기 내부에서 대관람차가 우르릉거리며 살아나는 느낌과 머리가 왼쪽으로 홱 꺾이는 현상으로 나타났다. 그는 얼굴을 찡그리면서 가끔 "어서 탈출해, 제리!"라고 외치다가 쓰러졌다. 옷에 똥을 싸지는 않았지만, 여기저기에 머리를 부딪치는 일이 많았고, 한번은 불 속으로 쓰러지기도 했다. 그리고 무엇보다도 잦은 발작(1950년대 후반에는 하루에 최대 20회씩) 때문에 정신적으로 멍한 상태로 지내야 했다. 전쟁 전에는 그리스 역사와 빅토르 위고의 작품을 열정적으로 읽었지만, 이젠 겨우 신문의 헤드라인만 읽을 수 있었다. 그래서 W.J.는 10여 년 전의 H.M.처럼 절박한 심정에서 1962년에 로스앤젤레스의 두 외과의의 제안에 따라 수술을 받기로 했다. 두 외과의는 뇌들보를 절단하자고 제안했다.

뇌들보를 보려면, 뇌의 두 반구를 양쪽으로 벌린 뒤에 도랑 속을 들여다보아야 한다. 뇌들보는 옅은 황백색의 노끈 다발처럼 생겼으며, 샴쌍둥이처럼 두 반구를 연결하고 있다. 뇌들보는 쌍으로 존재하지 않고

뇌들보

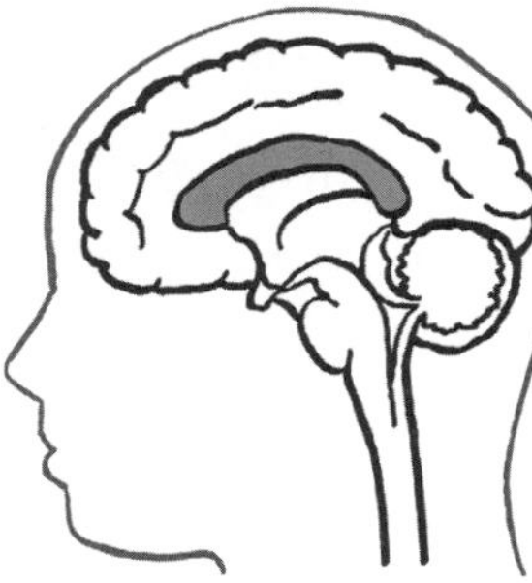

딱 하나만 존재하는 극소수 뇌 구조 중 하나이며, 바로 그 이유로 지난 수백 년 동안 일부 과학자는 이곳이 더 이상 분할할 수 없는 인간 영혼이 머무는 장소라고 주장했다. 20세기에 접어들어 과학자들은 뇌들보를 더 이상 지성소로 여기지 않았지만, 그것이 무슨 일을 하는지는 알지 못했다. 뇌들보는 약 2억 개의 백색질 섬유로 이루어져 있는데, 이것은 뇌들보가 좌뇌와 우뇌 사이의 커뮤니케이션에서 중요한 역할을 한다는 것을 시사한다.(두 반구를 연결하는 다발 중 그다음으로 두꺼운 것은 겨우 5만 개의 섬유로 이루어져 있다.) 하지만 X선 촬영 결과에 따르면, 어떤 사람은 뇌들보가 없이 태어나는데, 그래도 그들은 멀쩡하게 잘 살아가는 것처럼 보였다.

뇌들보가 하는 일로 신경과학자들이 분명히 확인한 것은 딱 하나뿐이었는데, 그것은 바로 발작을 확산시키는 것이었다. 신경과학자들은 헬멧을 사용해 뇌 속에서 발작의 전기 패턴을 감시할 수 있었다. 무슨 이유에서인지 작은 발작 폭풍은 뇌들보에 이른 뒤에 추진력을 얻고, 그런 다음 곧장 뇌 전체로 급속히 퍼지는 것처럼 보였다. 하지만 이 위험은 발작을 막는 방법을 알려주었는데, 바로 뇌들보를 자르는 것이었다. 로스앤젤레스의 두 외과의는 시체를 대상으로 이 수술 절차를 연습하기 시작했고, 1962년에 마침내 W.J.를 설득해 수술에 동의하게 했다. 그들은 머리뼈 앞쪽에 하나, 뒤쪽에 하나, 이렇게 구멍을 두 개 뚫은 뒤에 주걱을 집어넣어 엽들을 들어올렸다. 여러분은 이런 종류의 수술이 금방 끝나리라고 생각할 것이다. 그저 수술칼을 집어넣어 자르거나 깎아내기만 하면 되리라고 생각하기 쉽다. 하지만 이 수술은 실제로는 10시간이 걸렸다. 위쪽 뇌 조직은 타피오카처럼 퍼낼 수 있는 반면, 뇌들보는 연골처럼 질기다.

회복은 느렸지만, W.J.는 한 달이 지나자 말을 하기 시작했고, 그 후 또 석 달이 지난 뒤에는 걷기 시작했다. 의사들은 섬세한 운동 기술도 감시한 결과, W.J.가 담배에 불을 붙이는 것처럼 양 손의 협력이 필요한 과제를 잘 해내는 것을 보고 매우 기뻐했다. 무엇보다 기쁜 소식은 발작이 사라졌다는 것이었다. 발작을 한쪽 반구에만 제한하는 걸 목표로 삼았지만, 알 수 없는 이유로 발작은 사실상 거의 다 사라졌다. W.J.는 10년 만에 처음으로 밤새도록 잠을 푹 자기 시작했고, 줄어서 고민하던 몸무게도 20kg이나 늘었다. W.J.가 H.M.과 같은 위기를 겪지 않았다는 사실도 이에 못지않게 중요했다. 이에 용기를 얻은 로스앤젤레스의 두 외과의는 뇌들보 절제술을 더 많이 시도했다. 그리고 수술의 단기적인 통증(한 환자는 의식이 돌아온 뒤에 "머리가 쪼개질 듯이" 아프다면서도 재치 있는 이야기를 늘어놓았다.)을 제외하고는 환자들에게서 부작용이 전혀 나타나지 않았다. 그들은 여전히 글을 읽고, 이성적으로 생각하고, 기억할 수 있었다. 또, 말하고, 걷고, 감정을 과장되게 표현할 수도 있었다. 그들의 마음은 이전과 똑같이 작동했다.

그렇지만 과연 정말로 그럴까? 2억 개나 되는 신경 섬유를 잘라냈는데도 정말 부작용이 전혀 없을까? 신경과학자 로저 스페리Roger Sperry는 이 주장을 곧이곧대로 믿지 않고 반증 사례를 찾아나섰다.

로저 스페리

확립된 사실을 뒤엎으려고 노력하는 것은 스페리의 천성이나 다름없었다. 그는 과학자에 어울리지 않는 경력을 쌓았는데, 젊을 때에는 학문보다 운동에 더 많은 관심을 쏟았다. 코네티컷 주에서 고등학교를 다닐 때에는 투창 부문 주州 신기록을 세웠고, 오벌린 칼리지를 다닐 때에는 야구와 농구, 육상에서 뛰어난 솜씨를 보였다. 대학 시절에 운동 연습을 하지 않을 때면 17세기의 시를 읽으며 시간을 보냈다. 그런데 심리학 개론 수업을 듣고 나서 심리학에 큰 관심이 생겼고, 오벌린 칼리지에서 운동을 그만둔 뒤에도 계속 다니면서 심리학 석사 학위를 땄다. 그다음에는 시카고 대학에서 동물학 박사 과정을 밟았는데, 여기서 논문 지도 교수가 쌓은 일생의 업적을 와르르 무너뜨렸다.(이것은 현명하지 못한 행동이긴 했지만, 분명히 큰 만족을 주었을 것이다.)

폴 와이스Paul Weiss는 그 당시 유행하고 있던 뇌 기능에 관한 '빈 서판blank slate' 이론을 널리 알렸다. 이 이론은 모든 신경세포는 다른 신경세포들이 하는 일을 다 할 수 있으며, 뇌 회로는 무한대로 배선 변경이 가능하다고 주장했다. 스페리는 이러한 초가소성superplasticity이 꽤 훌륭하다고 생각하고서 1941년에 이 개념을 검증하기 위해 쥐를 대상으로 악마 같은 실험을 시작했다. 이 실험에는 쥐의 두 뒷다리를 절개하여 통증 신호를 뇌로 전달하는 신경들을 찾아낸 뒤, 왼쪽 통증 신경은 오른쪽 다리에, 오른쪽 통증 신경은 왼쪽 다리에 가도록 바꾸는 과정이 포함돼 있었다.

수술에서 회복한 쥐를 전기가 통하는 그릴 위에 올려놓았는데, 쥐가 특정 장소를 밟으면 전기 충격을 받게 돼 있었다. 그 결과는 블랙코미디와 비슷했다. 만약 쥐가 왼쪽 뒷다리에 전기 충격을 받으면, (좌우 신경을 바꾼 탓에) 그 뇌는 오른쪽 뒷다리에 통증을 느꼈다. 그래서 쥐는 오른쪽 다리를 들어올린 채 절뚝였다. 불행하게도, 그런 자세로 걸으면 실제로 상처를 입은 왼쪽 다리에 더 많은 하중이 실린다. 게다가 쥐가 전기가 통하는 장소 근처를 또다시 지나가면, 왼쪽 다리에 다시 전기 충격을 받는다. 이번에도 좌우 신경이 바뀐 탓에 쥐는 오른쪽 다리가 더 다쳤다고 느낀다. 그래서 쥐는 상처를 입은 왼쪽 다리에 더욱 의지하게 된다. 그러면 쥐는 더 큰 통증을 느끼게 되고, 그렇게 돌아다니다가 다시 같은 다리에 전기 충격을 받는 악순환이 계속된다. 여기서 중요한 것은, 와이스의 주장과는 반대로, 쥐의 신경세포는 결코 새로운 것을 배우지 못한다는 사실이다. 몇 달이 지난 뒤에도, 한쪽 다리에 계속 전기 충격을 많이 받아도, 불쌍한 쥐는 항상 다른 쪽 다리를 들고 걸어다녔다.

스페리는 물고기에게는 더욱 섬뜩한 실험을 했다. 물고기 눈알을 뽑아내 시각 신경을 절단한 뒤에 눈알을 180° 돌려 위아래가 바뀌게 눈구멍에 집어넣고 봉합했다. 물고기의 신경은 쉽게 재생하기 때문에, 그 물고기는 다시 앞을 볼 수 있게 되었다. 하지만 눈알이 180° 회전했기 때문에 신경들은 배선이 거꾸로 연결되어 물고기는 세상을 거꾸로 보게 되었다. 턱 아래에서 지렁이가 꾸물거리면 물고기는 위쪽을 향해 아가리를 벌리고, 머리 위쪽에 음식 부스러기를 매달면 아래쪽을 향해 홱 움직였다. 그리고 이번에도 물고기는 새로운 행동을 배우지 못했다.

스페리는 쥐와 물고기 실험을 통해 모든 동물은 배선이 고정된 신경 회로를 일부 갖고 있다는 결론을 얻었다. 즉, 어떤 신경세포는 날 때부터 특정 과제를 담당하도록 정해져 있고, 다른 과제는 배울 수가 없다. 그렇다고 해서 뇌 내부에 가소성이 전혀 없다는 말은 아니다(특히 사람의 경우에는). 하지만 스페리는 우리가 신경학적 빈 서판을 갖고 태어난다는 개념이 틀렸음을 입증했다.

스페리는 와이스의 연구를 무너뜨린 것에 만족하지 않고, 이번에는 하버드 대학에서 박사 과정 후 연구원으로 일하면서 이곳에서도 지도 교수를 무너뜨렸다. 칼 래실리Karl Lashley는 1920년대부터 고전적인 심리학 실험을 유행시키는 데 일조했는데, 그 실험은 바로 쥐를 대상으로 한 미로 찾기 실험이었다. 래실리의 경우에는 쥐가 미로에서 길을 찾으면, 쥐를 마취시키고 뇌에 병터를 만든 뒤에 다시 미로 찾기 실험을 했다. 그런데 놀랍게도 너무 많은 조직을 손상시키지만 않는다면, 손상 부위가 어디이건 상관없이 쥐들은 대개 여전히 미로에서 길을 잘 찾았다. 다시 말해, 병터의 위치는 문제가 되지 않으며, 오로지 병터의 크기만 문제가 된다고 래실리는 주장했다. 이 연구를 바탕으로 래실리는 반反국재화 이론을 만들었다. 뇌에 특화된 요소가 일부 있다는 사실은 그도 인정했다. 하지만 동물이 미로 찾기 학습처럼 높은 수준의 과제를 해결할 때에는 뇌의 모든 부분을 동시에 사용한다고 주장했다. 이에 따라 래실리는 뇌의 모든 부분이 기억을 생성하고 저장하는 데 똑같이 기여한다는 개념을 지지하고 나섰다.

만약 래실리의 이론이 옳다면, 뇌에서 서로 멀리 떨어진 지역들(심지어 축삭돌기 전선으로 서로 연결되지 않은 지역들까지) 사이에 거의 순식간에 커뮤니케이션이 일어나야 한다. 그래서 래실리는 신경세포가 인접한 이웃 신경세포에만 물통 릴레이 소방대 방식으로 메시지를 보낸다는 개념을 일축했다. 대신에 신경세포들이 장거리 전파를 방출한다는 개념(그 당시에 막 개발된 새로운 무선 전신 매체와 비슷하게)을 생각했다. 이번에도 스페리는 이 개념이 아주 멋지다고 생각했지만, 또 한 번 자신이 얼마나 대단한 과학자인지 입증했다. 1940년대 중엽부터 스페리는 고양이 머리뼈를 열어 그 뇌 속에 운모(절연을 위해)나 탄탈 전선(합선을 일으키기 위해)을 집어넣었다. 운모나 탄탈 전선은 모두 뇌 속에서 퍼지는 전파를 방해할 테고, 그러면 높은 수준의 사고 기능이 마비될 것이다. 그러나 실험결과는 그렇지 않았다. 스페리는 고양이를 대상으로 자신이 아는 신경학 테스트를 죄다 했지만, 고양이는 늘 해오던 방식대로 그리고 앞으로도 계속할 방식대로 행동했다. 이로써 래실리의 장거리 전기 커뮤니케이션 이론은 무너졌고,* 신경세포와 신경세포 사이에서 화학적 커뮤니케이션이 일어난다는 이론이 힘을 얻었다.

다른 대학의 지도 교수들에게는 다행하게도 스페리는 1954년에 캘리포니아 공과대학에 자신의 연구실을 열었다. 이곳에 자리를 잡은 스페리는 자신이 이전에 했던 뇌들보 연구를 더 확장해서 해보기로 마음먹었다. 이번에는 고양이와 원숭이의 뇌들보를 자르고 그 행동을 관찰하기로 했다.

분할뇌 동물들은 대체로 정상으로 보였다. 적어도 대부분은 그렇게 보였다. 그런데 가끔 정상에서 벗어난 행동을 할 때도 있었다. 예를 들어 분할뇌 고양이에게 한쪽 눈에 안대를 씌워 미로에서 길을 찾는 법을 배우게 한 뒤, 안대를 다른 눈에 씌우고 다시 미로에 데려다놓으면, 고양이는 다시 길을 잃기 시작했다.* 대조군 고양이들에게서는 이런 일이 일어나지 않았다. 스페리는 이런 기묘한 사례를 충분히 많이 보았기 때문에, 뇌들보를 절단한 사람에게 아무 부작용이 없다는 주장을 의심할 수밖에 없었다. 그래서 로스앤젤레스의 두 외과의가 스페리에게 W.J.와 그 밖의 뇌들보 절제술 환자들을 시험해보라고 요청하자 이에 기꺼이 응했고, 또 한 번 반대쪽이 옳다는 것을 입증했다.

스페리와 대학원생 마이클 가자니가Michael Gazzaniga가 한 이 실험은 매주 세 시간 단위로 일어났다. W.J.는 처음에는 정상으로 보였다. 일상적인 상호작용을 제대로 했고, 광범위한 심리 검사에서도 이상한 점이 전혀 나타나지 않았다. 여기서 순간 노출기를 사용해보았다. 순간 노출기는 기본적으로 영사기와 연결된 기계적 셔터였다. 이것은 순식간에 찰칵 하고 열렸다가 닫히면서 스크린에 0.1초 동안만 이미지를 비추었다. 1950년대 이전에 순간 노출기는 제2차 세계 대전 때 미국의 전투기 파일럿을 훈련시키는 용도로 가장 잘 알려져 있었다. 심리학자가 파일럿에게 비행기(연합군 비행기나 적기) 실루엣을 순간적으로 보여주면, 파일럿은 적절한 훈련을 거친 뒤에 아군기와 적기를 즉각 구별하는 법을 터득했다.

W.J.는 비행기 대신에 단어나 물체가 번득이는 것을 보았다. 그는 하얀 스크린에서 1.8m 떨어진 테이블에 앉아 스크린 중앙에 시선을 고정시켰다. 테이블 아래에는 전신기 키가 있었는데, W.J.는 자신이 어떤 이미지를 보았다는 신호를 보낼 때 이 키를 눌렀다. '찰칵'. 한 번의 실험이 끝날 때마다 스페리와 가자니가는 확실히 하기 위해 W.J.에게 어떤 이미지를 보았는지 보지 않았는지 예 또는 아니요로 대답하게 했다. 이 실험에서 핵심은 단어나 물체를 스크린의 한쪽 면에만(중심선에서 왼쪽이나 오른쪽으로 멀리 떨어진 곳에) 비추는 데 있었다. 따라서 그 이미지는 W.J.의 뇌 중 어느 한쪽으로만 들어가게 돼 있었다. 이 순간적인 이미지에 대한 W.J.의 반응은 두 과학자를 흥분시켰다.

자신의 오른쪽에 비친 이미지에 대해 W.J.는 누구나 예상하는 것처럼 반응했다. 그 이미지는 언어와 오른손을 제어하는 좌뇌로 들어갔다. 그래서 그는 오른손으로 전신기 키를 누르고, '예'라고 대답했다. 하지만 왼쪽에 비친 이미지에는 전혀 다른 반응을 보였다. 그 이미지는 언어를 만들지 못하는 우뇌로 들어갔다. 뇌들보가 절단되었기 때문에, 우뇌는 좌뇌에 말을 하라고 신호를 보낼 수도 없었다. 그래서 W.J.는 무엇을 보았다는 사실을 부인했다. 하지만 그의 왼손은 그래도 전신기 키를 눌렀다. 그의 좌뇌는 모르더라도 그의 왼손은 '알고' 있었다. 이런 일은 여러 번 거듭해서 일어났다. W.J.는 아무것도 보지 못했다고 계속 주장했다. 그러면서도 테이블 아래에서는 사실상 모스 부호를 계속 보내고 있었다.

다른 분할뇌 환자들도 이와 비슷한 좌우 차단을 보여주었다. 한 실험에서 스페리와 가자니가는 환자들의 눈을 가린 다음, 그들의 손바닥에 연필, 담배, 모자, 권총 등 다양한 물건을 놓았다. 환자들은 이 물건들을 제대로 사용했지만(낙서를 하거나, 담배 연기를 들이마시거나, 모자를 쓰거나, 방아쇠를 당기면서), 그 이름은 결코 말하지 못했다. 또 다른 실험에서는 순간 노출기를 사용해 '핫'이란 단어와 '도그'란 단어를 동시에 스크린의 반대편에 비추고, 실험 대상자에게 본 것을 그림으로 그리라고 했다.* 정상인은 이 실험에서 소시지와 빵 그리고 어떤 경우에는 겨자까지 곁들여 핫도그를 제대로 그렸다. 반면에 분할뇌 환자들은 두 가지 그림을 그렸다. 오른손으로는 개를 그렸고, 왼손으로는 빛이 약해져가는 태양을 그렸다. 이들은 헤드/스톤이나 스카이/스크레이퍼라는 단어를 사용한 실험에서도 마찬가지 실수를 저질렀다(headstone은 묘비란 뜻이고, skyscraper는 초고층 건물이란 뜻임 — 옮긴이). 요컨대, 이들은 좌뇌와 우뇌가 정보를 공유하는 게 필요한 과제를 수행하는 실험에서는 모두 실패했다. 뇌들보가 없으면, 각각의 반구는 따로 행동한다.

그런데 스페리와 가자니가는 단지 결함을 찾는 데 그치지 않았다.

분할뇌 환자들은 각 반구의 독특한 재능(오늘날 우리가 각각 좌뇌와 우뇌의 특징이라 부르는)을 밝혀내는 일에도 도움을 주었다. 그 당시 과학자들은 중요한 기술에서는 거의 다 좌뇌가 우뇌보다 훨씬 뛰어나다고 믿었다. 하지만 분할뇌 환자들은 얼굴을 인식하는 능력은 우뇌가 훨씬 뛰어나다는 것을 보여주었다. 분할뇌 환자들에게 주세페 아르침볼도의 초상화를 보여주었을 때, 좌뇌는 그것을 구성하는 과일과 채소를 본 반면, 우뇌는 '사람'을 보았다. 우뇌는 또한 마음속에서 물체를 회전시키거나 작은 호弧를 보고 나서 그 원이 얼마만한 크기인지 판단하는 것과 같은 공간 과제를 훨씬 잘 해냈다. 가장 흥미로운 사실은 똑똑하다고 알려진 좌뇌보다 우뇌가 도박에 훨씬 뛰어나다는 점이 아닐까 싶다. 큰 통에서 구슬을 꺼내는 게임을 상상해보라. 통 안에는 파란색 구슬이 80%, 빨간색 구슬이 20% 들어 있다. 통에서 구슬을 하나씩 꺼내기 전에 그 색을 정확하게 알아맞히면 1달러를 받는다고 하자. 이와 같은 과제에 맞닥뜨렸을 때, 정상적인 사람들은 대개 전체 시도 중 80%는 파란색을, 20%는 빨간색을 선택하는 경향을 보이는데, 이것은 멍청한 전략이다. 수학적으로 계산해보면, 이 전략을 택했을 때 색을 제대로 맞힐 확률은 68%에 불과하다 ($0.8\times0.8+0.2\times0.2=0.64+0.04=0.68$). 그보다는 매번 파란색을 선택하는 쪽이 훨씬 나은데, 그러면 성공률을 80%로 높일 수 있다. 쥐와 금붕어는 이 게임(동물에 맞춰 적절히 변형시킨 게임에서)을 제대로 한다. 이럴 경우, 쥐와 금붕어는 항상 같은 색을 선택한다. 분할뇌 환자의 좌뇌는 정상인과 똑같이 추측한 반면, 우뇌는 그러지 않았다. 우뇌는 쥐와 금붕어처럼 추측했고, 돈을 더 많이 땄다.

다른 신경과학자들은 이 연구를 바탕으로 우뇌의 다른 재능들을 발견함으로써 좌뇌의 패권을 추가로 무너뜨렸다. 분할뇌 환자들 사이에서 음악적 재능은 우뇌가 훨씬 뛰어난 것으로 드러났고, 또 공간 파악 능

주세페 아르침볼도가 그린 '초상화'. 뇌 손상 부위에 따라 어떤 분할뇌 환자는 그림을 이루는 과일과 채소만 보고, 어떤 환자는 전체적인 얼굴만 본다. 우뇌는 얼굴만 보는 경향이 있는 반면, 좌뇌는 구성 요소들에 초점을 맞추는 경향이 있다.

력도 우뇌가 월등하여 지도를 훨씬 잘 이해했다. 심지어 우뇌는 언어의 특정 측면을 지배했다. 만약 우뇌에서 브로카 영역에 해당하는 지역이 손상되면, 실율증失律症(단음색 어조증이라고도 함)이 나타난다. 실율증 환자는 단어의 의미는 이해하지만, 실제 대화에서 쓰이는 그 단어의 리듬과 감정적 뉘앙스(말에 생동감을 불어넣는 요소들)를 전혀 모른다. 우뇌는 우리가 '예술적'이라고 생각하는 것을 모두 다 지배한다. 실제로 지배적인 좌뇌가 손상되면, 우뇌의 예술적 본능이 전면에 나설 때가 많다. 좌뇌에 외상을 입고 나서 전에는 조금도 관심을 보이지 않았던 그림이나 시에 갑자기 푹 빠진 환자들의 사례가 많이 기록돼 있다. 이와 비슷하게, 천재 백치idiot savant 중에는 좌뇌가 손상된 상태로 태어난 경우가 많은데, 그렇다면 이들의 비범한 재능(음악을 흉내내는 것과 같은)은 정상적인 우뇌의 재능이 분출구를 찾아 발현된 것인지도 모른다.

하지만 좌뇌와 우뇌가 이렇게 뚜렷이 구별되는 재능을 가졌다 해도, 스페리와 가자니가는 좌뇌와 우뇌의 차이를 지나치게 강조하는 태도를 경계해야 한다고 주장했다. 한쪽 뇌가 혼자서 말을 하거나 그림을 그리는 동안 나머지 반쪽이 아무 일도 하지 않고 가만히 있는 것은 아니다. 사람들은 오른손잡이가 많지만, 그래도 신발 끈을 묶거나, 타자를 하거나, 음료수를 컵에 따르거나, 어떤 부위를 긁을 때 왼손이 도움을 준다. 마찬가지로 뇌 역시 양쪽 뇌가 협력하지 않으면 대부분의 과제를 제대로 해낼 수 없다. 한 가지 좋은 예로 과학적 추론을 들 수 있다. 분할 뇌 환자들은 두 사건 사이에 인과 관계가 있는지(즉, 정말로 사건 A가 원인이 되어 사건 B가 일어났는지, 혹은 두 사건은 논리적으로 연결 관계가 성립하지 않는지) 판단하는 능력은 우뇌가 좌뇌보다 낫다는 것을 보여주었다. 또, 보고 듣고 느끼는 것을 더 훌륭하고 충실하게 기록하는 쪽도 우뇌이다. 좌뇌는 데이터에서 패턴을 파악하는 능력이 더 뛰어나며, 오직 좌뇌만이 기본 정보를 받아들인 뒤에 법칙이나 원리 같은 새로운 것으로 비약적 사고를 할 수 있다. 요컨대, 뇌의 두 반구는 현실을 감지하지만 서로 다른 방식으로 감지하며, 양자의 독특한 관점이 없다면 우리의 과학적 이해에는 구멍이 숭숭 뚫릴 것이다.

과학자들은 좌뇌와 우뇌의 전문화가 처음 진화한 시기가 수천만 년 전일 거라고 추측하는데, 좌뇌와 우뇌 사이에 미묘한 차이가 있는 동물*이 많기 때문이다. 예를 들면, 많은 동물은 먹이를 먹을 때 한쪽 발톱이나 발을 사용하길 선호하며, 어느 한쪽에 있는 먹이를 그 반대쪽에 있는 먹이보다 더 자주 공격한다. 진화 단계에서 이 시점 이전에는 좌뇌와 우뇌는 아마도 똑같은 정도로 감각 데이터를 감시하고, 세상의 세부 정보를 기록했을 것이다. 하지만 뇌들보가 양자 사이에서 데이터를 전달할 수 있다면, 양 반구가 기본적인 일을 똑같이 처리해야 할 이유가 전혀 없다. 그래서 뇌는 중복성을 제거했고, 좌뇌는 새로운 과제를 떠맡게 되었다. 인간에게서는 이 과정이 가속되었고, 그래서 우리는 어떤 동물보다도 좌뇌와 우뇌의 차이가 훨씬 크다.

진화 과정에서 좌뇌는 마스터 해석자라는 중요한 역할까지 떠맡게 되었다. 신경과학자들은 오래전부터 분할뇌 환자들의 머리뼈 속에 독립적인 마음 둘이 나란히 작동하고 있는지를 놓고 논쟁을 벌였다. 이것은 으스스한 이야기처럼 들리지만, 일부 증거는 실제로 그렇다고 시사한다. 예를 들면, 분할뇌 환자들은 두 가지 기하학 도형(예컨대 ○와 △)을 한 손에 하나씩 동시에 그리는 일을 아무 문제없이 해낼 수 있다. 정상인은 이 과제를 제대로 해내지 못한다.(직접 한번 해보라. 그러면 이것을 제대로 하기가 얼마나 어려운지 알 것이다.) 어떤 신경과학자들은 이러한 일화에 코웃음을 치면서 별개의 마음이 두 개 존재한다는 주장은 과장된 것이라고 말한다. 하지만 한 가지만큼은 분명하다. 마음이 두 개이건 하나이건 간에, 분할뇌 환자는 자신이 정신적으로 통합돼 있다고 '느낀다'. 양쪽 뇌가 지배권을 놓고 싸우거나 자신의 의식이 이리저리 바뀌며 흔들린다는 걸 전혀 느끼지 못한다. 이것은 한쪽 반구(대개는 좌뇌)가 전체 뇌를 지배하기 때문이다. 많은 신경과학자들은 정상인의 뇌에서도 이와 똑같은 일이 일어난다고 주장한다. 한쪽 반구가 늘 마음을 지배하는 것으로 보이는데, 마이클 가자니가는 이 역할을 해석자interpreter라고 불렀다.(조지 부시George W. Bush의 경우에는 그것을 '결정자the decider'라고 부를 것이다.)

보통은 해석자/결정자의 존재가 우리에게 도움이 된다. 그 덕분에 우리는 인지 부조화를 피할 수 있다. 하지만 분할뇌 환자의 경우에는 똑똑한 체하는 좌뇌 때문에 사고가 왜곡될 수 있다. 가자니가는 한 유명한 실험에서 P.S.라는 십대 분할뇌 환자에게 두 가지 그림을 보여주었다. 우뇌에는 설경을 비춰주고, 좌뇌에는 닭 발톱을 비춰주었다. 그다음에는 여러 가지 물건을 보여주면서 그중에서 두 가지를 고르라고 했다. P.S.의 왼손은 눈삽을 집었고, 오른손은 닭 인형을 집었다. 여기까지는 아무 문제가 없었다. 그러고 나서 가자니가는 P.S.에게 왜 그것들을 집었느냐고 물었다. 언어를 담당하는 P.S.의 좌뇌는 당연히 닭에 관한 것은 제대로 알았지만, 설경에 대해서는 전혀 몰랐다. 그리고 어떤 것을 설명할 수 없다는 사실을 받아들일 수 없었던지 좌뇌 해석자는 적당한 이유를 지어냈다. P.S.는 "그야 당연하죠. 닭 발톱은 닭에게 달려 있는 것이고, 닭장을 치우려면 삽이 필요하니까요."라고 말했다. 그는 자신이 말한 것이 사실이라고 철석같이 믿었다. 그러니 좌뇌 해석자를 파트타임 작화자라고 불러도 이상하지 않을 것이다.

분할뇌 환자는 다른 상황에서도 작화를 한다. 앞에서 보았듯이, 생각과 감각 데이터는 좌뇌에서 우뇌로 또는 우뇌에서 좌뇌로 건너갈 수 없다. 하지만 원초적인 감정은 건너갈 수 있는 것으로 밝혀졌다. 감정은 더 원시적이어서 관자엽에 있는 옛날 뒷골목을 통해 뇌들보를 우회할 수 있다. 한 실험에서 과학자들은 여성 분할뇌 환자의 왼편에 히틀러 사진을 비추었다. 그녀의 우뇌는 불쾌감을 느껴(감정을 지배하는 쪽은 우뇌이므로) 이 불쾌감을 좌뇌로 보냈다. 하지만 언어를 지배하는 좌뇌는 히틀러를 보지 못했기 때문에, 왜 기분이 나쁘냐는 질문을 하자, 그녀는 이야기를 지어냈다. "누가 나를 몹시 화나게 했던 순간이 생각나서요." 장례 행렬, 웃는 얼굴, 〈플레이보이〉의 버니 걸 사진을 사용해도 똑같은 효과를 낼 수 있다. 분할뇌 환자는 찌푸리거나 활짝 웃거나 킥킥거리다가 주위에 있는 물건을 가리키거나 옛날 기억이 떠올랐다고 말한다. 이 결과는 신경학적 원인과 결과를 뒤집는 것처럼 보이는데, 감정이 먼저 나타난 뒤에 의식 뇌가 그것을 설명하기 위한 이유를 지어내기 때문이다. 이것은 우리가 일상생활에서 자신의 감정을 얼마나 제대로 아는가에 대해 의문을 던진다.

같은 맥락에서 분할뇌 환자들은 우리가 맞닥뜨리는 감정적 갈등을 밝히는 데에도 도움을 준다. 닭과 삽 이야기를 지어낸 십대 분할뇌 환자 P.S.의 사례를 살펴보자. 또 다른 실험에서 과학자들은 P.S.의 우뇌에 '여자 친구' 사진을 비춰주었다. 전형적인 분할뇌 환자와 마찬가지로 P.S.는 아무것도 보지 못했다고 말했지만, 전형적인 십대처럼 피식 웃으면서 얼굴이 빨개졌다. 그러고 나서 왼손으로 가까이 있던 스크래블Scrabble(철자가 적힌 플라스틱 조각들로 글자 만들기를 하는 보드 게임) 타일을 사용해 L-I-Z라는 철자를 만들었다. 왜 그것을 만들었느냐고 묻자, 자기도 모르겠다고 대답했다. 그는 여자를 좋아하는 것 같은 어리석은 짓은 절대로 하지 않으려는 것처럼 보였다. 테스트 결과에서는 또한 좌뇌와 우뇌가 각각 바라는 것이 서로 갈등을 일으킨다는 사실도 드러났다. P.S.가 버몬트 주에서 일류 피니싱 스쿨finishing school(부유층 처녀들이 상류사회의 사교술 등을 익히는 사립 학교—옮긴이)을 방문했을 때, 어떤 직업을 갖길 원하느냐고 질문하자, 좌뇌는 그에게 근사한 직업인 "제도사"라고 대답하게 했다. 한편, 그의 왼손은 스크래블 타일로 "automobile race[r](자동차 레이서)"를 만들었다. 그의 뇌는 정치적 분열상도 내보였다. 워터게이트 사건 이후에 그의 좌뇌는 닉슨 대통령에게 동정심을 보인 반면, 우뇌는 트리키 딕Tricky Dick(리처드 닉슨의 별명. 1950년에 캘리포니아 주 상원 의원 선거에서 닉슨이 비열한 술수를 쓰자, 민주당 정치인인 헬렌 더글러스Helen Douglas가 지어준 별명이다. 그런데 워터게이트 사건 때문에 이런 별명이 붙었다고 오해하는 사람이 많다. —옮긴이)이 물러나서 기쁘다고 암시했다. 위기나 논란에 맞닥뜨린 상황에서 우리는 흔히 마음이 둘로 갈려 갈피를 잡기 어렵다고 말하는데, 이 표현은 단순히 은유에 불과한 것이 아닐지도 모른다.*

뇌의 좌우 비대칭성

뇌의 좌우 비대칭성은 우리가 다른 사람의 감정을 읽는 방식에도 영향을 미친다. 왼쪽 절반은 웃고 오른쪽 절반은 찌푸린 얼굴 그림을 상상해보라. 이 얼굴은 슬픈 부분과 기쁜 부분이 정확하게 절반씩 섞여 있다. 하지만 대부분의 사람은 왼쪽(쳐다보는 사람의 관점에서 봤을 때) 감정이 지배적이어서 전체적인 감정 분위기를 결정한다. 이것은 왼쪽 시야에 있는 것이 모두 감정과 얼굴을 지배하는 우뇌로 가기 때문이다. 같은 맥락에서 만약 사람의 사진을 세로 방향으로 잘라 각각의 절반을 따로 보면, 사람들은 대개 왼쪽 모습이 오른쪽 모습보다 실제의 그 사람을 더 닮았다고 생각한다.

화가들은 오래전부터 초상화를 더 역동적으로 보이게 하려고 좌우 비대칭성을 활용해왔다. 일반적으로 왼쪽 얼굴(감정적인 우뇌가 통제하는)이 표정이 더 풍부하다. 유럽과 미국의 미술관들을 조사한 결과에 따르면, 초상화에 등장한 남성 중 56%와 여성 중 68%가 캔버스에서 왼쪽을 향하고 있어 자신의 왼쪽 얼굴을 더 많이 드러낸다. 예수가 십자가에 못 박혀 처형당하는 장면을 묘사한 그림들에서는 이러한 편향이 더욱 심하게 나타나 전체 등장인물 중 90% 이상이 왼쪽을 향하고 있다.(순전히 확률로만 따진다면, 그 비율은 33%가 되어야 한다. 등장인물은 왼쪽이나 오른쪽 또는 정면을 향할 수 있기 때문이다.) 이러한 편향은 화가가 왼손잡이이건 오른손잡이이건 상관없이 일정하게 나타난다. 모델이 표정이 더 풍부

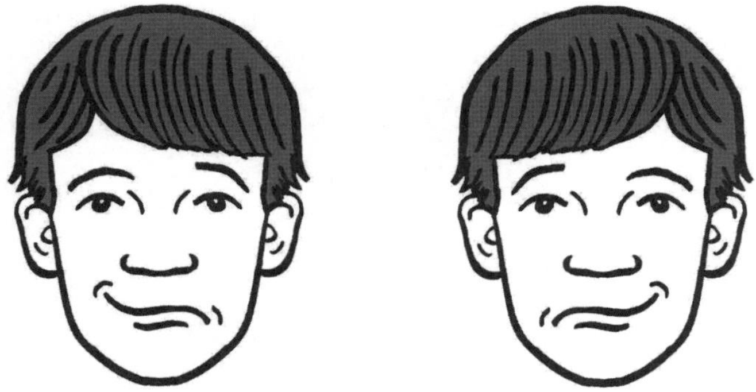

한 자신의 왼쪽 얼굴을 보여주길 선호해서 그런 건지, 아니면 화가 자신이 왼쪽 얼굴을 더 좋아해서 이런 편향이 나타나는지는 확실히 알 수 없다. 어쨌든 이런 편향은 보편적으로 나타난다. 이 편향은 심지어 고등학교 졸업 앨범에서도 나타난다. 왼쪽을 향한 포즈는 또한 화가에게 모델의 왼쪽 눈을 캔버스 중심에 두게 한다. 이 위치에서는 모델의 얼굴 대부분이 캔버스 왼쪽에 나타나기 때문에, 얼굴을 보는 걸 선호하는 우뇌가 그것을 자세히 볼 수 있다.

초상화의 왼쪽 편향에는 예외도 있지만, 예외마저도 왼쪽 편향을 강하게 암시한다. 양손잡이였던 레오나르도 다빈치는 관행에서 벗어나 오른쪽을 향한 옆모습을 그린 적이 많다. 하지만 그의 대표작인 〈모나리자〉는 왼쪽을 향하고 있다. 또 하나의 예외는 자화상인데, 자화상은 오른쪽을 향한 모습으로 그린 것이 많다. 하지만 화가는 대체로 거울에 비친 모습을 보면서 자화상을 그리기 때문에 실제 얼굴의 왼쪽이 캔버스에서는 오른쪽 얼굴로 나타난다. 따라서 이러한 '예외'는 왼쪽 편향을 오히려 확인해준다. 한 조사에 따르면, 유명한 과학자들은 대개 오른쪽을 바라본다고 한다.(적어도 영국 왕립학회에 걸린 공식 초상화들은 그렇다.) 어쩌면 이들은 그저 더 냉정하고 덜 감정적인(전형적인 합리주의자에 가깝게)

레오나르도 다빈치의 〈모나리자Mona Lisa〉(1503~1506년경)는 왼쪽을 향하고 있다.

모습으로 보이는 쪽을 선호했는지도 모른다.

미술 전반에서는 초상화와 달리 모든 문화에서 왼쪽 편향이 나타나는 것은 아니다. 서양 회화에서는 '시선'이 대개 왼쪽에서 오른쪽으로 이동한다. 동아시아의 미술 작품에서는 시선이 오른쪽에서 왼쪽으로 이동하는 경우가 많은데, 이것은 현지인의 독서 습관과도 일치한다. 극장에서도 비슷한 편향이 나타난다. 서양 극장에서는 막이 올라가자마자 관객은 기대에 찬 눈으로 왼쪽을 바라보지만, 중국 극장에서는 관객이 오른쪽을 바라본다.

우리가 어떤 것(초상화)에 대해서는 좌우 선호를 보이지만 어떤 것(풍경)에 대해서는 좌우 선호를 보이지 않는 이유는 어쩌면 우리가 동물로 살아온 진화의 유산에 있는지도 모른다. 동물은 환경에서 좌우 차이를 대부분 무시해도 별 문제가 없다. 먹이나 성, 주거 등에서 그 장면과 그 거울상은 대체로 동일하다. 똑똑하고 까다로운 동물(예컨대, 정사각형과 직사각형을 쉽게 구별하는 쥐 같은 동물)도 실제 장면과 그 거울상을 구별하는 데 애를 먹는다. 사람 역시 동물인지라 좌우 차이를 잘 인식하지 못하는데, 심지어 자신의 몸에 대해서도 그렇다. 19세기에 러시아의 훈련 교관들은 왼쪽과 오른쪽도 구별하지 못하는 무지렁이 농부 출신 신병들에게 넌더리가 난 나머지, 그들의 한쪽 다리에는 짚을, 반대쪽 다리에는 건초를 묶고는, "왼발, 오른발, 왼발, 오른발!" 대신에 "짚, 건초, 짚, 건초!"라고 외쳤다. 지그문트 프로이트Sigmund Freud와 리처드 파인먼Richard Feynman 같은 천재들도 좌우를 구별하는 데 어려움을 겪는다고 털어놓았다.(기억을 돕기 위해 프로이트는 오른손으로 재빨리 글씨를 쓰는 동작을 취했고, 파인먼은 자기 몸 왼쪽에 있는 점을 훔쳐보았다.) 두 발을 다 왼발로 그린 괴테의 유명한 초상화(오른쪽을 향한)도 있고, 피카소는 자신의 작품을 좌우 반전으로 (잘못) 인쇄한 작품을 보고도(심지어 자신의 서명까지 뒤집혀 있었는데도) 어깨를 으쓱하고 아무 말도 하지 않았다고 한다.

그렇다면 사람들은 왜 좌우 차이에 주목할까? 일부 이유는 얼굴 때문이다. 우리는 사회적 동물인데, 뇌의 편측화 때문에 오른쪽 얼굴이 웃는 모습은 왼쪽 얼굴이 웃는 모습과 똑같지 않다. 하지만 진짜 답은 읽기와 쓰기에 있다. 글을 배우기 전의 어린아이는 S와 N 같은 비대칭적 문자를 거꾸로 쓸 때가 많은데, 아직 뇌가 그 차이를 구별하지 못하기 때문이다. 중세 때 인쇄용 목판을 만들던 문맹 장인들 역시 같은 문제 때문에 애를 먹었는데, 이들이 잘못 새긴 Ƨ나 И 같은 문자는 따분한 라틴어 원고에 광대 같은 웃음거리를 더해주었다. 글을 읽거나 쓸 때에는 반복 연습을 통해서만 각각의 문자들이 어떤 방향으로 기울어졌는지 터득할 수 있다. 사실, 우리의 마음이 좌우를 구별하는 데 신경을 쓰게 된 것은 수천 년 전 문자가 발명되면서 시작되었을 가능성이 높다. 이것은 읽기와 쓰기가 우리의 뇌를 변화시킨 또 한 가지 방식이다.

뇌의 창발적 속성

스페리는 이처럼 주류 이론을 뒤집어엎음으로써 위대한 업적을 세 가지나 세웠다. 그중에서도 분할뇌 연구가 가장 유익하고 흥미로웠다. 이 연구로 스페리는 과학계의 유명 인사가 되었고, 전 세계의 동료들이 그의 연구실로 찾아왔다.(스페리는 수다 떨기 좋아하는 성격은 아니었지만, 그래도 분할뇌 펀치split-brain punch라고 이름 붙인 음료와 포크댄스를 곁들여 근사한 파티를 여는 법을 배웠다. 분할뇌 펀치라고 이름 붙인 이유는 아마도 몇 잔만 마시면 마음이 둘로 쪼개지기 때문이었을 것이다.) 분할뇌 연구는 대중의 의식 속으로도 침투했다. 작가 필립 딕Philip K. Dick은 분할뇌 연구에서 플롯에 대한 아이디어를 얻었고, '좌뇌형 인간' 대 '우뇌형 인간'에 관한 교육 이론도 스페리와 그 동료들의 연구에서 파생되었다.

주류 이론을 뒤집어엎은 초기 연구도 노벨상을 받을 만한 자격이 충분했지만, 결국 스페리는 분할뇌 연구로 1981년에 노벨상을 수상했다. 삐딱하게 들어간 슬라이드 덕분에 시각 신경세포의 작용 방식을 입증한 데이비드 휴벨, 토르스텐 비젤과 함께 공동 수상했다. 늘 연구실에 틀어박혀 지내던 세 사람은 평소에는 정장을 입을 일이 전혀 없었다. 훗날 휴벨의 회고에 따르면, 스톡홀름에서 열린 노벨상 시상식 직전에 누가 자신의 호텔 방을 찾아와 노크를 했다고 한다. 문을 열어보니 스페리의 아들이 아버지의 흰색 나비넥타이를 들고 서 있었다. "이거 어떻게 하는지 아는 사람 있어요?" 그 말을 듣고 고개를 끄덕인 사람은 휴벨의 막내아들 폴이었다. 폴은 어린이 교향악단에서 트럼펫 연주자로 활동했기 때문에 턱시도 차림에 대해 잘 알았다. 폴은 세 천재 과학자를 위해 나비넥타이를 매어주었다.

노벨상을 타고 나서도 스페리의 야심은 누그러지지 않았다. 사실, 상을 받을 무렵에 스페리는 분할뇌 연구를 거의 내팽개치고 신경과학에서 불멸의 맥거핀MacGuffin(영화 등의 줄거리에서 중요하지 않은 것을 마치 중요한 것처럼 위장해 관객의 주의를 끄는 일종의 트릭. 이 용어는 자신의 영화에 이 기법을 자주 사용한 알프레드 히치콕Alfred Hitchcock 감독에게서 유래했다. —옮긴이)이라 할 수 있는 마음-몸 문제에 몰두했다. 그 이전에 이 문제에 뛰어들었던 많은 사람과 마찬가지로 스페리는 마음을 신경세포들의 재잘거림에 불과한 것으로 환원할 수 없다고 믿었다. 하지만 마음이 뇌와 별개로 존재한다는 심신 이원론도 믿지 않았다. 대신에 스페리는 의식이 있는 마음은 신경세포들의 '창발적 속성emergent property'이라고 주장했다.

창발적 속성의 한 예는 축축한 느낌이다. 우리가 H_2O 분자에 대해 아주 시시한 것까지 포함해 모든 정보를 다 안다 하더라도, 물통에 손을 담갔을 때 전해오는 축축한 느낌은 절대로 예측할 수 없다. 이런 속성이 창발하려면 수많은 입자들이 함께 협력해야 한다. 거대한 규모에서 거의 마술적으로 드러나는 속성인 중력에 대해서도 마찬가지로 말할 수 있다. 스페리는 우리의 마음 역시 비슷한 방식으로 창발한다고 주장했다. 수많은 신경세포들이 조화로운 방식으로 작용할 때, 의식이 있는 마음이 나타난다는 것이다.

여기까지는 대다수 과학자들이 동의한다. 하지만 마음은 비록 비물질적 존재라 하더라도 뇌의 물리적 작용에 영향을 미칠 수 있다는 스페리의 주장은 논란의 대상이 되었다. 다시 말해서, 어떻게 그런지는 몰라도 순수한 생각이 자신을 낳은 신경세포들의 분자 행동에 거꾸로 영향을 미치는 힘이 있다는 것이다. 어떻게 일어나는지는 모르지만, 마음과 뇌는 서로 영향을 미친다는 주장이다. 이것은 아주 신선한 개념이다. 만약 옳다면, 이것은 의식의 본질을 설명할 뿐만 아니라, 자유 의지에 활로를 제공할지도 모른다. 하지만 여기에는 '어떻게 그런지는 몰라도'라는 단서가 붙어 있는데, 스페리는 그럴듯한 메커니즘을 내놓지 못했다.

스페리는 1994년에 의식과 마음에 관한 연구가 자신의 유산이 될 것이라고 생각하면서 눈을 감았다. 동료들은 이에 동의하지 않았고, 일부 과학자는 스페리의 말년을 (와일더 펜필드의 말년 연구와 마찬가지로) 불신감과 당혹감이 섞인 감정으로 회상한다. 한 과학자는 의식의 모호한 측면에 대한 연구가 "바보와 노벨상 수상자"를 제외한 나머지 사람들에게 반감을 느끼게 한다고 평했다. 그럼에도 불구하고, 한 가지만큼은 스페리가 옳았다. 뇌에서 어떻게 인간의 의식이 창발하는지 설명하는 것은 늘 신경과학을 정의하는 핵심 문제였으며, 그것은 지금도 변함이 없다.

Wassily Kandinsky, Composition 6, 1913

12장

인간과 신화와 전설

신경과학의 궁극적 목표는 의식을 이해하는 것이다. 의식은 인간의 뇌에서 일어나는 것 중 가장 복잡하고 정교하고 중요한 과정이다. 그리고 가장 오해하기 쉬운 과정이기도 하다.

힌트 : 두 단어로 된 용어. 첫 번째 그림은 남자의 뒤쪽이 아니라 '앞쪽'을 가리킨다. 두 번째 단어는 늑대를 뜻하는 에스파냐어(lobo)를 생각하라.

1848년 9월 13일은 아주 멋진 가을날이었다. 햇살은 눈부시고 날씨는 화창한 가운데 뉴잉글랜드 지방의 쌀쌀함이 감돌았다. 마음이 느슨해지기 시작하는 오후 4시 30분 무렵, 철도 건설 현장 감독인 피니어스 게이지Phineas Gage는 구멍에 화약을 채우고 나서 인부들을 살펴보려고 고개를 돌렸다. 의학 기록에서 환자는 대부분 이니셜이나 가명으로 표시한다. 하지만 게이지만큼은 예외였다. 그의 이름은 신경과학에서 가장 유명한 이름으로 남아 있다. 하지만 그 사람 자체에 대해 우리가 아는 것이 아주 적다는 사실은 아이러니라고 하지 않을 수 없다.

쇠막대에 머리뼈를 관통당한 남자

러틀랜드 벌링턴 철도회사는 그해 가을에 버몬트 주 중부의 캐번디시 근처에서 지면에 노출된 암석을 제거하는 작업을 하면서 폭파 작업을 위해 아일랜드인 인부들을 고용했다. 이들은 일은 잘했지만 싸움과 술과 총 쏘기를 좋아해 유치원 수준의 감독이 필요했다. 그래서 25세의 게이지가 감독으로 오게 되었다. 아일랜드인 인부들은 그의 강인함과 비즈니스 감각, 사람 다루는 솜씨를 존경했고, 그 밑에서 일하길 좋아했다. 실제로 9월 13일 이전까지 철도회사는 게이지를 같은 직위에 있는 사람들 중 최고의 감독으로 여겼다.

감독인 게이지는 화약 구멍을 어디에 뚫을지 결정해야 했는데, 그러려면 지질학 지식과 기하학 지식이 모두 필요했다. 큰 바위를 깨려면 파쇄를 도와줄 결과 균열 지점이 있는 곳까지 검은 바위 속으로 구멍을 수십 센티미터 깊이로 뚫어야 했다. 구멍을 뚫고 나면, 감독이 거기에 화약을 뿌리고 쇠막대로 살살 다지면서 속으로 밀어넣었다. 그런 다음에 감독이 구멍에 신관을 꽂았다. 마지막으로 폭발이 좁은 공간에서만 일어나도록 조수가 모래나 점토를 그 위에 쏟아붓고 꾹꾹 다졌다. 대부분의 감독은 화약을 다지는 작업을 할 때 쇠지렛대를 사용했지만, 게이지는 대장장이에게 특별히 주문해 만든 쇠막대를 사용했다. 쇠지렛대는 기다란 S자 모양 막대이지만, 게이지의 쇠막대는 창처럼 똑바르고 매끈했다. 쇠막대 무게는 6kg이었고, 길이는 107.5cm였다.(게이지의 키는 168cm였다.) 쇠막대에서 가장 굵은 부분의 지름은 3.175cm였고, 끝으로 갈수록 점점 가늘어져서 맨 끝부분(다지는 작업을 할 때 게이지가 자기 머리 가까이에 갖다댄 부분)은 뾰족했다.

4시 30분 무렵에 인부들 때문에 게이지는 잠시 한눈을 팔았던 것 같다. 그들은 깨진 돌을 수레에 싣고 있었는데, 퇴근 시간이 가까워오자 왁자하게 떠들어대고 있었을 것이다. 게이지는 구멍 속에 화약을 쏟아붓는 일을 막 마치고 고개를 돌렸다. 그다음에 일어난 일에 대해서는 이야기가 엇갈린다. 어떤 사람들은 게이지가 고개를 돌린 채 화약을 다지려고 했고, 쇠막대를 구멍 옆에 문지르는 바람에 불꽃이 튀었다고 말한다. 어떤 사람들은 게이지의 조수(필시 그 역시 인부들에게 한눈이 팔려서)가 구멍에 모래를 붓는 일을 제대로 하지 않았고, 고개를 돌린 게이지는 위험하지 않은 물질을 다진다고 생각하고서 쇠막대를 세게 꾹꾹 눌렀다고 말한다. 어쨌든 캄캄한 구멍 속 어딘가에서 불꽃이 튀었고, 화약을 다지던 쇠막대가 튀어나왔다.

그 순간에 게이지는 턱을 벌린 채 말을 하고 있었을 가능성이 높다. 쇠막대는 뾰족한 끝부분부터 왼쪽 광대뼈 아래쪽을 뚫고 들어갔다. 그리고 위쪽 어금니들을 박살내면서 왼쪽 눈구멍을 꿰뚫은 뒤, 눈 뒤쪽을 지나 머릿속으로 들어갔다. 여기서부터는 상황이 아리송해진다. 뇌 속 각 부분의 크기와 위치뿐만 아니라, 머리뼈 안에 있는 뇌의 크기와 위치는 사람마다 제각각 다르다. 뇌는 얼굴만큼 아주 다양하다. 따라서 게이지의 뇌 속에서 어떤 부분이 손상을 입었는지 정확하게 아는 사람은 없다.(이 사실을 꼭 기억해둘 필요가 있다.) 쇠막대는 왼쪽 이마엽 밑부분으로 들어와 머리뼈 꼭대기에서 아기 같으면 숫구멍(갓난아이의 정수리가 굳지 않아서 숨 쉴 때마다 발딱발딱 뛰는 곳)이 있는 곳 부근으로 뚫고 나왔다. 쇠막대는 위로 포물선을 그리면서 솟아올라(날아가면서 핑 하는 소리도 났다고 한다) 23m쯤 떨어진 곳의 땅 위에 수직으로 꽂혔다. 목격자들의 말에 따르면, 쇠막대는 지방질 뇌 조직을 지나와 빨갛고 기름기 있는 물질이 묻어 있었다고 한다.

쇠막대에 얻어맞은 충격으로 게이지는 뒤로 날아가 땅에 세게 떨어졌다. 하지만 놀랍게도 그는 단 한순간도 의식을 잃은 적이 없다고 말했다. 그는 땅에 누워 몇 번 씰룩였을 뿐이고, 몇 분 뒤에는 다시 말을 했다. 게이지는 근처에 있던 소달구지로 걸어가 올라탔고, 누군가 고삐를 잡고 이랴 하며 소를 몰았다. 심한 부상을 입었는데도 게이지는 캐번디시까지 약 1마일을 가는 동안 똑바로 앉아 있었고, 자신이 묵고 있던 호텔에 도착하자 별 도움도 받지 않고 내렸다. 그는 현관 앞 의자에 걸터앉아 지나가는 사람과 말을 나누기까지 했는데, 사람들은 그의 머리에서 뼈가 깔때기 모양으로 밀려나온 것을 보았다.

마침내 의사 두 명이 도착했다. 게이지는 첫 번째 의사를 만났을 때 머리를 기울이며 진지한 표정으로 익살을 부렸다. "선생님이 할 일이 많이 생겼습니다." 첫 번째 의사의 '치료'는 치료라고 할 만한 게 못 되었다. 그 의사는 나중에 "상태가 좋아 보이는 뇌 부분은 도로 집어넣었고," 반면에 "상태가 좋지 않은 부분"은 끄집어냈다고 회고했다. 그것 말고는 목격자들의 말이 맞는지 게이지에게 물으면서 대부분의 시간을 보냈다. "확실한가요? 정말로 쇠막대가 머리뼈를 관통했나요?" 이 점에 대해 의사는 게이지 자신에게도 질문을 던졌다. 게이지는 그런 사고를 당하고 나서도 (예상과 달리) 불편함이나 통증, 스트레스, 근심을 전혀 내비치지 않으면서 아주 차분하고 의식이 또렷한 상태를 유지하고 있었다. 게이지는 녹과 검은 가루가 묻어 있는 자신의 왼쪽 뺨을 가리키면서 질문에 대답했다. 거기에는 지름 5cm의 구멍이 뇌까지 곧장 뚫려 있었다.

존 할로John Harlow 박사는 오후 6시 무렵에 도착했다. 나이가 29세에 불과하고 스스로를 '이름 없는 시골 의사'라고 칭한 할로는 낙마 환자나 마차 사고로 다친 사람들을 치료하며 나날을 보냈다. 그 무렵 유럽에서 떠들썩하게 논의하던 국재화 이론 같은 것은 들어본 적도 없을 뿐더러, 자신이 맡은 이 환자가 수십 년 후 그 분야에서 중심 인물이 되리라고는 생각도 못 했다.

다른 사람들과 마찬가지로 할로도 처음에는 게이지의 말을 믿지 않았다. "정말로 쇠막대가 머리뼈를 관통했단 말입니까?" 하지만 실제로 그랬다는 확언을 들은 뒤에 할로는 게이지가 호텔 방 위층으로 느릿느릿 올라가 침대에 눕는 모습을 지켜보았다. 그의 상체가 온통 피범벅이었기 때문에 침대 시트는 완전히 엉망이 되었다. 다음에 일어난 이야기는 비위가 약한 독자라면 건너뛰고 다음 단락으로 넘어가길 권한다.(농담이 아니다.) 할로는 게이지의 머리를 빡빡 밀고, 말라붙은 피와 젤라틴 같은 뇌를 긁어냈다. 그리고 양쪽 구멍 끝에 손가락을 집어넣어 상처에서 머리뼈 파편을 끄집어냈다. 그러는 동안 게이지는 20분마다 한 번씩 구역질을 했다. 피와 미끌미끌한 뇌가 그의 목 뒤로 계속 미끄러져 내려가면서 목구멍을 막았기 때문이다. 세차게 구멍을 들쑤시는 바람에 '반 컵 분량'의 뇌가 위쪽 상처 구멍으로 새어나오기기도 했다. 믿기 어렵겠지만, 자신의 뇌를 들이마신 뒤에도 게이지는 정신이 전혀 흐트러지지 않았다. 내내 의식이 또렷했고, 합리적인 사고 상태를 유지했다. 유일하게 의심을 자아내는 점이라면, 게이지가 이틀만 지나면 훌훌 털고 일어나 공사 현장으로 돌아가 발파 작업을 하겠다고 장담한 것이었다.

밤 11시 무렵에 출혈이 멈췄다. 게이지의 왼쪽 눈알은 여전히 족히 1cm는 튀어나와 있었고, 머리와 팔에는 붕대가 친친 감겨 있었다.(그는 팔꿈치까지 섬광 화상을 입은 상태였다.) 그런데도 할로는 다음 날 오전에 게이지에게 면회를 허용했다. 게이지는 어머니와 삼촌을 알아보았다. 이것은 좋은 징후였다. 드레싱을 갈아주고 찬찜질을 하는 등 할로가 부지런히 보살핀 덕분에 게이지는 그다음 며칠 동안 안정 상태를 유지했다. 하지만 게이지가 살 수 있을 것이라는 희망이 커질 즈음에 상태가 나빠졌다. 얼굴이 부어올랐고, 뇌도 부풀어올랐으며, 상처에는 진균 감염이 번졌는데, 필시 할로의 손톱 밑에 있던 병균이 원인이었을 것이다. 게다가 뇌가 부풀어오르면서 헛소리를 하기 시작했다. 밖에 나가고 싶다며 자기 바지를 좀 갖다달라고 말했다. 얼마 후에는 혼수 상태에 빠졌고, 목수가 관을 짜려고 그의 몸 크기를 재러 오기까지 했다.

만약 할로가 응급 수술을 통해 코 안쪽 조직에 구멍을 뚫고 상처에서 고름과 피를 뽑아내지 않았더라면 게이지는 정말로 죽었을 것이다(300여 년 전의 앙리 2세처럼 머릿속 압력 때문에). 그 후 몇 주일은 살얼음판을 걷듯 위태로운 상태가 이어졌고, 게이지는 왼쪽 눈 시력을 잃었다.(그는 나머지 생애 동안 왼쪽 눈꺼풀을 봉합한 상태로 살아갔다.) 하지만 게이지는 결국 안정을 되찾았고, 11월 하순에 뉴햄프셔 주 레바논에 있는 집으로 돌아갔다. 의료 기록에서 할로는 자신의 역할을 대단치 않은 것으로 평가하면서 심지어 앙브루아즈 파레가 한 말을 인용하기까지 했다. "나는 상처를 치료했을 뿐이고, 그를 낫게 한 이는 하느님이다." 사실, 피니어스 게이지를 구한 것은 할로의 헌신적인 보살핌과 용감하게 응급 수술을 단행한 행동(파레가 앙리 2세에게 하길 거부했던 것)이었다.

피니어스 게이지의 은판사진. (출처 : Collection of Jack and Beverly Wilgus)

그런데 과연 그랬을까? 할로는 게이지를 살아남게 했지만, 게이지의 가족과 친구들은 레바논의 집으로 돌아온 사람은 몇 달 전에 떠났던 그 사람이 아니라고 말했다. 물론 대부분은 전과 다름이 없었다. 기억력이 약간 나빠지긴 했으나(불가피한 결과일지도 모르지만), 그것 말고는 기본적인 정신 기능은 말짱했다. 다만, 성격에 큰 변화가 있었는데, 나쁜 쪽으로 변했다. 사고 전에는 계획을 세울 때 단호함을 보였지만, 돌아온 게이지는 주의력 결핍 장애에 가깝게 변덕이 죽 끓듯 했고, 한 가지 계획을 세우자마자 그것을 버리고 다른 계획을 세웠다. 전에는 다른 사람들이 원하는 것을 존중했지만, 새로운 게이지는 자신이 원하는 것을 누가 방해라도 하면 짜증을 냈다. 전에는 약삭빠른 사업가였지만, 새로운 게이지는 금전 감각이 부족했다. 게이지가 강바닥에서 주워온 별 볼일 없는 조약돌을 할로가 1000달러에 사겠다고 제의하자, 게이지는 일언지하에 거절했다. 그리고 전에는 정중하고 예의바른 사람이었는데, 이제는 입이 험하게 변했다.(하기야 쇠막대가 머리뼈를 관통하는 일을 당한다면, 여러분 입에서도 필시 욕이 쏟아져나올 것이다.) 할로는 게이지의 성격 변화를 "그의 지적 능력과 동물적 성향 사이의 …… 평형 또는 균형이 깨진 것처럼 보인다."라고 요약했다. 그의 친구들은 더 함축적으로 게이지가 "이전의 게이지가 아니다."라고 말했다.

이전의 훌륭한 근무 기록에도 불구하고, 철도회사 관리자들은 게이지를 공사 현장 감독 자리에 복귀시키지 않았다. 그래서 게이지는 농장에서 잡일을 하기 시작했고, 가욋돈을 벌고자 스스로 전시품이 되기까지 했다. 이제 자신의 영원한 동반자가 된 쇠막대와 함께 뉴욕의 P. T. 바넘 박물관에 등장한 것이다. 거기서 그는 관객의 시선에 맞서 멀쩡한 한 눈으로 관객을 쏘아보았다.(의심이 가시지 않는 사람들은 10센트를 더 내면, 그의 머리카락을 헤치고 머리뼈에 구멍이 나 연약한 살로 덮인 2.5×5cm의 상처 부위를 볼 수 있었다. 그 밑에서는 그의 뇌가 고동치고 있었다.) 바넘 박물관 일을 그만둔 뒤에는 갑자기 말과 사랑에 빠져 뉴햄프셔 주에서 마구간을 돌보면서 마차를 모는 일을 했다. 어린이도 좋아했는데, 고향을 방문할 때면 조카들에게 자신의 모험 이야기(순전히 지어낸 거짓말)를 장황하게 들려주었다. 이런 행동이 단순히 이야기하길 좋아해서 일어난 것인지, 아니면 이마엽 손상으로 인한 작화증 때문인지는 알 수 없다.

아이러니하게도 게이지 자신의 인생이 곧 믿기 힘든 이야기로 변했다. 즉각 그랬던 것은 아니다. 게이지는 사고 뒤에 대체로 사람의 이목을 끌지 않고 무난하게 살아갔다. 그런데 죽고 나서 수십 년 동안 그에 관한 소문이 나돌기 시작했다. 그중에는 그럴듯한 이야기도 있었고, 상당히 터무니없는 이야기도 있었는데, 아마도 죄다 틀린 이야기일 것이다. 한

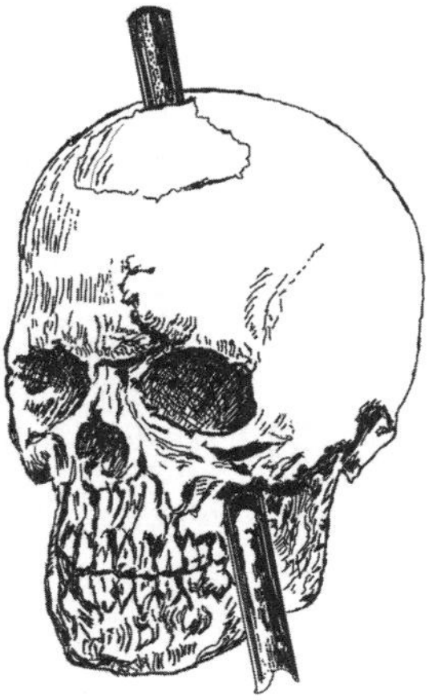

소문은 게이지가 알코올 중독에 빠져 술집에서 언쟁과 싸움을 일삼았다고 주장했다. 또 다른 소문은 게이지가 사기꾼이 되었다고 주장했다. 사후에 자신의 머리뼈에 대한 배타적인 권리를 어떤 의과대학에 판 뒤에 다른 의과대학에도 팔았고, 또 다른 의과대학에도 팔면서 그때마다 큰돈을 챙겼다는 것이다. 심지어 10여 년 동안 쇠막대를 머리에 꽂고 살았다는 소문도 있다.

신경과학에 더 중요한 사실은 그가 경험한 성격 변화를 알려주는 구체적인 기록이 얼마 없다는 점이다. 우리는 게이지가 사고를 겪은 후 여생을 어떻게 살아갔는지, 혹은 그의 행동이 실제로 어떠했는지 알지 못한다. 할로의 사례 보고에 따르면, 게이지가 변했다는 점은 분명하다. 하지만 할로는 거친 말투와 조약돌에 대한 비이성적인 애착 같은 것에 더 관심을 보였고, 오늘날의 신경과학자들이 주의 깊게 조사할 만한 것, 예컨대 앞일을 예견하는 능력이나 정서 능력, 일련의 단계적 과정을 완수할 수 있는 능력 등에는 관심을 쏟지 않았다. 그 결과, 게이지의 삶은 사실보다는 전설에 가까운 것으로 변해 전해졌고, 가장 궁금하기 짝이 없는 질문들—그의 마음은 이제 어떻게 작용했을까? 자신이 달라졌다는 것을 느꼈을까? 잃어버린 기능 중에서 회복한 것이 있는가?—에 대한 답을 얻을 수 없게 되었다.

그렇다고 해서 건질 게 하나도 없는 것은 아니다. 자세히 살펴보면, 적어도 이런 질문들에 가까이 다가가게 해주는 최근의 사례들을 찾을 수 있다. 쇠막대가 게이지의 뇌를 개조했을 때 그의 마음이 어떻게 변했는지 엿보게 해주는 '현대의 피니어스 게이지'들이 있다.

불연속적인 과거와 현재

게이지의 사고에 관한 온갖 이야기 중에서도 가장 믿기 어려운 것은 의식을 잃은 적이 전혀 없다는 게이지 자신의 주장이다. 하지만 오늘날의 연구 결과를 바탕으로 생각해보면, 이 주장에는 일리가 있다.

과거의 신경과학자들은 뇌 속에서 인간 의식이 있는 장소를 찾으려고 온 구석을 샅샅이 살펴보았다. 하지만 오늘날의 신경과학자들은 다른 것을 살펴본다. 한 신경과학자는 "의식은 어느 장소에 있는 것이 아니다. 그것은 집단 속에서 일어나는 과정이다."*라고 표현했다. 다시 말해서, 의식은 국재화되어 있지 않다. 의식은 뇌의 다양한 부분들이 조화를 이루어 윙윙거릴 때에야 비로소 창발적으로 나타난다.

그중 어떤 부분들은 기본적인 바탕 구조를 제공한다. 뇌줄기에 그물 모양으로 존재하는 신경세포들을 그물체라고 부르는데, 이 신경세포들은 수면-각성 주기를 조절하고, 의식을 켜거나 끄는 전원 스위치 역할을 한다. 만약 그물체에 손상을 입으면, 호흡이나 소화 같은 기본적인 신체 과정은 계속되어도 뇌가 더 높은 수준의 기능을 수행할 수 없다. 뇌진탕 같은 가벼운 손상 역시 뇌 전체에 파문을 일으켜 그물체를 방해함으로써 실신 상태에 이르게 할 수 있다. 게이지가 입은 손상은 이와는 대조적으로 좁은 부분에 집중돼 있었다. 비록 섬뜩한 것이긴 해도, 손상 부위는 좁은 깔때기 모양의 조직에 국한되어 파괴적인 외상 충격파를 만들어내지 않았다. 그 결과, 그물체는 아무 손상을 입지 않았고, 그의 의식도 아무 문제가 없었을 수 있다.

하지만 그물체와 관련 구조들이 의식을 지탱하는 데 아무리 중요하다 하더라도, 실제로 의식을 생겨나게 하는 것은 아니다. 그 책임은 시상과 이마앞-마루 네트워크prefrontal parietal network에 있다.

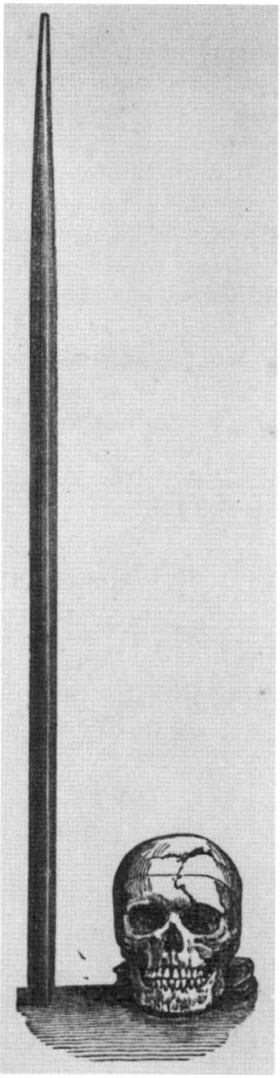

게이지의 머리뼈와 쇠막대의 크기를 비교한 그림. (출처 : 미국국립의학도서관)

뇌 중심에 위치한 시상은 정보를 중계한다. 시상은 뇌 전체에서 정보를 받아 분석한 뒤에 (옛날의 전화 교환수처럼 뇌의 여러 부분을 연결시키면서) 사방으로 전송한다. 그리고 무슨 이유에서인지 몰라도 시상 중계소에 손상을 입으면, 의식이 사라져 식물 상태에 이를 수 있다. 혼수 상태와 달리 식물 상태에 빠진 환자는 깨어 있지만, 어떤 것에 초점을 맞추거나 높은 수준의 사고를 할 수 없다. 마음은 매 순간 무기력하게 이리저리 떠돌며, 아무 관계 없는 바람결에도 떠나고 만다. 여러분도 이마앞-마루 네트워크에 손상을 입으면 식물 상태가 될 수 있는데, 이 네트워크는 이마 겉질(전두 피질) 일부와 마루 겉질(두정 피질) 일

시상

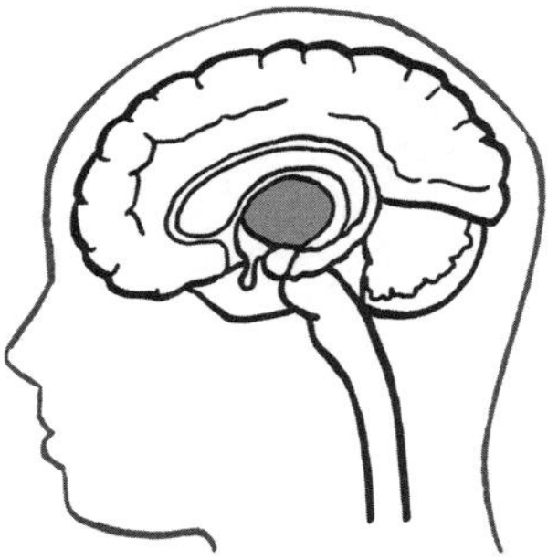

부, 그리고 그 사이를 잇는 연결 부위로 이루어져 있다. 이 두 부분은 우리가 어떤 것에 주의를 기울일 때마다(의식에서 중요한 한 측면) 거의 항상 동시에 불이 들어온다. 요컨대, 시상과 이마앞-마루 네트워크는 순전히 혼자 힘만으로 의식의 불을 피우지는 못하지만, 그 불이 계속 타오르도록 한다.

의식의 또 한 가지 전제 조건은 단기 기억인데, 의식이 제대로 작동하려면 매 순간 사건을 추적하는 게 필요하기 때문이다. H.M.과 K.C. 같은 대부분의 기억상실증 환자는 단기 기억이 제대로 작동하고, 한 순간에서 다음 순간으로 넘어가는 동안 의식도 정상적으로 작동한다. 하지만 영국의 음악가 클라이브 웨어링Clive Wearing처럼 훨씬 심한 기억상실증 환자의 의식은 다른 방식으로 작동한다.

웨어링은 1970년대에 클래식 음악가 겸 작곡가로 명성을 얻었다. 그가 여는 르네상스 음악 콘서트는 음악가가 입는 의상에서부터 공연 전 식사에 이르기까지 모든 것을 르네상스 시대에 맞춰 재현한 것이었는데, "과거로 시간 여행을 하는 것 다음으로 멋진 것"이라는 찬사를 받았다. 1981년에는 BBC 라디오 방송의 의뢰를 받아 찰스 왕세자와 다이애나의 결혼식을 축하하는 음악도 만들었다. 웨어링은 2년 뒤에 결혼을 했지만, 46세이던 1985년 3월에 지속적인 독감과 두통에 시달렸다. 의사들은 그 주에 런던 주변에서 유행한 수막염이라고 진단했다. 웨어링은 무기력해져서 짜증을 자주 냈고, 한번은 밖으로 나가 돌아다니다가 길을 잃고는 택시를 잡아탔지만, 집 주소가 기억나지 않았다. 택시 기사는 그를 경찰서로 데려다주었고, 결국 아내가 그를 찾았다. 그러고 나서 6일을 더 앓다가 결국 병원으로 실려 갔다. 그곳 의사들은 헤르페스 바이러스에 감염되었다고 진단했으며, 웨어링은 발작을 일으키며 의식이 오락가락했다.

웨어링은 위기를 넘기고 지금까지 살아 있다. 하지만 그는 변연계에 큰 손상을 입어 일화(개인적) 기억이 전혀 없다. 의미 기억도 많이 사라졌다. '나무'나 '눈꺼풀' 혹은 '기억상실증' 같은 평범한 단어들의 뜻을 제대로 정의하지 못하며, 《로미오와 줄리엣》을 누가 썼는지도 기억하지 못한다. 레몬이 무엇인지 몰라 껍질까지 통째로 먹은 적도 있다. 무엇보다 안타까운 것은 (알려진 거의 모든 기억상실증 환자들과는 달리) 단기 작업 기억까지 잃었다는 점이다. 고개를 돌릴 때마다 사람들이 입은 옷 색깔이 변하는 것처럼 보였고, 눈을 깜박일 때마다 솔리테어 게임을 하던 카드들이 저절로 바뀐 것처럼 보였다. 특히 처음에는 감각 지각을 느끼는 동안만 기억이 지속되었다.

그 결과, 웨어링은 과거와 현재 사이의 연속성 감각을 모두 잃었다. 그가 아는 한, 다른 날이란 전혀 존재하지 않았다. 매우 이상하게 들릴지 몰라도, 그는 과거와의 단절을 자신이 방금 "정신이 깨어난" 증거로 해석했다. 즉, 그는 몇 분마다 계속해서 전도사와 같은 열정으로 자신이 방금 처음으로 의식을 갖게 되었다고 주장하기 시작했다. 명확히 말하자면, 웨어링은 실제로 의식을 잃거나 한 적이 전혀 없었다. 그를 옆에서 관찰한 사람은 그가 매 순간 깨어 있다는 사실을 확인했다. 하지만 그의 마음은 자신만 아는 극소수 증거를 바탕으로 과거의 몇 초가 자신에게 의식이 생겨난 최초의 순간이라고 결론내릴 수밖에 없었다. 이렇게 황홀한 재탄생 순간은 매일 수십 차례나 일어났다.

의식에 대한 이러한 강박은 그의 일기에 가장 분명하게 나타난다. 웨어링은 과거에 뿌리를 만들기 위해, 즉 자신에게 과거가 있다는 증거를 남기기 위해 1985년부터 일기를 썼다. 대신에 웨어링은 전체 페이지를 다음과 같이 채웠다.

~~오전 8시 31분: 이제 나는 정말로 완전히 깨어났다.~~

~~오전 9시 6분: 이제 나는 완벽하게 확실하게 깨어났다.~~

오전 9시 34분: 이제 나는 더할 나위 없이 실제로 깨어났다.

이런 식으로 끝없이 계속되었다. 몇 분마다 지금 막 의식이 깨어났다는 황홀감에 압도되어 그 순간을 기록했다.(몇 번은 일기장을 바로 찾지 못해 펜을 집어들고 자신의 놀라운 의식 출현을 벽이나 가구에 기록했다.) 하지만 그는 이제 막(오직 지금만) 깨어났기 때문에, 이전의 기록들은 잘못된 게 분명했다. 그래서 그것들을 지웠다.

웨어링은 이런 항목들이 어지럽게 기록된 일기장이 수십 권이나 있는데, 각각의 항목은 놀라울 정도로 화려한 부사 표현을 사용해가며 자신이 이전에 깨어난 적이 있다는 사실을 부인했다. 오컴의 면도날로는 이 망상을 죽일 수가 없다. 웨어링은 줄을 그어 지운 문장을 보고 자신의 필체를 확인할 수 있지만, 자신이 쓴 게 분명하다는 이야기를 들으면 불같이 화를 낸다. 전에 자신이 피아노를 연주한 비디오를 보여주어도 마찬가지 반응을 보인다. 비디오에 나오는 사람이 자신임을 분명히 알아보지만, 그때 자신이 실제로 의식이 있었다는 사실을 부정한다. 그에 필연적으로 따르는 질문—그렇다면 저 비디오를 찍을 때 당신 머릿속에서는 어떤 일이 일어나고 있었나요?—을 던지면, 그는 버럭 화를 내면서 "젠장, 그걸 내가 어떻게 알아요? 난 이제 막 깨어났는데!"라고 말했다.

그렇다면 어째서 웨어링은 반복적으로 의식을 잃는 반면, 게이지는 의식을 전혀 잃지 않았을까? 게이지의 경우에는 대략적인 답이 나와 있다. 비교적 가느다란 쇠막대가 의식을 만들어내는 데 도움을 주는 지역들을 모두 비켜간 게 틀림없다. 그렇지 않았더라면 그의 의식은 꺼지고 말았을 것이다. 그리고 만약 게이지의 의식이 깨어 있었던 것이 그런 말을 덮어놓고 믿은 19세기 사람들의 성향 때문이라는 의혹이 가시지 않는다면, 현대에도 쇠막대나 기다란 축에 관통당하고도 의식을 잃지 않은 사람들*에 대한 보고가 있다. 이 점에서 게이지는 전혀 특별한 사례가 아니다.

웨어링의 사례는 이해하기가 더 어렵다. 그의 의식 회로는 분명히 어느 정도까지는 작동하는데, 언제든지 그 순간에는 자신의 의식이 있다는 것을 인식하기 때문이다. 하지만 의식의 일부는 그런 인식 상태를 시간이 지나도 '유지'하는 능력에 있는데, 뇌에서 그 기능을 지원하는 구조들이 몇 초마다 방전되는 것처럼 보인다. 따라서 웨어링은 식물 상태로 전락하지는 않지만, 완전하고 지속적인 의식 상태로 창발하지도 못한다. 만약 시상이나 이마앞-마루 네트워크나 그물체가 손상되었다면 충분히 가능성이 있는 얘기지만, 뇌 스캔 결과에 따르면 이것들은 멀쩡하다. 그래서 과학자들은 추측에 의존할 수밖에 없다. 어쩌면 이 구조들을 연결하는 일부 지역이 손상되었을지 모른다. 또, 어쩌면 뇌 스캔에 잡히지 않는 구조들이 손상되었을지 모른다.(웨어링은 작화증이 있는데, 이것은 이마엽 손상을 시사하는 징후이다. 그리고 일부 신경과학자들은 웨어링이 끝없이 횡설수설하고 '말장난을 자제하지 못하는' 행동을 또 다른 이마엽 장애인 '비첼주

흐트Witzelsucht(농담병)'라고 지목했다.) 혹은 웨어링의 문제는 우리가 아직 이해하지 못하지만 의식에서 예상치 못한 역할을 담당하는 어떤 것에 그 뿌리가 있을지 모른다. 다른 기억상실증 환자들은 왜 웨어링과 같은 운명을 피했는지도 알 수 없다. H.M.과 다른 환자들은 자신의 현재가 늘 망각의 영역으로 사라져간다는 사실을 알며, 그 때문에 불안해한다. 하지만 이들은 웨어링과 달리 자신의 과거가 존재한다는 사실을 부정하지 않는다. 오직 웨어링만이 연속성을 상실하고서 '깨어나길' 계속 반복한다.

결국 게이지와 웨어링은 스펙트럼의 양 끝에 위치한다. 한쪽 끝에는 게이지의 집요한 의식이 있고, 반대쪽 끝에는 웨어링의 허약한 의식이 있다. 게이지가 운이 좋았다고 말할 수는 없지만, 손상이 집중된 덕분에 의식이 온전할 수 있었다. 반면에 웨어링은 완전한 인식의 축복도 영원한 망각의 해방도 누리지 못한다. 대신에 그의 뇌는 신화에나 나올 법한 악의를 가지고 그를 괴롭힌다. 그의 의식은 시시포스의 바위처럼 꽉 쥐었다고 생각하는 순간 새어나가고 만다. 그리고 프로메테우스의 간처럼 몇 초마다 다시 자라났다가 곧 다시 뜯겨나가고 만다.*

자아의 불완전성

사랑하던 사람들이 사고 후의 게이지를 보고 "더 이상 이전의 게이지가 아니다"라고 한 말은 거론할 가치가 있는 사실을 또 한 가지 드러낸다. 친구와 가족이 볼 때 게이지는 분명히 이전과 다르게 변했다. 그런데 게이지 자신은 그런 변화를 어떻게 이해했을까? 자아감이 변하거나 감소했을까? 안타깝게도 게이지는 이 문제(혹은 다른 문제)에 관한 자신의 생각을 기록으로 남기지 않았다. 하지만 여기서도 우리는 다른 뇌 손상 사례에서 그의 자아감이 어떠했는지 유추할 수 있다.

신경과학의 기록에는 상당히 왜곡된 시각으로 자신을 바라보는 견해가 일부 포함돼 있다. 코타르 증후군 환자는 자신이 시체라고 확신한다. 다른 망상에 빠진 환자는 자신의 팔이나 다리가 세 개라고 주장한다. H.M.은 자신의 마음속에서 17세 이상으로 나이를 먹지 않았다.(거울을 건네주자, 그는 자신의 주름과 흰 머리카락을 보고서 당황하다가 무표정하게 "나는 소년이 아니군." 하고 말했다.) 어떤 기억상실증 환자는 심지어 기본 생물학적 기능까지 포함해 도저히 그럴 것 같지 않은 것까지 잊어버린다. 비범한 기억력을 가진 셰레셉스키를 연구했던 러시아 신경과학자 알렉산드르 루리아는 자제츠키Zazetsky라는 병사에 관해 또 하나의 '신경학적 소설'을 썼다. 자제츠키는 1943년에 벨라루스 근처에서 독일군과 싸우다가 마루엽에 총탄을 맞았다. 마루엽은 신체 감각을 감시하는 일을 돕는데, 마루엽이 산산조각나자 자제츠키는 화장실 가는 법을 잊어버렸다. 그는 조임근(괄약근)이 부풀어오르는 걸 느끼고 어떤 일이 일어나리란 걸 알았지만, 그다음에 어떻게 해야 하는지 전혀 기억이 나지 않았다.

하지만 가장 심한 기억상실증 환자도 자신을 잊어버리지는 않는다. 마음속 깊은 곳에서는 자신이 누구인지 절대로 잊어버리지 않는다. 예를 들면, 대부분의 기억상실증 환자는 자신의 성격을 묘사할 수 있다. 그들은 그런 성격 특성을 내비친 적이 언제인지 기억하지 못하더라도, 자신이 관대한지 성급한지 혹은 그 밖의 성격이 어떤지 안다. 또한, 다른 기억에 의지해 자신의 깊은 내면을 들여다볼 수 있다. 클라이브 웨어링은 여전히 악보를 보고 즉석에서 피아노를 연주할 수 있는데, 이에 필요한 기술은 절차(무의식적) 기억에 의존하기 때문이다. 그리고 정확한 이유는 몰라도, 음악가가 자신의 내면에 깊이 뿌리박혀 있어서 이러한 절차 기억은 잃어버린 옛날의 자아 중 일부를 되살릴 수 있다. 첫 번째 현을 누르는 순간, 악구樂句의 추진력이 그를 온전히 보전한 채 끌고 가면서 다른 때에는 볼 수 없는 일관성과 통일성이 나타난다. 그것은 마치 그가 웜홀로 빨려 들어가 뇌 회로가 전혀 손상을 입은 적이 없는 다른 차원으로 나온 것과 같다. 그러다가 다시 자신을 잃어버리는 데에서 느끼는 당혹감과 실망은 종종 아주 강렬한 감정의 격랑을 일으켜 몸에 경련이 일어날 때도 있다. 하지만 전체 연습곡이나 론도rondo(주제가 같은 상태로 여러 번 되풀이되는 형식의 음악)를 연주하는 동안은 웨어링은 어디까지나 웨어링이다.

음악에 더해 웨어링의 정서 기억도 닻을 제공한다. 그는 결혼하고 나서 2년이 못 돼 기억을 잃었는데, 그 후 30년 동안 아내 데버러에 대한 열정을 조금도 잃지 않았다. 데버러가 웨어링을 돌보려고 방문할 때마다 어김없이 그는 뛸 듯이 기뻐한다. 데버러가 화장실에라도 가면, 웨어링은 침울해졌다가 데버러가 돌아오면 다시 기쁨이 폭발한다. 그리고 몇 년 동안은, 데버러가 그날의 일을 다 보고 떠나면 그녀의 자동 응답기에 왜 한 번도 찾아오지 않느냐는 메시지를 남겼다. "사랑하는 여보. 나야, 클라이브. 지금 시각은 4시 5분……. 내가 처음으로 깨어났어." 삐. "여보? …… 여보, 나야. 클라이브. 지금 시각은 4시 18분이고, 내가 처음으로 깨어났어……." 아무리 듣기 좋은 말이긴 해도(우리 모두가 그만큼 사랑을 받았으면!) 데버러는 또 한 번의 '재회'를 위해 열정을 가장하느라 가끔은 애를 먹었다고 인정했다. 하지만 여기서 웨어링이 자신의 깊은 내면에 다가갔다는 점은 부인할 수 없는 사실이다. 그는 그것을 절대로 버리지 않을 것이고, 그것 역시 그를 절대로 버리지 않을 것이다.*

자아의 강인함은 또 다른 왜곡된 의식 사례에서 한층 더 분명하게 드러난다. 그 주인공은 2006년에 캐나다 브리티시컬럼비아 주에서 결합

쌍둥이로 태어난 태티애나Tatiana와 크리스타Krista이다. 외과의들은 이들이 태어났을 때 분리 수술을 거부했는데, 머리뼈가 함께 들러붙은 샴쌍둥이였기 때문이다.(두 여자아이는 태티애나가 오른쪽에 위치하면서 똑같은 방향을 바라보고 있다. 둘은 서로를 쳐다볼 수 없지만, 삼각형의 두 다리처럼 서로에게 기댄 채 잘 걸을 수 있다.) 공동의 머리뼈 안에서 기다란 축삭돌기 케이블이 둘의 시상을 연결하고 있다. 의사들이 아는 한, 이 '시상 다리'는 의학사에서 유일무이한 것이며, 태티애나와 크리스타가 나이가 들면서 말을 잘하게 되자, 놀라운 행동을 몇 가지 보여주었다. 둘은 마치 두 대의 스테레오 스피커처럼 동시에 말을 하며, 상대방의 입 속에 들어 있는 것의 맛을 느낄 수 있다. 혈액 검사를 하려고 둘 중 하나를 바늘로 찌르면, 다른 쪽도 움찔한다. 둘을 잠자리에 데려다놓으면, 동시에 잠이 들며, 어쩌면 꿈도 같이 꿀 것이다.

다시 말해서, 각자는 상대방의 의식에 접속할 수 있고, 자신의 생각과 감각을 상대방의 그것과 분명히 구별하지 못한다. 이들이 사용하는 대명사에도 이러한 모호함이 반영돼 있다. 이들은 기묘한 상황에서 '나'라는 대명사를 사용한다. 예를 들어 두 사람에게 각각 종이를 한 장씩 주면, 이들은 "나한테 종이가 두 장 있어."라고 말한다. 이들은 '우리'라는 말은 절대로 하지 않는데, 하나뿐인 시상이 둘을 하나로 합친 것처럼 보인다. 이 결합 쌍둥이의 뇌에는 다른 이상도 있다. 각자 자그마한 뇌들보가 하나씩 있고, 태티애나의 좌뇌와 크리스타의 우뇌(즉, 그들끼리 나눠 가진 두 반구)는 결코 완전히 발달하지 않았다. 하지만 분명히 시상 다리가 두 사람의 혼합 의식을 만들어낼 것이다.

그러나 서로의 의식을 공유하면서도 각자는 강한 개성의 징후를 드러낸다. 음식의 경우, 크리스타는 통조림에 든 옥수수를 먹을 때마다 두드러기가 나지만, 태티애나는 그렇지 않다. 크리스타는 케첩을 좋아하지만 태티애나는 싫어하며, 크리스타가 케첩을 먹을 때마다 태티애나는 자신의 혀에서 그것을 떼어내려고 애쓴다. 두 아이는 주먹으로 서로를 때리고, 눈을 찌르고, 머리카락을 잡아당기는 등 별개의 두 사람인 양 싸우기도 한다. 이것은 한 아이가 다른 아이의 뺨을 때리고 자기가 아파서 뺨을 어루만지는 것처럼 〈바보 삼총사Three Stooges〉의 장면과 비슷한 상황을 낳을 수 있다. 하지만 두 아이는 서로를 타인으로 보고 공격할 만큼 서로를 별개의 존재로 느끼는 것으로 보인다. 가끔 한 아이가 뜬금없이 마치 확인이라도 하듯이 "나는 바로 나야."라고 말한다. 물론 상대방도 지지 않고 잠시 후에 "나는 바로 나야."라고 똑같은 말을 반복함으로써 기를 꺾을 때가 많다. 하지만 각자 자신의 독립성을 주장하려는 욕구와 본능이 있는 건 분명하다.

특정 성향의 심리학자들은 사람이 고정된 중심, 즉 고정된 자아를 가진다는 사실을 늘 부정해왔다. 우리가 상황이 바뀔 때마다 사회적 환경과 대화하는 상대에 따라 얼마나 역할을 많이 바꾸고 정신적 형태가 변하는지 감안한다면, 이 심리학자들의 주장에는 일리가 있다. 하지만 신경학적으로 우리에게는 자아를 정의하고 확립하는 중심 뇌 회로가 있는 것 같다. 이런 자아감은 자전적 기억, 신체적 모습, 시간 속에서 연속성 감각, 개인적 통제 감각, 자신의 성격 특성에 대한 지식 등 수많은 가닥을 함께 엮어 짠다. 하지만 태피스트리처럼 자아는 어느 한 가닥의 완전성에만 의지하지 않는다. K.C.는 자신의 자전적 기억을 잃었고, 제1차 세계 대전 때 부상병은 얼굴을 잃었으며, 클라이브 웨어링은 연속성을 모두 잃었고, 통제 불능 손 환자는 개인적 통제 감각을 잃었다. 하지만 이들은 모두 자아감을 유지했다. 의식과 마찬가지로 자아도 어느 한 장소에 있는 존재라기보다는 집단 속에서 일어나는 과정이다. 바로 이것이 자아를 강인하게, 인생의 그 어떤 우여곡절보다 강하게 만든다.

따라서 만약 질문을 받았다면, 피니어스 게이지는 자신은 여전히 피니어스 게이지라는 느낌이 들며, 늘 그랬다고 대답했을 것이다.

인간성이 존재하는 그곳

게이지의 사례에서 아주 중요한 세부 사실 한 가지는 이마엽 앞쪽에 입은 손상 때문에 그가 겪은 심리적 변화에 관한 것이다. 불행하게도 이곳은 확실한 정보를 얻기가 가장 어려운 곳이기도 하다. 게이지를 심리적으로 평가한 연구자는 없었으며, 우리는 '이마앞엽 지역prefrontal area'이라고만 말할 수 있을 뿐, 쇠막대나 그 후에 일어난 부기나 감염으로 인해 그의 뇌에서 어떤 곳이 손상을 입었는지 모른다. 그럼에도 불구하고, 현대 신경과학자들은 게이지를 담당한 의사들이 엄밀하게 보고한 내용의 행간을 읽고서 게이지의 사례를 현대 환자들의 그것과 동일시하려는 충동을 느꼈다.

흔히 '현대의 피니어스 게이지'라 불리는 환자는 감정을 다루는 장에서 나왔던 엘리엇이다.(엘리엇은 종양 때문에 이마엽이 손상된 후 식사를 할 음식점을 선택하거나 세금 서류를 분류하는 방법을 고민하느라 몇 시간을 보냈다. 또, 의심스러운 곳에 투자를 했다가 저축한 돈을 날리기도 했다.) 신경과학자들이 엘리엇과 게이지를 연관 짓는 이유는 두 사람 다 이마앞엽 손상의 전형적인 증상인 성격 변화가 나타났기 때문이다. 이마앞엽 손상을 입었다고 죽는 경우는 드물며, 감각과 반사, 언어, 기억, 추론 능력도 온전하게 보전된다. 실제로 모르는 사람이 게이지나 엘리엇과 1분 동안 대화를 나누면, 그들에게서 이상한 것을 전혀 느끼지 못할 것이다. 하지만 그들을 잘 알고 신경을 쓰는 사람들은 그 차이를 즉각 알아챘다. 정신적

이마엽

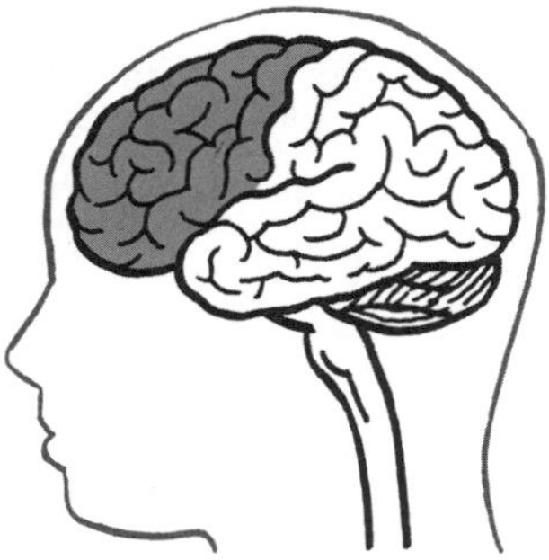

변화는 얼굴 흉터만큼이나 뚜렷했다. 이마앞엽 손상은 그 사람을 죽이진 않을지라도, 우리가 그 사람에게서 아주 소중하게 여기는 것을 죽일 수 있다.

하지만 성격 변화 외에는 게이지와 엘리엇의 이야기가 실제로 얼마나 유사한지 알기 어렵다. 어떤 면에서 그 유사성은 우리의 호기심을 부추길 만큼 그럴듯해 보인다. 두 사람 다 뇌 손상을 입고 나서 원래의 일자리로 복귀하지 못했고, 갑자기 금전 감각을 잃었다. 엘리엇은 잘못된 투자로 손실을 입었고, 게이지는 하찮은 조약돌을 1000달러에 팔라는 제의를 거절했다. 그리고 둘 다 공공장소에서 창피를 모르는 것처럼 행동했다. 게이지는 해적처럼 욕을 해댔고, 사람들에게 자신의 머리카락을 헤집어 동전을 찾게 했다. 엘리엇은 자신의 삶에서 아주 비루한 이야기까지 조금도 부끄러워하는 기색 없이 털어놓았는데, 40대의 나이에 부모 집으로 다시 들어가 산다는 이야기까지 했다. 두 사람 다 무생물체에 애착을 보였다. 게이지는 자신의 쇠막대를 어디든지 가지고 다녔고, 엘리엇은 신문, 죽은 화초, 오렌지 주스 농축액이 들었던 빈 깡통 등을 모았다. 두 사람은 충동의 노예가 된 것처럼 보였다. 엘리엇이 창녀와 결혼한 일은 게이지의 의사가 자기 환자는 '동물적 격정'에 지배당하는 것 같다고 언급한 것만큼이나 형편없는 행동이었다. 두 사람 다 사랑하는 사람들에게 냉담함으로 상처를 주었고, 감정 장애 징후를 보였다. 엘리엇의 감정은 죽은 것이나 다름없어 그 어떤 것도(음악과 그림, 그리고 심지어 그가 경멸한 정치도) 그의 흥미를 자극하지 못했다. 게이지는 사고 후유증으로 감정 기복이 없이 기묘할 정도로 무관심한 태도를 보였는데, (현대의 일부 논평가들이 주장하듯이) 마치 엽 절개술을 받은 사람 같았다.

그렇긴 하지만, 게이지의 이야기는 다르게 읽을 수도 있다. 여기서는 엘리엇과 비교한 이야기가 과장되고 부당한 것처럼 보인다. 우리는 사실 게이지의 정신적 삶에 대해 아는 게 거의 없으며, 우리가 아는 것도 자세히 읽어보면 모호하고 수수께끼처럼 보인다. 게이지에게서 갑자기 나타났다는 '동물적 격정' 이야기를 살펴보자. 매우 인상적으로 들리긴 하지만, 도대체 이것은 무엇을 의미할까? 음식을 너무 많이 먹었다거나 잠을 너무 많이 잤다는 뜻일까? 섹스에 과도하게 탐닉했단 뜻일까? 달을 보고 울부짖었다는 뜻일까? 그 답은 전적으로 어떻게 해석하느냐에 달려 있다. 이번엔 사물에 대한 애착을 살펴보자. 게이지가 어디를 가든지 쇠막대를 들고 다닌 것은 사실이다. 하지만 그렇다고 해서 그를 비난할 수 있을까? 자신의 뇌를 개조한 쇠막대에 애착을 느끼는 것은 냉동 오렌지 주스 깡통을 모으는 것보다 분명히 더 합리적이다. 게이지의 감정에 대해 말하자면, 사고 직후의 무관심한 태도(이것은 충격 때문일 수 있다) 외에는 나머지 생애 동안 그의 정서적 삶이 어떠했는지 우리가 아는 것은 전혀 없다. 그리고 게이지는 한번 세운 계획대로 행동하는 데 어려움을 겪었고, 공공장소에서 욕설을 자제하는 충동 조절 능력을 잃은 것처럼 보였지만, 대화에서 "제기랄!"이나 "빌어먹을!"과 같은 욕을 섞어 썼다고 해서 그를 엘리엇과 같다고 볼 수는 없다.

사실, 일부 현대 역사학자들*은 게이지가 사고 직후에 이마엽 손상의 징후들을 보인 반면, 그다음 10년 동안 엘리엇과 달리 일부 기능을 회복한 것 같다고 강하게 주장했다. 그는 결코 옛날의 피니어스 게이지가 되지는 못했지만(그럴 가망은 전혀 없었다), 부정적인 특성 중 일부는 그 정도가 약해지거나 아예 사라졌는데, 잃어버린 기능을 회복할 만큼 뇌의 가소성이 좋았기 때문일 것이다.

게이지는 바넘 박물관과 뉴햄프셔 주의 마구간에서 일하다가 1852년에 칠레로 갔다. 아마도 골드러시 열풍에 휩쓸렸을 것이다. 그는 항해 내내 뱃멀미에 시달렸다. 상륙한 뒤에는 마차를 몰면서 발파라이소와 산티아고 사이의 울퉁불퉁한 산길을 따라 승객을 실어나르는 일자리를 얻었다. 뇌 손상의 정도를 감안하면, 그가 이 일을 무려 7년 동안이나 성공적으로 해냈다는 사실은 믿기 어렵다. 말 여섯 마리가 끄는 마차를 몰았을 가능성이 큰데, 각각의 말을 제대로 통제하면서 마차를 운전하려면 아주 능숙한 솜씨가 필요했을 것이다. 예를 들어 마차가 뒤집어지지 않게 하면서 모퉁이를 돌려면, 안쪽에서 도는 말 세 마리의 속도를 바깥쪽에서 도는 말 세 마리보다 늦춰야 하는데, 오로지 힘의 강도를 달리해 고삐를 잡아당기는 것만으로 이렇게 해야 한다.(네 바퀴가 각각 따로 노는 자동차를 운전한다고 상상해보라.) 게다가 그 길은 혼잡하여 급정거와 갑작스런 방향 전환도 자주 해야 했고, 때로는 밤에도 마차를 몰아야 했기 때문에, 게이지는 모든 굽잇길과 모퉁이와 깎아지른 낭떠러지를 다 기억하는 동시에 언제 튀어나올지 모르는 강도에도 주의를 기울여야 했다. 또한, 말도 돌보아야 했을 것이고, (금전 감각이 전혀 없었다는 주장과 어긋나게) 승객에게서 요금도 받아야 했을 것이다. 당연히 칠레에서 에스파냐어도 약간 배웠을 것이다. 이 애꾸눈 마부가 몇 년 전에 사고를 당한 것을 알았더라면 승객 중 과연 몇 명이나 그의 마차를 탔을지 의문이지만, 게이지는 잘 해나갔던 것으로 보이며, 그 점에서는 엘리엇보다도 훨씬 나았다.

게이지가 칠레에서 새 인생을 개척했다고 해서 그의 뇌가 완전히 회복했다는 뜻은 아니다. 단지 뇌가 약간 회복되었을 뿐이다. 앞에서 보았듯이, 뇌의 신경 회로는 어떤 상황에서 스스로 배선을 새로 연결할 수 있다. 아마 게이지는 이마엽(특히 오른쪽)이 상당 부분 온전히 남아 있어서 잃어버린 사회적 기술과 실행 기술을 보완할 수 있었을 것이다. 적어도 게이지는 현대의 많은 글에서 묘사한 것처럼 주정뱅이 사회병질자로 전락하지는 않았다.

게이지가 잘 살아갈 수 있도록 도움이 된(그리고 엘리엇은 왜 잘 살아가지 못했는지 설명할 수 있는) 한 가지 요소는 게이지가 한 일이 정형화되어 있었다는 점이다. 그는 매일 아침 동이 트기 전에 일어나 말과 마차를 준비했고, 그다음 13시간 동안은 발파라이소와 산티아고 사이의 똑같은 길을 따라 마차를 몰며 왕복했을 것이다. 앞에서 언급했듯이, 이마엽 손상을 입은 환자는 과제(특히 정형화되지 않고 변화가 일어날 수 있는 과제) 수행에 어려움을 겪는 경우가 많은데, 주의가 흐트러지거나 과제에 압도될 수 있기 때문이다. 하지만 게이지는 그저 돌아설 시간이 될 때까지 앞으로 계속 마차를 몰고 나아가기만 하면 되었고, 하루하루가 거의 똑같이 흘러갔다. 이것이 그의 삶에 정형화된 뼈대를 제공했고, 삶의 파탄을 면하게 해주었을 것이다. 게이지는 더 이상 이전의 게이지가 아니었을지 몰라도, 그의 삶은 결코 헛된 삶이 아니었다.

그럼에도 불구하고, 게이지는 뇌 손상의 후유증에서 완전히 벗어나지 못했다. 그리고 그 후유증이 그를 덮쳤을 때, 종말은 아주 빠르게 다가왔다. 게이지는 점점 건강이 나빠져 칠레를 떠나야 했다. 1859년에 가족이 이사를 간 곳에서 가까운 샌프란시스코로 가는 기선을 탔다. 그는 몇 달을 쉰 뒤에 농장에서 일했고, 건강이 점점 좋아지는 것처럼 보였는데, 1860년 초에 밭을 갈며 아주 힘든 하루를 보내다가 그만 탈진하고 말았다. 이튿날 밤 식사를 하다가 발작이 일어났고, 그 뒤에 더 많은 발작이 잇따랐다.

게이지는 발작이 일어나는 이 기간에도 불굴의 투지로 일을 계속 했지만, 갑자기 안절부절못하고 변덕이 심해져서 이 농장 저 농장을 떠돌아다녔는데, 늘 일을 그만둘 핑계를 찾았다. 마침내 5월 20일 오전 5시에 어머니 집에서 쉬던 도중에 이전보다 훨씬 격렬한 발작이 찾아왔다. 사실, 이 발작 뒤로는 발작이 멈춘 적이 없었고, 게이지는 발작이 멈추지 않고 계속되는 이른바 뇌전증 지속 상태에 들어갔다. 그러다가 5월 21일에 36세의 나이로 사망했다. 사고를 당한 지 거의 12년이 지난 시점이었다. 가족은 이틀 뒤에 그의 시신을 매장했다. 게이지가 애지중지하던 쇠막대도 함께 묻어주었을 것이다. 신경과학이라는 측면에서 헤아릴 수 없이 큰 이 손실에도 불구하고, 샌프란시스코에는 그의 뇌를 보존해 줄 브로카 같은 사람이 없었다.

존 할로가 아니었더라면 게이지의 이야기는 이걸로 끝났을지 모른다—작은 도시에서 일어난 별 볼일 없는 비극적 사건으로. 할로는 게이지가 1852년에 칠레로 떠난 뒤에 그와 연락이 끊겼다.(할로가 한눈을 판 일 중에는 정치도 있었는데, 나중에 매사추세츠 주 상원 의원이 되었다.) 그래도 할로의 마음 한구석에는 늘 게이지가 자리잡고 있었다. 그는 게이지가 의학계에 기여할 것이 더 있으리라는 생각을 떨칠 수 없었다. 그래서 1866년에 게이지 어머니의 주소를 알아내자(구체적으로 밝히지 않은 '행운'을 통해), 새로운 소식을 알기 위해 캘리포니아 주로 편지를 보냈다.

부검을 하지 않았다는 사실이 몹시 아쉽긴 했지만, 할로는 게이지 가족과 편지를 주고받으면서 게이지의 삶에 대해 세부 사실들을 더 알아냈다. 그리고 나서 게이지의 여동생 피비Phebe를 설득해 1867년 후반에 게이지의 머리뼈를 얻기 위해 그의 무덤을 파헤치는 데 성공했다. 발굴 작업은 큰 이목을 끌었던 것 같은데, 현장에는 피비와 그 남편, 가족 주치의, 장의사, 심지어 쿤 박사Dr. Coon라는 샌프란시스코 시장까지 참석해 관 속을 들여다보았다. 게이지 가족은 몇 달 뒤에 뉴욕으로 가 할로에게 머리뼈와 쇠막대를 직접 건네주었다. 할로는 가족과 면담을 하고 머리뼈를 조사한 뒤, 1868년에 게이지에 관한 사례 보고서를 자세하게 썼다. 게이지의 심리적 변화에 대해 오늘날 우리가 아는 내용이 그 보고서에 거의 다 담겨 있었다. 게이지에 대한 연구를 마치고 나서 할로는 머리뼈와 쇠막대를 하버드 대학의 해부학 박물관에 기증했고, 이것들은 지금도 이곳에 보관돼 있다.

할로가 게이지를 집요하게 추적하고 그의 이야기를 기록으로 남긴 이유 중 하나는 그렇게 하지 않으면 후세대가 게이지에 관한 이야기를 잊어버릴 것이라고 생각했기 때문이다. 하지만 게이지가 사고를 당하고 나서 20여 년 동안 신경과학에는 큰 변화가 일어났다. 유럽에서는 갑자기 뇌의 국재화를 둘러싼 논쟁으로 끓어올랐고, 비록 대부분의 유럽인은 미국 과학을 대단치 않게 여겼지만, 게이지가 당한 사고는 너무나도 특이하여 결코 무시할 수 없었다. "참말인가요, 양키? 쇠막대가 그의 머리뼈를 뚫고나갔다는 게?" 그 후 수십 년 동안 신경과학자들은 게이지의 사례를 놓고 진지한 토론을 벌였다.

사실, 게이지는 확실한 정보가 부족했기 때문에 더 유명해졌다고도 볼 수 있는데, 그로 인해 해석과 논쟁의 여지가 커졌기 때문이다. 게이지는 신경과학자들 사이에서 로르샤흐 테스트에 쓰이는 얼룩 비슷한 것이 되었는데(이 점은 오늘날에도 마찬가지), 이것은 각 시대의 열정과 강박이 어떤 것이었는지 보여준다. 골상학자들은 게이지의 '존경심 기관'이 파괴되었다고 지적하면서 욕설과 같은 일부 증상을 설명했다. 로버츠 바솔로는 게이지를 인용하면서 자신이 메리 래퍼티의 드러난 뇌에 실험을 한 행위를 옹호했다. 게이지가 머리뼈를 관통당하고도 살아남을 수 있었다면, 약간의 전기 자극으로 래퍼티가 죽을지 어떻게 알았겠느냐고 주장했다. 기묘하게도 신경과학자들은 게이지의 사례에서 통찰을 얻었다. 그의 내면에서 달라진 것이 있든 없든, 게이지는 사람이 뇌 조직을 상당량 잃고도 살아남을 수 있다는 것을 입증했다. 이것은 사망률이 엄청나게 높던 시절에 외과의들에게 자신감을 심어주었고, 특정 뇌 질환을 치료하기 위한 외과 수술을 정당화했다.

무엇보다도 게이지의 사례는 시대를 초월한 신경과학의 고전적 논쟁으로 휘말려 들어갔는데, 그것은 바로 국재화와 인간성이 존재하는 곳을 둘러싼 논쟁이었다. 국재화 이론에 반대하는 많은 사람들은 탕과 틀로 같은 사례에 대항하기 위해 게이지의 사례를 통합적이고 비非국재화된 뇌를 뒷받침하는 증거로 내세웠다. 그들은 게이지가 광범위한 손상을 입었으면서도 정신 기능이 대부분 멀쩡하게 살아남았다는 점을 무엇보다도 강조했다. 게이지는 여전히 추론하고 기억하고 얼굴을 인식할 수 있었으며, 새로운 기술도 배울 수 있었다. 게다가 순전히 오해 때문이었지만, 반대자들은 쇠막대가 뒤쪽 이마엽—브로카를 비롯해 국재화 이론을 지지하는 사람들이 언어 중추와 운동 중추가 있는 곳이라고 생각한 바로 그 지역—을 파괴했다고 생각했다. 게이지는 이런 기술들을 전혀 잃지 않았기 때문에, 반대자들은 국재화 이론이 틀린 게 분명하다고 주장했다.

국재화 이론 지지자들은 슬쩍 피하면서 이 공격을 막아냈다. 그들은 게이지의 정신 기능이 대부분 온전하게 살아남았다는 사실은 인정했지만, 그런 기능들은 다른 엽에 위치할지도 모른다고 응수했다. 게다가 이들은 1849년에 일어난 한 실험을 들고 나왔다. 이 실험에서는 쇠막대가 게이지의 머리를 관통한 경로를 확인하기 위해 송장 머리뼈에 구멍을 뚫었다. 앙리 2세를 담당한 의사들이 목이 잘린 죄수의 머리뼈를 창끝으로 두들긴 것과 비슷하게 들릴 수도 있지만, 이 실험에서는 실제로 유용한 정보가 나왔다. 이 실험은 쇠막대가 게이지의 언어 중추와 운동 중추를 비켜간 게 거의 확실하다는 것을 입증함으로써 반대자들의 입을 다물게 했다. 무엇보다도, 국재화 이론 지지자들은 (나머지 모든 것은 온전하게 남았다 하더라도) 게이지의 성격이 크게 '변했다는' 사실을 지적했다. 인간의 마음은 단지 각각 독립적으로 작용하는 기억과 언어와 추론과 감각 데이터가 합쳐진 것이 아니다. 이 모듈들이 합쳐져 공통의 표현을 찾아내야 한다. 그런 일은 이 독립적인 재능들을 통합하는 허브 역할을 하는 이마엽에서 일어난다. 그리고 그 허브가 파괴되었을 때, 게이지는 인간성의 본질에 해당하는 어떤 것을 잃었다. 그는 더 이상 이전의 게이지가 아니었다.

결국 국재화 이론이 승리를 거두었다. 게이지의 이마앞엽 손상이 성격 변화의 원인이라는 증거가 아주 많았다. 거기서 현대 신경과학의 창시 원리 중 하나까지는 작은 한 걸음만 남아 있었다. 그 원리란 바로 뇌와 마음이 서로 맞물려 있다는 것이다. 회색질과 백색질 속 어딘가에서 특정 방식으로 전기 자극을 받거나 특정 수프에 적셔지면 관대함과 인내심, 친절, 집요함, 상식 — 혹은 이런 것들이 결여된 상태 — 를 만들어내는 살 조각을 발견할 수 있다. 게이지의 사례 하나만으로는 이러한 결론에 이를 수 없었다. 하지만 그 후 과학자들은 인간 마음의 찬란한 아름다움은 뇌의 복잡함에서 직접 유래한다는 실제적인 증거를 발견했다. 게이지의 삶이 아무리 안개에 싸여 있고 논란의 여지가 많다 하더라도, 그의 이야기는 우리를 진실을 향해 나아가게 했기 때문에, 그는 신경과학의 역사에서 가장 중요한 사례로 남게 되었다.

인간의 조건에 대한 이해

게이지의 이야기는 다른 이유에서도 우리의 마음을 사로잡는다. 이야기는 어떤 과학 분야보다도 신경과학에서 더 중요한 비중을 차지하는데, 이 책에서 줄곧 보아온 것처럼 그 이야기들은 항상 쉽게 받아들일 수 있는 것이 아니었다. 실제로 어떤 이야기는 너무 정곡을 찔러 듣기에 편치 않았다. 다른 분야와 달리 우리 중 누구라도 자신의 의도나 잘못과 상관없이 언젠가 신경과학에 중요한 기여를 할 수 있다. 그렇게 되면 우리 이름(혹은 적어도 이니셜)이 교과서에 영원히 기록될지 모른다. 신경과학의 나머지 많은 측면과 마찬가지로 이것은 생각만 해도 놀랍지만, 한편으로는 오싹한 느낌도 든다.

게이지의 경우, 그의 생애가 전설이 된 것은 당연해 보인다. 신경과학의 역사에서 게이지와 많은 사람들(쿠루병 식인종, 뇌하수체 거인, 눈이 먼 제임스 홀먼)은 때로는 신화나 동화에 나오는 인물처럼 보인다. 그리고 동화처럼 이 이야기들은 우리에게 많은 교훈을 주었다. 이제 우리는 신경세포들이 신호를 어떻게 발사하고, 신경전달물질을 어떻게 교환하는지 안다. 이제 우리는 욕구와 동물적 충동의 배경에 무엇이 있는지 알며, 이러한 기본 구성 요소들로부터 우리가 어떻게 생각하고 움직이고 커뮤니케이션을 하는지 재구성할 수 있다. 무엇보다도, 우리는 우리가 지닌 모든 심리적 속성에 물질적 기반이 있다는 사실을 안다. 그래서 만약 어떤 부분이 손상된다면, 우리는 정신 레퍼토리 중에서 어떤 것이라도 (그것이 아무리 신성한 것이라도) 잃을 수 있다. 그리고 우리는 세포 수십억 개의 윙윙거림을 도깨비 방망이처럼 창조적인 인간 마음으로 만드는 연금술을 아직 완전히 이해하지 못했지만, 새로운 이야기들 덕분에 커튼을 조금씩 더 열어젖히고 있다.

어쩌면 과학보다 더 중요한 것은 이런 이야기들이 인간의 조건에 대한 이해를 풍부하게 해준다는 점이다.(사실, 이야기의 핵심은 이것이다.) 픽션이건 논픽션이건 다른 사람들의 삶을 다룬 이야기를 읽을 때마다 우리는 자신을 등장인물의 마음속에 투영한다. 그리고 솔직히 말해서, 여태까지 내 마음은 뇌 손상을 입은 사람들의 마음속을 들여다보려고 노력했을 때만큼 능력을 최대한 발휘하려고 하거나 그토록 열심히 애쓴 적이 없었다. 그들은 많은 점에서 분명히 인간이지만, 어떤 점에서는 인간을 벗어난 것처럼 보이기도 한다. 햄릿도 H.M.과 비교하면 아주 쉽게 파악할 수 있는 사람처럼 보인다.

하지만 이야기의 힘은 바로 그런 간극을 뛰어넘는 데 있다. 이 사람들의 마음이 우리 마음과 똑같은 방식으로 작용하지 않는다는 것은 사실이다. 하지만 그래도 우리는 여전히 기본적인 인간 차원에서 그들에게 동질감을 느낄 수 있다. 그들은 우리와 똑같은 것을 원하고, 똑같은 실망을 느끼며 견뎌낸다. 똑같은 것을 느끼고, 자신에게서 떠나간 삶에 대해 똑같은 당혹감을 느낀다. 그들의 비극조차도 약간의 위안을 제공하는데, 만약 우리 중 누가 비극적인 손상을 입는다면(혹은 알츠하이머병이나 파킨슨병처럼 노화와 함께 찾아오는 불치병에 걸린다면), 우리 마음은 그 사람과 똑같은 집요함으로 내면의 자신을 고수하리라는 것을 알기 때문이다. 즉, 내 속에 있는 '나 자신'은 사라지지 않을 것이다.

이 책에는 비극적인 손상을 입은 뒤 불행한 운명을 맞이한 사람들의 이야기가 많이 나온다. 하지만 복원력을 보여주는 이야기도 많다. 우리는 모두 취약한 존재인 동시에 무척 강한 존재이다. 뇌 손상으로 삶이 망가진 대표적 사례인 피니어스 게이지조차 대부분의 과학자가 기대했던 것보다 더 많이 회복했을지 모른다. 어떤 사람의 뇌도 평생 동안 아무런 손상을 입지 않고 버텨나갈 수는 없다. 하지만 뇌와 관련해서 정말로 중요한 사실은 어떤 변화가 일어나더라도 아주 많은 것이 온전하게 살아남는다는 것이다. 사람들의 마음이 제각기 다르다고 해도, 이 점만큼은 우리 모두가 공유한 특징이다. 사고를 당하고 나서 가족과 친구들은 피니어스 게이지가 더 이상 예전의 피니어스 게이지가 아니라고 말했다. 음, 사실은 그는 예전의 피니어스 게이지이기도 했고, 아니기도 했다. 그리고 나머지 사람들도 모두 그와 다를 바가 없었다.

감사의 말

여러분이 들고 있는 이 책은 많은 뇌의 협력을 통해 탄생한 결과물이다. 내가 그들의 집단 의식에 다가가 거기에 저장된 결과를 얻는 기회를 잡을 수 있었던 것은 아주 운이 좋았다고 생각한다. 아래에 소개하는 사람들은 모두 이 책의 탄생에 중요한 기여를 했다. 혹시라도 내 실수로 명단에서 누락된 사람이 있다면, 매우 부끄러운 일이긴 하지만 내가 감사하는 마음이 없어서 그런 게 아님을 알아주기 바란다.

사랑하는 사람들에게 또 한 번 큰 고마움을 표시하고 싶다. 부모님인 진Gene과 진Jean은 말 그대로 내 평생 동안 나를 위해 존재했고, 가끔 내가 글에서 그들을 언급하더라도 훌륭한 유머로 대해주었다.(사실, 어머니가 426쪽의 행복한 얼굴과 슬픈 얼굴 테스트에 실패했음을 굳이 이야기하려 하지 않는 이유도 이 때문이다. 어머니는 반대로 생각한다.) 내가 아는 가장 멋진 사람 중 둘인 내 형제 벤Ben과 베카Becca에게도 똑같은 말을 하고 싶다. 이번에는 이 명단에 꼬마 아이 페니 슐츠Penny Schultz와 해리슨 슐츠Harrison Schultz도 넣을 수 있어 무척 기쁘다. 워싱턴 D.C.와 사우스다코타 주를 비롯해 전국에 있는 내 친구들은 내가 힘든 시기를 무사히 넘기도록 도움을 주었고, 아직도 그들과 좋은 것들을 함께 나눌 수 있어 행복하다.

내 에이전트인 릭 브로드헤드Rich Broadhead는 처음부터 이 아이디어를 좋아했고, 훌륭히 마무리짓도록 도움을 주었다. 격려와 통찰력으로 최선의 결과가 나오게 이끌어준 담당 편집자 존 파슬리John Parsley에게도 감사드린다. 나는 존을 만나기 전에도 많은 시간을 글을 쓰며 보냈지만, 존은 '책'을 쓰는 것이 어떤 것인지 새롭게 깨우쳐주었다. 맬린 폰 오일러-호건Malin von Euler-Hogan, 캐럴린 오키피Carolyn O'Keefe, 모건 머로니Morgan Moroney, 페기 프로이덴설Peggy Freudenthal, 데버러 제이콥스Deborah Jacobs, 크리스 제롬Chris Jerome을 포함해 리틀브라운 출판사와 그 주변에서 일한 사람들도 내게 소중한 도움을 주었다. 이번에도 강렬한 표지를 디자인한 윌 스테일Will Staehle과, 수수께끼 그림과 뇌 그림을 그려준 앤드루 브로지나Andrew Brozyna에게도 감사드린다.

끝으로, 이야기에 살을 붙이거나 정보를 찾는 데 도움을 주거나 설명을 위해 귀중한 시간을 내줌으로써 각각의 장과 구절에 기여한 많은 과학자와 역사학자에게 특별한 감사를 표시하고 싶다. 그 수가 너무 많아서 여기에 일일이 열거할 수는 없지만, 그렇다고 내가 그 도움을 잊은 것은 결코 아님을 알아주기 바란다.

1부 섬뜩한 해부학

1장 뇌과학자들의 결투

35쪽 이것이 그녀를 만족시켰는지를 놓고 야한 추측과 농담이 난무했다 노트에 온 것을 환영한다! 본문에서 별표(*)를 볼 때마다 이곳으로 오면 해당 주제에 관한 보너스 자료 또는 좀 더 명확한 설명을 볼 수 있다. 별표를 보았을 때 무슨 주가 달렸는지 당장 보고 싶다면, 그때마다 그렇게 하면 된다. 혹은 각 장이 끝난 뒤에 그 장에 해당하는 주를 마치 후기를 읽듯이 한꺼번에 읽어도 된다. 어쨌든 꼭 이곳에 들러 주를 읽어보기 바란다. 기상천외한 사실과 흥미진진한 소문을 많이 소개하겠다.

공작이 벌거벗은 14세 공주의 다리를 애무했다는 이야기가 엽기적으로 들릴지 모르지만, 공주의 어머니 카트린의 첫날밤에 비하면 아무것도 아니었다. 같은 나이에 파리에 도착한 카트린은 방 한쪽 구석에 자리를 잡고 앉아 지켜보고 있는 시아버지 프랑수아 1세François I 앞에서 앙리 2세와의 첫날밤을 치러야 했다. 다음 날, 프랑수아 1세는 고문들에게 앙리 2세와 카트린이 "둘 다 마상창시합 같은 용맹함을 보여주었다."라고 말했다.

40쪽 미술과 과학의 위대한 결합 베살리우스 이후에 해부학 교과서에 실린 그림들에서는 가능한 한 우스꽝스러울 만큼 사실적으로 묘사하는 방식이 유행했다. 세부 묘사를 얼마나 충실히 했는지 보여주려고 어떤 화가는 시체의 내장에 들러붙은 파리까지 집어넣었고, 어떤 사람은 태아를 둘러싼 양막에 비친 창유리까지 그렸다(그림 참고). 어떤 사람들은 심지어 《인체의 구조에 관하여》와 그 밖의 해부학 책을 사람 가죽으로 제본하기까지 했다.

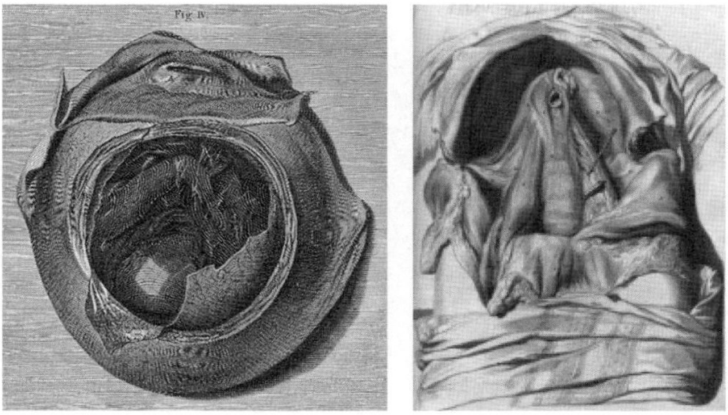

지나친 사실주의. 왼쪽 : 태아를 둘러싼 양막에 비친 창유리. 오른쪽 : 해부한 시체를 뜯어먹으려고 내려앉은 파리.

47쪽 충격을 직접 받은 곳의 반대쪽 앙리 2세의 뇌가 왜 맞충격 손상만 입었는지 그 이유는 지금도 정확하게 모른다. 현대의 연구 결과들에 따르면, 뇌의 갑작스런 가속은 대개 움직이는 물체가 머리에 부딪쳐서 생긴다. 이것은 충격을 받은 곳과 같은 쪽에 손상(이것을 타격 손상coup injury이라 부른다.)을 주는 경우가 많다. 이와 반대로 뇌의 감속은 움직이는 머리가 정지한 물체에 충돌한 결과로 생기는데, 대개 맞충격 손상을 초래해 충격을 받은 곳의 반대편이 손상된다. 하지만 이것은 고정불변의 법칙은 아니다. 두 경우 모두 타격 손상과 맞충격 손상 중 어느 쪽이든 일어날 수 있으며, 심지어 충격이 머리뼈 안에서 왔다 갔다 하면서 두 가지가 다 일어날 수도 있다. 앙리 2세의 경우에는 움직이는 물체(창끝)가 머리에 충돌했을 때, 그의 머리가 이미 움직이고 있었다는 사실 때문에 물리적 현상이 더 복잡하다.

54쪽 남성성이 넘치는 오늘날의 운동 선수들 미식축구 선수였던 주니어 소Junior Seau와 많은 프로 운동 선수들은 현역 시절에 뇌진탕을 숱하게 경험한다. 따라서 나중에 생기는 질환이나 자살은 분명히 뇌진탕과 관계가 있는 것으로 보인다. 물론 '모든' 문제를 뇌 손상과 연결 지을 수는 없다. 운동 선수는 은퇴한 뒤에 다른 이유로 방황하는 경우도 많기 때문이다. 몇 년 동안 매일 무엇을 해야 하는지 지시를 받으며 살다가 은퇴하고 나면, 갑자기 삶에서 뼈대가 사라진 것처럼 느껴진다. 늘 환영과 칭송을 받고 살다가 은퇴하고 나면 불현듯 삶이 고독해질 수 있다. 20대에 백만장자가 됐다가 순식간에 빈털터리가 되기도 한다. 그런 상태에서 우울증에 걸리는 것은 전혀 이상한 일이 아니다.

그런데 여기서 그치지 않고, 더 심각한 일이 일어날 수 있다. 40세의 뇌가 신경 변성 질환에 걸린 90세의 뇌와 같아서는 안 되지만, 부검을 해보면 그런 일이 일어난다. 그 손상은 현대전에서 급조 폭발물로 생긴 외상과 비슷하다. 군의관들은 이미 만성적이고 광범위한 뇌 손상을 최근에 일어난 이라크와 아프가니스탄 전쟁의 '특징적인 손상'이라고 선언했다. 미식축구 팬들은 선수가 전방십자인대 부상이나 잔디 발가락 turf toe(엄지발가락 관절에 생긴 손상. 운동할 때 엄지발가락에 체중 부하가 많이 실려 발생함 — 옮긴이) 같은 부상을 입으면 안타까워하지만, 뇌 손상 역시 미식축구의 특징적인 손상일지 모른다.

NFL(내셔널 풋볼 리그)이 뇌진탕 및 뇌 손상에 대해 7억 6500만 달러에 선수들과 협상을 타결한 것은 NFL이 마침내 이 문제를 심각하게 받아들이기 시작했다는 증거이다. 하지만 냉소적인 나는 그래도 상황은 별로 달라질 게 없을 것이고, 그 돈은 그저 팬들의 집단 양심을 달래는 데 그치지 않을까 우려한다. 그리고 어떤 측면에서는 NFL 선수들에게 초점을 맞추는 것은 문제의 핵심에서 벗어나는 것이다. 고등학교와 대학교 미식축구 선수들의 뇌는 여전히 계속 형성 중이고 손상에 더 취약한데, 이들은 자신이 겪는 고통에 아무런 금전적 보상도 받지 못한다. 나는 앞으로 10년이 지나면 어머니들이 과연 자녀에게 미식축구를 시킬지 가끔 의문이 든다. 음주운전 반대 어머니회는 이미 조직돼 있다. 머지않아 미식축구 반대 어머니회도 생길까?

2부 세포, 감각, 회로

2장 암살자의 수프

71쪽 흑색 반응 다른 버전의 전설에 따르면, 흑색 반응의 발견에는 청소를 해주던 여자의 기여가 있었다. 어느 날 밤에 그 여자는 올빼미 뇌와 질산은 용액을 모두 쓰레기통에 버렸는데, 거기서 뇌와 질산은 용액이 섞였다. 그리고 다음 날 아침에 골지가 쓰레기통에서 그것을 꺼내 현미경으로 들여다보았다고 한다.

74쪽 수직 방향의 조직 겉질의 신경세포들은 일반적으로 여섯 층을 이루어 배열돼 있다. 이 배열을 처음으로 묘사한 사람도 카할이다. 이 책에서 각각의 겉질층을 심도 있게 다루지는 않지만, 그래도 개략적이나마 구조를 알고 싶다면 아래 설명을 읽어 보라.

각 층은 I층부터 VI층까지 번호가 매겨져 있는데, 머리덮개(두피)에 가장 가까운 층이 I층이고, 가장 깊은 층이 VI층이다. 데이터는 대개 가장 복잡한 층인 IV층을 통해 겉질로 들어온다.(사실, IV층은 다시 IVa층, IVb층, IVc층, …… 등으로 세분하기도 한다.) IV층의 신경세포는 그 정보를 위층이나 아래층으로 보낼 수 있다. 만약 위층으로 보내면, 특히 II층과 III층이 그 정보를 처리하는 작업에 착수한다. 이 작업을 하려면 수평 방향으로 근처의 다른 기둥들과 연결하는 게 필요하겠지만, 그냥 내부에서 처리하는 경우가 많다. IV층의 신경세포 역시 정보를 아래층인 V층과 VI층으로 보낼 수 있다. V층과 VI층은 정보를 뇌의 다른 부분들로 보내는데, 이 두 층은 정보를 다른 곳으로 송신하는 백색질 케이블과 가장 가까이에 위치하기 때문에 이치에 맞아 보인다. 대체로 V층의 신경세포들은 뇌에서 멀리 떨어진 부분이나 척수로 정보를 전달하는 반면, VI층의 신경세포들은 무엇보다 중요한 시상(이에 대해 자세한 내용은 나중에……)에 정보를 전달한다.

흥미롭게도, 어떤 과학자들은 어느 순간에 어느 층이 활발하게 활동하느냐를 보고서 뇌가 무슨 일을 하는지 알 수 있다고 주장한다. 만약 위층들만 활발하게 활동한다면, 뇌는 생각을 하거나 예상을 하거나 계획을 세우고 있다. 만약 여섯 층이 모두 다 활성화된다면, 행동이 임박했다는 신호인데, 오직 아래층들만이 중요한 시상과 척수에 연결돼 있기 때문이다.

그건 그렇고, 이 층들의 신경세포들을 연산을 수행하는 초소형 논리 게이트로 간주하는 개념이 한동안 인기를 끌었다. 뇌가 많은 것을 계산하니까 나쁜 비유는 아니지만, 이 개념은 신경세포의 본질적인 속성을 간과하고 있다. 전기 회로의 논리 게이트는 어떤 면에서 정적인 상태에 있다고 말할 수 있는데, 늘 똑같은 일을 하기 때문이다. 하지만 신경세포는 정적인 상태가 아니다. 신경세포는 동적이며, 시간이 지나면서 행동이 변한다. 일부 과학자와 철학자(플라톤까지 거슬러 올라가면서!)가 말한 것처럼, 뇌를 도시로, 신경세포들을 사람들로 생각하는 게 더 정확한 비유일 것이다. 도시에 사는 사람들은 여러 가지 면에서 서로 비슷하다. 그들은 모두 먹고, 숨 쉬고, 잠자고, 일하고, 불평한다. 하지만 우리는 매일 각자 다른 활동을 하며, 나이가 들면서 각자의 행동도 변한다. 신경세포도 마찬가지다.

82쪽 발길질을 당하고 개머리판으로 두들겨맞았다 촐고시가 두 번째 총탄을 발사한 후에 정확하게 어떤 일이 일어났는지에 대해서는 진술이 엇갈린다. 특히 사람들이 정확하게 어느 위치에 줄을 서 있었는지, 그리고 촐고시를 맨 먼저 쓰러뜨린 사람이 누구인지에 대해서는 이견이 분분하다. 나는 가능한 한 최선을 다해 사건을 재구성하려고 노력했다. 이 문제의 일부 원인은 매킨리의 경호원들이 촐고시의 재판이 열리기 전에 말을 바꾼 데 있다. 어쩌면 민간인(게다가 흑인)이 먼저 뛰어들었다는 사실이 창피해서 그랬지도 모른다.

어쨌든 제임스 파커는 현지에서 스타가 되었다. 사람들은 그의 몸에서 찢겨 나온 옷 조각을 샀으며, 파커는 악당 촐고시를 걷어찬 신발을 팔라는 제의도 받았다. 하지만 나중에 경호원들이 말을 바꾸면서 상황이 파커에게 나쁘게 변했다. "짐 파커가 정말로 그 일을 했을까?"라는 제목을 단 한 신문 기사는 심지어 방아쇠를 당긴 사람은 촐고시가 아니라 파커라는 주장을 흘리기까지 했다.

87쪽 사망 시각은 오전 7시 15분이었다 10월 29일 오전에 토머스 에디슨이 소유한 영화사 촬영 팀이 촐고시의 처형 장면을 촬영하려고 오번 교도소에 도착했다. 하지만 촬영을 거부당하자, 그들은 며칠 뒤에 배우들을 써서 처형 장면을 재연하기로 결정했다.(이 필름은 http://www.youtube.com/watch?v=bZI-Z8LKSo0에서 볼 수 있다.) 에디슨이 그렇게 한 배경에는 다소 비열한 이유가 있었다. 직류 기술 특허를 소유하고 있던 에디슨은 전기의자에 공급되는 전류가 교류라는 사실을 부각시켜서 교류 기술 특허권을 가진 경쟁 상대를 헐뜯으려고 했다.

88쪽 문제가 있었던 촐고시의 뇌는 더 이상 세상에 존재하지 않았다 촐고시가 죽은 뒤, 아들 스피츠카는 전기 처형을 당할 때 뇌가 어떻게 변하는지 연구를 계속했다. 세상의 이목을 끌지 못한 사형 사건의 경우에는 종종 사망한 사람의 뇌를 손에 넣기까지 했다. 불행하게도, 사람들의 뇌를 가져가는 그의 버릇이 범죄 조직에 알려졌고, 그들은 스피츠카의 불법적인 행동을 불쾌하게 여겼다. 스피츠카는 곧 "팻 토니의 뇌에서 손을 떼게. 안 그러면 후회하게 될 거야."라는 식의 익명 전화를 받기 시작했다. 그런 협박을 20여 차례 당하자, 스피츠카는 편집증에 걸릴 지경이 되었다. 그가 강연을 할 때면 허리띠에 권총 두 자루를 차고 강연장으로 들어갔다는 이야기도 있다. 스피츠카는 권총을 뽑아 쥐고 방아쇠에 손가락을 건 채 모든 문 뒤쪽을 일일이 확인하기까지 했다. 그러고 나서야 그는 마침내 총을 내려놓고, 신경병 관련 강의를 훌륭하게 했다. 하지만 애석하게도 몇 년 동안 편집증(거기다가 치열한 노동 윤리까지 결합하여)

을 계속 앓다가 스피츠카는 술을 가까이하기 시작했고, 결국 음울한 술고래가 되고 말았다. 그는 38세에 '은퇴'하여 46세에 아버지처럼 뇌출혈로 죽었다.

92쪽 그는 국외로 탈출해야 했다 사실, 뢰비는 탈출하기 직전에 체포되었다. 그런데 나로서는 영문을 모르겠지만, 그는 도피보다 자신의 최신 연구 결과가 확실히 발표되도록 하는 것을 최우선 순위로 삼았다. 그는 교도관에게 펜과 종이를 달라고 조른 뒤, 이 세상에서 마지막 날들이 될지도 모를 그 시간을 기억을 되살려 과학 논문을 쓰는 데 바쳤다. 다행히도 나치는 결국 뢰비를 풀어주었지만 갇혀 있는 동안 체중이 45kg이나 줄었다.

뢰비는 영국으로 갔다가 뉴욕 대학이 제의한 일자리를 받아들였다. 유일한 문제는 먼저 비자를 얻는 것이었다. 미국 대사관은 그가 오스트리아에서 교사로 일한 증빙 서류를 요구했다. 뢰비가 가진 것이라곤 나치가 건넨 해고 통지서뿐이었는데, 그것은 그다지 자랑스러운 문서가 못 되었다. 그러다가 뢰비는 마침내 《세계 인명사전*Who's Who*》을 구해 거기서 자신의 이름을 찾았다. 그 항목은 최고의 찬사로 뢰비의 업적을 칭송했고, 대사관의 담당 직원은 그것을 보고 큰 감명을 받았다. 뢰비는 필요한 서명을 얻은 뒤에 직원에게 그 항목을 누가 썼는지 아느냐고 물었다. 당연히 그 사람은 알리가 없었는데, 뢰비는 바로 자신이라고 실토하고 나서 서둘러 자리를 떴다.

미국에 도착하고 나서도 위기 상황은 완전히 끝나지 않았다. 엘리스 섬에서 뢰비는 밀봉된 의료 기록을 의사에게 건네주었다. 의사가 그것을 뜯었을 때, 뢰비가 그것을 훔쳐보았더니 "노쇠함. 생계를 꾸려나갈 능력이 없음."이라고 적혀 있었다. 뢰비는 즉각 오스트리아로 송환되어 감옥에서 죽음을 맞이할 위기에 처했다. 하지만 분별력이 있었던 의사는 뢰비의 입국을 허용했다.

94쪽 100가지가 넘는 신경전달물질 내용이 좀 길지만, 그래도 흥미진진한 이야기가 될 것이다!

알려진 신경전달물질 100여 가지가 발견된 과정은 대부분 그 패턴이 비슷하다. 즉, 과학자들이 뇌에서 새로운 화학 물질을 발견해 분리하고, 그것이 신경세포의 활동에 변화를 일으킨다는 사실을 입증하는 과정을 거쳐 일어났다. 이 패턴에서 벗어나는 대표적인 예는 뇌의 천연 진통제인 엔도르핀이다. 과학자들은 뇌의 수용체에 들러붙어 감각을 마비시키는 모르핀이나 아편 같은 약물을 연구하다가 엔도르핀을 발견했다. 신경전달물질 학설이 나오자, 과학자들은 비슷한 구조를 가진 화학 물질을 뇌가 이미 사용하고 있는 게 분명하다는 사실을 깨달았다. 그렇지 않다면, 모르핀이나 아편이 들러붙을 수 있는 수용체가 신경세포에 없을 테니 말이다.

엔도르핀은 1970년대 초에 과학사에서 아주 지저분한 연구를 통해 발견되었다. 스코틀랜드에서 일하던 런던 출신의 무뚝뚝한 젊은이 존 휴즈John Hughes는 돼지 뇌에서 엔도르핀(그는 이것을 'X 물질'이라고 불렀다.)을 찾아보기로 결정했다. 이를 위해 휴즈는 매일 아침 해가 뜨기 전에 자전거를 타고 도살장으로 갔다. 자전거 바구니에는 쇠톱과 손도끼와 칼이 실려 있었다. 도중에 드라이아이스도 챙겼다. 뇌를 얻으려면, 기계톱으로 돼지 머리를 자르는 도살장 인부들의 호의를 얻는 게 필요했다. 처음에는 의학 연구의 숭고한 정신을 자세히 설명함으로써 그들의 협력을 끌어냈다. 하지만 그들의 협력을 얻는 데에는 스카치위스키가 훨씬 효과적이란 사실을 곧 깨닫고는, 자전거 바구니에 스카치위스키를 싣기 시작했다. 인부들은 매일 휴즈에게 돼지 머리뼈를 20여 개씩 주었는데, 휴즈는 쥐들을 내쫓으면서 그레이프프루트만 한 크기의 뇌를 약 10분마다 하나씩 잘라서 드라이아이스 속에 집어넣었다. 실험실로 돌아가서는 뇌를 갈아 회색 반죽으로 만든 뒤에 아세톤으로 녹였다.(동료들은 실험실에서 모형 비행기 접착용 아교와 산패酸敗된 지방 냄새가 났다고 말했다.) 그리고 원심분리기로 다양한 층들을 제거한 뒤에 X 물질이 있는지 시험했다.

여기서 이상한 이야기가 끼어든다. 휴즈의 지도 교수인 한스 코스털리츠Hans Kosterlitz는 해부학 분야에서 아주 특이한 두 부분에 관한 한 필적할 자가 없는 세계적인 전문가였다. 그 두 부분은 기니피그의 돌창자(회장)와 생쥐의 정관이었다. 코스털리츠는 아주 작고 돌돌 말린 지렁이처럼 생긴 두 부분이 모르핀과 비슷한 화학 물질에 아주 민감하다는 사실을 알아냈다. 만약 기니피그의 돌창자나 생쥐의 정관을 액체 속에 집어넣고 그것에 연결된 특정 신경에 전기 자극을 가하면, 이것들은 뢰비의 개구리 심장처럼 계속 반복해서 수축했다. 그런데 모르핀이 극소량만 있어도 수축을 즉시 멈추었다. 코스털리츠와 휴즈는 돌창자와 정관에 전기 자극을 가하고(몸과 분리된 채 비커 속에서 창자 운동과 오르가슴을 일으키면서) 돼지 뇌에서 뽑아낸 화학 물질을 하나씩 주입하며 그중 어떤 물질이 수축을 멈추게 하는지 알아보는 실험을 하면서 몇 달을 보냈다. 마침내 그들은 모르핀처럼 수축을 멈추게 하는 물질을 발견했는데, 오래된 버터 냄새가 나는 노란색 왁스 물질이었다. 이 물질에 'endogenous morphine(내부 모르핀)'이란 두 단어를 합성해 엔도르핀endorphine이란 이름이 붙었다.

그건 그렇고, 마약(불법적인 것이건 아니건)은 신경 전달 과정의 다양한 단계를 연구하는 데 아주 좋다. 예를 들어, 엑스터시는 인위적으로 신경세포들 사이의 시냅스에 세로토닌이 넘치게 하여 신경전달물질의 분비를 연구하는 데 도움을 준다. 코카인은 도파민과 그 밖의 화학 물질이 분비된 뒤에 제거되는 과정을 방해한다. PCP는 여러 가지 작용 중에서도 가지돌기 수용체에 간섭하여 특정 신경전달물질이 들러붙어 메시지를 전달하는 것을 방해한다. LSD는 신경세포가 이웃 신경세포를 억제하는 능력을 떨어뜨림으로써 뇌의 한 지역에서 다른 지역으로 감각 입력 정보를 확산시킨다. 사실상 신경 전달의 매 단계마다 그것에 작용해 환각이나 쾌감을 느끼게 하는 마약이 반드시 있다.

휴즈에 관한 이야기는 제프 골드버그Jeff Goldberg가 쓴 《과학적 발견의 해부*The Anatomy of Scientific Discovery*》에서 인용했다. 수프파와 스파크파의 일반 역사에 대해 더 많은 정보는 엘리엇 발렌스타인Elliot Valenstein이 쓴 《수프파와 스파크파의 전쟁*The War of the Soups and the Sparks*》에서 찾아볼 수 있다.

97쪽 리 하비 오스월드 암살범의 손에 죽은 미국 대통령은 에이브러햄 링컨과 존 F. 케네디가 있다. 의학적으로 볼 때, 이 두 사건은 아주 간단하다. 두 사람 다 처음부터 이미 사망한 것이나 다름없었다. 케네디의 경우에는 신경학적으로 흥미로운 세부 내용이 하나 있다. 당시에 댈러스에 살던 에이브러햄 저프루더Abraham Zapruder가 홈비디오 카메라를 들고 퍼레이드를 촬영하러 나왔다가 케네디가 총에 맞는 장면을 녹화했는데, 이 녹화 필름을 저프루더 필름Zapruder film이라 부른다. 어쨌든 이 필름을 보면, 케네디는 어느 순간에 마치 숨이 막힌 듯이 팔을 홱 움직인다. 음모론을 퍼뜨리는 사람들은 이것은 케네디가 정면에서 피격됐다는 걸 보여주는 증거라고 해석했다. 하지만 일부 의사들은 케네디가 원시적인 신경 반사를 보여준 것에 불과하다고 선언했다. 즉, 외상에 반응하여 자기도 모르게 팔을 위쪽으로 올렸다는 것이다.

말이 나온 김에 소개한다면, 링컨도 신경과학과 관련해 흥미로운 사실이 하나 있다. 1850년대에 검사로 일할 당시 그는 미국 역사에서 일시적 정신 이상에 관한 최초의 사건 중 하나를 맡았다.(그는 그 재판에서 졌다.) 지면 관계상 그 사건을 여기서 자세히 소개하진 않겠지만, 흥미가 있는 독자는 http://samkean.com/dueling-notes에서 읽을 수 있다. 그 밖에도 나는 이 사이트에 의식이 구식 닌텐도와 같은 이유, 피니어스 게이지가 인조인간과 같은 이유를 비롯해 기묘한 신경과학 이야기를 많이 올려놓았으니 참고하기 바란다.

101쪽 40만 km 홀먼의 옷보다 더 먼 거리를 여행했을 가능성이 있는 옷이 하나 떠오른다. 입에 담기 민망하지만, 아폴로 우주 비행사들은 우주 여행에 나설 때 우주복 안에 속옷을 입었다. 오늘날에는 사람들이 옷을 더 자주 갈아입긴 하지만, 현대인 중에는 홀먼보다 훨씬 많은 거리를 여행한 사람들이 있다. 미국 국무부 장관을 지낸 힐러리 클린턴Hillary Clinton은 4년 동안 153만 9383km를 여행한 것으로 추정된다. 이것은 달까지 두 번 왕복 여행하는 거리에 해당한다.

103쪽 시각 신경이 있는 부분 제이슨 로버츠Jason Roberts가 쓴 홀먼의 환상적인 전기 《세상의 감각*A Sense of the World*》에서 설명한 것처럼 홀먼의 시각 신경을 망가뜨린 것은 포도막염이 거의 확실하다. 하지만 이 진단은 실제로 우리에게 알려주는 것이 너무 적은데, 포도막염의 발병 원인을 아는 사람이 아무도 없기 때문이다.

홀먼은 평생 동안 환시 현상이 잠깐씩 나타나는 것을 경험했다. 예를 들어, 홀먼은 여자 친구와 잡담을 나누다가 자신이 상상한 그녀의 모습이 눈앞에 떠오르는 일이 있었다. 이것은 이 장의 끝부분에서 언급한 것처럼, 그의 눈은 볼 수 없어도 뇌는 여전히 '볼' 수 있었다는 사실을 증명한다. 이런 환시 현상은 잠시 홀먼을 기쁘게 했지만 결국에는 우울하게 만들었는데, 자신이 잃은 것이 무엇인지 뼈저리게 느끼게 했기 때문이다.

그건 그렇고, 수십 년 동안 장님으로 지내다가 시력을 되찾은 사람들의 사례가 1020년부터 시작해 수십 건이나 문서로 잘 기록돼 있다.(현대의 사례는 대부분 각막 이식이다.) 어둠의 세계에서 빛의 세계로 바뀌었을 때 가장 보편적인 반응이 "와우!"일 거라고 생각하기 쉽지만, 시력을 되찾은 사람들은 거의 다 눈에 보이는 세계를 따분하게 느끼며, 사랑하던 사람들의 얼굴을 보고 나서 크게 실망하는 경우가 많다. 대부분은 주변 사물들을 촉감으로 탐사하는 것을 더 선호한다.

105쪽 더 '나은' 여행자 홀먼은 눈이 먼 덕분에 또 다른 면에서 더 나은 여행자가 될 수 있었다. 그는 뱃멀미나 어지럼증을 겪지 않았다. 예를 들면, 그는 배에 승선할 때마다 지팡이를 다른 사람에게 건네고 외투를 벗고서 메인마스트 꼭대기까지 기어 올라간 뒤, 날뛰는 야생마를 타듯이 배를 '탔다.' 그는 종다리처럼 하늘 높이 올라간다고 해서 '스카이라킹skylarking'이라고 부른 이 묘기를 즐겼을 뿐만 아니라, 승무원들에게 자신을 돌보려고 신경 쓸 필요가 없음을 보여주었다. 홀먼이 동굴 깊숙이 들어가 배회하거나 거대한 대포 속으로 들어갔다는 일화도 있다. 바티칸의 성 베드로 대성당 외벽을 타고 기어올라 꼭대기의 황금 돔까지 가는 데 거의 성공할 뻔했다는 아주 믿기 힘든 이야기도 있다.

105쪽 녹토그래프Noctograph 밤중에 글을 쓰기 위한 용도로 설계된 녹토그래프는 잉크가 필요 없었다. 홀먼이 철필로 카본지에 글씨를 쓰면, 그 밑에 붙은 종이에 회색 흔적이 남았다. 술집 계산서에도 서예 글씨처럼 멋있게 서명을 하던 시대에 녹토그래프로 쓴 뭉툭한 글씨는 그다지 인상적이진 않았다. t자에 가로 획이 누락되고, i자에 점이 빠지고, y와 g와 j는 글자가 잘리기 일쑤였다. 안내선 역할을 하는 철사 때문에 그 선 아래로 글씨를 쓰기가 불편했기 때문이다. 하지만 구술을 하여 다른 사람에게 받아쓰게 하는 것보다 더 빠르고 비용도 적게 들었다.

110~111쪽 수천, 수만 개의 신경세포로 이루어진 회로가 차례차례 신호를 발사한다 이것은 신경과 신경세포가 정보를 전달하는 방식을 대략적으로 묘사한 것에 지나지 않는다. 수프파와 스파크파의 논쟁 이후 과학자들이 이 과정을 이해하는 데 많은 진전이 일어났기 때문에, 그것을 좀 더 자세히 알고 싶은 사람을 위해 그 내용을 아래에 소개한다.

첫째, 신경과 신경세포는 입력 신호가 특정 문턱값을 넘어서지 않으면 메시지를 전달하지 않는다. 예를 들어 청각이라면, 소리의 세기가 어느 수준 이상이 되어야 한다. 그렇지 않으면, 귀의 털세포들이 충분히 기울어지지 않아 신경세포가 신호를 발사하지 않고, 따라서 뇌에 아무런 정보도 전달되지 않는다. 시각과 후각을 비롯해 다른 감각 입력에도 같은 원리가 적용된다. 메시지가 전달되려면, 입력 신호의 세기가 문턱값을 넘어서야 한다. 지팡이로 '탁' 치는 소리나 다른 소리의 세기가 문턱값을 넘어서면, 신경이나 신경세포가 신호를 발사한다. 그리고 일단 신호를 발사하기 시작한 신경세포는 그 행동을 멈추거나 억제할 수 없다. 권총과 마찬가지로 신경세포도 절반만 신호를 발사할 수는 없다. 이것을 전부 아니면 무all-or-nothing 반응이라 부른다.

이렇게 미세한 차원에서 일어나는 '발사'는 다음과 같은 것을 의미한다. 신경전달물질이 일단 한 신경세포의 가지돌기에 들러붙으면, 이온 통로라는 특수한 문이 열린다. 이온 통로는 나트륨 이온(Na^{+}), 칼륨 이온(Ka^{+}), 칼슘 이온(Ca^{+2})과 그 밖의 이온이 세포 안팎으로 드나들게 해준다. 이온들이 신경세포 내부로 많이 들어오면, 신경세포 내부의 전하가 평소의 음전하에서 양전하 상태로 변한다.(스파크파가 전하 방출로 관찰한 것은 바로 이러한 극성 변화 현상이었다.) 그런 다음에 이 양전하는 축삭돌기를 따라 이동해 축삭돌기 말단으로 가고, 여기서 적절한 상태라면 마침내 신경전달물질이 방출된다. 모든 신경세포는 기본적으로 이런 방식으로 신호를 발사한다. 운동 신경세포와 시각 신경세포 그리고 나머지 신경세포의 차이는 신호를 발사하는 '방식'에 있는 게 아니다. 신경세포의 종류를 구별하는 요소, 즉 각각의 신경세포에 그 정체성을 부여하는 요소는 바로 그것들을 연결하는 회로이다.

홀먼이 실론에서 코끼리 사냥에 따라나섰을 때 주변에서 총소리가 울려 퍼지던 상황처럼, 소리가 작을 때보다 클 때 신경세포가 '더 강한' 신호를 발사하는 것은 아니다. 신경세포는 항상 똑같은 세기로 신호를 발사한다. 큰 소리는 단지 신경세포가 발사를 더 빨리 하게 할 뿐이다. 그리고 이 속도 증가에는 한계가 있다. 신경세포가 신호를 한 번 발사하고 나서 다시 발사하기까지는 적어도 수백분의 1초의 재충전 시간이 필요하기 때문이다. 만약 소리의 크기가 신경세포 하나로 처리할 수 있는 능력을 넘어선다면, 뇌는 더 많은 신경세포가 신호를 발사하게 함으로써 이에 대처하면서 우리에게 경고를 보낸다.

120쪽 어른 뇌에서는 새로운 신경세포가 자라나거나 손상된 신경세포가 복구되지 않는다 지난 수십 년 동안 신경과학에서 가장 논란이 된 주제 중 하나는 어른 뇌에서 실제로 새로운 신경세포가 자라날 수 있느냐(이 과정을 '신경 발생'이라 부른다.) 하는 것이었다. 신경과학자들은 한때 절대로 그럴 수 없다고 대답했다. 하지만 오늘날에는 대다수 신경과학자들이 두 곳에서 새로운 신경세포가 나타날 수 있다는 주장을 받아들인다. 하나는 냄새를 처리하는 후각 망울이고, 또 하나는 기억을 생성하는 데 중요한 역할을 하는 해마의 일부이다. 다른 곳에서도 새로운 신경세포가 자라나는지에 대해서는 아직까지 의견 일치가 이루어지지 않고 있다.

128쪽 부딪치지 못하게 하는 것은 재앙이다 마이클 핑켈Michael Finkel은 〈맨스 저널Men's Journal〉 2011년 3월호에서 키시에 대해 멋진 기사를 썼다. 내가 가장 좋아하는 순간은 핑켈이 차를 갓돌에서 너무 멀리 떨어진 곳에 주차한다고 나무라면서 키시가 핑켈의 주차 버릇을 놀렸을 때이다. 그러고 나서 키시는 눈에서 눈알(의안)을 확 뽑았다. 이 기사는 또한 반향정위가 일부 시각 장애인의 삶에 혁명을 가져다줄 수 있지만, 그것을 제대로 마스터하는 사람은 10% 정도에 불과하다고 설명한다.

4장 시각과 얼굴 인식

136쪽 코를 덮는 피부판을 만드는 방법도 있었다 중세와 르네상스 시대의 외과의들은 가끔 한 사람의 피부를 다른 사람에게 이식했는데, 이것은 초기의 성형 수술이라 부를 한 것이었다. 하지만 많은 사람들은 이 방법을 피했다. 제공자가 수용자보다 먼저 죽으면 제공자에게서 받은 피부판도 죽을 거라고 믿었기 때문이다. 피부를 이식받은 사람은 텔레파시를 통해 제공자와 커뮤니케이션을 할 수 있다고 믿기도 했다. 그래서 피부 이식 수술 시도는 활발하게 일어나지 않았다.

'팔 피부판 이식' 방법은 환자 자신의 몸에서 새로운 피부를 자라게 해 코에 들러붙게 했다. 16세기에 사용된 초기 형태의 코 성형술이다.

136쪽 프랜시스 베이컨Francis Bacon의 초상화 베이컨(20세기에 활동한 아일랜드 출신의 영국 화가. 16~17세기의 유명한 철학자이자 정치가인 프랜시스 베이컨과 혼동하지 말 것. — 옮긴이)은 오래된 교과서에서 잇몸 질환이나 기타 기형이 있는 사람들의 그림을 뜯어내 〈비명 지르는 교황들screaming popes〉을 비롯해 섬뜩한 초상화의 모델로 사용했다. 블록버스터 비디오 게임 〈바이오쇼크BioShock〉(2007년 출시)의 디자이너들도 이와 비슷하게 제1차 세계 대전의 성형 수술 자료에서 얼굴을 다친 사람들의 사진을 찾아내 돌연변이 종족을 만드는 데 사용했다.

141쪽 코 오른쪽(오른쪽 시야)에 있는 모든 것은 좌반구(좌뇌)로 전달된다는 사실 여기서 단어를 신중하게 사용했다는 데 유의해야 한다. 왼쪽 '눈'으로 보는 모든 것이 우반구로 전달된다는 말은 사실이 아니다. 대신에 우반구는 왼쪽 시야에 있는 모든 것, 즉 왼쪽 눈의 왼쪽 절반과 오른쪽 눈의 왼쪽 절반으로 보는 모든 것을 처리한다. 마찬가지로 오른쪽 시야에 있는 모든 것, 즉 오른쪽 눈의 오른쪽 절반과 왼쪽 눈의 오른쪽 절반으로 보는 모든 것은 좌반구로 간다. 바꿔 말하면, 일부 시각 데이터는 교차한다.(전부가 아니라 일부만. 중간에 코가 가로막고 있기 때문에, 시야 오른쪽 끝부분과 왼쪽 끝부분에는 양쪽 뇌 중 한쪽에만 시각 정보가 들어가는 부분이 생긴다. 이 부분은 11장에서 '분할뇌' 환자를 만날 때 중요하게 다룬다.) 해부학적으로 봤을 때, 양 눈은 뇌 양쪽으로 다 정보를 보낼 수 있는데, 눈에서 뻗어나온 시각 신경이 뇌 바로 밑에 있는 시각 교차라는 지점에서 갈라지고, 일부 신경 섬유들이 교차하기 때문이다.

149쪽 전체 시야를 뒤덮을 수 있다는 데 있다 여기서 1차 시각 겉질의 기하학적 구조를 간단하게 설명해보자. 신경과학자들이 그렇게 하기 때문에 나도 '기둥column'이란 용어를 마구 썼지만, 이 용어의 뜻을 문자 그대로 받아들여서는 안 된다. 겉질에 있는 세포들은 그리스 건축의 기둥처럼 완벽한 그루터기를 이루지 않는다. 그리고 더 큰 규모에서는 기둥의 이미지에서 더욱 멀어진다. 초기둥은 곤충의 겹눈과 비슷한 기능을 발휘하지만, 초기둥은 곤충의 눈과 전혀 비슷하게 생기지 않았다. 즉, 초기둥은 곤충 눈에서 볼 수 있는 아름다운 결정 같은 규칙성이 없으며, 잘 정의된 일정한 경계조차 없다. 그 대신 초기둥은 어떤 곳에서는 납작한 빵들이, 또 어떤 곳에서는 바람개비들이 겹겹이 쌓여 있는 것처럼 보인다. 1차 시각 겉질의 전반적인 모습은 실질적인 질서나 더 큰 패턴이 전혀 없는 지문의 소용돌이 무늬와 고리 무늬처럼 보인다. '기둥'과 '곤충 눈'은 유용한 비유이지만, 비유는 어디까지나 비유일 뿐이다.

150쪽 "아하, 콜벳 자동차구나!" 이 논리를 좀 더 확대하면, '무엇' 갈래의 신경세포들이 각 단계에서 반응하는 것이 점점 더 구체적으로 변해갈 것이라고 예상할 수 있다. 그러다가 결국 단 하나의 신경세포가 '거울에 주사위가 걸려 있고, 괴짜 이웃이 소유한 부적절한 범퍼 스티커가 붙어 있는 특정 콜벳'에만 마치 전구에 불이 들어오듯이 열렬한 반응을 보이게 될지 모른다. 예전에 일부 신경과학자들은 단 하나의 신경세포로 이러한 단계별 수렴이 일어난다는 개념을 믿었고, 그 신경세포를 '할머니 세포'라고 불렀는데, 오로지 할머니만 헌신적으로 돌보는 누군가 있어야 하기 때문이었다. 하지만 지금은 이 개념이 별로 지지를 받지 못하고 있다. 뇌는 불이 켜지는 단 하나의 신경세포를 찾는 게 아니라 집단으로 불이 켜지는 신경세포들의 '패턴'을 찾는 게 거의 확실하다. 뇌에는 할머니 세포 대신에 '할머니 집단'이 있을 것이다.

150쪽 중요한 주석 여러분이 이 책의 나머지 내용, 즉 제목과 내 이름, 섹스와 폭력에 관련된 모든 내용까지 깡그리 잊어버린다 해도, 이것만큼은 꼭 기억하기 바란다. "뇌에서는 그 어떤 것도 그 장소가 엄격하게 국한돼 있지 않다!" 뇌가 하는 일은 모두 다 여러 부분들이 서로 협력하여 일어난다. '언어 장소'나 '기억 장소', '두려움 장소', '신 장소' 같은 것은 없다.

언어 또는 그 밖의 어떤 일을 처리할 때 뇌의 어떤 부분이 다른 부분보다 더 큰 역할을 담당하는 것은 사실이다. 그리고 사람들은 가끔 편의상 어떤 장소를 어떤 기능을 담당하는 곳이라고 이야기한다.(나 역시 그런다!) 하지만 특정 장소를 그런 식으로 이야기하는 것은 의도적으로 지나치게 단순화해서 말하는 것이다.

선명한 색깔의 뇌 스캔 영상을 보여주면서, 인간의 마음 중 일부 복잡한 속성을 '설명하는' 해부학적 섬 지역을 보여주려고 하는 뉴스를 볼 때에는 의심을 품을 필요가 있다. 그것은 절대로 그렇게 단순할 리가 없다. 일부 신경과학자들은 최악의 뇌 스캔 연구를 '뇌 포르노', '뇌 부두교', '새로운 골상학' 등으로 부르며 비판했다.

158쪽 사람 얼굴을 알아보는 방법은 다시 터득하지 못했다 양치기에 관한 이 이야기는 흥미로운 질문을 떠오르게 한다. 만약 이 남자가 생김새만으로 양들을 일일이 알아볼 수 있다면, 양들은 그를 알아볼 수 있을까? 아마도 그렇지 않을 것이다. 양은 얼굴 인식 회로가 없는 것 같다. 하지만 적어도 한 동물만큼은 사람의 얼굴을 구별할 수 있는데, 그 동물은 바로 까마귀이다. 탁월한 과학 기자이자 라디오 진행자인 로버트 크럴위치Robert Krulwich는 까마귀들을 괴롭히며 연구를 한 생물학자 이야기를 한 적이 있다. 그 생물학자가 까마귀들이 있는 곳을 지나갈 때마다 까마귀들이 급강하하여 그를(그리고 오직 그만) 공격했다고 한다. 그 생물학자는 까마귀들이 어떻게 자신을 알아보았을까 궁금해하다가 일련의 실험을 통해 까마귀가 자기 얼굴을 인식할 수 있다는 결론을 얻었다.

먼저, 그는 원시인 가면을 쓰고 까마귀들을 심하게 괴롭혀 가면을 쓴 사람을 미워하게 만들었다. 그러고 나서 체형과 체격, 걷는 자세가 각각 다른 사람들, 예컨대 노인, 어린이, 절뚝이는 사람, 대머리 등에게 그 마스크를 씌우고 까마귀들이 있는 곳을 지나가게 했다. 까마귀들은 곧바로 가면을 쓴 사람에게 복수하려고 달려들었다. 이 실험에서는 예상치 못한 결과도 나왔다. 그가 가면을 위아래 방향이 바뀌게 뒤집어 쓰자, 까마귀들이 그의 얼굴을 제대로 보려고 거꾸로 뒤집힌 자세로 급강하했다. 이 이야기는 http://www.npr.org/blogs/krulwich/2009/07/27/106826971/the-crow-paradox에서 들을 수 있다.

164~165쪽 언어 이전의 커뮤니케이션에서 사용하던 손 제스처 흥미롭게도, 손을 좋아하는 신경세포를 발견한 신경과학자인 찰스 그로스Charles Gross는 휴벨과 비젤이 선을 좋아하는 신경세포를 발견한 것과 아주 비슷한 방법으로 그것을 발견했다. 1969년

어느 날 밤, 그로스는 거미원숭이의 시각 겉질 안에서 어떤 것(무엇이라도)에 반응하는 특정 신경세포를 얻으려고 몇 시간을 보냈지만, 번번이 헛수고만 했다. 자포자기 상태에 빠진 그로스는 거미원숭이의 눈 가까이에 있는 스크린 앞에서 '제발 주의를 좀 기울여, 빌어먹을.'이라고 말하듯이 손을 흔들었다. 그랬더니 그 신경세포가 정말로 주의를 기울였고, 타-타-타-타 하고 신호를 발사했다. 그로스는 그 신경세포가 어떤 윤곽을 가장 좋아하는지 알아내려고 여러 가지 형태를 오려서 스크린 앞에 쳐들면서 열두 시간 동안 그림자 인형 놀이를 했다. 그래서 답이 뭐냐고? 당연히 가느다란 원숭이 손이었다! 사람 손보다 더 길고 손가락은 더 가느다란 손이었다.

그로스 이야기가 나왔으니 하는 말인데, 그가 쓴 책 《머리에 난 구멍*A Hole in the Head*》과 《뇌, 시각, 기억*Brain, Vision, Memory*》을 적극 추천한다.

167쪽 "이목구비가 없는 미스터 포테이토헤드Mr. Potato-Head" 이 인용문과 그 뒤에 이어지는 인용문뿐만 아니라 댈러스 윈스에 관해 더 자세한 세부 묘사는 2012년 2월 13일자 〈뉴요커New Yorker〉에 실린 래피 카차두리언Raffi Khatchadourian의 훌륭한 이야기에서 볼 수 있다.

3부 몸과 뇌

5장 운동 중추와 환상 사지

180쪽 솔방울샘 솔방울샘은 척추동물이 한때 가졌던 세 번째 눈의 흔적이다. 정말이다! 솔방울샘은 빛을 감지해 우리의 수면-각성 주기를 조절하는 중요한 역할을 한다. 솔방울샘은 생긴 모양이 솔방울 같다고 해서 붙은 이름인데, 영어로 pineal gland라고 한다. 영어권 독자는 이 이름이 신체의 다른 부위 이름에서 유래한 것이 아닐까 상상할 수 있고, 실제로 그러는 것 같다. 초기의 일부 해부학자는 솔방울샘이 페니스penis처럼 생겼다고 주장했기 때문이다. 그 당시 신경 구조에 야한 이름이 붙은 것은 이것뿐만이 아니다. 지저분한 생각을 좋아하던 해부학자들은 뇌의 다양한 부위에 엉덩이, 고환, 음문, 항문 같은 이름을 따다 붙였다.

187쪽 병원마다 주변을 빙 둘러싸며 새 무덤들이 계속 생겨났다 방부제를 사용하기 전이었던 이 시절에는 의사들의 사망률도 높았다. 크림 전쟁(1853~1856) 때 간호사로 활약한 플로렌스 나이팅게일Florence Nightingale은 어느 서투른 외과의가 절단 수술을 하던 도중에 실수로 자신과 옆에 서 있던 사람까지 베는 것을 목격했다. 두 사람은 감염으로 죽었으며, 환자 역시 죽었다. 나이팅게일은 자신이 목격한 수술 중 사망률이 300%인 것은 그것이 유일했다고 말했다.

191쪽 **환상 신체 부위와 연관이 있음을 보여주었다** 지난 수십 년 동안 남성을 여성으로 바꾸는 성 전환 수술이 늘어난 만큼 환상 음경 사례도 증가했는지는 아무도 확실히 모르지만, 아마 그렇지 않을 것이다. 환상 신체 부위를 연구하는 과학자들은 남성에서 여성으로 바뀐 대부분의 성 전환자들이 어차피 그 생식기가 자신의 것이라고 느낀 적이 없다는 점에 주목했다. 뇌에 내장된 신체 비계가 해부학적으로는 여성이기 때문일 것이다. 이게 사실이라면, 환상 신체 부위는 나타나지 않을 것이다. 과학자들은 같은 맥락에서 팔이나 다리가 없이 태어난 사람이 환상 사지를 느끼는 것처럼 여성에서 남성으로 바뀐 성 전환자들은 어릴 때부터 환상 음경을 느낄 것이라고 생각한다.

195쪽 **훨씬 큰 즐거움** 신경학자 라마찬드란은 흔한 성적 페티시fetish(특정 물건을 통해 성적 쾌감을 얻는 것 — 옮긴이)인 발 페티시는 뇌 지도에서 발 지역과 생식기 지역의 배선이 교차하여 일어나는 것일지도 모른다고 주장했다. 어디까지나 추측이지만, 그는 이 개념이 적어도 프로이트의 설명, 예컨대 근시안적인 잠재의식의 관점에서는 발이 음경을 닮았다는 설명만큼 설득력이 있다고 주장한다. 한편, 라마찬드란은 가장 뛰어나고 창조적인 신경학자 중 한 명인데, 나는 그가 쓴 저서인 《명령하는 뇌, 착각하는 뇌*The Tell-Tale Brain*》와 《뇌 속의 유령*Phantoms in the Brain*》(우리나라에서는 '라마찬드란 박사의 두뇌 실험실'이란 제목으로 번역 출간됨)을 적극 추천한다.

203쪽 **환상 사지를 진지하게 생각해보라고 권할 용기가 나지 않았을지도 모른다** 사실을 분명히 하기 위해 덧붙이자면, 미첼은 강신론을 믿지 않았고, '조지 데들로 대위 이야기'의 결말 부분을 소극笑劇으로 만들려고 했다. 사실, 그는 영매의 정체가 사기꾼임을 밝히는 걸 좋아했고, 강신론자들이 자기 이야기를 교령회가 효과가 있다는 '증거'로 이용하는 걸 보고 어리둥절했다. 그리고 사람들이 데들로를 만나려고 스텀프 병원으로 찾아간 이유도 분명하지 않은데, 그 작품에서 분명히 데들로가 나중에 다른 병원으로 옮겨갔다고 이야기했기 때문이다(비록 간략하게 언급하긴 했지만).

궁금해하는 독자들을 위해 이야기하자면, 미국 육군의학박물관(지금은 국립보건의학박물관)에 3486번과 3487번 표본이 보관돼 있는 건 맞지만, 이것들은 다리가 아니다. 3486번은 애틀랜타 근처에서 부상을 당한 일리노이 주 출신 이병의 머리뼈 파편이고, 3487번은 역시 애틀랜타 근처에서 부상을 당한 미시간 주 출신 이병의 왼쪽 위팔뼈 파편이다. 후자는 당시에 죽지 않고 살아남았다.

6장 웃음병

217쪽 그 자체가 소형 뇌처럼 보인다 기묘한 사실이 하나 있다. 소뇌에는 뇌 전체의 신경세포 중 약 4분의 3이 모여 있다. 이것은 두 가지 해석이 가능하다. 하나는 우리의 상식, 예를 들어 운동은 뇌의 '저차원' 기능이고, 인지가 '고차원' 기능이라는 생각과 달리, 운동에는 실제로 복잡한 브레인웨어가 필요하다는 것이다. 또 하나는 전통적으로 과학자들이 생각해온 것보다 소뇌가 인지 과정에서 더 큰 역할을 할지도 모른다는 것이다.

228쪽 '원주민'이 야만적이라는 고정 관념 가이듀섹은 항상 포레족을 보호하려고 했다. 그는 원주민이 야만적이라는 고정 관념에 맞서 그들을 변호했을 뿐만 아니라, 오스트레일리아의 한 타블로이드 신문이 쿠루병을 '웃음병the laughing disease'이라고 부르자, 분노로 부글부글 끓어올랐다. 경멸적이고 경솔한 표현이라고 여겼기 때문이다. 반면에, 다른 사람들에게 충격을 주고 싶을 때에는 가이듀섹 자신도 고정 관념을 즐겨 사용했다. 어머니에게 보낸 편지에서 "[이곳 주인들은] 불과 며칠 전에도 여전히 서로를 창으로 찔러댔어요."라고 자랑하듯이 떠벌린 적도 있다.

235쪽 죽은 신경세포와 해면처럼 숭숭 뚫린 구멍들이 많이 생긴다 프리온이 신경세포를 직접적으로 죽이는지 아니면 간접적으로 죽이는지는 모른다. 어쩌면 프리온 플라크가 쌓인 것 자체가 독성 부산물을 만들어내거나 우회적인 방법으로 일부 핵심 과정에 지장을 초래할지도 모른다. 어쨌든 프리온 플라크와 신경세포 손상 사이에 강한 상관관계가 있다는 것만큼은 분명하다. 문제를 복잡하게 만드는 요소가 하나 있는데, 과학자들이 아직도 건강한 정상 프리온 단백질이 무슨 일을 하는지 모른다는 점이다. 여러 실험에서는 정상 프리온 단백질이 말이집(신경세포의 신경돌기를 말아 싸고 있는 덮개 — 옮긴이) 생산, 새로운 뇌세포 탄생, 가소성을 높이는 회로 재배열(특히 어린 뇌에서), 구리 이온 전달 등과 관련이 있는 것으로 나타났다. 그리고 정상 프리온 단백질은 뇌세포에서 특별히 활발하게 활동하긴 하지만, 모든 세포에서 생산되는 것으로 보인다.

그건 그렇고, 커트 보니것Kurt Vonnegut(미국의 수필가이자 소설가. 풍자, 블랙코미디, 공상 과학 장르를 한데 엮고 삽화를 곁들이는 작가로 유명하다. — 옮긴이) 팬들이 그가 쓴 《고양이 요람*Cat's Cradle*》에 나오는 '얼음-9ice-nine'가 프리온과 유사하다는 사실을 눈치챘는지 모르겠다. 얼음-9는 특별한 형태의 얼음으로, 실온에서는 고체 상태로 존재하며, 다른 물 분자에 들러붙어 오염시킴으로써 자신과 같은 얼음-9를 더 많이 만들어낸다. 프루시너는 이 책을 읽었고, 얼음-9과 프리온을 비교하길 좋아했다.

238쪽 나중에 한 인터뷰 가이듀섹을 잘 알고 사랑한 사람들은 그의 유무죄를 놓고 논쟁을 계속 벌인다. 그의 삶 중 많은 세부 사실은 소아 성애증의 전형적인 조짐을 보이는데, 소아과를 전공하기로 결정한 것부터가 그렇다. 반면에 그는 단지 자신을 파산으로 몰아넣을 가능성이 높은 긴 재판 과정을 피하기 위해 성적 학대 혐의에 대해 유죄를 인정했을지도 모른다. 친구들 역시 FBI가 최초의 고소인에게 가이듀섹을 고소하면 재정 지원을 해주기로 약속했다고 주장했다. 그렇다고 해서 고소인의 증언이 무효가 되진 않지만, 그 동기가 미심쩍었다. 그 혐의가 1990년대(미국이 아동 학대에 대해 히스테리 반응을 보이던 때)에 불거졌다는 사실도 의심을 더욱 불러일으킨다. 그리고 경찰이 사람들에게 거짓 자백을 하도록 사전에 강압적으로 몰아붙였는지는 아무도 알 수 없다.

그렇긴 해도, FBI가 개입하기 전에 이미 가이듀섹의 성적 학대와 부적절한 신체 접촉 혐의가 적어도 네 건이나 제기되었다. 모두 증거 불충분을 이유로 기각되었지만, 그 패턴은 사람들을 불안하게 만들기에 충분했다. 게다가 가슴을 미어지게 만드는 〈천재와 소년들The Genius and the Boys〉이라는 BBC 다큐멘터리에서 가이듀섹은 카메라 앞에 서서 전 세계 각지에서 수백 명의 소년과 성 접촉을 가졌다고 주장했다. 그것은 과장된 주장이었을 것이다. 가이듀섹은 사람들을 자극하고 카메라 앞에서 우스꽝스러운 표정을 짓길 좋아했다.(그 다큐멘터리의 한 장면에서 가이듀섹은 '세대간' 근친상간도 옹호하는 발언을 하며, 어린이는 밤에 부모의 침실로 가서 섹스를 도와야 한다고 말한다.) 그 다큐멘터리 따르면, 현재까지 적어도 7명의 남자가 소년 시절에 성 접촉을 했다는 혐의로 가이듀섹을 고소했다. 한 미국인 남자는 그 다큐멘터리 카메라 앞에서 그렇게 주장했다.

7장 성과 벌

245쪽 모르핀 중독자 당시에는 중독자를 대하는 사회 분위기가 훨씬 너그러웠으며, 신사 전문가들 사이에서는 특히 그랬다. 모르핀에 중독된 윌리엄 핼스테드William Halsted는 코카인도 좋아했다. 그리고 윌리엄 샤프는 한 유명한 외과의가 수술 직전에 위스키를 한 모금 마시는 걸 보았다는 충격적인 이야기도 했다. 5분 뒤에 그 외과의는 뇌를 들여다보려고 환자 머리뼈 뒤쪽에 구멍을 뚫으려 했지만, 구멍을 너무 깊이 뚫는 바람에 뇌줄기에 구멍이 나 환자가 즉사하고 말았다. 그는 회진 의사들에게 "수술은 끝난 것 같군요."라고 중얼거리고는 슬그머니 자리를 떴다. 샤프는 그 의사를 탈의실에서 발견했는데, 떨리는 손으로 위스키를 더 마시고 있었다.

249쪽 손과 발, 얼굴 뼈가 굵어지고 합성 성장 호르몬은 활동 능력을 크게 끌어올리는 효과가 있는데, 이것을 복용하는 프로 선수들에게 간혹 일종의 말단비대증이 나타난다. 즉, 머리뼈와 턱뼈가 크게 부풀어올라 모자와 헬멧 사이즈가 점점 커지게 된다.

254쪽 2000번째 뇌종양 2000개의 종양 중 11개는 팀 도노반Tim Donovan이라는 한 남자의 머리에서 나왔다. 쿠싱은 결국 도노반의 머리에서 암 조직을 1332g이나 꺼냈는데, 거의 뇌 하나에 해당하는 양이다.

257쪽 시상하부에 자극 신호를 보낸다 1916년 3월 29일, 아이오와 주 북부에서 O.라는 남자가 오른쪽 관자놀이에 총을 쏴 자살을 시도했다. 12시간 뒤에 누가 그를 발견했고, 현지 병원에서 의사가 그를 소생시켰다. 총탄은 O.의 시각 신경을 절단해 의식이 돌아온 O.는 시력을 상실했다. 하지만 그의 사례를 기억에 남을 만한 사건으로 만든 합병증은 며칠이 지난 뒤에야 나타나기 시작했다. 회복기의 처음 이틀 동안 O.는 오줌을 모두 합쳐 겨우 400g 정도만 누었다. 5일째 되던 날, 막혔던 수문이 열리면서 O.는 오줌을 본격적으로 누기 시작했는데, 오줌이 끝없이 나왔다. 4월 10일에 이르자, 하루에 오줌을 약 4.5리터나 누었는데, 평균적인 남성에 비하면 세 배나 많은 양이었다. 그나마 이것은 하루 동안 침대를 세 번 적신 양은 포함하지 않은 것이었다. 4

월 12일에는 그 양이 5.7리터로 늘어났다(이번에도 침대를 적신 양은 빼고).

담당 의사는 결국 그 원인이 시상하부에 있다고 진단했다. 오늘날 과학자들은 시상하부가 바소프레신vasopressin이라는 신경전달물질을 생산한다는 사실을 알고 있다. 바소프레신은 혈액 속으로 흘러들어가면, 콩팥의 펌프들을 가동하여 물을 재흡수함으로써 방광으로 흘러가지 않게 한다. O.의 총탄은 시상하부를 직접 건드리진 않았지만, 총탄이 지나간 경로에 있는 뇌 조직들이 부풀어오르면서 시상하부를 서서히 쭈그러뜨렸다. 바소프레신 생산이 멈추자, 물이 급속하게 차는 방광은 계속 오줌을 내보내는 수밖에 달리 방법이 없었다. O.는 나머지 생애를 정신병원에서 보냈다.

변연계 회로가 더 거대한 몸과 상호작용하는 방식을 보여주는 또 다른 예로 리타 호플링Rita Hoefling 사례가 있다. 호플링은 남아프리카 공화국에서 살던 40세의 백인 가정 주부였다. 1970년대 초에 외과의들은 쿠싱 증후군 진단을 받은 호플링의 부신(콩팥위샘)을 제거했다. 쿠싱 증후군은 부신이 코르티솔을 너무 많이 분비할 때 생긴다. 부신을 제거하자 일단 이 문제는 해결되었지만, 다른 문제가 생겼다. 부신은 뇌하수체의 활동을 견제하는데, 이제 뇌하수체의 활동을 억제하는 게 아무것도 없자, 뇌하수체는 피부 세포 내부에서 멜라닌 생산을 증가시키는 호르몬을 마구 생산하기 시작했다. 멜라닌은 피부색을 변화시키는데, 호플링의 피부색은 구릿빛으로 변했다가 그다음에는 옅은 갈색으로 변했다. 부신을 제거했을 때 일어나는 이 부작용(넬슨 증후군)은 잘 알려져 있었지만, 남아프리카공화국의 아파르트헤이트apartheid(인종 격리 정책)만 없었더라면 별 문제가 아니었을 것이다. 호플링은 백인만 탈 수 있는 버스에서 쫓겨나기 시작했다. 남편과 아들도 그녀를 버렸다. 심지어 아버지의 장례식에 참석하는 것조차 거부당했다. 이렇게 백인 사회에서 배척당한 그녀를 유색인 공동체가 관대하게 포용해주었고, 호플링은 나중에 아파르트헤이트에 공개적으로 반대하고 나섰다.

263쪽 하품 하품은 신경과학 분야에서 풍요로운 연구 주제이다. 웃음과 마찬가지로, 운동 영역에 일어난 뇌졸중 때문에 신체가 마비된 사람들 중에서 하품을 할 때 팔을 뻗을 수 있는 사람들이 일부 있다. 그 이유는 하품 반사가 뇌줄기에서 시작되어 손상된 신경세포들을 건너뛰면서 다른 경로를 통해 팔 근육에 도달하기 때문이다. 그 기원이 뇌줄기에 있다는 사실은 하품이 아주 오래된 반사, 인류보다 훨씬 오래된 반사임을 암시한다. 실제로 포유류 중에서 하품을 하는 종이 아주 많으며, 뱀과 새, 거북도 하품을 한다. 자궁 속에서 태아가 하품을 하듯이, 뇌줄기만 갖고 태어난(즉,

뇌에서 고등 기능을 담당하는 부위가 없이 태어난) 사람도 하품을 할 수 있다.

하지만 하품이 '전염되는' 동물은 침팬지와 사람, 딱 두 종뿐이다. 그리고 사람은 만 4~5세가 되기 전에는 하품이 옮지 않는다. 이것은 하품이 옮으려면 먼저 뇌의 특정 부분들이 발달할 필요가 있음을 암시하는데, 아마도 사회적 기술 및 공감과 관련된 부분들일 것이다.(같은 맥락에서 자폐증이 있는 사람은 전염성 하품이 옮지 않으며, 옮더라도 나이를 한참 많이 먹은 뒤에 옮는다.) 게다가 우리는 모든 사람에게서 동일하게 하품이 옮지 않는다. 좋은 친구보다는 사랑하는 사람에게서 하품이 더 쉽게 옮고, 그냥 아는 사람보다는 좋은 친구에게서 하품이 더 쉽게 옮으며, 낯선 사람보다는 아는 사람에게서 하품이 더 쉽게 옮는다. 그렇다면 하품이 옮는 데 걸리는 시간으로 상대방의 애정이 식었는지 알 수 있을까 궁금해진다.

문제는 도대체 하품을 왜 하느냐 하는 것이다. 그 답은 아무도 모른다. 아마 영원히 그럴지 모른다.

272쪽 다마시오의 연구 다마시오는 《데카르트의 오류*Descartes' Error*》라는 책에서 엘리엇에 대해 자세히 다루었다. 이 사례에 포함된 세부 사실들을 완전히 알고 싶다면, 이 책을 읽어보라.

4부 믿음과 망상

8장 성스러운 병

287쪽 수술을 하는 동안 환자가 의식이 깬 채로 엽 절개 수술 전문가인 월터 프리먼Walter Freeman은 자신의 경력 초기에 경험한 이야기를 들려주길 좋아했다. 그때, 그는 수술 환자에게 지금 이 순간 마음속에 무엇이 떠오르느냐고 물었다. 그 남자는 "나이프"라고 대답했다고 한다. 블루그래스blugress(기타와 밴조로 연주하는 미국의 전통적인 컨트리음악—옮

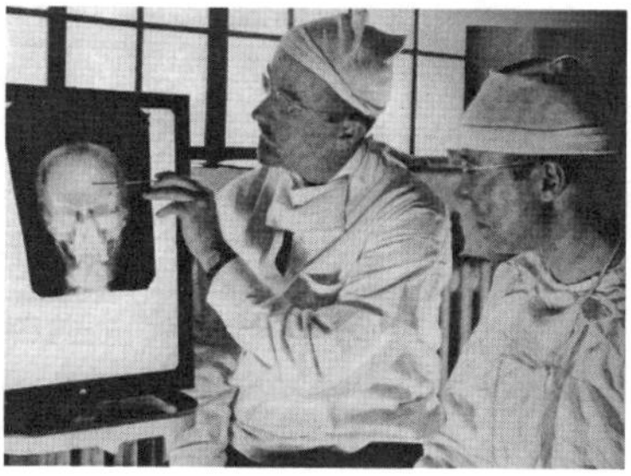

미국의 유명한 엽 절개 수술 전문가 월터 프리먼

긴이) 음악가인 에디 애드콕Eddie Adcock의 수술 장면을 촬영한 믿기 힘든 비디오도 있다. 수술하는 동안 그의 뇌에 아무 이상이 없음을 확실히 하기 위해 담당 의사는 애드콕에게 말을 시키는 대신에 밴조를 연주하게 했다. 그 장면은 http://news.bbc.co.uk/2/hi/science/nature/7665747.stm에서 볼 수 있다.

291쪽 고대 이집트 사제들 고대 이집트 사제들은 뇌를 무시했을지 모르지만, 적어도 일부 이집트 의사들은 그러지 않았다. 소위 에드윈 스미스 파피루스(피라미드가 많이 세워지기 전인 약 5000년 전에 처음 편찬된 문서를 바탕으로 한)에는 수십 종류의 머리 손상과 뇌 손상에 관한 치료 방법과 예후가 나온다. 이 문서는 역사상 처음으로 뇌를 머리의 한 부분으로 취급하지 않고 별개의 기관으로 지목했다. 파피루스에서 '뇌'에 해당하는 상형 문자는 문자 그대로 해석하면 '머리의 골수'라는 뜻이다.

'뇌'를 가리키는 이집트 상형문자. 문자 그대로 해석하면 '머리의 골수'라는 뜻이다.

308쪽 1920년대에는 흔한 일이었다 쿠싱은 자기 병원에서 신경외과 수술과 관련된 위험을 크게 낮추었지만, 다른 외과의들은 그의 방법을 받아들이는 데 뜸을 들였고, 신경외과 수술은 여전히 가장 치명적인 절차 중 하나였다. 1900년까지만 해도, 런던의 여러 병원에서 신경외과 수술을 받은 환자 중 약 75%가 합병증으로 사망했다.(그 무렵에 뉴기니에서는 원주민이 상어 이빨로 머리뼈에 구멍을 뚫고 바나나 잎으로 상처를 감싸는 방법으로 원시적인 수술을 했다. 이 수술의 사망률이 30%에 불과했다는 사실을 감안하면 착잡한 생각이 든다.) 방부제와 함께 뇌의 국재화 연구는 사망률을 크게 낮추는 데 일조했다. 이제 외과의들은 무턱대고 머리뼈를 갈라 종양이나 상처를 더듬거리며 찾는 대신에 환자의 문제를 파악한 뒤에 어디를 열어 문제의 부위를 제거해야 하는지 추측할 수 있게 되었다.

9장 '마음의 속임수'

323쪽 권력 공백 상태 대통령이 집무를 볼 정신적 능력이 있는지 여부를 누가 판단해야 하는가 하는 문제에 대해서는 아직도 명확한 지침이 없다. 흔히 부통령과 대통령 자리 사이에는 하나의 심장 박동만 있을 뿐이라고 이야기하지만, 국가와 헌정 위기 사이에는 늘 하나의 동맥 파열만 있을 뿐이다(특히 뇌졸중 환자의 망상을 감안한다면).

335쪽 피부의 전기 전도율 거짓말 탐지기도 피부의 전기 전도율을 측정한다(그 밖에 심장 박동, 혈압, 호흡 패턴, 기타 심리적 스트레스 징후도 측정하지만). 거짓말 탐지기가 흔히 사이비 과학을 내세운 허튼 수작으로 비난받는다는 사실을 감안하면, 이것은 이상하게 보일 수도 있다. 하지만 과학자들이 거짓말 탐지기를 사용하는 방식과 전형적인 악질 심문자가 사용하는 방식에는 차이가 있다. 심문자는 피의자가 불안한 징후를 나타냈다는 이유만으로 거짓말을 했다고 주장한다. 하지만 실제로는 피의자가 불안을 느낄 수 있는 이유는 수십 가지나 있으며, 특히 심문자가 감옥에 처넣겠다고 윽박지르는 상황이라면 누구나 불안을 느낄 수 있다. 과학자들은 이 테스트를 당사자가 어떤 감정이나 생리 상태를 경험하는지 측정할 목적으로, 그리고 그런 징후가 자극의 종류에 따라 변하는지 알아볼 목적으로만 사용한다. 과학자들은 그런 징후를 바탕으로 상대방의 실제 생각을 알아냈다고 주장하지 않으며(적어도 그렇게 주장해서는 안 되며), 더 제한적인 목적으로 사용된 이 사례에서는 피부의 전기 전도율 테스트가 유의미한 정보를 제공한다.

재미있는 곁가지 이야기를 덧붙이자면, 최초의 조잡한 거짓말 탐지기는 하버드 대학에 다니던 윌리엄 몰턴 마스턴William Moulton Marston이 만들었는데, 보아처럼 테스트 대상자를 친친 감은 관들로 이루어져 있었다. 마스턴은 훗날 만화책을 썼으며(필명으로), 원더우먼을 만들어냈다. 원더우먼은 황금으로 된 '진실의 올가미'를 휘둘러, 그걸로 악당을 옭아매면 악당은 자기도 모르게 진실을 말했다. 불행하게도 마스턴 자신은 연구 경력 동안 늘 정직하고 솔직하게 살지는 않았다. 그는 광고 연구에 거짓말 탐지기를 사용했는데, 젊은 남성의 일회용 면도기 제품 선호도를 조사하면서 데이터를 조작한 사실이 드러났다.

337쪽 안전하고 익숙한 상황 어떤 사람들은 데자뷔를 늘 경험하여 매 순간 일어나는 모든 일이 이전에 일어났던 일인 것처럼 느낀다. 이런 사람은 재미있는 불평을 늘어놓기도 한다. 예를 들면, 어떤 사람들은 텔레비전을 안 보려고 하는데, 모든 프로그램이 이미 봤던 것을 재방송하는 것으로 보이기 때문이다. 한 여자는 도서관 대출 카드를 폐기했는데, 도서관에 있는 책은 모두 본 것이었기 때문이다. 또 한 여자는 테니스 경기를 도중에 그만두었는데, 모든 득실점 상황의 결과를 사전에 알았기 때문이다. 심지어 한 남자는 어느 장례식을 보고 이미 몇 년 전에 참석한 장례식이라고 논리적으로 모순된 주장을 했다. 과학자들은 데자뷔가 왜 일어나는지 모르지만, 그것을 설명하는 추론은 아주 많다. 한 가지 그럴듯한 추론은 기억이 뇌에서 반복 재생되는 비디오테이프처럼 빙빙 돈다는 것이다. 그래서 우리는 어떤 기억 장면을 먼저 녹화한 뒤에 나중에 재생하는 것이 정상이지만, 어떤 이유로 기억 장면을 녹화하자마자 즉시 그것을 재생하면 데자뷔를 경험하게 된다고 설명한다. 다른 과학자들은 다른 원인으로 데자뷔를 설명하는데, 물론 그 원인이 여러 가지일 가능성도 있다.

혹시 궁금해하는 사람이 있을까 봐 설명을 덧붙이자면, 청각-변연계 회로가 고장이 나 어떤 사람의 목소리가 감정 글로glow와 연결되지 않을 수도 있다. 실제로 시각장애인 중에서 청각 카프그라 망상을 겪는 사람들이 있다. 촉각-변연계 회로와 후각-변연계 회로도 죽을 수 있다. 카프그라 증후군을 앓던 브라질의 여성 시각 장애인은 남편 대역이 더 뚱뚱해지고 냄새가 달라졌다고 하소연했다.

346쪽 '이상한 나라의 앨리스' 증후군 환자 신경과학자들은 《이상한 나라의 앨리스》에 흥미로운 신경학적 사례들이 넘친다고 언급해왔다. 험프티 덤프티는 얼굴을 알아보지 못하고(얼굴맹), 추락한 뒤에 심각한 뇌 손상을 입는다. 다과회에 나온 겨울잠쥐는 기면증이 있다. 하얀 여왕은 계산을 제대로 하지 못하는 계산 장애가 있다.(그녀는 "나는 어떤 상황에서도 뺄셈은 하지 못해."라고 말한다.) 그리고 다른 등장인물들도 시간과 공간, 존재의 본질에 대해 이상야릇한 믿음을 펼친다.

《이상한 나라의 앨리스》에 나오는 또 한 가지 망상은 유리 망상으로, 이 사람들은 자신이 유리로 만들어졌다고 믿는다. 기묘하게도 이 망상이 있는 사람들은 흔히 자신이 남성용 소변기나 석유 램프 같은 특정 사물이라고 생각한다. 자기 엉덩이가 유리로 만들어졌다고 생각하는 사람들은 놀랍도록 많은데, 프랑스의 샤를 6세Charles VI도 그중 한 사람으로, 그는 유리 엉덩이를 보호하기 위해 특별 제작한 옷을 입었다. 같은 맥락에서 조금 변형된 버전으로는 바이에른의 알렉산드라 공주가 자신이 유리 피아노를 삼켰으며, 그것이 자기 몸속에 온전히 들어 있다고 주장한 사례가 있다.

350쪽 만약 이게 사실이라면 리벳의 '자유 의지' 실험 결과는 확고부동한 반면, 그 해석은 여전히 논란이 되고 있다. 일부 과학자와 철학자는 사람의 반사 신경이 아무리 빠르다 하더라도, 움직이기로 결정을 내리는 순간과 눈으로 보는 시계의 시간 사이에는 항상 시간 차가 존재한다고 주장한다. 또 어떤 사람들은 의식이 일어나는 순간을 수백분의 1초까지 그렇게 구체적으로 한정할 수 있다는 개념에 반대한다. 어쩌면 의식은 더 긴 시간에 걸쳐 광범위하게 '퍼져' 있을지 모른다. 아니면, 우리는 손가락을 치켜세우는 것과 같은 간단한 운동 과제에서는 정말로 좀비이지만, 더 크고 더 중요한 결정을 내릴 때에는 자유 의지를 발휘할지도 모른다. 같은 맥락에서 어쩌면 우리의 자유 의지가 사전에 뇌를 '프로그래밍'하는 것일 수도 있다. 따라서 우리가 매일 대부분의 일을 자동 조종 장치를 통해 처리하지만, 그러한 습관은 우리가 자유 의지를 통해 만든 것인지도 모른다.

리벳 자신은 이런 반대 의견들을 대부분 근거가 없거나 비논리적이라고 판단했다. 그럼에도 불구하고, 그는 자신이 자유 의지를 완전히 없앴다고 믿진 않았다. 리벳은 의식적인 자아가 자유롭고 제약 없이 어떤 행동을 시작할 능력이 없다는 사실을 받아들였다. 즉, 그런 능력은 무의식의 영역에 속한다. 하지만 사람들에게는 무의식적 충동을 억누르고 그것을 실행하길 거부할 선택권, 즉 진정한 자유 선택권이 있다고 주장했다. 그의 표현을 빌리면, 우리는 자유 의지가 없지만, '자유 거부 의지free won't'는 있을지 모른다. 무의식의 결정을 억제할 수 있는 시간은 0.15초 정도로 아주 짧지만, 이 시간은 사람들이 자기 행동에 도덕적 책임을 지게 한다. 리벳의 표현대로 "십계명은 대부분 '금지' 명령이다." 이것은 대부분의 사람들이 믿는 자유 의지와는 거리가 멀지만, 그나마 신경과학이 허용할 수 있는 최선일지 모른다.

5부 의식

10장 정직한 거짓말

362쪽 이 획기적인 연구 결과를 1947년에 발표했다 놀랍게도 휴 드 와드너는 아직까지 영국에서 살고 있으며, 이 책을 쓰기 위한 면담에 흔쾌히 응해주었다.

367쪽 미국의 엽 절개술 유행 앞에서 언급했듯이, 엽 절개술은 이마엽과 변연계 사이의 백색질 연결 부분을 자르는 수술이다. 엽 절개술은 한 포르투갈 의사의 연구(그는 그 공로로 노벨상을 탔다.)에서 비롯되었지만, 실제로 수술 절차가 크게 유행한 곳은 돌팔이 의술과 효과 빠른 방법을 늘 적극적으로 받아들이는 미국이었다. 1930년대 중엽부터 1950년대 후반까지 미국에서 엽 절개술을 받은 사람은 약 5만 명에 이르렀다. 월터 프리먼Walter Freeman이라는 의사는 혼자서 약 3000명에게 엽 절개술을 했다. 프리먼은 로보토모빌Lobotomobile이라 이름 붙인 이동 진료소를 타고 구릉지와 샛길을 돌아다니면서 고무망치와 얼음 깨는 송곳을 가지고 수술을 했다. 그는 네 살배기 아이에게까지 수술을 했으며, 하루에 최대 25명까지 엽 절개술을 하는 기록을 세웠다. 그가 수술한 환자 중 가장 유명한 사람은 존 F. 케네디의 여동생인 로즈메리 케네디Rosemary Kennedy였다. 수술은 실패로 끝났고, 로즈메리는 여생을 정신병원에서 보냈다.

379쪽 개인적 지식 정상적인 뇌라면 모든 지식은 처음에는 일화적 지식이기 때문에 해마에 의존할 것이다. 그것은 나중에 해마 그물에서 빠져나와 맥락에서 자유로워진 뒤에야 의미론적 지식이 된다. 예를 들면, 여러분은 워싱턴 D.C.로 현장 체험 학습을 갔을 때 또는 퀴즈에서 정답을 맞히지 못했을 때, 에이브러햄 링컨이 미국의 제16대 대통령이라는 사실을 처음 알았을 수 있다. 하지만 결국 여러분은 그것을 처음 알았던 순간을 잊어버리고, 링컨 = 16대 대통령이라는 추상적인 지식만 기억하게 된다.

일화 기억과 의미 기억의 구분은 작화자를 이해하는 데에도 빛을 비춰주는데, 작화자는 주로 개인적 일화에 대한 거짓말을 하기 때문이다. 작화자는 또한 자신이 지어낸 아주 터무니없는 이야기에도 친밀감과 추억을 느낀다. 사실, 한마디로 말하면, 이것이 바로 작화자의 문제이다.

382쪽 기억의 책임을 어떻게 분배하는지 이것은 뇌 속에서 기억이 어떻게 작용하는지 그럴듯하게 대충 설명한 것에 지나지 않으며, 많은 신경과학자들은 이 설명의 세부 내용에 동의하지 않는다. 다시 말해서, 신경과학 분야에서 다루는 거의 모든 것과 마찬가지로 이 설명 역시 수정될 여지가 충분히 있다.

384쪽 '분명한 한계가 없음'을 발견했다 물론 셰레솁스키의 유한한 뇌가 무한한 정보 저장 능력을 가진 것은 아니었다. 하지만 이런 주장을 접할 때에는 우리가 흔히 기억을 생각하는 방식 — 채워넣을 수 있는 '단지'나 '하드 드라이브' 같은 것으로 — 이 오해를 낳을 수 있다는 점을 염두에 두어야 한다. 일부 과학자들이 지적하듯이, 기억은 근육으로 생각하는 편이 더 낫다. 즉, 기억도 근육처럼 운동하고 단련할수록 더 튼튼해진다. 따라서 셰레솁스키가 계속 새로운 정보를 얻는다고 해서 반드시 그것이 낡은 정보를 밀어내는 것은 아니다.

390쪽 세부 내용을 혼동하며 사람들이 개인적 기억을 혼동하는 예로서 가장 적절한 것은 2001년 9월 11일과 관련된 것이다. 반복적인 조사 결과에서 사람들은 바로 그날, 비행기 두 대가 세계무역센터 건물에 충돌하는 텔레비전 뉴스를 시청했다는 명시적 기억(자신이 그 기억을 하고 싶어서 생긴 기억. 개인의 의식이 개입한 기억이라고 할 수 있다.—옮긴이)을 갖고 있는 것으로 드러났다. 하지만 실제로 그런 일은 일어나지 않았다. 텔레비전 방송국들은 그다음 날이 되어서야 충돌 장면을 내보내기 시작했기 때문이다.

11장 좌뇌와 우뇌, 그리고 그 사이를 연결하는 뇌들보

400쪽 이 장소 좀 더 구체적으로는, 브로카는 탕과 를로의 뇌에서 발견한 병터가 이마엽의 세 번째 뇌이랑, 곧 이마엽과 마루엽이 교차하는 곳 가까이에 있다고 말했다. 이곳은 결국 브로카 영역으로 불리게 되었다.

브로카는 후세대를 위해 탕과 를로의 뇌를 보존했지만, 후세대 사람들은 하마터면 그 뇌를 잃어버릴 뻔했다. 그것도 두 번씩이나. 브로카는 죽기 전에 그 뇌를 예전 수도원의 식당에 위치한 뒤퓌트랑 박물관에 보관했다. 그런데 1940년에 폭격으로 뒤퓌트랑 박물관 벽이 무너졌고, 그 뒤에 좀 더 영구적인 장소로 옮기던 도중에 뇌가 사라지고 말았다. 그러고 나서 1962년에 가서야 어느 학자가 그 뇌를 찾아냈다. 그리고 얼마 후 이 뇌가 또 사라지고 말았는데, 그것을 다른 장소로 옮긴 관리인이 아무에게도 그 장소를 말하지 않고 죽었기 때문이다. 뇌는 1979년에 다시 발견되었고, 이제 안전하게 보관되고 있다. 무슨 이유에서인지 브로카는 탕의 뇌를 수직 방향으로 병속에 넣었기 때문에, 탕의 뇌는 이마엽이 아래로 향한 채 보관돼 있다.

403쪽 제1언어와 제2언어 영어이건 타갈로그어이건 세르보크로아트어이건, 우리가 배운 제1언어는 절차 기억에 저장된다. 이것은 말을 한다는 것이 왜 그렇게 자연스럽게 일어나는지 설명해준다. 그 과정이 무의식적으로 일어나기 때문이다. 그런데 제2언어는 상황이 좀 다르다. 만약 제2언어를 '자연스럽게', 즉 일상생활 속에서 배운다면, 그것 역시 절차 기억으로 저장되어 거의 자동으로 말이 나오게 되는데, 특히 어릴 때 배울수록 더욱 그렇다. 하지만 만약 제2언어를 정규 교육 과정을 통해 배운다면,

그것은 서술 기억으로 저장되어 자동으로 말이 나오지 않는다. 이 차이는 두 가지 언어를 할 줄 아는 사람이 어느 한쪽 언어 능력만 잃게 될 수 있는 이유를 설명해준다. 두 언어의 기억 체계가 서로 달라서 어느 한쪽만 손상을 입을 수 있기 때문이다.(그런데 두 가지 언어를 하는 사람이 욕이나 아기를 어르는 소리를 대개 제1언어로 하는 이유는 제1언어가 무의식적으로 작용하는 속성이 있어 감정과 더 깊이 얽혀 있기 때문이다.)

여러 가지 언어를 구사하는 사람에게 나타나는 한 가지 특이한 장애는 '외국어 말투 증후군'이다. 이것은 뇌졸중이나 머리 외상을 입은 사람에게 나타나는데, 갑자기 특이한 억양으로 말을 한다. 예를 들면, 한 영국 여자는 병석에서 일어난 뒤, 마치 프랑스 여자를 어설프게 흉내내는 듯한 억양으로 말을 했다. 이 장애는 극적인 것처럼 보이지만, 사실은 아주 간단하게 설명할 수 있다. 외상은 그 사람의 뇌에서 단순히 '음향 스펙트럼'을 크게 축소시키는 것으로 밝혀졌다. 그 결과, 환자의 치아와 혀, 입술은 평소처럼 말을 하는 데 필요한 소리를 모두 제대로 낼 수 없다. 그러면 다른 사람들은 제한적인 그 말을 듣고 외국어 말투라고 해석한다.

405쪽 오뷔르탱 오뷔르탱의 장인인 장-바티스트 부이요Jean-Baptiste Bouillaud는 이마엽에 광범위한 병터가 있는데도 언어 능력이 상실되지 않은 사례를 보여주는 사람에게 500프랑을 주겠다고 했다. 다소 미심쩍은 상황이긴 했지만, 부이요는 결국 이 내기에 졌다. 1865년에 열린 인류학회 회의에서 알프레드 벨포Alfred Velpeau 박사는 몇 년 전에 심한 요실금 때문에 자신을 찾아온 60세의 가발 제조업자의 사례를 이야기했다. 이 환자만큼 말도 안 되는 소리를 많이 지껄인 사람은 일찍이 없었다. 가발 제조업자는 강박적으로 쉬지 않고 계속 떠들었으며, 심지어 잠자는 동안에도 지껄였다. 어떤 방법으로도 그 입을 다물게 할 수 없었다. 그는 얼마 후에 죽었는데, 애초에 부검을 할 때 뇌를 조사할 계획은 없었지만, 벨포는 마지막 순간에 뇌를 조사하기로 했다. 그 결과, 남자의 이마엽을 파괴한 종양을 발견했다. 적어도 벨포가 주장한 바로는 그랬다. 가발 제조업자는 1843년에 죽었고, 벨포는 그 결과를 20년이 훨씬 지나서야 내놓았기 때문에, 일부 사람들은 벨포가 거짓말을 하는 것이 아닌가 의심했다. 인류학회 회의에서 벨포가 상금을 탈 자격이 있다고 주장하여 한바탕 소란이 있었지만, 부이요는 결국 약속대로 상금을 지불했다.(오늘날의 관점에서 본다면, 그 가발 제조업자는 일종의 이마엽 손상을 입었을 테고, 그 결과 억제 기능이 낮아져 허튼소리를 마구 지껄였을 것이다. 하지만 이마엽은 아주 크기 때문에, 상당 부분이 손상되더라도 브로카 영역이 멀쩡한 상태로 남기도 한다.)

416쪽 래실리의 장거리 전기 커뮤니케이션 이론은 무너졌고 오늘날의 관점에서 보면, 래실리의 개념은 완전히 터무니없는 것은 아니다. 언어와 기억을 비롯해 그 밖의 복잡한 기능들은 뇌의 다양한 부위에 의존하고 있다. 하지만 뇌에서 신호는 전파를 통해 돌아다니는 게 아니라 이온과 화학 물질을 통해 운반된다. 그리고 어떤 일에 뇌의 다양한 부위가 기여한다고 말하는 것은 뇌의 모든 부위가 똑같이 기여한다고 한 래실리의 주장과 큰 차이가 있다.

래실리의 실험에 대해 말한다면, 쥐가 뇌 손상을 입은 뒤에도 미로에서 길을 잘 찾을 수 있었던 이유는 교활한 동물인 쥐가 길을 찾는 방법으로 촉각, 후각, 청각, 시각 등 여러 가지를 사용하기 때문이다. 쥐는 뇌의 서로 다른 부위에 서로 다른 시각 중추가 있다. 병터는 분명히 이러한 시스템들을 손상시켰겠지만, 쥐를 무기력하게 만들려면 이 시스템들을 전부 다 완전히 망가뜨려야 한다. 이것은 인간이 지구에서 사라진 뒤에도 쥐가 오랫동안 살아남을 수 있는 한 가지 이유이다.

416쪽 다시 길을 잃기 시작했다 예리한 독자라면 고양이-미로-안대 실험이 본문에서 기술한 대로 일어날 수 없다는 사실을 눈치챘을 것이다. 각각의 눈은 뇌의 양 반구에 약간의 입력 정보를 보내기 때문이다.(또한, 우뇌와 좌뇌에 도달하는 것은 왼쪽 시야와 오른쪽 시야에서 들어온 입력 정보이지, 왼쪽 눈과 오른쪽 눈 자체에서 오는 입력 정보가 아니다.) 물론 스페리도 이 사실을 알고 있었고, 고양이의 뇌들보를 자를 때, 외과적 방법으로 시각 신경 배선을 바꾸어 시각 신경이 한쪽 반구에만 입력 정보를 보내도록 만들었다. 스페리는 분명히 타고난 외과의였다. 오벌린 칼리지의 운동장에서 발달시킨 손과 눈의 협응이 큰 도움이 되었을 것이다.

418쪽 그림으로 그리라고 했다 분할뇌 환자에게 약한 손(대개 왼손)으로 그림을 그리게 했더니, 아주 관대한 신경과학 실험 기준으로도 형편없는 그림들이 나왔지만(아래 그림 참고), 이 실험에서는 좌뇌와 우뇌의 능력을 분리하는 게 중요했다. 그런데 흥미롭게도 분할뇌 환자의 왼손은 어떤 면에서 예술적으로 더 뛰어났다. 왼손으로 그린 선들은 연습이 부족했기에 삐뚤삐뚤했지만, 전체적으로는 왼손으로 그린 그림이 실제 물건을 더 닮았는데, 우뇌가 좌뇌보다 공간 기능이 더 뛰어나기 때문이다. 이와 달리, 오른손으로 그린 선들은 반듯하고 안정돼 보였지만, 좌뇌는 공간 감각이 부족

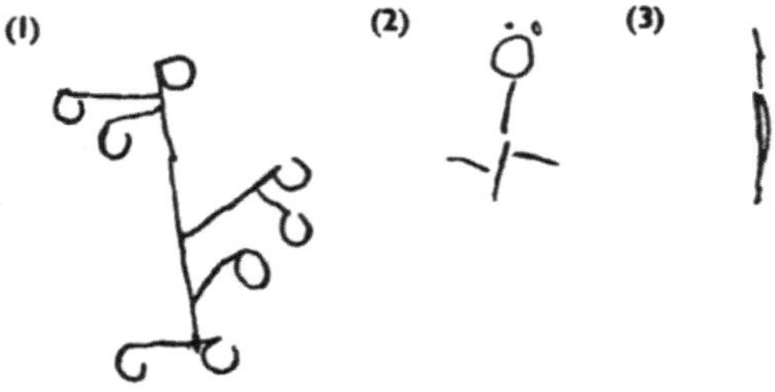

뇌에 심각한 시각 인식 불능이 있는 사람이 그린 그림들. (1) 나무 (2) 남자 (3) 보트. 남자의 두 눈이 머리 밖에 있는 것에 주목하라.

하기 때문에 전체적인 묘사가 형편없었다.

421쪽 좌뇌와 우뇌 사이에 미묘한 차이가 있는 동물 대부분의 동물과 달리 자연 그 자체는 좌우 차이를 잊어버리지 않는데, 특히 아주 작은 차원에서는 더욱 그렇다. 일부 아원자 입자는 왼손잡이와 오른손잡이의 두 종류가 존재하며, 자연의 기본적인 힘 가운데 하나(약한 상호작용)는 같은 입자라도 왼손잡이냐 오른손잡이냐에 따라 다르게 작용한다. 더욱 중요한 사실은, 지구상의 모든 생명체는 우회전성 나선을 이루는 DNA로 만들어져 있다는 점이다.(오른손 엄지를 천장으로 향하게 치켜세워보라. DNA는 손가락이 말린 시계 반대 방향으로 꼬이면서 위쪽으로 뻗어 있다.) 좌회전성 DNA는 실제로 우리 세포를 죽이고 말 것이다. 그런데 무심코 반대 방향으로 꼬인 DNA를 실은 채 몇 쇄를 계속 찍는 생물학 교과서가 가끔 있다. 물론 나도 떳떳하게 말할 수 있는 입장은 아니다. 내 두 번째 책인 《바이올리니스트의 엄지*The Violinist's Thumb*》 미국판 표지에도 반대 방향으로 꼬인 DNA가 실려 있다. 어느 예리한 독자에게 지적받을 때까지 나는 그 실수를 알아채지 못했다.

425쪽 단순히 은유에 불과한 것이 아닐지도 모른다 은유라는 말이 나왔으니 하는 말인데, 우리가 동작 동사(달리다, 치다, 튀다 등)를 듣거나 읽을 때마다 — 심지어 동작에 해당하는 은유(예컨대, 말을 삼켰다거나 애를 먹었다 같은)를 들을 때에도 — 운동 중추가 이에 반응해 윙윙거리기 시작한다는 강력한 증거가 있다. 이것은 몸을 움직이기에는 충분치 않지만, 시작할 준비를 하게 한다. 이렇게 신체적으로 자극을 주는 것은 우리 마음이 그 개념을 이해하는 데 도움을 주는 것으로 보인다. 이렇게 또는 다른 방식으로 언어 중 많은 것은 문자 그대로 구현된다. 이 주제에 관해 더 자세한 것은 벤저민 버겐Benjamin Bergen이 쓴 《말보다 더 시끄러운 행동*Louder Than Words*》을 보라.

12장 인간과 신화와 전설

442쪽 집단 속에서 일어나는 과정이다 의식이 어느 장소에 있는 것이 아니라, 집단 속에서 일어나는 과정이라는 개념 때문에 골치가 아프다면, 라마찬드란의 놀라운 비유를 생각해보라. 라마찬드란은 《뇌 속의 유령*Phantoms in the Brain*》이란 책에서 TV 드라마 〈SOS 해상 구조대Baywatch〉의 한 에피소드를 소개하면서 이 에피소드가 일어난 장소가 정확하게 어디냐고 묻는다. 배우들이 촬영을 한 해변일까? 그 드라마를 녹화한 카메라 속일까? 해당 정보를 여러분의 텔레비전으로 보내는 케이블일까? 텔레비전 자체일까?(만약 텔레비전이라면, 텔레비전 중에서 또 어떤 곳일까? 전자 부품 내부일까, LCD 화면일까?) 어쩌면 그 쇼가 펼쳐지는 장소는 우리의 눈에 도착하는 광자들의 폭풍에 있지 않을까? 어쩌면 뇌 속이 아닐까?

조금만 더 생각해보면, 이 질문이 터무니없다는 것을 알 수 있다. 혹은 핵심에서 벗어난 질문이라고 볼 수도 있다. 여기서 정말로 중요한 질문은 그 에피소드가 일어난 장소가 어디냐 하는 것이 아니라, 움직이는 그림을 다양한 기술이 어떻게 시간과 공간을 건너 우리의 뇌 속으로 전달하느냐 하는 것이다. 마찬가지로, 라마찬드란은 뇌가 의식을 어떻게 만들어내는지 우리가 더 많은 것을 앎에 따라 구체적인 장소에 대해서는 신경을 덜 쓰게 되지 않을까 생각한다.

447쪽 관통당하고도 의식을 잃지 않은 사람들 "지난 150년 동안 금속 막대나 파이프로 인한 머리뼈 관통 뇌 손상"이란 제목의 이 흥미로우면서도 섬뜩한 논문은 금속 물체에 머리뼈를 관통당한 사람 12명의 사례를 다루는데, 그중 5명은 단 한순간도 의식을 잃지 않았다. 인상적인 두 가지 사례는 '윌리엄 텔'이라는 활쏘기 게임을 벌이다가 사고를 당한 주정뱅이와 조립 라인에서 일하다가 7.8m 길이의 쇠막대가 머리뼈 대부분을 뚫고 들어가 박힌 사고를 당한 남자가 있다. 두 번째 남자는 의식을 잃은 적이 전혀 없어서, 쇠막대가 서서히 자기 머릿속을 지나가는 걸 느낄 수 있었다.

확실하게 입증되지 않고 일화에 가까운 이야기를 하나 더 소개한다. 2009년에 미시시피 주에서 한 여자가 부부 싸움 도중에 38구경 총탄에 이마가 관통되는 사고가 일어났다. 총탄은 앞쪽에서 뒤쪽으로 뇌를 완전히 관통했다. 그녀는 의식을 잃지 않았을 뿐만 아니라, 예의를 차리는 것도 잊지 않았다. 몇 분 뒤에 경찰관이 찾아오자,

그녀는 자신의 부상은 까마득히 잊고 차를 타서 그에게 마시라고 권했다.

448쪽 다시 뜯겨나가고 만다 안타깝지만 클라이브 웨어링은 결코 의식을 회복하지 못할 것이다. 그렇긴 해도, 그의 기억상실증은 병에 걸리고 나서 처음 10년 동안에 가장 심했고, 2000년 무렵부터는 증상이 완화되었다는 증거가 일부 있다. 이것은 뇌의 가소성에 일어난 변화 때문에 일부 기능을 회복한 것으로 보인다. 신경과학자들이 적절한 연구를 통해 이런 개선 사례를 보고하거나 기록한 적이 여태껏 없기 때문에, 이 문제에 대해 판단을 내리는 데에는 신중을 기할 필요가 있다. 하지만 어느 누구보다도 웨어링과 함께 보내는 시간이 많은 아내 데버러는 분명히 차도가 있다고 주장한다.

예를 들면, 같은 이야기를 계속 반복하는 대신에 비록 짧긴 해도 데버러와 의미 있는 대화를 나눌 만큼 웨어링의 기억은 나아졌다. 비록 여전히 반복적으로 '깨어나긴' 해도, 이제 수백만 번을 겪고 나자 그런 의식 출현에 익숙해져 더 이상 열정적으로 그 일을 기록하지 않는다. 심지어 어떤 영화(예컨대 제임스 본드 영화)는 스토리를 약간 추적할 수도 있으며, 바깥으로 외출하고서도 길을 잃지 않는다. 데버러는 가슴 아픈 회고록 《영원히 오늘만*Forever Today*》 말미에서 이런 이야기와 그 밖의 호전된 내용을 소개했다.

450쪽 그를 절대로 버리지 않을 것이다 기억상실증 환자조차 자아감을 잃지 않는다는 규칙에 예외처럼 보이는 게 하나 있다. 소위 둔주fugue(과거나 정체성에 대한 기억을 상실하여 가정과 직장을 떠나 방황하거나 예정 없는 여행을 하는 장애. 세상 지식에 대한 기억은 보존된다.—옮긴이) 장애가 있는 사람들은 개인의 정체성을 잊어버리는 것처럼 보인다. 이들은 텔레비전 드라마에 흔히 나오는 기억상실증 환자에 더 가깝다. 즉, 어느 날 일어났더니 갑자기 과거 일이 하나도 기억이 나지 않는 것이다. 하지만 둔주 환자도 과거 중 일부는 기억한다. 예를 들면, 근육 기억 덕분에 자기 이메일 계정에 로그인할 수 있다. 그리고 둔주 환자는 대체로 새로운 정체성을 얻는데, 뇌는 자아감 없이는 제대로 기능할 수 없는 것처럼 보이기 때문이다.

보너스로 나는 역사상 가장 유명한 둔주 환자에 관한 이야기를 썼는데, 안셀 본Ansel Bourne이라는 미국 농부가 바로 그 주인공이다. 이 이야기는 http://samkean.com/dueling-notes에서 볼 수 있다.

455쪽 일부 현대 역사학자들 게이지에 대한 견해를 수정하는 데(그리고 게이지가 나중에 일부 기술과 기능을 회복했을 가능성이 높다는 것을 입증하는 데) 가장 큰 공을 세운 역사학자는 《이상한 종류의 명성*An Odd Kind of Fame*》이란 책을 쓴 맬컴 맥밀런Malcolm Macmillan이다. 게이지의 사례를 인용하려는 사람이라면 맥밀런의 책을 먼저 읽어보아야 한다. 그는 사람들 입에 자주 오르내리지만 부정확한 전설 같은 이야기를 대하는 데 도움이 될 만한 근거를 아주 많이 제공한다. 맥밀런은 또한 게이지의 이야기는 "일부 사실들이 얼마나 쉽게 널리 알려진 과학적 신화로 변하는지 잘 보여주기" 때문에 기억할 만한 가치가 있다고 주장한다. 아주 훌륭한 말이다.

부정확에 관한 이야기가 나왔으니 하는 말인데, 나는 게이지 이야기를 할 때 일부 세부 내용을 생략하고 간략하게 소개할 수밖에 없었다는 점을 분명히 하고 싶다. 예를 들면, 존 할로 외에도 다른 의사 한 명이 사고 1년 뒤에 게이지를 검사했다. 헨리 비걸로Henry Bigelow라는 그 의사는 중요한 사실들을 추가로 제공했다. 내가 비걸로 대신 할로 이야기에 초점을 맞춘 이유는 게이지의 정신 기능을 언급한 의사는 할로뿐이었기 때문이다. 완전한 이야기를 알고 싶으면 《이상한 종류의 명성》을 읽어보라.

그렇긴 하지만, 나는 젊은 시절을 파란만장하게 보낸 비걸로의 생애에 대해 잠깐 언급하고 싶은 충동을 억누를 수가 없다. 한 역사학자가 언급했듯이, 오늘날 비걸로는 15세 때 하버드 의학대학원에 입학한 "구레나룻을 무성하게 기른 외과 수술의 거장"으로 기억된다. 하지만 학교에 다닐 때 비걸로는 "큰 소리를 지르고, 음주 클럽에 가입하고 …… 화학 강의의 전통적인 연례 술잔치를 위해 일산화이질소를 만들며" 대부분의 시간을 보냈다. 비걸로는 결국 "기숙사 방에서 권총 사격 연습"을 하다가 쫓겨났으며, 이 일로 "그해가 지날 때까지 [하버드 의학대학원이 있는 도시인] 케임브리지에서도 추방되었다. 하지만 이런 정학 기간에도 불구하고 그는 제때 졸업했다."

참고 문헌

Albright, Thomas D., et al. "Neural Science: A century of progress and the mysteries that remain." *Cell* 100, no. 25 (2000): S1-55.

Bergen, Benjamin K. *Louder than words: the new science of how the mind makes meaning*. New York: Basic Books, 2012.

Bor, Daniel. *The ravenous brain: how the new science of consciousness explains our insatiable search for meaning*. New York: Basic Books, 2012.

Doidge, Norman. *The brain that changes itself: stories of personal triumph from the frontiers of brain science*. New York: Viking, 2007.

Feinberg, Todd E. *Altered egos: how the brain creates the self*. Oxford: Oxford University Press, 2001.

Finger, Stanley. *Origins of neuroscience: a history of explorations into brain function*. New York: Oxford University Press, 1994.

Gazzaniga, Michael S., Richard B. Ivry, and G. R. Mangun. *Cognitive neuroscience: the biology of the mind*. New York: W. W. Norton, 1998.

Goldstein, E. Bruce. *Sensation and perception*. Belmont, Calif.: Wadsworth, 1989.

Gross, Charles G. *Brain, vision, memory: tales in the history of neuroscience*. Cambridge, Mass.: MIT Press, 1998.

———. *A hole in the head: more tales in the history of neuroscience*. Cambridge, Mass.: MIT Press, 2009.

Harris, Sam. *Free will*. New York: Free Press, 2012.

Klein, Stephen B., and B. Michael Thorne. *Biological psychology*. New York: Worth, 2006.

Macmillan, Malcolm. *An odd kind of fame: stories of Phineas Gage*. Cambridge, Mass.: MIT Press, 2000.

Magoun, Horace Winchell, and Louise H. Marshall. *American neuroscience in the twentieth century: confluence of the neural, behavioral, and communicative streams.* Lisse, Netherlands: A. A. Balkema, 2003.

Ramachandran, V. S., and Sandra Blakeslee. *Phantoms in the brain: probing the mysteries of the human mind.* New York: William Morrow, 1998.

Ramachandran, V. S. *The tell-tale brain: a neuroscientist's quest for what makes us human.* New York: W. W. Norton, 2011.

Satel, Sally, and Scott O. Lilienfeld. *Brainwashed: the seductive appeal of mindless neuroscience.* New York: Basic Books, 2013.

Stien, Phyllis T., and Joshua C. Kendall. *Psychological trauma and the developing brain: neurologically based interventions for troubled children.* New York: Haworth Maltreatment and Trauma Press, 2004.

1부 섬뜩한 해부학

0장 마음의 일부가 고장났을 때

Cheyne, James Allan, and Gordon Pennycook. "Sleep Paralysis Postepisode Distress." *Clinical Psychological Science* 1, no. 2 (2013): 135–148.

D'Agostino, Armando, and Ivan Limosani. "Hypnagogic Hallucinations and Sleep Paralysis." *Narcolepsy: a clinical guide.* New York: Springer, 2010.

Davies, Owen. "The Nightmare Experience, Sleep Paralysis, and Witchcraft Accusations." *Folklore* 114, no. 2 (2003): 181–203.

Santomauro, Julia, and Christopher C. French. "Terror in the Night." *The Psychologist* 22, no. 8 (2009): 672–675.

1장 뇌과학자들의 결투

Baumgartner, Frederic J. *Henry II, king of France 1547–1559.* Durham: Duke University Press, 1988.

Faria, M. A. "The Death of Henry II of France." *Journal of Neurosurgery* 77, no. 6 (1992): 964–969.

Frieda, Leonie. *Catherine de Medici*. New York: Harper Perennial, 2006.

Goldstein, Lee E., et al. "Chronic Traumatic Encephalopathy in Blast-Exposed Military Veterans and a Blast Neurotrauma Mouse Model." *Science Translational Medicine* 4, no. 134 (2012): 134–160.

Keeton, Morris. "Andreas Vesalius: His times, his life, his work." *Bios* 7, no. 2 (1936): 97–109.

Martin, Graham. "The Death of Henry II of France: A sporting death and post-mortem." *ANZ Journal of Surgery* 71, issue 5 (2001): 318–320.

Milburn, C. H. "An Address on Military Surgery of the Time of Ambroise Paré and That of the Present Time." *British Medical Journal* 1, no. 2112 (1901): 1532–1535.

Miller, Greg. "Blast Injuries Linked to Neurodegeneration in Veterans." *Science* 336, no. 6083 (2012): 790–791.

O'Malley, Charles Donald. *Andreas Vesalius of Brussels*, 1514–1564. Berkeley, Calif.: University of California Press, 1964.

O'Malley, Charles Donald, and J. B. De C. M. Saunders, "The 'Relation' of Andreas Vesalius on the Death of Henry II of France." *Journal of the History of Medicine and Allied Sciences* 3, no. 1 (1948): 197–213.

Princess Michael of Kent. *The serpent and the moon: two rivals for the love of a Renaissance king*. New York: Simon & Schuster, 2004.

Rose, F. Clifford. "The History of Head Injuries: An overview." *Journal of the History of the Neurosciences* 6, no. 2 (1997): 154–180.

Simpson, D. "Paré as a Neurosurgeon." *The Australian and New Zealand Journal of Surgery* 67, no. 8 (1997): 540–546.

Strathern, Paul. *A brief history of medicine: from Hippocrates to gene therapy*. New York: Carroll & Graf, 2005.

Vesalius, Andreas, and J. B. de C. M. Saunders. *The illustrations from the works of Andreas Vesalius of Brussels*. Cleveland, Ohio: World, 1950.

2부 세포, 감각, 회로

2장 암살자의 수프

Chapter Two: The Assassin's Soup

Ackerman, Kenneth D. *Dark horse: the surprise election and political murder of President James A. Garfield*. New York: Carroll & Graf, 2003.

De Carlos, Juan A., and José Borrell. "A Historical Reflection of the Contributions of Cajal and Golgi to the Foundations of Neuroscience." *Brain Research Reviews* 55, no. 1 (2007): 8–16.

Everett, Marshall. *Complete life of William McKinley and story of his assassination*. Cleveland, Ohio: N. G. Hamilton, 1901.

Finger, Stanley. *Minds behind the brain: a history of the pioneers and their discoveries*. Oxford: Oxford University Press, 2000.

Goldberg, Jeff. *Anatomy of a scientific discovery*. New York: Bantam Books, 1989.

Guiteau, Charles Julius, and C. J. Hayes. *A complete history of the trial of Guiteau, assassin of President Garfield*. Philadelphia: Hubbard Bros., 1882.

Haines, D. E. "Spitzka and Spitzka on the Brains of the Assassins of the Presidents." *Journal of the History of the Neurosciences* 4, no. 3/ 4 (1995): 236-266.

Johns, A. Wesley. *The man who shot McKinley*. South Brunswick, N.J.: A. S. Barnes, 1970.

Loewi, Otto. *An autobiographic sketch*. Chicago: University of Chicago, 1960.

Marcum, James A. "' Soup' vs. 'Sparks': Alexander Forbes and the synaptic transmission controversy." *Annals of Science* 63, no. 2 (2006): 139–156.

Menke, Richard. "Media in America, 1881: Garfield, Guiteau, Bell, Whitman." *Critical Inquiry* 31, no. 3 (2005): 638–664.

Miller, Scott. *The President and the assassin: McKinley, terror, and empire at the dawn of the American century*. New York: Random House, 2011.

Paulson, George. “Death of a President and his Assassin— Errors in Their Diagnosis and Autopsies.” *Journal of the History of the Neurosciences* 15, no. 2 (2006): 77–91.

Peskin, Allan. “Charles Guiteau of Illinois, President Garfield’s Assassin.” *Journal of the Illinois State Historical Society* 70, no. 2 (1977): 130–139.

Rapport, Richard L. *Nerve endings: the discovery of the synapse*. New York: W. W. Norton, 2005.

Rauchway, Eric. *Murdering McKinley: the making of Theodore Roosevelt’s America*. New York: Hill and Wang, 2003.

Sourkes, Theodore L. “The Discovery of Neurotransmitters, and Applications to Neurology.” *Handbook of Clinical Neurology* 95, no. 1 (2009): 869–883.

University at Buffalo Libraries. “Pan-American Exposition of 1901.” http:// library.buffalo.edu/ pan-am/ (accessed November 4, 2013).

Valenstein, Elliot S. *The war of the soups and the sparks*. New York: Columbia University Press, 2005.

Vowell, Sarah. *Assassination vacation*. New York: Simon & Schuster, 2005.

3장 신경 회로의 연결과 변경

Brang, David, and V. S. Ramachandran. “Survival of the Synesthesia Gene: Why do people hear colors and taste words?” *PLoS Biology* 9, no. 11 (2011): 1–5.

Finkel, Michael. “The Blind Man Who Taught Himself to See.” *Men’s Journal*, March 2011. http://www.mensjournal.com/magazine/the-blind-man-who-taught-himself-to-see-20120504 (accessed November 4, 2013).

Fisher, Madeline. “Balancing Act.” *On Wisconsin*. http://www.uwalumni.com/ home/onwisconsin/ archives/ spring2007/ balancingact.aspx (accessed November 4, 2013).

Hofmann, Albert. *LSD, my problem child*. New York: McGraw-Hill, 1980.

Holman, James. *A voyage round the world: including travels in Africa, Asia,*

Australasia, America, etc. etc. from MDCCCXXVII to MDCCCXXXII. London: Smith, Elder, 1834.

Roberts, Jason. *A sense of the world*. New York: Harper Perennial, 2007.

4장 시각과 얼굴 인식

Chapter Four: Facing Brain Damage Alexander, Caroline. "Faces of War." *Smithsonian*. February 2007. http://www.smithsonianmag.com/history-archaeology/mask.html(accessed November 4, 2013).

Caramazza, Alfonso, and Jennifer R. Shelton. "Domain-Specific Knowledge Systems in the Brain." *Journal of Cognitive Neuroscience* 10, no. 1 (1998): 1–34.

Dubernard, Jean-Michel. "Outcomes 18 Months after the First Human Partial Face Transplant." *The New England Journal of Medicine* 357, no. 24 (2007): 2451–2460.

Glickstein, Mitchell, and David Whitteridge. "Tatsuji Inouye and the Mapping of the Visual Fields on the Human Cerebral Cortex." *Trends in Neurosciences* 10, no. 9 (1987): 349–352.

Glickstein, Mitchell. "The Discovery of the Visual Cortex." *Scientific American*. September 1988: 118–127.

Hubel, David H. *Eye, brain, and vision*. New York: Scientific American Library, 1988.

———. "Evolution of Ideas on the Primary Visual Cortex, 1955–1978: A biased historical account." *Bioscience Reports* 2, no. 7 (1982): 435–469.

Khatchadourian, Raffi. "Transfiguration." *The New Yorker*. February 13 and 20, 2012: 66–87.

Moscovitch, Morris, Gordon Winocur, and Marlene Behrmann. "What is Special about Face Recognition?" *Journal of Cognitive Neuroscience* 9, no. 5 (1997): 555-604.

Nicolson, Juliet. *The great silence, 1918–1920: living in the shadow of the Great War*. London: John Murray, 2009.

Pinker, Steven. "So How Does the Mind Work?" *Mind & Language* 20, no.

1 (2005): 1–24.
Pomahac, Bohdan. "Three Patients with Full Facial Transplantations." *The New England Journal of Medicine* 366, no. 8 (2012): 715–722.
"Visual neuroscience: visual central pathways." *Visual neuroscience: visual central pathways.* http://camelot.mssm.edu/~ygyu/visualpathway.html(accessed August 15, 2012).

3부 몸과 뇌

5장 운동 중추와 환상 사지

Anonymous. "The Case of George Dedlow." *The Atlantic Monthly.* July 1866.
Beatty, William K. "S. Weir Mitchell and the Ghosts." *Journal of the American Medical Association* 220, no. 1 (1972): 76–80.
Canale, D. J. "Civil War Medicine from the Perspective of S. Weir Mitchell's 'The Case of George Dedlow.'" *Journal of the History of the Neurosciences* 11, no. 1 (2002): 11–18.
———. "S. Weir Mitchell's Prose and Poetry on the American Civil War." *Journal of the History of the Neurosciences* 13, no. 1 (2004): 7–21.
Finger, Stanley, and Meredith P. Hustwit. "Five Early Accounts of Phantom Limb in Context: Paré, Descartes, Lemos, Bell, and Mitchell." *Neurosurgery* 52, no. 3 (2003): 675–686.
Freemon, Frank R. "The First Neurological Research Center: Turner's Lane hospital during the American Civil War." *Journal of the History of the Neurosciences* 2, no. 2 (1993): 135–142.
Goler, Robert I. "Loss and the Persistence of Memory: 'The Case of George Dedlow' and disabled Civil War veterans." *Literature and Medicine* 23, no. 1 (2004): 160–183.
Herschbach, Lisa. "' True Clinical Fictions': Medical and literary narratives from the Civil War hospital." *Culture, Medicine, and Psychiatry* 19, no.

2 (1995): 183-205.
Howey, Allan W. "The Rifle-Musket and the Minié Ball." *The Civil War Times*, October 1999. http:// www.historynet.com/ minie-ball (accessed November 4, 2013).
Lein, Glenna R. *The encyclopedia of Civil War medicine*. Armonk, N.Y.: M. E. Sharpe, 2008.
Mitchell, S. Weir. *Injuries of nerves and their consequences*. Philadelphia: J. B. Lippincott, 1872.
Ramachandran, Vilayanur S., and Diane Rogers-Ramachandran. "Synaesthesia in Phantom Limbs Induced with Mirrors." *Proceedings of the Royal Society of London, Biology* 263, no. 1369 (1996): 377–386.
———. "Phantom Limbs and Neural Plasticity." *Archives of Neurology* 57, no. 3 (2000): 317–320.
Ramachandran, Vilayanur S., and William Herstein. "The Perception of Phantom Limbs: The D. O. Hebb lecture." *Brain* 121, no. 9 (1998): 1603–1620.

6장 웃음병

Anderson, Warwick. *The collectors of lost souls: turning kuru scientists into white-men*. Baltimore: Johns Hopkins University Press, 2008.
Beasley, Anne. "Frontier Journeys: Fore experiences on the kuru patrols." *Oceania* 79, no. 1 (2009): 34–52.
"The End of Kuru: 50 years of research into an extraordinary disease." *Philosophical Transactions of the Royal Society B* 353, no. 1510 (2008): 3607– 763.
Gajdusek, D. Carleton. *South Pacific expedition to the New Hebrides and to the Fore, Kukukuku, and Genatei peoples of New Guinea, January 26, 1967 to May 12, 1967*. Bethesda, Md.: Section of Child Growth and Development and Disease Patterns in Primitive Cultures, National Institute of Neurological Disease and Blindness, 1967.
The Genius and the Boys. DVD. Directed by Bosse Lindquist. Stockholm:

SVT Documentary, 2009.

Georgopoulos, Apostolos P. "Movement, Balance, and Coordination—The Dana Guide." The Dana Foundation. http://www.dana.org/news/brainhealth/ detail.aspx?id=10070(accessed November 4, 2013).

Hainfellner, Johannes A., et al. "Pathology and Immunocytochemistry of a Kuru Brain." *Brain Pathology* 7, no. 1 (1997): 547–553.

Ledford, Heidi. "' Harmless' Prion Protein Linked to Alzheimer's Disease." Nature.com. http://www.nature.com/news/2009/090225/full/news.2009.121.html(accessed November 4, 2013).

Lindenbaum, Shirley. "Kuru, Prions, and Human Affairs: Thinking about epidemics." *Annual Review of Anthropology* 30, no. 1 (2001): 363–385.

Miller, Greg. "Could They All Be Prion Diseases?" *Science* 326, no. 5958 (2009): 1337–1339.

Nelson, Hank. "Kuru: The Pursuit of the Prize and the Cure." *The Journal of Pacific History* 31, no. 2 (1996): 178– 201.

Norrby, Erling. *Nobel prizes and life sciences.* Singapore: World Scientific, 2010.

Spark, Geridwen. "Carleton's Kids." *The Journal of Pacific History* 44, no. 1, (2009): 1–19.

Stern, Nicholas C. "Agents Investigated Nobel Prize Winner Daniel Gajdusek as Far Back as 1950s." *Frederick News-Post,* October 25, 2009. ttp://www.fredericknewspost.com/archive/article_9c620533-8d25-5ed5-8a53-96ac409697f5.html?mode=story(accessed November 4, 2013).

7장 성과 벌

Batts, Shelley. "Brain Lesions and Their Implications in Criminal Responsibility." *Behavioral Science and the Law* 27, no. 2 (2009): 261–272.

Bliss, Michael. *Harvey Cushing: a life in surgery*. New York: Oxford University Press, 2005.

Byrne, John H. *Learning and memory*. New York: Macmillan Reference USA, 2003.

Cushing, Harvey. "Partial Hypophysectomy for Acromegaly." *Annals of Surgery* 50, no. 6 (1909): 1002–1017.

———. *The pituitary body and its disorders*. Philadelphia and London: J. B. Lippincott, 1912.

Damasio, Antonio R., Daniel Tranel, and Helen Damasio. "Individuals with Sociopathic Behavior Caused by Frontal Damage Fail to Respond Autonomically to Social Stimuli." *Behavioural Brain Research* 41, no. 2 (1990): 81– 94.

Damasio, Antonio R. *Descartes' error: emotion, reason, and the human brain*. New York: Putnam, 1994.

Denzel, Justin F. *Genius with a scalpel*. New York: Messner, 1971.

Devinsky, Julie, Oliver Sacks, Orrin Devinsky. "Kluver-Bucy Syndrome, Hyper-sexuality, and the Law." *Neurocase* 16, no. 2 (2010): 140–145.

Devinsky, Orrin. *Neurology of cognitive and behavioral disorders*. Oxford: Oxford University Press, 2004.

Eslinger, Paul J., and Antonio R. Damasio. "Severe Disturbance of Higher Cognition after Bilateral Frontal Lobe Ablation: Patient EVR." *Neurology* 35, no. 12 (1985): 1731–1741.

Feinstein, Justin S., et al. "The Human Amygdala and the Induction and Experience of Fear." *Current Biology* 21, no. 1 (2010): 34–38.

Fulton, John F. *Harvey Cushing: a biography*. New York: Arno Press, 1980.

Greenwood, Richard, et al. "Behaviour Disturbances During Recovery from Herpes Simplex Encephalitis." *Journal of Neurology, Neurosurgery, and Psychiatry* 46, no. 9 (1983): 809–817.

Kalat, James W., and Michelle N. Shiota. *Emotion*. Belmont, Calif.: Thomson Wadsworth, 2007.

Lehrer, Steven. *Explorers of the body*. Garden City, N.Y.: Doubleday, 1979.

Morte, Paul D. "Neurologic Aspects of Human Anomalies." *Western Journal of Medicine* 139, no. 2 (1983): 250–256.

Papez, James Wenceslaus. "A Proposed Mechanism of Emotion." *Archives of Neurology and Psychiatry* 38, no. 4 (1937): 725–743.

Sapolsky, Robert M. "The Frontal Cortex and the Criminal Justice System." *Philosophical Transactions of the Royal Society B* 359, no. 1451 (2004): 1787–1796.

Sharpe, William. *Brain surgeon: the autobiography of William Sharpe.* London: Gollancz, 1953.

4부 믿음과 망상

8장 성스러운 병

Chapter Eight: The Sacred Disease Cassano, D. "Neurology and the Soul: From the origins until 1500." *Journal of the History of the Neurosciences* 5, no. 2 (1996): 152–161.

Costandi, Mo. "Diagnosing Dostoyevsky's Epilepsy." Science Blogs. http://neurophilosophy.wordpress.com/2007/04/16/diagnosing-dostoyevskys-epileps/(accessed November 4, 2013).

———. "Wilder Penfield, Neural Cartographer." Science Blogs. http://scienceblogs.com/neurophilosophy/2008/08/27/wilder-penfield-neural-cartographer/(accessed November 4, 2013).

Eccles, John. "Wilder Graves Penfield." In *Memoirs of Fellows of the Royal Society*. London: The Royal Society, 1978: 473– 513.

Finger, Stanley. "The Birth of Localization Theory." *Handbook of Clinical Neurology* 95, no. 1 (2010): 117–128.

Foote-Smith, Elizabeth, and Timothy J. Smith. "Historical Note: Emanuel Swedenborg." *Epilepsia* 37, no. 2 (1996): 211–218.

Harris, Lauren Julius, and Jason B. Almerigi. "Probing the Human Brain with Stimulating Electrodes: The story of Roberts Bartholow's (1874) experiment on Mary Rafferty." *Brain and Cognition* 70, no. 1 (2009): 92–115.

Hebb, Donald O., and Wilder Penfield. "Human Behavior after Extensive Bilateral Removal from the Frontal Lobes." *Archives of Neurology and Psychiatry* 44, no. 2 (1940): 421–438.

Jones, Simon R. "Talking Back to the Spirits: The voices and visions of Emanuel Swedenborg." *History of the Human Sciences* 21, no. 1 (2008): 1–31.

Lewis, Jefferson. *Something hidden: a biography of Wilder Penfield*. Toronto, Ont.: Doubleday Canada, 1981.

Morgan, James P. "The First Reported Case of Electrical Stimulation of the Human Brain." *Journal of the History of Medicine and Allied Sciences* 37, no. 1 (1982): 51–64.

Newberg, Andrew B., Eugene G. Aquili, and Vince Rause. *Why God won't go away: brain science and the biology of belief.* New York: Ballantine Books, 2001.

Penfield, Wilder. "The Frontal Lobe in Man: A clinical study of maximal removals." *Brain* 58, no. 1 (1935): 115–133.

———. "The Interpretive Cortex." *Science* 129, no. 3365 (1959): 1719–1725.

———. *No man alone: a neurosurgeon's life*. Boston: Little, Brown, 1977.

———. "Some Mechanisms of Consciousness Discovered During Electrical Stimulation of the Brain." *Proceedings of the National Academy of Science* 44, no. 2 (1958): 51–66.

———. "The Twenty-Ninth Maudsley Lecture: The role of the temporal cortex in certain psychical phenomenon." *Journal of Mental Science* 101, no. 424 (1955): 451–465.

Taylor, Charlotte S. R., and Charles G. Gross. "Twitches Versus Movements: A story of motor cortex." *Neuroscientist* 9, no. 5 (2003): 332–342.

Zago, Stefano, et al. "Bartholow, Sciamanna, Alberti: Pioneers in the electrical stimulation of the exposed human cerebral cortex." *Neuroscientist* 14, no. 5 (2008): 521–528.

9장 '마음의 속임수'

Biran, Iftah, et al. "The Alien Hand Syndrome: What makes the alien hand alien?" *Cognitive Neuropsychology* 23, no. 4 (2006), 563–582.

Breen, Nora, et al. "Towards an Understanding of Delusions of Misidentification: Four case studies." *Mind and Language* 15, no. 1 (2000): 74–110.

Cooper, John Milton. *Woodrow Wilson: a biography*. New York: Alfred A. Knopf, 2009.

Custers, R., and H. Aarts. "The Unconscious Will: How the pursuit of goals operates outside of conscious awareness." *Science* 329, no. 5987 (2010): 47–50.

Draaisma, Douwe. "Echoes, Doubles, and Delusions: Capgras syndrome in science and literature." *Style* 43, no. 3 (2009): 429–441.

Ellis, Hadyn D., and Michael B. Lewis. "Capgras Delusion: A window on face recognition." *Trends in Cognitive Science* 5, no. 4, (2001): 149–156.

Ellis, Hadyn D., et al. "Reduced Autonomic Responses for Faces in Capgras Delusion." *Proceedings of the Royal Society of London B* 264, no. 1384 (1997): 1085–1092.

Fisher, C. M. "Alien Hand Phenomena: A review of the literature with the addition of six personal cases." *Canadian Journal of Neurological Sciences* 27, no. 3 (2000): 192–203.

Hirstein, William, and Vilayanur S. Ramachandran. "Capgras Syndrome: A novel probe for understanding the neural representation of the identity and familiarity of persons." *Proceedings of the Royal Society of London B* 264, no. 1380 (1997): 437–444.

Klemm, W. R. "Free Will Debates: Simple experiments are not so simple." *Advances in Cognitive Psychology* 6, no. 1 (2010): 47–65.

Libet, Benjamin, et al. "Time of Conscious Intention to Act in Relation to Onset of Cerebral Activity (Readiness-Potential)." *Brain* 106, no. 3 (1983): 623–642.

McKay, Ryan, Robyn Langdon, and Max Coltheart. "' Sleights of Mind':

Delusions, defenses, and self-deception." *Cognitive Neuropsychiatry* 10, no. 4 (2005): 305-326.

Morris, Errol. "The Anosognosic's Dilemma: Something's wrong but you'll never know what it is." *New York Times*. http:// opinionator. blogs.nytimes.com/2010/06/20/the-anosognosics-dilemma-1/(accessed November 4, 2013).

Prigatano, George P., and Daniel L. Schacter. *Awareness of deficit after brain injury: clinical and theoretical issues*. New York: Oxford University Press, 1991.

Ramachandran, Vilayanur S. "What Neurological Syndromes Can Tell Us about Human Nature." *Cold Spring Harbor Symposium on Quantitative Biology* 61, no. 1 (1996): 115–134.

Roskies, Adina. "Neuroscientific Challenges to Free Will and Responsibility." *Trends in Cognitive Science* 10, no. 9 (2006): 419–423.

Scepkowski, Lisa A., and Alice Cronin-Golomb. "The Alien Hand: Cases, categorizations, and anatomical correlates." *Behavioral and Cognitive Neuroscience Reviews* 2, no. 4 (2003): 261–277.

Todd, J. "The Syndrome of Alice in Wonderland." *Canadian Medical Association Journal* 73, no. 9 (1955): 701–704.

Weinstein, Edwin A. "Woodrow Wilson's Neurological Illness." Journal of American History 57, no. 2 (1970): 324–351.

5부 의식

10장 정직한 거짓말

Berrios, German E. "Confabulations: A conceptual history." *Journal of the History of the Neurosciences* 7, no. 3 (1998): 225–241.

Bruyn, G. W., and Charles M. Poser. *The history of tropical neurology: nutritional disorders*. Canton, MA: Science History Publications/USA, 2003.

Buckner, Randy L., and Mark E. Wheeler. "The Cognitive Neuroscience of Remembering." *Nature Reviews: Neuroscience* 2, no. 9 (2001): 624–634.

Corkin, Suzanne. "Lasting Consequences of Bilateral Medial Temporal Lobectomy." *Seminars in Neurology* 4, no. 2 (1984): 249–259.

———. *Permanent present tense: the unforgettable life of the amnesic patient,* H.M. New York: Basic Books, 2013.

———. "What's New with Amnesic Patient H.M.?" *Nature Reviews: Neuroscience* 3, no. 2 (2002): 153–160.

Dalla Barba, Gianfranco. "Consciousness and Confabulation: Remembering 'another' past." In *Broken memories: case studies in memory impairment.* Oxford: Blackwell, 1995: 101–123.

De Wardener, Hugh Edward, and Bernard Lennox. "Cerebral Beriberi (Wernicke's Encephalopathy): Review of 52 cases in a Singapore prisoner-of-war hospital." *The Lancet* 249, no. 6436 (1947): 11–17.

Dittrich, Luke. "The Brain That Changed Everything." *Esquire.* http://www.esquire.com/features/henry-molaison-brain-1110(accessed November 4, 2013).

Gabrieli, J. D. E. "Cognitive Neuroscience of Human Memory." *Annual Review of Psychology* 49, no. 1 (1998): 87–115.

Hirstein, William. "What Is Confabulation?" In *Brain fiction: self-deception and the riddle of confabulation.* Cambridge, Mass.: MIT Press, 2005: 1–23.

Klein, Stanley B., Keith Rozendal, and Leda Cosmides. "A Social-Cognitive Neuroscience Analysis of the Self." *Social Cognition* 20, no. 2 (2002): 105–135.

Kopelman, Michael D. "Disorders of Memory." *Brain* 125, no. 10 (2002), 2152–2190.

Luria, A. R. *The mind of a mnemonist.* New York: Penguin, 1975.

MacLeod, Sandy. "Psychiatry on the Burma-Thai Railway (1942– 1943): Dr. Rowley Richards and colleagues." *Australasian Psychiatry* 18, no. 6 (2010): 491–495.

Martin, Peter R., Charles K. Singleton, and Susanne Hiller-Sturmhöfel. "The Role of Thiamine Deficiency in Alcoholic Brain Disease." *Alcohol Research and Health* 27, no. 2 (2003): 134–142.

McGaugh, James L. "Memory: A century of consolidation." *Science* 287, no. 5451 (2000): 248–251.

Postle, Bradley R. "The Hippocampus, Memory, and Consciousness." In *The neurology of consciousness: cognitive neuroscience and neuropathology*. Amsterdam: Elsevier Academic Press, 2009: 326–338.

Rosenbaum, R. Shayna, et al. "The Case of K.C.: Contributions of a memory-impaired person to memory theory." *Neuropsychologia* 43, no. 7 (2005): 989–1021.

Scoville, William B., and Brenda Milner. "Loss of Recent Memory after Bilateral Hippocampal Lesions." *Journal of Neurology, Neurosurgery, and Psychiatry* 20, no. 1 (1957): 11–21.

Van Damme, Ilse, and Géry d'Ydewalle. "Confabulation Versus Experimentally Induced False Memories in Korsakoff's Syndrome." *Journal of Neuropsychology* 4, no. 2 (2010): 211–230.

Wilson, Barbara A., Michael Kopelman, and Narinder Kapur. "Prominent and Persistent Loss of Past Awareness in Amnesia." *Neuropsychological Rehabilitation* 18, no. 5–6 (2008): 527–540.

Xia, Chenjie. "Understanding the Human Brain: A lifetime of dedicated pursuit." *McGill Journal of Medicine* 9, no. 2 (2006): 165–172.

Zannino, Gian Daniele, et al. "Do Confabulators Really Try to Remember When They Confabulate? A Case Report." *Cognitive Neuropsychology* 25, no. 6 (2008): 831–852.

11장 좌뇌와 우뇌, 그리고 그 사이를 연결하는 뇌들보

Berlucchi, Giovanni. "Revisiting the 1981 Nobel Prize to Roger Sperry, David Hubel, and Torsten Wiesel on the Occasion of the Centennial of the Prize to Golgi and Cajal." *Journal of the History of the Neurosciences* 15, no. 4 (2006): 369–375.

Borod, Joan C., Cornelia Santschi Haywood, and Elissa Koff. "Neuropsychological Aspects of Facial Asymmetry During Emotional Expression: A review of the normal adult literature." *Neuropsychological Review* 7, no. 1 (1997): 41–60.

Broca, Paul. "On the Site of the Faculty of Articulated Speech (1865)." *Neuropsychology Review* 21, no. 3 (2011): 230–235.

Broca, Paul, and Christopher D. Green (trans.). "Remarks on the Seat of the Faculty of Articulated Language, Following an Observation of Aphemia (Loss of Speech) (1861)." *Classics in the History of Psychology.* http://psychclassics.yorku.ca/Broca/aphemie-e.htm(accessed November 4, 2013).

Christiansen, Morten H., and Nick Chater. "Language as Shaped by the Brain." *Behavioral and Brain Sciences* 31, no. 5 (2008): 489–508.

Critchley, Macdonald. "The Broca-Dax Controversy." In *The divine banquet of the brain and other essays.* New York: Raven Press, 1979: 72–82.

Engel, Howard. *The man who forgot how to read.* New York: Thomas Dunne Books/ St. Martin's Press, 2008.

Gazzaniga, Michael S. "Cerebral Specialization and Interhemispheric Communication." *Brain* 123, no. 7 (2000): 1293–1326.

———. "Forty-Five Years of Split-Brain Research and Still Going Strong." *Nature Reviews: Neuroscience* 6, no. 8 (2005): 653–659.

———. "The Split Brain in Man." *Scientific American* 217, no. 2 (1967): 24–29. Gazzaniga, Michael S., Joseph E. Bogan, and Roger W. Sperry. "Observations on Visual Perception After Disconnexion of the Cerebral Hemispheres in Man." *Brain* 88, no. 2 (1965): 221–236.

———. "Some Functional Effects of Sectioning the Cerebral Commissures in Man." *Proceedings of the National Academy of Sciences* 48, no. 10 (1962): 1765–1769.

Gazzaniga, Michael S., et al. "Neurologic Perspectives on Right Hemisphere Language Following Surgical Section of the Corpus Callosum." *Seminars in Neurology* 4, no. 2 (1984): 126–135.

Henderson, Victor W. "Alexia and Agraphia." *Handbook of Clinical Neurology* 95, no. 1 (2009): 583–601.

MacNeilage, Peter F., Lesley J. Rogers, and Giorgio Vallortigara. "Origins of the Left and Right Brain." *Scientific American*. June 24, 2009.

Schiller, Francis. *Paul Broca, founder of French anthropology, explorer of the brain*. Berkeley: University of California Press, 1979.

Skinner, Martin, and Brian Mullen. "Facial Asymmetry in Emotional Expressions: A meta-analysis of research." *British Journal of Social Psychology* 30, no. 2 (1991): 113–124.

Sperry, Roger. "Some Effects of Disconnecting the Cerebral Hemispheres." *Science* 217, no. 4566 (1982): 1223–1226.

Wolman, David. "A Tale of Two Halves." *Nature* 483, no. 7389 (2012): 260–263.

12장 인간과 신화와 전설

Alvarez, Julie A., and Eugene Emory. "Executive Function and the Frontal Lobes." *Neuropsychological Review* 16, no. 1 (2006): 17–42.

Devinsky, Orrin. "Executive Function and the Frontal Lobes." In *Neurology of cognitive and behavioral disorders*. Oxford: Oxford University Press, 2004: 302–329.

Dominus, Susan. "Could Conjoined Twins Share a Mind?" *New York Times Magazine*, May 29, 2011: MM28–35.

Gordon, D. S. "Penetrating Head Injuries." *Ulster Medical Journal* 57, no. 1 (1988): 1–10.

Harmon, Katherine. "The Chances of Recovering from Brain Trauma: Past cases show why millimeters matter." *Scientific American*. http://www.scientificamerican.com/article.cfm?id=recovering-from-brain-trauma(accessed November 4, 2013).

Kotowicz, Zbigniew. "The Strange Case of Phineas Gage." *History of the Human Sciences* 20, no. 1 (2007): 115–131.

Macmillan, Malcolm. "Phineas Gage—Unraveling the Myth." *Psychologist*

21, no. 9 (2008): 828–831.

Macmillan, Malcolm, and Matthew L. Lena. "Rehabilitating Phineas Gage." *Neuropsychological Rehabilitation* 20, no. 5 (2010): 641–658.

Sacks, Oliver. "The Abyss." *The New Yorker*, September 24, 2007: 100–108.

Stone, James L. "Transcranial Brain Injuries Caused by Metal Rods or Pipes Over the Past 150 Years." *Journal of the History of the Neurosciences* 8, no. 3 (1999): 227–234.

Wearing, Deborah. *Forever today: a memoir of love and amnesia*. London: Doubleday, 2005.

Wilson, Barbara A., and Deborah Wearing. "Prisoner of Consciousness: A state of just awakening following herpes simplex encephalitis." In *Broken memories: case studies in memory impairment*. Oxford: Blackwell, 1995: 14–30.

Wilson, Barbara A., Alan D. Braddeley, and Narinder Kapur. "Dense Amnesia in a Professional Musician Following Herpes Simplex Virus Encephalitis." *Journal of Clinical and Experimental Neuropsychology* 17, no. 5 (1995): 668–681.

Wilson, Barbara A., Michael Kopelman, and Narinder Kapur. "Prominent and Persistent Loss of Past Awareness in Amnesia." *Neuropsychological Rehabilitation* 18, no. 5–6 (2008): 527–540.

Wilgus, Jack, and Beverly Wilgus. "Face to Face with Phineas Gage." *Journal of the History of the Neurosciences* 18, no. 3 (2009): 340–345.

찾아보기

ㄱ

가브리엘(몽고메리 백작) 26~31, 34~35, 44, 47, 49
가소성 107, 119~120, 122, 126~127, 156, 191, 194, 415, 456, 483, 498
가위눌림 13
가이듀섹, 칼턴 210~216, 219~228, 230, 232~233, 236~239, 483~484
가자니가, 마이클 417~418, 421~423
가지돌기(수상돌기) 72, 74~77, 93, 97, 108, 110, 115, 474, 476
가톨릭 왕당파 49
가필드, 제임스 59~67, 84, 322
각기병 354~356, 360~361, 370
간질 → 뇌전증
갈레노스 36~38, 41, 54
갈릴레이 165
감각계 133, 198
감각 축소 인간 313
감각 회로 168, 382
감마아미노부티르산(GABA) 94
강박 95, 211, 221, 251, 300, 358, 446, 459, 494
강신론 177, 482
개구리 심장 90~91, 388, 473
거울 상자 191, 196~199, 336
거인 242~243, 247~249, 251~253, 389, 462
~증 247
거짓말 18, 85, 229, 328, 353, 356, 358~359, 362~365, 391, 440, 489, 491~492, 494
겉질 74, 256, 290, 309~310, 337, 369, 380, 382, 469~470, 479
~ 축소 인간 310
게이지, 피니어스 19, 434~443, 447~448, 453~464, 474, 498~499
겐타마이신 124
결장 34
결찰술 180
고갱, 폴 222
고등 사고 70
고혈압 321
골드먼, 에마 79~80
골드버그, 루브 155
~ 장치 155
골드버그, 제프 155, 474
골상학 87, 395, 480
~자 395, 398, 405, 459
골절 42~45, 48, 175

골지, 카밀로 71~74, 76, 93, 469
공감각 108, 111~116, 118~119, 126, 385, 387
~ 환시 113
공수병 255
공포감 12
공황 16, 30
과일 인식 장애 155
과잉 구강증 264~266, 268
관자엽(측두엽) 15, 108, 150, 153, 256, 258, 263~268, 298~300, 302~303, 311~312, 314, 316, 368, 423
~뇌전증 298~300, 302~303, 316
괄약근 206, 449
광견병 211, 255~256, 266, 367
광우병 235, 237
광자 94, 497
교뇌 → 다리뇌
교령회 177~178, 189, 482
교수형 68
구강기 고착 264
국재화 47, 302, 304, 395~396, 398, 400, 405, 408, 437, 442, 459~461, 488
궁정 의사 41, 43
그레이슨, 캐리 321~322, 324
그로스, 찰스 480~481
그물체 442~443, 447
글로 335, 337, 345, 348, 490
글루탐산염 94, 360
기억력 288, 337, 385~386, 388, 439, 449
기억 상실 358
기억상실증 18, 154, 358, 370~371, 373, 377, 380~381, 444~445, 448~449, 498
기억술사 385~387
기억 응고화 370, 389
기억 장소 479
기토, 찰스 58~63, 65~70, 77, 86~89, 94~97, 231
길먼, 샬럿 퍼킨스 200
~의 〈누런 벽지〉 200

ㄴ

나병 → 한센병
나보코프, 블라디미르 112
나이팅게일, 플로렌스 201, 482
나트륨 이온 476
난쟁이 18, 78, 247~249, 251
남북 전쟁 58, 60, 65~66, 173, 178, 181, 183, 186~187, 199, 201, 203
내분비샘 242~243, 248, 251, 254, 389
넬슨, 허레이쇼 181, 486
노드(접속점) 17, 108~109, 311, 398~400, 403, 405
노스트라다무스 27, 29, 44, 48
노이스, 존 58
녹토그래프 105~106, 129, 476
놀람 반사 258

농담병 448
뇌간 → 뇌줄기
뇌들보(뇌량) 15, 293, 340, 342~343, 393, 410~412, 416~418, 422~423, 451, 493, 495
뇌사 165
~자 166
뇌세포 45, 70~71, 74, 89, 95, 99, 233, 356, 483~484
뇌 손상 44~45, 47, 50, 54, 70, 120, 141, 143, 153, 216~217, 220, 228, 255~256, 266, 273~277, 342, 347, 358~360, 364, 420, 449, 454, 456~457, 463, 468~469, 488, 490, 495, 497
뇌 수술 49, 246, 287, 310, 314, 316, 349
뇌 스캔 18~19, 166, 269, 275, 379, 447, 480
뇌 외상 42
뇌전증(간질) 83, 182, 245, 266~268, 281~282, 291, 294~296, 298~303, 308, 315~316, 340, 366, 369~370, 375, 396, 458
뇌졸중 18, 120~121, 141, 151, 158, 166, 200, 263, 290, 321~322, 324~326, 328~329, 339~341, 344, 399~400, 403, 486, 488, 494
뇌종양 246, 254, 275, 485
뇌줄기(뇌간) 13~15, 30, 94, 314, 442, 485~486
뇌 지도 54, 193, 199, 309, 311, 317, 482
뇌진탕 30, 44, 48, 53, 468~469
뇌척수액 30, 368
뇌하수체 14, 242~252, 257, 293, 462, 486
눈 씰룩임 212, 218, 355
뉴런 → 신경세포
니콜라이 1세 296~297

ㄷ

다리뇌(교뇌) 13, 15~16
다마시오, 안토니오 271~272, 487
~의 《데카르트의 오류》 487
다빈치, 레오나르도 293, 426~427
~의 〈모나리자〉 426~427
다윈, 이래즈머스 181
다윈, 찰스 21, 101, 181, 407~408
닥스, 귀스타브 406~408
단기 기억 374, 444
단백질 219, 232~236, 369, 389~390, 483
단음색 어조증 420
대발작 295, 297, 303, 366
대변 기호증 267
대역 330, 332~334, 336, 338, 345, 490
더글러스, 윌리엄 320, 324~326, 328, 344
더글러스, 헬렌 424
데들로, 조지 172~179, 189, 202~203,

482
데버러 450, 466, 498
데이비스, 제퍼슨 184
데자뷔 337, 489~490
데카르트, 르네 180, 285, 314, 316, 347, 487
도노반, 팀 485
도망 257
도스토옙스키, 표도르 296~300
도킨스, 리처드 299
도파민 265, 474
돈 카를로스 52
돌림힘 30
동물 성애증 267
동물 인식 장애 155
동물 정기 47
동반 감각 111
두 개강(머리뼈안) 368
두려움 16, 18, 53, 95, 111, 214, 259~263, 268~269, 273, 276~277, 296, 345, 479
두정엽 → 마루엽
두정 피질 → 마루 겉질
둔주 498
뒤통수엽(후두엽) 15, 141~142, 150
드 와드너, 휴 에드워드 354, 356~358, 361~362, 491
디누아르, 이자벨 163, 165~166
디안 드 푸아티에 25~26, 31, 35, 42, 48
〈디 어틀랜틱 먼슬리〉 172~173, 179, 203
띠이랑 255

ㄹ

라 레아치오네 네라 71, 73
라마찬드란, V.S. 191, 195~197, 199, 336, 482, 497
~의 《뇌 속의 유령》 482, 497
~의 《명령하는 뇌, 착각하는 뇌》 482
라일, 길버트 285
래드, 애나 콜먼 134~136, 138~140, 163
래실리, 칼 415~416, 495
래퍼티, 메리 305~309, 460
레녹스, 버나드 354, 356~357, 361~362
로댕, 오귀스트 135
로버츠, 제이슨 475
~의 《세상의 감각》 475
로보토모빌 492
로지, 캐벗 321
뢰비, 오토 89~92, 388~389, 472~473
루리아, 알렉산드르 384~386, 449
루비, 잭 65
루스벨트, 테디 83~84, 200, 202
루스벨트, 프랭클린 324
르보르뉴 396
를로(를롱) 399~400, 405, 460, 493
리벳, 벤저민 349, 490~491

리세르그산 디에틸아미드 116, 118
리스트, 프란츠 112, 387
리졸 325
림보 12, 16, 256
링컨, 로버트 토드 63, 83
링컨, 에이브러햄 474, 492

ㅁ

마루 겉질(두정 피질) 443
마루엽(두정엽) 15, 150~151, 305, 326, 342, 344, 346, 382, 386, 403, 449, 493
마비 15~16, 45, 94, 124, 188, 190, 198, 258, 263, 300, 305, 309, 321~322, 324~325, 328, 344, 397, 416, 472, 486
마상창시합 24, 26, 28~29, 34, 41, 48, 54, 467
마스크 86, 134~135, 138~140, 163, 166,~168, 480
마스턴, 윌리엄 몰턴 489
마음맹 154
마호메트 300
막창자꼬리(충수) 247
만성 스트레스 97
말단비대증 249~250, 485
말뢰뢰 30~31
말이집(수초 또는 미엘린) 108~109, 356, 483
말짓기증 344
말초 신경 87, 119
말초신경계 92
망막 74, 103, 120, 142, 148, 286
~모세포종 127
망상 20, 68, 85, 279, 317, 319, 328~331, 333, 337, 345~348, 350, 359, 361, 446, 449, 487~488, 490
~성 두 머리체 346
맞충격 손상 45, 50, 53, 468
매독 59, 95, 400
~균 231
매킨리, 윌리엄 77, 78, 80~85, 88, 95~96, 295~296, 471
맥밀런, 맬컴 499
머리뼈(두개골) 14, 18, 20, 24, 29~30, 34, 40, 42~46, 48, 52~53, 88, 140~142, 182, 207, 224, 226, 242~243, 246, 250, 269, 286~288, 291, 305, 316, 366, 394, 396, 398, 408~410, 412, 416, 422, 434~437, 440~441, 443, 451, 459~461, 468, 473, 483, 485, 488, 497
머스킷총 183
먹기 257
멀레이즌, 헨리 구스타브 → H.M.
메디치 24, 48
메아리 19, 106~107, 127~128
메타암페타민 300, 334
멘델스존, 모제스 181
멘델스존, 펠릭스 181
멜빌, 허먼 181, 222
면역계 164~165

면역 반응 164, 307
면역 억제제 164~165
모듈 155, 330, 461
모르핀 245, 472~473, 485
몸감각 겉질(체성 감각 피질) 192~193
몽유병 12
무정부주의 79~80, 85, 95~96
~자 80, 84, 96~97
뮌히하우젠 증후군 359
미니 볼 184, 186
미니에, 클로드-에티엔 184
~ 총탄 184~186
미엘린 → 말이집
미첼, 사일러스 위어 181~183, 186, 188~191, 199~203, 315, 321, 482
~의 《휴 윈 : 자유로운 퀘이커교도》 202~203
밀너, 브렌다 370~375, 380

ㅂ

바그너, 바그너 400
~의 〈탄호이저〉 400
바깥귀길(외이도) 108
바소프레신 486
바솔로, 로버츠 304~307, 309
바크-이-리타, 폴 121~127, 131
박쥐 19, 107
반국재화 이론 415
반향정위 107, 127~128, 130, 477
발기 부전 266, 305
발작 18, 30, 45, 52, 153, 202, 255, 266~268, 282, 287, 289~291, 295~300, 302~303, 306, 308, 310, 312, 340, 346, 366~370, 410~412, 445, 458
방사선 231, 246
방추 얼굴 영역 156~157, 160~161
백색질(백질) 73, 108~111, 122, 229, 403, 411, 461, 470, 491
버겐, 벤저민 496
베르니케, 카를 400~401, 403, 405
~ 영역 401~402, 404
~ 증후군 359~360
~-코르사코프 증후군 360~362, 400
베리베리 355
베살리우스, 안드레아스 31, 35~48, 50, 52~54, 70, 179, 253~254, 314, 467
~의 《인체의 구조에 관하여》 38~41, 43, 46~47, 53, 179, 254, 314, 467
베이컨, 프랜시스 136, 478
벨, 알렉산더 그레이엄 64
벨포, 알프레드 494
벰, 로저 120~121, 125~126
변상증 157
변연계 14, 256~258, 262~266, 268, 271~273, 298, 336~337, 367, 380, 382, 445, 486, 490~491
별아교세포 219

병리학자 70, 228, 359, 361
병터 70, 141, 158, 255, 303, 345, 395, 398, 400~401, 406~408, 415, 493~495
보니것, 커트 484
보조 운동 영역 192
복장뼈(흉골) 12, 82
부갑상샘 244, 277
부검 43, 45, 46, 50, 53~54, 65, 70, 77, 87, 89, 122, 215, 219, 224, 226, 228, 242, 246, 307, 342, 356, 361~362, 399~400, 405, 408, 458, 469, 494
부분 발작 295
부비강 → 코곁굴
부이요, 장 바티스트 494
분신 망상 331, 333
분할뇌 409, 416, 418~419, 420~424, 429~430, 478, 495
불수의 운동 95, 218
뷰시, 폴 264~267
브라헤, 튀코 136
브레시, 가에타노 79~80, 82~83
브레인웨어 156, 161, 483
브로카, 폴 21, 303, 394~402, 405~409, 420, 458, 460, 493~494
블로브 149
블리스, 닥터 63~65
비걸로, 헨리 499
비국재화 460
비대칭성 343, 425
비젤, 토르스텐 140, 144~149, 430, 480
비첼주흐트 447
비타민 B_1(티아민) 356, 358, 360~361
빈 서판 413, 415

ㅅ

사물 인식 기능 161
사물맹 153, 199
사이코패스 52
산후우울증 200
새터데이 나이트 스페셜 80
색 기억상실증 154
색 인식 장애 155
색정증 265
생식 257
샤를 6세 490
샤프, 윌리엄 242~245, 389, 485
샴쌍둥이 76, 346, 410, 451
서술 기억 372~373, 493
성 바돌로매 축일 49~50
성욕 상실 266
성장 장애 247
성장 호르몬 249, 485
성 충동 267
세로토닌 474
세포설 71, 76
세포체 72, 75~76
섹스광 265
셰레솁스키, 솔로몬 383~388, 449, 492

셰익스피어, 윌리엄 7, 114
~의 《뜻대로 하세요》 114
~의 《맥베스》 7
소뇌 13~15, 217~218, 220, 228, 235, 375, 483
소발작 295
소석고 134, 138~139
소아 성애자 237~238, 275
소아 성애증 267, 275~276, 484
속귀 108, 124~125
손 회로 194
솔방울샘 180, 481
솜 전투 137
수면마비 12~13, 17, 20~21, 199
수상돌기 → 가지돌기
수용체 110, 472~474
수의 운동 263
수초 → 말이집
수프파 89, 92~93, 474, 476
숨뇌 → 연수
스베덴보리, 에마누엘 292~294, 300, 302, 316
~의 《천국의 비밀》 300
스코빌, 조지 59, 65~66, 366~371, 376
스크래피 220, 226, 228, 230
스타니슬랍스키, 콘스탄틴 263
스텀프 병원 172, 176, 179, 482
스파크파 89, 90, 92~93, 474, 476~477
스페리, 로저 412~418, 421, 429~431, 495
스피츠카, 에드워드 찰스 68, 70, 86~89, 96~97, 471~472
슬로 바이러스 228, 230
시각 겉질 128, 142~146, 148~152, 262, 309, 404, 479, 481
시각-변연계 회로 337
시각 신경 103, 128, 149, 247, 286, 414, 475, 479, 485, 495
시각 신경세포 128, 430, 477
시각 인식 회로 335
시각 장애인 19, 102, 104, 106~107, 121~123, 129, 262~263, 477, 490
시각 중추 123, 126, 141, 268, 495
시냅스 54, 89, 93~94, 108, 110, 236, 360, 369, 474
~ 소포 93
시상 14, 144, 217, 255, 257~258, 443~444, 447, 451, 470
시상하부 14, 257, 485~486
식욕부진 355
식인 풍습 208, 228~229, 239
식인종 18, 36, 215, 462
신경계 72, 92, 126, 198, 205, 223, 231, 247
신경과학 17~21, 23~24, 44~45, 50, 53~54, 73, 75, 77, 88~89, 104, 106, 110, 143, 149, 168, 180, 209, 236, 239, 273~274, 276~277, 293, 302, 314, 316, 330, 348, 365~366, 376, 380, 384, 395, 405, 408~409,

422, 430~431, 433~434, 441, 449, 458~462, 474, 477, 486, 491~492, 495
~자 14, 18, 54, 70~71, 73, 75, 89, 114~115, 119~121, 141, 144, 147, 155, 160~161, 190~191, 211, 238, 255~256, 259, 265, 271, 289, 311, 314, 316, 326, 334, 342, 349, 358, 363~365, 372, 374, 378, 384, 388~389, 401, 409, 411~412, 419, 422, 441~442, 447, 453, 459~460, 477, 479, 480, 490, 492, 498
신경 그물 71
~설 71, 73, 76, 93
신경돌기 483
신경매독 95
신경 발생 477
신경 발작 282
신경 변성 질환 209, 236, 469
신경 섬유 92, 340, 412, 479
신경세포 17, 30, 47, 53, 70~77, 89~90, 92~95, 97, 99, 107~111, 115~116, 119~120, 124, 126, 128, 131, 133, 142, 144~148, 150, 153, 156, 164, 193~194, 199, 219~220, 234~236, 241, 257, 277, 287, 295, 329, 359~361, 369, 377, 389, 391, 413~416, 430~431, 442, 462, 469~470, 472~474, 476~477, 479, 480~481, 483, 486
~설 75~77, 293
~체 72
신경쇠약 79, 94, 96
신경아교세포 72, 77, 93, 219, 287, 360
신경전달물질 20, 30, 54, 57, 93~95, 97, 110, 118, 265, 356, 360, 369, 462, 472, 474, 476~477, 486
신경학 122~123, 164, 182, 211, 276, 302, 310, 323, 336, 342, 384~385, 404, 415~416, 423, 449, 452, 474, 490
~자 182, 195, 216~218, 232, 303, 332, 336, 482
신경 회로 16, 99, 107, 115, 119, 154, 194, 403, 415, 457, 475
신체 손상 134~135, 162, 193
실독증 404
실서증 404
실서증 없는 실독증 404
실율증 420
실츠, 셰릴 124~125
실행 감각 289
심신 이원론 13, 285, 315~316, 430
심장 박동 14, 90~92, 176, 488~489
심장 장애 355
싸움 211
쓰기언어상실증 404

ㅇ

아르침볼도, 주세페 159, 161, 419~420

~의 〈법학자〉 159
아르투르 336~337
아리스토텔레스 285, 291, 293~294
아서, 체스터 59, 61, 68, 96
아파르트헤이트 486
아편 64, 103, 191, 472~473
악몽 13, 15~16, 119, 137, 181
안뜰핵 124
안정 요법 199~200
알츠하이머병 231, 236, 239, 334, 337, 383, 463
알코올 중독자 312, 356, 358, 360
암살 58, 61~62, 70, 79, 83, 95, 379, 469, 474
~범 65, 88~89, 474
앙리 2세 19, 23~31, 34~35, 41~50, 53~54, 399, 438, 461, 467~468
애드콕, 에디 487~488
양막 467~468
억제 화학 물질 94, 116
언어 노드 311, 398~400, 403, 405
언어상실증 399~401, 404~405
언어 장소 395, 398, 403~404, 406, 479
얼굴맹 156, 158, 161, 334~335, 490
얼굴 이식 162~168
얼굴 인식 133, 155, 158, 161, 478, 480
에고 162
에드윈 스미스 파피루스 488
에디슨, 토머스 84, 471
엔도르핀 472~473
엘도라도 292
엘리엇 269~274, 278, 289, 453~457, 487
엘리엇, T.S. 284, 387
연수 → 숨뇌
염색 71, 73~74
염증 34, 45, 197, 219, 231~232
엽관 제도 59
영장류 14~15, 228, 266
오르가슴 124, 191, 195, 266~267, 296, 473
오뷔르탱, 시몽 394~395, 398, 405, 494
오스월드, 리 하비 97, 474
올드 스파키 86
올리비에, 로런스 263
올컷, 루이자 메이 174
~의 《병원 스케치》 174
와이스, 폴 413~415
왓슨, 제임스 210
왜소증 247
외계인 13, 17, 78, 153, 333
외과의 32, 34, 48~50, 83, 136, 138, 164~167, 173~175, 180~181, 186~187, 201, 243, 245~247, 267~269, 282~283, 285, 288~290, 354, 368, 370, 396~397, 410, 411~412, 417, 451, 460, 478, 482, 485~486, 488, 495
외상 30, 42, 45, 48, 53, 162, 182,

199, 306, 308, 388, 390, 400, 403, 408, 420, 443, 469, 474, 494
외이도 → 바깥귀길
왼쪽 편향 426, 428
요스 214
우뇌 5, 45, 141, 342~345, 393, 405, 409, 411, 418~426, 430, 451, 493, 495, 496
우르바흐-비테 증후군 260
우울증 54, 97, 129, 468
운동 겉질 191~193, 217, 402
운동계 198, 217
운동앞 겉질(전운동 피질) 192
운동 중추 150, 171, 191, 196, 217, 263, 268, 304, 306, 309~310, 372, 460~461, 481, 496
운동 축소 인간 313
움베르토 1세 79
움켜잡기 반사 217~218
웃음병 205, 483
워블러 125
워킹 데드 증후군 347
웨슬리, 존 294
웨어링, 클라이브 444~450, 452, 498
윈스, 댈러스 167~168, 481
윌슨, 우드로 284, 320~324, 326, 343
유스티니아누스 2세 136
유전학 215
유체 이탈 13, 348
음파 106, 108, 127
의미 기억 378~379, 445, 492
이노우에 다쓰지 141~143, 148
이동성 통풍 100, 103
이드 162
이디스 320~324
이마 겉질(전두 피질) 443
이마앞-마루 네트워크 443~444, 447
이마앞엽 손상 453~454, 461
이마엽(전두엽) 15, 218, 257~258, 268, 269~272, 277, 287, 303, 342, 363, 368, 382, 386, 394~395, 398, 400~401, 406, 436, 440, 447, 453~455, 457, 460~461, 491, 493~494
이마앞엽 지역 269~272, 453
이상한 나라의 앨리스 증후군 346~348
이온 통로 476
이킨스, 토머스 200
인간 광우병 219
인판테 52
일화 기억 378~379, 382, 492
읽기언어상실증 404
입술 반사 216, 218, 276, 342

ㅈ

자극 화학 물질 94
자메뷔 337
자상 18
자아상 162

자유 거부 의지 491
자유 의지 316, 348, 350, 431, 490~491
자제츠키 449
자코메티, 암베르토 311
자폐증 487
작화 344, 359~361, 363~365, 391, 423
~자 363~365, 423, 492
~증 344, 359, 440, 447
잔 다르크 300~302
잔디 발가락 469
잘록창자(결장) 34
잘록창자곧창자(직장결장) 190
장기 기억 374, 379, 382
재응고화 390
잭슨, 마이클 160
잭슨, 존 휼링스 303
저프루더, 에이브러햄 474
전기 자극 90, 92, 200, 290, 304, 306, 309, 311, 316, 350, 368, 460~461, 473
전기 전도율 335, 489
전기 처형 86~88, 471
전기 펄스 20
전도성 123
전두엽 → 이마엽
전부 아니면 무 반응 476
전운동 피질 → 운동앞 겉질
전정핵 124
절차 기억 373, 449, 493
접속점 → 노드
정서 기억 380~381, 450
정신과 의사 66, 85~86, 95~96, 331, 354
정신박약 87, 153
정신분열병 → 조현병
정신성 성적 신경증 334
정신 신체 질환 128
정신 이상 66, 68, 70, 77, 85, 87, 89, 95, 97, 394, 474
제2언어 403, 493
제임스, 헨리 222
조임근(괄약근) 206, 449
조현병(정신분열병) 95, 346
좀비 285, 491
종교적 정조 302
종양 243, 246, 249, 269, 271, 275, 286~289, 305, 308, 340, 400, 453, 485, 488, 494
좌뇌 45, 141, 342~343, 345, 393, 398, 405~406, 408~409, 411, 418~424, 430, 451, 478, 493, 495~496
주의력 결핍 장애 439
주체 감각 342
중간뇌 14, 257
직장결장 → 잘록창자곧창자
진전마비 303
질병 인식 불능증 328
질산은 71, 469

ㅊ

착시 123, 346
창발적 속성 429~431
창이 포로수용소 354, 356, 361
척수 13, 15, 64, 92, 142, 180, 191, 217, 224, 470
천공술 52
천재백치 420
청각 겉질 108~109, 309, 402
청각 신경세포 128
청각-변연계 회로 337, 490
체성 감각 피질 → 몸감각 겉질
체액 불균형 47
초가소성 413
초기둥 147, 149, 479
초자연 현상 13
촉각-변연계 회로 490
촐고시, 리언 78~89, 94~97, 470~471
축삭돌기 54, 72~77, 93, 97, 107~108, 110~111, 115, 263, 295, 369, 404, 415, 451, 477
출혈 30, 34, 44~45, 53, 70, 87, 286, 288, 359, 361, 438
충수 → 막창자꼬리
측두엽 → 관자엽
치매 275, 329
친숙성 380
침습적 수술 247
침팬지 226~229, 487

ㅋ

카를 5세 41
카트린 드 메디시스 24~28, 31, 34~35, 45~46, 48~49, 467
카프그라, 조제프 331~332, 334, 336
~ 증후군 330~331, 333~339, 344~345, 348, 490
카할, 라몬 이 71, 73~77, 89, 119, 120~121, 285, 469
칼륨 이온 476
칼슘 이온 476
케네디, 로즈메리 492
케네디, 존 F. 65, 379, 474
코곁굴(부비강) 286
코르사코프, 세르게이 358~359
~ 증후군 358~359, 364, 391
코스털리츠, 한스 473
코타르, 쥘 348
~ 증후군 343, 347~348, 449
코페르니쿠스, 니콜라우스 41, 165
~의 《천체의 회전에 관하여》 41
쿠루병 206~209, 211~220, 222~226, 228~236, 239, 276, 342, 375, 462, 483
쿠싱, 하비 242~254, 277, 289, 308, 485~486, 488
퀴리, 마리 358
크릴위치, 로버츠 480
크로이츠펠트-야콥병 219~220, 226, 228, 230, 232~235, 340
크리스타 451~452

크림 전쟁 201, 482
클라파레드, 에두아르 381
클뤼버, 하인리히 263~265
~-뷰시 증후군 266~267
클린턴, 빌 380
클린턴, 힐러리 475
키시, 대니얼 127~128, 477

ㅌ

타격 손상 468
타피오카 109, 316, 412
탄력성 19
탐험가 18, 106, 207
탕(르보르뉴) 394, 396~400, 404~405, 460, 493
태티애나 451~452
터너, 존 242~244, 247, 252~253
터너스레인 병원 182~183, 188
털빙, 엔델 378
털세포 108, 476
통각 마비 266
통제 불능 손 340~343, 348, 350, 452
퇴행성 뇌 질환 218, 228
투쟁 혹은 도피 반응 16
트랜스 293~294, 300, 302
티아민(비타민 B_1) 356, 360~362
티치아노 베첼리오 40
틱 95, 206, 302

ㅍ

파레, 앙브루아즈 31~35, 41~51, 54, 70, 180, 438
파레이돌리아 157
파인먼, 리처드 112, 428
파충류 뇌 14~15, 17, 217, 256
파커, 제임스 81~82, 471
파킨슨병 231, 236, 239, 463
파푸아뉴기니 206, 226, 229
팍스 오스트레일리아나 214
페요테 264
페이프즈, 제임스 웬서슬로스 255~256, 258, 367
페티시 267, 482
~즘 267
펜필드, 와일더 282~291, 302, 308~316, 370, 431
~의 《다른 신을 섬기지 마라》 315
펠리페 2세 35, 41, 50, 52
편도 14, 16, 257~262, 265, 268, 276, 332, 368, 380
편두통 321, 346
편집증 79, 85, 96, 333, 336, 471
편측화 405, 407~409, 429
포드, 제럴드 63, 324~325
포레족 206~210, 213, 215~216, 219, 221~224, 229, 235, 239, 483
포유류 뇌 14~16
포카차 215, 287
폭포 효과 123
폴로, 마르코 130
프랑수아 1세 467
프랑수아 2세 48~49

프로이트, 지그문트 334, 428, 482
~ 학설 334
프로테스탄트 49~50
프루스트, 마르셀 222
프루시너, 스탠리 231~235, 238, 484
프리드먼, 밀턴 230
프리먼, 월터 487, 491~492
프리온 230, 232~236, 483~484
프리치, 구스타프 304
플라크 219, 228, 234, 236, 483
피드백 고리 126, 205, 217
피부 이식 164, 478
피질 → 겉질
피켓, 조지 186
~의 돌격 186
피해망상 25
핑켈, 마이클 477

ㅎ

한국 전쟁 12, 201
한센병(나병) 124, 214, 222
한쪽 공간 무시 326~328, 343, 348
할로, 존 437~441, 458~459, 499
항행 중추 374
해들로, 윌리엄 219~220
해마 14, 257, 300, 367~371, 374, 378~382, 384, 477, 492
해마곁이랑 374, 379, 382
해부학 20, 37, 38, 40~41, 50, 54, 70, 73, 87, 89, 115~116, 121, 218, 292, 336, 355, 459, 467, 473, 478, 480, 482
~자 36~38, 40~41, 46, 396, 481
~파 37
해석자 422~423
헬럼, 클린트 165
햄릿 40, 463
헤르페스 152~153, 381, 445
헤멘스, 존 250
혈액-뇌 장벽 230~232, 235, 356
호르몬 223, 241, 243, 248~249, 251, 256~258, 485, 486
호모 사피엔스 273
호문쿨루스 302, 310
호프만, 알베르트 116~119
호플링, 리타 486
홀먼, 제임스 100~108, 110, 126, 128,~131, 462, 475,~477
화학 물질 15, 17, 77, 89~90, 92~94, 97, 108, 116~117, 231, 248, 330, 379, 472~474, 495
화학 요법 125
화학적 교란 89, 96~97
환각 16, 157, 264, 290, 293, 300, 302, 312, 329, 336, 474
환상 사지 171, 179~181, 183, 188~191, 195~199, 201~203, 310, 336, 481~482
환상 신체 부위 188~191, 198, 482
환상 통증 189, 191, 197, 199
환영 293~294, 300, 311
회상 380

회색질 70, 73~74, 77, 108~109, 111, 122, 156, 191, 193, 215, 217, 219, 229, 255~256, 275, 278, 306, 313, 461
~척수염(소아마비) 379
후각-변연계 회로 490
후두엽 → 뒤통수엽
후향적 착각 350
휘트먼, 월트 177, 187, 200
휴벨, 데이비드 140, 144~149, 309, 430, 480
휴즈, 존 473~474
흉골 → 복장뼈
흑색 반응 71, 73, 469
히치콕, 알프레드 430
히치히, 에두아르트 304
히포크라테스 54, 315

숫자

1차 시각 겉질 142~143, 145~146, 149~152, 479
1차 운동 중추 191
6단계 분리 107

A~Z

DNA 149, 496
E.P. 381~382
fMRI 19
GABA → 감마아미노부티르산
H.M. 366~377, 379~383, 388, 396, 410, 412, 444, 448~449, 463
K.C. 378~380, 382~383, 388, 444, 452
L.E.E. 267
LSD 118, 126, 474
M. 330~333
O. 485~486
S.M. 259~262, 276~277
W.J. 409~410, 412, 417~418

옮긴이 이충호

서울대학교 사범대학 화학과를 졸업했다. 지금은 교양 과학도서의 번역가로 활동하고 있다. 『신은 왜 우리 곁을 떠나지 않았는가』로 제20회 한국과학기술도서(대한출판문화협회) 번역상을 수상했다. 옮긴 책으로는 『사라진 스푼』, 『바이올리니스트의 엄지』, 『잠의 사생활』, 『화학이 화끈화끈』, 『와인 전쟁』, 『수학 괴물을 죽이는 법』, 『진화심리학』, 『루시퍼 이펙트』, 『도도의 노래』, 『수상한 내 인생』 등이 있다.

뇌과학자들

1판 1쇄 2016년 7월 7일
1판 4쇄 2018년 9월 4일

지은이 샘 킨
옮긴이 이충호
펴낸이 김정순
편집 허영수 이근정 주이상
디자인 김진영 모희정
마케팅 김보미 임정진 전선경

펴낸곳 (주)북하우스 퍼블리셔스
출판등록 1997년 9월 23일 제406-2003-055호
주소 04043 서울시 마포구 양화로 12길 16-9(서교동 북앤빌딩)
전자우편 henamu@hotmail.com
홈페이지 www.bookhouse.co.kr
전화번호 02-3144-3123
팩스 02-3144-3121

ISBN 978-89-5605-682-1 03470

해나무는 (주)북하우스 퍼블리셔스의 과학 브랜드입니다.

이 도서의 국립중앙도서관 출판시도서목록(CIP)은 서지정보유통지원시스템 홈페이지(http://seoji.nl.go.kr)와 국가자료공동목록시스템(http://www.nl.go.kr/kolisnet)에서 이용하실 수 있습니다.(CIP제어번호: CIP2016015240)